U0342043

21世纪高职院校规划教材

工程数学基础

主编 曹瑞成 姜海勤
主审 刘桂香

苏州大学出版社

图书在版编目(CIP)数据

工程数学基础/ 曹瑞成,姜海勤主编.—苏州:
苏州大学出版社,2012.6(2016.9重印)
21世纪高职院校规划教材
ISBN 978-7-5672-0077-7

Ⅰ.①工… Ⅱ.①曹…②姜… Ⅲ.①工程数学-高
等职业教育-教材 Ⅳ.①TB11

中国版本图书馆 CIP 数据核字(2012)第 120244 号

内容提要

本书是为高职院校理工类学生编写的.“以应用为目的,以必需、够用为度”是编写本书的基本原则.考虑到新形势下高等职业教育的发展,编者力求做到教材内容“易学、实用”.本书内容共分 12 章:函数、极限与连续,导数与微分,导数与微分的应用,不定积分,定积分,常微分方程与拉普拉斯变换,空间解析几何、向量代数与复数,多元函数微分学,二重积分与曲线积分,无穷级数,线性代数初步,MATLAB数学实验.书末附有习题答案(第 12 章除外)、基本初等函数的图形及性质、常见平面曲线图形、积分公式表和常用函数的拉氏变换简表等.

本书可作为成人高校、夜大、职大和函大等层次的教学用书,也可作为广大自学者的自学用书.

工程数学基础

曹瑞成　姜海勤　主编

主审　刘桂香

责任编辑　谢金海

苏州大学出版社出版发行
(地址:苏州市十梓街1号 邮编:215006)
宜兴市盛世文化印刷有限公司印装
(地址:宜兴市万石镇南漕河滨路58号 邮编:214217)

开本787mm×1092mm 1/16 印张25.75 字数640千
2012年6月第1版 2016年9月第4次印刷
ISBN 978-7-5672-0077-7 定价:43.00 元

苏州大学版图书若有印装错误,本社负责调换
苏州大学出版社营销部 电话:0512-65225020
苏州大学出版社网址 http://www.sudapress.com

《工程数学基础》编委会

前　言

本书的编写以高职院校的人才培养目标为依据,努力体现"以应用为目的,以必需、够用为度"的高职院校教学原则,同时充分吸收了一线教师在教学与改革中的经验,兼顾学生发展的需要.本书内容共分 12 章:函数、极限与连续,导数与微分,导数与微分的应用,不定积分,定积分,常微分方程与拉普拉斯变换,空间解析几何、向量代数与复数,多元函数微分学,二重积分与曲线积分,无穷级数,线性代数初步,MATLAB 数学实验.书末附有习题答案.

本书内容具有以下特点:

(1) 充分考虑高职院校学生的数学基础和学习能力,较好地处理了初等数学与高等数学的衔接,在尽可能保持数学学科系统性的基础上,力求突出实用性,强调数学概念与实际问题的联系.

(2) 坚持理论够用为度的原则,精选教学内容,降低纯理论难度,淡化复杂的理论推导,对一些定理只给出解释或简单的几何说明,充分利用几何图形,直观地帮助学生理解相关概念和理论.

(3) 基本概念的引入尽可能从实际背景入手,在叙述基本概念、基本原理和基本解题技巧时,做到循序渐进、通俗易懂,不要求过分复杂的计算和证明.

(4) 注重基础知识、基本方法和基本技能的训练,注重对学生的计算能力、推理能力和抽象概括能力的培养,应用问题尽量选自于专业基础课和专业课中的基础知识.

(5) 作为高等数学教学的延伸和补充,相关数学软件及数学实验易于理解、便于操作,可提高学生使用计算机解决数学问题的能力和激发他们的学习兴趣.

(6) 各章末配备的习题类型合理,深度和广度适中(B组题为选做题,难度较大);本章小结和综合练习便于学生复习、巩固和掌握本章知识重点,理解知识之间的内在联系.

本书由曹瑞成、姜海勤担任主编,刘桂香教授担任主审.刘桂香教授对本书的编写和出版提供了宝贵的意见和帮助,对此编者表示诚挚的谢意.

虽然编者在本书的编写工作中非常认真、努力,但囿于学术水平,书中仍难免有不妥和疏漏之处,敬请广大师生和读者批评指正.

编　者

2012.4

目　　录

函数是近代数学的基本概念之一,极限是贯穿于高等数学始终的一个重要的基本概念,连续是函数的一个重要性态,连续函数则是高等数学的主要研究对象.本章将介绍函数、极限与连续的基本概念以及它们的一些主要性质.

1.1　函　　数

1.1.1　函数

1. 函数的基本概念

定义 1.1　设 D 为一个非空实数集合,如果存在确定的对应法则 f,使对于数集 D 中的任意一个实数 x,按照 f 都有唯一确定的实数 y 与之对应,则称 y 是定义在集合 D 上的 x 的单值函数,简称函数,记为 $y=f(x)$. x 称为自变量, y 称为因变量, D 称为函数的定义域.

当 $x=x_0 \in D$ 时,函数 $f(x)$ 对应的函数值记为 $f(x_0)$,即 $f(x_0)=f(x)|_{x=x_0}$,函数值 $f(x)$ 的全体构成的集合称为函数的值域,记为 $f(D)$,即
$$f(D)=\{y \mid y=f(x), x \in D\}.$$

可以约定,函数的定义域是自变量所能取的使算式有(实际)意义的一切实数值.显然,如果两个函数的定义域相同,对应法则也相同,那么这两个函数就是相同的,否则就是不同的.

例如,函数 $y=f(x)$ 也可以表示为 $y=f(\theta)$ 或 $y=f(t)$ 等.

如果对于给定的 $x \in D$,有多个 $y \in f(D)$ 与之对应,则称 y 是定义在集合 D 上的 x 的多值函数.对于多值函数往往只要附加一些条件,就可以将它化为单值函数.

例如,在由方程 $x^2+y^2=a^2 (a>0)$ 给出的对应法则中,附加"$y \geqslant 0$"的条件,就可得到函数 y 的一个单值分支 $y=y_1=\sqrt{a^2-x^2}$.

在本书中,若无特别的说明则约定函数是单值的.

点集 $\{(x,y) \mid y=f(x), x \in D\}$ 称为函数 $y=f(x), x \in D$ 的图形或图象.

2. 函数的表示法

函数的表示方式有三种:公式法,以数学式子表示函数的方法(又称解析法)、表格法(以表格形式表示函数的方法)和图示法(以图形表示函数的方法).

有时,会遇到一个函数在自变量不同的取值范围内用不同的数学式子来表示的情形,这样的函数称为分段函数.

例1 绝对值函数(如图1-1所示)

$$y=|x|=\begin{cases} x, & x\geqslant 0, \\ -x, & x<0. \end{cases}$$

定义域 $D=(-\infty,+\infty)$,值域 $f(D)=[0,+\infty)$.

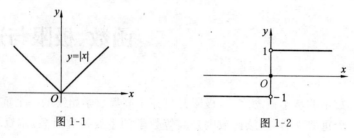

图 1-1   图 1-2

例2 符号函数(如图1-2所示)

$$y=\mathrm{sgn}x=\begin{cases} 1, & x>0, \\ 0, & x=0, \\ -1, & x<0. \end{cases}$$

定义域 $D=(-\infty,+\infty)$,值域 $f(D)=\{1,0,-1\}$. 显然,$x=\mathrm{sgn}x|x|$.

3. 反函数

定义 1.2 设有函数 $y=f(x)$,其定义域为 D,值域为 $f(D)$,如果对于 $f(D)$ 中的每一个 y 值,都可以从关系式 $y=f(x)$ 确定唯一的 x 值($x\in D$)与之对应,那么所确定的以 y 为自变量的函数称为函数 $y=f(x)$ 的反函数,记为 $x=f^{-1}(y)$. 它的定义域为 $f(D)$,值域为 D.

显然,函数 $y=f(x)$ 与 $x=f^{-1}(y)$ 的图形是相同的. 由于人们习惯于用 x 表示自变量,用 y 表示函数,所以在 $x=f^{-1}(y)$ 中交换 x 与 y 的位置,则 $y=f(x)$ 的反函数 $x=f^{-1}(y)$ 也可以表示为 $y=f^{-1}(x)$.

几何特征:函数 $y=f(x)$ 的图形与其反函数 $y=f^{-1}(x)$ 的图形关于直线 $y=x$ 对称,且有

$$f[f^{-1}(x)]=x, f^{-1}[f(x)]=x.$$

例3 求双曲正弦函数 $y=\mathrm{sh}x=\dfrac{e^x-e^{-x}}{2}$ 的反函数,并指出它的定义域.

解 令 $e^x=u$,从而可得 $u^2-2yu-1=0$,解得 $u=y\pm\sqrt{y^2+1}$.

因为 $u=e^x>0$,所以上式取正号,即

$$u=y+\sqrt{1+y^2}, e^x=y+\sqrt{1+y^2},$$

于是

$$x=\ln(y+\sqrt{1+y^2}),$$

交换 x 与 y 的位置,即得所求反函数 $y=\ln(x+\sqrt{1+x^2})$,其定义域为 $(-\infty,+\infty)$.

1.1.2 函数的基本性质

1. 有界性

定义 1.3 设函数 $y=f(x)$ 在区间 I 上有定义,若存在一个正数 M,当 $x\in I$ 时,恒有

$$|f(x)|\leqslant M$$

成立,则称函数 $y=f(x)$ 为 I 上的有界函数;否则称函数 $y=f(x)$ 为 I 上的无界函数.

几何特征:如果 $y=f(x)$ 是区间 I 上的有界函数,那么它的图形在 I 上必介于两平行线 $y=\pm M$ 之间(如图 1-3(a)所示).

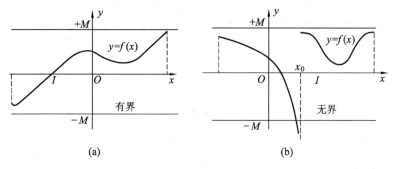

图 1-3

显然,当一个函数有界时,它的界不是唯一的;函数有界与否是和区间有关的,若对于任意正数 M,总存在 $x_0\in I$,使得 $|f(x_0)|>M$,则 $f(x)$ 在区间 I 上无界(如图 1-3(b)所示).

2. 单调性

定义 1.4 设函数 $y=f(x)$,x_1 和 x_2 为区间 (a,b) 内的任意两个数.

(1) 若当 $x_1<x_2$ 时,有 $f(x_1)<f(x_2)$,则称函数 $y=f(x)$ 在区间 (a,b) 内单调增加,或称递增.

(2) 若当 $x_1<x_2$ 时,有 $f(x_1)>f(x_2)$,则称函数 $y=f(x)$ 在区间 (a,b) 内单调减少,或称递减.

几何特征:单调增加函数的图形沿横轴正向上升,单调减少函数的图形沿横轴正向下降(如图 1-4 所示).

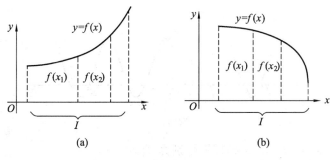

图 1-4

3. 奇偶性

定义 1.5 设函数 $y=f(x)$ 的定义域关于原点对称,如果对于定义域中的任何 x,都有 $f(-x)=f(x)$,则称 $y=f(x)$ 为偶函数;如果对于定义域中的任何 x,都有 $f(-x)=-f(x)$,则称 $y=f(x)$ 为奇函数.不是偶函数也不是奇函数的函数,称为非奇非偶函数.

几何特征:偶函数的图形关于 y 轴对称,奇函数的图形关于原点对称(如图 1-5 所示).

例如,$y=\cos x$ 是偶函数,$y=\sin x$ 是奇函数,$y=\cos x+\sin x$ 既不是偶函数也不是奇函数.

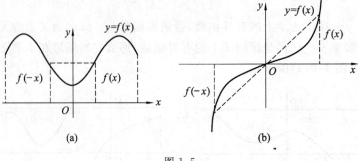

图 1-5

例 4　判断函数 $y = \ln(x + \sqrt{1+x^2})$ 的奇偶性.

解　因为该函数的定义域为 $(-\infty, +\infty)$，且有

$$f(-x) = \ln(-x + \sqrt{1+x^2}) = \ln \frac{(-x + \sqrt{1+x^2})(x + \sqrt{1+x^2})}{x + \sqrt{1+x^2}}$$

$$= \ln \frac{1}{x + \sqrt{1+x^2}} = \ln 1 - \ln(x + \sqrt{1+x^2}) = -\ln(x + \sqrt{1+x^2}) = -f(x),$$

所以函数 $y = \ln(x + \sqrt{1+x^2})$ 是奇函数.

4. 周期性

定义 1.6　设函数 $y = f(x)$ 的定义域为 D，如果存在一个正数 l，使得对于任意 $x \in D$，等式

$$f(x+l) = f(x)$$

恒成立，则称 $y = f(x)$ 为周期函数，l 称为这个函数的周期（如图 1-6 所示）.

对于每个周期函数来说，周期有无穷多个. 如果其中存在一个最小正数 a，则规定 a 为该周期函数的最小正周期，简称周期. 人们常说的某个函数的周期通常指的就是它的最小正周期.

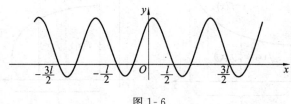

图 1-6

例如，函数 $y = \sin x$，$y = \tan x$ 的周期分别为 2π，π.

应当指出，并不是所有周期函数都有最小正周期. 例如，狄利克雷（Dirichlet）函数

$$y = D(x) = \begin{cases} 1, & x \text{ 为有理数}, \\ 0, & x \text{ 为无理数}. \end{cases}$$

它是一个周期函数，任何有理数都是它的周期，但它没有最小正周期.

1.1.3　初等函数

1. 基本初等函数

幂函数　　　　　　　　$y = x^{\mu} (\mu \in \mathbf{R})$

指数函数	$y=a^x(a>0$ 且 $a\neq1)$
对数函数	$y=\log_a x(a>0$ 且 $a\neq1)$
三角函数	$y=\sin x$，$y=\cos x$，$y=\tan x$，$y=\cot x$，$y=\sec x$，$y=\csc x$
反三角函数	$y=\arcsin x$，$y=\arccos x$，$y=\arctan x$，$y=\text{arccot}\,x$

以上五类函数统称为基本初等函数，其定义域、值域、图形及性质见附录 1.

2. 复合函数

定义 1.7　设函数 $y=F(u)$ 的定义域为 U_1，函数 $u=\varphi(x)$ 的值域为 U_2，其中 $U_2\subseteq U_1$，则 y 通过变量 u 成为 x 的函数，这个函数称为由函数 $y=F(u)$ 和函数 $u=\varphi(x)$ 构成的复合函数，记为 $y=F[\varphi(x)]$，其中变量 u 称为中间变量.

对于复合函数，必须弄清两个问题，那就是"复合"和"分解"．所谓"复合"，就是把几个作为中间变量的函数复合成一个函数，该过程也就是把中间变量依次代入的过程；所谓"分解"，就是把一个复合函数分解为几个简单函数，简单函数是指基本初等函数或是由基本初等函数与常数的四则运算所得到的函数.

例 5　指出下列函数由哪些简单函数复合而成.

(1) $y=(3x+4)^9$；　　　(2) $y=\ln(\sin x^5)$；　　　(3) $y=7\cos\sqrt{1-x^2}$.

解　(1) $y=(3x+4)^9$ 是由 $y=u^9$，$u=3x+4$ 复合而成.

(2) $y=\ln(\sin x^5)$ 是由 $y=\ln u$，$u=\sin v$，$v=x^5$ 复合而成.

(3) $y=7\cos\sqrt{1-x^2}$ 是由 $y=7\cos u$，$u=\sqrt{v}$，$v=1-x^2$ 复合而成.

应当指出，并非任何两个函数都可构成复合函数．例如，函数 $y=\arcsin u$ 与 $u=3+x^2$ 就不能复合成一个复合函数，因为 $y=\arcsin u$ 的定义域 $U_1=[-1,1]$，$u=3+x^2$ 的值域 $U_2=[3,+\infty)$，显然 $U_2\not\subseteq U_1$，所以不能复合.

3. 初等函数

定义 1.8　由基本初等函数及常数经过有限次四则运算和有限次复合构成的，并且可以用一个数学式子表示的函数，称为初等函数.

例如，函数 $y=\sin\sqrt{1+e^x-\cos3x}$ 是初等函数；绝对值函数 $y=|x|$ 也是初等函数，它是由 $y=\sqrt{u}$，$u=x^2$ 复合而成.

1.1.4　建立函数关系举例

由于客观世界中变量之间的关系是多种多样的，往往要涉及几何、物理、经济等各门学科的知识．因此，建立函数关系没有一般的规律可循，只能具体问题具体对待.

例 6　电路上某点的电压等速下降，开始时电压为 12 V，5 s 后下降到 9 V，试建立该点电压 U 与时间 t 之间的函数关系式.

解　由题设条件知，电路上某一点时刻 t 时的电压为
$$U=U_0+at(U_0=12),$$
则有 $9=12+5a$，解得 $a=-0.6$，从而电压 U 与时间 t 的函数关系式为
$$U=12-0.6t(0\leqslant t\leqslant20).$$

例 7　圆内接正多边形中（如图 1-7 所示），当边数改变时，正多边形的面积也随之改变，试建立圆内接正多边形的面积 A_n 与其边数 $n(n\geqslant3)$

图 1-7

的函数关系式.

解 设圆的半径为 R,将圆心与圆内接正多边形各边顶点相连接,则得到 n 个全等的等腰三角形,每一个三角形的面积均为

$$\frac{1}{2}Rh = \frac{1}{2}R\left(R\sin\frac{2\pi}{n}\right) = \frac{1}{2}R^2\sin\frac{2\pi}{n}.$$

所以,所求圆内接正多边形的面积 A_n 与其边数 n 的函数关系式为

$$A_n = \frac{n}{2}R^2\sin\frac{2\pi}{n}(n=3,4,5,\cdots).$$

例 8 商店销售某种商品 1600 件,定价为 150 元/件. 销售量在不超过 800 件时,按原价出售;超过 800 件时,超过的部分按八折出售. 试求销售收入与销售量之间的函数关系式.

解 设销售量为 x,销售收入为 R,则当 $0 \leqslant x \leqslant 800$ 时,$R = 150x$;当 $800 < x \leqslant 1600$ 时,收入由两部分组成:800 件的收入为 150×800;超过 800 件的部分的收入为 $150 \times 0.8(x - 800)$,从而 $R = 150 \times [800 + 0.8(x - 800)] = 24000 + 120x$. 所以销售收入 R 与销售量 x 之间的函数关系式为

$$R = \begin{cases} 150x, & 0 \leqslant x \leqslant 800, \\ 24000 + 120x, & 800 < x \leqslant 1600. \end{cases}$$

例 9 长为 l 的弦两端固定,在点 $(a,0)$ 处将弦向上拉起至点 (a,h) 处(如图 1-8 所示). 假设当弦向上拉起的过程中,弦上各点只是沿着垂直于两端连线的方向移动. 以 x 表示弦上各点的位置,y 表示点 x 上升的高度,试建立 x 与 y 之间的函数关系式.

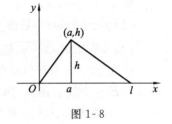

图 1-8

解 如图 1-8 所示,当 $0 \leqslant x < a$ 时,$\frac{y}{h} = \frac{x}{a}$,即 $y = \frac{h}{a}x$;当 $a \leqslant x \leqslant l$ 时,$\frac{y}{h} = \frac{l-x}{l-a}$,$y = \frac{h}{l-a}(l-x)$. 用分段函数表示为

$$y = \begin{cases} \dfrac{h}{a}x, & 0 \leqslant x < a, \\[2mm] \dfrac{h}{l-a}(l-x), & a \leqslant x \leqslant l. \end{cases}$$

例 10 齿轮与齿条啮合运动的原理,相当于节圆在齿条的节线上滚动. 若节圆半径为 a,求节圆上的一定点 A 的运动的轨迹方程(如图 1-9 所示).

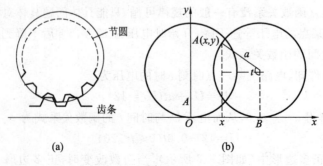

(a) (b)

图 1-9

解　这个轨迹相当于一个半径为 a 的圆,在一条直线上作不滑动的滚动,求圆上一定点 A 的轨迹方程.由图 1-9(b)可知

$$OB=AB=at,$$

从而有

$$\begin{cases} x=at-a\cos\left(t-\dfrac{\pi}{2}\right)=a(t-\sin t), \\ y=a+a\sin\left(t-\dfrac{\pi}{2}\right)=a(1-\cos t). \end{cases}$$

所以 A 点的运动轨迹的方程为

$$\begin{cases} x=a(t-\sin t), \\ y=a(1-\cos t) \end{cases}(t\geqslant 0).$$

该曲线称为摆线,这时变量 x 和变量 y 都是参数 t 的函数,也可认为 y 是 x 的函数(此函数是通过 t 建立的).

习题 1-1

A 组

1. 求下列函数的定义域.

(1) $y=\dfrac{x}{\sqrt{x^2-3x+2}}$;　　　　　(2) $y=\ln(\ln x)$;

(3) $y=\sqrt{x-2}+\dfrac{1}{x-3}+\ln(5-x)$;　　(4) $y=\arcsin\dfrac{x-1}{2}$.

2. 确定下列函数的奇偶性.

(1) $f(x)=\sqrt[3]{(1-x)^2}+\sqrt[3]{(1+x)^2}$;　(2) $f(x)=a^x+a^{-x}(a>0,a\neq 1)$;

(3) $f(x)=\sin x\ln(x+\sqrt{1+x^2})$;　　　(4) $f(x)=x(x+1)(x-1)$.

3. 求下列函数的反函数.

(1) $y=\mathrm{e}^x+1$;　　　　　　　　(2) $y=3+2\sin\dfrac{x-1}{x+1}$.

4. 指出下列函数由哪些简单函数复合而成.

(1) $y=\cos x^2$;　　　　　　　　　(2) $y=\sin^5 x$;

(3) $y=\mathrm{e}^{\cos 3x}$;　　　　　　　　(4) $y=5^{\ln(x^2+2)}$;

(5) $y=\ln(\arctan\sqrt{x^2+1})$.

B 组

5. 求下列函数的定义域.

(1) $y=\begin{cases} -x, & -1\leqslant x\leqslant 0, \\ \sqrt{3-x}, & 0<x<2; \end{cases}$

(2) $y=f(\ln x)$, $y=f(\sqrt{1-x^2})$,其中 $f(u)$ 的定义域为 $(0,1)$.

6. 设 $f(\sin x)=2-\cos 2x$,求 $f(\cos x)$.

7. 设 $f(x)=\begin{cases} 2+x, & x\leqslant 0, \\ 2^x, & x>0. \end{cases}$ 求 $f(\Delta x)-f(0)$(这里 Δx 表示一个数).

8. 求函数 $y=\dfrac{1}{x(x-3)(x+7)}$ 的有界区间.

9. 已知函数 $f(x)$ 是奇函数,当 $x\in(0,+\infty)$ 时,$f(x)=x^2-x+1$,求当 $x\in(-\infty,0)$ 时,函数 $f(x)$ 的表达式.

10. 已知函数 $f(x)$ 是以 2π 为周期的周期函数,当 $x\in[-\pi,\pi)$ 时,$f(x)=x$,求当 $x\in[(2n-1)\pi,(2n+1)\pi)(n\in\mathbf{Z})$ 时函数 $f(x)$ 的表达式.

11. 已知一物体与地面的摩擦系数是 μ,重量是 P. 设有一与水平方向成 α 角的拉力 F,使物体从静止开始移动(如图 1-10 所示).求物体开始移动时拉力 F 与角 α 之间的函数关系式.

12. 滑块 A 通过铰链套在偏心轮 B 的圆箍上,偏心轮的几何中心为 O_1,偏心轮绕点 O 转动,偏心距 $OO_1=10$ cm,$O_1A=50$ cm,Ox 轴沿滑块的导轨方向(如图 1-11 所示).设 Ox 轴与 OO_1 的夹角为 θ,试求滑块 A 的位置与角 θ 之间的函数关系式.

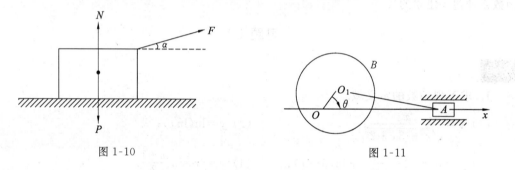

图 1-10　　　　　　　　　　　　　　　　　图 1-11

1.2　函数的极限

1.2.1　数列的极限

1. 数列的概念

自变量为正整数的函数(整标函数)$u_n=f(n)(n=1,2,3,\cdots)$,其函数值按自变量从小到大排列的一列数

$$u_1,u_2,u_3,\cdots,u_n,\cdots$$

称为数列,记为 $\{u_n\}$.数列中的每一个数称为数列的项,第 n 项 u_n 称为数列的通项或一般项.

数列对应着数轴上的一个点列,可看成一动点在数轴上依次取点 $u_1,u_2,u_3,\cdots,u_n,\cdots$(如图 1-12 所示).

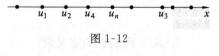

图 1-12

若数列 $\{u_n\}$ 满足 $u_n<u_{n+1}(n=1,2,3,\cdots)$ 或 $u_n>u_{n+1}(n=1,2,3,\cdots)$,则分别称为单调递增数列或单调递减数列,这两种数列统称为单调数列.

如果对于数列 $\{u_n\}$,存在一个正常数 M,使得 $|u_n|\leqslant M(n=1,2,3,\cdots)$,则称数列 $\{u_n\}$ 为有界数列.

例如,(1) $2,\dfrac{3}{2},\dfrac{4}{3},\cdots,1+\dfrac{1}{n},\cdots$ 为单调递减数列;

(2) $0, \dfrac{1}{2}, \dfrac{2}{3}, \cdots, 1-\dfrac{1}{n}, \cdots$ 为单调递增数列；

(3) $1, 2, 1, \dfrac{3}{2}, 1, \cdots, 1+\dfrac{1+(-1)^n}{n}, \cdots$ 为有界非单调数列.

2. 数列的极限

观察上述例子可以发现,当 n 无限增大时,数列各项呈现出确定的变化趋势,即无限趋近于 1,这就是极限现象.

定义 1.9　如果当 n 无限增大时,数列 $\{u_n\}$ 无限地趋近于一个确定的常数 A,则称数 A 为数列 $\{u_n\}$ 的极限,此时亦称数列 $\{u_n\}$ 收敛于 A,记为

$$\lim_{n \to \infty} u_n = A \quad \text{或} \quad u_n \to A(n \to \infty).$$

若数列 $\{u_n\}$ 没有极限,则称数列 $\{u_n\}$ 是发散的.

例如,数列 $\left\{1+\dfrac{1}{n}\right\}$ 的极限 $\lim\limits_{n \to \infty}\left(1+\dfrac{1}{n}\right)=1$,即数列 $\left\{1+\dfrac{1}{n}\right\}$ 收敛于 1；而数列 $\left\{\dfrac{1+(-1)^n}{2}\right\}$ 没有极限,即该数列发散.

极限 $\lim\limits_{n \to \infty} u_n = A$ 是指数列的项数无限增大时,通项的值的变化趋势——无限地逼近于常数 A；或者说通项 u_n 与常数 A 的距离 $|u_n - A|$ 无限地逼近于零. " $\lim\limits_{n \to \infty} u_n = A$ " 不再表示数列 $\{u_n\}$ 的通项,而表示数列 $\{u_n\}$ 的极限.

3. 数列极限的几何意义

为讨论数列极限的几何意义,先介绍邻域的概念(如图 1-13 所示).

满足不等式 $|x-x_0| < \delta$ (其中 δ 为大于 0 的常数)的一切 x,称为点 x_0 的 δ-邻域,记作 $U(x_0, \delta)$,即

$$U(x_0, \delta) = \{x \mid |x-x_0| < \delta\} = (x_0-\delta, x_0+\delta).$$

满足不等式 $0 < |x-x_0| < \delta$ 的一切 x,称为点 x_0 的 δ-空心邻域,记作 $U(\hat{x_0}, \delta)$,即

$$U(\hat{x_0}, \delta) = \{x \mid 0 < |x-x_0| < \delta\} = (x_0-\delta, x_0) \bigcup (x_0, x_0+\delta).$$

图 1-13

在数列 (1) 中, $\lim\limits_{n \to \infty}\left(1+\dfrac{1}{n}\right)=1$,任取 1 的一个邻域,如 $U\left(1, \dfrac{1}{100}\right)$,则当 $n > 100$ 时,数列 $\left\{1+\dfrac{1}{n}\right\}$ 从第 101 项开始都落在邻域 $U\left(1, \dfrac{1}{100}\right)$ 之中.

如果把数列 $\{u_n\}$ 中每一项都用数轴 Ox 上的一个点来表示,那么数列 $\{u_n\}$ 趋向于 A 可解释为:存在一个充分大的正整数 N,当 $n > N$ 时,点 u_n 都落在点 A 的 $U(\hat{A}, \varepsilon)$ 邻域内,而不管 ε 有多么小. 形象地说,数列 u_n 会密集在点 A 的周围(如图 1-14 所示).

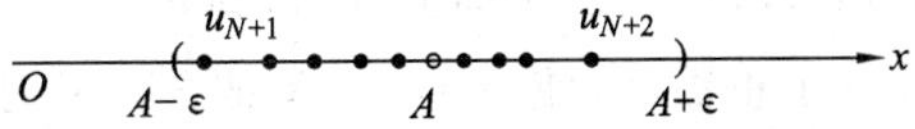

图 1-14

有界数列与收敛数列有怎样的关系呢? 不加证明地给出下列定理.

定理 1.1　单调有界数列必定收敛.

定理 1.2　收敛数列必定有界.

定理 1.1 和定理 1.2 的几何意义是什么？请读者自行思考.

我国魏晋之际的杰出数学家刘徽在计算圆周率和圆面积时，从圆内接正六边形的边长等于半径 R 出发，依次用圆内接正 $3 \times 2^n (n=1,2,3,\cdots)$ 边形的面积去无限地逼近圆的面积，充分地反映了他朴素的极限思想，并在其所著的《九章算术注》中说："割之弥（越）细，所失弥少，割之又割，以至于不可割，则与圆合体而无所失矣."刘徽得到了一个关于半径为 R 的圆内接正 $3 \times 2^n (n=1,2,3,\cdots)$ 边形的面积的数列 $\{A_n\}$，通项为

$$A_n = 3 \times 2^n \times \frac{1}{2} R^2 \sin \frac{2\pi}{3 \times 2^n} (n=1,2,3,\cdots).$$

根据几何直观易见，数列 $\{A_n\}$ 是单调递增的，并且根据定理 1.1 不难断定应有

$$\lim_{n \to \infty} A_n = \pi R^2,$$

即

$$\lim_{n \to \infty} 3 \times 2^n \times \frac{1}{2} R^2 \sin \frac{2\pi}{3 \times 2^n} = \pi R^2.$$

1.2.2　函数的极限

1. 当 $x \to \infty$ 时函数 $f(x)$ 的极限

函数的自变量 $x \to \infty$ 是指 $|x|$ 无限增大，它包含以下两种情况：

(1) x 取正值而无限增大，记作 $x \to +\infty$；

(2) x 取负值而它的绝对值无限增大（即 x 无限减小），记作 $x \to -\infty$.

例 1　考察当 $x \to \infty$ 时，函数 $y = \frac{1}{x}$ 的变化趋势.

如图 1-15 所示，x 轴是函数 $y = \frac{1}{x}$ 的图形曲线的一条水平渐近线，即当自变量 x 的绝对值无限增大时，相应的函数值 y 无限地趋近于常数 0.

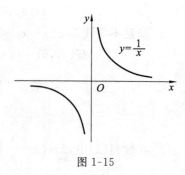

图 1-15

定义 1.10　如果当 $|x|$ 无限增大（即 $x \to \infty$）时，函数 $f(x)$ 无限地趋近于一个确定的常数 A，则称数 A 为当 $x \to \infty$ 时函数 $f(x)$ 的极限，记作

$$\lim_{x \to \infty} f(x) = A \quad \text{或} \quad f(x) \to A (x \to \infty).$$

根据定义 1.10，有 $\lim_{x \to \infty} \frac{1}{x} = 0$.

极限 $\lim_{x \to \infty} f(x) = A$ 表示的是：自变量 x 的绝对值无限增大时，相应的函数值的一种变化趋势——无限地逼近于常数 A，或者说相应的函数值 $f(x)$ 与常数 A 的差的绝对值 $|f(x) - A|$ 无限地逼近于零.

极限 $\lim_{x \to \infty} f(x) = A$ 的几何意义：在 xOy 平面上，任意给定一个正数 ε，作两条平行直线 $y = A - \varepsilon$ 和 $y = A + \varepsilon$，则总存在一个正数 X，使当 $x < -X$ 或 $x > X$ 时，函数 $y = f(x)$ 的图形就位于这两条直线所夹的条形区域之间（如图 1-16 所示）.

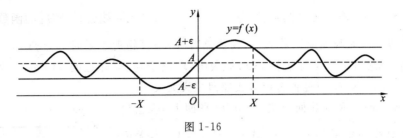

图 1-16

定义 1.11　如果当 $x \to +\infty$ 时，函数 $f(x)$ 无限地趋近于一个确定的常数 A，则称数 A 为当 $x \to +\infty$ 时函数 $f(x)$ 的极限，记作

$$\lim_{x \to +\infty} f(x) = A \quad \text{或} \quad f(x) \to A(x \to +\infty).$$

定义 1.12　如果当 $x \to -\infty$ 时，函数 $f(x)$ 无限地趋近于一个确定的常数 A，则称数 A 为当 $x \to -\infty$ 时函数 $f(x)$ 的极限，记作

$$\lim_{x \to -\infty} f(x) = A \quad \text{或} \quad f(x) \to A(x \to -\infty).$$

极限 $\lim\limits_{x \to +\infty} f(x) = A$ 和 $\lim\limits_{x \to -\infty} f(x) = A$ 相应的几何意义由读者自行研究，此处从略.

定理 1.3　$\lim\limits_{x \to \infty} f(x)$ 存在的充分必要条件是 $\lim\limits_{x \to -\infty} f(x)$ 和 $\lim\limits_{x \to +\infty} f(x)$ 都存在且相等，即

$$\lim_{x \to \infty} f(x) = A \Leftrightarrow \lim_{x \to -\infty} f(x) = \lim_{x \to +\infty} f(x) = A.$$

证明从略.

例 2　讨论函数 $y = \arctan x$ 当 $x \to \infty$ 时的极限.

解　根据函数 $y = \arctan x$ 的图形变化趋势（参见附录 1），易见

$$\lim_{x \to -\infty} \arctan x = -\frac{\pi}{2}, \ \lim_{x \to +\infty} \arctan x = \frac{\pi}{2},$$

所以 $\lim\limits_{x \to \infty} \arctan x$ 不存在.

2. 当 $x \to x_0$ 时函数 $f(x)$ 的极限

与 $x \to \infty$ 的情形类似，记号 $x \to x_0$ 表示 x 无限趋近于 x_0，包含 x 从大于 x_0 和 x 从小于 x_0 的方向趋近于 x_0 两种情况：

(1) $x \to x_0^+$ 表示 x 从大于 x_0 的方向趋近于 x_0；

(2) $x \to x_0^-$ 表示 x 从小于 x_0 的方向趋近于 x_0.

例 3　考察函数 $f(x) = \dfrac{\sin x}{x}$ 当 $x \to 0^+$ 时的变化趋势.

表 1-1　$f(x)$ 当 $x \to 0^+$ 时的变化情况

x	1	$\frac{1}{2}$	$\frac{1}{4}$	$\frac{1}{8}$	$\frac{1}{16}$	$\frac{1}{32}$	$\cdots$
$f(x) = \dfrac{\sin x}{x}$	0.8415	0.9588	0.9896	0.9974	0.9994	0.9998	$\cdots$

由表 1-1 不难看出，当 $x \to 0^+$ 时，$f(x) \to 1$（表 1-1 中的函数值都是近似值）.

定义 1.13　如果当 $x \to x_0 (x \neq x_0)$ 时，函数 $f(x)$ 无限地趋近于一个确定的常数 A，则称数 A 为当 $x \to x_0$ 时的函数 $f(x)$ 的极限，记作

$$\lim_{x \to x_0} f(x) = A \quad \text{或} \quad f(x) \to A(x \to x_0).$$

极限 $\lim\limits_{x \to x_0} f(x) = A$ 表示的是:自变量 x 与 $x_0 (x \neq x_0)$ 无限接近时,相应的函数值 $f(x)$ 的一种变化趋势——无限地逼近常数 A,或者说当 $|x - x_0|$ 趋近于零时,有 $|f(x) - A|$ 无限逼近于零.因此讨论当 $x \to x_0$ 时函数 $f(x)$ 的极限,取决于与 x_0 邻近的 $x(x \neq x_0)$ 处的函数值 $f(x)$,而与 $x = x_0$ 时 $f(x)$ 是否有定义或如何定义无关.

极限 $\lim\limits_{x \to x_0} f(x) = A$ 的几何意义:在 xOy 平面上,任意给定一个正数 ε,作两条平行直线 $y = A - \varepsilon$ 和 $y = A + \varepsilon$,无论它们之间的距离如何小,总存在这样的正数 δ,只要 x 进入 $U(\hat{x}_0, \delta)$ 内,函数 $y = f(x)$ 的图形就位于这两条直线所夹的条形区域之间(如图 1-17 所示).

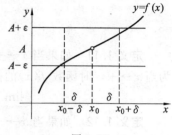

图 1-17

定义 1.14　如果当 $x \to x_0^+$ 时,函数 $f(x)$ 无限地趋近于一个确定的常数 A,则称数 A 为当 $x \to x_0$ 时的函数 $f(x)$ 的右极限,记作

$$\lim\limits_{x \to x_0^+} f(x) = A \quad 或 \quad f(x_0 + 0) = A.$$

如果当 $x \to x_0^-$ 时,函数 $f(x)$ 无限地趋近于一个确定的常数 A,则称数 A 为当 $x \to x_0$ 时的函数 $f(x)$ 的左极限,记作

$$\lim\limits_{x \to x_0^-} f(x) = A \quad 或 \quad f(x_0 - 0) = A.$$

极限 $\lim\limits_{x \to x_0^+} f(x) = A$ 和 $\lim\limits_{x \to x_0^-} f(x) = A$ 相应的几何意义由读者自行研究,此处从略.

定理 1.4　$\lim\limits_{x \to x_0} f(x)$ 存在的充分必要条件是 $\lim\limits_{x \to x_0^-} f(x)$ 和 $\lim\limits_{x \to x_0^+} f(x)$ 都存在且相等,即

$$\lim\limits_{x \to x_0} f(x) = A \Leftrightarrow \lim\limits_{x \to x_0^-} f(x) = \lim\limits_{x \to x_0^+} f(x) = A.$$

证明从略.

由定义易得 $\lim\limits_{x \to x_0} C = C$,$\lim\limits_{x \to x_0} x = x_0$.

例 4　已知 $f(x) = \begin{cases} x^2, & x < 3 \\ 3x, & x > 3. \end{cases}$ 求 $\lim\limits_{x \to 3} f(x)$.

解　因为 $\lim\limits_{x \to 3^-} f(x) = \lim\limits_{x \to 3^-} x^2 = 9$,$\lim\limits_{x \to 3^+} f(x) = \lim\limits_{x \to 3^+} 3x = 9$,即 $\lim\limits_{x \to 3^-} f(x) = \lim\limits_{x \to 3^+} f(x)$,所以 $\lim\limits_{x \to 3} f(x) = 9$.

例 5　已知 $f(x) = \begin{cases} 1, & x > 0, \\ 0, & x = 0, \\ -1, & x < 0. \end{cases}$ 求 $\lim\limits_{x \to 0} f(x)$.

解　因为 $\lim\limits_{x \to 0^-} f(x) = \lim\limits_{x \to 0^-} (-1) = -1$,$\lim\limits_{x \to 0^+} f(x) = \lim\limits_{x \to 0^+} 1 = 1$,即 $\lim\limits_{x \to 0^-} f(x) \neq \lim\limits_{x \to 0^+} f(x)$,所以 $\lim\limits_{x \to 0} f(x)$ 不存在.

例 4、例 5 表明,求分段函数在分段点处的极限,通常要分别考查其左、右极限.例 4 中函数 $f(x)$ 在 $x = 3$ 处无定义,但 $\lim\limits_{x \to 3} f(x)$ 存在;而例 5 中,函数 $f(x)$ 在 $x = 0$ 处虽有定义,但 $\lim\limits_{x \to 0} f(x)$ 不存在.

习题 1-2

A 组

1. 判断下列命题是否正确.

(1) 有界数列一定收敛；

(2) 单调数列一定收敛；

(3) 发散数列一定是无界数列；

(4) 如果函数 $f(x)$ 在点 x_0 处无定义，那么 $f(x)$ 在点 x_0 处极限一定不存在；

(5) 如果 $\lim\limits_{x \to x_0^-} f(x)$ 和 $\lim\limits_{x \to x_0^+} f(x)$ 都存在，那么 $\lim\limits_{x \to x_0} f(x)$ 一定存在.

观察 2～5 题中数列的变化趋势，对收敛数列写出它们的极限.

2. $u_n = \overset{n \uparrow 5}{\overline{0.55 \cdots 5}}$.

3. $u_n = (-1)^{n-1} \dfrac{1}{2n-1}$.

4. $u_n = (-1)^n n$.

5. $u_n = \dfrac{2n-1}{3n+2}$.

绘出 6～9 题中的函数的图形，并求出指定的极限.

6. $\lim\limits_{x \to -\infty} e^x$.

7. $\lim\limits_{x \to 1} \ln x$.

8. $\lim\limits_{x \to 2} \left(5 - \dfrac{1}{x}\right)$.

9. $\lim\limits_{x \to -1} \dfrac{x^2-1}{x+1}$.

B 组

10. 判断下列命题是否正确，并举例说明.

(1) 若 $f(x)$ 在 $x=a$ 处的极限不存在，则 $|f(x)|$ 在 $x=a$ 处的极限也不存在.

(2) 若 $\lim\limits_{x \to x_0} |f(x)| = |A|$，则 $\lim\limits_{x \to x_0} f(x) = A$.

11. 已知函数 $f(x) = \dfrac{|x|}{x}$，求 $\lim\limits_{x \to 0} f(x)$.

12. 证明函数 $f(x) = \begin{cases} x^2 - 1, & x < 1, \\ 0, & x = 1, \\ 1, & x > 1 \end{cases}$ 当 $x \to 1$ 时的极限不存在.

13. 根据定理 1.1 证明数列 $\{u_n\} = \left\{ \left(1 + \dfrac{1}{n}\right)^n \right\}$ 存在极限.

1.3 极限的性质与运算法则

1.3.1 极限的性质

以上讨论了函数极限的各种情形，它们都是自变量在某一变化过程中，相应的函数值无限地逼近于某个常数，因而具有一系列共性. 现以 $x \to x_0$ 为例给出函数极限的性质.

性质 1.1（唯一性）　若 $\lim\limits_{x \to x_0} f(x) = A$，$\lim\limits_{x \to x_0} f(x) = B$，则 $A = B$.

性质 1.2（有界性）　若 $\lim\limits_{x \to x_0} f(x) = A$，则存在 x_0 的某一空心邻域 $U(\hat{x}_0, \delta)$，在 $U(\hat{x}_0, \delta)$

内函数 $f(x)$ 有界.

性质 1.3（保号性） 若 $\lim\limits_{x \to x_0} f(x) = A$，且 $A > 0$（或 $A < 0$），则存在 x_0 的某一空心邻域 $U(\hat{x}_0, \delta)$，在 $U(\hat{x}_0, \delta)$ 内函数 $f(x) > 0$（或 $f(x) < 0$）.

推论 1.1 若在 x_0 的某一空心邻域 $U(\hat{x}_0, \delta)$ 内，函数 $f(x) \geqslant 0$（或 $f(x) \leqslant 0$），且 $\lim\limits_{x \to x_0} f(x) = A$，则 $A \geqslant 0$（或 $A \leqslant 0$）.

对于其他类型的极限，也有类似以上的性质. 需要说明的是极限 $\lim\limits_{x \to \infty} f(x) = A$ 的有界性与保号性是指存在 $X > 0$，在 $|x| > X$ 的范围内具有这些性质.

1.3.2 极限的运算法则

利用极限的定义只能计算一些较简单的函数的极限，而实际问题中的函数却要复杂得多，因此有必要了解和掌握极限的运算法则.

设 $\lim f(x) = A, \lim g(x) = B$，则有：

法则 1.1 $\lim[f(x) + g(x)] = \lim f(x) + \lim g(x) = A + B$.

法则 1.2 $\lim[f(x) g(x)] = \lim g(x) \lim f(x) = AB$.

法则 1.3 $\lim \dfrac{f(x)}{g(x)} = \dfrac{\lim f(x)}{\lim g(x)} = \dfrac{A}{B} (B \neq 0)$.

以上法则中，符号"lim"下方未标明自变量的变化过程，意指以上法则对自变量的任何一种变化过程都成立；对每一个法则而言，"lim"表示自变量的同一个变化过程，法则 1.1 和法则 1.2 可以推广到有限个函数的情形.

推论 1.2 常数可以提到极限号前，即

$$\lim[Cf(x)] = C\lim f(x) = CA (C \text{ 为常数}).$$

推论 1.3 如果 $\lim f(x) = A$，且 m 为自然数，那么

$$\lim[f(x)]^m = [\lim f(x)]^m = A^m.$$

例如，$\lim\limits_{x \to x_0} x^m = (\lim\limits_{x \to x_0} x)^m = x_0^m$.

定理 1.5 设函数 $y = f[\varphi(x)]$ 由函数 $y = f(u), u = \varphi(x)$ 复合而成. 如果 $\lim\limits_{x \to x_0} \varphi(x) = u_0$，且在 x_0 的附近（除 x_0 外）$\varphi(x) \neq u_0$，又有 $\lim\limits_{u \to u_0} f(u) = A$，那么

$$\lim_{x \to x_0} f[\varphi(x)] = \lim_{u \to u_0} f(u) = A.$$

证明从略.

例 1 计算 $\lim\limits_{x \to 1}(4x^2 + 5x - 3)$.

解 $\lim\limits_{x \to 1}(4x^2 + 5x - 3) = \lim\limits_{x \to 1} 4x^2 + \lim\limits_{x \to 1} 5x - \lim\limits_{x \to 1} 3 = 4 \lim\limits_{x \to 1} x^2 + 5 \lim\limits_{x \to 1} x - 3 = 4 + 5 - 3 = 6$.

一般地，有

$$\lim_{x \to x_0}(a_n x^n + a_{n-1} x^{n-1} + \cdots + a_1 x + a_0) = a_n x_0^n + a_{n-1} x_0^{n-1} + \cdots + a_1 x_0 + a_0.$$

即多项式函数当 $x \to x_0$ 时的极限等于该函数在 x_0 处的函数值.

例 2 计算 $\lim\limits_{x \to -1} \dfrac{4x^2 - 3x + 1}{6x - 5}$.

解 当 $x \to -1$ 时，$(6x - 5) \to -11$，分母的极限不为 0，由极限运算法则 1.3，得

$$\lim_{x \to -1} \frac{4x^2-3x+1}{6x-5} = \frac{\lim_{x \to -1}(4x^2-3x+1)}{\lim_{x \to -1}(6x-5)} = \frac{4(-1)^2-3(-1)+1}{6(-1)-5} = -\frac{8}{11}.$$

例 3　计算 $\lim\limits_{x \to 2} \dfrac{x^2-3x+2}{x^2-x-2}$.

解　当 $x \to 2$ 时,所给函数的分子、分母的极限均为 0,极限运算法则 1.3 不能直接应用.但它们都有趋向于 0 的公因子 $(x-2)$,而当 $x \to 2$ 时,$x-2 \neq 0$,所以可以约去这个公因子,从而

$$\lim_{x \to 2} \frac{x^2-3x+2}{x^2-x-2} = \lim_{x \to 2} \frac{(x-1)(x-2)}{(x+1)(x-2)}$$
$$= \lim_{x \to 2} \frac{x-1}{x+1} = \frac{2-1}{2+1} = \frac{1}{3}.$$

例 4　计算 $\lim\limits_{x \to 0} \dfrac{\sqrt{1+x}-1}{x}$.

解　当 $x \to 0$ 时,所给函数的分子、分母的极限均为 0,极限运算法则 1.3 不能直接应用.但可采用分子有理化约去分母中趋向于零的因子.于是

$$\lim_{x \to 0} \frac{\sqrt{1+x}-1}{x} = \lim_{x \to 0} \frac{(\sqrt{1+x}-1)(\sqrt{1+x}+1)}{x(\sqrt{1+x}+1)} = \lim_{x \to 0} \frac{x}{x(\sqrt{1+x}+1)}$$
$$= \lim_{x \to 0} \frac{1}{\sqrt{1+x}+1} = \frac{1}{2}.$$

一般地,如果所给函数在自变量的某种趋向下分子、分母的极限均为 0,称这类极限为 $\dfrac{0}{0}$ 型极限.这时不能直接应用极限运算法则 1.3,而应先根据具体情况作适当的恒等变换,使之符合条件,然后再运用极限的运算法则.

例 5　计算 $\lim\limits_{x \to 1} \left(\dfrac{3}{1-x^3} - \dfrac{1}{1-x} \right)$.

解　当 $x \to 1$ 时,两个分式函数 $\dfrac{3}{1-x^3}$ 与 $\dfrac{1}{1-x}$ 的极限都不存在,这是一种被称为 $\infty - \infty$ 型的极限,从而不能直接应用极限的运算法则 1.1.这种题型的一般的处理方法是先通分,然后求极限.于是有

$$\lim_{x \to 1} \left(\frac{3}{1-x^3} - \frac{1}{1-x} \right) = \lim_{x \to 1} \frac{3-(1+x+x^2)}{(1-x)(1+x+x^2)} = \lim_{x \to 1} \frac{(2+x)(1-x)}{(1-x)(1+x+x^2)}$$
$$= \lim_{x \to 1} \frac{2+x}{1+x+x^2} = 1.$$

例 6　计算 $\lim\limits_{x \to 0} \sin 2x$.

解　令 $u = 2x$,则函数 $y = \sin 2x$ 可视为由 $y = \sin u, u = 2x$ 构成的复合函数.因为当 $x \to 0$ 时,$u = 2x \to 0$,且 $u \to 0$ 时 $\sin u \to 0$,所以根据定理 1.5,得 $\lim\limits_{x \to 0} \sin 2x = \lim\limits_{u \to 0} \sin u = 0$.

例 7　计算 $\lim\limits_{x \to \infty} 2^{\frac{1}{x}}$.

解　令 $u = \dfrac{1}{x}$,因为 $\lim\limits_{x \to \infty} \dfrac{1}{x} = 0$,且 $\lim\limits_{u \to 0} 2^u = 1$,所以 $\lim\limits_{x \to \infty} 2^{\frac{1}{x}} = \lim\limits_{u \to 0} 2^u = 1$.

1.3.3　两个重要极限

1. 第一个重要极限 $\lim\limits_{x \to 0} \dfrac{\sin x}{x} = 1$

先来给出函数极限的夹逼定理,然后利用该定理证明 $\lim\limits_{x \to 0} \dfrac{\sin x}{x} = 1$.

定理 1.6(函数极限的夹逼定理)　如果函数 $f(x), g(x), h(x)$ 在同一变化过程中满足

$$g(x) \leqslant f(x) \leqslant h(x),$$

且 $\lim g(x) = \lim h(x) = A$,那么

$$\lim f(x) = A.$$

现在证明 $\lim\limits_{x \to 0} \dfrac{\sin x}{x} = 1$.

证　因为 $\dfrac{\sin(-x)}{-x} = \dfrac{-\sin x}{-x} = \dfrac{\sin x}{x}$,即 x 改变符号时,$\dfrac{\sin x}{x}$ 的值不变,所以只要讨论 x 由正值趋于零的情形就可以了.

作单位圆,设圆心角 $\angle AOB$ 的弧度数为 $x\left(0 < x < \dfrac{\pi}{2}\right)$(如图 1-18 所示).因为扇形 AOB 的面积大于 $\triangle AOB$ 的面积而小于 $\triangle AOC$ 的面积(AC 为该圆在 A 点的切线),所以有

$$\frac{1}{2}\sin x < \frac{1}{2}x < \frac{1}{2}\tan x,$$

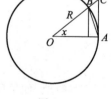

图 1-18

各式同除以正值 $\dfrac{1}{2}\sin x$,得

$$1 < \frac{x}{\sin x} < \frac{1}{\cos x}, \text{即 } \cos x < \frac{\sin x}{x} < 1.$$

显然 $\lim\limits_{x \to 0} \cos x = 1$,且 $\lim\limits_{x \to 0} 1 = 1$,从而由定理 1.6 即得

$$\lim\limits_{x \to 0} \frac{\sin x}{x} = 1.$$

推而广之,如果 $\lim \varphi(x) = 0$,那么 $\lim \dfrac{\sin \varphi(x)}{\varphi(x)} = \lim\limits_{\varphi(x) \to 0} \dfrac{\sin \varphi(x)}{\varphi(x)} = 1$.

极限 $\lim\limits_{x \to 0} \dfrac{\sin x}{x} = 1$ 本身及上述推广的结果,在极限计算及理论推导中有着广泛的应用.

例 8　计算 $\lim\limits_{x \to 0} \dfrac{\tan x}{x}$.

解　$\lim\limits_{x \to 0} \dfrac{\tan x}{x} = \lim\limits_{x \to 0} \dfrac{\frac{\sin x}{\cos x}}{x} = \lim\limits_{x \to 0} \left(\dfrac{\sin x}{x} \cdot \dfrac{1}{\cos x}\right) = \lim\limits_{x \to 0} \dfrac{\sin x}{x} \lim\limits_{x \to 0} \dfrac{1}{\cos x} = 1 \times 1 = 1.$

例 9　计算 $\lim\limits_{x \to 0} \dfrac{\sin 5x}{2x}$.

解　令 $5x = u$,当 $x \to 0$ 时,$u \to 0$,因此有

$$\lim\limits_{x \to 0} \frac{\sin 5x}{2x} = \lim\limits_{u \to 0} \frac{\sin u}{\frac{2}{5}u} = \frac{5}{2}\lim\limits_{u \to 0} \frac{\sin u}{u} = \frac{5}{2} \times 1 = \frac{5}{2}. \text{(此处 } 5x \text{ 相当于推广中的 } \varphi(x))$$

如果不写出中间变量,那么可按如下格式进行:

$$\lim_{x\to0}\frac{\sin5x}{2x}=\lim_{u\to0}\frac{\sin u}{\frac{2}{5}u}=\frac{5}{2}\lim_{u\to0}\frac{\sin u}{u}=\frac{5}{2}\times1=\frac{5}{2}.$$

例 10　计算 $\lim\limits_{x\to0}\dfrac{1-\cos x}{x^2}$.

解　$\lim\limits_{x\to0}\dfrac{1-\cos x}{x^2}=\lim\limits_{x\to0}\dfrac{2\sin^2\frac{x}{2}}{x^2}=\lim\limits_{x\to0}\dfrac{1}{2}\left(\dfrac{\sin\frac{x}{2}}{\frac{x}{2}}\right)^2=\dfrac{1}{2}\lim\limits_{\frac{x}{2}\to0}\left(\dfrac{\sin\frac{x}{2}}{\frac{x}{2}}\right)^2=\dfrac{1}{2}\times1=\dfrac{1}{2}.$

例 11　计算 $\lim\limits_{x\to0}\dfrac{\sin3x-\sin x}{3x}$.

解　$\lim\limits_{x\to0}\dfrac{\sin3x-\sin x}{3x}=\lim\limits_{x\to0}\dfrac{2\cos2x\sin x}{3x}=\dfrac{2}{3}\lim\limits_{x\to0}\cos2x\lim\limits_{x\to0}\dfrac{\sin x}{x}=\dfrac{2}{3}\times1\times1=\dfrac{2}{3}.$

例 9 和例 10 的结果可作为公式使用.例 9 的一般形式为

$$\lim_{x\to0}\frac{\sin ax}{bx}=\frac{a}{b}\,(a\neq0,b\neq0).$$

2. 第二个重要极限 $\lim\limits_{x\to\infty}\left(1+\dfrac{1}{x}\right)^x=\mathrm{e}$

这个极限是一种新的类型,极限的四则运算对它无效,列出下表以探求当 $x\to+\infty$ 时,函数 $f(x)=\left(1+\dfrac{1}{x}\right)^x$ 的变化趋势(表 1-2 中的函数值除 $x=1$ 外,都是近似值).

表 1-2　$f(x)$ 当 $x\to+\infty$ 时的变化情况

x	1	2	10	1000	10000	100000	1000000	$\cdots$
$f(x)=\left(1+\dfrac{1}{x}\right)^x$	2	2.25	2.594	2.717	2.7181	2.7182	2.71828	$\cdots$

从表中可以看出,当 x 取正值并无限增大时,$f(x)$ 是逐渐增大的,但是不论 x 如何增大,$f(x)$ 的值总不会超过 3,即当 $x\to+\infty$ 时,可以证明函数 $f(x)=\left(1+\dfrac{1}{x}\right)^x$ 与数列 $\{u_n\}=\left\{\left(1+\dfrac{1}{n}\right)^n\right\}$(参见习题 1-2 第 13 题)是趋于同一个确定的数 $2.718281828\cdots$,但这个数是一个无理数,即自然对数的底数 e.

同样,当 $x\to-\infty$ 时函数 $f(x)=\left(1+\dfrac{1}{x}\right)^x$ 有类似的变化趋势,只是它是逐渐减小而趋向于 e.

综上所述,得到第二个重要极限

$$\lim_{x\to\infty}\left(1+\frac{1}{x}\right)^x=\mathrm{e}.$$

这个重要极限也可以变形和推广.

(1) 令 $x=\dfrac{1}{u}$,则 $x\to\infty$ 时,$u\to0$,代入后得到这个重要极限的变形形式

$$\lim_{u\to0}(1+u)^{\frac{1}{u}}=\mathrm{e}.$$

(2) 若 $\varphi(x) \to \infty$，则

$$\lim\left[1+\frac{1}{\varphi(x)}\right]^{\varphi(x)} = \lim_{\varphi(x) \to \infty}\left[1+\frac{1}{\varphi(x)}\right]^{\varphi(x)} = e;$$

或若 $\lim\varphi(x)=0$，则

$$\lim[1+\varphi(x)]^{\frac{1}{\varphi(x)}} = \lim_{\varphi(x) \to 0}[1+\varphi(x)]^{\frac{1}{\varphi(x)}} = e.$$

第二个重要极限及其变形和推广，在所谓的 1^{∞} 型极限的运算及理论推导中都有重要应用.

例 12　计算 $\lim\limits_{x \to \infty}\left(1+\dfrac{1}{x}\right)^{3x}$.

解　$\lim\limits_{x \to \infty}\left(1+\dfrac{1}{x}\right)^{3x} = \lim\limits_{x \to \infty}\left[\left(1+\dfrac{1}{x}\right)^x\right]^3 = \left[\lim\limits_{x \to \infty}\left(1+\dfrac{1}{x}\right)^x\right]^3 = e^3.$

例 13　计算 $\lim\limits_{x \to 0}\dfrac{\ln(1+x)}{x}$.

解　令 $u=(1+x)^{\frac{1}{x}}$，则当 $x \to 0$ 时 $u \to e$. 所以

$$\lim_{x \to 0}\frac{\ln(1+x)}{x} = \lim_{x \to 0}\ln(1+x)^{\frac{1}{x}} = \lim_{u \to e}\ln u = \ln e = 1.$$

例 14　计算 $\lim\limits_{x \to 0}\dfrac{e^x-1}{x}$.

解　令 $e^x-1=u$，则 $x=\ln(1+u)$，且当 $x \to 0$ 时 $u \to 0$. 所以

$$\lim_{x \to 0}\frac{e^x-1}{x} = \lim_{u \to 0}\frac{u}{\ln(1+u)} = \lim_{u \to 0}\frac{1}{\ln(1+u)^{\frac{1}{u}}} = 1.$$

例 15　计算 $\lim\limits_{x \to \infty}\left(\dfrac{2-x}{3-x}\right)^{x+2}$.

解　令 $\dfrac{2-x}{3-x}=1+u$，则 $x=3+\dfrac{1}{u}$，且当 $x \to \infty$ 时 $u \to 0$. 所以

$$\lim_{x \to \infty}\left(\frac{2-x}{3-x}\right)^{x+2} = \lim_{u \to 0}(1+u)^{\frac{1}{u}+5} = \lim_{u \to 0}\left[(1+u)^{\frac{1}{u}}(1+u)^5\right] = e \times 1 = e.$$

例 16　计算 $\lim\limits_{x \to 0}(1+\tan x)^{\cot x}$.

解　令 $\tan x=u$，则当 $x \to 0$ 时 $u \to 0$. 所以

$$\lim_{x \to 0}(1+\tan x)^{\cot x} = \lim_{u \to 0}(1+u)^{\frac{1}{u}} = e.$$

注：例 13 和例 14 的结论可作为公式使用.

习题 1-3

A 组

计算 $1 \sim 20$ 题中的极限.

1. $\lim\limits_{x \to 4}\dfrac{x^2+5}{x-3}$.

2. $\lim\limits_{x \to -2}\dfrac{x^2-4}{x+2}$.

3. $\lim\limits_{x \to 4}\dfrac{x^2-6x+8}{x^2-5x+4}$.

4. $\lim\limits_{x \to 1}\dfrac{x^2-2x+1}{x^3-x}$.

5. $\lim\limits_{x \to 0}\dfrac{\sqrt{1-x}-1}{x}$.

6. $\lim\limits_{x \to 2}\dfrac{\sqrt{x^2+5}-3}{x-2}$.

7. $\lim\limits_{x\to 0}\dfrac{\sin 3x}{\sin 5x}$.

8. $\lim\limits_{x\to 0}\dfrac{\tan kx}{x\sin x}$.

9. $\lim\limits_{x\to 0}\dfrac{\sin^3 x}{\sin x^3}$.

10. $\lim\limits_{x\to 0}\dfrac{\cos 2x-1}{x\sin x}$.

11. $\lim\limits_{x\to\infty}\left(1+\dfrac{5}{x}\right)^{-2x}$.

12. $\lim\limits_{x\to 0}(1-2x)^{\frac{1}{x}}$.

13. $\lim\limits_{n\to\infty}\left(\dfrac{1+2+\cdots+n}{2+n}-\dfrac{n}{2}\right)$.

14. $\lim\limits_{n\to\infty}\left(1+\dfrac{1}{2}+\dfrac{1}{4}+\cdots+\dfrac{1}{2^n}\right)$.

15. $\lim\limits_{x\to 1}\dfrac{x^m-1}{x^n-1}$($m,n$ 为正整数).

16. $\lim\limits_{n\to\infty}\dfrac{2^{n+1}+3^{n+1}}{2^n+3^n}$.

17. $\lim\limits_{x\to+\infty}(\sqrt{x+100}-\sqrt{x})$.

18. $\lim\limits_{x\to 0}\dfrac{\sqrt{2}-\sqrt{1+\cos x}}{\sin^2 x}$.

19. $\lim\limits_{x\to-1}\dfrac{\sin(x^2-1)}{x+1}$.

20. $\lim\limits_{x\to+\infty}2^x\sin\dfrac{1}{2^x}$.

B 组

计算 21～31 题中的极限.

21. $\lim\limits_{x\to 0}\dfrac{\arcsin x}{x}$.

22. $\lim\limits_{x\to 0^+}\dfrac{x}{\sqrt{1-\cos x}}$.

23. $\lim\limits_{x\to\infty}\left(\dfrac{x}{1+x}\right)^{x+3}$.

24. $\lim\limits_{x\to\infty}\left(\dfrac{2x-1}{2x+1}\right)^{2x+1}$.

25. $\lim\limits_{x\to 0}\sqrt[x]{1+5x}$.

26. $\lim\limits_{x\to 0}\dfrac{\ln(h+x)-\ln h}{x}$.

27. $\lim\limits_{x\to 0}\dfrac{\ln(1-5x)}{2x}$.

28. $\lim\limits_{x\to 0}(1+x^2)^{\cot^2 x}$.

29. $\lim\limits_{x\to 0}\dfrac{\mathrm{e}^{2x}-1}{x}$.

30. $\lim\limits_{x\to\frac{\pi}{2}}(\sin x)^{\frac{1}{\cos^2 x}}$.

31. 根据本节定理 1.6 证明

$$\lim_{n\to\infty}\left(\dfrac{1}{\sqrt{n^2+1}}+\dfrac{1}{\sqrt{n^2+2}}+\cdots+\dfrac{1}{\sqrt{n^2+n}}\right)=1.$$

1.4　无穷小量与无穷大量

1.4.1　无穷小量与无穷大量

1. 无穷小量

定义 1.15　如果当 $x\to x_0$(或 $x\to\infty$)时,函数 $f(x)$ 的极限为 0,则称函数 $f(x)$ 为 $x\to x_0$(或 $x\to\infty$)时的无穷小量,简称无穷小,记作

$$\lim_{x\to x_0}f(x)=0(或\lim_{x\to\infty}f(x)=0).$$

当 $x\to x_0^+$,$x\to x_0^-$,$x\to+\infty$,$x\to-\infty$ 时,可得到相应的无穷小量定义. 例如,因为 $\lim\limits_{x\to 1}(x^3-1)=0$,所以函数 x^3-1 是当 $x\to 1$ 时的无穷小量. 又如,因为 $\lim\limits_{x\to\infty}\dfrac{1}{x^2}=0$,所以函数 $\dfrac{1}{x^2}$

是当 $x\rightarrow\infty$ 时的无穷小量.

关于无穷小量的概念,以下两点必须注意.

(1) 一个函数 $f(x)$ 是否为无穷小量,是与自变量 x 的变化过程紧密相关的,因此必须指明自变量 x 的变化过程.例如,函数 x 是当 $x\rightarrow0$ 时的无穷小量,而当 x 趋向于其他数值时,它就不是无穷小量.

(2) 一般地,无穷小量表达的是量的变化状态,而不是量的大小,切不可把绝对值很小的常数说成是无穷小量,但 0 是唯一可作为无穷小量的常数,因为它的任何极限都是 0.

2. 无穷大量

定义 1.16　如果当 $x\rightarrow x_0$(或 $x\rightarrow\infty$)时,函数 $f(x)$ 的绝对值无限增大,则称函数 $f(x)$ 为当 $x\rightarrow x_0$(或 $x\rightarrow\infty$)时的无穷大量,简称无穷大,记作

$$\lim_{x\rightarrow x_0}f(x)=\infty\qquad(\text{或}\lim_{x\rightarrow\infty}f(x)=\infty).$$

如果当 $x\rightarrow x_0$(或 $x\rightarrow\infty$)时,函数 $f(x)$(或 $-f(x)$)无限增大,则称函数 $f(x)$ 为当 $x\rightarrow x_0$(或 $x\rightarrow\infty$)时的正(或负)无穷大量,简称正(或负)无穷大,记作

$$\lim_{\substack{x\rightarrow x_0\\(x\rightarrow\infty)}}f(x)=+\infty\qquad(\text{或}\lim_{\substack{x\rightarrow x_0\\(x\rightarrow\infty)}}f(x)=-\infty).$$

当 $x\rightarrow x_0^+$,$x\rightarrow x_0^-$,$x\rightarrow+\infty$,$x\rightarrow-\infty$ 时,可得到相应的无穷大量定义.

关于无穷大量的概念,以下三点必须注意.

(1) 一个函数 $f(x)$ 是否为无穷大量,是与自变量 x 的变化过程紧密相关的,因此必须指明自变量 x 的变化过程.例如,函数 $\dfrac{1}{x^2}$ 是当 $x\rightarrow0$ 时的无穷大量,而当 $x\rightarrow\infty$ 时,它就不是无穷大量.

(2) 无穷大量表达的是量的变化状态,而不是量的大小,记号"∞"并不表示一个确定的数,其含义仅表示"$f(x)$ 的绝对值无限增大".因此,切不可把绝对值很大的常数(如 10^{100000})与无穷大量混为一谈.

(3) 如果函数 $f(x)$ 为当 $x\rightarrow x_0$(或 $x\rightarrow\infty$)时的无穷大量,那么它的极限是不存在的,但为了描述函数的这种变化趋势,也说"函数的极限是无穷大".

例如,当 $x\rightarrow0$ 时,$\left|\dfrac{1}{x}\right|$ 无限增大,所以 $\dfrac{1}{x}$ 是当 $x\rightarrow0$ 时的无穷大量,记作 $\lim\limits_{x\rightarrow0}\dfrac{1}{x}=\infty$.

当 $x\rightarrow\infty$ 时,$|x|$ 无限增大,所以 x 是当 $x\rightarrow\infty$ 时的无穷大量,记作 $\lim\limits_{x\rightarrow\infty}x=\infty$.

又如,当 $x\rightarrow+\infty$ 时,2^x 取正值而无限增大,所以 2^x 是当 $x\rightarrow+\infty$ 时的正无穷大量,记作 $\lim\limits_{x\rightarrow+\infty}2^x=+\infty$.

当 $x\rightarrow0^+$ 时,$-\ln x$ 取正值而无限增大,所以 $\ln x$ 是 $x\rightarrow0^+$ 时的负无穷大量,记作 $\lim\limits_{x\rightarrow0^+}\ln x=-\infty$.

3. 无穷大量与无穷小量的关系

无穷大量与无穷小量之间有着密切关系,这种关系可以从下面的讨论中得到启示.

函数 $f(x)=\dfrac{1}{x}$ 是当 $x\rightarrow0$ 时的无穷大量,它的倒数 x 则是 $x\rightarrow0$ 时的无穷小量.函数 $f(x)=\dfrac{1}{x^2}$ 是当 $x\rightarrow\infty$ 时的无穷小量,它的倒数 x^2 则是 $x\rightarrow\infty$ 时的无穷大量.总结这种规律,

可得下述定理.

定理 1.7　在自变量的同一趋向下,如果函数 $f(x)$ 为无穷大量,则 $\dfrac{1}{f(x)}$ 为无穷小量;反之,如果函数 $f(x)$ 为无穷小量,且 $f(x)\neq 0$,则 $\dfrac{1}{f(x)}$ 为无穷大量.

下面利用无穷大量与无穷小量的关系来求一些函数的极限.

例 1　计算 $\lim\limits_{x\to 1}\dfrac{x-4}{x-1}$.

解　因为 $\lim\limits_{x\to 1}\dfrac{x-1}{x-4}=0$,即 $\dfrac{x-1}{x-4}$ 是当 $x\to 1$ 时的无穷小量,根据无穷大量与无穷小量的关系可知,它的倒数 $\dfrac{x-4}{x-1}$ 是当 $x\to 1$ 时的无穷大量,即 $\lim\limits_{x\to 1}\dfrac{x-4}{x-1}=\infty$.

例 2　计算 $\lim\limits_{x\to\infty}\dfrac{2x^2-x+3}{x^2+2x+2}$.

解　当 $x\to\infty$ 时,所给函数的分子、分母的极限均为无穷大量,称这类极限为 $\dfrac{\infty}{\infty}$ 型极限,所以不能直接应用极限运算法则 1.3 来计算极限.可先对这个分式作适当的变形,分子、分母同除以它们的最高次幂,然后再用极限的运算法则.

$$\lim_{x\to\infty}\frac{2x^2-x+3}{x^2+2x+3}=\lim_{x\to\infty}\frac{2-\dfrac{1}{x}+\dfrac{3}{x^2}}{1+\dfrac{2}{x}+\dfrac{2}{x^2}}=\frac{2}{1}=2.$$

例 3　计算 $\lim\limits_{x\to\infty}\dfrac{2x^2-x+1}{x^3+2x+3}$.

解　依照例 2,分子、分母同除以分子、分母中自变量的最高次幂,得

$$\lim_{x\to\infty}\frac{2x^2-x+1}{x^3+2x+3}=\lim_{x\to\infty}\frac{\dfrac{2}{x}-\dfrac{1}{x^2}+\dfrac{1}{x^3}}{1+\dfrac{2}{x^2}+\dfrac{3}{x^3}}=\frac{0}{1}=0.$$

一般地,当 $x\to\infty$ 时,有理分式($a_0\neq 0,b_0\neq 0$)的极限有以下结果:

$$\lim_{x\to\infty}\frac{a_0 x^n+a_1 x^{n-1}+\cdots+a_n}{b_0 x^m+b_1 x^{m-1}+\cdots+b_m}=\begin{cases}\infty, & m<n,\\[2mm]\dfrac{a_0}{b_0}, & m=n,\\[2mm]0, & m>n\end{cases}(a_0\neq 0,b_0\neq 0).$$

1.4.2　无穷小量的性质

1. 无穷小量的性质

在自变量同一趋向下,无穷小量具有下列重要性质.

性质 1.4　有限个无穷小量的代数和仍然是无穷小量.

性质 1.5　有限个无穷小量的乘积仍然是无穷小量.

性质 1.6　有界函数与无穷小量的乘积是无穷小量.

性质 1.7　常数与无穷小量的乘积是无穷小量.

必须指出,无穷多个无穷小量的和未必是无穷小量.例如,当 $n \to \infty$ 时,$\dfrac{1}{n^2}, \dfrac{2}{n^2}, \cdots, \dfrac{n}{n^2}$ 都是无穷小量,但是 $\lim\limits_{n \to \infty} \left(\dfrac{1}{n^2} + \dfrac{2}{n^2} + \cdots + \dfrac{n}{n^2} \right) = \lim\limits_{n \to \infty} \dfrac{n(n+1)}{2n^2} = \dfrac{1}{2}$.

例 4　计算 $\lim\limits_{x \to 0} x \sin \dfrac{1}{x}$.

解　因为 $\lim\limits_{x \to 0} x = 0$,所以 x 是 $x \to 0$ 时的无穷小量,而 $\left| \sin \dfrac{1}{x} \right| \leqslant 1$,所以 $\sin \dfrac{1}{x}$ 是有界函数.根据无穷小量的性质 1.6 可知 $\lim\limits_{x \to 0} x \sin \dfrac{1}{x} = 0$.

例 5　计算 $\lim\limits_{x \to \infty} \dfrac{\sin x}{x}$.

解　因为 $\dfrac{\sin x}{x} = \dfrac{1}{x} \sin x$,而 $\dfrac{1}{x}$ 是 $x \to \infty$ 时的无穷小量,$\sin x$ 是有界函数.根据无穷小量的性质 1.6 可知 $\lim\limits_{x \to \infty} \dfrac{\sin x}{x} = 0$.

2. 函数、极限与无穷小量的关系

下面的定理将说明函数、函数的极限与无穷小量三者之间的重要关系.

定理 1.8　在自变量的同一趋向下,具有极限的函数 $f(x)$ 等于它的极限与一个无穷小量的和;反之,如果函数 $f(x)$ 可表示为常数与无穷小量的和,那么这个常数就是函数 $f(x)$ 的极限.即

$$\lim f(x) = A \Leftrightarrow f(x) = A + \alpha \quad (\text{其中 } A \text{ 为常数},\lim \alpha = 0).$$

证　(以 $x \to x_0$ 为例)

(1) 必要性　设 $\lim\limits_{x \to x_0} f(x) = A$,令 $f(x) - A = \alpha$,则 $f(x) = A + \alpha$,且有

$$\lim\limits_{x \to x_0} \alpha = \lim\limits_{x \to x_0} [f(x) - A] = 0.$$

(2) 充分性　设 $f(x) = A + \alpha$,$\lim\limits_{x \to x_0} \alpha = 0$,则 $\lim\limits_{x \to x_0} f(x) = \lim\limits_{x \to x_0} (A + \alpha) = A$.

对于 $x \to \infty$ 等情形,可以类似证明.

1.4.3　无穷小量的比较

大家已经知道,在自变量同一趋向下的两个无穷小量的代数组合及乘积仍然是这个过程中的无穷小量,但是两个无穷小量的商却要复杂得多.例如,当 $x \to 0$ 时,x, x^2 和 $\sin x$ 都是无穷小量,而 $\lim\limits_{x \to 0} \dfrac{x^2}{x} = 0, \lim\limits_{x \to 0} \dfrac{\sin x}{x} = 1, \lim\limits_{x \to 0} \dfrac{x}{x^2} = \infty$.

两个无穷小量的比值的极限不同,反映了不同的无穷小量趋于零时的"快慢"差异,以下通过无穷小量的比较来衡量不同的无穷小量逼近于 0 的快慢程度,并且它将为极限的运算提供较为简捷的途径.

定义 1.17　设 α, β 是自变量 $x \to a$(a 可以是 x_0 或 ∞)时的两个无穷小量,且 $\lim\limits_{x \to a} \dfrac{\alpha}{\beta} = C$ (C 为常数).

(1) 若 $C = 0$,则称当 $x \to a$ 时,α 是 β 的高阶无穷小量,或称 β 是 α 的低阶无穷小量,记

作 $\alpha=o(\beta)(x\to a)$.

(2) 若 $C\neq0$，则称当 $x\to a$ 时，α 与 β 是同阶无穷小量.

(3) 若 $C=1$，则称当 $x\to a$ 时，α 与 β 是等价无穷小量，记作 $\alpha\sim\beta(x\to a)$.

说得通俗些，在自变量的同一趋向下，同阶无穷小量可以想象为它们趋向于 0 的快慢成一种"倍数"关系；等价无穷小量是指它们趋向于 0 的速度"相同"；若 α 是 β 的高阶无穷小量，则意味着 α 比 β 趋向于 0 的速度要快得多.

例 6 证明当 $x\to0$ 时，$(1+x)^n-1\sim nx(n\in\mathbf{N}^+)$.

证 因为 $\lim\limits_{x\to0}\dfrac{(1+x)^n-1}{nx}=\lim\limits_{x\to0}\dfrac{C_n^1x+C_n^2x^2+\cdots+C_n^nx^n}{nx}=1$，所以当 $x\to0$ 时，

$$(1+x)^n-1\sim nx(n\in\mathbf{N}^+).$$

根据前面的讨论，易见当 $x\to0$ 时，

$$\sin x\sim x,\tan x\sim x,\arctan x\sim x,\ln(1+x)\sim x,\mathrm{e}^x-1\sim x,1-\cos x\sim\frac{1}{2}x^2;$$

$$x^6=o(x^5),1-\cos x=o(x).$$

定理 1.9（等价无穷小量替换） 设 $\alpha,\alpha',\beta,\beta'$ 是 $x\to a$（a 可以是 x_0 或 ∞）时的无穷小量，且 $\alpha\sim\alpha',\beta\sim\beta'$，则当极限 $\lim\limits_{x\to a}\dfrac{\alpha'}{\beta'}$ 存在时，极限 $\lim\limits_{x\to a}\dfrac{\alpha}{\beta}$ 也存在，且 $\lim\limits_{x\to a}\dfrac{\alpha}{\beta}=\lim\limits_{x\to a}\dfrac{\alpha'}{\beta'}$.

证 $\lim\limits_{x\to a}\dfrac{\alpha}{\beta}=\lim\limits_{x\to a}\left(\dfrac{\alpha}{\alpha'}\dfrac{\alpha'}{\beta'}\dfrac{\beta'}{\beta}\right)=\lim\limits_{x\to a}\dfrac{\alpha}{\alpha'}\lim\limits_{x\to a}\dfrac{\alpha'}{\beta'}\lim\limits_{x\to a}\dfrac{\beta'}{\beta}=\lim\limits_{x\to a}\dfrac{\alpha'}{\beta'}$.

定理 1.9 表明，对于 $\dfrac{0}{0}$ 型的极限问题，可以施行等价无穷小量替换来计算极限. 若在极限运算中灵活地运用这些等价无穷小量，则可以为计算提供极大的方便.

例 7 计算 $\lim\limits_{x\to0}\dfrac{\tan5x}{7x}$.

解 因为 $\tan5x\sim5x(x\to0)$，所以 $\lim\limits_{x\to0}\dfrac{\tan5x}{7x}=\lim\limits_{x\to0}\dfrac{5x}{7x}=\dfrac{5}{7}$.

例 8 计算 $\lim\limits_{x\to0}\dfrac{\ln(1+x)}{\mathrm{e}^x-1}$.

解 因为 $\ln(1+x)\sim x,\mathrm{e}^x-1\sim x(x\to0)$，所以 $\lim\limits_{x\to0}\dfrac{\ln(1+x)}{\mathrm{e}^x-1}=\lim\limits_{x\to0}\dfrac{x}{x}=1$.

例 9 计算 $\lim\limits_{x\to\frac{\pi}{4}}\tan2x\tan\left(\dfrac{\pi}{4}-x\right)$.

解 先作变量代换. 令 $u=\dfrac{\pi}{4}-x$，当 $x\to\dfrac{\pi}{4}$ 时，$u\to0$，从而有 $\tan u\sim u(u\to0)$，所以

$$\lim_{x\to\frac{\pi}{4}}\tan2x\tan\left(\frac{\pi}{4}-x\right)=\lim_{u\to0}\tan2\left(\frac{\pi}{4}-u\right)\tan u=\lim_{u\to0}\cot2u\tan u$$

$$=\lim_{u\to0}\frac{\tan u}{\tan2u}=\lim_{u\to0}\frac{u}{2u}=\frac{1}{2}.$$

必须强调指出，在极限运算中，恰当地使用等价无穷小量的代换，能起到简化运算的作用，但在分子或分母为和式时，通常不能将和式中的某一项或若干项以其等价无穷小量代换，而应将分子或分母加以整体代换；若分子或分母为几个因子的乘积，则可将其中某个或某些因子以其等价无穷小量代换，即乘积因子才能作无穷小量代换.

例 10 计算 $\lim\limits_{x \to 0} \dfrac{\tan x - \sin x}{x^3}$.

解
$$\lim_{x \to 0} \frac{\tan x - \sin x}{x^3} = \lim_{x \to 0} \frac{\sin x \dfrac{1 - \cos x}{\cos x}}{x^3} = \lim_{x \to 0} \frac{1}{\cos x} \lim_{x \to 0} \frac{x(1 - \cos x)}{x^3}$$

$$= 1 \times \lim_{x \to 0} \frac{1 - \cos x}{x^2} = \lim_{x \to 0} \frac{\dfrac{1}{2}x^2}{x^2} = \frac{1}{2}.$$

如果根据 $\sin x \sim x, \tan x \sim x (x \to 0)$ 而一开始就用 x 代换 $\tan x$ 和 $\sin x$，那么将会得到 $\lim\limits_{x \to 0} \dfrac{\tan x - \sin x}{x^3} = \lim\limits_{x \to 0} \dfrac{x - x}{x^3} = 0$ 的错误结果. 为什么会这样呢? 这是因为如此代换的分子 $\tan x - \sin x$ 与 $x - x$ 不是等价无穷小量.

习题 1-4

A 组

指出 1~6 题中的函数在相应自变量的趋向下是无穷大量还是无穷小量.

1. $\dfrac{2+x}{3x} (x \to 0)$.

2. $e^{-x} (x \to +\infty)$.

3. $\ln x (x \to 0^+)$.

4. $\tan x (x \to 0)$.

5. $\cot x (x \to 0)$.

6. $2^{\frac{1}{x}} (x \to 0^-)$.

计算 7~16 题中的极限.

7. $\lim\limits_{x \to -1} \dfrac{x^2 + 5x + 6}{x^2 - 3x - 4}$.

8. $\lim\limits_{x \to 2} \left(\dfrac{x}{x^2 - 4} - \dfrac{1}{x-2} \right)$.

9. $\lim\limits_{x \to \infty} \left(\dfrac{2x}{3-x} - \dfrac{3}{2x} \right)$.

10. $\lim\limits_{x \to \infty} \dfrac{x^2 + 3x - 5}{2x^3 + x + 8}$.

11. $\lim\limits_{x \to \infty} \dfrac{x^3 - 9x^2 + 8x + 7}{10x^2 + 9x + 8}$.

12. $\lim\limits_{x \to \infty} \dfrac{x(x+5)}{(x+2)(x+3)}$.

13. $\lim\limits_{x \to \infty} x^2 \left(\dfrac{1}{x+1} - \dfrac{1}{x-1} \right)$.

14. $\lim\limits_{x \to \infty} \dfrac{\arctan 2x}{3x}$.

15. $\lim\limits_{x \to 0} x^3 \cos \dfrac{1}{x}$.

16. $\lim\limits_{x \to 0} \dfrac{1 - \cos \omega x}{\sin^2 x} (\omega$ 为常数$)$.

B 组

计算 17~20 题中的极限.

17. $\lim\limits_{x \to 0} \dfrac{\sin x^n}{\sin^m x} (m \neq 0)$.

18. $\lim\limits_{x \to 0} \dfrac{\cos 2x - \cos 3x}{\sqrt{1 + x^2} - 1}$.

19. $\lim\limits_{x \to 0^+} \dfrac{\sin ax}{\sqrt{1 - \cos x}} (a \neq 0)$.

20. $\lim\limits_{x \to 0} \dfrac{\ln(1 - 2x)}{e^x - 1}$.

21. 已知 $\lim\limits_{x \to \infty} \dfrac{ax^2 + bx + 6}{3x - 4} = 2$，求 a, b 的值.

22. 已知当 $x \to 0$ 时，$ax^b \sim (\tan x - \sin x)$，求 a, b 的值.

1.5 函数的连续性

1.5.1 函数连续性的概念

1. 函数 $y=f(x)$ 在点 x_0 处的连续性

定义 1.18 如果函数 $y=f(x)$ 在点 x_0 的一个邻域内有定义,且 $\lim\limits_{x \to x_0} f(x)=f(x_0)$,则称函数 $y=f(x)$ 在点 x_0 处连续,称点 x_0 为函数 $y=f(x)$ 的连续点.

从定义 1.18 可以看出,函数 $y=f(x)$ 在点 x_0 处连续必须同时满足以下三个条件:

(1) 函数 $y=f(x)$ 在点 x_0 的某个邻域内有定义;

(2) 极限 $\lim\limits_{x \to x_0} f(x)$ 存在;

(3) 极限值等于函数值,即 $\lim\limits_{x \to x_0} f(x)=f(x_0)$.

在给出定义 1.19 之前,先引入函数增量的概念.

如果函数 $y=f(x)$ 的自变量 x 由 x_0 变到 x,则称差值 $x-x_0$ 为自变量 x 在 x_0 处的改变量或增量,通常用符号 Δx 表示,即 $\Delta x=x-x_0$. 此时相应的函数值由 $f(x_0)$ 变到 $f(x)$,称差值 $f(x)-f(x_0)$ 为函数 $y=f(x)$ 在点 x_0 处的改变量或增量,记作 Δy,即 $\Delta y=f(x)-f(x_0)$. 增量的几何意义如图 1-19 所示.

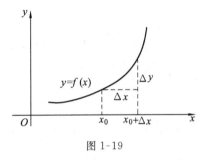

图 1-19

有了函数增量的概念,函数 $y=f(x)$ 在点 x_0 处连续的定义也可叙述如下.

定义 1.19 设函数 $y=f(x)$ 在点 x_0 的一个邻域内有定义,如果当自变量 x 在 x_0 处的增量 Δx 趋于零时,相应的函数增量 $\Delta y=f(x_0+\Delta x)-f(x_0)$ 也趋于零,即 $\lim\limits_{\Delta x \to 0} \Delta y=0$,则称函数 $y=f(x)$ 在点 x_0 处连续,称点 x_0 为函数 $y=f(x)$ 的连续点.

例 1 讨论函数 $f(x)=x^3-3$ 在 $x=2$ 处的连续性.

解 因为 $\lim\limits_{x \to 2} f(x)=\lim\limits_{x \to 2}(x^3-3)=2^3-3=5$,而 $f(2)=5$,即 $\lim\limits_{x \to 2} f(x)=f(2)$. 因此,函数 $f(x)=x^3-3$ 在 $x=2$ 处连续.

与函数 $y=f(x)$ 在 x_0 处左、右极限的概念相对应的是函数 $y=f(x)$ 在 x_0 处左、右连续的概念.

定义 1.20 如果函数 $y=f(x)$ 在区间 $(x_0-\delta, x_0]$ 上有定义,且 $\lim\limits_{x \to x_0^-} f(x)=f(x_0)$,则称函数 $y=f(x)$ 在点 x_0 处左连续;如果函数 $y=f(x)$ 在区间 $[x_0, x_0+\delta)$ 上有定义,且 $\lim\limits_{x \to x_0^+} f(x)=f(x_0)$,则称函数 $y=f(x)$ 在点 x_0 处右连续.

由定义 1.18、定义 1.19 和定义 1.20 可得下述充分必要条件.

函数 $y=f(x)$ 在 x_0 处连续的充分必要条件是:函数 $y=f(x)$ 在 x_0 处左、右连续. 即 $y=f(x)$ 在点 x_0 处连续 $\Leftrightarrow y=f(x)$ 在点 x_0 处既左连续又右连续.

例 2 证明函数 $f(x)=\begin{cases} 1+\cos x, & x<\dfrac{\pi}{2}, \\ \sin x, & x \geqslant \dfrac{\pi}{2} \end{cases}$ 在点 $x=\dfrac{\pi}{2}$ 处连续.

证　这是一个分段函数在分段点处的连续性问题. 由于 $f(x)$ 在点 $x=\dfrac{\pi}{2}$ 处的左、右两侧表达式不同, 因此先讨论函数 $f(x)$ 在点 $x=\dfrac{\pi}{2}$ 处的左、右连续性. 因为

$$\lim_{x\to\left(\frac{\pi}{2}\right)^-} f(x)=\lim_{x\to\left(\frac{\pi}{2}\right)^-}(1+\cos x)=1+\cos\frac{\pi}{2}=1=f\left(\frac{\pi}{2}\right),$$

$$\lim_{x\to\left(\frac{\pi}{2}\right)^+} f(x)=\lim_{x\to\left(\frac{\pi}{2}\right)^+}\sin x=\sin\frac{\pi}{2}=1=f\left(\frac{\pi}{2}\right),$$

从而函数 $f(x)$ 在点 $x=\dfrac{\pi}{2}$ 处左、右连续, 所以函数 $f(x)$ 在点 $x=\dfrac{\pi}{2}$ 处连续.

例 3　讨论函数 $f(x)=\begin{cases}x^2, & x\geqslant 0,\\ 1-x^3, & x<0\end{cases}$ 在点 $x=0$ 处的连续性.

解　因为 $\lim\limits_{x\to 0^-} f(x)=\lim\limits_{x\to 0^-}(1-x^3)=1$, $\lim\limits_{x\to 0^+} f(x)=\lim\limits_{x\to 0^+} x^2=0$. 即当 $x\to 0$ 时, 虽然函数 $f(x)$ 的左、右极限都存在, 但不相等, 从而当 $x\to 0$ 时函数 $f(x)$ 的极限不存在, 所以函数 $f(x)$ 在点 $x=0$ 处不连续.

2. 函数 $y=f(x)$ 在区间 $[a,b]$ 上的连续性

定义 1.21　如果函数 $y=f(x)$ 在开区间 (a,b) 内每一点都是连续的, 则称函数 $y=f(x)$ 在开区间 (a,b) 内连续, 或者说 $y=f(x)$ 是 (a,b) 内的连续函数. 如果函数 $y=f(x)$ 在闭区间 $[a,b]$ 上有定义, 在开区间 (a,b) 内连续, 且在区间的两个端点 $x=a$ 与 $x=b$ 处分别是右连续和左连续, 即 $\lim\limits_{x\to a^+} f(x)=f(a)$, $\lim\limits_{x\to b^-} f(x)=f(b)$, 则称函数 $y=f(x)$ 在闭区间 $[a,b]$ 上连续, 或者说 $y=f(x)$ 是闭区间 $[a,b]$ 上的连续函数.

函数 $y=f(x)$ 在它定义域内的每一点都连续, 则称 $y=f(x)$ 为连续函数. 连续函数的图形是一条连续不间断的曲线.

1.5.2　连续函数的运算

根据函数在一点连续的定义及函数极限的运算法则, 可以证明连续函数的和、差、积、商仍然是连续函数.

定理 1.10　若函数 $f(x)$, $g(x)$ 在点 x_0 处连续, 则函数 $f(x)\pm g(x)$, $f(x)g(x)$, $\dfrac{f(x)}{g(x)}$ $(g(x)\neq 0)$ 在点 x_0 处都连续.

证　因为 $f(x)$, $g(x)$ 在点 x_0 处连续, 即 $\lim\limits_{x\to x_0} f(x)=f(x_0)$, $\lim\limits_{x\to x_0} g(x)=g(x_0)$. 从而由极限的运算法则, 得到

$$\lim_{x\to x_0}[f(x)\pm g(x)]=\lim_{x\to x_0} f(x)\pm\lim_{x\to x_0} g(x)=f(x_0)\pm g(x_0),$$

所以函数 $f(x)\pm g(x)$ 在点 x_0 处连续.

后两个结论可类似地加以证明, 且和、差、积的情况可以推广到有限个函数的情形.

定理 1.11（复合函数的连续性）　设函数 $u=\varphi(x)$ 在点 x_0 处连续, $y=f(u)$ 在 u_0 处连续, 且 $u_0=\varphi(x_0)$, 则复合函数 $y=f[\varphi(x)]$ 在点 x_0 处连续, 即

$$\lim_{x\to x_0} f[\varphi(x)]=f[\lim_{x\to x_0}\varphi(x)]=f[\varphi(x_0)].$$

证明从略.

复合函数的连续性在极限计算中有着重要的用途,在计算 $\lim\limits_{x \to x_0} f[\varphi(x)]$ 时,只要满足定理 1.11 的条件,可通过变换 $u = \varphi(x)$ 转化为求 $\lim\limits_{u \to u_0} f(u)$,从而简化计算.

定理 1.12　若函数 $y = f(x)$ 在某区间上单值、单调且连续,则它的反函数 $y = f^{-1}(x)$ 在对应的区间上也单值、单调且连续,并且它们的单调性相同,即它们同为递增或同为递减函数.

证明从略.

由于 $y = C(C$ 为常数$)$ 是连续函数,且基本初等函数在其定义域内连续(由基本初等函数的图形亦可断言). 根据定理 1.10 和定理 1.11,可以得到下面的重要定理.

定理 1.13　初等函数在其定义区间内是连续的.

这个定理不仅提供了判断一个函数是不是连续函数的依据,而且提供了计算初等函数极限的一种方法:如果函数 $y = f(x)$ 是初等函数,而且点 x_0 是其定义区间内的一点,那么一定有 $\lim\limits_{x \to x_0} f(x) = f(x_0)$.

例 4　计算 $\lim\limits_{x \to e} \arcsin(\ln x)$.

解　因为 $\arcsin(\ln x)$ 是初等函数,且 $x = e$ 是它的定义区间内的一点,由定理 1.13,有

$$\lim_{x \to e} \arcsin(\ln x) = \arcsin(\ln e) = \arcsin 1 = \frac{\pi}{2}.$$

例 5　计算 $\lim\limits_{x \to 4} \dfrac{\sqrt{2x+1} - 3}{\sqrt{x} - 2}$.

解　所给函数是初等函数,但它在 $x = 4$ 处无定义,故不能直接应用定理 1.13. 易见这是一个 $\dfrac{0}{0}$ 型的极限问题. 经过分子有理化,可得到一个在 $x = 4$ 处的连续函数,再计算其极限. 即

$$\lim_{x \to 4} \frac{\sqrt{2x+1} - 3}{\sqrt{x} - 2} = \lim_{x \to 4} \frac{(\sqrt{2x+1} - 3)(\sqrt{2x+1} + 3)(\sqrt{x} + 2)}{(\sqrt{x} - 2)(\sqrt{2x+1} + 3)(\sqrt{x} + 2)}$$

$$= \lim_{x \to 4} \frac{(2x-8)(\sqrt{x} + 2)}{(x-4)(\sqrt{2x+1} + 3)} = \lim_{x \to 4} \frac{2(\sqrt{x} + 2)}{\sqrt{2x+1} + 3} = \frac{8}{6} = \frac{4}{3}.$$

1.5.3　闭区间上连续函数的性质

闭区间上的连续函数有一些重要性质,这些性质在直观上比较明显,因此将不加证明地直接给出下面结论.

定理 1.14(最大值和最小值定理)　若函数 $y = f(x)$ 在闭区间 $[a,b]$ 上连续,则

(1) 在 $[a,b]$ 上至少存在一点 ξ_1,使得对于任何 $x \in [a,b]$,恒有 $f(\xi_1) \geqslant f(x)$;

(2) 在 $[a,b]$ 上至少存在一点 ξ_2,使得对于任何 $x \in [a,b]$,恒有 $f(\xi_2) \leqslant f(x)$.

$f(\xi_1), f(\xi_2)$ 分别称为函数 $y = f(x)$ 在闭区间 $[a,b]$ 上的最大值和最小值.

从几何直观上看,因为闭区间上的连续函数的图形是包括两端点的一条不间断的曲线,因此,它必定有最高点 P 和最低点 Q,而点 P, Q 的纵坐标就是函数的最大值和最小值(如图 1-20 所示).

若函数 $f(x)$ 在开区间 (a,b) 内连续,则它在 (a,b) 内未必能取得最大值和最小值.例如,函数 $f(x)=x^2$ 在区间 $(0,1)$ 内连续,但它在 $(0,1)$ 内无最大值和最小值.又如,函数

$$f(x)=\begin{cases} -x+1, & 0\leqslant x<1, \\ 1, & x=1, \\ -x+3, & 1<x\leqslant 2 \end{cases}$$

在闭区间 $[0,2]$ 上有不连续点 $x=1$,但在闭区间 $[0,2]$ 上既无最大值又无最小值(如图 1-21 所示).

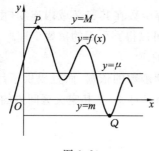
图 1-20

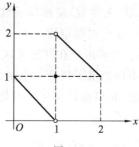
图 1-21

推论 1.4　若函数 $y=f(x)$ 在闭区间 I 上连续,则它在区间 I 上有界.

定理 1.15(介值定理)　若 $y=f(x)$ 在闭区间 $[a,b]$ 上连续,m 与 M 分别是 $y=f(x)$ 在闭区间 $[a,b]$ 上的最小值和最大值,μ 是介于 m 与 M 之间的任一实数:$m\leqslant\mu\leqslant M$,则在 $[a,b]$ 上至少存在一点 ξ,使得 $f(\xi)=\mu$.

定理 1.15 的几何意义:介于两条水平直线 $y=m$ 与 $y=M$ 之间的任一条直线 $y=\mu$ 与曲线 $y=f(x)$ 至少有一个交点(如图 1-20 所示).

推论 1.5(方程根的存在定理)　若 $y=f(x)$ 在闭区间 $[a,b]$ 上连续,且 $f(a)f(b)<0$,则方程 $f(x)=0$ 在 (a,b) 内至少有一个根,即至少存在一点 $\xi\in(a,b)$,使 $f(\xi)=0$.

推论 1.5 的几何意义:一条连续曲线,若其上的点的纵坐标由负值变到正值或由正值变到负值时,则曲线至少要穿越 x 轴一次(如图 1-20 所示).

使 $f(x)=0$ 的点称为函数 $y=f(x)$ 的零点.如果 $x=\xi$ 是函数 $y=f(x)$ 的零点,即 $f(\xi)=0$,那么 $x=\xi$ 就是方程 $f(x)=0$ 的一个实根;反之,方程 $f(x)=0$ 的一个实根 $x=\xi$ 就是函数 $y=f(x)$ 的一个零点.因此,求方程 $f(x)=0$ 的实根与求函数 $y=f(x)$ 的零点是一回事.正因为如此,推论 1.5 通常称为方程实根的存在实理.

例 6　证明方程 $x^4-4x+2=0$ 在区间 $(1,2)$ 内至少有一个实根.

证　设 $f(x)=x^4-4x+2$,显然它在闭区间 $[1,2]$ 上连续,且 $f(1)=-1<0$,$f(2)=10>0$,由推论 1.5 可知,至少存在一点 $\xi\in(1,2)$,使得 $f(\xi)=0$.这表明所给方程在 $(1,2)$ 内至少有一个实根.

1.5.4　函数的间断点

1. 间断点的概念

定义 1.22　如果函数 $y=f(x)$ 在点 x_0 处不连续,则称 $y=f(x)$ 在点 x_0 处间断,并称点 x_0 为 $y=f(x)$ 的间断点.

由 $y=f(x)$ 在 x_0 处连续的定义可知，$y=f(x)$ 在 x_0 处连续必须同时满足三个条件：(1) 函数 $y=f(x)$ 在 x_0 处有定义；(2) 极限 $\lim\limits_{x\to x_0}f(x)$ 存在；(3) $\lim\limits_{x\to x_0}f(x)=f(x_0)$. 如果这三个条件中有一个不满足，那么 $y=f(x)$ 在 x_0 处就不连续.

2. 间断点的分类

根据函数在间断点附近的变化特性，将间断点分为以下两种类型.

定义 1.23　设 x_0 是 $y=f(x)$ 的间断点，若 $y=f(x)$ 在点 x_0 的左、右极限都存在，则称点 x_0 为 $y=f(x)$ 的第一类间断点.

例如，函数 $f(x)=\begin{cases}x+1, & x<0 \\ x^2-1, & x\geqslant0\end{cases}$ 在点 $x=0$ 处有定义 $f(0)=-1$，由于 $\lim\limits_{x\to0^-}f(x)=1$，$\lim\limits_{x\to0^+}f(x)=-1$，故 $\lim\limits_{x\to0}f(x)$ 不存在，所以 $x=0$ 是 $f(x)$ 的第一类间断点.

又如，函数 $f(x)=\begin{cases}\dfrac{x^2-1}{x+1}, & x\neq-1 \\ -1, & x=-1\end{cases}$ 在点 $x=-1$ 处有定义 $f(-1)=-1$，且 $\lim\limits_{x\to-1}f(x)=-2$，虽然极限存在，但是不等于 $f(-1)$，所以 $x=-1$ 是 $f(x)$ 的第一类间断点.

再如，函数 $f(x)=\dfrac{\sin x}{x}$ 在 $x=0$ 处没有定义，且 $\lim\limits_{x\to0^-}f(x)=\lim\limits_{x\to0^+}f(x)=\lim\limits_{x\to0}f(x)=1$，所以 $x=0$ 是函数 $f(x)$ 的第一类间断点. 像这类左、右极限存在且相等的间断点，又称为可移去间断点.

定义 1.24　设 x_0 是 $y=f(x)$ 的间断点. 若 $y=f(x)$ 在点 x_0 的左、右极限至少有一个不存在，则称点 x_0 为 $y=f(x)$ 的第二类间断点.

例如，函数 $f(x)=\dfrac{1}{x}$ 在点 $x=0$ 处无定义，且 $\lim\limits_{x\to0^-}\dfrac{1}{x}=-\infty$，$\lim\limits_{x\to0^+}\dfrac{1}{x}=+\infty$，所以 $x=0$ 是它的第二类间断点.

讨论函数的连续性，要指出其连续区间. 若有间断点，应进一步指出间断点的类型.

例 7　讨论函数 $f(x)=\dfrac{x^2-1}{x(x+1)}$ 的连续性.

解　因为 $f(x)$ 是初等函数，在其定义区间内连续，所以只要找出 $f(x)$ 没有定义的那些点. 显然，函数 $f(x)$ 在点 $x=0$，$x=-1$ 处没有定义，故 $f(x)$ 在区间 $(-\infty,-1)\bigcup(-1,0)\bigcup(0,+\infty)$ 内连续，而在点 $x=0$，$x=-1$ 处间断.

在点 $x=0$ 处，因为 $\lim\limits_{x\to0}f(x)=\lim\limits_{x\to0}\dfrac{x^2-1}{x(x+1)}=\infty$，所以 $x=0$ 是 $f(x)$ 的第二类间断点.

在点 $x=-1$ 处，因为 $\lim\limits_{x\to-1}f(x)=\lim\limits_{x\to-1}\dfrac{x^2-1}{x(x+1)}=\lim\limits_{x\to-1}\dfrac{x-1}{x}=2$，所以 $x=-1$ 是 $f(x)$ 的第一类间断点（且为可移去间断点）.

例 8　证明 $x=1$ 是函数 $f(x)=7^{\frac{1}{x-1}}$ 的第二类间断点.

证　因为函数 $f(x)$ 在 $x=1$ 处没有定义，所以 $x=1$ 是函数 $f(x)$ 的间断点. 又因为

$$\lim\limits_{x\to1^-}f(x)=\lim\limits_{x\to1^-}7^{\frac{1}{x-1}}=0,\quad \lim\limits_{x\to1^+}f(x)=\lim\limits_{x\to1^+}7^{\frac{1}{x-1}}=+\infty,$$

所以 $x=1$ 是 $f(x)$ 的第二类间断点.

由以上讨论可知，讨论函数 $y=f(x)$ 的连续性时，若 $y=f(x)$ 是初等函数，则由"初等函

数在其定义区间内连续"的基本结论,只要找出 $y=f(x)$ 没有定义的点,这些点就是 $y=f(x)$ 的间断点. 若 $y=f(x)$ 是分段函数,则在分段点处往往要从左、右极限入手讨论极限、函数值等,根据函数的点连续性定义去判断;在非分段点处,根据该点所在子区间上函数的表达式,按初等函数进行讨论.

习题 1-5

A 组

1. 判断下列命题是否正确.

(1) 若函数 $f(x)$ 在 x_0 处有定义,且 $\lim\limits_{x \to x_0} f(x)=A$,则 $f(x)$ 在 x_0 处连续;

(2) 若函数 $f(x)$ 在 x_0 处连续,则 $\lim\limits_{x \to x_0} f(x)$ 必存在;

(3) 若函数 $f(x)$ 在 x_0 处连续,$g(x)$ 在 x_0 处间断,则 $f(x)+g(x)$ 在 x_0 处间断;

(4) 若函数 $f(x)$ 在 x_0 处连续,$g(x)$ 在 x_0 处间断,则 $f(x)g(x)$ 在 x_0 处间断;

(5) 若函数 $f(x)$ 在 $(-\infty,+\infty)$ 内连续,则它在闭区间 $[a,b]$ 上一定连续;

(6) 初等函数在其定义域内一定连续.

2. 求函数 $f(x)=\dfrac{x^2+5x+6}{x^2+x-6}$ 的连续区间,并求极限 $\lim\limits_{x \to -2} f(x)$,$\lim\limits_{x \to -3} f(x)$.

3. 设函数 $f(x)=\begin{cases} e^{-x}, & x<0 \\ a^2+x, & x \geqslant 0 \end{cases}$ 在 $(-\infty,+\infty)$ 内连续,求 a 的值.

计算 4～9 题中的极限.

4. $\lim\limits_{x \to 1}[\sin(\ln x)]$.

5. $\lim\limits_{x \to e}(x\ln x + 3x + 2)$.

6. $\lim\limits_{x \to 0^+} \dfrac{2^{\frac{1}{x}}-1}{2^{\frac{1}{x}}+1}$.

7. $\lim\limits_{x \to +\infty} \dfrac{\ln(1+x)-\ln x}{x}$.

8. $\lim\limits_{x \to +\infty}(\sqrt{x^2+x}-x)$.

9. $\lim\limits_{x \to 0} \dfrac{\sqrt{x+4}-2}{2\sin x}$.

在 10～11 题中,函数 $f(x)$ 在 $x=0$ 处是否连续? 若不连续,指出是哪一类间断点.

10. $f(x)=\begin{cases} x+\dfrac{1}{x}, & x \neq 0, \\ 0, & x=0. \end{cases}$

11. $f(x)=\dfrac{2^{\frac{1}{x}}-1}{2^{\frac{1}{x}}+1}$.

12. 证明方程 $x^3+2x-6=0$ 至少有一个根介于 1 和 3 之间.

13. 设函数 $f(x)=\sin x - x^2\cos x$,证明至少存在一点 $\xi \in \left(\pi,\dfrac{3\pi}{2}\right)$ 使得 $f(\xi)=0$.

B 组

计算 14～19 题中的极限.

14. $\lim\limits_{x \to 1}\arcsin\dfrac{\sqrt{3x+\ln x}}{2}$.

15. $\lim\limits_{x \to 0^-} \dfrac{2^{\frac{1}{x}}-1}{2^{\frac{1}{x}}+1}$.

16. $\lim\limits_{x \to +\infty}\cos(\sqrt{x-100}-\sqrt{x})$.

17. $\lim\limits_{x \to 0}[\sin\ln(1+x)^{\frac{1}{x}}]$.

18. $\lim\limits_{x \to a}\dfrac{\cos x - \cos a}{x-a}$.

19. $\lim\limits_{x \to 0}\dfrac{\sqrt{x+1}-1}{\sqrt{x+4}-2}$.

20. 设函数 $f(x)=\begin{cases}\dfrac{\cos x}{x+2}, & x\geqslant 0,\\[2mm]\dfrac{\sqrt{a}-\sqrt{a-x}}{x}, & x<0\end{cases}$ $(a>0)$. 问当 a 为何值时，$x=0$ 是 $f(x)$ 的间

断点？是第几类间断点？

本章小结

本章是为后续课程的学习做准备的. 首先应在掌握基本初等函数的图形和性质的基础上，理解复合函数和初等函数的概念，会把一个初等函数作分解.

极限是描述函数的变化趋势的重要概念，是从近似认识精确、从有限认识无限、从量变认识质变的一种数学方法，它也是微积分的基本思想和方法.

连续是函数的一种特性. 函数在点 x_0 处存在极限与在 x_0 连续是有区别的，前者是描述函数在点 x_0 邻近的变化趋势，不考虑在 x_0 处有无定义；而后者则不仅要求函数在点 x_0 处的极限存在，而且极限值等于函数在点 x_0 的函数值. 一切初等函数在其定义区间内都是连续的.

1. 几个重要概念

(1) $\lim\limits_{x\to\infty}f(x)=A\Leftrightarrow\lim\limits_{x\to-\infty}f(x)=\lim\limits_{x\to+\infty}f(x)=A$.

(2) $\lim\limits_{x\to x_0}f(x)=A\Leftrightarrow\lim\limits_{x\to x_0^-}f(x)=\lim\limits_{x\to x_0^+}f(x)=A$.

(3) 无穷大和无穷小.

无穷大和无穷小(除常数 0 外)都不是一个数，而是两类具有特定变化趋势的函数，因此不指出自变量的变化过程，笼统地说某个函数是无穷大或无穷小是没有意义的. 以下是几个十分重要的结论(a 可以是 x_0 或 ∞).

① $\lim\limits_{x\to a}f(x)=A\Leftrightarrow f(x)=A+\alpha,\lim\limits_{x\to a}\alpha=0$.

② $\lim\limits_{x\to a}f(x)=\infty\Rightarrow\lim\limits_{x\to a}\dfrac{1}{f(x)}=0;\lim\limits_{x\to a}f(x)=0,f(x)\neq 0\Rightarrow\lim\limits_{x\to a}\dfrac{1}{f(x)}=\infty$.

③ $\lim\limits_{x\to a}f(x)=0,|g(x)|\leqslant M(M>0)\Rightarrow\lim\limits_{x\to a}f(x)g(x)=0$.

(4) 极限与连续的关系.

$f(x)$ 在点 x_0 处连续 $\Leftrightarrow\lim\limits_{x\to x_0}f(x)=f(x_0)$；$\lim\limits_{x\to x_0}f(x)$ 存在，而 $f(x)$ 在点 x_0 处不一定连续.

(5) 无穷小量的比较(a 可以是 x_0 或 ∞)：设 α,β 是 $x\to a$ 时的无穷小量，则

$\lim\limits_{x\to a}\dfrac{\alpha}{\beta}=\infty\Leftrightarrow\beta=o(\alpha);\lim\limits_{x\to a}\dfrac{\beta}{\alpha}=\infty\Leftrightarrow\alpha=o(\beta)$；

$\lim\limits_{x\to a}\dfrac{\alpha}{\beta}=C,C\neq 0\Leftrightarrow\alpha$ 与 β 是同阶无穷小量；$\lim\limits_{x\to a}\dfrac{\alpha}{\beta}=1\Leftrightarrow\alpha\sim\beta$.

2. 计算极限的基本方法

极限分为两大类：确定型和未定型(或称未定式).

(1) 确定型极限可直接利用极限的运算法则、无穷小的性质或函数的连续性等求得. 利用极限的四则运算法则、无穷小的性质求极限时，注意需要满足的条件. 利用初等函数的连续性求极限(a 可以是 x_0 或 ∞)：若 $f(x)$ 在点 x_0 处连续，则 $\lim\limits_{x\to x_0}f(x)=f(x_0)$；若 $y=f(u)$ 在

u_0 处连续,且 $\lim\limits_{x \to a} \varphi(x) = u_0$,则 $\lim\limits_{x \to a} f[\varphi(x)] = f[\lim\limits_{x \to a} \varphi(x)] = f(u_0)$.

（2）未定型包括 $\dfrac{0}{0}, \dfrac{\infty}{\infty}, 1^{\infty}, \infty - \infty, 0 \cdot \infty, \infty^0, 0^0$ 等几种. 其中后面几种都能转化为前两种,因此前两种是基本的. 计算未定型极限的基本思想是通过恒等变形化为确定型的极限,或应用两个重要极限、等价无穷小代换等进行计算. 利用两个重要极限可求两类特殊的 $\dfrac{0}{0}, 1^{\infty}$ 型未定型的极限: $\lim\limits_{x \to 0} \dfrac{\sin x}{x} = 1$, $\lim\limits_{x \to \infty} \left(1 + \dfrac{1}{x}\right)^x = e$（或 $\lim\limits_{x \to 0} (1 + x)^{\frac{1}{x}} = e$）.

3. 函数的连续性

连续函数是高等数学的主要研究对象. 要在弄清在一点处连续与极限存在区别的基础上,了解初等函数在其定义区间内连续的基本结论,掌握讨论初等函数与分段函数连续性的方法,并会用根的存在定理讨论某些方程根的存在问题.

（1）讨论初等函数与分段函数连续性的方法如下:

若 $f(x)$ 是初等函数,则由"初等函数在其定义区间内连续"的基本结论,只要找出 $f(x)$ 没有定义的点,这些点就是 $f(x)$ 的间断点.

若 $f(x)$ 是分段表示的非初等函数,则在分段点处往往要从左、右极限入手讨论极限、函数值等,根据函数点连续性的定义判断;在非分段点处,根据该点所在的子区间上函数的表达式,按初等函数进行讨论.

（2）利用根的存在定理讨论方程 $f(x) = 0$ 根的存在性,关键是要确定一个闭区间,使 $f(x)$ 在此闭区间上连续,在此闭区间端点处的函数值异号.

综合练习 1

选择题 $(1 \sim 6)$

1. 函数 $f(x) = \sqrt{3 - x} + \sin\sqrt{x}$ 的定义域是（   ）.

   A. $[0, 1]$ B. $[0, 1] \cup [1, 3]$ C. $(0, +\infty)$ D. $[0, 3]$

2. 已知函数 $y = -\sqrt{x - 1}$,那么它的反函数是（   ）.

   A. $y = x^2 + 1 (x \in \mathbf{R})$ B. $y = x^2 + 1 (x \leqslant 0)$

   C. $y = x^2 + 1 (x > 0)$ D. 没有反函数

3. 函数 $y = \sqrt[5]{\ln\sin^3 x}$ 的复合过程是（   ）.

   A. $y = \sqrt[5]{u}, u = \ln v, v = \omega^3, \omega = \sin x$ B. $y = \sqrt[5]{u^3}, u = \ln\sin x$

   C. $y = \sqrt[5]{\ln u^3}, u = \sin x$ D. $y = \sqrt[5]{u}, u = \ln v, v = \sin x$

4. 无穷递缩等比数列 $\dfrac{\sqrt{2} + 1}{\sqrt{2} - 1}, 1, \dfrac{\sqrt{2} - 1}{\sqrt{2} + 1}, \cdots$ 的和是（   ）.

   A. $\dfrac{5\sqrt{2} + 7}{2}$ B. 1 C. $3 - 2\sqrt{2}$ D. $3 + 2\sqrt{2}$

5. 使 $y = \sin\dfrac{1}{x}$ 是无穷小的条件是（   ）.

   A. $x \to 0$ B. $x \to \dfrac{1}{\pi}$ C. $x \to \pi$ D. $x \to 2\pi$

6. 函数 $y=\sqrt{3-x}+\dfrac{\mathrm{e}}{\ln(1+x)}$ 的连续区间是(　　).

A. $(-1,0)\bigcup(0,3)$ 　　　　　　B. $[-1,0)\bigcup(0,3)$

C. $(-1,3]$ 　　　　　　　　　　　D. $(-1,0)\bigcup(0,3]$

填空题 (7～12)

7. 设函数 $y=f(x)$ 由 $y=\sin u,u=a^v,v=\sqrt{x}$ 复合而成,则 $f(x)=$_____.

8. 函数 $y=x^2-\dfrac{1}{2}x$,当 $x=1,\Delta x=0.5$ 时的增量 $\Delta y=$_____.

9. $\lim\limits_{n\to\infty}\dfrac{(n^2+1)+(n^2+2)+\cdots+(n^2+n)}{n(n+1)(n+2)}=$_____.

10. 函数 $f(x)=\ln\arcsin x$ 的定义域为_____.

11. 设函数 $f(x)=\begin{cases}\dfrac{1}{1-x}, & x<0,\\ 0, & x=0,\\ x, & 0<x<1,\\ 1, & 1\leqslant x<2,\end{cases}$ 则 $\lim\limits_{x\to 0^+}f(x)=$_____,$\lim\limits_{x\to 0^-}f(x)=$_____,

$\lim\limits_{x\to 0}f(x)=$_____,$\lim\limits_{x\to 1}f(x)=$_____,间断点为_____.

12. 若函数 $f(x)=\begin{cases}\dfrac{x^2-4}{x+2}, & x\neq-2,\\ C, & x=-2\end{cases}$ 在实数范围内连续,那么 $\lim\limits_{x\to-2}f(x)=$_____,

$C=$_____.

计算证明题 (13～20)

求 13～18 题中的极限.

13. $\lim\limits_{n\to\infty}\left(1-\dfrac{1}{n}\right)^{10}$.

14. $\lim\limits_{x\to\frac{\pi}{4}}\dfrac{\sin x-\cos x}{\cos 2x}$.

15. $\lim\limits_{x\to 0}\dfrac{\ln(h-x)-\ln h}{x}\,(h>0)$.

16. $\lim\limits_{x\to\infty}(\sqrt{x^2+x+1}-\sqrt{x^2+9})$.

17. $\lim\limits_{x\to\pi}\dfrac{\sin x}{x^2-\pi^2}$.

18. $\lim\limits_{x\to 0}\dfrac{x^2\sin\dfrac{1}{x}}{\sin 2x}$.

19. 设函数

$$f(x)=\begin{cases}x+1, & x>1,\\ 2, & |x|\leqslant 1,\\ 1-x, & x<-1.\end{cases}$$

(1) 作出它的图形;

(2) 讨论它在 $x=\pm1$ 处的连续性;

(3) 指出它的连续区间.

20. 设函数 $f(x)=\sin x,g(x)=\cos x$,证明至少存在一点 $\xi\in(0,5\pi)$ 使得 $f(\xi)=g(\xi)$.

导数与微分

导数的概念是变量的变化速度在数学上的抽象,在理论和实践上有着广泛的应用.本章将从寻找曲线的切线斜率、确定变速直线运动的瞬时速度和分析函数增量的近似表达式入手,抽象出导数与微分这两个微分学的基本概念,进而讨论函数的微分法.

2.1　导数的概念

2.1.1　导数的概念

1. 两个引例

引例 1　曲线的切线斜率

在确定曲线的切线斜率之前先要介绍什么叫做曲线的切线.在初等数学里,将切线定义为与曲线只交一点的直线.这种定义只适合少数几种曲线,如圆、椭圆等,对高等数学中研究的曲线就不适合了.因此,定义曲线的切线如下.

定义 2.1　设点 P_0 是曲线 L 上的一个定点,点 P 是一个动点,当点 P 沿着曲线 L 趋向于点 P_0 时,如果割线 PP_0 的极限位置 P_0T 存在,则称直线 P_0T 为曲线 L 在点 P_0 处的切线.

曲线的切线斜率如何计算呢?

设曲线的方程为 $y=f(x)$(如图 2-1 所示),在点 $P_0(x_0,y_0)$ 处的附近取一点 $P(x_0+\Delta x,y_0+\Delta y)$,那么割线 PP_0 的斜率为

$$\tan\varphi=\frac{\Delta y}{\Delta x}=\frac{f(x_0+\Delta x)-f(x_0)}{\Delta x}.$$

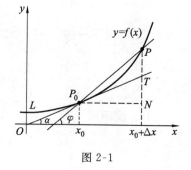

图 2-1

如果当点 P 沿曲线趋向于点 P_0 时,割线 PP_0 的极限位置存在,即点 P_0 处的切线存在,此时 $\Delta x\to 0$,$\varphi\to\alpha$,割线的斜率 $\tan\varphi$ 趋向切线 P_0T 的斜率 $\tan\alpha$,即

$$\tan\alpha=\lim_{\Delta x\to 0}\tan\varphi=\lim_{\Delta x\to 0}\frac{f(x_0+\Delta x)-f(x_0)}{\Delta x}. \tag{2-1}$$

在数量上,它表示函数 $y=f(x)$ 在 x_0 处的变化率.

引例 2　变速直线运动的瞬时速度

在物理学中,有时候需要知道运动着的物体在某一位置的动能,或曲线运动中某位置的离心力,这就需要确定物体在某一时刻的所谓瞬时速度.例如,研究炮弹穿透装甲的能力,必

须知道弹头接触目标时的瞬时速度.

从物理学中知道,如果物体做直线运动,它所移动的路程 s 是时间 t 的函数,记作 $s = s(t)$,则从时刻 t_0 开始到 $t_0 + \Delta t$ 的时间间隔内它的平均速度为

$$\bar{v} = \frac{\Delta s}{\Delta t} = \frac{s(t_0 + \Delta t) - s(t_0)}{\Delta t}.$$

在匀速运动中,这个比值是常量,但在变速运动中(如自由落体运动),它不仅与 t_0 有关,而且与 Δt 也有关. 当 Δt 很小时,显然 $\dfrac{\Delta s}{\Delta t}$ 与在 t_0 时刻的速度相近似. 如果当 Δt 趋于 0 时,平均速度 $\dfrac{\Delta s}{\Delta t}$ 的极限存在,那么,可以把这个极限值叫做物体在时刻 t_0 时的瞬时速度,简称速度,记作 $v(t_0)$,即

$$v(t_0) = \lim_{\Delta t \to 0} \bar{v} = \lim_{\Delta t \to 0} \frac{s(t_0 + \Delta t) - s(t_0)}{\Delta t}. \tag{2-2}$$

在数量上,平均速度 $\bar{v}$ 表示函数 $s = s(t)$ 在区间 $(t_0, t_0 + \Delta t)$ 上的平均变化率,而瞬时速度 $v(t_0)$ 表示函数 $s = s(t)$ 在 t_0 处的变化率.

2. 导数的定义

上述两个引例的实际意义不同,但从数量关系上分析,式(2-1)和式(2-2)都是相同的,都是求函数在某一点 x_0 处的变化率,研究的都是函数在 x_0 处的增量与自变量增量的比值的极限问题. 把它们抽象成导数的定义.

定义 2.2　设函数 $y = f(x)$ 在点 x_0 的一个邻域内有定义. 给 x_0 以增量 $\Delta x(x_0 + \Delta x$ 仍然在上述邻域内),函数 y 相应地有增量

$$\Delta y = f(x_0 + \Delta x) - f(x_0).$$

如果 $\lim\limits_{\Delta x \to 0} \dfrac{\Delta y}{\Delta x}$ 存在,则称此极限值为函数 $y = f(x)$ 在点 x_0 处的导数,记作 $f'(x_0)$,或 $y'|_{x=x_0}$,或 $\dfrac{\mathrm{d}y}{\mathrm{d}x}\Big|_{x=x_0}$,即

$$f'(x_0) = \lim_{\Delta x \to 0} \frac{f(x_0 + \Delta x) - f(x_0)}{\Delta x}.$$

此时也称函数 $y = f(x)$ 在点 x_0 处可导. 如果上述极限不存在,则称函数 $y = f(x)$ 在 x_0 处不可导或导数不存在.

在定义中,若设 $x = x_0 + \Delta x$,则有 $f'(x_0) = \lim\limits_{x \to x_0} \dfrac{f(x) - f(x_0)}{x - x_0}$.

定义 2.3　如果 $\lim\limits_{\Delta x \to 0^-} \dfrac{f(x_0 + \Delta x) - f(x_0)}{\Delta x}$ 存在,则称此极限值为函数 $y = f(x)$ 在点 x_0 处的左导数,记作 $f'_-(x_0)$;如果 $\lim\limits_{\Delta x \to 0^+} \dfrac{f(x_0 + \Delta x) - f(x_0)}{\Delta x}$ 存在,则称此极限值为函数 $y = f(x)$ 在点 x_0 处的右导数,记作 $f'_+(x_0)$.

显然,$y = f(x)$ 在点 x_0 处可导的充分必要条件是:$f'_-(x_0)$ 和 $f'_+(x_0)$ 存在且相等,即

$$f'(x_0) \text{存在} \Leftrightarrow f'_-(x_0) = f'_+(x_0).$$

3. 导函数

定义 2.4　如果函数 $y = f(x)$ 在区间 (a, b) 内每一点可导,则称函数 $y = f(x)$ 在区间

(a,b)内可导. 这时, 由区间(a,b)内所有点处的导数构成一个新的函数, 把这一新函数称为
$y=f(x)$在区间(a,b)内的导函数, 记作 $f'(x)$, 或 y', 或 $\dfrac{\mathrm{d}y}{\mathrm{d}x}$, 即

$$f'(x)=\lim_{\Delta x \to 0}\frac{f(x+\Delta x)-f(x)}{\Delta x}.$$

在不会发生混淆的情况下, 导函数简称为导数.

根据定义 2.4, $f'(x)$和 $f'(x_0)$就是函数与函数值的关系, 即 $f'(x_0)$就是 $f'(x)$在点 x_0处的函数值. 因此, 如果已知 $f'(x)$要求 $f'(x_0)$, 只要把 $x=x_0$代入 $f'(x)$中求函数值即可.

2.1.2　求导数举例

根据导数的定义, 求函数 $y=f(x)$在点 x_0处的导数的步骤如下:

第一步　求函数的增量 $\Delta y=f(x_0+\Delta x)-f(x_0)$.

第二步　求比值$\dfrac{\Delta y}{\Delta x}=\dfrac{f(x_0+\Delta x)-f(x_0)}{\Delta x}$.

第三步　求极限 $f'(x_0)=\lim\limits_{\Delta x \to 0}\dfrac{\Delta y}{\Delta x}$.

例 1　求函数 $f(x)=x^2$ 在 $x=1$ 处的导数, 即求 $f'(1)$.

解　(第一步求 Δy)　$\Delta y=f(1+\Delta x)-f(1)=(1+\Delta x)^2-1^2=2\Delta x+(\Delta x)^2$.

(第二步求$\dfrac{\Delta y}{\Delta x}$)　$\dfrac{\Delta y}{\Delta x}=\dfrac{2\Delta x+(\Delta x)^2}{\Delta x}=2+\Delta x(\Delta x\neq 0)$.

(第三步求极限)　$f'(1)=\lim\limits_{\Delta x \to 0}\dfrac{\Delta y}{\Delta x}=\lim\limits_{\Delta x \to 0}(2+\Delta x)=2$.

例 2　求函数 $f(x)=C(C$ 为常数$)$的导数.

解　$\Delta y=f(x+\Delta x)-f(x)=C-C=0$,$\dfrac{\Delta y}{\Delta x}=0$, 从而有 $f'(x)=\lim\limits_{\Delta x \to 0}\dfrac{\Delta y}{\Delta x}=0$. 即

$$C'=0(常数的导数恒等于 0).$$

例 3　求函数 $f(x)=\sin x$ 的导数.

解　因为

$$\Delta y=f(x+\Delta x)-f(x)=\sin(x+\Delta x)-\sin x=2\cos\left(x+\frac{\Delta x}{2}\right)\sin\frac{\Delta x}{2},$$

所以

$$f'(x)=\lim_{\Delta x \to 0}\frac{\Delta y}{\Delta x}=\lim_{\Delta x \to 0}\frac{2\cos\left(x+\dfrac{\Delta x}{2}\right)\sin\dfrac{\Delta x}{2}}{\Delta x}$$

$$=\lim_{\Delta x \to 0}\cos\left(x+\frac{\Delta x}{2}\right)\lim_{\Delta x \to 0}\frac{\sin\dfrac{\Delta x}{2}}{\dfrac{\Delta x}{2}}=\cos x.$$

即

$$(\sin x)'=\cos x.$$

用类似的方法可以求得

$$(\cos x)'=-\sin x.$$

例 4　求 $f(x)=\ln x, x\in(0,+\infty)$的导数.

解　$(\ln x)' = \lim\limits_{\Delta x \to 0} \dfrac{\ln(x+\Delta x) - \ln x}{\Delta x} = \lim\limits_{\Delta x \to 0} \dfrac{\ln\left(1+\dfrac{\Delta x}{x}\right)}{\Delta x} = \lim\limits_{\Delta x \to 0} \dfrac{\dfrac{\Delta x}{x}}{\Delta x} = \dfrac{1}{x}.$

仿照此例可求得

$$(\log_a x)' = \frac{1}{x \ln a} (a > 0, \text{且 } a \neq 1).$$

例 5　求函数 $f(x) = x^n (n \in \mathbf{N}^+)$ 的导数.

解　因为　$\Delta y = f(x+\Delta x) - f(x) = (x+\Delta x)^n - x^n$

$$= C_n^1 x^{n-1} \Delta x + C_n^2 x^{n-2} (\Delta x)^2 + \cdots + C_n^n (\Delta x)^n,$$

所以 $\lim\limits_{\Delta x \to 0} \dfrac{\Delta y}{\Delta x} = \lim\limits_{\Delta x \to 0} (C_n^1 x^{n-1} + C_n^2 x^{n-2} \Delta x + \cdots + C_n^n (\Delta x)^{n-1}) = C_n^1 x^{n-1} = n x^{n-1}.$

即

$$(x^n)' = n x^{n-1} (x \in \mathbf{N}^+).$$

2.1.3　导数的意义

1. 导数的几何意义

根据导数的定义及曲线的切线斜率的求法可知,函数 $y = f(x)$ 在点 x_0 处的导数的几何意义就是曲线 $y = f(x)$ 在点 $P_0(x_0, f(x_0))$ 处的切线斜率(如图 2-2 所示),即

$$\tan\alpha = f'(x_0).$$

由此可知,曲线 $y = f(x)$ 上点 P_0 处的切线方程为

$$y - y_0 = f'(x_0)(x - x_0),$$

法线方程为

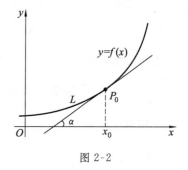

图 2-2

$$y - y_0 = -\frac{1}{f'(x_0)}(x - x_0) \quad (f(x_0) \neq 0).$$

例 6　求曲线 $y = x^2$ 在点 $(1,1)$ 处的切线和法线的方程.

解　从例 1 知 $f'(1) = 2$,即点 $(1,1)$ 处的切线斜率为 2,所以曲线 $y = x^2$ 在点 $(1,1)$ 处的切线方程为

$$y - 1 = 2(x-1), \text{即 } y = 2x - 1,$$

法线方程为

$$y - 1 = -\frac{1}{2}(x-1), \text{即 } y = -\frac{1}{2}x + \frac{3}{2}.$$

例 7　求曲线 $y = \ln x$ 上平行于直线 $y = x+1$ 的切线.

解　设点 (x_0, y_0) 处的切线平行于直线 $y = x+1$,已知直线的斜率为 1,根据导数的几何意义及导函数与导数的关系,有 $(\ln x)' \big|_{x=x_0} = \dfrac{1}{x_0} = 1$,即 $x_0 = 1$,代入 $y = \ln x$ 中得 $y_0 = 0$,所以曲线在点 $(1,0)$ 处的切线平行于直线 $y = x+1$,该切线方程为 $y = x - 1$.

2. 导数的物理意义

显然,变速直线运动的速度 $v(t)$ 就是路程 $s(t)$ 关于时间 t 的导数,即 $s'(t) = v(t)$. 与此相类似,许多物理量其实质都是某一函数的导数,如以下几个:

(1) 交变电流的电流强度　若在时刻 t 从导体的某横截面上通过的电量为 $Q = Q(t)$,则

从时刻 t_0 到 $t_0+\Delta t$ 内通过该横截面的电量为

$$\Delta Q=Q(t_0+\Delta t)-Q(t_0),$$

该段时间通过该横截面的平均电流强度应为

$$\frac{\Delta Q}{\Delta t}=\frac{Q(t_0+\Delta t)-Q(t_0)}{\Delta t},$$

所以时刻 t_0 时（瞬时）电流强度应为

$$i(t_0)=\lim_{\Delta t\to 0}\frac{Q(t_0+\Delta t)-Q(t_0)}{\Delta t}=Q'(t_0).$$

即交变电流的电流强度 $i(t)$ 是通过的电量关于时间 t 的导数.

（2）非均匀细杆的（线）密度　设有一根长度为 1 m 的金属细杆，沿着长度方向的质量分布不均匀，此杆在 x 轴的正半轴上，左端点在坐标原点（如图 2-3 所示），质量分布函数 $m=m(x)(0\leqslant x\leqslant 1)$ 表示分布在原点 O 到点 x 处的一段杆的质量，则差商

图 2-3

$$\frac{\Delta m}{\Delta x}=\frac{m(x_0+\Delta x)-m(x_0)}{\Delta x}$$

是非均匀细杆在 x_0 到 $x_0+\Delta x$ 一段的平均密度，所以非均匀细杆在 x_0 的密度为

$$\rho(x_0)=\lim_{\Delta x\to 0}\frac{m(x_0+\Delta x)-m(x_0)}{\Delta x}=m'(x_0).$$

即非均匀细杆的线密度分布函数 $\rho(x)$ 是质量分布函数 $m(x)$ 关于坐标 x 的导数.

2.1.4　可导与连续的关系

函数在点 x_0 处连续是指 $\lim\limits_{\Delta x\to 0}\Delta y=0$ 或 $\lim\limits_{x\to x_0}f(x)=f(x_0)$；而函数在 x_0 处可导是指 $\lim\limits_{\Delta x\to 0}\dfrac{\Delta y}{\Delta x}=f'(x_0)$ 或 $\lim\limits_{x\to x_0}\dfrac{f(x)-f(x_0)}{x-x_0}=f'(x_0)$. 那么，这两种极限具有怎样的关系呢？

定理 2.1　如果函数 $y=f(x)$ 在点 x_0 处可导，则 $y=f(x)$ 在点 x_0 处连续.

证　因为 $y=f(x)$ 在点 x_0 处可导，所以

$$\lim_{\Delta x\to 0}\frac{\Delta y}{\Delta x}=f'(x_0).$$

由函数极限与无穷小的关系可知

$$\frac{\Delta y}{\Delta x}=f'(x_0)+\alpha(\alpha\text{ 为当 }\Delta x\to 0\text{ 时的无穷小}),$$

于是

$$\Delta y=f'(x_0)\Delta x+\alpha\Delta x,$$

从而

$$\lim_{\Delta x\to 0}\Delta y=\lim_{\Delta x\to 0}[f'(x_0)\Delta x+\alpha\Delta x]=0.$$

即函数 $y=f(x)$ 在点 x_0 处连续.

必须强调指出：函数 $y=f(x)$ 在点 x_0 处连续，并不能保证 $y=f(x)$ 在点 x_0 处可导.

例 8　讨论函数 $y=|x|$ 在 $x=0$ 处的连续性与可导性.

解　$\Delta y=f(0+\Delta x)-f(0)=|0+\Delta x|-|0|=|\Delta x|$.

因为 $\lim\limits_{\Delta x\to 0}\Delta y=\lim\limits_{\Delta x\to 0}|\Delta x|=0$，所以 $y=|x|$ 在 $x=0$ 处连续.

因为

$$\lim_{\Delta x \to 0^-} \frac{\Delta y}{\Delta x} = \lim_{\Delta x \to 0^-} \frac{-\Delta x}{\Delta x} = -1, \ \lim_{\Delta x \to 0^+} \frac{\Delta y}{\Delta x} = \lim_{\Delta x \to 0^+} \frac{\Delta x}{\Delta x} = 1,$$

所以在 $x=0$ 处左、右导数不相等，从而 $\lim\limits_{\Delta x \to 0} \frac{\Delta y}{\Delta x}$ 不存在，即在 $x=0$ 处 $y=|x|$ 不可导.

例 9 讨论函数 $f(x)=\begin{cases} x^2+x, & x \leqslant 1 \\ 2x^3, & x>1 \end{cases}$ 在 $x=1$ 处的连续性与可导性.

解 $x=1$ 是函数的分段点，讨论其连续性与可导性时，一般情况下，均需对其左、右两侧的情况分别加以讨论. 先求在 $x=1$ 时的 Δy.

当 $\Delta x < 0$ 时，$\Delta y = f(1+\Delta x) - f(1) = (1+\Delta x)^2 + (1+\Delta x) - 2 = 3\Delta x + (\Delta x)^2$，则

$$\frac{\Delta y}{\Delta x} = \frac{3\Delta x + (\Delta x)^2}{\Delta x} = 3 + \Delta x.$$

当 $\Delta x > 0$ 时，$\Delta y = f(1+\Delta x) - f(1) = 2(1+\Delta x)^3 - 2 = 6\Delta x + 6(\Delta x)^2 + 2(\Delta x)^3$，则

$$\frac{\Delta y}{\Delta x} = \frac{6\Delta x + 6(\Delta x)^2 + 2(\Delta x)^3}{\Delta x} = 6 + 6\Delta x + 2(\Delta x)^2.$$

易见 $\lim\limits_{\Delta x \to 0^-} \Delta y = \lim\limits_{\Delta x \to 0^+} \Delta y = 0$，故 $\lim\limits_{\Delta x \to 0} \Delta y = 0$. 所以函数 $f(x)$ 在 $x=1$ 处连续.

因为

$$\lim_{\Delta x \to 0^-} \frac{\Delta y}{\Delta x} = \lim_{\Delta x \to 0^-} (3+\Delta x) = 3, \ \lim_{\Delta x \to 0^+} \frac{\Delta y}{\Delta x} = \lim_{\Delta x \to 0^+} [6+6\Delta x+2(\Delta x)^2] = 6,$$

所以 $\lim\limits_{\Delta x \to 0^-} \frac{\Delta y}{\Delta x} \neq \lim\limits_{\Delta x \to 0^+} \frac{\Delta y}{\Delta x}$. 从而函数 $f(x)$ 在 $x=1$ 处不可导.

分段函数在分段点处的可导性的讨论有一定难度，初学者往往不易掌握. 以上两例所采用的方法较为普遍，应掌握这种方法.

习题 2-1

A 组

1. 一物体做直线运动的方程为 $s=t^2-2t-1$，求：

（1）物体在 $t=2 \text{ s}$ 到 $t=3.2 \text{ s}$ 的平均速度；

（2）物体在 $t=3 \text{ s}$ 时的瞬时速度.

2. 一个圆的铝盘加热时，随着温度的升高而膨胀，该圆盘在温度为 $t \ ℃$ 时，半径为 $r=r_0(1+\alpha t)$（α 为常数），求 $t \ ℃$ 时，铝盘面积 $A(t)$ 对温度 t 的变化率.

3. 利用导数的定义求函数 $y=x^3$ 在 $x=0$ 处的导数.

4. 利用导数的定义求函数 $y=\dfrac{1}{1+x}$ 在 $x=1$ 处的导数.

5. 求曲线 $y=\sqrt{x}$ 在点 $(4,2)$ 处的切线方程和法线方程.

6. 求曲线 $y=\dfrac{1}{3}x^3$ 上与直线 $x-4y=5$ 平行的切线方程.

7. 证明函数 $f(x)=x|x|=\begin{cases} -x^2, & x<0, \\ x^2, & x \geqslant 0 \end{cases}$ 在 $x=0$ 处可导.

B 组

8. 已知函数 $f(x)$ 在点 x_0 处可导,利用导数的定义确定下列各题中的系数 k.

(1) $\lim\limits_{x \to x_0} \dfrac{f(x)-f(x_0)}{x-x_0} = k f'(x_0)$;

(2) $\lim\limits_{\Delta x \to 0} \dfrac{f(x_0 - \Delta x)-f(x_0)}{\Delta x} = k f'(x_0)$;

(3) $\lim\limits_{h \to 0} \dfrac{f(x_0 - 2h)-f(x_0)}{h} = k f'(x_0)$;

(4) $\lim\limits_{\Delta x \to 0} \dfrac{f(x_0 + \alpha \Delta x)-f(x_0 - \alpha \Delta x)}{\Delta x} = k f'(x_0)$($\alpha$ 为不等于 0 的常数).

9. 计算函数 $f(x) = \begin{cases} x^2, & x \geqslant c, \\ ax+b, & x < c \end{cases}$ 在 $x=c$ 处的右导数,并求 a 与 b 的值,使函数 $f(x)$ 在 $x=c$ 处可导.

10. 利用导数的定义求函数 $f(x) = x(x+1)(x+2)\cdots(x+n)$ 在 $x=0$ 处的导数.

11. 如果 $f(x)$ 为偶函数,且 $f'(0)$ 存在,证明 $f'(0)=0$.

12. 设函数 $g(x)$ 在 $x=a$ 处连续,证明函数 $f(x)=(x-a)g(x)$ 在 $x=a$ 处可导,并求 $f'(a)$.

13. 讨论函数 $f(x) = \begin{cases} 0, & x < a, \\[2mm] \dfrac{x-a}{b-a}, & a \leqslant x < b, \\[2mm] \dfrac{x-b}{b-a}+1, & x \geqslant b \end{cases}$ 在 $x=a$,$x=b$ 处的可导性.

2.2　导数的运算与导数公式

2.2.1　导数的运算

1. 导数的四则运算法则

法则 2.1　若函数 $u=u(x)$,$v=v(x)$ 都在点 x 处可导,则 $u(x) \pm v(x)$ 在点 x 处也可导,且

$$[u(x) \pm v(x)]' = u'(x) \pm v'(x).$$

法则 2.2　若函数 $u=u(x)$,$v=v(x)$ 都在点 x 处可导,则 $u(x)v(x)$ 在点 x 处也可导,且

$$[u(x)v(x)]' = u'(x)v(x) + u(x)v'(x).$$

法则 2.3　若函数 $u=u(x)$,$v=v(x)$ 都在点 x 处可导,且在点 x 处有 $v(x) \neq 0$,则 $\dfrac{u(x)}{v(x)}$ 在点 x 处也可导,且

$$\left[\frac{u(x)}{v(x)} \right]' = \frac{u'(x)v(x) - u(x)v'(x)}{v^2(x)}.$$

证　上述 3 个公式的证明思路都类似,这里只证第 2 个.

设 $y=u(x)v(x)$,给 x 以增量 Δx,则函数 $u=u(x)$,$v=v(x)$,$y=u(x)v(x)$ 相应地有增量 Δu,Δv,Δy,并且

$$\Delta u=u(x+\Delta x)-u(x)(\text{或 } u(x+\Delta x)=u(x)+\Delta u),$$
$$\Delta v=v(x+\Delta x)-v(x)(\text{或 } v(x+\Delta x)=v(x)+\Delta v),$$

所以
$$\Delta y=u(x+\Delta x)v(x+\Delta x)-u(x)v(x)$$
$$=[u(x)+\Delta u][v(x)+\Delta v]-u(x)v(x)$$
$$=v(x)\Delta u+u(x)\Delta v+\Delta u\Delta v.$$

于是
$$\frac{\Delta y}{\Delta x}=\frac{\Delta u}{\Delta x}v+u\frac{\Delta v}{\Delta x}+\frac{\Delta u}{\Delta x}\Delta v,$$

从而
$$\lim_{\Delta x\to 0}\frac{\Delta y}{\Delta x}=\lim_{\Delta x\to 0}\left(\frac{\Delta u}{\Delta x}v+u\frac{\Delta v}{\Delta x}+\frac{\Delta u}{\Delta x}\Delta v\right),$$

由已知条件有 $\lim\limits_{\Delta x\to 0}\dfrac{\Delta u}{\Delta x}=u'$,$\lim\limits_{\Delta x\to 0}\dfrac{\Delta v}{\Delta x}=v'$,且易见 $\lim\limits_{\Delta x\to 0}\Delta v=0$,所以

$$\lim_{\Delta x\to 0}\frac{\Delta y}{\Delta x}=\lim_{\Delta x\to 0}\frac{\Delta u}{\Delta x}v+u\lim_{\Delta x\to 0}\frac{\Delta v}{\Delta x}+\lim_{\Delta x\to 0}\frac{\Delta u}{\Delta x}\lim_{\Delta x\to 0}\Delta v=u'v+v'u,$$

即
$$[u(x)v(x)]'=u'(x)v(x)+u(x)v'(x).$$

推论 2.1 $[u_1(x)\pm u_2(x)\pm\cdots\pm u_n(x)]'=u_1'(x)\pm u_2'(x)\pm\cdots\pm u_n'(x)$.

推论 2.2 $[Cu(x)]'=Cu'(x)(C \text{ 为常数})$.

推论 2.3 $\left[\dfrac{1}{v(x)}\right]'=-\dfrac{v'(x)}{[v(x)]^2}$.

推论 2.4 $[u(x)v(x)w(x)]'=u'(x)v(x)w(x)+u(x)v'(x)w(x)+u(x)v(x)w'(x)$.

例 1 设 $f(x)=3x^4+5\cos x-1$,求 $f'(x)$.

解 根据推论 2.2 可得 $(3x^4)'=3(x^4)'$,$(5\cos x)'=5(\cos x)'$,又

$$(x^4)'=4x^3,(\cos x)'=-\sin x,(1)'=0,$$

故由推论 2.1 得
$$f'(x)=3(x^4)'+5(\cos x)'-(1)'=12x^3-5\sin x.$$

例 2 设 $f(x)=x\ln x$,求 $f'(x)$.

解 根据法则 2.2,有
$$f'(x)=(x\ln x)'=x(\ln x)'+(x)'\ln x=x\frac{1}{x}+1\times\ln x=1+\ln x.$$

例 3 设 $f(x)=\tan x$,求 $f'(x)$.

解 根据法则 2.3,有
$$(\tan x)'=\left(\frac{\sin x}{\cos x}\right)'=\frac{(\sin x)'\cos x-(\cos x)'\sin x}{\cos^2 x}=\frac{\cos^2 x+\sin^2 x}{\cos^2 x}=\sec^2 x,$$

即
$$(\tan x)'=\sec^2 x.$$

同理可得
$$(\cot x)'=-\csc^2 x.$$

例 4 设 $f(x)=\sec x$,求 $f'(x)$.

解 根据推论 2.3,有

$$f'(x)=(\sec x)'=\left(\frac{1}{\cos x}\right)'=-\frac{(\cos x)'}{\cos^2 x}=\frac{\sin x}{\cos^2 x}=\tan x\sec x,$$

即

$$(\sec x)'=\sec x\tan x.$$

同理可得

$$(\csc x)'=-\csc x\cot x.$$

2. 反函数的求导法则

法则2.4 如果单调函数 $x=\varphi(y)$ 在区间 I_y 内可导,且 $\varphi'(y)\neq 0$,则 $x=\varphi(y)$ 的反函数 $y=f(x)$ 在对应的区间 I_x 内也可导,且

$$f'(x)=\frac{1}{\varphi'(y)}\bigg|_{y=f(x)}.$$

即反函数的导数等于原来函数的导数的倒数.

证 令 $\Delta y=f(x+\Delta x)-f(x)$. 因为

$$y=f(x),y+\Delta y=f(x+\Delta x),x=\varphi[f(x)],x+\Delta x=\varphi[f(x+\Delta x)],$$

所以

$$\varphi(y+\Delta y)-\varphi(y)=\varphi[f(x+\Delta x)]-\varphi[f(x)]=x+\Delta x-x=\Delta x,$$

从而由

$$\frac{\Delta y}{\Delta x}=\frac{1}{\dfrac{\Delta x}{\Delta y}}(注:当 \Delta x\neq 0 时,必有 \Delta y\neq 0.为什么? 请读者思考)$$

可得

$$\frac{f(x+\Delta x)-f(x)}{\Delta x}=\frac{1}{\dfrac{\varphi(y+\Delta y)-\varphi(y)}{\Delta y}}.$$

因为 $x=\varphi(y)$ 连续(可导必定连续),它的反函数 $y=f(x)$ 也连续(为什么? 请读者思考),从而当 $\Delta x\to 0$ 时,$\Delta y\to 0$,所以

$$f'(x)=\lim_{\Delta x\to 0}\frac{f(x+\Delta x)-f(x)}{\Delta x}=\lim_{\Delta y\to 0}\frac{1}{\dfrac{\varphi(y+\Delta y)-\varphi(y)}{\Delta y}}$$

$$=\frac{1}{\lim\limits_{\Delta y\to 0}\dfrac{\varphi(y+\Delta y)-\varphi(y)}{\Delta y}}=\frac{1}{\varphi'(y)}.$$

例5 求函数 $y=\arcsin x$ 的导数.

解 因为 $y=\arcsin x$ 是 $x=\sin y$ 的反函数,所以

$$(\arcsin x)'=\frac{1}{(\sin y)'}=\frac{1}{\cos y}=\frac{1}{\sqrt{1-\sin^2 y}}=\frac{1}{\sqrt{1-x^2}},$$

即

$$(\arcsin x)'=\frac{1}{\sqrt{1-x^2}}.$$

同理可得

$$(\arccos x)'=-\frac{1}{\sqrt{1-x^2}}.$$

例 6 求函数 $y=a^x(a>0,$ 且 $a\neq1)$ 的导数.

解 因为函数 $y=a^x(a>0,$ 且 $a\neq1)$ 的反函数是 $x=\log_a y$,所以

$$(a^x)'=\frac{1}{(\log_a y)'}=\frac{1}{\frac{1}{y}\log_a e}=y\ln a=a^x\ln a,$$

即

$$(a^x)'=a^x\ln a.$$

例 7 求函数 $y=\arctan x$ 的导数.

解 因为函数 $y=\arctan x$ 的反函数是 $x=\tan y$,所以

$$(\arctan x)'=\frac{1}{(\tan y)'}=\frac{1}{\sec^2 y}=\frac{1}{1+\tan^2 y}=\frac{1}{1+x^2},$$

即

$$(\arctan x)'=\frac{1}{1+x^2}.$$

同理可得

$$(\text{arccot}x)'=-\frac{1}{1+x^2}.$$

3. 复合函数的求导法则

法则 2.5(链式法则) 若函数 $y=f(u),u=\varphi(x)$ 均可导,则复合函数 $y=f[\varphi(x)]$ 也可导,且 $y'_x=y'_u u'_x$,或 $y'_x=f'(u)\varphi'(x)$,或 $\dfrac{\mathrm{d}y}{\mathrm{d}x}=\dfrac{\mathrm{d}y}{\mathrm{d}u}\dfrac{\mathrm{d}u}{\mathrm{d}x}$.

证 设变量 x 有增量 Δx,相应地变量 u 有增量 Δu,从而 y 有增量 Δy. 由于 u 可导,所以 $\lim\limits_{\Delta x\to0}\Delta u=0.$ 于是

$$\lim_{\Delta x\to0}\frac{\Delta y}{\Delta x}=\lim_{\Delta x\to0}\left(\frac{\Delta y}{\Delta u}\frac{\Delta u}{\Delta x}\right)=\lim_{\Delta x\to0}\frac{\Delta y}{\Delta u}\lim_{\Delta x\to0}\frac{\Delta u}{\Delta x}=\lim_{\Delta u\to0}\frac{\Delta y}{\Delta u}\lim_{\Delta x\to0}\frac{\Delta u}{\Delta x},$$

即

$$y'_x=y'_u u'_x.$$

注:上式的推导过程中是假定 $\Delta u\neq0$ 的,而当 $\Delta u=0$ 时,上述结论仍然成立.

推论 2.5 设 $y=f(u),u=\varphi(v),v=\psi(x)$ 均可导,则复合函数 $y=f\{\varphi[\psi(x)]\}$ 也可导,且

$$y'_x=y'_u u'_v v'_x.$$

上述公式可以推广至有限次复合情形.常称为复合函数的链式法则.

求复合函数的导数时,要分清复合过程,认准中间变量.

例 8 设 $y=\sin^2 x$,求 y'.

解 $y=\sin^2 x$ 是由 $y=u^2,u=\sin x$ 复合而成,而 $y'_u=(u^2)'=2u,u'_x=(\sin x)'=\cos x$,所以 $y'_x=y'_u u'_x=2u\cos x=2\sin x\cos x.$

例 9 设 $y=\ln\sin x$,求 y'.

解 $y=\ln\sin x$ 是由 $y=\ln u,u=\sin x$ 复合而成,而 $y'_u=(\ln u)'=\dfrac{1}{u},(\sin x)'=\cos x$,所以 $y'_x=y'_u u'_x=\dfrac{1}{u}\cos x=\dfrac{\cos x}{\sin x}=\cot x$

复合函数求导熟练后,中间变量可以不必写出.

例 10 设 $y=\sqrt{a-x^2}$,求 y'.

解 $y'_x=\dfrac{1}{2}(a-x^2)^{-\frac{1}{2}}(a-x^2)'_x=\dfrac{-x}{\sqrt{a-x^2}}$.

例 11 设 $y=\arctan\ln(3x+1)$,求 y'.

解 $y'_x=\dfrac{1}{1+[\ln(3x+1)]^2}[\ln(3x+1)]'_x=\dfrac{1}{1+[\ln(3x+1)]^2}\times\dfrac{1}{3x+1}(3x+1)'_x$

$=\dfrac{3}{(3x+1)[1+\ln^2(3x+1)]}$.

例 12 设 $y=\dfrac{x}{\sqrt{1+x^2}}$,求 y'.

解 先用除法的导数公式,遇到复合时,再用复合函数求导法则.

$$y'=\frac{x'\sqrt{1+x^2}-x(\sqrt{1+x^2})'}{(\sqrt{1+x^2})^2}=\frac{\sqrt{1+x^2}-x\times\dfrac{1}{2}\times\dfrac{2x}{\sqrt{1+x^2}}}{1+x^2}$$

$$=\frac{(1+x^2)-x^2}{\sqrt{1+x^2}(1+x^2)}=\frac{1}{(1+x^2)^{\frac{3}{2}}}.$$

例 13 证明 $(x^\mu)'=\mu x^{\mu-1}\ (\mu\in\mathbf{R},x>0)$.

证 表面上,$y=x^\mu$ 不是一个复合函数,但是它可以写成 $y=\mathrm{e}^{\mu\ln x}$,因而可以看成 $y=\mathrm{e}^u$ 和 $u=\mu\ln x$ 的复合函数,从而得到

$$(x^\mu)'=(\mathrm{e}^{\mu\ln x})'=\mathrm{e}^{\mu\ln x}\mu\,\frac{1}{x}=\mu x^{\mu-1}.$$

2.2.2 基本初等函数的导数公式

到此为止,已经求得了所有基本初等函数的导数,而且还得到了函数的和、差、积、商的求导法则,反函数的求导法则以及复合函数的求导法则. 因此,可以说一切初等函数的求导问题都已解决. 事实上,因为初等函数是由基本初等函数及常数经过有限次四则运算和有限次复合而构成,并且可用一个式子表示的函数,所以任何初等函数都可按基本初等函数的求导公式和上述求导法则比较方便地求得导数. 由前面所举的大量例题可见,基本初等函数的求导公式和求导法则在初等函数的求导运算中是非常重要的,必须牢牢记住,熟练掌握. 为便于查阅,现在将基本初等函数的求导公式汇总如下:

(1) $(C)'=0$;

(2) $(x^\mu)'=\mu x^{\mu-1}$;

(3) $(\mathrm{e}^x)'=\mathrm{e}^x$;

(4) $(a^x)'=a^x\ln a$;

(5) $(\ln x)'=\dfrac{1}{x}$;

(6) $(\log_a x)'=\dfrac{1}{x\ln a}$;

(7) $(\sin x)'=\cos x$;

(8) $(\cos x)'=-\sin x$;

(9) $(\tan x)'=\sec^2 x$;

(10) $(\cot x)'=-\csc^2 x$;

(11) $(\sec x)'=\sec x\tan x$;

(12) $(\csc x)'=-\csc x\cot x$;

(13) $(\arcsin x)'=\dfrac{1}{\sqrt{1-x^2}}$;

(14) $(\arccos x)'=-\dfrac{1}{\sqrt{1-x^2}}$;

(15) $(\arctan x)' = \dfrac{1}{1+x^2}$；

(16) $(\text{arccot}\,x)' = -\dfrac{1}{1+x^2}$.

习题 2-2

A 组

求 1～12 题中函数的导数.

1. $y = x\sqrt{x} - \dfrac{1}{\sqrt{x}} + \dfrac{1}{3x^3}$.

2. $y = 2x^3 - 3x^{-2} + \sin\dfrac{\pi}{5} + \ln 6$.

3. $y = \mathrm{e}^2 - \dfrac{\pi^2}{x} + a\ln a$.

4. $y = x^3 \ln x \tan x$.

5. $y = a^x \mathrm{e}^x - \dfrac{\log_a x}{\ln x}$.

6. $r = \dfrac{\arcsin\varphi}{\sqrt{1-\varphi^2}}$.

7. $y = \mathrm{e}^x \sin x$.

8. $y = (1+x^2)\arctan x$.

9. $y = \dfrac{\sin^2 x}{1+\cos x}$.

10. $y = \dfrac{x\ln x}{x+\ln x}$.

11. $u = \mathrm{e}^v (v^2 - 2v + 1)$.

12. $u = v^2 \arctan v - \text{arccot}\,v - v$.

求 13～22 题中函数的导数.

13. $y = \sin x^2$.

14. $y = \dfrac{x\ln x}{1+x} - \ln(1+x)$.

15. $s = \mathrm{e}^{-\lambda t} \cos\omega t\,(\lambda, \omega\ \text{为常数})$.

16. $y = \ln\sqrt{\dfrac{x+1}{x-1}}$.

17. $y = \dfrac{1}{x - \sqrt{x^2-1}}$.

18. $y = \mathrm{e}^{2\text{arccot}\sqrt{x}}$.

19. $y = \arcsin 4x$.

20. $y = \arctan\dfrac{1-x}{1+x}$.

21. $y = \sec^2(\mathrm{e}^{x^2+1})$.

22. $y = \ln(x + \sqrt{a^2 + x^2})$.

求 23～26 题中函数在指定点处的导数.

23. $y = \sqrt{2}\cos x + x\cos x, x = \dfrac{\pi}{4}$.

24. $y = \sqrt[3]{1+\cos 3x}, x = \dfrac{\pi}{6}$.

25. $y = \mathrm{e}^{-x}\sqrt{2x-1} - 2\ln\dfrac{x+1}{\mathrm{e}}, x = 1$.

26. $y = \arccos\left(\dfrac{x}{2} - 1\right) - 2\sqrt{\dfrac{4-x}{x}}, x = 2$.

27. 质量为 m_0 的物质在化学分解过程中,经过时间 t 后,所剩质量 m 与时间 t 的关系式是 $m = m_0 \mathrm{e}^{-kt}(k>0)$,求这个函数的变化率.

28. 求曲线 $y = \mathrm{e}^{-x}\sqrt[3]{1+x}$ 在点 $(0,1)$ 处的切线方程和法线方程.

B 组

求 29～36 题中函数的导数.

29. $y=\sqrt{x+\sqrt{x}}$.

30. $y=\cot\sqrt[3]{1+x^2}$.

31. $y=\ln\tan\dfrac{x}{2}-\cot x\ln(1+\sin x)-x$.

32. $y=\ln[\ln(\ln x)]$.

33. $y=\ln\arctan\dfrac{1}{1+x}$.

34. $y=\dfrac{\sqrt{1+x}-\sqrt{1-x}}{\sqrt{1+x}+\sqrt{1-x}}$.

35. $y=\arctan\sqrt{x^2-1}-\dfrac{\ln x}{\sqrt{x^2-1}}$.

36. $y=\dfrac{x}{2}\sqrt{a^2-x^2}+\dfrac{a^2}{2}\arcsin\dfrac{x}{a}\ (a>0)$.

37. 设函数 $f(x)$ 可导,试证明:若 $f(x)$ 为奇函数,则 $f'(x)$ 为偶函数;若 $f(x)$ 为偶函数,则 $f'(x)$ 为奇函数.

2.3　函数的微分

2.3.1　微分的概念

1. 微分的定义

在前两节中,我们学习了导数.所谓函数 $y=f(x)$ 的导数 $f'(x)$ 就是函数的增量 $\Delta y=f(x+\Delta x)-f(x)$ 与自变量的增量 Δx 之比 $\dfrac{\Delta y}{\Delta x}$ 当 $\Delta x\to0$ 时的极限.在那里人们所关心的只是增量之比 $\dfrac{\Delta y}{\Delta x}$ 的极限,而不是增量本身.然而,在许多实际问题中需要考察和估算函数的增量 Δy,尤其是当自变量的增量 Δx 很小时.

例如,用卡尺测量圆钢的直径时要估算由于测量的误差所引起的圆钢截面积的误差.这其实就是要估算直径有一个增量时截面积(作为直径的函数)的增量.

计算函数的增量 Δy 就是将自变量的两个(不同的)值代入函数然后相减,一般来说,没有好的窍门,有时甚至很困难.但是,当自变量的增量 Δx 很小,并且需要的只是 Δy 的具有一定精度的近似值,有时是有简便方法的.

先来看一个例子:边长为 x 的正方形,当边长增加 Δx 时,其面积增加多少(如图 2-4 所示)? 这个问题是容易解决的.

设正方形的面积为 A,面积增加的部分记作 ΔA,则

$$\Delta A=(x+\Delta x)^2-x^2=2x\Delta x+(\Delta x)^2,$$

当 Δx 很小时,如当 $x=1$,$\Delta x=0.01$ 时,$2x\Delta x=0.02$,而另外一部分 $(\Delta x)^2=0.0001$,当 Δx 越小时,$(\Delta x)^2$ 部分就比 $2x\Delta x$ 小得越多.因此,如果要取 ΔA 的近似值时,显然 $2x\Delta x$ 是 ΔA 的一个很好的近似.$2x\Delta x$ 就称为 $A=x^2$ 的微分.下面就来定义微分.

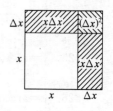

图 2-4

定义 2.5　设函数 $y=f(x)$ 在点 x 的一个邻域内有定义,如果函数 $y=f(x)$ 在点 x 处的增量 $\Delta y=f(x+\Delta x)-f(x)$ 可以表示为 $\Delta y=A\Delta x+\alpha$,其中 A 与 Δx 无关,α 是 Δx 的高阶无穷小量,则称 $A\Delta x$ 为函数 $y=f(x)$ 在 x 处的微分,记作 $\mathrm{d}y$,即

$$\mathrm{d}y = A\Delta x.$$

这时,也称函数 $y = f(x)$ 在 x 处可微.

上式中 A 是什么? 它与函数 $y = f(x)$ 有什么关系? 下面的定理就能回答这个问题.

定理 2.2　设函数 $y = f(x)$ 在点 x 处可微,则函数 $y = f(x)$ 在点 x 处可导,且 $A = f'(x)$.反之,如果函数 $y = f(x)$ 在点 x 处可导,则 $y = f(x)$ 在点 x 处可微.

证　如果 $y = f(x)$ 在点 x 处可微,则有 $\Delta y = A\Delta x + \alpha$,其中 $\lim\limits_{\Delta x \to 0} \dfrac{\alpha}{\Delta x} = 0$.

于是

$$\lim_{\Delta x \to 0} \frac{\Delta y}{\Delta x} = \lim_{\Delta x \to 0} \frac{A\Delta x + \alpha}{\Delta x} = \lim_{\Delta x \to 0} \left(A + \frac{\alpha}{\Delta x} \right) = A,$$

即 $y = f(x)$ 在点 x 处可导,且 $A = f'(x)$.

反之,若 $y = f(x)$ 在点 x 处可导,即 $\lim\limits_{\Delta x \to 0} \dfrac{\Delta y}{\Delta x} = f'(x)$,则有 $\dfrac{\Delta y}{\Delta x} = f'(x) + \beta$,其中 $\lim\limits_{\Delta x \to 0} \beta = 0$（这是根据极限与无穷小量的关系得出的）,即

$$\Delta y = f'(x)\Delta x + \beta\Delta x.$$

因为 $\lim\limits_{\Delta x \to 0} \dfrac{\beta\Delta x}{\Delta x} = \lim\limits_{\Delta x \to 0} \beta = 0$,所以函数 $y = f(x)$ 可微,且

$$\mathrm{d}y = f'(x)\Delta x. \tag{2-3}$$

定理 2.2 亦可叙述为:函数 $y = f(x)$ 在 x 处可微的充分必要条件是函数 $y = f(x)$ 在 x 处可导.

根据定理 2.1 易见,如果函数 $y = f(x)$ 在点 x 处可微,则函数 $y = f(x)$ 在点 x 处连续.

因为函数 $y = x$ 的导数恒等于 1,所以对于任何 x,这个函数的微分都是 Δx,也就是对于函数 $y = x$ 来说,有 $\mathrm{d}y = \mathrm{d}x = (x)'\Delta x = \Delta x$.因此,可以用 $\mathrm{d}x$ 代替式(2-3)中的 Δx,即 $\mathrm{d}y = f'(x)\mathrm{d}x$.

式(2-3)也可写为 $\dfrac{\mathrm{d}y}{\mathrm{d}x} = f'(x)$.此式说明,$\mathrm{d}y$ 与 $\mathrm{d}x$ 之商,即函数的微分与自变量的微分之商就是函数 $y = f(x)$ 的导数.这也就是为什么把导数记作 $\dfrac{\mathrm{d}y}{\mathrm{d}x}$ 的道理,从此可以把记号 $\dfrac{\mathrm{d}y}{\mathrm{d}x}$ 理解为两个微分之商.因而,导数也称为微商.

当 $f'(x) \neq 0$ 时,有

$$\lim_{\Delta x \to 0} \frac{\Delta y - \mathrm{d}y}{\Delta y} = \lim_{\Delta x \to 0} \frac{\Delta y - f'(x)\Delta x}{\Delta y} = \lim_{\Delta x \to 0} \left[1 - \frac{f'(x)}{\dfrac{\Delta y}{\Delta x}} \right] = 0.$$

上式表明,在 $f'(x) \neq 0$ 的条件下,$\Delta y - \mathrm{d}y$ 不仅是 Δx 的高阶无穷小量,而且也是 Δy 的高阶无穷小量.由于 $\mathrm{d}y = f'(x)\Delta x$ 是 Δx 的一次齐次式,或称为线性函数,所以,当 $\mathrm{d}y = f'(x)\Delta x$ 时常称微分 $\mathrm{d}y$ 是增量 Δy 的线性主部.在 $|\Delta x|$ 很小时,有 $\Delta y \approx \mathrm{d}y$.

例 1　求函数 $y = \ln x, x \in (0, +\infty)$ 的微分,并求出在 $x = 1$ 处的微分.

解　因为 $y' = \dfrac{1}{x}$,所以 $\mathrm{d}y = \dfrac{1}{x}\mathrm{d}x, \mathrm{d}y|_{x=1} = \dfrac{1}{x}\mathrm{d}x|_{x=1} = \mathrm{d}x$.

2. 微分的几何意义

上面已经讨论了增量 Δy、微分 $\mathrm{d}y$ 和导数 $f'(x)$ 之间的关系,下面再从图形上直观地反

映它们之间的关系,以便进一步理解它们.

　　如图 2-5 所示,$NM=\Delta y$,$NT=PN\tan\alpha=f'(x)\mathrm{d}x$,所以 $\mathrm{d}y=NT$. 即函数 $y=f(x)$ 的微分 $\mathrm{d}y$ 就是函数 $y=f(x)$ 在点 P 处的切线的纵坐标在相应 x 处的增量,而 Δy 就是曲线 $y=f(x)$ 的纵坐标在点 x 处的增量. 另外可以看到,当 $|\Delta x|$ 很小时,$|\Delta y-\mathrm{d}y|$ 比 $|\Delta x|$ 小得多.

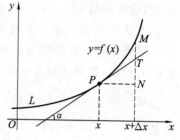

图 2-5

2.3.2　微分的基本公式及运算法则

　　从函数的表达式 $\mathrm{d}y=f'(x)\mathrm{d}x$ 可知,只要求出函数 $y=f(x)$ 的导数 $f'(x)$,再乘以自变量的微分 $\mathrm{d}x$,就能得到函数的微分 $\mathrm{d}y$,从而由导数的基本公式和运算法则,就能得到微分的基本公式和运算法则.

1. 基本初等函数的微分公式

　　(1) $\mathrm{d}C=0$；

　　(2) $\mathrm{d}x^{\mu}=\mu x^{\mu-1}\mathrm{d}x$；

　　(3) $\mathrm{d}e^{x}=e^{x}\mathrm{d}x$；

　　(4) $\mathrm{d}a^{x}=a^{x}\ln a\mathrm{d}x$；

　　(5) $\mathrm{d}(\ln x)=\dfrac{1}{x}\mathrm{d}x$；

　　(6) $\mathrm{d}(\log_{a}x)=\dfrac{1}{x\ln a}\mathrm{d}x$；

　　(7) $\mathrm{d}(\sin x)=\cos x\mathrm{d}x$；

　　(8) $\mathrm{d}(\cos x)=-\sin x\mathrm{d}x$；

　　(9) $\mathrm{d}(\tan x)=\sec^{2}x\mathrm{d}x$；

　　(10) $\mathrm{d}(\cot x)=-\csc^{2}x\mathrm{d}x$；

　　(11) $\mathrm{d}(\sec x)=\sec x\tan x\mathrm{d}x$；

　　(12) $\mathrm{d}(\csc x)=-\csc x\cot x\mathrm{d}x$；

　　(13) $\mathrm{d}(\arcsin x)=\dfrac{1}{\sqrt{1-x^{2}}}\mathrm{d}x$；

　　(14) $\mathrm{d}(\arccos x)=-\dfrac{1}{\sqrt{1-x^{2}}}\mathrm{d}x$；

　　(15) $\mathrm{d}(\arctan x)=\dfrac{1}{1+x^{2}}\mathrm{d}x$；

　　(16) $\mathrm{d}(\text{arccot}x)=-\dfrac{1}{1+x^{2}}\mathrm{d}x$.

2. 微分的四则运算法则

　　设函数 $u=u(x)$,$v=v(x)$ 可微,则

　　法则 2.6　$\mathrm{d}(u\pm v)=\mathrm{d}u\pm\mathrm{d}v$.

　　法则 2.7　$\mathrm{d}(uv)=u\mathrm{d}v+v\mathrm{d}u$.

　　法则 2.8　$\mathrm{d}\left(\dfrac{u}{v}\right)=\dfrac{v\mathrm{d}u-u\mathrm{d}v}{v^{2}}(v\neq0)$.

　　证　上述 3 个公式的证法均类似,这里只证第 2 个,其余由读者自行证明.

　　因为　　　　　　　$\mathrm{d}(uv)=(uv)'\mathrm{d}x=(u'v+uv')\mathrm{d}x=u'v\mathrm{d}x+uv'\mathrm{d}x$,

则由 $u'\mathrm{d}x=\mathrm{d}u$,$v'\mathrm{d}x=\mathrm{d}v$,有 $\mathrm{d}(uv)=u\mathrm{d}v+v\mathrm{d}u$.

　　推论 2.6　$\mathrm{d}(Cu)=C\mathrm{d}u$($C$ 为常数).

　　推论 2.7　$\mathrm{d}\left(\dfrac{1}{v}\right)=-\dfrac{1}{v^{2}}\mathrm{d}v$.

　　例 2　设 $y=\dfrac{1-x^{2}}{1+x^{2}}$,求 $\mathrm{d}y$.

　　解　$\mathrm{d}y=\mathrm{d}\left(\dfrac{1-x^{2}}{1+x^{2}}\right)=\dfrac{(1+x^{2})\mathrm{d}(1-x^{2})-(1-x^{2})\mathrm{d}(1+x^{2})}{(1+x^{2})^{2}}$

　　　　　$=\dfrac{-2x(1+x^{2})\mathrm{d}x-2x(1-x^{2})\mathrm{d}x}{(1+x^{2})^{2}}=-\dfrac{4x}{(1+x^{2})^{2}}\mathrm{d}x$.

3. 复合函数的微分法则

法则 2.9 设 $y=f(u)$，$u=\varphi(x)$ 均可微，则 $y=f[\varphi(x)]$ 也可微，且
$$\mathrm{d}y=f'(u)\varphi'(x)\mathrm{d}x.$$

结论是显然的.

由于 $\mathrm{d}u=\varphi'(x)\mathrm{d}x$，所以上式可写为 $\mathrm{d}y=f'(u)\mathrm{d}u$. 从形式上看，它与 $y=f(x)$ 的微分 $\mathrm{d}y=f'(x)\mathrm{d}x$ 形式一样，从而称为一阶微分的形式不变性. 其意义是：不管 u 是自变量还是中间变量，函数 $y=f(u)$ 的微分形式总是 $\mathrm{d}y=f'(u)\mathrm{d}u$.

例 3 设 $y=\sin 2x$，求 $\mathrm{d}y$.

解 利用一阶微分形式的不变性，有 $\mathrm{d}y=\cos 2x\mathrm{d}(2x)=2\cos 2x\mathrm{d}x$.

例 4 设 $y=a^{\ln\sin x}\ (a>0)$，求 $\mathrm{d}y$.

解 $\mathrm{d}y=a^{\ln\sin x}\ln a\mathrm{d}(\ln\sin x)=a^{\ln\sin x}\ln a\dfrac{1}{\sin x}\mathrm{d}(\sin x)=a^{\ln\sin x}\ln a\cot x\mathrm{d}x$.

例 5 设 $y=\sqrt{1-x^2}\arccos x$，求 $\mathrm{d}y$.

解 $\mathrm{d}y=\arccos x\mathrm{d}\sqrt{1-x^2}+\sqrt{1-x^2}\mathrm{d}(\arccos x)$

$$=\arccos x\frac{1}{2\sqrt{1-x^2}}\mathrm{d}(1-x^2)+\sqrt{1-x^2}\frac{-1}{\sqrt{1-x^2}}\mathrm{d}x$$

$$=-\left(\frac{x}{\sqrt{1-x^2}}\arccos x+1\right)\mathrm{d}x.$$

例 6 设 $y=\mathrm{e}^{-3x}\cos 2x$，求 $\mathrm{d}y$.

解 $\mathrm{d}y=\mathrm{e}^{-3x}\mathrm{d}(\cos 2x)+\cos 2x\mathrm{d}\mathrm{e}^{-3x}=-\mathrm{e}^{-3x}\sin 2x\mathrm{d}(2x)+\cos 2x\mathrm{e}^{-3x}\mathrm{d}(-3x)$

$$=-2\mathrm{e}^{-3x}\sin 2x\mathrm{d}x-3\mathrm{e}^{-3x}\cos 2x\mathrm{d}x=-\mathrm{e}^{-3x}(2\sin 2x+3\cos 2x)\mathrm{d}x.$$

由此可见，$y'=-\mathrm{e}^{-3x}(2\sin 2x+3\cos 2x)$.

利用微分运算来计算导数往往不易出错.

习题 2-3

A 组

1. 设函数 $y=x^2-2x+1$，分别取 $\Delta x=0.1,0.01$，求出 Δy 与 $\mathrm{d}y$ 在 $x=0.5$ 处的值.

求 2～15 题中函数的微分.

2. $y=\sqrt{1+x^3}$.

3. $y=\dfrac{\cos 2x}{1-x^2}$.

4. $y=x\mathrm{e}^{-x^2}$.

5. $y=\arctan\sqrt{x}$.

6. $y=\ln^2(1+x^2)$.

7. $y=\arcsin\dfrac{1}{x}$.

8. $y=\sec(2x^2-1)$.

9. $y=\sin\left(\dfrac{1}{2}\cos 2x\right)$.

10. $y=\ln(x^2+\pi^{2x})$.

11. $y=\dfrac{1}{x}\arctan 2x$.

12. $y=\mathrm{arccot}\dfrac{1+x}{1-x}$.

13. $y=\ln[\ln(\ln x^2)]$.

14. $y=\ln(\sqrt{x^2+a^2}-x)$.　　　　　15. $y=2^{\sin x}$.

B组

求 16～19 题中函数在指定点处的微分.

16. $y=5^{\ln(\tan x)}, x=\dfrac{\pi}{4}$.

17. $y=\mathrm{e}^x\sqrt{1-\mathrm{e}^{2x}}+\arcsin\mathrm{e}^x, x=\ln\dfrac{1}{2}$.

18. $y=\operatorname{arccot}\left(\ln\dfrac{1+x}{1-x}\right), x=\dfrac{1}{2}$.

19. $y=x^{2x}+(2x)^x, x=1$.

2.4　隐函数及参数方程所确定的函数的导数

2.4.1　隐函数的求导法则

前面讨论的函数都可以表示为 $y=f(x)$ 的形式,这样的函数称为显函数.但在实际问题中,还会遇到利用方程表示函数关系的情形,如 $x^2+y^2=R^2$, $\mathrm{e}^y=xy$,像这样由方程 $F(x,y)=0$ 所确定了变量 y 是变量 x 的函数,但是这个函数没有用 x 的显式表示,所以叫做隐函数.

隐函数怎样求导呢? 一种想法是从方程 $F(x,y)=0$ 中解出 y,成为显式 $y=f(x)$,然后求导.但这种想法有时行不通,因为有些隐函数不能表示成显函数,有时或者没有必要表示成显函数.例如方程 $y+x-\mathrm{e}^{xy}=0$ 就很难解出 $y=f(x)$ 来.那么此时怎样求导呢? 下面举例说明.

例 1　设方程 $x^2+y^2=R^2$(R 为常数)确定函数 $y=y(x)$,求 $\dfrac{\mathrm{d}y}{\mathrm{d}x}$.

解　方程两边求微分
$$\mathrm{d}(x^2+y^2)=\mathrm{d}(R^2),\text{即}(\mathrm{d}x^2+\mathrm{d}y^2)=\mathrm{d}R^2,$$
利用微分形式不变性,得
$$\mathrm{d}x^2=2x\mathrm{d}x,\mathrm{d}y^2=2y\mathrm{d}y,$$
而常数的微分为 0,即 $\mathrm{d}R^2=0$,所以有
$$2x\mathrm{d}x+2y\mathrm{d}y=0,$$
由此解得
$$\frac{\mathrm{d}y}{\mathrm{d}x}=-\frac{x}{y}\quad\text{或}\quad y'_x=-\frac{x}{y}.$$

如果先解出 y,然后再求导,结果是否相同呢?

由 $x^2+y^2=R^2$,解得 $y=\sqrt{R^2-x^2}$(取负号也可),求导数得
$$y'=\frac{-x}{\sqrt{R^2-x^2}}=-\frac{x}{y}.$$

这个结果与前面算出的相同,这说明不从方程中解出 y,同样可以算出 y'.

例 2　设方程 $y+x-\mathrm{e}^{xy}=0$ 确定函数 $y=y(x)$,求 $\mathrm{d}y$.

解　方程两边求微分

整理得
$$d(x+y-e^{xy})=0, \text{即 } dx+dy-de^{xy}=0,$$
$$dx+dy-e^{xy}d(xy)=0,$$
$$dx+dy-e^{xy}(ydx+xdy)=0,$$

移项得
$$(1-xe^{xy})dy=(ye^{xy}-1)dx,$$

从而解得
$$dy=\frac{ye^{xy}-1}{1-xe^{xy}}dx.$$

例 3　设方程 $uv=e^{u+v}$ 确定函数 $u=u(v)$，求 du.

解　方程两边求微分
$$d(uv)=de^{u+v}, \text{即 } vdu+udv=e^{u+v}(du+dv),$$

移项得
$$(v-e^{u+v})du=(e^{u+v}-u)dv,$$

从而解得
$$du=\frac{e^{u+v}-u}{v-e^{u+v}}dv.$$

例 4　求曲线 $x+x^2y^2-y=1$ 在点 $P(1,1)$ 处的切线方程和法线方程.

解　方程两边求微分，得 $dx+2yx^2dy+2xy^2dx-dy=0$，从而解得
$$\frac{dy}{dx}=\frac{1+2xy^2}{1-2x^2y}.$$

将点 $P(1,1)$ 的坐标代入，得切线的斜率 $k=-3$. 于是所求切线方程为 $y-1=-3(x-1)$，即 $3x+y-4=0$；法线方程为 $y-1=\frac{1}{3}(x-1)$，即 $x-3y+2=0$.

上述隐函数的微分法同样可用于求某些特殊形式的显函数的导数和微分. 有时会遇到表达式由幂指函数（形如 $y=u(x)^{v(x)}$ 的函数）或连乘、连除或乘方、开方表示的显函数，这类显函数直接求导或求微分很困难，或者很麻烦. 常用两边取对数后再利用隐函数的微分法求导或求微分，这种方法称为对数微分法.

例 5　求函数 $y=x^x(x>0)$ 的导数.

解　两边取自然对数，得
$$\ln y=x\ln x,$$

两边求微分得
$$\frac{1}{y}dy=\ln x dx+x\frac{1}{x}dx,$$

所以
$$\frac{dy}{dx}=y(\ln x+1)=x^x(\ln x+1).$$

对于此类幂指函数，还能用下面的方法求导数：设 $y=x^x=e^{\ln x^x}=e^{x\ln x}$，运用复合函数的求导法则，得 $y'_x=e^{x\ln x}(x\ln x)'_x=e^{x\ln x}(\ln x+1)=x^x(\ln x+1)$.

例 6　设 $y=\sqrt[3]{\frac{x+1}{(x-1)(x+2)}}$，求 y'.

解　两边取自然对数，得
$$\ln y=\frac{1}{3}[\ln(x+1)-\ln(x-1)-\ln(x+2)],$$

两边求微分得

$$\frac{1}{y}dy = \frac{1}{3}\left(\frac{1}{x+1}dx - \frac{1}{x-1}dx - \frac{1}{x+2}dx\right),$$

所以

$$y' = \frac{dy}{dx} = \frac{1}{3}y\left(\frac{1}{x+1} - \frac{1}{x-1} - \frac{1}{x+2}\right)$$

$$= \frac{1}{3}\sqrt[3]{\frac{x+1}{(x-1)(x+2)}}\left(\frac{1}{x+1} - \frac{1}{x-1} - \frac{1}{x+2}\right).$$

2.4.2　参数方程所确定的函数的求导法则

一般情况下,参数方程

$$\begin{cases} x = \varphi(t), \\ y = \psi(t) \end{cases} (t \in I) \tag{2-4} \\ \tag{2-5}$$

确定了 y 是 x 的函数(当然也可以说确定了 x 是 y 的函数),它是通过参数 t 联系起来的.现在来求 $\dfrac{dy}{dx}$ 或 y'_x.

对方程(2-4)两边求微分,得

$$dx = \varphi'(t)dt. \tag{2-6}$$

对方程(2-5)两边求微分,得

$$dy = \psi'(t)dt. \tag{2-7}$$

式(2-7)除以式(2-6),得 $\dfrac{dy}{dx} = \dfrac{\psi'(t)dt}{\varphi'(t)dt}$,消去 dt,得

$$\frac{dy}{dx} = \frac{\psi'(t)}{\varphi'(t)}, \quad 即\quad y'_x = \frac{\psi'(t)}{\varphi'(t)}.$$

这表明对参数方程所确定的函数 $y = y(x)$ 求导,先求 dy 和 dx,然后相除即可.

例7　设椭圆参数方程 $\begin{cases} x = a\cos\theta, \\ y = b\sin\theta \end{cases}$ $(a>0, b>0, \theta$ 为参数$)$确定了函数 $y = y(x)$,求 $\dfrac{dy}{dx}$.

解　因为 $dx = -a\sin\theta d\theta, dy = b\cos\theta d\theta$,所以

$$\frac{dy}{dx} = \frac{b\cos\theta d\theta}{-a\sin\theta d\theta} = -\frac{b}{a}\cot\theta.$$

例8　求摆线 $\begin{cases} x = t - \sin t, \\ y = 1 - \cos t \end{cases}$ 在对应于 $t = \dfrac{\pi}{2}$ 的曲线上点的切线方程.

解　与 $t = \dfrac{\pi}{2}$ 对应的曲线上的点为 $P\left(\dfrac{\pi}{2} - 1, 1\right)$,且 $dy = \sin t dt, dx = (1 - \cos t)dt$,从而

$\dfrac{dy}{dx}\Big|_{t=\frac{\pi}{2}} = \dfrac{\sin t}{1 - \cos t}\Big|_{t=\frac{\pi}{2}} = 1$,所以摆线在点 P 处的切线方程为 $x - y - \dfrac{\pi}{2} + 2 = 0$.

例9　设炮弹与地平线成 α 角,以初速为 v_0 射出,如果不计空气阻力,以发射点为原点,地平线为 x 轴,过原点垂直 x 轴方向向上的直线为 y 轴,由物理学知道炮弹的运动方程为

$$\begin{cases} x = v_0 t\cos\alpha, \\ y = v_0 t\sin\alpha - \dfrac{1}{2}gt^2. \end{cases}$$

求炮弹在时刻 t_0 时的速度大小与方向(如图 2-6 所示).

解 炮弹的水平方向速度为

$$v_x = \frac{\mathrm{d}x}{\mathrm{d}t} = v_0 \cos\alpha,$$

炮弹的垂直方向速度为

$$v_y = \frac{\mathrm{d}y}{\mathrm{d}t} = v_0 \sin\alpha - gt,$$

所以,在时刻 t_0 时炮弹速度的大小为

$$|v| = \sqrt{v_x^2 + v_y^2} = \sqrt{v_0^2 - 2v_0 \sin\alpha gt_0 + g^2 t_0^2}.$$

它的位置是在时刻 t_0 所对应的点处的切线上,且沿炮弹的前进方向,其斜率为

$$\frac{\mathrm{d}y}{\mathrm{d}x} = \frac{v_0 \sin\alpha - gt_0}{v_0 \cos\alpha}.$$

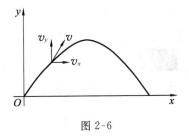

图 2-6

例 10 若圆的半径以 2 cm/s 的等速率增加,当圆的半径 $r = 10$ cm 时,圆的面积增加的速率是多少?

解 设圆的面积为 $A(r) = \pi r^2$,其中,r 是时间 t 的函数,则圆的面积增加的速率是

$$\frac{\mathrm{d}A}{\mathrm{d}t} = \frac{\mathrm{d}A}{\mathrm{d}r} \frac{\mathrm{d}r}{\mathrm{d}t} = 2\pi r \frac{\mathrm{d}r}{\mathrm{d}t}.$$

已知圆的半径 r 关于时间 t 是以 2 cm/s 等速率增加,即 $\frac{\mathrm{d}r}{\mathrm{d}t} = 2$. 从而当 $r = 10$ 时,圆的面积增加的速率为

$$\frac{\mathrm{d}A}{\mathrm{d}t} = 2\pi \times 10 \times 2 = 40\pi \ \mathrm{cm}^2/\mathrm{s}.$$

例 11 某船受一绳索牵引靠岸,绞盘位于岸边比水面高 4 m 处,绳索在绞盘上卷绕的速度是 2 m/s,问船距岸边 8 m 处的速度为多少?

解 设船距岸边的距离为 $x = x(t)$,距绞盘的距离为 $y = y(t)$(如图 2-7 所示),则有

$$y^2 - x^2 = 4^2. \tag{2-8}$$

由式(2-8)可得

$$y \frac{\mathrm{d}y}{\mathrm{d}t} - x \frac{\mathrm{d}x}{\mathrm{d}t} = 0,$$

即

$$\frac{\mathrm{d}x}{\mathrm{d}t} = \frac{y}{x} \frac{\mathrm{d}y}{\mathrm{d}t}. \tag{2-9}$$

已知绳索在绞盘上卷绕的速度是 2 m/s,即 $\frac{\mathrm{d}y}{\mathrm{d}t} = 2$. 代入式(2-9),得

$$\frac{\mathrm{d}x}{\mathrm{d}t} = 2 \frac{y}{x}. \tag{2-10}$$

又由 $x = 8$(船离岸边 8 m)和式(2-8),得 $y = 4\sqrt{5}$,将 $x = 8$ 和 $y = 4\sqrt{5}$ 代入式(2-10),得 $\frac{\mathrm{d}x}{\mathrm{d}t} = \sqrt{5}$,即船离岸边 8 m 处的速度为 $\sqrt{5}$ m/s.

习题 2- 4

A 组

求 1～4 题中方程所确定的隐函数 $y=y(x)$ 的导数 $\dfrac{\mathrm{d}y}{\mathrm{d}x}$.

1. $y\mathrm{e}^x+\ln y=1$.

2. $x\cos y=\sin(x-y)$.

3. $\arctan\dfrac{y}{x}=\ln\sqrt{x^2+y^2}$.

4. $\sqrt{x}+\sqrt{y}=a\,(a>0)$.

用对数微分法求 5～8 题中函数的导数.

5. $y=(1+\cos x)^{\frac{1}{x}}$.

6. $y=\left(\dfrac{x}{1+x}\right)^x$.

7. $y=\sqrt{\dfrac{x(x-1)}{(x-2)(x-3)}}$.

8. $y=x^{x^2}$.

9. 求曲线 $x^2+y^4=17$ 在点 $P(4,1)$ 处的切线方程和法线方程.

求 10～13 题中参数方程所确定的函数 $y=y(x)$ 的导数 $\dfrac{\mathrm{d}y}{\mathrm{d}x}$.

10. $\begin{cases}x=\arctan t,\\ y=\ln(1+t^2).\end{cases}$

11. $\begin{cases}x=\sqrt{1+t},\\ y=\sqrt{1-t}.\end{cases}$

12. $\begin{cases}x=a\cos bt+b\sin at,\\ y=a\sin bt-b\cos at.\end{cases}$ $(a,b$ 为常数$)$.

13. $\begin{cases}x=t+\mathrm{e}^t\sin t,\\ y=t-\mathrm{e}^t\cos t.\end{cases}$

14. 求曲线 $\begin{cases}x=1+2t-t^2,\\ y=4t^2\end{cases}$ 在点 $Q(-2,4)$ 处的切线方程和法线方程.

B 组

求 15～18 题中方程所确定的隐函数 $y=y(x)$ 的导数 $\dfrac{\mathrm{d}y}{\mathrm{d}x}$.

15. $\dfrac{x}{y}=\ln(xy)$.

16. $\mathrm{e}^{xy}=\cos(x+y)$.

17. $\mathrm{e}^y+y\ln x=\sin 2x$.

18. $y\sin x=\cos\mathrm{e}^{xy}$.

19. 已知曲线 $\begin{cases}x=t^2+mt+n,\\ y=p\mathrm{e}^t-2\mathrm{e}\end{cases}$ 在 $t=1$ 时过原点,且在 $t=0$ 处的切线与直线 $2x+3y-5=0$ 平行.求常数 m,n,p.

用对数微分法求 21～22 题中函数的导数.

20. $y=(\sin x)^{\tan x}-(\cos x)^{\cot x}$.

21. $y=\dfrac{\mathrm{e}^{2x}(x+3)}{\sqrt{(x+5)(x-4)}}$.

22. 将水注入深为 8 m、上顶直径也为 8 m 的锥形漏斗容器中,其速度为 4 m³/s,问当水深 5 m 时,其水面上升速度是多少?

23. 两船 A 与 B 从同一地点出发,A 船向北行,速度为 30 km/h;B 船向东行,速度为 40 km/h. 问两船距离增加的速度是多少?

2.5　高阶导数

2.5.1　高阶导数的概念

如果可导函数 $y=f(x)$ 的导函数 $y'=f'(x)$ 仍然可导,那么就可以对其继续求导.为此给出如下定义.

定义 2.6　若可导函数 $y=f(x)$ 的导函数 $y'=f'(x)$ 仍然可导,则称 $y'=f'(x)$ 的导数为函数 $y=f(x)$ 的二阶导数,记作 y'',或 $f''(x),\dfrac{\mathrm{d}^2 y}{\mathrm{d}x^2}$,即

$$y''=(y')',\text{或}\ y''=[f'(x)]',\dfrac{\mathrm{d}^2 y}{\mathrm{d}x^2}=\dfrac{\mathrm{d}}{\mathrm{d}x}\left(\dfrac{\mathrm{d}y}{\mathrm{d}x}\right).$$

相应地,称 $f'(x)$ 为函数 $y=f(x)$ 的一阶导数.

类似地,若 $f''(x)$ 仍然可导,则称 $f''(x)$ 的导数 $[f''(x)]'$ 为函数 $y=f(x)$ 的三阶导数,记作 y''',或 $f'''(x),\dfrac{\mathrm{d}^3 y}{\mathrm{d}x^3}$.

一般地,若函数 $y=f(x)$ 的 $n-1$ 阶导函数仍然可导,则称 $n-1$ 阶导函数的导数为函数 $y=f(x)$ 的 n 阶导数,记作 $y^{(n)}$,或 $f^{(n)}(x),\dfrac{\mathrm{d}^n y}{\mathrm{d}x^n}$,即

$$y^{(n)}=[y^{(n-1)}]',\text{或}\ f^{(n)}(x)=[f^{(n-1)}(x)]',\dfrac{\mathrm{d}^n y}{\mathrm{d}x^n}=\dfrac{\mathrm{d}}{\mathrm{d}x}\left(\dfrac{\mathrm{d}^{n-1} y}{\mathrm{d}x^{n-1}}\right).$$

函数 $y=f(x)$ 在点 x_0 处的 n 阶导数值记作 $y^{(n)}(x_0)$,或 $f^{(n)}(x_0),\dfrac{\mathrm{d}^n y}{\mathrm{d}x^n}\Big|_{x=x_0}$.

函数 $y=f(x)$ 的二阶及二阶以上的导数统称为函数 $y=f(x)$ 的高阶导数.

2.5.2　显函数的高阶导数

由上述定义可知,函数 $y=f(x)$ 的 n 阶导数,就是对 $y=f(x)$ 连续依次地求 n 次导数得到的.

例 1　求函数 $y=x^4+2x^3-x^2+3x-1$ 的四阶导数 $y^{(4)}$ 和五阶导数 $y^{(5)}$.

解
$$y'=4x^3+6x^2-2x+3,$$
$$y''=(y')'=(4\times3)x^2+12x-2,$$
$$y'''=(y'')'=(4\times3\times2)x+12,$$
$$y^{(4)}=(y''')'=4\times3\times2\times1=4!,$$
$$y^{(5)}=0.$$

一般地,若 $y=x^n+a_1x^{n-1}+a_2x^{n-2}+\cdots+a_{n-1}x+a_n$,则
$$y^{(n)}=n!,\ y^{(n+1)}=0.$$

例 2　求函数 $y=a^x(a>0,a\neq1)$ 的 n 阶导数 $\dfrac{\mathrm{d}^n y}{\mathrm{d}x^n}$.

解　$y'=a^x\ln a,y''=(y')'=a^x\ln a\ln a=a^x(\ln a)^2,y'''=(y'')'=a^x\ln a(\ln a)^2=a^x(\ln a)^3,\cdots,$
$y^{(n)}=a^x(\ln a)^n.$

特别地,有

$$(e^x)^{(n)} = e^x.$$

例 3　求函数 $y = \sin x$ 的 n 阶导数 $\dfrac{d^n y}{dx^n}$.

解
$$\frac{dy}{dx} = \cos x = \sin\left(x + \frac{\pi}{2}\right),$$

$$\frac{d^2 y}{dx^2} = \cos\left(x + \frac{\pi}{2}\right) = \sin\left(x + 2 \times \frac{\pi}{2}\right),$$

$$\frac{d^3 y}{dx^3} = \cos\left(x + 2 \times \frac{\pi}{2}\right) = \sin\left(x + 3 \times \frac{\pi}{2}\right),$$

$$\cdots,$$

$$\frac{d^n y}{dx^n} = \sin\left(x + n \cdot \frac{\pi}{2}\right).$$

由上述实例可以看出,求函数的 n 阶导数的关键是寻求各阶导数表达形式的规律性.因此,在计算中应注意对各阶导数的表达形式进行适当的恒等变形,以利于发现其规律性.

2.5.3　隐函数及由参数方程所确定的函数的二阶导数

下面介绍用微分求二阶导数的方法.已经知道 $dy = y' dx$,如果对 y' 再求微分,那么根据微分与导数的关系,可知 dy' 应等于 y' 的导数乘 dx,即

$$dy' = y'' dx, \text{或} \frac{dy'}{dx} = y''.$$

这就是用微分求 y'' 的基础,即 y'' 就是 dy' 与 dx 之商.

例 4　设方程 $y = \ln(x + y)$ 确定了隐函数 $y = y(x)$,求 y''.

解　先求一阶导数 y'. 因为 $dy = \dfrac{1}{x+y}(dx + dy)$,从而 $(x+y-1)dy = dx$,所以

$$y' = \frac{dy}{dx} = \frac{1}{x+y-1}.$$

对上式两边求微分,得

$$dy' = -\frac{1}{(x+y-1)^2}(dx + dy) \text{或} \frac{dy'}{dx} = -\frac{1}{(x+y-1)^2}(1 + y').$$

将 $y' = \dfrac{1}{x+y-1}$ 代入上式,得

$$y'' = -\frac{1}{(x+y-1)^2}\left(1 + \frac{1}{x+y-1}\right) = -\frac{x+y}{(x+y-1)^3}.$$

例 5　设方程 $\begin{cases} x = 3e^{-t}, \\ y = 2e^t \end{cases}$ 确定了函数 $y = y(x)$,求 $\dfrac{d^2 y}{dx^2}$.

解　先求一阶导数 y'. 因为 $dx = -3e^{-t} dt$,$dy = 2e^t dt$,所以

$$y' = \frac{dy}{dx} = \frac{2e^t}{-3e^{-t}} = -\frac{2}{3}e^{2t},$$

两边再求微分,得

$$dy' = -\frac{4}{3}e^{2t} dt,$$

从而
$$\frac{\mathrm{d}^2 y}{\mathrm{d}x^2} = \frac{\mathrm{d}y'}{\mathrm{d}x} = \frac{-\dfrac{4}{3}\mathrm{e}^{2t}\mathrm{d}t}{-3\mathrm{e}^{-t}\mathrm{d}t} = \frac{4}{9}\mathrm{e}^{3t}.$$

习题 2-5

A 组

求 1～4 题中各函数的二阶导数 $\dfrac{\mathrm{d}^2 y}{\mathrm{d}x^2}$.

1. $y = \cos x \sin \mathrm{e}^x$.
2. $y = (\arcsin x)^3$.
3. $y = \mathrm{e}^{-4x}\sin 2x$.
4. $y = \mathrm{e}^{-x^2} + x^{2x}$.

5. 求函数 $y = \ln(\ln x)$ 在点 $x = \mathrm{e}^2$ 处的二阶导数.

求 6～9 题中各函数的四阶导数 $y^{(4)}$.

6. $y = x\mathrm{e}^x$.
7. $y = x^2 \sin x$.
8. $y = x\cos x$.
9. $y = x^4 \ln x$.

求 10～13 题中各函数的 n 阶导数 $y^{(n)}$.

10. $y = \cos x$.
11. $y = \ln(1+x)$.
12. $y = \dfrac{1}{1-x}$.
13. $y = (ax+b)^m \ (m \in \mathbf{N}^+)$.

求 14～17 题中方程所确定的函数 $y = y(x)$ 的二阶导数 $\dfrac{\mathrm{d}^2 y}{\mathrm{d}x^2}$.

14. $y = \tan(x+y)$.
15. $x + y = \text{arccot}(x-y)$.

16. $\begin{cases} x = 2t - t^2, \\ y = 3t - t^3. \end{cases}$
17. $\begin{cases} x = a\cos t, \\ y = b\sin t. \end{cases}$

B 组

求 18～21 题中方程所确定的函数 $y = y(x)$ 的二阶导数 $\dfrac{\mathrm{d}^2 y}{\mathrm{d}x^2}$.

18. $\begin{cases} x = \dfrac{1}{t+1}, \\ y = \dfrac{1}{t-1}. \end{cases}$
19. $\begin{cases} x = a(t - \sin t), \\ y = a(1 - \cos t). \end{cases}$

20. $\begin{cases} x = at\cos t, \\ y = at\sin t. \end{cases}$
21. $\begin{cases} x = \mathrm{e}^{\cos t}, \\ y = \mathrm{e}^{\sin t}. \end{cases}$

22. 已知 $\mathrm{e}^{xy} = a^x b^y \ (a>0, b>0)$, 证明 $(y - \ln a)y'' - 2(y')^2 = 0$.

23. 设方程 $\begin{cases} x = f(t), \\ y = \varphi(t) \end{cases}$ 确定了函数 $y = y(x)$, 求 $\dfrac{\mathrm{d}^2 y}{\mathrm{d}x^2}$.

本章小结

数学中研究变量时, 既要了解彼此的对应规律——函数关系, 各变量的变化趋势——极限, 还要对各变量在变化过程某一时刻的相互动态关系——各变量变化快慢及一个变量相对于另一个变量的变化率等作准确的数量分析. 作为本章主要内容的导数和微分, 就是用来刻画这种相互动态关系的.

1. 导数的概念和运算

导数概念极为重要, 应准确理解. 领会导数的基本思想, 掌握它的基本分析方法, 是会应用导数的前提. 欲动态地考察函数 $y = f(x)$ 在某点 x_0 附近变量间的关系, 由于存在变化"均匀与不均匀"或图形"曲与直"等不同变化性态, 如果孤立地考察一点 x_0, 除了能求得函数值 $f(x_0)$ 外, 是难以反映的, 所以要在小范围 $[x_0, x_0 + \Delta x]$ 内去研究函数的变化情况. 再结合极限, 就得出点变化率的概念. 有了点变化率的概念后, 在小范围内就可以"以均匀代不均匀"、"以直代曲", 使对函数 $y = f(x)$ 在某点 x_0 附近变量间关系的动态研究得到简化. 运用这一基本思想和分析方法, 可以解决实际问题中的大量问题.

本章内容的重点是导数、微分的概念, 但大量的工作则是求导运算, 目的在于加深对导数的理解, 并提高运算能力. 求导运算的对象分为两类, 一类是初等函数, 另一类是非初等函数. 由于初等函数是由基本初等函数和常数经过有限次四则运算与复合得到的, 因此求初等函数的导数必须熟记基本导数公式及求导法则, 特别是复合函数的求导法则. 在本章中遇到的非初等函数, 包括由方程确定的隐函数和参数方程形式表示的函数, 对这两类函数的求导, 都有相应的微分法可用.

2. 导数的几何意义和物理意义

(1) 导数的几何意义. 函数 $y = f(x)$ 在点 x_0 处的导数 $f'(x_0)$, 在几何上表示函数的图形在点 $(x_0, f(x_0))$ 处切线的斜率.

(2) 导数的物理意义. 在物理领域中, 大量运用导数来表示一个物理量相对于另一个物理量的变化率, 而且这种变化率本身常常是一个物理概念. 由于具体物理量含义不同, 导数的含义也不同, 所得的物理概念也就各异. 常见的有速度——位移关于时间的变化率; 加速度——速度关于时间的变化率; 密度——质量关于体积的变化率; 功率——功关于时间的变化率; 电流——电量关于时间的变化率等.

3. 微分的概念与运算

函数 $y = f(x)$ 在 x_0 处可微, 表示 $y = f(x)$ 在 x_0 附近的这样一种变化性态: 随着自变量 x 的改变量 Δx 的变化, 始终成立 $\Delta y = f(x_0 + \Delta x) - f(x_0) = f'(x_0) \Delta x + o(\Delta x)$. 这在数值上表示 $f'(x_0) \Delta x$ 是 Δy 的线性主部: $\Delta y \approx f'(x_0) \Delta x$; 在几何上表示 x_0 附近可以以"直"(图形在点 $(x_0, f(x_0))$ 处的切线)代"曲"($y = f(x)$ 图形本身), 误差是 Δx 的高阶无穷小. 称 $dy = f'(x_0) \Delta x = f'(x_0) dx$ 为 $y = f(x)$ 在 x_0 处的微分. 在运算上, 求函数 $y = f(x)$ 的导数 $f'(x)$ 与求函数的微分 $f'(x) dx$ 是互通的, 即 $y' = \dfrac{dy}{dx} = f'(x) \Leftrightarrow dy = f'(x) dx$. 因此可以先求导数然后乘以 dx 计算微分, 也可以利用微分公式与微分的法则进行计算.

4. 可导、可微与连续的关系

函数 $y = f(x)$ 在点 x_0 处可微 $\Leftrightarrow$ 函数 $y = f(x)$ 在点 x_0 处可导 $\Rightarrow$ 函数 $y = f(x)$ 在 x_0 处连续.

5. 求导数的方法

求导数是一种重要的运算, 是高等数学中最基本的技能之一, 应当熟练掌握. 对不同的函数形式, 要灵活地选用求导数的方法. 主要方法归纳如下:

(1) 用导数定义求导数；

(2) 用导数的基本公式和四则运算法则求导数；

(3) 用链式法则求复合函数的导数；

(4) 用对数求导法，对幂指函数及多个"因子"的积、商、乘方或开方运算组成的函数求导；

(5) 对由方程确定的隐函数，用隐函数微分法；

(6) 对用参数方程表示的函数，用参数方程表示的函数的微分法.

6. 分段函数的导数

分段函数在非分段点的导数，可按前面的求导法则与公式直接求导；在分段点处应按如下步骤进行：

第一步   考察函数是否连续，若间断，则导数不存在.

第二步   若连续，则考察左、右导数是否存在，若其中之一不存在，则导数不存在.

第三步   若都存在，则考察左、右导数是否相等，若不相等，则导数不存在.

第四步   若相等，则导数存在且等于公共值.

其中的难点是第二步，因为在分段点处的左、右导数通常要用定义求得.

综合练习 2

选择题 (1～6)

1. 设函数 $f(x)$ 在点 x_0 处的导数 $f'(x_0)$ 存在，则 $f'(x_0)$ 等于(   ).

A. $\lim\limits_{\Delta x \to 0} \dfrac{f(x_0 + 2\Delta x) - f(x_0)}{\Delta x}$

B. $\lim\limits_{\Delta x \to 0} \dfrac{f(x_0) - f(x_0 - 2\Delta x)}{2\Delta x}$

C. $\lim\limits_{\Delta x \to 0} \dfrac{f(x_0 + 2\Delta x) - f(x_0 - \Delta x)}{\Delta x}$

D. $\lim\limits_{\Delta x \to 0} \dfrac{f(x_0 - 2\Delta x) - f(x_0)}{2\Delta x}$

2. 若函数 $f(x)$ 在点 x_0 处不可导，那么曲线 $f(x)$ 在点 x_0 处(   ).

A. 一定没有切线

B. 一定有切线

C. 一定有垂直于 x 轴的切线

D. 不一定有切线

3. 函数 $f(x)$ 在点 x_0 处连续是它在该点可导的(   ).

A. 充分非必要条件

B. 必要非充分条件

C. 充分必要条件

D. 既不是充分条件也不是必要条件

4. 下列运算正确的是(   ).

A. $f'(1) = [f(1)]' = 0$

B. $[\cos(1-x)]' = \sin(1-x)$

C. $(\ln\sqrt{1-x^2}\,)' = \dfrac{1}{\sqrt{1-x^2}}(\sqrt{1-x^2}\,)' = \dfrac{1}{2(1-x^2)}$

D. $[\arctan(1-x)]' = \dfrac{(1-x)'}{1+x^2} = -\dfrac{1}{1+x^2}$

5. $\dfrac{\mathrm{d}}{\mathrm{d}x}f\left(\dfrac{1}{x^2}\right) = \dfrac{1}{x}$，则 $f'\left(\dfrac{1}{2}\right) = ($ $)$.

A. $-\dfrac{1}{\sqrt{2}}$ B. -1 C. 2 D. -4

6. 下列等式成立的是(   ).

A. $d(e^{\sin x}) = e^{\sin x} d(\sin x)$ 　　　　　B. $d(\sqrt{x}) = \dfrac{dx}{\sqrt{x}}$

C. $d[\ln(1+x^2)] = \dfrac{dx}{1+x^2}$ 　　　　　D. $d(\tan 3x) = (\sec^2 3x)dx$

填空题（7～12）

7. 设物体上升的高度函数为 $h(t) = 10t - \dfrac{1}{2}gt^2$，当 $t = \dfrac{1}{2}$ 时，物体的速度为_____，加速度为_____.

8. 若极限 $\lim\limits_{x \to a} \dfrac{f(x) - f(a)}{x - a}$ 存在，则 $\lim\limits_{x \to a} f(x) = $_____.

9. 若 $f(x) = \dfrac{1 - \sin x}{1 + \sin x}$，则 $f'\left(\dfrac{\pi}{2}\right) = $_____.

10. $de^{\cos x^2} = e^{\cos x^2} d(\quad) = (\quad)dx^2 = (\quad)dx$.

11. 曲线 $x^2 - \dfrac{y^2}{4} = 1$ 在点 $P\left(\dfrac{3}{2}, \sqrt{5}\right)$ 处的切线方程为_____，法线方程为_____.

12. 若 $f(x)$ 在点 x_0 处有二阶导数，则 $\lim\limits_{\Delta x \to 0} \dfrac{f'(x_0 + \Delta x) - f'(x_0)}{\Delta x} = $_____.

计算证明题（13～18）

13. 已知 $y = e^{2x}(\sin x + \cos x) + e^{-5}$，求 $y'|_{x=0}$.

14. 已知 $y = x\arctan x - \ln\sqrt{1+x^2}$，求 dy.

15. 设 $y = (\sin x)^{\tan x}(\sin x > 0)$，求 y'.

16. 已知 $y = \cot^2 x$，求 y''.

17. 证明曲线 $xy = 1(x > 0, y > 0)$ 上任一点处的切线与两坐标轴所围成的三角形的面积为定值.

18. 证明由方程 $y\ln y = x + y$ 所确定的函数满足方程 $(x+y)^2 y'' + yy' = 0$.

第3章

导数与微分的应用

导数与微分在自然科学和工程技术上都有着极其广泛的应用.本章将在介绍微分学中值定理的基础上,给出计算未定式极限的新方法——洛必达(L'Hospital)法则,并以导数与微分为工具,研究函数及其图形的性态,解决一些常见的应用问题.

3.1　微分中值定理与洛必达法则

3.1.1　微分中值定理

1. 罗尔(Rolle)定理

定理 3.1(罗尔定理)　如果函数 $f(x)$ 在闭区间 $[a,b]$ 上连续,在开区间 (a,b) 内可导,且在区间端点处的函数值相等,即 $f(a)=f(b)$,那么至少存在一点 $\xi\in(a,b)$,使 $f'(\xi)=0$.

定理 3.1 的几何意义:在两个高度相同的点 A,B 间的一段连续曲线上,除端点外如果各点都有不垂直于 x 轴的切线,那么至少有一点处的切线是水平的(如图 3-1 所示),P_1,P_2 点处的切线与弦 AB 平行.

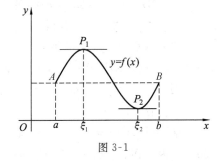

图 3-1

证　因为 $f(x)$ 在闭区间 $[a,b]$ 上连续,由最值定理(定理 1.14)知 $f(x)$ 在 $[a,b]$ 上必有最大值 M 和最小值 m.

如果 $M=m$,则 $f(x)$ 在 $[a,b]$ 上恒为常数,从而对任意 $x\in(a,b)$,都有 $f'(x)=0$.

如果 $M\neq m$,则 M 和 m 中至少有一个不等于 $f(a)$,不妨设 $M\neq f(a)$,则 M 必在开区间 (a,b) 内取得,即至少有一个点 $\xi\in(a,b)$ 使 $f(\xi)=M$,以下证明 $f'(\xi)=0$.

因为 $f(x)$ 在点 ξ 处取得最大值,所以对于任意的 Δx,只要 $\xi+\Delta x\in(a,b)$,总有

$$f(\xi+\Delta x)\leqslant f(\xi).$$

从而,当 $\Delta x>0$ 时,有 $\dfrac{f(\xi+\Delta x)-f(\xi)}{\Delta x}\leqslant 0$;当 $\Delta x<0$ 时,有 $\dfrac{f(\xi+\Delta x)-f(\xi)}{\Delta x}\geqslant 0$.

由于 $f(x)$ 在 (a,b) 内可导,因而有

$$f'(\xi)=f'_+(\xi)=\lim_{\Delta x\to 0^+}\frac{f(\xi+\Delta x)-f(\xi)}{\Delta x}\leqslant 0$$

和

$$f'(\xi) = f'_-(\xi) = \lim_{\Delta x \to 0^-} \frac{f(\xi + \Delta x) - f(\xi)}{\Delta x} \geqslant 0.$$

所以 $f'(\xi) = 0$. 定理得证.

应该注意的是,定理 3.1 要求函数 $f(x)$ 同时满足三个条件:在闭区间 $[a,b]$ 上连续,在开区间 (a,b) 内可导,$f(a) = f(b)$. 否则结论就可能不成立. 图 3-2 直观地说明了当其中一个条件不满足时,结论不能成立的例子.

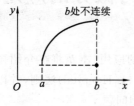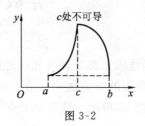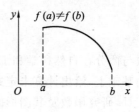

图 3-2

同时应该指出,定理 3.1 的条件对于结论是充分的,但并非必要的. 例如,函数

$$f(x) = \begin{cases} \sin x, & 0 < x < \pi, \\ 1, & x = 0 \end{cases}$$

在 $x = 0$ 处不连续,但存在 $\xi = \dfrac{\pi}{2}$,使 $f'\left(\dfrac{\pi}{2}\right) = 0$.

例 1 验证函数 $f(x) = x^2 - 5x + 4$ 在区间 $[2,3]$ 上满足定理 3.1,并求出 ξ.

解 因为 $f(x) = x^2 - 5x + 4$ 在区间 $[2,3]$ 上连续,$f'(x) = 2x - 5$ 在 $(2,3)$ 内存在,且 $f(2) = f(3) = -2$,所以 $f(x)$ 满足定理 3.1 的三个条件.

令 $f'(x) = 2x - 5 = 0$,得 $x = 2.5$,即存在 $\xi = 2.5$,使 $f'(\xi) = 0$.

如果函数 $y = f(x)$ 满足定理 3.1 的三个条件,则方程 $f'(x) = 0$ 在区间 (a,b) 内至少有一个实根. 这个结论常被用来证明某些方程的根的存在性.

例 2 如果方程 $ax^3 + bx^2 + cx = 0$ 有正根 x_0,证明方程 $3ax^2 + 2bx + c = 0$ 必定在 $(0, x_0)$ 内有根.

证 设 $f(x) = ax^3 + bx^2 + cx$,则 $f(x)$ 在 $[0, x_0]$ 上连续,$f'(x) = 3ax^2 + 2bx + c$ 在 $(0, x_0)$ 内存在,且 $f(0) = f(x_0) = 0$. 所以 $f(x)$ 在 $[0, x_0]$ 上满足定理 3.1 的条件.

由定理结论,在 $(0, x_0)$ 内至少存在一点 ξ,使 $f'(\xi) = 3a\xi^2 + 2b\xi + c = 0$,即 ξ 为方程 $3ax^2 + 2bx + c = 0$ 的根.

2. 拉格朗日(Lagrange)中值定理

定理 3.2(拉格朗日中值定理) 如果函数 $f(x)$ 在闭区间 $[a,b]$ 上连续,在开区间 (a,b) 内可导,那么至少存在一点 $\xi \in (a,b)$,使得

$$f'(\xi) = \frac{f(b) - f(a)}{b - a} \ \text{或} \ f(b) - f(a) = f'(\xi)(b-a).$$

数值 $\dfrac{f(b) - f(a)}{b - a}$ 表示过曲线上两点 $A(a, f(a))$,$B(b, f(b))$ 的弦 AB 的斜率,$f'(\xi)$ 为曲线上点 P 处的切线斜率. 定理 3.2 的几何意义是:如果函数 $f(x)$ 在 $[a,b]$ 上连续,且除端点外各点都有不垂直于 x 轴的切线,那么在曲线上至少有一点 $P(\xi, f(\xi))$ 处的切线与弦 AB 平行(如图 3-3 所示).

不难发现,定理 3.2 是定理 3.1 将弦 AB 由水平向斜线的推广;或者说,定理 3.1 是定理 3.2 当弦 AB 为水平时的特例.如何证明定理 3.2 呢? 从图 3-4 易见,如果用函数 $f(x)$ 减去弦 AB 的函数,即在 $f(x)(x\in[a,b])$ 中减去对应于 $\triangle ABD$ 中的一段 MN,则 AB 将与 AD 重合,它就是定理 3.1 的几何意义.具体地讲,构造一个辅助函数 $F(x)$,使

$$F(x)=f(x)-MN=f(x)-\frac{f(b)-f(a)}{b-a}(x-a).$$

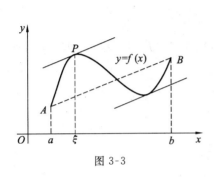

图 3-3

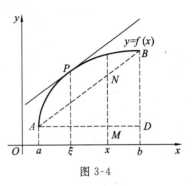

图 3-4

证 令 $F(x)=f(x)-\dfrac{f(b)-f(a)}{b-a}(x-a)$.显然 $F(x)$ 在 $[a,b]$ 上连续,在 (a,b) 内可导,且 $F(a)=f(a),F(b)=f(a)$,即 $F(x)$ 满足定理 3.1 的条件.所以,至少存在一点 $\xi\in(a,b)$ 使 $F'(\xi)=0$,即

$$f'(\xi)=\frac{f(b)-f(a)}{b-a}.$$

从而定理 3.2 得证.

例 3 验证函数 $f(x)=x^2$ 在区间 $[1,2]$ 上满足定理 3.2,并求 ξ.

解 显然 $f(x)=x^2$ 在 $[1,2]$ 上连续,且在 $(1,2)$ 上可导,所以 $f(x)$ 满足定理 3.2 的条件.令 $\dfrac{f(2)-f(1)}{2-1}=f'(x)=2x$,即 $3=2x$,得 $x=1.5$,即 $\xi=1.5$.

推论 3.1 若函数 $f(x)$ 在闭区间 $[a,b]$ 上连续,在开区间 (a,b) 内的导数恒为零,则 $f(x)$ 在 $[a,b]$ 上为常数.

证 在 (a,b) 内任取两点 x_1,x_2(不妨设 $x_1<x_2$).

因为 $[x_1,x_2]\subset(a,b)$,所以 $f(x)$ 在 $[x_1,x_2]$ 上连续,在 (x_1,x_2) 内可导.从而由定理 3.2 有

$$f(x_2)-f(x_1)=f'(\xi)(x_2-x_1)(x_1<\xi<x_2).$$

又因为对 (a,b) 内一切 x 都有 $f'(x)=0$.显然 $\xi\in(a,b)$,所以 $f'(\xi)=0$,于是得

$$f(x_2)-f(x_1)=0,即 f(x_2)=f(x_1).$$

即函数 $f(x)$ 在 $[a,b]$ 上为常数.

前面证明过"常数的导数等于零",推论 3.1 说明其逆命题也为真.

推论 3.2 若 $f'(x)\equiv g'(x),x\in(a,b)$,则 $f(x)=g(x)+C(x\in(a,b),C$ 为常数$)$.

证 因为 $[f(x)-g(x)]'=f'(x)-g'(x)\equiv0,x\in(a,b)$,根据推论 3.1,得

$$f(x)-g(x)=C(x\in(a,b),C 为常数),$$

移项即得结论.

前面已经知道"两个函数恒等,那么它们的导数相等". 现在又知道"如果两个函数的导数恒等,那么它们至多只相差一个常数".

例 4　设函数 $f(x)=\sin^2 x+\cos^2 x$,用微分中值定理证明:对于一切 $x\in(-\infty,+\infty)$,恒有 $f(x)=1$.

证　任取 $x\in(-\infty,+\infty)$,考虑 0 与 x 之间的闭区间,可知 $f(x)$ 满足定理 3.2 的条件,所以有

$$\frac{f(x)-f(0)}{x-0}=f'(\xi).$$

因为 $f'(x)=2\sin x\cos x-2\sin x\cos x=0$,所以 $f(x)=f(0)$,显然 $f(0)=1$,于是 $f(x)=\sin^2 x+\cos^2 x=1$.

例 5　证明不等式 $\dfrac{b-a}{b}<\ln\dfrac{b}{a}<\dfrac{b-a}{a}$ 对任意 $0<a<b$ 成立.

证　改写欲证不等式为

$$\frac{1}{b}<\frac{\ln b-\ln a}{b-a}<\frac{1}{a}. \tag{3-1}$$

因为 $\ln x$ 在 $[a,b]$ 上连续,在 (a,b) 内可导,所以根据定理 3.2 有

$$\frac{\ln b-\ln a}{b-a}=(\ln x)'\Big|_{x=\xi}=\frac{1}{\xi}(a<\xi<b),$$

从而 $\dfrac{1}{b}<\dfrac{1}{\xi}<\dfrac{1}{a}$,所以式(3-1)成立,于是原不等式得证.

3. 柯西(Cauchy)中值定理

定理 3.3(柯西中值定理)　如果函数 $f(x)$ 和 $g(x)$ 在闭区间 $[a,b]$ 上连续,在开区间 (a,b) 内可导,且 $g(a)\neq g(b)$,那么至少存在一点 $\xi\in(a,b)$,使得

$$f'(\xi)=\frac{f(b)-f(a)}{g(b)-g(a)}g'(\xi).$$

特别地,若 $g'(\xi)\neq 0$,则有

$$\frac{f(b)-f(a)}{g(b)-g(a)}=\frac{f'(\xi)}{g'(\xi)}.$$

证明从略.

上述三个定理指出,在定理的条件下,必有那样的 ξ 存在,而且可能不止一个,尽管定理并没有指出 ξ 在 (a,b) 内的具体位置,但就是这个存在性,确立了中值定理在微分学中的重要地位. 本来函数 $f(x)$ 与导数 $f'(x)$ 之间的关系是通过极限建立的,因此导数 $f'(x_0)$ 只能近似反映 $f(x)$ 在 x_0 附近的性态,如 $f(x)\approx f(x_0)+f'(x_0)(x-x_0)$. 中值定理却通过中间值处的导数,证明了函数 $f(x)$ 与导数 $f'(x)$ 之间可以直接建立精确等式关系,即只要 $f(x)$ 在 x 与 x_0 之间连续、可导,且在点 x 和 x_0 处连续,那么一定存在中间值 ξ,使 $f(x)=f(x_0)+f'(\xi)(x-x_0)$. 这样就为由导数的性质来推断函数性质、由函数的局部性质来研究函数的整体性质架起了桥梁,如推论 3.1、推论 3.2 就是以导数性质推断函数的整体性质.

3.1.2　洛必达法则

若当 $x\to x_0$ 时,两个函数 $f(x)$,$g(x)$ 都是无穷小或无穷大,则求极限 $\lim\limits_{x\to x_0}\dfrac{f(x)}{g(x)}$ 时不能直

接用商的极限运算法则,其结果可能存在,也可能不存在;即使存在,其值也因式而异.因此常把两个无穷小之比或无穷大之比的极限,称为 $\frac{0}{0}$ 型或 $\frac{\infty}{\infty}$ 型未定式(也称为 $\frac{0}{0}$ 型或 $\frac{\infty}{\infty}$ 型未定型)极限.对于求解这两种未定式极限,以下介绍的两个法则称为洛必达法则.

1. $\frac{0}{0}$ 型未定式

法则 3.1 设函数 $f(x)$ 和 $g(x)$ 满足如下条件:

(1) $\lim\limits_{x \to x_0} f(x) = 0$, $\lim\limits_{x \to x_0} g(x) = 0$,

(2) 函数 $f(x), g(x)$ 在 x_0 的某个邻域内(点 x_0 可除外)可导,且 $g'(x) \neq 0$,

(3) $\lim\limits_{x \to x_0} \dfrac{f'(x)}{g'(x)} = A$($A$ 可以是有限数,也可为无穷大),

则
$$\lim_{x \to x_0} \frac{f(x)}{g(x)} = \lim_{x \to x_0} \frac{f'(x)}{g'(x)} = A.$$

证 因为所求极限 $\lim\limits_{x \to x_0} \dfrac{f(x)}{g(x)}$ 与 $f(x_0), g(x_0)$ 无关,所以可以假定 $f(x_0) = g(x_0) = 0$,从而由条件(1)、(2)可知,$f(x), g(x)$ 在 x_0 的某一邻域 $U(x_0)$ 内是连续的.设 x 是 $U(x_0)$ 内的任一点,则在区间 $[x_0, x]$ 或 $[x, x_0]$ 上,$f(x), g(x)$ 满足定理 3.3 的条件,因此有

$$\frac{f(x)}{g(x)} = \frac{f(x) - f(x_0)}{g(x) - g(x_0)} = \frac{f'(\xi)}{g'(\xi)} (\xi \text{ 在 } x \text{ 与 } x_0 \text{ 之间}).$$

令 $x \to x_0$,并对上式两端求极限,注意到当 $x \to x_0$ 时,$\xi \to x_0$,再由条件(3)即得结论

$$\lim_{x \to x_0} \frac{f(x)}{g(x)} = \lim_{x \to x_0} \frac{f'(\xi)}{g'(\xi)} = \lim_{\xi \to x_0} \frac{f'(\xi)}{g'(\xi)} = \lim_{x \to x_0} \frac{f'(x)}{g'(x)}.$$

如果当 $x \to x_0$ 时,$\dfrac{f'(x)}{g'(x)}$ 仍为 $\frac{0}{0}$ 型未定式,且 $f'(x)$ 与 $g'(x)$ 仍满足法则 3.1 的条件,则可继续使用洛必达法则,即有

$$\lim_{x \to x_0} \frac{f(x)}{g(x)} = \lim_{x \to x_0} \frac{f'(x)}{g'(x)} = \lim_{x \to x_0} \frac{f''(x)}{g''(x)}.$$

可以证明,法则 3.1 对于 $x \to \infty, x \to \pm\infty$ 时的 $\frac{0}{0}$ 型未定式同样适用.

例 6 求 $\lim\limits_{x \to a} \dfrac{\ln x - \ln a}{x - a}(a > 0)$.

解 这是 $\frac{0}{0}$ 型未定式.由洛必达法则得

$$\lim_{x \to a} \frac{\ln x - \ln a}{x - a} = \lim_{x \to a} \frac{(\ln x - \ln a)'}{(x - a)'} = \lim_{x \to a} \frac{\frac{1}{x}}{1} = \frac{1}{a}.$$

例 7 求 $\lim\limits_{x \to +\infty} \dfrac{\dfrac{\pi}{2} - \arctan x}{\dfrac{1}{x}}$.

解 这是 $\frac{0}{0}$ 型未定式.由洛必达法则得

$$\lim_{x \to +\infty} \frac{\frac{\pi}{2} - \arctan x}{\frac{1}{x}} = \lim_{x \to +\infty} \frac{\left(\frac{\pi}{2} - \arctan x\right)'}{\left(\frac{1}{x}\right)'} = \lim_{x \to +\infty} \frac{-\frac{1}{1+x^2}}{-\frac{1}{x^2}}$$

$$= \lim_{x \to +\infty} \frac{x^2}{1+x^2} = \lim_{x \to +\infty} \frac{1}{1+\frac{1}{x^2}} = 1.$$

例 8 求 $\lim\limits_{x \to 0} \dfrac{x - \sin x}{\sin^3 x}$.

解 极限是 $\dfrac{0}{0}$ 型未定式. 使用洛必达法则得

$$\lim_{x \to 0} \frac{x - \sin x}{\sin^3 x} = \lim_{x \to 0} \frac{(x - \sin x)'}{(\sin^3 x)'} = \lim_{x \to 0} \frac{1 - \cos x}{3 \sin^2 x \cos x}.$$

最后的极限仍然是 $\dfrac{0}{0}$ 型未定式, 继续使用洛必达法则, 得

$$\lim_{x \to 0} \frac{x - \sin x}{\sin^3 x} = \lim_{x \to 0} \frac{(1 - \cos x)'}{(3 \sin^2 x \cos x)'} = \lim_{x \to 0} \frac{\sin x}{6 \sin x \cos^2 x - 3 \sin^3 x} = \lim_{x \to 0} \frac{1}{6 \cos^2 x - 3 \sin^2 x} = \frac{1}{6}.$$

2. $\dfrac{\infty}{\infty}$ 型未定式

法则 3.2 设函数 $f(x)$ 和 $g(x)$ 满足如下条件:

(1) $\lim\limits_{x \to x_0} f(x) = \infty$, $\lim\limits_{x \to x_0} g(x) = \infty$,

(2) 函数 $f(x), g(x)$ 在 x_0 的某个邻域内(点 x_0 可以除外)可导, 且 $g'(x) \neq 0$,

(3) $\lim\limits_{x \to x_0} \dfrac{f'(x)}{g'(x)} = A$($A$ 为有限数, 也可为无穷大),

则

$$\lim_{x \to x_0} \frac{f(x)}{g(x)} = \lim_{x \to x_0} \frac{f'(x)}{g'(x)} = A.$$

与法则 3.1 相同, 法则 3.2 对于 $x \to \infty$, $x \to \pm\infty$ 时的 $\dfrac{\infty}{\infty}$ 型未定式同样适用, 并且对使用

后得到的 $\dfrac{\infty}{\infty}$ 或 $\dfrac{0}{0}$ 型未定式, 只要导数存在就可以连续使用.

例 9 求 $\lim\limits_{x \to \frac{\pi}{2}} \dfrac{\tan 3x}{\tan x}$.

解
$$\lim_{x \to \frac{\pi}{2}} \frac{\tan 3x}{\tan x} = \lim_{x \to \frac{\pi}{2}} \frac{3 \sec^2 3x}{\sec^2 x} = \lim_{x \to \frac{\pi}{2}} \frac{3 \cos^2 x}{\cos^2 3x} \left(\frac{0}{0} \text{型未定式}\right)$$

$$= \lim_{x \to \frac{\pi}{2}} \frac{6 \cos x (-\sin x)}{2 \cos 3x (-3 \sin 3x)} = \lim_{x \to \frac{\pi}{2}} \frac{\sin 2x}{\sin 6x} \left(\frac{0}{0} \text{型未定式}\right)$$

$$= \lim_{x \to \frac{\pi}{2}} \frac{2 \cos 2x}{6 \cos 6x} = \frac{1}{3}.$$

例 10 求 $\lim\limits_{x \to +\infty} \dfrac{x^n}{\ln x}$ ($n \in \mathbf{N}^+$).

解
$$\lim_{x \to +\infty} \frac{x^n}{\ln x} = \lim_{x \to +\infty} \frac{n x^{n-1}}{\frac{1}{x}} = \lim_{x \to +\infty} n x^n = +\infty.$$

例 11 求 $\lim\limits_{x\to+\infty}\dfrac{x^n}{e^x}(n\in\mathbf{N}^+)$.

解 $\lim\limits_{x\to+\infty}\dfrac{x^n}{e^x}=\lim\limits_{x\to+\infty}\dfrac{nx^{n-1}}{e^x}=\lim\limits_{x\to+\infty}\dfrac{n(n-1)x^{n-2}}{e^x}$

$$=\lim\limits_{x\to+\infty}\dfrac{n(n-1)(n-2)x^{n-3}}{e^x}=\cdots=\lim\limits_{x\to+\infty}\dfrac{n!}{e^x}=0.$$

3. 其他类型的未定式

对函数 $f(x),g(x)$ 在求 $x\to x_0$，$x\to\infty$，$x\to\pm\infty$ 时的极限时，除 $\dfrac{0}{0}$ 型与 $\dfrac{\infty}{\infty}$ 型未定式之外，还有下列一些其他类型的未定式.

(1) $0\cdot\infty$ 型：$f(x)$ 的极限为 0，$g(x)$ 的极限为 ∞，求 $f(x)g(x)$ 的极限；

(2) $\infty-\infty$ 型：$f(x),g(x)$ 的极限均为 ∞，求 $f(x)-g(x)$ 的极限；

(3) 1^∞ 型：$f(x)$ 的极限为 1，$g(x)$ 的极限为 ∞，求 $f(x)^{g(x)}$ 的极限；

(4) 0^0 型：$f(x),g(x)$ 的极限均为 0，求 $f(x)^{g(x)}$ 的极限；

(5) ∞^0 型：$f(x)$ 的极限为 ∞，$g(x)$ 的极限为 0，求 $f(x)^{g(x)}$ 的极限.

这些类型的未定式，不能机械地使用极限的运算法则来求解，其极限的存在与否因式而异. 一般而言，可按下述方法处理：对(1)、(2)两种类型，可利用适当的变换将它们化为 $\dfrac{0}{0}$ 型或 $\dfrac{\infty}{\infty}$ 型未定式，再用洛必达法则求极限；对(3)、(4)、(5)三种类型未定式，则直接用 $\lim f(x)^{g(x)}=\lim e^{g(x)\ln f(x)}=e^{\lim g(x)\ln f(x)}$ 化为 $0\cdot\infty$ 型来处理.

例 12 求 $\lim\limits_{x\to0^+}x^n\ln x(n>0)$.

解 这是 $0\cdot\infty$ 型未定式，可将其化为 $\dfrac{\infty}{\infty}$ 型未定式. 计算如下：

$$\lim\limits_{x\to0^+}x^n\ln x=\lim\limits_{x\to0^+}\dfrac{\ln x}{x^{-n}}=\lim\limits_{x\to0^+}\dfrac{\dfrac{1}{x}}{-nx^{-n-1}}=\lim\limits_{x\to0^+}\dfrac{x^n}{-n}=0.$$

例 13 求 $\lim\limits_{x\to1^+}\left(\dfrac{x}{x-1}-\dfrac{1}{\ln x}\right)$.

解 这是 $\infty-\infty$ 型未定式，要将其化为 $\dfrac{0}{0}$ 型未定式. 计算如下：

$$\lim\limits_{x\to1^+}\left(\dfrac{x}{x-1}-\dfrac{1}{\ln x}\right)=\lim\limits_{x\to1^+}\dfrac{x\ln x-x+1}{(x-1)\ln x}=\lim\limits_{x\to1^+}\dfrac{\ln x+1-1}{\ln x+\dfrac{x-1}{x}}$$

$$=\lim\limits_{x\to1^+}\dfrac{\ln x}{\ln x+1-\dfrac{1}{x}}=\lim\limits_{x\to1^+}\dfrac{\dfrac{1}{x}}{\dfrac{1}{x}+\dfrac{1}{x^2}}=\dfrac{1}{2}.$$

例 14 求 $\lim\limits_{x\to+\infty}x^{\frac{1}{x}}$.

解 这是 ∞^0 型未定式，先将其化为 $0\cdot\infty$ 型，再将其化为 $\dfrac{\infty}{\infty}$ 型未定式. 计算如下：

$$\lim\limits_{x\to+\infty}x^{\frac{1}{x}}=\lim\limits_{x\to+\infty}e^{\frac{1}{x}\ln x}=\lim\limits_{x\to+\infty}e^{\frac{\ln x}{x}}=e^{\lim\limits_{x\to+\infty}\frac{\ln x}{x}}=e^{\lim\limits_{x\to+\infty}\frac{\frac{1}{x}}{1}}=e^0=1.$$

注意：$e^{\lim\limits_{x\to+\infty}\frac{\ln x}{x}}=e^{\lim\limits_{x\to+\infty}\frac{\frac{1}{x}}{1}}$

在使用洛必达法则时，应注意如下几点：

（1）每次使用洛必达法则时，必须检验极限是否属于$\frac{0}{0}$型或$\frac{\infty}{\infty}$型未定式，如果不是这种未定式就不能使用该法则；

（2）如果有可约因子，或有非零极限的乘积因子，则可先约去或提出，然后再利用洛必达法则，以简化演算步骤；

（3）当$\lim\frac{f'(x)}{g'(x)}$不存在时，并不能确定$\lim\frac{f(x)}{g(x)}$不存在，此时应使用其他方法求极限.

例 15　证明$\lim\limits_{x\to0}\dfrac{x^2\sin\frac{1}{x}}{\sin x}$存在，但不能用洛必达法则求其极限.

证　因为$\lim\limits_{x\to0}\dfrac{x^2\sin\frac{1}{x}}{\sin x}=\lim\limits_{x\to0}\dfrac{x}{\sin x}x\sin\frac{1}{x}=\lim\limits_{x\to0}\dfrac{x}{\sin x}\lim\limits_{x\to0}x\sin\frac{1}{x}=0$，故所给极限存在.

因为这是$\frac{0}{0}$型未定式，可利用洛必达法则，得

$$\lim\limits_{x\to0}\frac{x^2\sin\frac{1}{x}}{\sin x}=\lim\limits_{x\to0}\frac{2x\sin\frac{1}{x}-\cos\frac{1}{x}}{\cos x}.$$

但是最后的极限不存在，故所给极限不能用洛必达法则求出.

习题 3-1

A 组

1. 验证函数$f(x)=\dfrac{1}{a^2+x^2}$在区间$[-a,a]$上满足定理 3.1 的条件，并求出定理结论中的ξ.

2. 验证函数$f(x)=\sqrt{x}-1$在区间$[1,4]$上满足定理 3.2 的条件，并求出定理结论中的ξ.

3. 证明恒等式$\arcsin x+\arccos x=\dfrac{\pi}{2}(-1\leqslant x\leqslant1)$.

4. 证明恒等式$3\arccos x-\arccos(3x-4x^3)=\pi(-\dfrac{1}{2}\leqslant x\leqslant\dfrac{1}{2})$.

证明 5～7 题中的不等式.

5. $|\arctan x-\arctan y|\leqslant|x-y|$.

6. $1+x\leqslant e^x$.

7. $\dfrac{x}{1+x}<\ln(1+x)<x(x>0)$.

用洛必达法则求 8～19 题中的极限.

8. $\lim\limits_{x\to0^+}\dfrac{\ln\tan5x}{\ln\tan3x}$.

9. $\lim\limits_{x\to a}\dfrac{x^m-a^m}{x^n-a^n}(a\neq0,m,n$ 为常数$)$.

10. $\lim\limits_{x \to 0}\dfrac{\ln(1-x)+x^2}{(1+x)^m-1+x^2}$.

11. $\lim\limits_{x \to 0}\dfrac{a^x-b^x}{x}$.

12. $\lim\limits_{x \to 0}\dfrac{\arctan x}{x}$.

13. $\lim\limits_{x \to 0}\dfrac{\cos\alpha x-\cos\beta x}{x^2}(\alpha\beta\neq0)$.

14. $\lim\limits_{x \to +\infty}\dfrac{x^5}{e^x}$.

15. $\lim\limits_{x \to \left(\frac{\pi}{2}\right)^+}\dfrac{\ln\left(x-\dfrac{\pi}{2}\right)}{\tan x}$.

16. $\lim\limits_{x \to +\infty}(\sqrt[3]{x^3+x^2+x+1}-x)$.

17. $\lim\limits_{x \to \left(\frac{\pi}{2}\right)^-}(\sec x-\tan x)$.

18. $\lim\limits_{x \to +\infty}\left(\dfrac{x}{x-1}\right)^{\sqrt{x}}$.

19. $\lim\limits_{x \to +\infty}\left(\dfrac{2}{\pi}\arctan x\right)^x$.

B 组

求 20～25 题中的极限.

20. $\lim\limits_{x \to 0^+}\ln x\ln(1+x)$.

21. $\lim\limits_{x \to 1}(1-x)\tan\left(\dfrac{\pi}{2}x\right)$.

22. $\lim\limits_{x \to 0^+}x^{\sin x}$.

23. $\lim\limits_{x \to 0^+}(\cot x)^{\frac{1}{\ln x}}$.

24. $\lim\limits_{x \to 0}\dfrac{e^x-e^{\sin x}}{x-\sin x}$.

25. $\lim\limits_{x \to 1}x^{\frac{1}{1-x}}$.

26. 设函数 $f(x)$ 与 $g(x)$ 在 $(-\infty,+\infty)$ 内可导,并对任何 x 恒有 $f'(x)>g'(x)$,且 $f(a)=g(a)$.证明当 $x>a$ 时,$f(x)>g(x)$,当 $x<a$ 时,$f(x)<g(x)$.

27. 设多项式 $P_n(x)=a_0+a_1x+a_2x^2+\cdots+a_nx^n(a_n\neq0)$ 在 $[a,b]$ 上有 n 个不同的实数根,证明方程 $P_n'(x)=0$ 的所有实数根都在 (a,b) 内.

28. 设 $f'(x)$ 在 $[a,b]$ 上连续,则存在常数 m,M,对于满足 $a\leqslant x_1<x_2\leqslant b$ 的任意两点 x_1,x_2,证明 $m(x_2-x_1)\leqslant f(x_2)-f(x_1)\leqslant M(x_2-x_1)$.

29. 设函数 $f(x)$ 具有二阶连续的导数,且 $f(0)=0$,证明函数

$$g(x)=\begin{cases}\dfrac{f(x)}{x}, & x\neq0,\\[2mm]f'(0), & x=0\end{cases}$$

可导,且导函数处处连续.

30. 设函数 $f(x)$ 在闭区间 $[0,1]$ 上可导,证明必存在一点 $\xi\in(a,b)$,使

$$f'(\xi)=2\xi[f(1)-f(0)].$$

3.2　函数的单调性、极值与最值

　　单调性是函数的重要性态之一,它既决定着函数递增和递减的状况,又能帮助人们研究函数的极值、解决数学与工程技术问题中的最大值和最小值等实际问题,还能证明某些不等式和分析函数的图形.本节将以微分中值定理为工具,给出函数单调性与极值的判别方法、函数的最大值与最小值的求解方法.

3.2.1　函数的单调性

　　设函数 $f(x)$ 是区间 $[a,b]$ 上的可导函数,如果 $f(x)$ 在 $[a,b]$ 上单调增加,那么曲线 $f(x)$

上任一点处的切线与 x 轴正向的夹角都是锐角,即 $f'(x)>0$(如图 3-5 所示);如果 $f(x)$ 在 $[a,b]$ 上单调减少,那么曲线上任一点处的切线与 x 轴正向的夹角都是钝角,即 $f'(x)<0$(如图 3-6 所示).以上结论反过来是否成立呢?

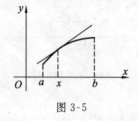
图 3-5

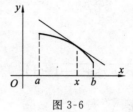
图 3-6

定理 3.4 设函数 $y=f(x)$ 在闭区间 $[a,b]$ 上连续,在开区间 (a,b) 内可导,则有

(1) 若在 (a,b) 内 $f'(x)>0$,则 $f(x)$ 在 $[a,b]$ 上单调增加;

(2) 若在 (a,b) 内 $f'(x)<0$,则 $f(x)$ 在 $[a,b]$ 上单调减少.

证 (1) 设 x_1,x_2 是 $[a,b]$ 内任意两点,且 $x_1<x_2$,则由拉格朗日中值定理有

$$f(x_2)-f(x_1)=f'(\xi)(x_2-x_1)\quad(x_1<\xi<x_2).$$

若 $f'(x)>0$,则 $f'(\xi)>0$,又 $x_2-x_1>0$,所以 $f(x_2)-f(x_1)>0$,即当 $x_1<x_2$ 时,有 $f(x_2)>f(x_1)$. 由于 x_1,x_2 是 $[a,b]$ 内的任意两点,所以函数 $f(x)$ 在 $[a,b]$ 上单调增加.

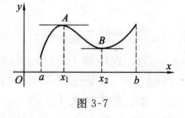
图 3-7

同理可证(2).

有时函数在整个考察范围内并不单调,这时就需要把考察范围划分为若干个单调区间,在考察范围(如图 3-7 所示)的区间 $[a,b]$ 上,函数 $f(x)$ 并不单调,但可以划分 $[a,b]$ 为 $[a,x_1],[x_1,x_2],[x_2,b]$ 三个子区间,在 $[a,x_1],[x_2,b]$ 上 $f(x)$ 单调增加,而在 $[x_1,x_2]$ 上 $f(x)$ 单调减少.

容易发现,如果 $f(x)$ 在 $[a,b]$ 上可导,那么在单调区间的分界点处的导数为零,即 $f'(x_1)=f'(x_2)=0$. 对可导函数,为了确定函数的单调区间,只要求出在 (a,b) 内的导数的零点.一般称导数 $f'(x)$ 在区间内部的零点为函数 $f(x)$ 的驻点.

确定函数 $f(x)$ 的单调区间的一般步骤:

第一步 求出函数 $f(x)$ 在考察范围 I(除指定范围外,一般是指函数的定义域)内部的全部驻点和不可导的点(因为函数 $f(x)$ 在经过不可导点时也会改变单调特性,如 $y=|x|$,在经过不可导点 $x=0$ 时,由单调减少变为单调增加).

第二步 用这些驻点和不可导的点将 I 分成若干个子区间.

第三步 确定 $f'(x)$ 在各个子区间上的符号,从而利用定理 3.4 判定函数 $f(x)$ 的单调性.为了表达清楚,常采用列表方式.

例 1 讨论函数 $f(x)=2x^3-9x^2+12x-3$ 的单调性.

解 (1) 函数 $f(x)$ 的定义域 $D=(-\infty,+\infty)$.

(2) $f'(x)=6x^2-18x+12=6(x-1)(x-2)$,令 $f'(x)=0$,得驻点为 $x_1=1,x_2=2$,它们将定义域 $(-\infty,+\infty)$ 划分为 3 个子区间 $(-\infty,1),(1,2),(2,+\infty)$.

(3) 列表 3-1 确定 $f(x)$ 在每个子区间内导数的符号,用定理 3.4 判断函数的单调性.

表 3-1

x	$(-\infty,1)$	$(1,2)$	$(2,+\infty)$
$f'(x)$	+	−	+
$f(x)$	↗	↘	↗

(注:表中箭头↗,↘分别表示函数 $f(x)$ 在指定区间上单调增加和减少,下同)

所以 $f(x)$ 在 $(-\infty,1)$ 和 $(2,+\infty)$ 内单调增加,在 $(1,2)$ 内单调减少.

例 2 讨论函数 $f(x)=\dfrac{x^2}{3}-\sqrt[3]{x^2}$ 的单调性.

解 (1) 函数 $f(x)$ 的定义域 $D=(-\infty,+\infty)$.

(2) $f'(x)=\dfrac{2x}{3}-\dfrac{2}{3\sqrt[3]{x}}$,令 $f'(x)=0$,得驻点为 $x_1=-1,x_2=1$;此外 $f(x)$ 还有不可导点为 $x=0$,它们将定义域 $(-\infty,+\infty)$ 划分为 4 个子区间 $(-\infty,-1)$,$(-1,0)$,$(0,1)$ 和 $(1,+\infty)$.

(3) 列表 3-2 确定 $f(x)$ 在每个子区间内导数的符号,用定理 3.4 判断函数的单调性.

表 3-2

x	$(-\infty,-1)$	$(-1,0)$	$(0,1)$	$(1,+\infty)$
$f'(x)$	−	+	−	+
$f(x)$	↘	↗	↘	↗

所以 $f(x)$ 在 $(-\infty,-1)$ 和 $(0,1)$ 内是单调减少的,在 $(-1,0)$ 和 $(1,+\infty)$ 内是单调增加的.

应用函数的单调性,还可证明一些不等式.

例 3 证明当 $x>0$ 时,$x>\ln(1+x)$.

证 令 $f(x)=x-\ln(1+x)$.因为

$$f'(x)=1-\frac{1}{1+x}=\frac{x}{1+x},$$

所以当 $x>0$ 时,$f'(x)>0$,从而 $f(x)$ 在 $(0,+\infty)$ 上单调增加.又 $f(0)=0$,所以 $f(x)>f(0)=0(x>0)$,即

$$x-\ln(1+x)>0(x>0),$$

移项即得当 $x>0$ 时,$x>\ln(1+x)$.

3.2.2 函数的极值

定义 3.1 设函数 $f(x)$ 在点 x_0 的某邻域内有定义,若对于该邻域内异于 x_0 的 x 恒有

(1) $f(x)<f(x_0)$,则称 $f(x_0)$ 是函数 $f(x)$ 的极大值,x_0 称为 $f(x)$ 的极大值点;

(2) $f(x)>f(x_0)$,则称 $f(x_0)$ 是函数 $f(x)$ 的极小值,x_0 称为 $f(x)$ 的极小值点.

函数的极大值与极小值统称为函数的极值,使函数取得极值的点 x_0 称为函数 $f(x)$ 的极值点.

例如,例 2 中的函数 $f(x)=\dfrac{x^2}{3}-\sqrt[3]{x^2}$ 的极值点为 $x=-1,x=0,x=1$.

由定义 3.1 可见,极值是函数的一个局部性概念.

从图 3-8 中可以看出,若函数 $f(x)$ 在极值点处可导(如 x_0,x_1,x_2,x_3,x_4),则图形上对应点处的切线是水平的,因此函数在这类极值点处的导数为 0,即这类极值点必定是函数的驻点.注意图

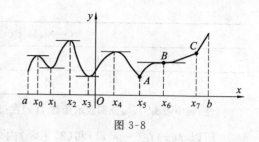

图 3-8

形在 x_5 处所对应的点 A 处无切线,因此 x_5 是函数的不可导点,但函数在 x_5 处取得了极小值.这说明不可导点也可能是函数的极值点.

定理 3.5(极值的必要条件)　设函数 $f(x)$ 在其考察范围 I 内是连续的,x_0 不是 I 的端点.若函数在 x_0 处取得极值,则 x_0 或者是函数的不可导点,或者是可导点;当 x_0 是 $f(x)$ 的可导点,那么 x_0 必定是函数的驻点,即 $f'(x_0)=0$.

证明从略.

必须注意,$f(x)$ 的驻点不一定是 $f(x)$ 的极值点.如图 3-8 上的点 x_6,尽管曲线在点 B 处有水平切线,即 x_6 是驻点($f'(x_6)=0$),但函数在 x_6 并无极值.同样 $f(x)$ 的不可导点也未必一定是极值点,如在图中的点 C 处,曲线无切线,因此函数在 x_7 是不可导的,但 x_7 并非极值点.

定理 3.6(极值的第一充分条件)　设函数 $f(x)$ 在点 x_0 的邻域 $U(x_0,\delta)$ 内可导,$f'(x_0)=0$ 或者 $f(x)$ 在 x_0 的空心邻域 $U(\hat{x}_0,\delta)$ 内处处可导,且在点 x_0 处连续.当 x 由小到大经过 x_0 时,如果

(1) $f'(x)$ 由正变负,那么 x_0 是 $f(x)$ 的极大值点;

(2) $f'(x)$ 由负变正,那么 x_0 是 $f(x)$ 的极小值点;

(3) $f'(x)$ 不改变符号,那么 x_0 不是 $f(x)$ 的极值点.

证　(1) 在 x_0 的空心邻域 $U(\hat{x}_0,\delta)$ 内任取一点 x,在以 x 和 x_0 为端点的闭区间上,对函数 $f(x)$ 应用拉格朗日中值定理,得

$$f(x)-f(x_0)=f'(\xi)(x-x_0)(\xi 在 x 和 x_0 之间).$$

当 $x<x_0$ 时,$x<\xi<x_0$,从而由已知条件知 $f'(\xi)>0$,所以

$$f(x)-f(x_0)=f'(\xi)(x-x_0)<0,即 f(x)<f(x_0).$$

当 $x>x_0$ 时,$x_0<\xi<x$,从而由已知条件知 $f'(\xi)<0$,所以

$$f(x)-f(x_0)=f'(\xi)(x-x_0)<0,即 f(x)<f(x_0).$$

综上可知,对 x_0 附近的任意 x,都有 $f(x)<f(x_0)$.根据定义 3.1 知 x_0 是 $f(x)$ 的极大值点.

类似地可证明(2)、(3).

定理 3.7(极值的第二充分条件)　设 x_0 为函数 $f(x)$ 的驻点,且在点 x_0 处有二阶非零导数 $f''(x_0)$,则 x_0 必定是函数 $f(x)$ 的极值点,且

(1) 如果 $f''(x_0)<0$,则 $f(x)$ 在点 x_0 处取得极大值;

(2) 如果 $f''(x_0)>0$,则 $f(x)$ 在点 x_0 处取得极小值.

证明从略.

比较两个判定方法,显然定理 3.6 适用于驻点和不可导点,而定理 3.7 只能对驻点判定.

求函数 $f(x)$ 的极值的一般步骤：

第一步 确定函数 $f(x)$ 的考察范围(或定义域).

第二步 求出函数 $f(x)$ 的导数 $f'(x)$.

第三步 求出函数 $f(x)$ 的所有驻点及不可导点,即求出 $f'(x)=0$ 的根和 $f'(x)$ 不存在的点.

第四步 利用定理 3.6 或定理 3.7,判定上述驻点或不可导点是否为函数的极值点,并求出相应的极值.

例 4 求函数 $f(x)=(x+2)^2(x-1)^3$ 的极值.

解 (1) 函数 $f(x)$ 的定义域 $D=(-\infty,+\infty)$.

(2) $f'(x)=2(x+2)(x-1)^3+3(x+2)^2(x-1)^2=(x+2)(x-1)^2(5x+4)$.

(3) 令 $f'(x)=0$,得驻点为 $x_1=-2,x_2=-\dfrac{4}{5},x_3=1$,且 $f(x)$ 没有不可导点.

(4) 利用定理 3.6 判定驻点是否为函数 $f(x)$ 的极值点. 这一步常用类似于确定函数增减区间那样的列表方法,只是加了从导数符号判定驻点是否为极值点的内容,其结果见表 3-3.

表 3-3

x	$(-\infty,-2)$	-2	$\left(-2,-\dfrac{4}{5}\right)$	$-\dfrac{4}{5}$	$\left(-\dfrac{4}{5},1\right)$	1	$(1,+\infty)$
$f'(x)$	$+$	0	$-$	0	$+$	0	$+$
$f(x)$	↗	极大值 0	↘	极小值 -8.4	↗	非极值	↗

例 5 求函数 $f(x)=x\sqrt[3]{(6x+7)^2}$ 的极值.

解 (1) 函数 $f(x)$ 的定义域 $D=(-\infty,+\infty)$.

(2) $f'(x)=\sqrt[3]{(6x+7)^2}+\dfrac{4x}{\sqrt[3]{6x+7}}=\dfrac{10x+7}{\sqrt[3]{6x+7}}$.

(3) 令 $f'(x)=0$,得驻点 $x_1=-\dfrac{7}{10}$,不可导点为 $x_2=-\dfrac{7}{6}$.

(4) 利用定理 3.6 判定驻点或不可导点是否为函数的极值点. 列表 3-4 如下.

表 3-4

x	$\left(-\infty,-\dfrac{7}{6}\right)$	$-\dfrac{7}{6}$	$\left(-\dfrac{7}{6},-\dfrac{7}{10}\right)$	$-\dfrac{7}{10}$	$\left(-\dfrac{7}{10},+\infty\right)$
$f'(x)$	$+$	不可导	$-$	0	$+$
$f(x)$	↗	极大值	↘	极小值	↗

从表中可知:

$x_1=-\dfrac{7}{6}$ 是极大值点,极大值为 $f\left(-\dfrac{7}{6}\right)=0$;

$x_2=-\dfrac{7}{10}$ 是极小值点,极小值为 $f\left(-\dfrac{7}{10}\right)=-\dfrac{7}{50}\sqrt[3]{980}$.

例 6 求函数 $f(x)=x^3-4x^2-3x$ 的极值.

解　（1）函数 $f(x)$ 的定义域 $D=(-\infty,+\infty)$.

（2）$f'(x)=3x^2-8x-3=(3x+1)(x-3)$，$f''(x)=6x-8$.

（3）令 $f'(x)=0$，得驻点 $x_1=-\dfrac{1}{3}$，$x_2=3$，且 $f''\left(-\dfrac{1}{3}\right)=-10<0$，$f''(3)=10>0$.

所以由定理 3.7 知：在点 $x=-\dfrac{1}{3}$ 处 $f(x)$ 取得极大值，极大值为 $f\left(-\dfrac{1}{3}\right)=\dfrac{14}{27}$；在点 $x=3$ 处取得极小值，极小值为 $f(3)=-18$.

3.2.3　函数的最大值与最小值

在工农业生产、工程技术和科学实验中，人们常常会遇到在一定条件下如何使"用料最省"、"产品最多"、"效率最高"、"成本最低"、"路程最短"等问题．如果用数学的方法进行描述，它们都可归结为求一个函数的最大值、最小值问题．

定义 3.2　设函数 $y=f(x)$，$x\in I$，$x_1,x_2\in I$.

（1）若对任意 $x\in I$，恒有 $f(x)\geqslant f(x_1)$，则称 $f(x_1)$ 为 $f(x)$ 在区间 I 上的最小值，称 x_1 为 $f(x)$ 在 I 上的最小值点；

（2）若对任意 $x\in I$，恒有 $f(x)\leqslant f(x_2)$，则称 $f(x_2)$ 为 $f(x)$ 在区间 I 上的最大值，称 x_2 为 $f(x)$ 在 I 上的最大值点．

函数的最大值、最小值统称为最值，最大值点、最小值点统称为最值点．

最值与极值不同，极值是一个仅与一点附近的函数值有关的局部概念，最值却是一个与函数的区间 I 有关的整体概念，随着 I 的变化，最值的存在性及数值可能也发生变化．因此一个函数的极值可以有若干个，但一个函数的最大值、最小值如果存在的话，只能是唯一的．

闭区间 $[a,b]$ 上的连续函数 $f(x)$ 必在该区间上存在最大值和最小值．如果其最大值和最小值在开区间 (a,b) 内取得，那么对可微函数而言，最大值点和最小值点必在 $f(x)$ 的驻点之中．但是，有时函数的最大值和最小值可能在区间的端点处取得．因此，函数 $f(x)$ 在区间 $[a,b]$ 上的最大值和最小值可按如下方法求得：

（1）求出函数 $f(x)$ 在 (a,b) 内的所有可能的极值点，即驻点和不可导点；

（2）计算函数 $f(x)$ 在驻点、不可导点及端点 a,b 处的函数值；

（3）比较这些函数值，其中最大者即为函数 $f(x)$ 的最大值，最小者即为函数 $f(x)$ 的最小值．

例 7　求函数 $f(x)=2x^3+3x^2-12x+14$ 在区间 $[-3,4]$ 上的最大值和最小值．

解　显然 $f(x)$ 在 $[-3,4]$ 上连续．

（1）$f'(x)=6x^2+6x-12=6(x+2)(x-1)$，令 $f'(x)=0$，得驻点 $x_1=-2$，$x_2=1$，且无不可导点．

（2）计算函数 $f(x)$ 在驻点、区间端点处的函数值：$f(-3)=23$，$f(-2)=34$，$f(1)=7$，$f(4)=142$.

（3）函数 $f(x)$ 在 $[-3,4]$ 上的最大值为 $f(4)=142$，最大值点为 $x=4$；最小值为 $f(1)=7$，最小值点为 $x=1$.

数学和实际问题中遇到的函数，未必都是闭区间上的连续函数．注意下述结论，会使讨论显得方便而简捷.

（1）若函数 $f(x)$ 在某区间 I（I 可以是闭区间、开区间或无穷区间）内仅有一个可能的极值点 x_0，则当 x_0 为极大（小）值点时，$f(x_0)$ 就是 $f(x)$ 在区间 I 上的最大（小）值；

（2）在实际问题中，若由分析得知函数 $f(x)$ 确实存在最大值或最小值，而在所讨论的区间内 $f(x)$ 又仅有一个可能的极值点 x_0，则点 x_0 处的函数值 $f(x_0)$ 一定是最大值或最小值.

例 8　某房地产公司有 50 套公寓房要出租，当租金定为 180 元/（套·月）时，公寓可全部租出；若租金提高 10 元/（套·月），租不出的公寓就增加 1 套；已租出的公寓整修维护费用为 20 元/（套·月）.问租金定价多少时可获得最大月收入？

解　设租金为 p 元/（套·月），由题设 $p \geqslant 180$.此时未租出公寓为 $\frac{1}{10}(p-180)$（套），租出公寓为

$$50 - \frac{1}{10}(p-180) = 68 - \frac{p}{10},$$

从而月收入 $$R(p) = \left(68 - \frac{p}{10}\right)(p-20) = -\frac{p^2}{10} + 70p - 1360,$$

从而 $R'(p) = -\frac{p}{5} + 70$.令 $R'(p) = 0$，得唯一解 $p = 350$.

由本题实际意义，适当的租金价位必定能使月收入达到最大，而函数 $R(p)$ 仅有唯一驻点，因此这个驻点必定是最大值点.所以租金定为 350 元/（套·月）时，可获得最大月收入.

例 9　要做一个容积为 V 的圆柱形煤气柜，问怎样设计才能使所用材料最省？

解　设煤气柜的底面半径为 r，高为 h，则煤气柜的侧面积为 $2\pi rh$，底面积为 πr^2，表面积为 $S = 2\pi r^2 + 2\pi rh$.由于 $V = \pi r^2 h$，$h = \frac{V}{\pi r^2}$，所以

$$S = 2\pi r^2 + \frac{2V}{r}, r \in (0, +\infty), S' = 4\pi r - \frac{2V}{r^2} = \frac{2(2\pi r^3 - V)}{r^2}.$$

令 $S' = 0$，得唯一驻点 $r = \left(\frac{V}{2\pi}\right)^{\frac{1}{3}} \in (0 + \infty)$.因此，它一定是使 S 达到最小值的点，此时对应的高为

$$h = \frac{V}{\pi r^2} = \frac{2}{r^2} \cdot \frac{V}{2\pi} = \frac{2}{r^2}r^3 = 2r.$$

所以，当煤气柜的高和底面直径相等时，所用材料最省.

例 10　某产品的次品率 y 与日产量 x 之间的关系为

$$y = \begin{cases} \dfrac{1}{101-x}, & 0 \leqslant x \leqslant 100, \\ 1, & x > 100. \end{cases}$$

若每件产品的盈利为 A 元，每件的损失为 $\frac{A}{3}$ 元，试求盈利最多的日产量.

解　按题意，日产量 x 应为正整数，为解题方便设 $x \in [0, 100]$.又设日产量为 x 时盈利为 $T(x)$，这时次品数为 xy，正品数为 $x - xy$，因此

$$T(x) = A(x - xy) - \frac{A}{3}xy = A\left(x - \frac{x}{101-x}\right) - \frac{A}{3}\frac{x}{101-x}(0 \leqslant x \leqslant 100).$$

从而问题就归结为求函数 $T(x)$ 的最大值. 因为

$$T'(x) = A\left[1 - \left(\frac{x}{101-x}\right)'\right] - \frac{A}{3}\left(\frac{x}{101-x}\right)' = A\left[1 - \frac{4}{3}\frac{101}{(101-x)^2}\right],$$

令 $T'(x) = 0$, 于是得函数 $T(x)$ 的唯一驻点 $x = 89.4$.

若日产量为 0, 则盈利为零; 若日产量超过 100, 则次品率为 1, 即超过的部分全为次品, 于是盈利不会最多, 所以最大盈利的日产量应在 0~100 之间. 因此 $x = 89.4$ 是使 $T(x)$ 取得最大值的点, 因为 x 实际上是正整数, 所以将 $T(89) = 79.11A, T(90) = 79.09A$ 相比较, 即知每天生产 89 件产品盈利最多.

习题 3-2

A 组

求 1~4 题中函数的单调区间.

1. $f(x) = \ln(x + \sqrt{1+x^2})$.　　2. $f(x) = 2x^2 - \ln x$.

3. $f(x) = x + \sqrt{1-x}$.　　4. $f(x) = x^4 - 2x - 5$.

求 5~10 题中函数的极值点与极值.

5. $f(x) = 2x^3 - 6x^2 - 18x + 3$.　　6. $f(x) = x - \ln x$.

7. $f(x) = 2e^x + e^{-x}$.　　8. $f(x) = 3 - 2(x+1)^{\frac{1}{3}}$.

9. $f(x) = \arctan x - \frac{1}{2}\ln(1+x^2)$.　　10. $f(x) = x^2 e^{-x^2}$.

求 11~16 题中函数的最大值和最小值.

11. $y = x + \sqrt{x}, x \in [1,3]$.　　12. $y = 3x^2 - x^3, x \in [0,4]$.

13. $y = \arctan\frac{1-x}{1+x}, x \in [0,1]$.　　14. $y = \sqrt{5-4x}, x \in [-1,1]$.

15. $y = x^{\frac{2}{3}} - (x^2-1)^{\frac{1}{3}}, x \in (0,2)$.　　16. $y = x^x, x \in (0,+\infty)$.

利用单调性证明 17~18 题中的不等式.

17. $\ln(1+x) - \frac{\arctan x}{1+x} \geq 0, x \in [0,+\infty)$.

18. $\cos x - 1 + \frac{x^2}{2} \geq 0, x \in [0,+\infty)$.

19. 已知等腰三角形的周长为 $2l$(l 为常数), 当该三角形的腰为多长时其面积最大? 并求其最大面积.

20. 一家商店销售某种品牌的衬衫, 当单价为 350 元时, 可销售 1080 件; 当价格每件降低 5 元时, 可多销售 20 件, 求使该商店获得最大收入的价格、销售量和最大收入.

21. 用底面直径为 a 的圆柱形木材加工横断面为矩形的梁, 若矩形的高为 y, 宽为 x, 则梁的强度与 xy^2 成正比, 当高与宽成何种比例时梁的强度最大?

22. 监测某个地区的空气含硫量, n 个空气样本的测量值分别是

$$a_1, a_2, \cdots, a_n.$$

取数 x 作为空气含硫量的近似值, 当 x 取何值时才能使 x 与 $a_i (i=1,2,\cdots,n)$ 之差的平方和为最小?

23. 证明方程 $x^3+x-1=0$ 有且仅有一个正实根.

B 组

24. 证明方程 $e\ln x - x + e = 0$ 在区间 $(0,+\infty)$ 内有且仅有两个实根.

25. 从一块半径为 R 的圆铁皮上剪去一个扇形,将剩余的部分做成一个圆锥形漏斗,当剪去的扇形的圆心角 θ 为多大时,才能使所做成的漏斗容积最大?

26. 一艘渔船停泊在距海岸 9 km 处,假定海岸线是直线,今派人从船上送信给距船 $3\sqrt{34}$ km 处的海岸渔站,如果送信人的步行速度为 5 km/h,船速为 4 km/h,问送信人应在何处登岸再走,才可使到达渔站的时间最短?

27. 有一个半径为 R 的圆形广场,现要在广场中心的上方设置一盏灯(如图 3-9 所示),当灯的高度为多高时才能使广场周围的环道最亮?已知当灯高为 x 时,照明度 $y=\dfrac{k\cos\alpha}{x^2+R^2}$,其中 k 为比例系数.

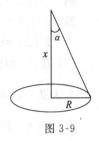

图 3-9

3.3　曲线的凹凸性与函数图形的描绘

3.3.1　曲线的凹凸性及其判别法

函数 $y=f(x)$ 的图形就是方程 $y=f(x)$ 的曲线,因此,常常将函数 $y=f(x)$ 的图形称为曲线 $y=f(x)$. 虽然已能由一阶导数的正负来判定函数的增减性,但是用于函数图形的描绘还有不够完善的地方. 在图 3-10(a) 中,曲线弧 AB 和 CD 都是上升的,可是弧 AB 呈凸形上升,弧 CD 呈凹形上升;在图 3-10(b) 中,曲线弧 AB 和 CD 都是下降的,可是弧 AB 呈凸形下降,弧 CD 呈凹形下降.

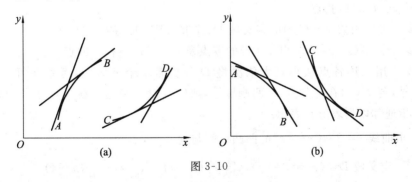

图 3-10

图 3-10 显示:凡呈凸形的曲线弧,则在弧的每一点处作切线,这些切线总在曲线弧的上方;凡呈凹形的曲线弧,则在弧的每一点处作切线,这些切线总在曲线弧的下方. 根据曲线弧的上述特性,给出曲线凹凸性的定义.

定义 3.3　若在区间 (a,b) 内,曲线 $y=f(x)$ 的各点处的切线都位于曲线的下方,则称此曲线在 (a,b) 内是凹的;若曲线 $y=f(x)$ 的各点处的切线都位于曲线的上方,则称此曲线在 (a,b) 内是凸的.

图 3-10 还显示:随着横坐标 x 的增加,凹曲线弧上各点的切线斜率逐渐增大,即 $f'(x)$

是单调增加的;凸曲线弧上各点的切线斜率逐渐减小,即 $f'(x)$ 是单调减少的.对于 $f'(x)$ 的增减性可由 $f'(x)$ 的导数即 $f''(x)$ 来确定,由此可得曲线凹凸性的判别法.

定理 3.8(曲线的凹凸性的判定定理)　设函数 $y=f(x)$ 在区间 (a,b) 内具有二阶导数,

(1) 如果在区间 (a,b) 内 $f''(x)>0$,则曲线 $y=f(x)$ 在 (a,b) 内是凹的;

(2) 如果在区间 (a,b) 内 $f''(x)<0$,则曲线 $y=f(x)$ 在 (a,b) 内是凸的.

例 1　判定曲线 $f(x)=\sin x$ 在 $[0,2\pi]$ 内的凹凸性.

解　(1) $I=[0,2\pi]$.

(2) $f'(x)=\cos x,f''(x)=-\sin x$,令 $f''(x)=0$,得 $x=\pi\in[0,2\pi]$.

(3) 在 $(0,\pi)$ 内 $f''(x)<0$,曲线是凸的;在 $(\pi,2\pi)$ 内 $f''(x)>0$,曲线是凹的.

3.3.2　曲线的拐点及其求法

定义 3.4　若连续曲线 $y=f(x)$ 上的点 P 是凹的曲线弧与凸的曲线弧的分界点,则称点 P 是曲线 $y=f(x)$ 的拐点.

定理 3.9(拐点的必要条件)　若函数 $y=f(x)$ 在 x_0 处存在二阶导数,且点 $(x_0,f(x_0))$ 为曲线 $y=f(x)$ 的拐点,则 $f''(x_0)=0$.

证明从略.

值得注意的是,$f''(x_0)=0$ 是点 $(x_0,f(x_0))$ 为拐点的必要条件,而非充分条件.例如,对于 $y=x^4$,当 $x=0$ 时,$y''(0)=0$,但是点 $(0,0)$ 不是曲线 $y=x^4$ 的拐点,因为点 $(0,0)$ 两侧的二阶导数不变号.

定理 3.10(拐点的充分条件)　若 $f''(x_0)=0$,且在 x_0 两侧 $f''(x)$ 变号,则点 $(x_0,f(x_0))$ 是曲线 $y=f(x)$ 的拐点.

结论是显然的.

根据定理 3.10 并注意到二阶导数不存在的点也有可能为拐点.因此,可以按以下步骤来判定曲线 $y=f(x)$ 的拐点:

第一步　确定函数 $y=f(x)$ 的定义域 D,并求出其二阶导数 $f''(x)$.

第二步　令 $f''(x_0)=0$,求出 $f''(x)$ 的零点及其 $f''(x)$ 不存在的点.

第三步　用上述各点从小到大依次将 D 分成若干个子区间,考察在每个子区间内 $f''(x)$ 的符号,若 $f''(x)$ 在某分点 x_0 两侧异号,则 $(x_0,f(x_0))$ 是曲线 $y=f(x)$ 的拐点,否则不是.这一步通常以列表形式表示.

例 2　求曲线 $y=2+(x-4)^{\frac{1}{3}}$ 的凹凸区间与拐点.

解　(1) 定义域 $D=(-\infty,+\infty),y'=\dfrac{1}{3}(x-4)^{-\frac{2}{3}},y''=-\dfrac{2}{9}(x-4)^{-\frac{5}{3}}$.

(2) y'' 在 $(-\infty,+\infty)$ 内无零点,y'' 不存在的点为 $x=4$.

(3) 列表 3-5(符号 ⌣、⌢ 分别表示曲线的凹和凸,下同)如下:

表 3-5

x	$(-\infty,4)$	4	$(4,+\infty)$
$f''(x)$	+	不存在	−
$f(x)$	⌣	拐点 $(4,2)$	⌢

3.3.3　曲线的渐近线

在平面上描绘函数 $y=f(x)$ 的图形,当曲线延伸至无穷远处时,通常很难把它描绘准确,若曲线在延伸向无穷远处时能逐渐靠近一条直线,则可以较好地描绘出这条曲线的走向趋势,这样的直线就是曲线的渐近线.

定义 3.5　若曲线 C 上的动点 P 沿着曲线无限地远离原点时,点 P 与某一固定直线 L 的距离趋于零,则称直线 L 为曲线 C 的渐近线.

并不是任何曲线都有渐近线,即使有渐近线,也有水平、垂直和斜渐近线之分.本书只讨论无界函数的图形何时有水平渐近线或垂直渐近线.

1. 水平渐近线

定义 3.6　对于函数 $y=f(x)$,其定义域为无穷区间,若

$$\lim_{x\to-\infty}f(x)=b \text{ 或 } \lim_{x\to+\infty}f(x)=b(b \text{ 为常数}),$$

则称直线 $y=b$ 为曲线 $y=f(x)$ 的水平渐近线.

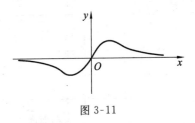

图 3-11

例 3　求曲线 $y=\dfrac{2x}{1+x^2}$ 的水平渐近线.

解　因为 $\lim\limits_{x\to\pm\infty}\dfrac{2x}{1+x^2}=0$,所以当曲线向左、右两端无限延伸时,均以 $y=0$ 为其水平渐近线(如图 3-11 所示).

2. 垂直渐近线

定义 3.7　对于函数 $y=f(x)$,若

$$\lim_{x\to a^-}f(x)=\infty \text{ 或 } \lim_{x\to a^+}f(x)=\infty \text{ 或 } \lim_{x\to a}f(x)=\infty(a \text{ 为常数}),$$

则称直线 $x=a$ 为曲线 $y=f(x)$ 的垂直渐近线.

例 4　求曲线 $y=\dfrac{x+1}{x-2}$ 的渐近线.

解　因为 $\lim\limits_{x\to 2^-}\dfrac{x+1}{x-2}=-\infty$, $\lim\limits_{x\to 2^+}\dfrac{x+1}{x-2}=+\infty$,所以当 x 从左、右两侧趋向于 2 时,曲线分别向下、上无限延伸,且以 $x=2$ 为垂直渐近线.

又 $\lim\limits_{x\to\infty}\dfrac{x+1}{x-2}=1$,所以当曲线向左、右两端无限延伸时,均以 $y=1$ 为其水平渐近线(如图 3-12 所示).

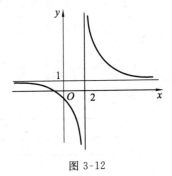

图 3-12

3.3.4　函数图形的描绘

描绘函数 $y=f(x)$ 的图形,其一般步骤如下:

第一步　确定函数的考察范围(通常是函数的定义域),并判断函数有无奇偶性与周期性,确定作图范围.

第二步　求函数的一阶导数,确定函数的单调区间与极值点.

第三步　求函数的二阶导数,确定函数图形的凹凸区间与拐点.

第四步　若函数的定义域无界,则要考察函数图形有无渐近线.

第五步　根据需要补充函数图形上的若干个关键点（如图形与坐标轴的交点等）.

第六步　以描点法作出函数图形.

其中第二步和第三步常常以列表方式表达.

例 5　描绘函数 $y=\mathrm{e}^{-x^2}$ 的图形.

解　（1）函数的定义域是 $D=(-\infty,+\infty)$，且为偶函数，图形关于 y 轴对称，所以只要先作出在 $x\geqslant0$ 范围内的图形，再作关于 y 轴对称的图形，即可得全部图形.

（2）$y'=-2x\mathrm{e}^{-x^2}$，令 $y'=0$，得 $x=0$.

（3）$y''=2(2x^2-1)\mathrm{e}^{-x^2}$，令 $y''=0$，得 $x=\dfrac{\sqrt{2}}{2}\in[0,+\infty)$. 列表 3-6 如下：

表 3-6

x	$\left(-\dfrac{\sqrt{2}}{2},0\right)$	0	$\left(0,\dfrac{\sqrt{2}}{2}\right)$	$\dfrac{\sqrt{2}}{2}$	$\left(\dfrac{\sqrt{2}}{2},+\infty\right)$
y'	$+$	0	$-$	$-$	$-$
y''	$-$			0	$+$
y	凸而增 ↗	极小值 1	凸而减 ↘	拐点 $\left(\dfrac{\sqrt{2}}{2},\dfrac{\sqrt{\mathrm{e}}}{\mathrm{e}}\right)$	凹而减 ↘

（4）当 $x\to+\infty$ 时，有 $y\to0$，所以函数图形有水平渐近线 $y=0$.

（5）作出函数在 $[0,+\infty)$ 上的图形，并利用对称性，画出全部图形（如图 3-13 所示）. 该图形称为概率曲线.

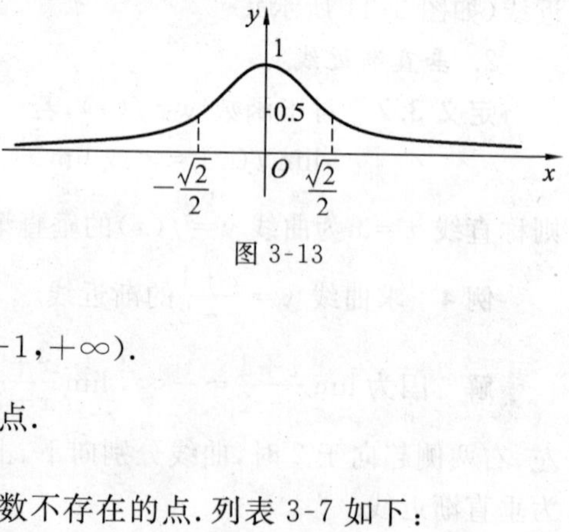

图 3-13

例 6　描绘函数 $y=2+\dfrac{3x}{(x+1)^2}$ 的图形.

解　（1）函数的定义域为 $D=(-\infty,-1)\bigcup(-1,+\infty)$.

（2）$y'=\dfrac{3(1-x)}{(x+1)^3}$，令 $y'=0$，得 $x=1$，无不可导点.

（3）$y''=\dfrac{6(x-2)}{(x+1)^4}$，令 $y''=0$，得 $x=2$，无二阶导数不存在的点. 列表 3-7 如下：

表 3-7

x	$(-\infty,-1)$	$(-1,1)$	1	$(1,2)$	2	$(2,+\infty)$
y'	$-$	$+$	0	$-$	$-$	$-$
y''	$-$	$-$	$-$	$-$	0	$+$
y	凸而减 ↘	凸而增 ↗	极大值 $2\dfrac{3}{4}$	凸而减 ↘	拐点 $\left(2,2\dfrac{2}{3}\right)$	凹而减 ↘

（4）因为 $\lim\limits_{x\to1}\left[2+\dfrac{3x}{(x+1)^2}\right]=2$，所以图形有水平渐近线 $y=2$；

因为 $\lim\limits_{x \to -1}\left[2+\dfrac{3x}{(x+1)^2}\right]=-\infty$，所以图形有垂直渐近线 $x=-1$.

（5）因关键点太少，故选取特殊点 $M_3(0,2)$, $M_4\left(-\dfrac{1}{2},-4\right)$, $M_5(-2,-4)$, $M_6\left(-4,\dfrac{2}{3}\right)$.

（6）描绘函数图形如图 3-14 所示.

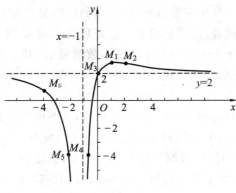

图 3-14

习题 3-3

A 组

求 1～4 题中各曲线的凹凸区间与拐点.

1. $y=x^3-6x^2+9x-5$.

2. $y=\dfrac{1}{1+x^2}$.

3. $y=a-\sqrt[3]{x-b}$（a,b 为常数）.

4. $y=x\mathrm{e}^{-x}$.

求 5～8 题中各曲线的渐近线.

5. $y=\dfrac{1}{x^2+x-6}$.

6. $y=\mathrm{e}^{\frac{1}{x}}$.

7. $y=\dfrac{\mathrm{e}^x}{x^2-x-2}$.

8. $y=3x\ln\left(1+\dfrac{1}{x}\right)$.

研究 9～12 题中各函数的性态并描绘其图形.

9. $y=x^3-3x-2$.

10. $y=\dfrac{x^2}{1+x^2}$.

11. $y=\ln(x^2-1)$.

12. $y=x+\mathrm{e}^{-x}$.

B 组

13. 已知函数 $y=ax^3+bx^2+cx+d$ 有拐点 $(-1,4)$，且在 $x=0$ 处有极大值 2，求 a,b,c,d 的值.

14. 求证曲线 $y=x\sin x$ 的所有拐点都在曲线 $y^2(4+x^2)=4x^2$ 上.

3.4　微分的应用

3.4.1　微分在近似计算中的应用

近似计算是工程技术工作中常常遇到的问题,利用微分往往可以把一些复杂的计算公式改用简单的近似公式来代替.由微分的定义已经知道,如果函数 $y=f(x)$ 的导数 $f'(x)\neq 0$,且当 $|\Delta x|$ 很小时,用微分 $dy=f'(x)dx$ 代替函数增量 Δy 所引起的误差是 Δx 的高阶无穷小,于是有函数增量的近似计算公式

$$\Delta y\approx dy=f'(x)dx.$$

又因为 $\Delta y=f(x+\Delta x)-f(x)$ 或 $\Delta y=f(x)-f(x_0)$,从而可以得到函数值的近似计算公式

$$f(x+\Delta x)\approx f(x)+f'(x)\Delta x \text{ 或 } f(x_0+\Delta x)\approx f(x_0)+f'(x_0)\Delta x.$$

例1　扩音器杆头为圆柱体,截面半径 $r=0.15$ cm,长度 $l=4$ cm,为了提高它的导电性能,要在这样的圆柱体的侧面上镀一层厚为 0.001 cm 的纯铜,问大约需要多少克纯铜(铜的密度为 8.9 g/cm^3)?

解　圆柱体积为 $V=\pi r^2 h$,所镀铜层体积即为圆柱体的增量 ΔV,由于 $\Delta r=0.001$ 比 $r=0.15$ 小得多,于是

$$\Delta V\approx dV=(\pi r^2 h)'\Delta r=2\pi rh\Delta r=2\times 3.14\times 0.15\times 4\times 0.001\approx 0.0037699(\text{cm}^3).$$

从而镀层用铜量约为

$$m=\rho\Delta V=8.9\times 0.0037699=0.033559(\text{g}).$$

例2　计算 $\cos 30°12'$ 的近似值.

解　令 $f(x)=\cos x$,则 $f'(x)=-\sin x$. 取 $x_0=30°=\dfrac{\pi}{6}$,则 $x=30°12'=\dfrac{30.2\pi}{180}$,将 $f'(x_0)=-\sin\dfrac{\pi}{6}=-\dfrac{1}{2}$,$f(x_0)=\cos 30°$,$\Delta x=x-x_0=\dfrac{30.2\pi}{180}-\dfrac{\pi}{6}=\dfrac{\pi}{900}$ 代入公式

$$f(x_0+\Delta x)\approx f(x_0)+f'(x_0)\Delta x,$$

得

$$\cos 30°12'\approx\cos 30°-\dfrac{1}{2}\times\dfrac{\pi}{900}=\dfrac{\sqrt{3}}{2}-\dfrac{1}{2}\times\dfrac{\pi}{900}\approx 0.8463.$$

例3　计算 $\sqrt{4.2}$ 的近似值.

解　令 $f(x)=\sqrt{x}$,则 $f'(x)=\dfrac{1}{2\sqrt{x}}$. 取 $x_0=4$,则 $x=4.2$,将 $f'(x_0)=\dfrac{1}{2\sqrt{4}}=\dfrac{1}{4}$,$f(x_0)=\sqrt{4}=2$,$\Delta x=x-x_0=4.2-4=0.2$ 代入公式

$$f(x_0+\Delta x)\approx f(x_0)+f'(x_0)\Delta x,$$

得

$$\sqrt{4.2}\approx 2+\dfrac{1}{4}\times 0.2=2.05.$$

在 $f(x_0+\Delta x)\approx f(x_0)+f'(x_0)\Delta x$ 中,令 $x_0=0$,当 $|\Delta x|$ 很小时,有

$$f(x)\approx f(0)+f'(0)x,$$

从而可推得以下几个常用的近似公式(当 x 很小时):

$$\sqrt[n]{1+x}\approx 1+\frac{1}{n}x, e^x\approx 1+x, \ln(1+x)\approx x, \sin x\approx x, \tan x\approx x.$$

3.4.2 微分在误差估计中的应用(绝对误差和相对误差)

若某个量的准确值为 A,它的近似值为 a,则称 $|A-a|$ 为 a 的绝对误差,称 $\left|\dfrac{A-a}{a}\right|$ 为 a 的相对误差.

在实际问题中,因为准确值 A 常常无法知道,所以绝对误差和相对误差也是不知道的,但是若已知用 a 作为准确值 A 的近似值时所产生的误差的误差限度为 $\delta>0$,即 $|A-a|\leqslant\delta$,则 δ 叫做最大绝对误差. 由于实际上所考虑的近似值的误差都是它的最大绝对误差和最大相对误差,所以通常就简称为绝对误差和相对误差.

设量 x 是可以直接测量的,而 $y=f(x)$,如果度量 x 时所产生的误差是 Δx,由此就引起函数 y 的误差 Δy.

当 $f'(x)\neq 0$,且 $|\Delta x|\leqslant\delta$ 时,有 $|\Delta y|\approx|f'(x)||\Delta x|\leqslant|f'(x)|\delta$. 这样,用实际度量的 x 值算出 $f(x+\Delta x)$ 来代替准确值 $f(x)$ 时,可用 $|f'(x)|\delta$ 作为近似值的最大绝对误差,用 $\left|\dfrac{f'(x)}{f(x)}\right|\delta$ 作为近似值的最大相对误差.

例 4 多次测量一根圆钢,测得其直径的平均值为 $D=50$ mm,绝对误差的平均值为 0.04 mm,计算其截面面积,并估计其误差.

解 由圆面积公式 $S=\dfrac{\pi D^2}{4}$,求得截面面积为

$$S=\frac{\pi}{4}\times(50)^2\approx 1962.5(\text{mm}^2).$$

绝对误差
$$\Delta S\approx\left|\frac{\pi}{2}D\right|\Delta D=\frac{\pi}{2}\times 50\times 0.04\approx 3.14(\text{mm}^2).$$

相对误差
$$\frac{\Delta S}{S}\approx\frac{\left|\frac{\pi}{2}D\Delta D\right|}{\frac{\pi}{4}D^2}\approx\frac{2\times 0.04}{50}=0.16\%.$$

习题 3-4

A 组

利用微分计算 1~6 题中各式的近似值.

1. $\sqrt[3]{1010}$.   2. $\cos 59°$.

3. $\ln 1.02$.   4. $e^{1.01}$.

5. $\tan 46°$.   6. $\dfrac{1}{\sqrt{99.9}}$.

7. 已知正方形的边长为 (2.410 ± 0.005)m,求其面积,并估计其绝对误差和相对误差.

8. 已知在测量球的直径 D 时,有 10% 的相对误差,用公式 $V=\dfrac{\pi D^3}{6}$ 计算球的体积时,相对误差有多少?

9. 有一批半径为 1 cm 的钢球,为了提高球面的光洁度,要镀上一层厚度为 0.01 cm 的铜,估计一下每个钢球需要用多少克铜(铜的密度为 8.9 g/cm³)?

B 组

10. 设扇形的圆心角 $\alpha=60°$,半径 $R=100$ cm.

(1) 若半径 R 不变,圆心角 α 增加了 $30'$,则扇形面积大约增加了多少?

(2) 若圆心角 α 不变,半径 R 增加了 1 cm,则扇形面积大约增加了多少?

11. 已知单摆的运动周期 $T=2\pi\sqrt{\dfrac{l}{g}}$($g=980$ cm/s²). 若摆长 l 由 20 cm 增加到 20.1 cm,则此时周期大约变化多少?

12. 某厂生产一种扇形板,半径 $R=200$ mm,要求中心角 $\alpha=55°$. 产品检验时,一般用测量弦长 l 的办法来间接测量中心角 α,如果测量弦长时的误差 $\delta_1=0.1$ mm,则由此引起的中心角测量误差 δ_α 是多少?

*3.5　曲线的弧微分与曲率

3.5.1　曲线的弧微分

设函数 $f(x)$ 在区间 (a,b) 内具有连续导数,在曲线 $y=f(x)$ 上取定点 $M(x_0,y_0)$ 作为度量弧长的基点,并规定沿 x 增大的方向作为曲线的正向. 对曲线上任一点 $M(x,y)$,规定有向弧段 $\overset{\frown}{M_0M}$ 的值(简称为弧 s)如下:

(1) 弧 s 的绝对值等于这弧段的长度;

(2) 当有向弧段 $\overset{\frown}{M_0M}$ 的方向与曲线的正向一致时,$s>0$;当有向弧段 $\overset{\frown}{M_0M}$ 的方向与曲线的正向相反时,$s<0$.

显然,对于任意一个 $x\in(a,b)$,在曲线上相应地有一个点 $M(x,y)$,从而 s 就有一个确定的值与之对应,因此弧长 s 为 x 的函数,即有 $s=s(x)$,而且由规定(2)可知 $s(x)$ 是 x 的单调递增函数.

以下求函数 $s=s(x)$ 的微分,简称为弧微分.

设 $x,x+\Delta x$ 为区间 (a,b) 内的两个邻近的点,它们在

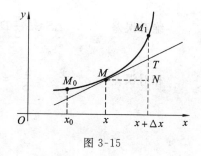

图 3-15

曲线 $y=f(x)$ 上的对应点分别为 M,M_1(如图 3-15 所示),并设对应于 x 的增量为 Δx,弧 s 的增量为 Δs,则

$$\Delta s=\overset{\frown}{M_0M_1}-\overset{\frown}{M_0M}=\overset{\frown}{MM_1}.$$

上式中,用有向弧段的符号(如 $\overset{\frown}{MM_1}$)表示该有向弧段的值,并注意到 $(\Delta x)^2+(\Delta y)^2=|MM_1|^2$,于是

$$\left(\frac{\Delta s}{\Delta x}\right)^2=\left(\frac{\overset{\frown}{MM_1}}{\Delta x}\right)^2=\frac{|\overset{\frown}{MM_1}|^2}{(\Delta x)^2}=\left(\frac{\overset{\frown}{MM_1}}{|MM_1|}\right)^2\frac{(\Delta x)^2+(\Delta y)^2}{(\Delta x)^2}$$

$$=\left(\frac{\overset{\frown}{MM_1}}{|MM_1|}\right)^2\left[1+\left(\frac{\Delta y}{\Delta x}\right)^2\right].$$

从而

$$\frac{\Delta s}{\Delta x}=\pm\sqrt{\left(\frac{\widehat{MM_1}}{|MM_1|}\right)^2\left[1+\left(\frac{\Delta y}{\Delta x}\right)^2\right]}.$$

由于 $s=s(x)$ 是 x 的单调函数,所以 Δs 与 Δx 同号,即有 $\frac{\Delta s}{\Delta x}>0$,因而根号前应取正号,于是有

$$\frac{\Delta s}{\Delta x}=\sqrt{\left(\frac{\widehat{MM_1}}{|MM_1|}\right)^2\left[1+\left(\frac{\Delta y}{\Delta x}\right)^2\right]}.$$

在上式中,令 $\Delta x\to0$,由于 $\Delta x\to0$ 时,$M_1\to M$,$\lim\limits_{M_1\to M}\dfrac{|\widehat{MM_1}|}{|MM_1|}=1$,$\lim\limits_{\Delta x\to0}\dfrac{\Delta y}{\Delta x}=y'$,于是得 $\dfrac{\mathrm{d}s}{\mathrm{d}x}=\sqrt{1+y'^2}$,即得弧微分公式

$$\mathrm{d}s=\sqrt{1+y'^2}\,\mathrm{d}x \text{ 或 } \mathrm{d}s=\sqrt{(\mathrm{d}x^2)+(\mathrm{d}y^2)}.$$

若曲线参数方程为 $\begin{cases}x=\varphi(t),\\y=\psi(t)\end{cases}(\alpha\leqslant t\leqslant\beta)$,则 $\mathrm{d}x=\varphi'(t)\mathrm{d}t$,$\mathrm{d}y=\psi'(t)\mathrm{d}t$,从而

$$\mathrm{d}s=\sqrt{[\varphi'(t)]^2+[\psi'(t)]^2}\,\mathrm{d}t.$$

3.5.2 曲率及其计算公式

由直觉和经验得知,直线不弯曲,半径较小的圆弯曲得比半径较大的圆厉害些,而其他曲线的不同部分有不同的弯曲程度,例如,抛物线 $y=x^2$ 在顶点附近弯曲得比远离顶点的部分厉害些.曲线的弯曲程度与哪些因素有关呢?以下就来讨论如何用数量描述曲线的弯曲程度.

首先,曲线的弯曲程度与曲线的切线密切相关.如图 3-16 所示,若曲线 L 上的动点从点 M_1 移到点 M_2,则曲线上的点 M_1 的切线相应地变动为点 M_2 的切线.若记切线转过的角度(简称转角)为 $\Delta\alpha$,则 $\Delta\alpha$ 愈大,弧 M_1M_2 弯曲得愈厉害.

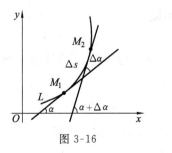

图 3-16

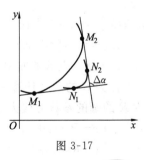

图 3-17

其次,曲线的弯曲程度与曲线的长度也有关.如图 3-17 所示,弧 $\widehat{M_1M_2}$ 与弧 $\widehat{N_1N_2}$ 的切线转角都是 $\Delta\alpha$,显然弧长较短的弧 $\widehat{N_1N_2}$ 比弧长较长的弧 $\widehat{M_1M_2}$ 弯曲得厉害.

据此,引入描述曲线弯曲程度的曲率概念如下:

定义 3.8 弧 $\widehat{M_1M_2}$ 的切线的转角 $\Delta\alpha$ 与该弧长 Δs 之比的绝对值称为该弧的平均曲率,记为 $\overline{K}$,即

$$\overline{K}=\left|\frac{\Delta\alpha}{\Delta s}\right|.$$

这里之所以取绝对值,是因为 $\dfrac{\Delta\alpha}{\Delta s}$ 有正有负,但这里只考虑曲线的弯曲程度,而弯曲程度是不必计较正负的.

但是平均曲率仅表示了某段曲线上弯曲程度的平均值,要精确地描绘弯曲程度还需要引入一点处的曲率概念.

定义 3.9　当点 M_2 沿曲线 L 趋向于点 M_1 时(如图 3-16 所示),若弧 $\overparen{M_1M_2}$ 平均曲率的极限存在,则称此极限为曲线 L 在点 M_1 处的曲率,记为 K,即

$$K=\lim_{M_2\to M_1}\left|\frac{\Delta\alpha}{\Delta s}\right| \quad \text{或} \quad K=\lim_{\Delta s\to 0}\left|\frac{\Delta\alpha}{\Delta s}\right|=\left|\frac{\mathrm{d}\alpha}{\mathrm{d}s}\right|.$$

现在来讨论曲线 $y=f(x)$ 的曲率问题(设 $f(x)$ 具有二阶导数).

因为 $\tan\alpha=y'$,所以在等式两端关于 x 求导,得 $\sec^2\alpha\dfrac{\mathrm{d}\alpha}{\mathrm{d}x}=y''$,从而

$$\frac{\mathrm{d}\alpha}{\mathrm{d}x}=\frac{y''}{1+\tan^2\alpha}=\frac{y''}{1+y'^2},$$

又 $\mathrm{d}s=\sqrt{1+y'^2}\,\mathrm{d}x$,故得曲线 $y=f(x)$ 上任意点 x 处的曲率计算公式

$$K=\frac{\dfrac{\mathrm{d}\alpha}{\mathrm{d}x}}{\dfrac{\mathrm{d}s}{\mathrm{d}x}}=\frac{|y''|}{\sqrt{1+y'^2}(1+y'^2)}=\frac{|y''|}{(1+y'^2)^{\frac{3}{2}}},$$

即

$$K=\frac{|y''|}{(1+y'^2)^{\frac{3}{2}}}.$$

若曲线由参数方程 $\begin{cases}x=\varphi(t)\\y=\psi(t)\end{cases}$ $(\alpha\leqslant t\leqslant\beta)$ 给出,其中 $\varphi(t)$ 和 $\psi(t)$ 均二阶可导,且 $\varphi'^2(t)+\psi'^2(t)\neq 0$,可以利用由参数方程所确定的函数求导方法,求出 y'_x 及 y''_x,则得其曲率公式为

$$K=\frac{|\varphi'(t)\psi''(t)-\varphi''(t)\psi'(t)|}{[\varphi'^2(t)+\psi'^2(t)]^{\frac{3}{2}}}.$$

例 1　计算直线 $y=ax+b$ 在任意一点处的曲率.

解　由于 $y'=a,y''=0$,所以 $K=0$.

这表明,直线上任意一点处的曲率都等于零.这与人们的直觉"直线不弯曲"相一致.

例 2　计算半径为 R 的圆在任意一点处的曲率.

解　半径为 R 的圆的参数方程为

$$\begin{cases}x=R\cos t+a,\\y=R\sin t+b\end{cases} (0\leqslant t\leqslant 2\pi),$$ 其中,a,b 为圆心坐标.

因为 　　　　　$x'(t)=-R\sin t,x''(t)=-R\cos t,$

$$y'(t)=R\cos t,y''(t)=-R\sin t,$$

所以所求曲率为

$$K=\frac{|(-R\sin t)(-R\sin t)-(-R\cos t)R\cos t|}{(R^2\sin^2 t+R^2\cos^2 t)^{\frac{3}{2}}}=\frac{1}{R}.$$

这表明,圆的曲率为常数且等于其半径的倒数.显然 R 越小,曲率越大,即弯曲得越厉害.这与人们对圆的感性认识也是一致的.

例 3　抛物线 $y=ax^2+bx+c(a\neq0)$ 上哪一点处的曲率最大?

解　因为 $y'=2ax+b,y''=2a$,所以

$$K=\frac{|2a|}{[1+(2ax+b)^2]^{\frac{3}{2}}}.$$

这里 K 为正数且分子为常数 $|2a|$,所以只要分母最小,K 就最大. 易见,当 $2ax+b=0$,即 $x=-\dfrac{b}{2a}$ 时,K 取得最大值. 而 $x=-\dfrac{b}{2a}$ 所对应的点为抛物线的顶点,因此,抛物线在其顶点处的曲率最大.

例 4　计算曲线 $y=x^3$ 在点 $(0,0)$ 与 $(-1,-1)$ 处的曲率.

解　因为 $y'=3x^2,y''=6x$,所以曲线在任意一点处的曲率为 $K=\dfrac{|6x|}{(1+9x^4)^{\frac{3}{2}}}$.

将 $x=0$ 代入上式,即得点 $(0,0)$ 处的曲率为 $K=0$(显然点 $(0,0)$ 为该曲线的拐点. 事实上,只要函数 $y=f(x)$ 有二阶导数,则曲线 $y=f(x)$ 在拐点处的曲率一定为零).

将 $x=-1$ 代入上式,即得点 $(-1,-1)$ 处的曲率为 $K=\dfrac{|6(-1)|}{(1+9)^{\frac{3}{2}}}=\dfrac{3}{5\sqrt{10}}$.

3.5.3　曲率半径和曲率圆

设曲线 $y=f(x)$ 上某点 $M(x,y)$ 的曲率为 K,且 $K\neq0$,则其倒数 $\dfrac{1}{K}$ 称为该曲线在点 $M(x,y)$ 处的曲率半径,记为 R. 即

$$R=\frac{1}{K}\ 或\ R=\frac{(1+y'^2)^{\frac{3}{2}}}{|y''|}.$$

由此可见,曲线上曲率半径较大的点处的曲率较小;反之,则曲率较大.

定义 3.10　在曲线 $y=f(x)$ 上的点 M 处,沿其凹向一侧的法线上取线段 MC,其长等于曲率半径 R,则点 C 称为该曲线在点 M 处的曲率中心,以 C 为中心,曲率半径 R 为半径的圆,称为该曲线在点 M 处的曲率圆(如图 3-18 所示).

根据定义 3.10 可知,曲率圆与曲线 $y=f(x)$ 在点 M 处有相同的切线和曲率,且在点 M 附近有相同的凹向. 因此,在力学和工程技术等实际问题中研究曲线某点附近的弧段的形态时,可以用曲线在该点的曲率圆上相应的弧段近似代替曲线弧,以使问题简化.

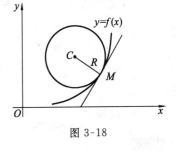

图 3-18

例 5　设工件表面的截线为抛物线 $y=0.4x^2$,现拟用砂轮磨削其内表面,试问选用多大直径的砂轮比较合适?

解　为了保证工件的形状与砂轮接触附近的部分不被磨削太多,所选砂轮的半径应当小于或等于该抛物线上曲率半径的最小值. 因此,首先应计算曲率半径的最小值.

因为 $y'=0.8x,y''=0.8$,所以曲率半径为 $R=\dfrac{1}{K}=\dfrac{(1+0.64x^2)^{\frac{3}{2}}}{|y''|}$. 当 $x=0$ 时,得曲率半径的最小值为

$$R = \frac{1}{K} = \frac{1}{0.8} = 1.25.$$

从而可见,应选半径不超过 1.25 单位长,即直径不超过
2.50 单位长的砂轮.

例 6　火车由直线轨道 AO 转入弯道 BC 时,OB 之间需要
用立方抛物线 $y = ax^3$ 作为过渡曲线,而不采用圆弧连接(如
图 3-19 所示),为什么?

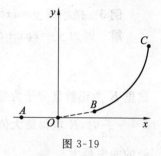

图 3-19

解　曲线 OB 的连接应保证火车的安全运行,OB 在衔接点
O 既应与 AO 相切,又应使其曲率为零,即与直线轨道 AO 的曲率相同;在衔接点 B 处也应
与曲线轨道 BC 相切,且与 BC 在点 B 的曲率相等. 从而使曲线 OB 在衔接点处不仅切线连
续变化,而且在这两点处曲率也连续变化. 这样,火车在转弯时向心力就连续变化,从而不会
发生剧烈震动. 显然曲线 $y = ax^3$ 可以保证在点 $O(0,0)$ 处的曲率为零,而且可以选择适当的
a,使 OB 在 B 处的曲率与 BC 在 B 处的曲率相等,以保证达到上述目的. 之所以不采用圆弧
为过渡曲线,是因为任何与 AO 相切的圆弧,在点 O 的曲率都不会为零. 因此火车经过点 O
时向心力发生突变,会产生剧烈震动. 这是不符合安全运行要求的.

习题 3-5

A 组

求 1~2 题中曲线的弧微分.

1. 曲线 $y = \cos x$.

2. 曲线 $\begin{cases} x = a\cos t, \\ y = b\sin t \end{cases}$ $(a > b > 0)$.

求 3~6 题中曲线在指定点的曲率.

3. 抛物线 $y = 4x - x^2$ 的顶点处.

4. 曲线 $\begin{cases} x = a\cos t, \\ y = b\sin t \end{cases}$ $(a > b > 0)$,$t = \dfrac{\pi}{2}$ 处.

5. 曲线 $y = \sin x$ 上点 $\left(\dfrac{\pi}{2}, 1 \right)$ 处.

6. 曲线 $\begin{cases} x = \cos^3 t, \\ y = \sin^3 t, \end{cases}$ $t = t_0$ 处.

B 组

7. 求曲线 $y = \ln x$ 上曲率半径最小的点,并求出该点处的曲率半径.

8. 求曲线 $y = \ln(\sec x)$ 在点 (x_0, y_0) 处的曲率及曲率半径.

9. 证明曲线 $\begin{cases} x = a(t - \sin t), \\ y = a(1 - \cos t) \end{cases}$ $(a > 0)$ 在 $t = \pi$ 处的曲率为 $\dfrac{1}{4a}$.

10. 选择 a,b,c 使曲线 $y = ax^2 + bx + c (a \neq 0)$ 在 $x = 0$ 处与曲线 $y = \cos x$ 有相同的切线
和曲率.

本章小结

　　本章的主要内容包括拉格朗日中值定理及其推论；未定式的极限；函数的单调性与极值的判定；函数的最大值与最小值；曲线的凹凸性、拐点及其判定；函数图形的描绘；微分的应用；曲线的弧微分与曲率.

　　1. 函数性态的研究

　　应明确定理 3.1、定理 3.2 的条件、结论及几何解释. 以定理 3.2 为理论依据，用函数的导数来考察函数的单调性和极值，曲线的凹凸性和拐点，综合这些知识及函数性态的相关内容，可以更为准确地描绘函数的图形.

　　一方面，在函数具有一阶和二阶导数时，要理解极值点与拐点的必要条件和充分条件，并掌握它们的判别方法；另一方面，还要考虑到一阶导数（或二阶导数）不存在的点，在这样的点的两侧，函数的单调性（曲线的凹凸性）可能会发生改变，即该点也可能是函数的极值点（曲线拐点的横坐标）. 因此，这些点也应参与划分函数的定义区间.

　　函数单调性与极值、曲线的凹凸性与拐点判定方法列表如下，表中的 x_0 是（一阶或二阶）导数的零点，或者是（一阶或二阶）不可导点：

	函数的单调性与极值的判定			函数图象的凹凸性与拐点的判定		
	x	(x_1,x_0)	x_0	(x_0,x_2)	x	(x_1,x_0)	x_0	(x_0,x_2)
(1)	y'	+	0	−	y''	+	0	−
	y	单调增加	极大值	单调减少	y	凹的	拐点	凸的
(2)	y'	−	0	+	y''	−	0	+
	y	单调减少	极小值	单调增加	y	凸的	拐点	凹的
(3)	y'	+(−)	0	+(−)	y''	+(−)	0	+(−)
	y	单调增加（减少）	无极值	单调增加（减少）	y	凹（凸）的	无拐点	凹（凸）的

　　（注：y' 符号与单调性、y'' 符号与凹凸性的关系，最好从几何方面记忆）

　　2. 函数的最值及其应用

　　求函数在考察范围 I 内的最值，是通过比较驻点、不可导点及含于 I 的端点处的函数值的大小而得到的，并不需要判定驻点是否是极值点.

　　对于实际应用题，应首先以数学模型思想建立优化目标与优化对象之间的函数关系，确定其考察范围. 在实际问题中，经常使用最值存在、驻点唯一，则驻点即为最值点的判定方法.

　　3. 洛必达法则的应用

　　洛必达法则是求 $\dfrac{0}{0}$ 型、$\dfrac{\infty}{\infty}$ 型未定式极限的有效方法. 对于 $0 \cdot \infty$ 型、$\infty - \infty$ 型等未定式的极限，可以通过变形化为 $\dfrac{0}{0}$ 型或 $\dfrac{\infty}{\infty}$ 型的未定式，然后应用洛必达法则. 而对于 1^{∞} 型、

0^0 型、∞^0 型的未定式,可以通过恒等变形 $u^v = e^{v\ln u}$ 化为指数函数,最终归结到 $\dfrac{0}{0}$ 型或 $\dfrac{\infty}{\infty}$ 型求其极限.

使用洛必达法则时应注意以下几点:

(1) 使用之前要先检查是否为 $\dfrac{0}{0}$ 型或 $\dfrac{\infty}{\infty}$ 型的未定式,只要是这两种未定式,就可以连续使用法则;

(2) 如果分子或分母含有某些非零因子,可以单独对它们求极限,不必参与洛必达法则求导运算,以简化运算;

(3) 注意使用洛必达法则时配以等价无穷小替换,以简化运算;

(4) 对其他类型的未定式,以适当方式转化为 $\dfrac{0}{0}$ 型或 $\dfrac{\infty}{\infty}$ 型的未定式;

(5) 洛必达法则的条件只是充分而非必要的,即当 $\lim\dfrac{f'(x)}{g'(x)}$ 不存在(不包括 ∞)时,不能断定 $\lim\dfrac{f(x)}{g(x)}$ 也不存在.

4. 函数图形的描绘

描绘函数的图形不仅要知道曲线的单调性与极值和曲线的凹凸区间与拐点,还要知道曲线有无渐近线,有时还要补充一些特殊的点.

5. 微分的应用

相关内容见正文.

6. 曲线的弧微分与曲率

若函数 $y=f(x)$ 可导,则曲线的弧微分为 $\mathrm{d}s=\sqrt{1+y'^2}\,\mathrm{d}x$.

曲率是曲线弯曲程度的定量表示.称一段曲线两端切线的转角与弧长之比为这段弧的平均曲率.由曲线在某点处的概念以及弧微分公式,得到曲线 $y=f(x)$ 在任一点 $M(x,y)$ 处的曲率计算公式,即

$$K=\frac{|y''|}{(1+y'^2)^{\frac{3}{2}}}.$$

曲率、曲率半径公式需要熟记,同时要了解在局部范围内可以以曲率圆近似替代曲线本身.

综合练习 3

选择题(1~6)

1. 下列函数在指定区间上满足定理 3.2 的条件的是(　　).

A. $y=\cot x,\ \left[-\dfrac{\pi}{2},\dfrac{\pi}{2}\right]$　　　　　　B. $y=\dfrac{1}{x^2},\ [0,1]$

C. $y=\dfrac{x^2-1}{x-1},\ [0,2]$　　　　　　D. $y=\ln x,\ [1,\mathrm{e}]$

2. 下列说法正确的是(　　).

A. 函数的驻点一定是极值点

B. 极值点只能在定义区间的内部取得

C. 函数的极值点一定是驻点

D. 函数的极大值必大于极小值

3. 若函数 $f(x)$ 在 $[0,+\infty)$ 上可导, 且 $f(0)<0$, $f'(x)>0$, 则方程 $f(x)=0$ 在 $[0,+\infty)$ 上（　　）.

A. 有唯一的根　　　　　　　　　　　B. 至少有一个根

C. 没有根　　　　　　　　　　　　　D. 不能确定有根

4. 若函数 $f(x)$ 在 (a,b) 内二阶可导, 且 $f'(x)>0$, $f''(x)<0$, 则 $y=f(x)$ 在 (a,b) 内（　　）.

A. 单调增加且凸　　　　　　　　　　B. 单调增加且凹

C. 单调减少且凸　　　　　　　　　　D. 单调减少且凹

5. 曲线 $y=\dfrac{4x-1}{(x-2)^2}$（　　）.

A. 只有水平渐近线　　　　　　　　　B. 只有垂直渐近线

C. 没有渐近线　　　　　　　　　　　D. 既有水平渐近线又有垂直渐近线

6. 曲线 $y=(x-1)^2(x-2)^2$ 的拐点个数为（　　）.

A. 0　　　　　　　　　　　　　　　　B. 1

C. 2　　　　　　　　　　　　　　　　D. 3

填空题（7～12）

7. 在曲线 $y=2x^2-x+1$ 上求一点 P, 使过此点的切线平行于连接曲线上的点 $A(-1,4)$, $B(3,16)$ 所成的弦, 则点 P 的坐标是 _____.

8. $\lim\limits_{x\to0}\dfrac{e^x+e^{-x}-2}{1-\cos x}=$ _____.

9. 曲线 $y=x^2+2\ln x-1$ 的拐点是 _____.

10. 函数 $y=f(x)$ 是 x 的三次函数, 其图形关于原点对称, 且当 $x=\dfrac{1}{2}$ 时, 有极小值 -1, 则 $f(x)=$ _____.

11. 曲线 $y=e^{\frac{1}{x}}-1$ 的水平渐近线为 _____, 垂直渐近线为 _____.

12. 曲线 $y=e^x$ 上曲率最大的点为 _____.

计算证明题（13～21）

求 13～16 题中的极限.

13. $\lim\limits_{x\to0}\dfrac{3^x-2^x}{\sin6x}$.

14. $\lim\limits_{x\to1^+}\ln x\ln(x-1)$.

15. $\lim\limits_{x\to+\infty}(1+x)^{\frac{1}{\sqrt{x}}}$.

16. $\lim\limits_{x\to+\infty}(\sqrt[3]{x^3+x^2+x+1}-x)$.

17. 已知函数 $f(x)=2x^3+ax^2+bx+9$ 有两个极值点 $x=1$, $x=2$, 求 $f(x)$ 的极大值与极小值.

18. 证明方程 $x^5+3x^3+x-3=0$ 只有一个正根.

19. 已知函数 $f(x)=\dfrac{x^3}{(x-1)^2}$, 求:

（1）函数 $f(x)$ 的单调区间与极值；

（2）函数 $f(x)$ 的凹凸区间与拐点.

20. 铁路线上 AB 段的距离为 $100\ \mathrm{km}$，工厂 C 距离 A 处 $20\ \mathrm{km}$，AC 垂直于 AB. 为了运输需要，要在 AB 线上选定一点 D 向工厂修筑一条公路（如图 3-20 所示）. 已知铁路上每吨货物每公里的运输费用与公路上每吨货物每公里的运输费用之比为 $3:5$. 为了使货物从供应站 B 运到工厂 C 每吨货物的总费用最省，问 D 应选在何处？

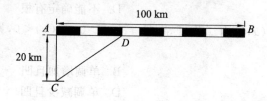

图 3-20

21. 利用定理 3.2 证明：如果函数 $f(x)$ 在闭区间 $[-1,1]$ 上连续，在开区间 $(-1,1)$ 内可导，且 $f(0)=0$，$|f'(x)|\leqslant M$（M 为正常数），则在 $[-1,1]$ 上，$|f(x)|\leqslant M$.

第 4 章

前面已经研究了已知一个函数求它的导数或微分的问题. 但是, 在科学技术领域和生产实践中往往还会遇到问题的另一方面, 即已知一个函数的导数(或微分), 求出这个函数. 这种由函数的导数(或微分)求出原来函数的问题是积分学的一个基本问题——不定积分. 本章介绍不定积分的概念、性质、基本公式和积分方法.

4.1 不定积分的概念与性质

4.1.1 原函数与不定积分

1. 原函数的概念

定义 4.1 在区间 I 内, 如果可导函数 $F(x)$ 的导函数为 $f(x)$, 即对任意 $x \in I$, 有
$$F'(x) = f(x) \ \text{或} \ \mathrm{d}F(x) = f(x)\mathrm{d}x,$$
则称函数 $F(x)$ 为 $f(x)$ 在区间 I 上的一个原函数.

例如, 因为在 $(-\infty, +\infty)$ 内有 $(x^2 + 1)' = 2x$, 所以 $x^2 + 1$ 是 $2x$ 在 $(-\infty, +\infty)$ 上的一个原函数.

又如, 因为在 $(-\infty, +\infty)$ 内有 $(\sin x)' = \cos x$, 所以 $\sin x$ 是 $\cos x$ 在 $(-\infty, +\infty)$ 上的一个原函数; 因为 $(\sin x + 1)' = \cos x$, $(\sin x + \sqrt{3})' = \cos x$, $(\sin x + C)' = \cos x$, 所以 $\sin x + 1$, $\sin x + \sqrt{3}$, $\sin x + C$ 都是 $\cos x$ 在 $(-\infty, +\infty)$ 上的原函数.

由原函数的定义易见, 如果 $F(x)$ 是函数 $f(x)$ 的原函数(即 $F'(x) = f(x)$), 那么函数簇 $F(x) + C$(C 为任意常数)中的任意一个函数都是函数 $f(x)$ 的原函数, 即 $[F(x) + C]' = f(x)$. 于是, 一个函数存在原函数, 它的原函数必有无穷多个. 这里还有两个理论问题要回答. 一个问题是原函数的存在问题, 即什么样的函数存在原函数呢? 这个问题将在下一章回答. 另一个问题是原函数的结构问题, 即若 $F(x)$ 是 $f(x)$ 的一个原函数, 则 $f(x)$ 有无穷多个原函数, 那么 $f(x)$ 的无穷多个原函数是否每个都是 $F(x) + C$ 的形式呢? 换言之, 除了 $F(x) + C$ 形式之外是否还有其他形式的函数也是函数 $f(x)$ 的原函数呢? 下面的定理回答了这个问题.

定理 4.1 如果函数 $F(x)$ 是函数 $f(x)$ 在区间 I 上的一个原函数, 则 $F(x) + C$ 也是 $f(x)$ 的原函数, 且 $f(x)$ 在该区间 I 上的所有原函数都可以表示成 $F(x) + C$ 的形式(C 为任意常数).

证 因为 $[F(x) + C]' = f(x)$, 所以 $F(x) + C$ 是 $f(x)$ 的原函数.

另设函数 $G(x)$ 是 $f(x)$ 的任一原函数,则有 $[G(x)-F(x)]'=G'(x)-F'(x)=f(x)-f(x)=0$,于是 $G(x)-F(x)=C$,从而 $G(x)=F(x)+C$(C 为任意常数),即 $f(x)$ 在该区间 I 上的所有原函数都可以表示成 $F(x)+C$ 的形式(C 为任意常数).

这个定理说明,一个函数的无限多个原函数彼此只相差一个常数. 如果欲求函数 $f(x)$ 的所有原函数,只需求出函数 $f(x)$ 的一个原函数,然后再加上任意常数即可得到函数 $f(x)$ 的所有原函数.

2. 不定积分的概念

定义 4.2　设 $F(x)$ 为 $f(x)$ 在区间 I 上的一个原函数,那么 $f(x)$ 在区间 I 上的所有原函数 $F(x)+C$(C 为任意常数),称为 $f(x)$ 在区间 I 上的不定积分,记作 $\int f(x)\mathrm{d}x$,即

$$\int f(x)\mathrm{d}x=F(x)+C,$$

其中,符号 $\int$ 称为积分号,$f(x)$ 称为被积函数,$f(x)\mathrm{d}x$ 称为被积表达式,x 称为积分变量,C 称为积分常数.

例如,$\int 2x\mathrm{d}x=x^2+C$,$\int \cos x\mathrm{d}x=\sin x+C$,$\int \dfrac{1}{1+x^2}\mathrm{d}x=\arctan x+C$.

根据定义 4.2 可知,求不定积分的关键问题就是求被积函数的一个原函数.

例 1　求下列不定积分:

(1) $\displaystyle\int \mathrm{e}^x\mathrm{d}x$;
　　　　　　　　　　(2) $\displaystyle\int \sin x\mathrm{d}x$;

(3) $\displaystyle\int 3x^2\mathrm{d}x$;
　　　　　　　　　　(4) $\displaystyle\int \dfrac{\mathrm{d}x}{\sqrt{1-x^2}}$.

解　根据不定积分的定义,只要求出被积函数的一个原函数之后,再加上一个积分常数 C 即可.

(1) 被积函数 $f(x)=\mathrm{e}^x$,因为 $(\mathrm{e}^x)'=\mathrm{e}^x$,即 e^x 是 e^x 的一个原函数,所以 $\int \mathrm{e}^x\mathrm{d}x=\mathrm{e}^x+C$.

(2) 因为 $(-\cos x)'=\sin x$,所以 $\int \sin x\mathrm{d}x=-\cos x+C$.

(3) 因为 $(x^3)'=3x^2$,所以 $\int 3x^2\mathrm{d}x=x^3+C$.

(4) 因为 $(\arcsin x)'=\dfrac{1}{\sqrt{1-x^2}}$,所以 $\int \dfrac{1}{\sqrt{1-x^2}}\mathrm{d}x=\arcsin x+C$.

例 2　求不定积分 $\int \dfrac{1}{x}\mathrm{d}x$.

解　被积函数 $f(x)=\dfrac{1}{x}$ 的定义域 $D=(-\infty,0)\bigcup(0,+\infty)$.

因为当 $x>0$ 时,$(\ln x)'=\dfrac{1}{x}$,当 $x<0$ 时,$[\ln(-x)]'=\dfrac{1}{-x}(-1)=\dfrac{1}{x}$,所以

$$\int \dfrac{1}{x}\mathrm{d}x=\ln|x|+C.\text{（常数 }C\text{ 不可忘记）}$$

4.1.2 不定积分的性质

性质 求原函数(或不定积分)与求导数是两种互逆的运算. 即

$$\left[\int f(x)\mathrm{d}x\right]' = f(x) \quad \text{或} \quad \mathrm{d}\int f(x)\mathrm{d}x = f(x)\mathrm{d}x,$$

$$\int F'(x)\mathrm{d}x = F(x) + C \quad \text{或} \quad \int \mathrm{d}F(x) = F(x) + C.$$

也就是说,对一个函数先积分再微分,结果是两者的作用相互抵消;若先微分再积分,则结果只相差一个积分常数.

求已知函数的原函数(或不定积分)的方法称为积分法.

4.1.3 不定积分的几何意义

在直角坐标系 xOy 中,$f(x)$ 的任意一个原函数 $F(x)$ 的图形称为 $f(x)$ 的一条积分曲线,其方程是 $y = F(x)$.

由上面的讨论知道:若 $f(x)$ 有一条积分曲线 $y = F(x)$,则有无穷多条积分曲线,它们的方程是 $y = F(x) + C$. 这些积分曲线称为曲线 $f(x)$ 的积分曲线簇(如图 4-1 所示).

积分曲线簇中的任一条曲线都可以由 $y = F(x)$ 沿 Oy 轴平移一段 C 得到. 因此,所有积分曲线是彼此平行的. 这就是说,在横坐标相同的点 x 处,所有积分曲线的切线是彼此平行的,其斜率都是 $f(x)$,即有

$$[F(x) + C]' = F'(x) = f(x).$$

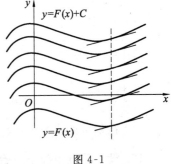

图 4-1

因此可以说,不定积分 $\int f(x)\mathrm{d}x$ 在几何上表示 $f(x)$ 的积分曲线簇. 这簇曲线的特点是,在横坐标相同处,它们的切线有相同的斜率 $f(x)$,因而是彼此平行的.

例 3 已知曲线通过点 $(0,1)$,且在其上任意一点 (x,y) 处的切线的斜率为 $2x$,求曲线方程.

分析 所求曲线即为 $2x$ 的积分曲线簇 $\int 2x\mathrm{d}x = x^2 + C$ 中的一条,只要确定该条曲线的常数 C 即可.

解 设曲线方程为 $y = f(x)$,由于曲线上任意一点 (x,y) 处的切线斜率为 $y' = 2x$,从而 $f(x)$ 是 $2x$ 的一个原函数,故得

$$\int 2x\mathrm{d}x = x^2 + C, \quad y = x^2 + C.$$

因为曲线通过 $(0,1)$,所以 $1 = 0^2 + C$,则 $C = 1$,故所求曲线方程为 $y = x^2 + 1$.

例 4 一质点做直线运动,已知其速度 $v = 2t + 1$,运动由 $t = 0$ 开始,开始时的位移为 $s = s_0$. 求位移 s 和时间之间的关系式 $s = s(t)$.

解 已知位移和速度之间的关系为 $v = \dfrac{\mathrm{d}s}{\mathrm{d}t}$,因此有

$$s(t) = \int v(t)\mathrm{d}t = \int (2t+1)\mathrm{d}t = t^2 + t + C.$$

将条件 $s|_{t=0} = s_0$ 代入上式得 $C = s_0$,于是所求路程函数为 $s = t^2 + t + s_0$.

习题 4-1

A 组

验证 1～4 题中的各组函数是同一个函数的原函数.

1. $f_1(x)=\ln x$，$f_2(x)=\ln(ax)$（$a>0$ 为常数），$f_3(x)=\ln x+C$（C 为常数）.

2. $f_1(x)=\dfrac{1}{2}\sin 2x-1$，$f_2(x)=\dfrac{1}{2}(\sin 2x+a)$（$a$ 为常数），$f_3(x)=\dfrac{1}{2}\sin 2x+C$（$C$ 为常数）.

3. $f_1(x)=\dfrac{1}{2}\sin^2 x$，$f_2(x)=\dfrac{1}{2}\sin^2 x+C$，$f_3(x)=C-\dfrac{1}{4}\cos 2x$（$C$ 为常数）.

4. $f_1(x)=\arcsin(2x-1)$，$f_2(x)=\arcsin(2x-1)+C$，$f_3(x)=C-2\arcsin\sqrt{1-x}$（$C$ 为常数）.

求 5～10 题中的不定积分.

5. $\displaystyle\int\cos x\,\mathrm{d}x$.

6. $\displaystyle\int 2^x\,\mathrm{d}x$.

7. $\displaystyle\int 5x^4\,\mathrm{d}x$.

8. $\displaystyle\int 2\sqrt{x}\,\mathrm{d}x$.

9. $\displaystyle\int\dfrac{1}{\sqrt{x}}\,\mathrm{d}x$.

10. $\displaystyle\int\dfrac{1}{\cos^2 x}\,\mathrm{d}x$.

11. 在积分曲线簇 $y=\displaystyle\int\dfrac{1}{\cos^2 x}\,\mathrm{d}x$ 中，求一条通过 $(0,1)$ 的曲线.

12. 设一质点由静止开始做直线运动，经过 t s 后的速度为 $2\cos t\,(\mathrm{m/s})$动，求质点的运动规律.

B 组

13. 若函数 $f(x)$ 的一个原函数是 $F(x)=x^2-2$，则 $f(x)$ 为（　　）.

A. $2x$ 　　　　　B. $2x+C$ 　　　　　C. $\dfrac{1}{3}x^3-2x$ 　　　　　D. $\dfrac{1}{3}x^3-2x+C$

14. 若 $f(x)$ 的一个原函数为 $\cos x$，则 $\displaystyle\int f'(x)\,\mathrm{d}x=\underline{\qquad\qquad}$.

15. 已知 $f(x)$ 的一个原函数为 $\cos x$，$g(x)$ 的一个原函数是 x^2. 则下列函数中（　　）是复合函数 $f[g(x)]$ 的原函数.

A. x^2 　　　　　B. $\cos^2 x$ 　　　　　C. $\cos(x^2)$ 　　　　　D. $\dfrac{1}{2}\cos 2x$

4.2　不定积分的基本公式与直接积分法

4.2.1　基本积分公式

由不定积分的定义，只要把基本导数公式或微分公式反过来，就可得到下面的基本积分公式表.

(1) $\int k\mathrm{d}x = kx + C$;

(2) $\int x^{\mu}\mathrm{d}x = \dfrac{1}{\mu+1}x^{\mu+1} + C(\mu \neq 1)$;

(3) $\int \dfrac{1}{x}\mathrm{d}x = \ln|x| + C$;

(4) $\int \mathrm{e}^x\mathrm{d}x = \mathrm{e}^x + C$;

(5) $\int a^x\mathrm{d}x = \dfrac{a^x}{\ln a} + C$;

(6) $\int \cos x\mathrm{d}x = \sin x + C$;

(7) $\int \sin x\mathrm{d}x = -\cos x + C$;

(8) $\int \dfrac{1}{\cos^2 x}\mathrm{d}x = \int \sec^2 x\mathrm{d}x = \tan x + C$;

(9) $\int \dfrac{1}{\sin^2 x}\mathrm{d}x = \int \csc^2 x\mathrm{d}x = -\cot x + C$;

(10) $\int \sec x\tan x\mathrm{d}x = \sec x + C$;

(11) $\int \csc x\cot x\mathrm{d}x = -\csc x + C$;

(12) $\int \dfrac{1}{\sqrt{1-x^2}}\mathrm{d}x = \arcsin x + C = -\arccos x + C$;

(13) $\int \dfrac{1}{1+x^2}\mathrm{d}x = \arctan x + C = -\mathrm{arccot}\,x + C$.

以上各不定积分基本公式是求不定积分的基础,必须熟记、会用.对于公式(2)有两个特殊情形,在以后会经常用到,有必要单独记忆.

当 $\mu = -\dfrac{1}{2}$ 时,$\int \dfrac{1}{\sqrt{x}}\mathrm{d}x = 2\sqrt{x} + C$;当 $\mu = -2$ 时,$\int \dfrac{1}{x^2}\mathrm{d}x = -\dfrac{1}{x} + C$.

4.2.2　不定积分的运算法则

法则 4.1　设函数 $f(x)$ 及 $g(x)$ 的原函数存在,则

$$\int [f(x) \pm g(x)]\mathrm{d}x = \int f(x)\mathrm{d}x \pm \int g(x)\mathrm{d}x.$$

证　根据不定积分的定义,只需验证上式两边导数相等即可.

$$\left[\int f(x)\mathrm{d}x \pm \int g(x)\mathrm{d}x\right]' = \left[\int f(x)\mathrm{d}x\right]' \pm \left[\int g(x)\mathrm{d}x\right]' = f(x) \pm g(x).$$

法则 4.1 可推广到有限多个函数的情形,即

$$\int [f_1(x) \pm f_2(x) \pm \cdots \pm f_n(x)]\mathrm{d}x = \int f_1(x)\mathrm{d}x \pm \int f_2(x)\mathrm{d}x \pm \cdots \pm \int f_n(x)\mathrm{d}x.$$

法则 4.1 亦称为分项积分法.

法则 4.2　设函数 $f(x)$ 的原函数存在,k 为非零常数,则

$$\int kf(x)\mathrm{d}x = k\int f(x)\mathrm{d}x.$$

证 类似于法则 4.1 的证法,有

$$\left[k\int f(x)\mathrm{d}x\right]' = k\left[\int f(x)\mathrm{d}x\right]' = kf(x).$$

例 1 利用幂函数积分公式求下列不定积分:

(1) $\displaystyle\int \frac{1}{x^2}\mathrm{d}x$;　　　　　　　　　　　(2) $\displaystyle\int x\sqrt[3]{x}\mathrm{d}x$.

解 (1) $\displaystyle\int \frac{1}{x^2}\mathrm{d}x = \int x^{-2}\mathrm{d}x = \frac{1}{-2+1}x^{-2+1}+C = -\frac{1}{x}+C.$

(2) $\displaystyle\int x\sqrt[3]{x}\mathrm{d}x = \int x^{\frac{4}{3}}\mathrm{d}x = \frac{1}{\frac{4}{3}+1}x^{\frac{4}{3}+1}+C = \frac{3}{7}x^2\cdot\sqrt[3]{x}+C.$

例 2 求不定积分 $\displaystyle\int \sqrt{x}(x^2-5)\mathrm{d}x$.

解
$$\int \sqrt{x}(x^2-5)\mathrm{d}x = \int (\sqrt{x}x^2-5\sqrt{x})\mathrm{d}x = \int x^{\frac{5}{2}}\mathrm{d}x - 5\int x^{\frac{1}{2}}\mathrm{d}x$$

$$= \frac{2}{7}x^{\frac{7}{2}}+C_1 - 5\left(\frac{2}{3}x^{\frac{3}{2}}+C_2\right)$$

$$= \frac{2}{7}x^3\sqrt{x} - \frac{10}{3}x\sqrt{x}+(C_1-5C_2)$$

$$= \frac{2}{7}x^3\sqrt{x} - \frac{10}{3}x\sqrt{x}+C.$$

在分项积分时,不必每一个积分结果都要"$+C$",只需在最后加上一个 C 即可.

例 3 求不定积分 $\displaystyle\int \left(2^x+2\sin x-\frac{3}{x}\right)\mathrm{d}x$.

解
$$\int \left(2^x+2\sin x-\frac{3}{x}\right)\mathrm{d}x = \int 2^x\mathrm{d}x + 2\int \sin x\mathrm{d}x - 3\int \frac{1}{x}\mathrm{d}x$$

$$= \frac{2^x}{\ln 2} - 2\cos x - 3\ln|x|+C.$$

例 4 求不定积分 $\displaystyle\int (2^x+\mathrm{e}^x)^2\mathrm{d}x$.

解
$$\int (2^x+\mathrm{e}^x)^2\mathrm{d}x = \int \left[(2^x)^2+2\times 2^x\mathrm{e}^x+(\mathrm{e}^x)^2\right]\mathrm{d}x$$

$$= \int \left[4^x+2(2\mathrm{e})^x+(\mathrm{e}^2)^x\right]\mathrm{d}x$$

$$= \frac{4^x}{\ln 4} + \frac{2}{1+\ln 2}2^x\mathrm{e}^x + \frac{1}{2}\mathrm{e}^{2x}+C.$$

例 5 求不定积分 $\displaystyle\int \frac{x^4}{1+x^2}\mathrm{d}x$.

解
$$\int \frac{x^4}{1+x^2}\mathrm{d}x = \int \frac{(x^4-1)+1}{1+x^2}\mathrm{d}x = \int \left(x^2-1+\frac{1}{1+x^2}\right)\mathrm{d}x$$

$$= \frac{1}{3}x^3 - x + \arctan x + C.$$

例 6　求不定积分 $\int \tan^2 x \mathrm{d}x$.

解　$\int \tan^2 x \mathrm{d}x = \int (\sec^2 x - 1)\mathrm{d}x = \tan x - x + C$.

例 7　求不定积分 $\int \sin^2 \dfrac{x}{2}\mathrm{d}x$.

解　$\int \sin^2 \dfrac{x}{2}\mathrm{d}x = \int \dfrac{1-\cos x}{2}\mathrm{d}x = \dfrac{1}{2}(x - \sin x) + C$.

例 8　求不定积分 $\displaystyle\int \dfrac{1}{\sin^2 \dfrac{x}{2}\cos^2 \dfrac{x}{2}}\mathrm{d}x$.

解　$\displaystyle\int \dfrac{1}{\sin^2 \dfrac{x}{2}\cos^2 \dfrac{x}{2}}\mathrm{d}x = 4\int \csc^2 x \mathrm{d}x = -4\cot x + C$.

以上几例都是利用基本积分公式及运算法则求不定积分的问题,把一个比较复杂的积分化成若干个可以用基本积分公式求不定积分的方法称为直接积分法. 用直接积分法可求某些简单函数的积分. 当然,在应用直接积分法的同时,常常要对被积函数进行恒等变形,这就要求必须熟练地掌握和使用代数恒等式和三角恒等式.

习题 4-2

A 组

求 1~18 题中的不定积分.

1.　$\int \left(\sqrt[3]{x} \cdot \sqrt{x} + \dfrac{1}{x^2} \right)\mathrm{d}x$. 　　　2.　$\int \dfrac{1+x}{x^2}\mathrm{d}x$.

3.　$\int (2^x - 2\sin x + 2x\sqrt{x})\mathrm{d}x$. 　　　4.　$\int x^2(x-1)^2 \mathrm{d}x$.

5.　$\int \dfrac{(1+\sqrt{x})(x-\sqrt{x})}{x}\mathrm{d}x$. 　　　6.　$\int \dfrac{(x-1)^3}{\sqrt{x}}\mathrm{d}x$.

7.　$\int (3^x + x^3 + \log_3 \pi)\mathrm{d}x$. 　　　8.　$\int e^t(1 - \sqrt{t}e^{-t})\mathrm{d}t$.

9.　$\int (2^x + 3^x)^2 \mathrm{d}x$. 　　　10.　$\int \dfrac{1-\sin^3 x}{\sin^2 x}\mathrm{d}x$.

11.　$\int 3^{-x}(2\times 3^x + 5\times 2^x)\mathrm{d}x$. 　　　12.　$\int \dfrac{1}{x^2 - 3x + 2}\mathrm{d}x$.

13.　$\int \dfrac{1-x^2}{x^2(1+x^2)}\mathrm{d}x$. 　　　14.　$\int \dfrac{1+x+x^2}{x(1+x^2)}\mathrm{d}x$

15.　$\int \dfrac{1}{1+\cos 2x}\mathrm{d}x$. 　　　16.　$\int \dfrac{2+\sin^2 x}{\cos^2 x}\mathrm{d}x$.

17.　$\int \dfrac{1}{\sin^2 x \cos^2 x}\mathrm{d}x$. 　　　18.　$\int \dfrac{\cos 2x}{\sin^2 x \cos^2 x}\mathrm{d}x$.

B 组

求 19～24 题中的不定积分.

19. $\displaystyle\int \frac{1}{x^6+x^4}\mathrm{d}x$.

20. $\displaystyle\int \frac{1+\cos^2 x}{1+\cos 2x}\mathrm{d}x$.

21. $\displaystyle\int \frac{\sqrt{x^3}+1}{\sqrt{x}+1}\mathrm{d}x$.

22. $\displaystyle\int \frac{x^4+x^3+x^2+x+1}{1+x^2}\mathrm{d}x$.

23. $\displaystyle\int \frac{\cos 2x}{\sin x+\cos x}\mathrm{d}x$.

24. $\displaystyle\int \sqrt{1+\sin 2x}\,\mathrm{d}x$.

4.3　换元积分法

利用直接积分法所能求出的不定积分毕竟是非常有限的,甚至对于一些常见的、并不复杂的不定积分,如 $\displaystyle\int \mathrm{e}^{2x}\mathrm{d}x$,$\displaystyle\int \frac{1}{2x+1}\mathrm{d}x$,$\displaystyle\int \sqrt{1-x^2}\,\mathrm{d}x$ 等,都不能用直接积分法求出. 因此,需要进一步掌握其他的积分法.

4.3.1　第一换元法(凑微分法)

考察不定积分 $\displaystyle\int \mathrm{e}^{2x}\mathrm{d}x$,被积函数 e^{2x} 是 x 的复合函数,基本积分公式中没有这样的公式. 可以设法把积分 $\displaystyle\int \mathrm{e}^{2x}\mathrm{d}x$ 化成某个积分公式的形式.

$$\int \mathrm{e}^{2x}\mathrm{d}x = \int \mathrm{e}^{2x}\times \frac{1}{2}\mathrm{d}(2x) = \frac{1}{2}\int \mathrm{e}^{2x}\mathrm{d}(2x)$$

$$\xlongequal{\text{令}\,u=2x} \frac{1}{2}\int \mathrm{e}^{u}\mathrm{d}u = \frac{1}{2}\mathrm{e}^{u}+C$$

$$\xlongequal{u=2x\,\text{代回}} \frac{1}{2}\mathrm{e}^{2x}+C.$$

这种做法的理论根据是下面的定理.

定理 4.2　设 $f(u)$ 具有原函数 $F(u)$,即有 $\displaystyle\int f(u)\mathrm{d}u=F(u)+C$,且 $u=\varphi(x)$,则 $F[\varphi(x)]$ 是 $f[\varphi(x)]\varphi'(x)$ 的原函数,即有公式

$$\int f[\varphi(x)]\varphi'(x)\mathrm{d}x=F[\varphi(x)]+C. \tag{4-1}$$

证　只需证明式(4-1)右端的导数等于左端的被积函数.

由复合函数求导公式,有

$$[F(\varphi(x))]'=F'_u(u)u'_x(x)=f(u)\varphi'(x)=f[\varphi(x)]\varphi'(x),$$

所以

$$\int f[\varphi(x)]\varphi'(x)\mathrm{d}x=F[\varphi(x)]+C.$$

这种求不定积分的方法,称为第一换元积分法或凑微分法.

例 1　求不定积分 $\displaystyle\int 2\cos 2x\,\mathrm{d}x$.

解　$\displaystyle\int 2\cos 2x\,\mathrm{d}x=\int\cos 2x\times 2\,\mathrm{d}x=\int\cos 2x\,\mathrm{d}(2x)=\int\cos u\,\mathrm{d}u=\sin u+C=\sin 2x+C.$

第一换元积分法主要应用于被积函数是复合函数的情形，它是将复合函数微分法反过来应用于求不定积分.它把一个不能直接应用积分表的积分 $\displaystyle\int f(x)\,\mathrm{d}x$ 化成一个可以直接应用积分表（或变形后可查表或引用典型例题的结果）的积分.在不定积分中，被积表达式通常是 $f(x)\,\mathrm{d}x$ 的形式，而不是式(4-1)中的 $f[\varphi(x)]\varphi'(x)\,\mathrm{d}x$ 的形式，因而这里问题的关键是将被积函数 $f(x)$ 凑成 $f[\varphi(x)]\varphi'(x)$ 的形式.

下面介绍几种常见形式的凑微分法.

1. $\mathrm{d}x=\dfrac{1}{a}\mathrm{d}(ax+b)(a\neq 0)$

此式一般适用于被积函数具有 $f(ax+b)$ 的形式.

例 2　求不定积分 $\displaystyle\int\sqrt{3+2x}\,\mathrm{d}x.$

解　$\displaystyle\int\sqrt{3+2x}\,\mathrm{d}x=\int\frac{1}{2}\sqrt{3+2x}\cdot 2\,\mathrm{d}x=\frac{1}{2}\int\sqrt{3+2x}\,\mathrm{d}(3+2x)=\frac{1}{3}(3+2x)^{\frac{3}{2}}+C.$

例 3　求不定积分 $\displaystyle\int\frac{1}{\sqrt{a^2-x^2}}\,\mathrm{d}x(a>0).$

解　$\displaystyle\int\frac{1}{\sqrt{a^2-x^2}}\,\mathrm{d}x=\frac{1}{a}\int\frac{1}{\sqrt{1-\left(\frac{x}{a}\right)^2}}\,\mathrm{d}x=\int\frac{1}{\sqrt{1-\left(\frac{x}{a}\right)^2}}\,\mathrm{d}\left(\frac{x}{a}\right)=\arcsin\frac{x}{a}+C.$

例 4　求不定积分 $\displaystyle\int\frac{1}{a^2+x^2}\,\mathrm{d}x(a>0).$

解　$\displaystyle\int\frac{1}{a^2+x^2}\,\mathrm{d}x=\frac{1}{a^2}\int\frac{1}{1+\left(\frac{x}{a}\right)^2}\,\mathrm{d}x=\frac{1}{a}\int\frac{1}{1+\left(\frac{x}{a}\right)^2}\,\mathrm{d}\left(\frac{x}{a}\right)=\frac{1}{a}\arctan\frac{x}{a}+C.$

例 5　求不定积分 $\displaystyle\int\frac{\mathrm{d}x}{x^2-a^2}(a>0).$

解　$\displaystyle\int\frac{\mathrm{d}x}{x^2-a^2}=\frac{1}{2a}\int\left(\frac{1}{x-a}-\frac{1}{x+a}\right)\mathrm{d}x=\frac{1}{2a}\left[\int\frac{1}{x-a}\mathrm{d}(x-a)-\int\frac{1}{x+a}\mathrm{d}(x+a)\right]$

$\displaystyle\qquad\qquad\qquad=\frac{1}{2a}\ln\left|\frac{x-a}{x+a}\right|+C.$

2. $x\,\mathrm{d}x=\dfrac{1}{2}\mathrm{d}(x^2+C)$

此式一般适用于被积函数具有 $f(x^2)$ 的形式.

例 6　求不定积分 $\displaystyle\int x\mathrm{e}^{x^2}\,\mathrm{d}x.$

解　$\displaystyle\int x\mathrm{e}^{x^2}\,\mathrm{d}x=\int\mathrm{e}^{x^2}\cdot\frac{1}{2}\mathrm{d}(x^2)=\frac{1}{2}\mathrm{e}^{x^2}+C.$

例 7　求不定积分 $\displaystyle\int\frac{x}{1+x^2}\,\mathrm{d}x.$

解　$\displaystyle\int\frac{x}{1+x^2}\,\mathrm{d}x=\int\frac{1}{1+x^2}\cdot\frac{1}{2}\mathrm{d}(1+x^2)=\frac{1}{2}\ln(1+x^2)+C.$

一般推广：被积函数是 $f(x^m)x^{m-1}$ 的形式，常将 $x^{m-1}\mathrm{d}x$ 凑微分，得

$$x^{m-1}dx = \frac{1}{m}d(x^m).$$

例 8　求不定积分 $\int x^3 \sqrt{2+3x^4}dx$.

解　$\int x^3 \sqrt{2+3x^4}dx = \frac{1}{4}\int \sqrt{2+3x^4}d(x^4)$

$$= \frac{1}{12}\int \sqrt{2+3x^4}d(2+3x^4) = \frac{1}{18}(2+3x^4)^{\frac{3}{2}}+C.$$

3. $\frac{1}{\sqrt{x}}dx = 2d(\sqrt{x})$，$\frac{1}{x^2}dx = -d\left(\frac{1}{x}\right)$ 和 $\frac{1}{x}dx = d(\ln x)$ 等

以上几式分别适用于被积函数具有 $f(\sqrt{x})$，$f\left(\frac{1}{x}\right)$ 和 $f(\ln x)$ 等形式.

例 9　求不定积分 $\int \frac{\sqrt{1+\ln x}}{x}dx$.

解　$\int \frac{\sqrt{1+\ln x}}{x}dx = \int \sqrt{1+\ln x}d(1+\ln x) = \frac{2}{3}(1+\ln x)^{\frac{3}{2}}+C.$

例 10　求不定积分 $\int \frac{\cos 3\sqrt{x}}{\sqrt{x}}dx$.

解　$\int \frac{\cos 3\sqrt{x}}{\sqrt{x}}dx = \int \cos 3\sqrt{x} \cdot 2d(\sqrt{x}) = \frac{2}{3}\int \cos 3\sqrt{x}d(3\sqrt{x}) = \frac{2}{3}\sin 3\sqrt{x}+C.$

例 11　求不定积分 $\int \frac{1}{x^2}\cos \frac{1}{x}dx$.

解　$\int \frac{1}{x^2}\cos \frac{1}{x}dx = -\int \cos \frac{1}{x}d\left(\frac{1}{x}\right) = -\sin \frac{1}{x}+C.$

例 12　求不定积分 $\int \frac{e^x}{1+e^{2x}}dx$.

解　$\int \frac{e^x}{1+e^{2x}}dx = \int \frac{1}{1+(e^x)^2}d(e^x) = \arctan e^x+C.$

4. $\sin x dx = -d(\cos x)$，$\cos x dx = (d\sin x)$ 和 $\sec^2 x dx = d(\tan x)$ 等

以上各式分别适用于被积函数具有 $f(\sin x)$，$f(\cos x)$ 和 $f(\tan x)$ 等形式.

例 13　求不定积分 $\int \sin^2 x\cos x dx$.

解　$\int \sin^2 x\cos x dx = \int \sin^2 xd(\sin x) = \frac{1}{3}\sin^3 x+C.$

例 14　求不定积分 $\int \tan x dx$.

解　$\int \tan x dx = \int \frac{\sin x}{\cos x}dx = \int \frac{1}{\cos x}\sin x dx$

$$= -\int \frac{1}{\cos x}d(\cos x) = -\ln|\cos x|+C.$$

类似地，有 $\int \cot x dx = \ln|\sin x|+C.$

例 15　求不定积分 $\int \sin^3 x dx$.

解
$$\int \sin^3 x \mathrm{d}x = -\int \sin^2 x \mathrm{d}(\cos x) = \int (\cos^2 x - 1)\mathrm{d}(\cos x)$$
$$= \frac{1}{3}\cos^3 x - \cos x + C.\,(注意:\int 1\mathrm{d}(\cos x) = \cos x + C)$$

例 16　求不定积分 $\displaystyle\int \sec^4 x \mathrm{d}x$.

解　$\displaystyle\int \sec^4 x \mathrm{d}x = \int \sec^2 x \sec^2 x \mathrm{d}x = \int (1 + \tan^2 x)\mathrm{d}(\tan x) = \tan x + \frac{1}{3}\tan^3 x + C.$

5. 三角恒等式的应用

例 17　求不定积分 $\displaystyle\int \cos^2 x \mathrm{d}x$.

解　$\displaystyle\int \cos^2 x \mathrm{d}x = \int \frac{1 + \cos 2x}{2}\mathrm{d}x = \frac{x}{2} + \frac{\sin 2x}{4} + C.$

例 18　求不定积分 $\displaystyle\int \cos 5x \cos 2x \mathrm{d}x$.

解
$$\int \cos 5x \cos 2x \mathrm{d}x = \frac{1}{2}\int [\cos(5x + 2x) + \cos(5x - 2x)]\mathrm{d}x$$
$$= \frac{1}{14}\sin 7x + \frac{1}{6}\sin 3x + C.$$

例 19　求不定积分 $\displaystyle\int \sec x \mathrm{d}x$.

解
$$\int \sec x \mathrm{d}x = \int \sec x \frac{\sec x + \tan x}{\sec x + \tan x}\mathrm{d}x = \int \frac{(\sec x + \tan x)'}{\sec x + \tan x}\mathrm{d}x$$
$$= \int \frac{1}{\sec x + \tan x}\mathrm{d}(\sec x + \tan x) = \ln|\sec x + \tan x| + C.$$

一般地,有
$$\int \frac{f'(x)}{f(x)}\mathrm{d}x = \ln|f(x)| + C.$$

4.3.2　第二换元法

上面介绍了第一换元积分法,它是利用凑微分 $\varphi'(x)\mathrm{d}x = \mathrm{d}[\varphi(x)]$ 的方法,把一个比较复杂的积分 $\displaystyle\int f[\varphi(x)]\varphi'(x)\mathrm{d}x$ 化成简单的、便于查表的 $\displaystyle\int f(u)\mathrm{d}u$ 形式.

但是,有时不易找出凑微分式,却可以设法作一个代换 $u = \varphi(x)$,把积分 $\displaystyle\int f(u)\mathrm{d}u$ 化成可积分的 $\displaystyle\int f[\varphi(x)]\varphi'(x)\mathrm{d}x$ 形式.

定理 4.3(第二换元法)　设 $x = \varphi(t)$ 单调、可导,且 $\varphi'(t) \neq 0$,又 $f[\varphi(t)]\varphi'(t)$ 有原函数,则
$$\int f(x)\mathrm{d}x = \int f[\varphi(t)]\varphi'(t)\mathrm{d}t. \tag{4-2}$$

证明从略.

1. 简单根式代换

例 20　求不定积分 $\displaystyle\int \frac{\sqrt{x}}{1+\sqrt{x}}\mathrm{d}x$.

解　令 $\sqrt{x}=t$，则 $x=t^2$，从而 $\mathrm{d}x=2t\mathrm{d}t$. 于是

$$\int \frac{\sqrt{x}}{1+\sqrt{x}}\mathrm{d}x = \int \frac{t}{t+1}\cdot 2t\mathrm{d}t\text{（把原表达式中所有的 }x\text{ 都换成相应的 }t\text{）}$$

$$= 2\int \frac{t^2-1+1}{t+1}\mathrm{d}t = 2\int \left(t-1+\frac{1}{1+t}\right)\mathrm{d}t = t^2-2t+2\ln|1+t|+C$$

$$= x-2\sqrt{x}+2\ln(1+\sqrt{x})+C.\text{（记住要换回原变量，或称回代变量）}$$

例 21　求不定积分 $\displaystyle\int \frac{1}{\sqrt{x}+\sqrt[3]{x}}\mathrm{d}x$.

解　被积函数中出现了两个根式 $\sqrt{x}$ 及 $\sqrt[3]{x}$，所设变量必须能将这两个根式同时化为有理式. 从而令 $x=t^6$，则 $\mathrm{d}x=6t^5\,\mathrm{d}t$，于是

$$\int \frac{1}{\sqrt{x}+\sqrt[3]{x}}\mathrm{d}x = \int \frac{6t^5}{t^3+t^2}\mathrm{d}t = 6\int \frac{t^3}{1+t}\mathrm{d}t = 6\int \frac{t^3+1-1}{t+1}\mathrm{d}t$$

$$= 6\int \left(t^2-t+1-\frac{1}{t+1}\right)\mathrm{d}t = 2t^3-3t^2+6t-6\ln|t+1|+C$$

$$= 2\sqrt{x}-3\sqrt[3]{x}+6\sqrt[6]{x}-6\ln\left|\sqrt[6]{x}+1\right|+C.$$

2. 三角代换

例 22　求不定积分 $\displaystyle\int \sqrt{a^2-x^2}\mathrm{d}x(a>0)$.

解　令 $x=a\sin t\left(-\dfrac{\pi}{2}\leqslant t\leqslant \dfrac{\pi}{2}\right)$，则 $\sqrt{a^2-x^2}=a\cos t$，$\mathrm{d}x=a\cos t\mathrm{d}t$. 从而

$$\int \sqrt{a^2-x^2}\mathrm{d}x = \int a\cos t a\cos t\mathrm{d}t = a^2\int \cos^2 t\mathrm{d}t$$

$$= \frac{a^2}{2}(t+\sin t\cos t)+C.$$

因为 $x=a\sin t$，所以 $t=\arcsin \dfrac{x}{a}$. 为了方便地将 $t,\sin t,\cos t$ 换成 x 的函数，根据变换 $\sin t=\dfrac{x}{a}$ 作辅助直角三角形（如图 4-2 所示）.

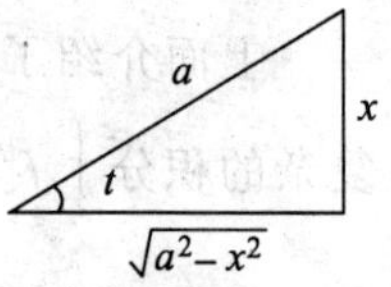

此时，显然有

图 4-2

$$\int \sqrt{a^2-x^2}\mathrm{d}x = \frac{a^2}{2}\arcsin \frac{x}{a}+\frac{1}{2}x\sqrt{a^2-x^2}+C.$$

例 23　求不定积分 $\displaystyle\int \frac{1}{\sqrt{x^2+a^2}}\mathrm{d}x(a>0)$.

解　令 $x=a\tan t\left(-\dfrac{\pi}{2}<t<\dfrac{\pi}{2}\right)$，则 $\sqrt{x^2+a^2}=a\sec t$，$\mathrm{d}x=a\sec^2 t\mathrm{d}t$. 从而

$$\int \frac{1}{\sqrt{x^2+a^2}}\mathrm{d}x = \int \frac{1}{a\sec t}a\sec^2 t\mathrm{d}t = \int \sec t\mathrm{d}t$$

$$= \ln|\tan t+\sec t|+C_1$$

$$= \ln\left|\frac{x}{a} + \frac{\sqrt{x^2+a^2}}{a}\right| + C_1$$

$$= \ln\left|x + \sqrt{x^2+a^2}\right| + C_1 - \ln a$$

$$= \ln\left|x + \sqrt{x^2+a^2}\right| + C.$$

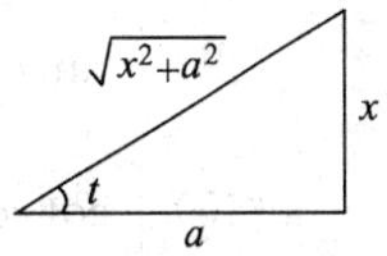

图 4-3

在上面的计算中，$\sec t = \dfrac{\sqrt{x^2+a^2}}{a}$ 可根据变换 $\tan t = \dfrac{x}{a}$ 作辅助直角三角形而得到（如图 4-3 所示）.

例 24　求不定积分 $\displaystyle\int \frac{1}{\sqrt{x^2-a^2}}\mathrm{d}x\,(a>0)$.

解　被积函数的定义域 $D = (-\infty, -a) \bigcup (a, +\infty)$. 若 $x>a$，令 $x = a\sec t\,(0<t<\dfrac{\pi}{2})$，则 $\mathrm{d}x = a\sec t\tan t\,\mathrm{d}t$. 从而

$$\int \frac{1}{\sqrt{x^2-a^2}}\mathrm{d}x = \int \frac{a\sec t\tan t}{a\tan t}\mathrm{d}t = \int \sec t\,\mathrm{d}t = \ln|\sec t + \tan t| + C_1$$

$$= \ln\left|x + \sqrt{x^2-a^2}\right| + C.\text{（仿上例换常数）}$$

若 $x<-a$，令 $x = -u$，则 $u>a$，于是有

$$\int \frac{1}{\sqrt{x^2-a^2}}\mathrm{d}x = -\int \frac{1}{\sqrt{u^2-a^2}}\mathrm{d}u = -\ln\left|u + \sqrt{u^2-a^2}\right| + C_1$$

$$= -\ln\left|-x + \sqrt{x^2-a^2}\right| + C_1$$

$$= \ln\left|x + \sqrt{x^2-a^2}\right| + C,\text{其中 } C = C_1 - 2\ln a.$$

综上有 $\displaystyle\int \frac{1}{\sqrt{x^2-a^2}}\mathrm{d}x = \ln\left|x + \sqrt{x^2-a^2}\right| + C.$

从上面三个例子可以看出：如果被积函数含有 $\sqrt{a^2-x^2}$，可以作代换 $x = a\sin t$ 化去根式；如果被积函数含有 $\sqrt{a^2+x^2}$，可以作代换 $x = a\tan t$ 化去根式；如果被积函数含有 $\sqrt{x^2-a^2}$，可以作代换 $x = a\sec t$ 化去根式. 当然，二次式去根号的方法不是唯一的，根据被积函数的不同情况可作不同考虑.

例 25　求不定积分 $\displaystyle\int \frac{1}{x^2\sqrt{x^2+4}}\mathrm{d}x$.

解　本题用正切代换 $x = a\tan t$，显然是可行的. 这里介绍另一种代换——倒代换.

令 $x = \dfrac{1}{t}$，则 $\mathrm{d}x = -\dfrac{1}{t^2}\mathrm{d}t$，从而

$$\int \frac{1}{x^2\sqrt{x^2+4}}\mathrm{d}x = \int \frac{1}{\frac{1}{t^2}\sqrt{\frac{1}{t^2}+4}}\left(-\frac{1}{t^2}\right)\mathrm{d}t = -\int \frac{t\,\mathrm{d}t}{\sqrt{1+4t^2}}$$

$$= -\frac{1}{8}\int \frac{1}{\sqrt{1+4t^2}}\mathrm{d}(1+4t^2) = -\frac{1}{4}\sqrt{1+4t^2} + C = -\frac{\sqrt{4+x^2}}{4|x|} + C.$$

这一节中，介绍了两种换元积分法，在计算不定积分时，可以灵活运用它们. 以上各例中，有些可以作为补充的积分公式直接引用. 这些积分公式有：

$(14) \displaystyle\int \tan x \, \mathrm{d}x = -\ln|\cos x| + C;$

$(15) \displaystyle\int \cot x \, \mathrm{d}x = \ln|\sin x| + C;$

$(16) \displaystyle\int \sec x \, \mathrm{d}x = \ln|\sec x + \tan x| + C;$

$(17) \displaystyle\int \csc x \, \mathrm{d}x = \ln|\csc x - \cot x| + C;$

$(18) \displaystyle\int \frac{1}{x^2+a^2} \mathrm{d}x = \frac{1}{a}\arctan\frac{x}{a} + C;$

$(19) \displaystyle\int \frac{1}{x^2-a^2} \mathrm{d}x = \frac{1}{2a}\ln\left|\frac{x-a}{x+a}\right| + C;$

$(20) \displaystyle\int \frac{1}{\sqrt{a^2-x^2}} \mathrm{d}x = \arcsin\frac{x}{a} + C;$

$(21) \displaystyle\int \frac{1}{\sqrt{x^2 \pm a^2}} \mathrm{d}x = \ln|x + \sqrt{x^2 \pm a^2}| + C;$

$(22) \displaystyle\int \sqrt{a^2-x^2} \, \mathrm{d}x = \frac{a^2}{2}\arcsin\frac{x}{a} + \frac{x}{2}\sqrt{a^2-x^2} + C;$

$(23) \displaystyle\int \sqrt{x^2 \pm a^2} \, \mathrm{d}x = \frac{x}{2}\sqrt{x^2 \pm a^2} \pm \frac{a^2}{2}\ln|x + \sqrt{x^2 \pm a^2}| + C.$

以上 23 个积分公式是基本且常用的. 在许多情况下,都是设法把一个积分化成可以查常用积分表的形式.

例 26　$(1) \displaystyle\int \frac{1}{x^2+2x+3} \mathrm{d}x = \int \frac{1}{(x+1)^2+(\sqrt{2})^2} \mathrm{d}x = \frac{1}{\sqrt{2}}\arctan\frac{x+1}{\sqrt{2}} + C.$ 　（公式(18)）

$(2) \displaystyle\int \frac{1}{\sqrt{4x^2+9}} \mathrm{d}x = \int \frac{\mathrm{d}x}{\sqrt{(2x)^2+3^2}} = \frac{1}{2}\ln\left|2x + \sqrt{4x^2+9}\right| + C.$ 　（公式(21)）

$(3) \displaystyle\int \frac{\mathrm{d}x}{\sqrt{1+x-x^2}} = \int \frac{\mathrm{d}x}{\sqrt{\left(\frac{\sqrt{5}}{2}\right)^2 - \left(x-\frac{1}{2}\right)^2}} = \arcsin\frac{2x-1}{\sqrt{5}} + C.$ 　（公式(20)）

$(4) \displaystyle\int \frac{\mathrm{d}x}{\sqrt{9x^2+6x-1}} = \frac{1}{3}\int \frac{\mathrm{d}(3x+1)}{\sqrt{(3x+1)^2-(\sqrt{2})^2}}$

$\displaystyle = \frac{1}{3}\ln\left|(3x+1) + \sqrt{9x^2+6x-1}\right| + C.$ 　（公式(21)）

习题 4-3

A 组

在 1～10 题的各式中填入适当的系数.

1. $\mathrm{d}x = \underline{\qquad} \mathrm{d}\left(1-\dfrac{x}{2}\right).$ 　　　　2. $x\mathrm{d}x = \underline{\qquad} \mathrm{d}(3x^2-5).$

3. $x^2\mathrm{d}x = \underline{\qquad} \mathrm{d}(1-2x^3).$ 　　　　4. $\dfrac{1}{\sqrt{x}}\mathrm{d}x = \underline{\qquad} \mathrm{d}(\sqrt{x}).$

5. $\dfrac{1}{x^2}\mathrm{d}x=$ _____ $\mathrm{d}\left(2-\dfrac{1}{x}\right)$.

6. $\dfrac{1}{\cos^2 x}\mathrm{d}x=$ _____ $\mathrm{d}(3\tan x+1)$.

7. $\dfrac{1}{1+x^2}\mathrm{d}x=$ _____ $\mathrm{d}(1-3\arctan x)$.

8. $\dfrac{1}{x}\mathrm{d}x=$ _____ $\mathrm{d}(\ln 2x)$.

9. $\dfrac{x}{\sqrt{x^2+9}}\mathrm{d}x=$ _____ $\mathrm{d}(\sqrt{x^2+9})$.

10. $\dfrac{1}{(1+2x)^2}\mathrm{d}x=$ _____ $\mathrm{d}\left(\dfrac{1}{1+2x}\right)$.

求 11～36 题中的不定积分.

11. $\displaystyle\int \dfrac{1}{2x+1}\mathrm{d}x$.

12. $\displaystyle\int \dfrac{1}{\sqrt{3-2x}}\mathrm{d}x$.

13. $\displaystyle\int (4x+5)^{99}\mathrm{d}x$.

14. $\displaystyle\int \sin^2(5x-1)\cos(5x-1)\mathrm{d}x$.

15. $\displaystyle\int \pi\mathrm{e}^{-\pi x}\mathrm{d}x$.

16. $\displaystyle\int \tan^2(2x-3)\mathrm{d}x$.

17. $\displaystyle\int x\sin(x^2+1)\mathrm{d}x$.

18. $\displaystyle\int x\sqrt{1-x^2}\mathrm{d}x$.

19. $\displaystyle\int \dfrac{x^2}{(1+2x^3)^2}\mathrm{d}x$.

20. $\displaystyle\int \dfrac{1}{x\sqrt[3]{3+2\ln x}}\mathrm{d}x$.

21. $\displaystyle\int \dfrac{(\arctan x)^3}{1+x^2}\mathrm{d}x$.

22. $\displaystyle\int \dfrac{2^{\arccos x}}{\sqrt{1-x^2}}\mathrm{d}x$.

23. $\displaystyle\int \cos^4 x\mathrm{d}x$.

24. $\displaystyle\int \sin 5x\cos 2x\mathrm{d}x$.

25. $\displaystyle\int \dfrac{1}{\sqrt{x}(1+x)}\mathrm{d}x$.

26. $\displaystyle\int \dfrac{x^3}{x+1}\mathrm{d}x$.

27. $\displaystyle\int \dfrac{1}{x^2}\sin\dfrac{1}{x}\mathrm{d}x$.

28. $\displaystyle\int \dfrac{\mathrm{e}^{3\sqrt{x}}}{\sqrt{x}}\mathrm{d}x$.

29. $\displaystyle\int \dfrac{\cot x}{\sqrt[3]{\sin x}}\mathrm{d}x$.

30. $\displaystyle\int \dfrac{1}{\sin^2 x(1-2\cot x)}\mathrm{d}x$.

31. $\displaystyle\int \dfrac{\mathrm{e}^x}{1+\mathrm{e}^x}\mathrm{d}x$.

32. $\displaystyle\int \dfrac{1}{\mathrm{e}^x+\mathrm{e}^{-x}}\mathrm{d}x$.

33. $\displaystyle\int \mathrm{e}^{1+\sin 2x}\cos 2x\mathrm{d}x$.

34. $\displaystyle\int \dfrac{2x}{x^2-3x+2}\mathrm{d}x$.

35. $\displaystyle\int \sin^2 x\cos^5 x\mathrm{d}x$.

36. $\displaystyle\int \tan^5 x\sec^3 x\mathrm{d}x$.

用换元积分法求 37～48 题中的不定积分.

37. $\displaystyle\int \dfrac{\sqrt{x-1}}{x}\mathrm{d}x$.

38. $\displaystyle\int \dfrac{1+x}{\sqrt[3]{3x+1}}\mathrm{d}x$.

39. $\displaystyle\int \dfrac{\sqrt{x+1}}{1+\sqrt{x+1}}\mathrm{d}x$.

40. $\displaystyle\int \dfrac{1}{\sqrt{x}+\sqrt[4]{x}}\mathrm{d}x$.

41. $\displaystyle\int \dfrac{1}{(1+\sqrt[3]{x})\sqrt{x}}\mathrm{d}x$.

42. $\displaystyle\int \dfrac{\sqrt{x^2-9}}{x}\mathrm{d}x$.

43. $\displaystyle\int \dfrac{2}{\sqrt{x^2+1}}\mathrm{d}x$.

44. $\displaystyle\int \dfrac{1+2x}{\sqrt{x^2+1}}\mathrm{d}x$.

45. $\int \dfrac{\sqrt{a^2-x^2}}{x^2}\mathrm{d}x.$

46. $\int \dfrac{1}{x\sqrt{x^2-1}}\mathrm{d}x.$

47. $\int \dfrac{1}{x\sqrt{x^2+9}}\mathrm{d}x.$

48. $\int \dfrac{x^2}{\sqrt{4-x^2}}\mathrm{d}x.$

B 组

求 49～67 题中的不定积分.

49. $\int \dfrac{1}{x}\sqrt{\dfrac{1+x}{x}}\mathrm{d}x.$

50. $\int \dfrac{\sin 2x}{\sqrt{1-(\sin x)^4}}\mathrm{d}x.$

51. $\int \dfrac{x+1}{\sqrt[3]{x^2+2x}}\mathrm{d}x.$

52. $\int (2x-2)\mathrm{e}^{x^2-2x}\mathrm{d}x.$

53. $\int \dfrac{\sqrt{3+2\sqrt{x}}}{\sqrt{x}}\mathrm{d}x.$

54. $\int \mathrm{e}^{\mathrm{e}^x+x}\mathrm{d}x.$

55. $\int \dfrac{x}{x-\sqrt{x^2-1}}\mathrm{d}x.$

56. $\int \dfrac{1+\cos x}{x+\sin x}\mathrm{d}x.$

57. $\int \dfrac{\cos x-\sin x}{\sin x+\cos x}\mathrm{d}x.$

58. $\int \dfrac{\mathrm{e}^x+\sin x}{(\mathrm{e}^x-\cos x)^2}\mathrm{d}x.$

59. $\int \dfrac{1}{\sin^2 x+2\cos^2 x}\mathrm{d}x.$

60. $\int \dfrac{\cos x}{\sin x+\cos x}\mathrm{d}x.$

61. $\int \sqrt{\dfrac{1-x}{1+x}}\mathrm{d}x.$

62. $\int \dfrac{\ln(1+x)-\ln x}{x(1+x)}\mathrm{d}x.$

63. $\int \dfrac{\sqrt{x}}{1+\sqrt[3]{x}}\mathrm{d}x.$

64. $\int \dfrac{x^5}{\sqrt{1-x^2}}\mathrm{d}x.$

65. $\int \dfrac{1}{x^4\sqrt{1+x^2}}\mathrm{d}x.$

66. $\int \dfrac{2x-1}{\sqrt{9x^2-4}}\mathrm{d}x.$

67. $\int \dfrac{1}{\sqrt{1+\mathrm{e}^x}}\mathrm{d}x.$

4.4   分部积分法

运用两个简单法则及换元积分法已经能计算大量的不定积分,但对于两个函数相乘的情况能解决的问题还非常有限,如 $\int x\mathrm{e}^x\mathrm{d}x$ 就不能解决.为了解决这样的问题,本节介绍另一个积分法——分部积分法.

定理 4.4 设 $u=u(x),v=v(x)$ 都是可微函数,并且 $u'(x)v(x)$ 及 $u(x)v'(x)$ 都有原函数,则有分部积分公式

$$\int u(x)v'(x)\mathrm{d}x=u(x)v(x)-\int v(x)u'(x)\mathrm{d}x, \tag{4-3}$$

简记为

$$\int u\mathrm{d}v=uv-\int v\mathrm{d}u.$$

证　由两个函数乘积的求导公式有 $(uv)'=u'v+uv'$，

则 $uv'=(uv)'-u'v$，从而有 $\int u\mathrm{d}v=uv-\int u\mathrm{d}v$.

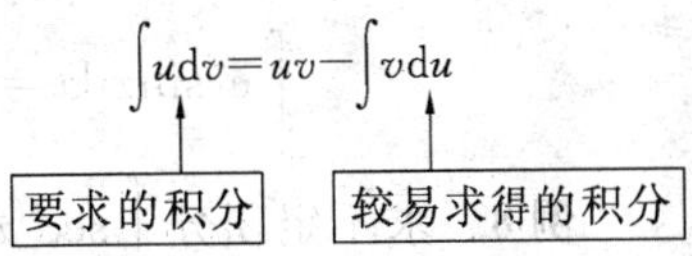

$$\int u\mathrm{d}v=uv-\int v\mathrm{d}u$$
要求的积分　　较易求得的积分

图 4-4

由定理 4.4 可见，分部积分法是两个函数乘积微分公式的逆运用.

使用分部积分公式的一般原则如图 4-4 所示.

例 1　求不定积分 $\int x\mathrm{e}^x\mathrm{d}x$.

解　$\int x\mathrm{e}^x\mathrm{d}x=\int x\mathrm{d}\mathrm{e}^x=x\mathrm{e}^x-\int \mathrm{e}^x\mathrm{d}x=x\mathrm{e}^x-\mathrm{e}^x+C$.

例 2　求不定积分 $\int x\sin 2x\mathrm{d}x$.

解　$\int x\sin 2x\mathrm{d}x=-\dfrac{1}{2}\int x\mathrm{d}(\cos 2x)=-\dfrac{1}{2}x\cos 2x-\dfrac{1}{2}\left(-\int\cos 2x\mathrm{d}x\right)$

$$=-\dfrac{1}{2}x\cos 2x+\dfrac{1}{4}\sin 2x+C.$$

例 3　求不定积分 $\int x\ln x\mathrm{d}x$.

解　$\int x\ln x\mathrm{d}x=\int \ln x\mathrm{d}\left(\dfrac{1}{2}x^2\right)=\dfrac{1}{2}x^2\ln x-\dfrac{1}{4}x^2+C$.

例 4　求不定积分 $\int \arccos x\mathrm{d}x$.

解　$\int \arccos x\mathrm{d}x=x\arccos x+\int x\dfrac{1}{\sqrt{1-x^2}}\mathrm{d}x=x\arccos x-\sqrt{1-x^2}+C$.

例 5　求不定积分 $\int x\arctan x\mathrm{d}x$.

解　$\int x\arctan x\mathrm{d}x=\int \arctan x\mathrm{d}\left(\dfrac{x^2}{2}\right)=\dfrac{1}{2}x^2\arctan x-\int\dfrac{x^2}{2}\dfrac{1}{1+x^2}\mathrm{d}x$

$$=\dfrac{1}{2}x^2\arctan x-\dfrac{1}{2}(x-\arctan x)+C.$$

例 6　求不定积分 $\int (x^2+1)\cos x\mathrm{d}x$.

解　$\int (x^2+1)\cos x\mathrm{d}x=\int (x^2+1)\mathrm{d}(\sin x)=(x^2+1)\sin x-\int 2x\sin x\mathrm{d}x$

$$=(x^2+1)\sin x+\int 2x\mathrm{d}\cos x=(x^2+1)\sin x+2x\cos x-2\sin x+C.$$

例 7　求不定积分 $\int \mathrm{e}^x\sin x\mathrm{d}x$.

解　$\int \mathrm{e}^x\sin x\mathrm{d}x=\int \sin x\mathrm{d}(\mathrm{e}^x)=\mathrm{e}^x\sin x-\int \mathrm{e}^x\cos x\mathrm{d}x$

$$=\mathrm{e}^x\sin x-\int \cos x\mathrm{d}(\mathrm{e}^x)\text{（这一步选 }u,v\text{ 要与前一次相一致）}$$

$$=\mathrm{e}^x\sin x-\mathrm{e}^x\cos x-\int \mathrm{e}^x\sin x\mathrm{d}x,\text{（所求积分重复出现）}$$

所以

$$\int e^x \sin x \, dx = \frac{1}{2} e^x (\sin x - \cos x) + C. \quad (\text{隐含的常数不能丢})$$

例 8　求不定积分 $\displaystyle\int \sec^3 x \, dx$.

解
$$\int \sec^3 x \, dx = \int \sec x \sec^2 x \, dx = \int \sec x \, d(\tan x)$$

$$= \sec x \tan x - \int \tan x \sec x \tan x \, dx$$

$$= \sec x \tan x - \int (\sec^3 x - \sec x) \, dx$$

$$= \sec x \tan x - \int \sec^3 x \, dx + \ln|\sec x + \tan x|,$$

所以
$$\int \sec^3 x \, dx = \frac{1}{2} \sec x \tan x + \frac{1}{2} \ln|\sec x + \tan x| + C.$$

注：换元积分常与分部积分综合使用，如例 9、例 10.

例 9　求不定积分 $\displaystyle\int \frac{x \arcsin x}{\sqrt{1-x^2}} dx.$（尽量化简（凑微分或变形）再分部）

解
$$\int \frac{x \arcsin x}{\sqrt{1-x^2}} dx = -\int \frac{1}{2} \frac{\arcsin x}{\sqrt{1-x^2}} d(1-x^2) = -\int \arcsin x \, d(\sqrt{1-x^2})$$

$$= -\sqrt{1-x^2} \arcsin x + \int \frac{\sqrt{1-x^2}}{\sqrt{1-x^2}} dx = -\sqrt{1-x^2} \arcsin x + x + C.$$

例 10　求不定积分 $\displaystyle\int e^{\sqrt{x}} \, dx.$

解　令 $\sqrt{x} = t$，则 $x = t^2, dx = 2t \, dt.$ 从而
$$\int e^{\sqrt{x}} \, dx = 2 \int e^t t \, dt = 2 e^t (t-1) + C = 2 e^{\sqrt{x}} (\sqrt{x} - 1) + C.$$

例 11　求不定积分 $I_n = \displaystyle\int \frac{dx}{(x^2+a^2)^n}$（$n$ 为正整数）.

解　$I_1 = \dfrac{1}{a} \arctan \dfrac{x}{a} + C$（$n \neq 1$ 时分部积分求递推公式），

$$I_{n-1} = \int \frac{dx}{(x^2+a^2)^{n-1}} = \frac{x}{(x^2+a^2)^{n-1}} + 2(n-1) \int \frac{x^2}{(x^2+a^2)^n} dx$$

$$= \frac{x}{(x^2+a^2)^{n-1}} + 2(n-1) \int \left[\frac{1}{(x^2+a^2)^{n-1}} - \frac{a^2}{(x^2+a^2)^n} \right] dx.$$

即
$$I_{n-1} = \frac{x}{(x^2+a^2)^{n-1}} + 2(n-1)(I_{n-1} - a^2 I_n),$$

于是
$$I_n = \frac{1}{2a^2(n-1)} \left[\frac{x}{(x^2+a^2)^{n-1}} + (2n-3) I_{n-1} \right].$$

习题 4-4

A 组

用分部积分法求 1～17 题中的不定积分.

1. $\int x\cos 2x\,\mathrm{d}x$.

2. $\int x\sin^2\dfrac{x}{2}\,\mathrm{d}x$.

3. $\int (x+2)\mathrm{e}^{-x}\,\mathrm{d}x$.

4. $\int x^2\mathrm{e}^x\,\mathrm{d}x$.

5. $\int x\sec^2 3x\,\mathrm{d}x$.

6. $\int x\arcsin x\,\mathrm{d}x$.

7. $\int x^2\ln x\,\mathrm{d}x$.

8. $\int (x^2+2)\cos x\,\mathrm{d}x$.

9. $\int \ln x\,\mathrm{d}x$.

10. $\int x^2\arctan x\,\mathrm{d}x$.

11. $\int \mathrm{e}^{-2x}\sin\dfrac{x}{2}\,\mathrm{d}x$.

12. $\int \arctan\sqrt{x}\,\mathrm{d}x$.

13. $\int \sin\sqrt{x}\,\mathrm{d}x$.

14. $\int \ln^2 x\,\mathrm{d}x$.

15. $\int \ln(x+\sqrt{1+x^2})\,\mathrm{d}x$.

16. $\int \dfrac{\ln(\sin x)}{\cos^2 x}\,\mathrm{d}x$.

17. $\int \dfrac{1}{\sqrt{x}}\arcsin\sqrt{x}\,\mathrm{d}x$.

B 组

求 18～26 题中的不定积分.

18. $\int \cos(\ln x)\,\mathrm{d}x$.

19. $\int \dfrac{x\ln(x+\sqrt{1+x^2})}{\sqrt{1+x^2}}\,\mathrm{d}x$.

20. $\int \dfrac{x\arctan x}{\sqrt{1+x^2}}\,\mathrm{d}x$.

21. $\int \mathrm{e}^{\sqrt[3]{x}}\,\mathrm{d}x$.

22. $\int \cos^2\sqrt{x}\,\mathrm{d}x$.

23. $\int \dfrac{\ln x}{\sqrt{1+x}}\,\mathrm{d}x$.

24. $\int \dfrac{\arctan \mathrm{e}^x}{\mathrm{e}^x}\,\mathrm{d}x$.

25. $\int \dfrac{\arcsin x}{\sqrt{(1-x^2)^3}}\,\mathrm{d}x$.

26. $\int \dfrac{\ln(\tan x)}{\sin x\cos x}\,\mathrm{d}x$.

本章小结

本章的主要内容是不定积分的概念、性质与计算. 不定积分的概念较为简单, 但不定积分的积分法较为灵活、复杂, 初学者较难掌握.

1. 基本概念

(1) 原函数与不定积分的关系为

$$\int f(x)\mathrm{d}x = F(x) + C.$$

即原函数的全体就是不定积分.

(2) 不定积分与导数是两个互逆的运算,即

$$\left[\int f(x)\mathrm{d}x\right]' = f(x) \quad \text{或} \quad \mathrm{d}\int f(x)\mathrm{d}x = f(x)\mathrm{d}x,$$

$$\int F'(x)\mathrm{d}x = F(x) + C \quad \text{或} \quad \int \mathrm{d}[F(x)] = F(x) + C.$$

2. 积分的一般法则

$$\int [f(x) + g(x)]\mathrm{d}x = \int f(x)\mathrm{d}x + \int g(x)\mathrm{d}x,$$

$$\int kf(x)\mathrm{d}x = k\int f(x)\mathrm{d}x.$$

3. 积分法

(1) 公式法.直接利用基本积分公式.因而要熟记常用积分公式(公式略).

(2) 恒等变形.利用代数式、三角式的恒等变形将所求积分化成可以用基本积分公式的积分.

(3) 第一换元法(凑微分法).

$$\int f[\varphi(x)]\varphi'(x)\mathrm{d}x = \int f[\varphi(x)]\mathrm{d}[\varphi(x)] \xrightarrow{\text{令 } u=\varphi(x)} \int f(u)\mathrm{d}u = F(u) + C$$

$$\xrightarrow{u=\varphi(x)\text{代回}} F[\varphi(x)] + C.$$

常用来凑微分的公式有如下形式:

$$a\mathrm{d}x = \mathrm{d}(ax) = \mathrm{d}(ax+b);$$

$$x^m\mathrm{d}x = \frac{\mathrm{d}(x^{m+1})}{m+1} = \frac{\mathrm{d}(ax^{m+1}+b)}{a(m+1)}(m\neq -1, a\neq 0);$$

$$\mathrm{e}^{kx}\mathrm{d}x = \frac{\mathrm{d}(a\mathrm{e}^{kx}+b)}{ak};$$

$$\sin x\mathrm{d}x = -\mathrm{d}(\cos x);$$

$$\cos x\mathrm{d}x = \mathrm{d}(\sin x);$$

$$\frac{\mathrm{d}x}{\sqrt{1-x^2}} = \mathrm{d}(\arcsin x) = -\mathrm{d}(\arccos x);$$

$$\frac{\mathrm{d}x}{1+x^2} = \mathrm{d}(\arctan x) = -\mathrm{d}(\text{arcot}x);$$

$$\frac{\mathrm{d}x}{x} = \mathrm{d}(\ln|x|);$$

$$\frac{1}{x^2}\mathrm{d}x = -\mathrm{d}\left(\frac{1}{x}\right);$$

$$\frac{1}{\sqrt{x}}\mathrm{d}x = 2\mathrm{d}(\sqrt{x}).$$

(4) 第二换元法.将第一换元法过程反过来用就是第二换元法,其过程为

$$\int f(x)\mathrm{d}x \xlongequal{x=\psi(t)} \int f[\psi(t)]\psi'(t)\mathrm{d}t = \int g(t)\mathrm{d}t = G(t)+C \xlongequal{t=\psi^{-1}(x)} G[\psi^{-1}(x)]+C.$$

常用的变量代换有

$$\int f(\sqrt[n]{ax+b})\mathrm{d}x,\ 令\ \sqrt[n]{ax+b}=t;$$

$$\int f(\sqrt{a^2-x^2})\mathrm{d}x,\ 令\ x=a\sin t\ 或\ x=a\cos t;$$

$$\int f(\sqrt{a^2+x^2})\mathrm{d}x,\ 令\ x=a\tan t\ 或\ x=a\cot t;$$

$$\int f(\sqrt{x^2-a^2})\mathrm{d}x,\ 令\ x=a\sec t\ 或\ x=a\csc t.$$

(5) 分部积分法. 若 $u(x)v'(x)$ 不容易求积分,而 $u'(x)v(x)$ 容易求积分,则可以用分部积分法把不易求积分的问题转化为较易求积分的问题. 分部积分公式为

$$\int u(x)v'(x)\mathrm{d}x = u(x)v(x) - \int v(x)u'(x)\mathrm{d}x,$$

简记为

$$\int u\mathrm{d}v = uv - \int v\mathrm{d}u.$$

对有些问题,可利用分部积分法导出递推公式.

不定积分可以采用不同的方法求解,它们的难易情况不同. 但也有一些问题只能选择某种方法求解(如 $\int x\ln x\mathrm{d}x$ 只能用分部积分法求解),因此根据不同类型的不定积分,选择适当的方法是值得注意的. 此外,在进行变量代换时,代换的方式不同,解题的难易也相差甚多. 对于选择何种代换较简单,这就要求通过大量的练习不断总结. 有些较复杂的问题有时需要综合利用各种方法.

在不定积分中,一题多解的情形很多,积分结果的形式也各不一致. 判断这些结果是否为被积函数的原函数,最基本的方法就是将所求得的函数求导数,检验它们是否等于被积函数.

综合练习 4

选择题 (1~6)

1. 下列函数不是 $f(x) = \dfrac{1}{1+x^2}$ 的原函数的是(　　).

A. $F(x) = \arctan\dfrac{1}{x} + C$　　　　　B. $F(x) = \mathrm{arccot}\dfrac{1}{x} + C$

C. $F(x) = \arctan x + C$　　　　　　　D. $F(x) = -\mathrm{arccot}x + C$

2. 设 $f(x)$ 为可导函数,则下列各式正确的是(　　).

A. $\displaystyle\int f'(x)\mathrm{d}x = f(x)$　　　　　　　B. $\left[\displaystyle\int f'(x)\mathrm{d}x\right]' = f(x)$

C. $\left[\displaystyle\int f(x)\mathrm{d}x\right]' = f(x)$　　　　　　D. $\left[\displaystyle\int f'(x)\mathrm{d}x\right]' = f(x) + C$

3. 已知 $\int f(x)\mathrm{d}x = \frac{1}{2}x^4 - x^2 + C$，则 $f(x) = ($　　$)$.

A. $2x^3 - 2x$　　　　　B. $2x^3 - 2x + C$　　　C. $x^3 - x$　　　　　D. $x^4 - 2x$.

4. 在 (a,b) 内，若 $f'(x) = g'(x)$，则一定有（　　）.

A. $f(x) = g(x)$

B. $\int \mathrm{d}f(x) = \int \mathrm{d}[g(x)]$

C. $\int f(x)\mathrm{d}x = \int g(x)\mathrm{d}x$

D. $\left[\int f(x)\mathrm{d}x\right]' = \left[\int g(x)\mathrm{d}x\right]'$

5. 下列各式正确的是（　　）.

A. $\int \dfrac{1}{1-x}\mathrm{d}x = \ln|1-x| + C$

B. $\int \cos 2x\,\mathrm{d}x = \sin 2x + C$

C. $\int \dfrac{1}{1+\mathrm{e}^x}\mathrm{d}x = \ln(1+\mathrm{e}^x) + C$

D. $\int \dfrac{\tan^2 x}{1-\sin^2 x}\mathrm{d}x = \dfrac{1}{3}\tan^3 x + C$

6. $\int [f(x) + xf'(x)]\mathrm{d}x = ($　　$)$.

A. $f(x) + C$　　　　B. $f'(x) + C$　　　　C. $xf(x) + C$　　　　D. $f^2(x) + C$

填空题 (7~12)

7. 函数 $f(x)$ 的_____原函数，称为不定积分.

8. 若 $\int f(x)\mathrm{d}x = F(x) + C$，则 $\int \mathrm{e}^{-x}f(\mathrm{e}^{-x})\mathrm{d}x = $_____.

9. 设 $f(x)$ 的原函数为 x^2，则 $\int f'(x)\mathrm{d}x = $_____.

10. $\int \mathrm{d}(\sqrt{2-3x}) = $_____.

11. 设 $f(x)$ 的一个原函数为 $x\mathrm{e}^{-x}$，则 $\int xf'(x)\mathrm{d}x = $_____.

12. 设 $f(x)$ 的原函数为 $\dfrac{\sin x}{x}$，则 $f(x) = $_____.

计算题 (13~22)

求 13~20 题中的不定积分.

13. $\int \dfrac{(1-x)^2}{x\sqrt{x}}\mathrm{d}x$.

14. $\int \dfrac{x}{\sqrt{2-x}}\mathrm{d}x$.

15. $\int \dfrac{3x-1}{x^2+9}\mathrm{d}x$.

16. $\int x^2\ln x\,\mathrm{d}x$.

17. $\int \dfrac{\mathrm{d}x}{1+\mathrm{e}^x}$.

18. $\int \dfrac{\mathrm{d}x}{1-\cos x}$.

19. $\int \arcsin x\,\mathrm{d}x$.

20. $\int \dfrac{\ln(1+x^2)}{x^3}\mathrm{d}x$.

选择 2 种以上的方法求 21~22 题中的不定积分.

21. $\int \dfrac{\mathrm{d}x}{x\sqrt{x^2-1}}$.

22. $\int \dfrac{\mathrm{d}x}{x^2\sqrt{1+x^2}}$.

第 5 章

定积分

在上一章中,作为导数的逆问题,引进了不定积分,讨论了它的概念、性质,并介绍了积分法.这是积分学的第一个基本问题.本章将要介绍的定积分是积分学的第二个问题.

5.1　定积分的概念

5.1.1　定积分的概念

1. 两个引例

引例 1　曲边梯形的面积

曲边梯形是指形如由闭区间 $[a,b]$ 上的连续曲线 $y=f(x)(f(x)\geqslant 0)$,直线 $x=a$,$x=b$ 及 x 轴所围成的图形(如图 5-1 所示).

下面采取"化整为零"、"以直代曲"的思想方法来求曲边梯形的面积 A.

（1）分割.在区间 $[a,b]$ 内任意插入 $n-1$ 个分点 $a=x_0<x_1<\cdots<x_{n-1}<x_n=b$,把 $[a,b]$ 分成 n 个子区间 $[x_0,x_1]$,$[x_1,x_2]$,$\cdots$,$[x_{n-1},x_n]$,区间长度为

$$\Delta x_i=x_i-x_{i-1}(i=1,2,\cdots,n).$$

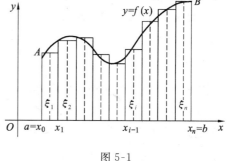

图 5-1

（2）近似代替.在每一个子区间 $[x_{i-1},x_i]$ ($i=1,2,\cdots,n$)上任取一点 ξ_i,以 $f(\xi_i)$ 为高,Δx_i 为底作小矩形,用小矩形的面积 $f(\xi_i)\Delta x_i$ 近似代替相应的小曲边梯形的面积 ΔA_i,即

$$\Delta A_i\approx f(\xi_i)\Delta x_i(i=1,2,\cdots,n).$$

（3）求和.将 n 个小矩形的面积相加,得曲边梯形面积的近似值

$$A\approx f(\xi_1)\Delta x_1+f(\xi_2)\Delta x_2+\cdots+f(\xi_n)\Delta x_n=\sum_{i=1}^{n}f(\xi_i)\Delta x_i.$$

（4）取极限.当子区间长度的最大值 $\lambda=\max\{\Delta x_1,\Delta x_2,\cdots,\Delta x_n\}\to 0$ 时,$n\to\infty$.如果此时和式的极限存在,则此极限值就是曲边梯形的面积,即

$$A=\lim_{\lambda\to 0}\sum_{i=1}^{n}f(\xi_i)\Delta x_i. \qquad (5-1)$$

引例 2　变速直线运动的路程

设物体沿直线运动,速度 $v=v(t)$ 是时间 t 的连续函数,求在时间从 a 到 b(即 $t\in[a,b]$)

时物体所经过的路程.

已经知道,对于匀速直线运动,有公式:路程=速度×时间($s=vt$).

但现在速度不是常量而是随时间变化的变量,因此所求路程不能按匀速直线运动的路程来计算. 对此,仍可采取"化整为零"、"以直代曲"的思想方法.

(1) 分割. 在$[a,b]$内任意插入$n-1$个分点$a=t_0<t_1<\cdots<t_{n-1}<t_n=b$,把$[a,b]$分成$n$个子区间,$[t_0,t_1]$,$[t_1,t_2]$,$\cdots$,$[t_{n-1},t_n]$,区间长度$\Delta t_i=t_i-t_{i-1}(i=1,2,\cdots,n)$.

(2) 近似代替. 在每一个子区间$[t_{i-1},t_i](i=1,2,\cdots,n)$上任取一点$\xi_i$,以$v(\xi_i)$为平均速度,$\Delta t_i$为时间间隔,用$v(\xi_i)\Delta t_i$近似代替$\Delta s_i$,即$\Delta s_i\approx v(\xi_i)\Delta t_i$.

(3) 求和.

$$s\approx v(\xi_1)\Delta t_1+v(\xi_2)\Delta t_2+\cdots+v(\xi_n)\Delta t_n=\sum_{i=1}^{n}v(\xi_i)\Delta t_i.$$

(4) 取极限. 记$\lambda=\max\{\Delta t_1,\Delta t_2,\cdots,\Delta t_n\}$,当$\lambda\to 0$时,如果和式的极限存在,则此极限值就是物体在时间间隔$[a,b]$上所经过的路程, 即

$$s=\lim_{\lambda\to 0}\sum_{i=1}^{n}v(\xi_i)\Delta t_i. \tag{5-2}$$

2. 定积分的定义

从上面两个引例可以看出,虽然所要计算的量的实际意义不同,前者是几何量,后者是物理量,但是计算这些量的思想方法和步骤是相同的,并且最终都归结为求一个和式的极限. 类似于这样的问题还有很多,抛开它们的具体意义,抓住它们在数量关系上的本质和特性,就可以抽象出下述定积分的定义.

定义 5.1 设函数$y=f(x)$在闭区间$[a,b]$上有界,在$[a,b]$内任意插入$n-1$个分点$a=x_0<x_1<\cdots<x_{n-1}<x_n=b$,把$[a,b]$分成$n$个子区间$[x_0,x_1]$,$[x_1,x_2]$,$\cdots$,$[x_{n-1},x_n]$,区间长度$\Delta x_i=x_i-x_{i-1}(i=1,2,\cdots,n)$. 在每一个子区间$[x_{i-1},x_i](i=1,2,\cdots,n)$上任取一点$\xi_i$作乘积$f(\xi_i)\Delta x_i$,并求和$\sum_{i=1}^{n}f(\xi_i)\Delta x_i$,记$\lambda=\max\{\Delta x_1,\Delta x_2,\cdots,\Delta x_n\}$,如果极限$\lim_{\lambda\to 0}\sum_{i=1}^{n}f(\xi_i)\Delta x_i$存在,则称函数$f(x)$在$[a,b]$上可积,并称此极限值为函数$f(x)$在$[a,b]$上的定积分,记作$\int_a^b f(x)\mathrm{d}x$,即

$$\int_a^b f(x)\mathrm{d}x=\lim_{\lambda\to 0}\sum_{i=1}^{n}f(\xi_i)\Delta x_i. \tag{5-3}$$

其中,$f(x)$称为被积函数,x称为积分变量,$f(x)\mathrm{d}x$称为被积表达式,a,b分别称为积分下、上限.

以上两例中,面积$A=\int_a^b f(x)\mathrm{d}x$,路程$s=\int_a^b v(t)\mathrm{d}t$.

注意:(1) 定积分与积分变量的记号无关,$\int_a^b f(x)\mathrm{d}x=\int_a^b f(t)\mathrm{d}t=\int_a^b f(u)\mathrm{d}u$.

(2) 函数$f(x)$在$[a,b]$上可积是指,无论区间$[a,b]$如何分法和点ξ_i怎样取法,和式的极限都存在且唯一.

(3) 当$a=b$时,$\int_a^b f(x)\mathrm{d}x=0$.

（4）当 $a>b$ 时，$\int_a^b f(x)\mathrm{d}x=-\int_b^a f(x)\mathrm{d}x$.

3. 函数可积的充分条件

定理 5.1　设函数 $f(x)$ 在 $[a,b]$ 上连续，则 $f(x)$ 在 $[a,b]$ 上可积，即 $\int_a^b f(x)\mathrm{d}x$ 存在.

定理 5.2　设函数 $f(x)$ 在 $[a,b]$ 上有界，且只有有限个第一类间断点，则函数 $f(x)$ 在 $[a,b]$ 上可积，即 $\int_a^b f(x)\mathrm{d}x$ 存在.

证明从略.

例 1　用定积分的定义求 $\int_0^1 x^2\mathrm{d}x$.

分析　$f(x)=x^2$ 在 $[0,1]$ 上连续，故可积，且积分值与区间的分法以及点 ξ_i 的取法无关，从而可对区间采用特殊分法，取特殊点.

解　把区间 $[0,1]$ 分成 n 等份，$\Delta x_i=x_i-x_{i-1}=\dfrac{1}{n}$，并取 $\xi_i=\dfrac{i}{n}(i=1,2,\cdots,n)$，则

$$\sum_{i=1}^n f(\xi_i)\Delta x_i=\sum_{i=1}^n\left(\frac{i}{n}\right)^2\frac{1}{n}=\sum_{i=1}^n\frac{i^2}{n^3},$$

$$\lim_{\lambda\to 0}\sum_{i=1}^n f(\xi_i)\Delta x_i=\lim_{n\to\infty}\sum_{i=1}^n\frac{i^2}{n^3}=\lim_{n\to\infty}\frac{1^2+2^2+\cdots+n^2}{n^3}\text{（注：此处 }\lambda=\frac{1}{n}\text{，则 }\lambda\to 0\Leftrightarrow n\to\infty\text{）}$$

$$=\lim_{n\to\infty}\frac{\frac{1}{6}n(n+1)(2n+1)}{n^3}=\frac{1}{3}.$$

所以

$$\int_0^1 x^2\mathrm{d}x=\frac{1}{3}.$$

5.1.2　定积分的几何意义

已经知道，当 $f(x)\geqslant 0$ 时，定积分 $\int_a^b f(x)\mathrm{d}x$ 表示曲边方程是 $y=f(x)$ 的曲边梯形的面积，即

$$\int_a^b f(x)\mathrm{d}x=\lim_{\lambda\to 0}\sum_{i=1}^n f(\xi_i)\Delta x_i=A.$$

当 $f(x)\leqslant 0$ 时，曲边方程为 $y=f(x)$ 的图形的面积 A 应该是

$$A=\lim_{\lambda\to 0}\sum_{i=1}^n\left[-f(\xi_i)\right]\Delta x_i=-\int_a^b f(x)\mathrm{d}x.$$

也就是说，当 $f(x)\leqslant 0$，定积分 $\int_a^b f(x)\mathrm{d}x$ 是曲边梯形面积 A 的负值，即 $\int_a^b f(x)\mathrm{d}x=-A$.

当 $f(x)$ 在 $[a,b]$ 上有正有负时，则定积分应该是由曲线 $y=f(x)$ 及直线 $x=a$，$x=b$ 及 x 轴所围成的几个曲边梯形的面积的代数和（如图 5-2 所示）.

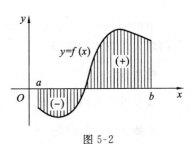

图 5-2

习题 5-1

A 组

1. 根据定积分的几何意义计算下列定积分.

(1) $\displaystyle\int_0^1 x\mathrm{d}x$；

(2) $\displaystyle\int_1^3 5\mathrm{d}x$；

(3) $\displaystyle\int_{-1}^1 \sqrt{1-x^2}\,\mathrm{d}x$；

(4) $\displaystyle\int_0^{2\pi} \sin x\mathrm{d}x$；

(5) $\displaystyle\int_a^b x\,\mathrm{d}x$；

(6) $\displaystyle\int_{-\frac{\pi}{4}}^{\frac{\pi}{4}} \tan x\mathrm{d}x$.

2. 用定积分表示由曲线 $y=\mathrm{e}^x$，直线 $x=1,x=3$ 和 x 轴所围图形的面积.

3. 用定积分表示由曲线 $y=x^3$，直线 $x=-1,x=-3$ 和 x 轴所围图形的面积.

4. 自由落体的速度 $v=gt$（g 是重力加速度，t 是时间），计算前 5 s 内落体所落下的距离.

5. 设有一质量分布不均匀的细棒，长度是 l. 假定细棒在点 x 处的线密度是 $\rho(x)$，试用定积分表示细棒的质量 m.

B 组

6. 用定积分的定义证明下列等式.

(1) $\displaystyle\int_0^1 \mathrm{e}^x\mathrm{d}x=\mathrm{e}-1$；

(2) $\displaystyle\int_a^b x^2\mathrm{d}x=\dfrac{b^3-a^3}{3}$.

7. 录像机用磁带录制节目时，计数器的读数与轴轮转过的角度成正比. 磁带有一定的厚度，绕半径为 r 的轴旋转. 由于磁带的缠绕使轴的半径增加. 设磁带绕轴旋转的角速度

$$\omega(t)=\frac{v}{\sqrt{kt+r^2}}（录像带以恒定速度 v 通过磁头，k 为常数）.$$

求从 $[0,T]$ 这段时间轴转过的角度 θ.

利用定积分的定义计算 8～9 题.

8. $\displaystyle\lim_{n\to\infty}\frac{1}{n}\left(\sin\frac{\pi}{n}+\cdots+\sin\frac{n-1}{n}\pi\right)$.

9. $\displaystyle\lim_{n\to\infty}\left(\frac{1}{n^2}+\frac{2}{n^2}+\cdots+\frac{n-1}{n^2}\right)$.

5.2　定积分的性质

下面的讨论中，总假定各性质中所给定积分都是存在的，且如果不特别说明，积分的上、下限的大小均不加限制.

性质 5.1　$\displaystyle\int_a^b [f(x)\pm g(x)]\mathrm{d}x=\int_a^b f(x)\mathrm{d}x\pm\int_a^b g(x)\mathrm{d}x.$

这个性质可以推广到有限个连续函数的情形.

性质 5.2　$\displaystyle\int_a^b kf(x)\mathrm{d}x=k\int_a^b f(x)\mathrm{d}x$（$k$ 为常数）.

性质 5.3 若在区间 $[a,b]$ 上 $f(x)\equiv 1$，则

$$\int_a^b 1\mathrm{d}x=\int_a^b \mathrm{d}x=b-a.$$

以上三条性质可用定积分的定义和极限运算法则导出，性质 5.3 的几何意义如图 5-3 所示.

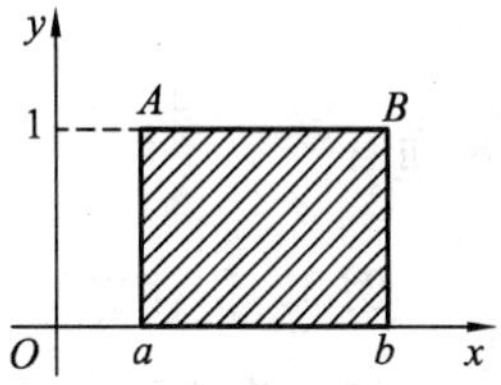

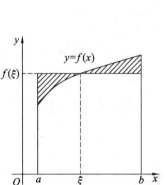

图 5-3

性质 5.4 设 $a<c<b$，则 $\int_a^b f(x)\mathrm{d}x=\int_a^c f(x)\mathrm{d}x+\int_c^b f(x)\mathrm{d}x.$

该性质称为积分对区间的可加性，可以证明条件 $a<c<b$ 可略去.

性质 5.5 若在区间 $[a,b]$ 上，$f(x)\geqslant 0$，则 $\int_a^b f(x)\mathrm{d}x\geqslant 0(a<b).$

推论 5.1 若在区间 $[a,b]$ 上，$f(x)\leqslant g(x)$，则 $\int_a^b f(x)\mathrm{d}x\leqslant \int_a^b g(x)\mathrm{d}x(a<b).$

推论 5.2 $\left|\int_a^b f(x)\mathrm{d}x\right|\leqslant \int_a^b |f(x)|\mathrm{d}x(a<b).$

性质 5.6 设 M,m 分别是函数 $f(x)$ 在区间 $[a,b]$ 上的最大值和最小值，则

$$m(b-a)\leqslant \int_a^b f(x)\mathrm{d}x\leqslant M(b-a)(a<b).$$

以上三条性质的几何意义是比较明显的，读者可自证.

性质 5.7（定积分中值定理） 若函数 $f(x)$ 在区间 $[a,b]$ 上连续，则在积分区间 $[a,b]$ 上至少存在一点 ξ，使下式成立：

$$\int_a^b f(x)\mathrm{d}x=f(\xi)(b-a).$$

由性质 5.6 及闭区间上连续函数的介值定理即得.

其几何意义如图 5-4 所示，$f(\xi)=\dfrac{1}{b-a}\int_a^b f(x)\mathrm{d}x$ 为 $f(x)$ 在区间 $[a,b]$ 上的平均值.

图 5-4

例 1 求 $\int_0^1 (3x^2+2x-5)\mathrm{d}x.$

解 根据定积分的性质有

$$\int_0^1 (3x^2+2x-5)\mathrm{d}x=3\int_0^1 x^2\mathrm{d}x+2\int_0^1 x\mathrm{d}x-5\int_0^1 \mathrm{d}x$$

$$=3\times\frac{1}{3}+2\times\frac{1}{2}-5(1-0)=-3.$$

例 2 比较积分值的大小：

(1) $\int_1^2 x\mathrm{d}x$ 与 $\int_1^2 x^3\mathrm{d}x$; (2) $\int_0^1 x\mathrm{d}x$ 与 $\int_0^1 \ln(1+x)\mathrm{d}x.$

解 (1) 根据幂函数的性质，在区间 $[1,2]$ 上有 $x\leqslant x^3$，由性质 5.5 有

$$\int_1^2 x\mathrm{d}x\leqslant \int_1^2 x^3\mathrm{d}x.$$

(2) 令 $f(x)=x-\ln(1+x)$，在 $[0,1]$ 上有

$$f'(x)=1-\frac{1}{1+x}=\frac{x}{1+x}\geqslant 0,$$

从而函数 $f(x)$ 在区间 $[0,1]$ 上单调增加，所以 $f(x)\geqslant f(0)=0$，即有

$$x \geqslant \ln(1+x),$$

从而有　　　　　　　　　　$\displaystyle\int_0^1 x \mathrm{d}x \geqslant \int_0^1 \ln(1+x)\mathrm{d}x.$

例 3　估计积分值 $\displaystyle\int_0^4 (3x^2 - x^3)\mathrm{d}x$ 的范围.

解　关键是求 $f(x)$ 在区间上的最大值和最小值.

设 $f(x) = 3x^2 - x^3$. 令 $f'(x) = 6x - 3x^2 = 3x(2-x) = 0$,得 $f(x)$ 在区间 $[0,4]$ 上的驻点 $x=0, x=2$. 又 $f(0) = 0, f(2) = 4, f(4) = -16$,所以 $f(x)$ 在区间 $[0,4]$ 上的最大值 $M=4$,最小值 $m = -16$,从而由性质 5.6 有

$$-64 \leqslant \int_0^4 (3x^2 - x^3)\mathrm{d}x \leqslant 16.$$

例 4　假设编写了一个计算定积分 $\displaystyle\int_a^b f(x)\mathrm{d}x$ 的程序,并用定积分 $\displaystyle\int_0^{\frac{2\pi}{3}} (1 + 2\sin^2 x)\mathrm{d}x$ 作检验. 若程序的计算结果为 7.35,试问所编程序是否有问题?

解　设 $f(x) = 1 + 2\sin^2 x$,则在区间 $\left[0, \dfrac{2\pi}{3}\right]$ 上恒有 $1 \leqslant f(x) \leqslant 3$,根据性质 5.6 有

$$\frac{2\pi}{3} = 1 \times \frac{2\pi}{3} \leqslant \int_0^{\frac{2\pi}{3}} (1 + 2\sin^2 x)\mathrm{d}x \leqslant 3 \times \frac{2\pi}{3} = 2\pi.$$

而 $7.35 > 2\pi$,计算结果偏差太大,程序有问题.

例 5　求 $y = x^2$ 在 $[0,2]$ 上的平均值.

解　$\bar{y} = \dfrac{1}{2-0}\displaystyle\int_0^2 x^2 \mathrm{d}x = \dfrac{4}{3}.$

习题 5-2

A 组

比较 1~6 题中两个定积分的大小.

1. $\displaystyle\int_0^1 \sqrt{x}\,\mathrm{d}x$ 与 $\displaystyle\int_0^1 x\mathrm{d}x.$

2. $\displaystyle\int_0^{\frac{\pi}{4}} \sin x\mathrm{d}x$ 与 $\displaystyle\int_0^{\frac{\pi}{4}} \cos x\mathrm{d}x.$

3. $\displaystyle\int_{-1}^0 \left(\frac{1}{2}\right)^x \mathrm{d}x$ 与 $\displaystyle\int_{-1}^0 \left(\frac{1}{3}\right)^x \mathrm{d}x.$

4. $\displaystyle\int_1^2 x\mathrm{d}x$ 与 $\displaystyle\int_1^2 \ln x\mathrm{d}x.$

5. $\displaystyle\int_1^2 \ln x\mathrm{d}x$ 与 $\displaystyle\int_1^2 (\ln x)^3\mathrm{d}x.$

6. $\displaystyle\int_3^4 \ln x\mathrm{d}x$ 与 $\displaystyle\int_3^4 (\ln x)^2\mathrm{d}x.$

估计 7~12 题中定积分的值.

7. $\displaystyle\int_0^2 x^{\frac{4}{3}}\mathrm{d}x.$

8. $\displaystyle\int_1^2 \frac{x}{x^2+1}\mathrm{d}x.$

9. $\displaystyle\int_{-1}^1 \sqrt{5-4x}\,\mathrm{d}x.$

10. $\displaystyle\int_{-2}^0 x\mathrm{e}^x\mathrm{d}x.$

11. $\displaystyle\int_0^{\frac{\pi}{2}} \mathrm{e}^{\sin x}\mathrm{d}x.$

12. $\displaystyle\int_{\frac{\sqrt{3}}{3}}^{\sqrt{3}} x\arctan x\mathrm{d}x.$

利用上节结果计算 13~16 题中的定积分.

13. $\displaystyle\int_0^1 (3x^2 - 5)\mathrm{d}x.$

14. $\displaystyle\int_0^1 (1 + 2\mathrm{e}^x)\mathrm{d}x.$

15. $\int_0^2 (x+\sqrt{2})(x-\sqrt{2})\mathrm{d}x.$　　　16. $\int_1^2 \dfrac{(x^2-x)(x+1)}{x}\mathrm{d}x.$

B 组

17. 求函数 $y=(2x+1)^2$ 在 $[1,2]$ 上的平均值.

18. 利用积分中值定理求极限 $\lim\limits_{n\to\infty}\int_0^1 \dfrac{x^n}{1+x}\mathrm{d}x$ 的值.

19. 设 $f(x)$ 是 $[a,b]$ 上的单调递增的有界函数,证明:
$$f(a)(b-a)\leqslant \int_a^b f(x)\mathrm{d}x\leqslant f(b)(b-a).$$

5.3 微积分基本公式

5.3.1 变速直线运动中位置函数与速度函数之间的关系

设物体做变速直线运动,路程函数 $s=s(t)$,速度函数 $v=v(t)$. 物体在时间间隔 $[t_1,t_2]$ 内经过的路程由速度函数 $v=v(t)$ 在区间 $[t_1,t_2]$ 上的定积分可得 $\int_{t_1}^{t_2} v(t)\mathrm{d}t$,而由路程函数 $s=s(t)$ 可得 $s(t_2)-s(t_1)$,从而有 $\int_{t_1}^{t_2} v(t)\mathrm{d}t=s(t_2)-s(t_1)$. 此处有 $s'(t)=v(t)$,这个结果具有一般性吗?

5.3.2 积分上限函数及其导数

设函数 $f(x)$ 在区间 $[a,b]$ 上连续,x 为 $[a,b]$ 上一点,$\int_a^x f(t)\mathrm{d}t$ 是变量 x 的函数,则称
$$\psi(x)=\int_a^x f(t)\mathrm{d}t\left(=\int_a^x f(x)\mathrm{d}x\right)$$
为积分上限函数(也称为变上限函数).

定理 5.3 若函数 $f(x)$ 在区间 $[a,b]$ 上连续,则积分上限函数 $\psi(x)=\int_a^x f(t)\mathrm{d}t$ 在 $[a,b]$ 上可导,并且它的导数是
$$\psi'(x)=\frac{\mathrm{d}}{\mathrm{d}x}\int_a^x f(t)\mathrm{d}t=f(x)\quad(a\leqslant x\leqslant b). \tag{5-4}$$

证 由函数 $\psi(x)$ 的定义和定积分的性质有
$$\psi(x+\Delta x)-\psi(x)=\int_a^{x+\Delta x} f(t)\mathrm{d}t-\int_a^x f(t)\mathrm{d}t=\int_x^{x+\Delta x} f(t)\mathrm{d}t.$$
由积分中值定理,可得
$$\int_x^{x+\Delta x} f(t)\mathrm{d}t=f(\xi)\Delta x\,(\xi\text{ 在 }x\text{ 与 }x+\Delta x\text{ 之间}),$$
所以,由 $f(x)$ 的连续性有
$$\psi'(x)=\lim_{\Delta x\to 0}\frac{\psi(x+\Delta x)-\psi(x)}{\Delta x}=\lim_{\Delta x\to 0}f(\xi)=f(x).$$

定理 5.3 说明连续函数的原函数是存在的,其几何意义如图 5-5 所示.

例 1　已知 $\psi(x) = \int_0^x e^{-t^2} dt$，求 $\psi'(x)$．

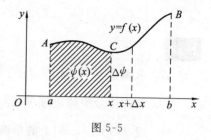

图 5-5

解　由定理知 $\psi'(x) = \dfrac{d}{dx} \int_0^x e^{-t^2} dt = e^{-x^2}$．

例 2　求 $\dfrac{d}{dx} \int_x^\pi \sin t^2 dt$．

解　由定积分的性质有 $\int_x^\pi \sin t^2 dt = - \int_\pi^x \sin t^2 dt$，所以

$$\frac{d}{dx} \int_x^\pi \sin t^2 dt = - \frac{d}{dt} \int_\pi^x \sin t^2 dt = - \sin x^2．$$

例 3　求 $\dfrac{d}{dx} \int_0^{\sqrt{x}} \sin t^2 dt$．

解　$\int_0^{\sqrt{x}} \sin t^2 dt$ 可以看成是由 $\psi(u) = \int_0^u \sin t^2 dt$ 与 $u = \sqrt{x}$ 复合而成，应用复合函数求导法则有

$$\psi'(x) = \psi'_u u'_x = \sin u^2 \frac{1}{2\sqrt{x}} = \frac{1}{2\sqrt{x}} \sin x．$$

例 4　求 $\lim\limits_{x \to 1} \dfrac{\int_1^x (t^2 - 1) dt}{\ln^2 x}$．

解　这是 $\dfrac{0}{0}$ 型未定式，由洛必达法则得

$$\lim_{x \to 1} \frac{\int_1^x (t^2 - 1) dt}{\ln^2 x} = \lim_{x \to 1} \frac{x^2 - 1}{2\ln x \dfrac{1}{x}} = \lim_{x \to 1} \frac{x^3 - x}{2\ln x} = \lim_{x \to 1} \frac{3x^2 - 1}{2 \dfrac{1}{x}} = 1．$$

定理 5.4（原函数存在定理）　若函数 $f(x)$ 在闭区间 $[a,b]$ 上连续，则 $\psi(x) = \int_a^x f(t) dt$ 就是函数 $f(x)$ 在区间 $[a,b]$ 上的一个原函数．

证　由定理 5.3 立得．

5.3.3　牛顿-莱布尼兹公式

定理 5.5（Newton-Leibniz 公式）　如果函数 $F(x)$ 是连续函数 $f(x)$ 在区间 $[a,b]$ 上的一个原函数，则

$$\int_a^b f(x) dx = F(b) - F(a)． \tag{5-5}$$

证　已知 $F(x)$ 是 $f(x)$ 的一个原函数，又由定理 5.4 知，$\psi(x) = \int_a^x f(t) dt$ 也是 $f(x)$ 的一个原函数，因此有 $F(x) = \psi(x) + C$，即

$$F(x) = \int_a^x f(t) dt + C．$$

令 $x = a$，则 $F(a) = \int_a^a f(t) dt + C = 0 + C$，所以 $C = F(a)$．从而有

$$\int_a^x f(t) dt = F(x) - F(a)．$$

特别地,当 $x=b$ 时有 $\int_a^b f(t)\mathrm{d}t=F(b)-F(a)$.

为方便计算,可将式(5-5)的右端 $F(b)-F(a)$ 记为 $F(x)\big|_a^b$ 或 $[F(x)]_a^b$,从而式(5-5)可以写成

$$\int_a^b f(x)\mathrm{d}x=F(x)\big|_a^b=F(b)-F(a).$$

例 5 计算 $\int_0^1 x^2\mathrm{d}x$.

解 $\int_0^1 x^2\mathrm{d}x=\dfrac{1}{3}x^3\bigg|_0^1=\dfrac{1}{3}$.

例 6 计算 $\int_0^1 (x^3+x+4)\mathrm{d}x$.

解 $\int_0^1 (x^3+x+4)\mathrm{d}x=\left(\dfrac{1}{4}x^4+\dfrac{1}{2}x^2+4x\right)\bigg|_0^1=\dfrac{19}{4}$.

例 7 计算 $\int_1^2 \dfrac{1}{\sqrt[3]{2-3x}}\mathrm{d}x$.

解 $\int_1^2 \dfrac{1}{\sqrt[3]{2-3x}}\mathrm{d}x=-\dfrac{1}{3}\int_1^2 \dfrac{1}{\sqrt[3]{2-3x}}\mathrm{d}(2-3x)=-\dfrac{1}{3}\times\dfrac{3}{2}(2-3x)^{\frac{2}{3}}\bigg|_1^2=\dfrac{1}{2}(1-\sqrt[3]{4})$.

例 8 计算 $\int_{(\frac{1}{2})^2}^{(\frac{\sqrt{3}}{2})^2} \dfrac{1}{\sqrt{x(1-x)}}\mathrm{d}x$.

解 $\int_{(\frac{1}{2})^2}^{(\frac{\sqrt{3}}{2})^2} \dfrac{1}{\sqrt{x(1-x)}}\mathrm{d}x=\int_{(\frac{1}{2})^2}^{(\frac{\sqrt{3}}{2})^2} \dfrac{1}{\sqrt{1-x}\sqrt{x}}\mathrm{d}x=2\int_{(\frac{1}{2})^2}^{(\frac{\sqrt{3}}{2})^2} \dfrac{1}{\sqrt{1-(\sqrt{x})^2}}\mathrm{d}\sqrt{x}$

$$=2\arcsin\sqrt{x}\bigg|_{(\frac{1}{2})^2}^{(\frac{\sqrt{3}}{2})^2}=\dfrac{\pi}{3}.$$

例 9 计算 $\int_{\frac{\pi}{4}}^{\frac{\pi}{3}} \cot^2 x\mathrm{d}x$.

解 $\int_{\frac{\pi}{4}}^{\frac{\pi}{3}} \cot^2 x\mathrm{d}x=\int_{\frac{\pi}{4}}^{\frac{\pi}{3}} (\csc^2 x-1)\mathrm{d}x=(-\cot x-x)\bigg|_{\frac{\pi}{4}}^{\frac{\pi}{3}}=1-\dfrac{\sqrt{3}}{3}-\dfrac{\pi}{12}$.

例 10 计算 $\int_{-2}^{-1} \dfrac{1}{x}\mathrm{d}x$.

解 $\int_{-2}^{-1} \dfrac{1}{x}\mathrm{d}x=\ln|x|\bigg|_{-2}^{-1}=-\ln 2$.

例 11 计算 $\int_0^\pi \sqrt{\sin x-\sin^3 x}\mathrm{d}x$.

解 $\int_0^\pi \sqrt{\sin x-\sin^3 x}\mathrm{d}x=\int_0^\pi \sqrt{\sin x}|\cos x|\mathrm{d}x$

$$=\int_0^{\frac{\pi}{2}} \sqrt{\sin x}\cos x\mathrm{d}x+\int_{\frac{\pi}{2}}^\pi \sqrt{\sin x}(-\cos x)\mathrm{d}x=\dfrac{4}{3}.$$

例 12 计算正弦曲线 $y=\sin x$ 在 $[0,\pi]$ 上与 x 轴所围成的平面图形的面积.

解 根据定积分的几何意义

$$A=\int_0^\pi \sin x\mathrm{d}x=-\cos x\bigg|_0^\pi=2.$$

例 13 一质点做直线运动,已知其速度 $v=2t+4$,试求在前 10 s 内质点所经过的距离.

解　根据定积分的物理意义有

$$s(10) = \int_0^{10} v(t)\,\mathrm{d}t = \int_0^{10} (2t+4)\,\mathrm{d}t = 140.$$

习题 5-3

A 组

求 1～4 题中函数的导数.

1. $\int_0^x \ln(1+t)\,\mathrm{d}t.$

2. $\int_x^{-1} t^2 \sin t\,\mathrm{d}t.$

3. $\int_0^{\sin x} \mathrm{e}^t\,\mathrm{d}t.$

4. $\int_0^{x^2} \sin\sqrt{t}\,\mathrm{d}t.$

求 5～20 题中的定积分.

5. $\int_0^1 \sqrt{1+x}\,\mathrm{d}x.$

6. $\int_2^3 \left(\sqrt{x}+\dfrac{1}{\sqrt{x}}\right)\mathrm{d}x.$

7. $\int_1^2 \left(x+\dfrac{1}{x}\right)^2 \mathrm{d}x.$

8. $\int_{-1}^1 \dfrac{2x-1}{x-2}\,\mathrm{d}x.$

9. $\int_2^3 \dfrac{1}{2x^2+3x-2}\,\mathrm{d}x.$

10. $\int_1^{\mathrm{e}} \dfrac{1+\ln x}{x}\,\mathrm{d}x.$

11. $\int_0^1 \dfrac{2x}{2+5x^2}\,\mathrm{d}x.$

12. $\int_0^{\frac{\pi}{2}} \cos^2 \dfrac{x}{2}\,\mathrm{d}x.$

13. $\int_0^{\frac{\pi}{3}} \dfrac{\cos 2x}{\cos x - \sin x}\,\mathrm{d}x.$

14. $\int_{-1}^1 \dfrac{\mathrm{e}^x}{1+\mathrm{e}^x}\,\mathrm{d}x.$

15. $\int_{\frac{\pi}{6}}^{\frac{\pi}{3}} \dfrac{\cos\sqrt{x}}{\sqrt{x}}\,\mathrm{d}x.$

16. $\int_0^{\frac{\pi}{2}} \cos^5 x \sin x\,\mathrm{d}x.$

17. $\int_0^1 \dfrac{3^x + 4\times 5^x}{2^x}\,\mathrm{d}x.$

18. $\int_0^5 |2x-4|\,\mathrm{d}x.$

19. $\int_0^{\frac{\pi}{2}} \sin^3 x\,\mathrm{d}x.$

20. $\int_{\frac{1}{\mathrm{e}}}^{\mathrm{e}} |\ln x|\,\mathrm{d}x.$

B 组

21. 求极限 $\lim\limits_{x\to 0} \dfrac{\displaystyle\int_0^x \cos^2 t\,\mathrm{d}t}{x}.$

22. 求函数 $\varphi(x) = \displaystyle\int_0^x \dfrac{3t+1}{t^2-t+1}\,\mathrm{d}t$ 在 $[0,1]$ 上的最大值与最小值.

求 23～26 题中的定积分.

23. $\int_1^2 \dfrac{\mathrm{d}x}{x(x^4+1)}.$

24. $\int_0^{\frac{\pi}{4}} \tan^3 x\,\mathrm{d}x.$

25. $\int_0^{16} \dfrac{\mathrm{d}x}{\sqrt{x+9}-\sqrt{x}}.$

26. $\int_1^2 \dfrac{\mathrm{d}x}{x+x^3}.$

5.4 定积分的换元积分法和分部积分法

直接利用定理 5.5(Newton-Leibniz 公式)计算定积分,必须先求出被积函数的原函数,然后代入上、下限. 但是在许多情况下,这样的运算比较复杂,有时甚至原函数不能用积分法的一般方法来求出. 为了进一步解决定积分的计算问题,本节介绍定积分的两种积分方法——换元积分法和分部积分法.

5.4.1 定积分的换元积分法

定理 5.6(定积分换元公式) 设函数 $y=f(x)$ 在区间 $[a,b]$ 上连续,函数 $x=\varphi(t)$ 满足条件:

(1) $\varphi(\alpha)=a,\varphi(\beta)=b$,

(2) $\varphi(t)$ 在 $[\alpha,\beta]$(或 $[\beta,\alpha]$)上具有连续导数,且其值域 $R_\varphi \subset [a,b]$,

则有
$$\int_a^b f(x)\mathrm{d}x=\int_\alpha^\beta f[\varphi(t)]\varphi'(t)\mathrm{d}t. \tag{5-6}$$

利用不定积分的换元积分法和牛顿-莱布尼兹公式即可证明. 定积分在换元积分时,要记住"换元同时换限",同时注意上下限的对应关系,不一定是 α 小于 β.

例 1 计算 $\int_0^4 \dfrac{1}{1+\sqrt{x}}\mathrm{d}x$.

解 令 $\sqrt{x}=t$,则 $x=t^2$,$\mathrm{d}x=2t\mathrm{d}t$,且当 $x=0$ 时,$t=0$,当 $x=4$ 时,$t=2$. 从而
$$\int_0^4 \frac{1}{1+\sqrt{x}}\mathrm{d}x=\int_0^2 \frac{1}{1+t}2t\mathrm{d}t=2\int_0^2 \left(1-\frac{1}{t+1}\right)\mathrm{d}t=2(2-\ln 3).$$

例 2 计算 $\int_{-1}^1 \dfrac{x}{\sqrt{5-4x}}\mathrm{d}x$.

解 令 $\sqrt{5-4x}=t$,则 $x=\dfrac{5-t^2}{4}$,$\mathrm{d}x=-\dfrac{1}{2}t\mathrm{d}t$,且当 $x=-1$ 时,$t=3$,当 $x=1$ 时,$t=1$. 从而
$$\int_{-1}^1 \frac{x}{\sqrt{5-4x}}\mathrm{d}x=\int_3^1 \frac{5-t^2}{4t}\left(-\frac{t}{2}\right)\mathrm{d}t=\frac{1}{6}.$$

例 3 计算 $\int_{\ln 3}^{\ln 8} \sqrt{1+\mathrm{e}^x}\mathrm{d}x$.

解 令 $\sqrt{1+\mathrm{e}^x}=t$,则 $x=\ln(t^2-1)$,$\mathrm{d}x=\dfrac{2t}{t^2-1}\mathrm{d}t$,且当 $x=\ln 3$ 时,$t=2$,当 $x=\ln 8$ 时,$t=3$. 从而
$$\int_{\ln 3}^{\ln 8} \sqrt{1+\mathrm{e}^x}\mathrm{d}x=\int_2^3 t\cdot \frac{2t}{t^2-1}\mathrm{d}t=2\int_2^3 \left(1+\frac{1}{t^2-1}\right)\mathrm{d}t$$
$$=2\left[t+\frac{1}{2}\ln\left|\frac{t-1}{t+1}\right|\right]\Big|_2^3$$
$$=2+\ln\frac{3}{2}.$$

例 4　计算 $\int_0^{\frac{1}{\sqrt{2}}} \dfrac{x^2}{\sqrt{1-x^2}} \mathrm{d}x$.

解　令 $x=\sin t$，则 $\mathrm{d}x=\cos t\mathrm{d}t$，且当 $x=0$ 时，$t=0$，当 $x=\dfrac{1}{\sqrt{2}}$ 时，$t=\dfrac{\pi}{4}$. 从而

$$\int_0^{\frac{1}{\sqrt{2}}} \dfrac{x^2}{\sqrt{1-x^2}}\mathrm{d}x = \int_0^{\frac{\pi}{4}} \dfrac{\sin^2 t}{\cos t}\cos t\mathrm{d}t = \int_0^{\frac{\pi}{4}} \sin^2 t\,\mathrm{d}t = \dfrac{\pi}{8} - \dfrac{1}{4}.$$

例 5　证明：

(1) 若 $f(x)$ 在 $[-a,a]$ 上连续且为偶函数，则

$$\int_{-a}^a f(x)\mathrm{d}x = 2\int_0^a f(x)\mathrm{d}x;$$

(2) 若 $f(x)$ 在 $[-a,a]$ 上连续且为奇函数，则

$$\int_{-a}^a f(x)\mathrm{d}x = 0.$$

证　注意到 $\int_{-a}^a f(x)\mathrm{d}x = \int_{-a}^0 f(x)\mathrm{d}x + \int_0^a f(x)\mathrm{d}x$.

对于积分 $\int_{-a}^0 f(x)\mathrm{d}x$，作变量代换 $x=-t$，则 $\int_{-a}^0 f(x)\mathrm{d}x = \int_0^a f(-x)\mathrm{d}x$，所以

$$\int_{-a}^a f(x)\mathrm{d}x = \int_{-a}^0 f(x)\mathrm{d}x + \int_0^a f(x)\mathrm{d}x = \int_0^a [f(x)+f(-x)]\mathrm{d}x.$$

(1) 因为 $f(x)$ 在 $[-a,a]$ 上连续且为偶函数，所以 $f(-x)=f(x)$，从而

$$\int_{-a}^a f(x)\mathrm{d}x = 2\int_0^a f(x)\mathrm{d}x.$$

(2) 因为 $f(x)$ 在 $[-a,a]$ 上连续且为奇函数，所以 $f(-x)=-f(x)$，从而

$$\int_{-a}^a f(x)\mathrm{d}x = 0.$$

例 6　若 $f(x)$ 在 $[0,1]$ 上连续，证明

$$\int_0^{\frac{\pi}{2}} f(\sin x)\mathrm{d}x = \int_0^{\frac{\pi}{2}} f(\cos x)\mathrm{d}x.$$

证　设 $x=\dfrac{\pi}{2}-t$，则 $\mathrm{d}x=-\mathrm{d}t$，且当 $x=0$ 时，$t=\dfrac{\pi}{2}$，当 $x=\dfrac{\pi}{2}$ 时，$t=0$. 从而

$$\int_0^{\frac{\pi}{2}} f(\sin x)\mathrm{d}x = -\int_{\frac{\pi}{2}}^0 f\left[\sin\left(\dfrac{\pi}{2}-t\right)\right]\mathrm{d}t = \int_0^{\frac{\pi}{2}} f(\cos t)\mathrm{d}t = \int_0^{\frac{\pi}{2}} f(\cos x)\mathrm{d}x.$$

特别地，有 $\int_0^{\frac{\pi}{2}} \sin^n x\,\mathrm{d}x = \int_0^{\frac{\pi}{2}} \cos^n x\,\mathrm{d}x$.

5.4.2　定积分的分部积分法

根据不定积分的分部积分法，有

$$\int_a^b u(x)v'(x)\mathrm{d}x = \left[\int u(x)v'(x)\mathrm{d}x\right]_a^b = \left[u(x)v(x) - \int v(x)u'(x)\mathrm{d}x\right]_a^b$$

$$= [u(x)v(x)]_a^b - \int_a^b v(x)u'(x)\mathrm{d}x,$$

从而得定积分分部积分公式

$$\int_a^b uv'\,\mathrm{d}x=[uv]_a^b-\int_a^b vu'\,\mathrm{d}x \quad 或 \quad \int_a^b u\,\mathrm{d}v=[uv]_a^b-\int_a^b v\,\mathrm{d}u. \tag{5-7}$$

例 7　计算 $\displaystyle\int_0^{\frac{1}{2}} \arcsin x\,\mathrm{d}x$.

解　$\displaystyle\int_0^{\frac{1}{2}} \arcsin x\,\mathrm{d}x=[x\arcsin x]_0^{\frac{1}{2}}-\int_0^{\frac{1}{2}} \frac{x\,\mathrm{d}x}{\sqrt{1-x^2}}=\frac{\pi}{12}+\frac{\sqrt{3}}{2}-1$.

例 8　计算 $\displaystyle\int_1^4 \frac{\ln x}{\sqrt{x}}\,\mathrm{d}x$.

解　$\displaystyle\int_1^4 \frac{\ln x}{\sqrt{x}}\,\mathrm{d}x=2\int_1^4 \ln x\,\mathrm{d}\sqrt{x}=[2\sqrt{x}\ln x]_1^4-2\int_1^4 \sqrt{x}\frac{1}{x}\,\mathrm{d}x=4(2\ln 2-1)$.

在有些积分问题中,换元积分法与分部积分法都要用到.

例 9　计算 $\displaystyle\int_0^1 \sqrt{x}\,\mathrm{e}^{\sqrt{x}}\,\mathrm{d}x$.

解　令 $\sqrt{x}=t$,则

$$\int_0^1 \sqrt{x}\,\mathrm{e}^{\sqrt{x}}\,\mathrm{d}x=\int_0^1 2t^2\,\mathrm{e}^t\,\mathrm{d}t=2t^2\,\mathrm{e}^t\Big|_0^1-2\int_0^1 2t\mathrm{e}^t\,\mathrm{d}t=2\mathrm{e}-4(t\mathrm{e}^t-\mathrm{e}^t)\Big|_0^1=2\mathrm{e}-4.$$

利用分部积分还可以得到一些递推公式.

例 10　证明

$$I_n=\int_0^{\frac{\pi}{2}} \sin^n x\,\mathrm{d}x=\begin{cases}\dfrac{n-1}{n}\times\dfrac{n-3}{n-2}\times\cdots\times\dfrac{3}{4}\times\dfrac{1}{2}\times\dfrac{\pi}{2}, & n\ 为正偶数,\\[3mm]\dfrac{n-1}{n}\times\dfrac{n-3}{n-2}\times\cdots\times\dfrac{4}{5}\times\dfrac{2}{3}\times 1, & n\ 为大于 1 的正奇数.\end{cases}$$

证　$\displaystyle I_n=\int_0^{\frac{\pi}{2}} \sin^n x\,\mathrm{d}x=-\int_0^{\frac{\pi}{2}} \sin^{n-1} x\,\mathrm{d}\cos x$

$$=[-\cos x\sin^{n-1} x]_0^{\frac{\pi}{2}}+(n-1)\int_0^{\frac{\pi}{2}} \sin^{n-2} x\cos^2 x\,\mathrm{d}x$$

$$=(n-1)\int_0^{\frac{\pi}{2}} \sin^{n-2} x\,\mathrm{d}x-(n-1)\int_0^{\frac{\pi}{2}} \sin^n x\,\mathrm{d}x$$

$$=(n-1)I_{n-2}-(n-1)I_n,$$

即
$$I_n=\frac{n-1}{n}I_{n-2}.$$

注意到 $\displaystyle I_0=\int_0^{\frac{\pi}{2}} \mathrm{d}x=\frac{\pi}{2}$,$\displaystyle I_1=\int_0^{\frac{\pi}{2}} \sin x\,\mathrm{d}x=1$,即可得所证公式.

例 11　计算 $\displaystyle\int_0^{\pi} \sin^8 \frac{x}{2}\,\mathrm{d}x$.

解　令 $\dfrac{x}{2}=t$,则 $\mathrm{d}x=2\mathrm{d}t$,且当 $x=0$ 时,$t=0$,当 $x=\pi$ 时,$t=\dfrac{\pi}{2}$. 从而由例 10 的结论可知

$$\int_0^{\pi} \sin^8 \frac{x}{2}\,\mathrm{d}x=2\int_0^{\frac{\pi}{2}} \sin^8 t\,\mathrm{d}t=2\times\frac{7}{8}\times\frac{5}{6}\times\frac{3}{4}\times\frac{1}{2}\times\frac{\pi}{2}=\frac{35\pi}{128}.$$

习题 5-4

A 组

用换元积分法求 1～10 题中的定积分.

1. $\int_4^9 \dfrac{\sqrt{x}}{\sqrt{x}-1}\mathrm{d}x.$

2. $\int_1^{64} \dfrac{1}{\sqrt{x}(\sqrt[3]{x}+1)}\mathrm{d}x.$

3. $\int_0^2 \dfrac{\mathrm{d}x}{\sqrt{x+1}+\sqrt{(x+1)^3}}.$

4. $\int_{\frac{1}{2}}^1 \dfrac{\sqrt{1-x^2}}{x^2}\mathrm{d}x.$

5. $\int_1^2 \dfrac{1}{x\sqrt{x^2-1}}\mathrm{d}x$

6. $\int_1^{\sqrt{3}} \dfrac{\mathrm{d}x}{x^2\sqrt{x^2+1}}.$

7. $\int_1^2 \dfrac{\sqrt{x^2-1}}{x}\mathrm{d}x.$

8. $\int_0^1 \dfrac{\mathrm{d}x}{1+\mathrm{e}^x}.$

9. $\int_{-1}^1 \dfrac{\mathrm{d}x}{(1+x^2)^2}.$

10. $\int_0^{\ln 2} \sqrt{1-\mathrm{e}^{2x}}\,\mathrm{d}x.$

利用函数的奇偶性求 11～14 题中的定积分.

11. $\int_{-3}^3 \dfrac{x^5\sin^2 x}{1+x^2+x^4}\mathrm{d}x.$

12. $\int_{-3}^3 x^2\sqrt{9-x^2}\,\mathrm{d}x.$

13. $\int_{-\frac{1}{2}}^{\frac{1}{2}} \dfrac{x\arcsin x}{\sqrt{1-x^2}}\mathrm{d}x.$

14. $\int_{-\frac{\pi}{4}}^{\frac{\pi}{4}} \dfrac{1+x^3}{\cos^2 x}\mathrm{d}x.$

用分部积分法求 15～20 题中的定积分.

15. $\int_0^{\sqrt{3}} \arctan x\,\mathrm{d}x.$

16. $\int_1^2 x\ln x\,\mathrm{d}x.$

17. $\int_0^1 x\mathrm{e}^{-x}\mathrm{d}x.$

18. $\int_{\frac{\pi}{4}}^{\frac{\pi}{3}} \dfrac{x}{\sin^2 x}\mathrm{d}x.$

19. $\int_1^{\mathrm{e}} \ln^3 x\,\mathrm{d}x.$

20. $\int_0^{2\pi} x\cos^2 x\,\mathrm{d}x.$

B 组

求 21～28 题中的定积分.

21. $\int_{-2}^{-\sqrt{2}} \dfrac{\mathrm{d}x}{\sqrt{x^2-1}}.$

22. $\int_0^{\sqrt{3}} \ln(x+\sqrt{1+x^2})\,\mathrm{d}x.$

23. $\int_0^1 \mathrm{e}^{\sqrt[3]{x}}\mathrm{d}x.$

24. $\int_0^1 \dfrac{\sqrt{\mathrm{e}^x}}{\sqrt{\mathrm{e}^x+\mathrm{e}^{-x}}}\mathrm{d}x.$

25. $\int_0^{\sqrt{\ln 2}} x^3\mathrm{e}^{-x^2}\mathrm{d}x.$

26. $\int_1^2 \sqrt{x}\ln x\,\mathrm{d}x.$

27. $\int_0^{(\frac{\pi}{2})^2} \cos\sqrt{x}\,\mathrm{d}x.$

28. $\int_{-\frac{1}{5}}^{\frac{1}{5}} x\sqrt{2-5x}\,\mathrm{d}x.$

检验 29～32 题中定积分的变量代换的正确性.

29. $\int_{-1}^1 3\,\mathrm{d}x,\ t=x^{\frac{2}{3}}.$

30. $\int_{-1}^1 \dfrac{\mathrm{d}x}{1+x^3},\ x=\dfrac{1}{t}.$

31. $\displaystyle\int_0^3 \sqrt{1-x^2}\,\mathrm{d}x, x=\sin t.$　　32. $\displaystyle\int_0^1 \sqrt{1-x^2}\,\mathrm{d}x=\int_\pi^{\frac{\pi}{2}} \cos t\,\mathrm{d}(\sin t), x=\sin t.$

33. 若 $f(x)$ 在 $[0,1]$ 上连续,证明 $\displaystyle\int_0^\pi xf(\sin x)\,\mathrm{d}x=\frac{\pi}{2}\int_0^\pi f(\sin x)\,\mathrm{d}x$,并求 $\displaystyle\int_0^\pi \frac{x\sin x}{1+\cos^2 x}\,\mathrm{d}x.$

34. 已知 $f(x)$ 的一个原函数是 $(\sin x)\ln x$,求 $\displaystyle\int_1^\pi xf'(x)\,\mathrm{d}x.$

5.5　反常积分

在一些实际问题中,常常遇到积分区间为无穷区间,或被积函数在积分区间上出现第二类间断点的情形,它们已经不是前面所说的定积分了,从而形成了"反常积分"的概念.

5.5.1　无穷限的反常积分

定义 5.2　设函数 $f(x)$ 在区间 $[a,+\infty)$ 上连续,取 $t>a$,如果极限 $\displaystyle\lim_{t\to +\infty}\int_a^t f(x)\,\mathrm{d}x$ 存在,则称此极限值为函数 $f(x)$ 在无穷区间 $[a,+\infty)$ 上的反常积分,记作 $\displaystyle\int_a^{+\infty} f(x)\,\mathrm{d}x$,即

$$\int_a^{+\infty} f(x)\,\mathrm{d}x=\lim_{t\to +\infty}\int_a^t f(x)\,\mathrm{d}x. \tag{5-8}$$

这时也称反常积分 $\displaystyle\int_a^{+\infty} f(x)\,\mathrm{d}x$ 收敛;如果上述极限不存在,函数 $f(x)$ 在无穷区间 $[a,+\infty)$ 上的反常积分 $\displaystyle\int_a^{+\infty} f(x)\,\mathrm{d}x$ 就没有意义,习惯上称反常积分 $\displaystyle\int_a^{+\infty} f(x)\,\mathrm{d}x$ 发散,这时记号 $\displaystyle\int_a^{+\infty} f(x)\,\mathrm{d}x$ 就不再表示数值.

类似地,设函数 $f(x)$ 在 $(-\infty,b]$ 上连续,取 $t<b$. 如果极限 $\displaystyle\lim_{t\to -\infty}\int_t^b f(x)\,\mathrm{d}x$ 存在,则称此极限值为函数 $f(x)$ 在无穷区间 $(-\infty,b]$ 上的反常积分,记作 $\displaystyle\int_{-\infty}^b f(x)\,\mathrm{d}x$,即

$$\int_{-\infty}^b f(x)\,\mathrm{d}x=\lim_{t\to -\infty}\int_t^b f(x)\,\mathrm{d}x. \tag{5-9}$$

这时也称反常积分 $\displaystyle\int_{-\infty}^b f(x)\,\mathrm{d}x$ 收敛;如果上述极限不存在,则称反常积分 $\displaystyle\int_{-\infty}^b f(x)\,\mathrm{d}x$ 发散.

设函数 $f(x)$ 在 $(-\infty,+\infty)$ 上连续,如果反常积分 $\displaystyle\int_0^{+\infty} f(x)\,\mathrm{d}x$ 和 $\displaystyle\int_{-\infty}^0 f(x)\,\mathrm{d}x$ 都收敛,则称上述两个反常积分之和为函数 $f(x)$ 在无穷区间 $(-\infty,+\infty)$ 上的反常积分,记作 $\displaystyle\int_{-\infty}^{+\infty} f(x)\,\mathrm{d}x$,即

$$\int_{-\infty}^{+\infty} f(x)\,\mathrm{d}x=\int_{-\infty}^0 f(x)\,\mathrm{d}x+\int_0^{+\infty} f(x)\,\mathrm{d}x=\lim_{t\to -\infty}\int_t^0 f(x)\,\mathrm{d}x+\lim_{t\to +\infty}\int_0^t f(x)\,\mathrm{d}x. \tag{5-10}$$

这时也称反常积分 $\displaystyle\int_{-\infty}^{+\infty} f(x)\,\mathrm{d}x$ 收敛;否则称反常积分 $\displaystyle\int_{-\infty}^{+\infty} f(x)\,\mathrm{d}x$ 发散.

定理 5.7 设 $F(x)$ 是 $f(x)$ 在 $[a,+\infty)$ 上的一个原函数,如果 $\lim\limits_{x\to+\infty} F(x)$ 存在,则反常积分 $\int_a^{+\infty} f(x)\mathrm{d}x = \lim\limits_{x\to+\infty} F(x) - F(a)$;如果 $\lim\limits_{x\to+\infty} F(x)$ 不存在,则反常积分 $\int_a^{+\infty} f(x)\mathrm{d}x$ 发散.

定理的结论是显然的.

如果记 $F(+\infty) = \lim\limits_{x\to+\infty} F(x)$, $[F(x)]_a^{+\infty} = F(+\infty) - F(a)$,则当 $F(+\infty)$ 存在时,

$$\int_a^{+\infty} f(x)\mathrm{d}x = [F(x)]_a^{+\infty}.$$

类似地,若在 $(-\infty, b]$ 上 $F'(x) = f(x)$,则当 $F(-\infty)$ 存在时,

$$\int_{-\infty}^b f(x)\mathrm{d}x = [F(x)]_{-\infty}^b.$$

若在 $(-\infty, +\infty)$ 上 $F'(x) = f(x)$,则当 $F(+\infty)$ 与 $F(-\infty)$ 都存在时,

$$\int_{-\infty}^{+\infty} f(x)\mathrm{d}x = [F(x)]_{-\infty}^{+\infty}.$$

例 1 计算 $\int_0^{+\infty} \dfrac{\mathrm{d}x}{1+x^2}$.

解 $\int_0^{+\infty} \dfrac{\mathrm{d}x}{1+x^2} = [\arctan x]_0^{+\infty} = \lim\limits_{x\to+\infty} \arctan x - \arctan 0 = \dfrac{\pi}{2}$.

例 2 计算 $\int_{\frac{2}{\pi}}^{+\infty} \dfrac{1}{x^2} \sin \dfrac{1}{x} \mathrm{d}x$.

解 $\int_{\frac{2}{\pi}}^{+\infty} \dfrac{1}{x^2} \sin \dfrac{1}{x} \mathrm{d}x = \left[\cos \dfrac{1}{x}\right]_{\frac{2}{\pi}}^{+\infty} = \lim\limits_{x\to+\infty} \cos \dfrac{1}{x} - \cos \dfrac{\pi}{2} = 1$.

例 3 计算 $\int_1^{+\infty} \dfrac{\mathrm{d}x}{x}$.

解 $\int_1^{+\infty} \dfrac{\mathrm{d}x}{x} = [\ln x]_1^{+\infty} = \lim\limits_{x\to+\infty} \ln x - \ln 1$ 不存在,故 $\int_1^{+\infty} \dfrac{\mathrm{d}x}{x}$ 发散.

注:上式所写"="无意义,仅为表达方便.

例 4 计算 $\int_{-\infty}^0 x\mathrm{e}^x \mathrm{d}x$.

解 $\int_{-\infty}^0 x\mathrm{e}^x \mathrm{d}x = \left[\int x\mathrm{e}^x \mathrm{d}x\right]_{-\infty}^0 = \left[\int x\mathrm{d}\mathrm{e}^x\right]_{-\infty}^0 = \left[x\mathrm{e}^x - \int \mathrm{e}^x \mathrm{d}x\right]_{-\infty}^0$

$= [x\mathrm{e}^x - \mathrm{e}^x]_{-\infty}^0 = -1 - \lim\limits_{x\to-\infty}(x\mathrm{e}^x - \mathrm{e}^x) = -1$.

例 5 计算 $\int_{-\infty}^{+\infty} \dfrac{\mathrm{d}x}{1+x^2}$.

解 $\int_{-\infty}^{+\infty} \dfrac{\mathrm{d}x}{1+x^2} = [\arctan x]_{-\infty}^{+\infty} = \dfrac{\pi}{2} - \left(-\dfrac{\pi}{2}\right) = \pi$.

例 6 证明:反常积分 $\int_1^{+\infty} \dfrac{\mathrm{d}x}{x^p}$ 当 $p>1$ 时收敛,当 $p\le 1$ 时发散.

证 当 $p=1$ 时见例 3;当 $p\ne 1$ 时,

$$\int_1^{+\infty} \dfrac{\mathrm{d}x}{x^p} = \left[\dfrac{x^{1-p}}{1-p}\right]_1^{+\infty} = \lim\limits_{x\to+\infty} \dfrac{x^{1-p}}{1-p} - \dfrac{1}{1-p} = \begin{cases} \dfrac{1}{p-1}, & p>1, \\ +\infty, & p\le 1. \end{cases}$$

5.5.2 无界函数的反常积分

定义 5.3 如果函数 $f(x)$ 在点 a 的任一邻域内都无界,那么点 a 称为函数 $f(x)$ 的瑕点

（也称为无界间断点）.

定义 5.4 设函数 $f(x)$ 在 $(a,b]$ 上连续，点 a 为 $f(x)$ 的瑕点. 取 $t>a$，如果极限 $\lim\limits_{t \to a^+} \int_t^b f(x)\mathrm{d}x$ 存在，则称此极限值为函数 $f(x)$ 在 $(a,b]$ 上的反常积分，仍记作 $\int_a^b f(x)\mathrm{d}x$，即

$$\int_a^b f(x)\mathrm{d}x = \lim_{t \to a^+} \int_t^b f(x)\mathrm{d}x. \tag{5-11}$$

这时也称反常积分 $\int_a^b f(x)\mathrm{d}x$ 收敛；如果上述极限不存在，则称反常积分 $\int_a^b f(x)\mathrm{d}x$ 发散.

类似地，设函数 $f(x)$ 在 $[a,b)$ 上连续，点 b 为 $f(x)$ 的瑕点. 取 $t<b$，如果极限 $\lim\limits_{t \to b^-} \int_a^t f(x)\mathrm{d}x$ 存在，则称反常积分 $\int_a^b f(x)\mathrm{d}x$ 收敛，且 $\int_a^b f(x)\mathrm{d}x = \lim\limits_{x \to b^-} \int_a^t f(x)\mathrm{d}x$；否则，称反常积分 $\int_a^b f(x)\mathrm{d}x$ 发散.

设 $f(x)$ 在 $[a,b]$ 上除点 $c(a<c<b)$ 外连续，点 c 为 $f(x)$ 的瑕点. 如果两个反常积分 $\int_a^c f(x)\mathrm{d}x$ 与 $\int_c^b f(x)\mathrm{d}x$ 都收敛，则称反常积分 $\int_a^b f(x)\mathrm{d}x$ 收敛，且

$$\int_a^b f(x)\mathrm{d}x = \int_a^c f(x)\mathrm{d}x + \int_c^b f(x)\mathrm{d}x = \lim_{t \to c^-}\int_a^t f(x)\mathrm{d}x + \lim_{t \to c^+}\int_t^b f(x)\mathrm{d}x; \tag{5-12}$$

否则称反常积分 $\int_a^b f(x)\mathrm{d}x$ 发散.

注：无界函数的反常积分外形表达式与定积分相像. 计算无界函数的反常积分也可借助于牛顿-莱布尼兹公式.

设函数 $f(x)$ 在 $(a,b]$ 上连续，点 a 为 $f(x)$ 的瑕点，且有 $F'(x)=f(x)$，如果极限 $\lim\limits_{x \to a^+} F(x)$ 存在，则反常积分

$$\int_a^b f(x)\mathrm{d}x = F(b) - \lim_{x \to a^+} F(x) = F(b) - F(a^+). \tag{5-13}$$

若仍用记号 $[F(x)]_a^b$ 来表示 $F(b)-F(a^+)$，则形式上仍有 $\int_a^b f(x)\mathrm{d}x = [F(x)]_a^b$.

当 b 和 c 为瑕点时有类似的情况.

例 7 计算 $\int_0^a \dfrac{1}{\sqrt{a^2-x^2}}\mathrm{d}x\,(a>0)$.

解 因为 $\lim\limits_{x \to a^-} \dfrac{1}{\sqrt{a^2-x^2}} = +\infty$，所以 a 是瑕点，于是

$$\int_0^a \frac{\mathrm{d}x}{\sqrt{a^2-x^2}} = \left[\arcsin \frac{x}{a}\right]_0^a = \lim_{x \to a^-} \arcsin \frac{x}{a} - 0 = \frac{\pi}{2}.$$

例 8 计算 $\int_0^1 \dfrac{x}{\sqrt{1-x^2}}\mathrm{d}x$.

解 $x=1$ 是瑕点，$\int_0^1 \dfrac{x}{\sqrt{1-x^2}}\mathrm{d}x = \left[-\sqrt{1-x^2}\right]_0^1 = \lim\limits_{x \to 1^-}(-\sqrt{1-x^2}) + 1 = 1$.

例 9 计算 $\int_0^1 \dfrac{\mathrm{d}x}{(1-x)^2}$.

解 $x=1$ 是瑕点，$\int_0^1 \dfrac{\mathrm{d}x}{(1-x)^2} = \left[\dfrac{1}{1-x}\right]_0^1 = \lim\limits_{x \to 1^-}\dfrac{1}{1-x} - 1$ 极限不存在，故反常积分

发散.

注:上式所写"="无意义,仅为表达方便,例 11 亦如此.

例 10 计算 $\int_0^1 \ln x \mathrm{d}x$.

解 因为 $\lim\limits_{x \to 0^+} \ln x = -\infty$,所以 0 是瑕点,于是

$$\int_0^1 \ln x \mathrm{d}x = [x \ln x - x]_0^1 = -1 - \lim_{x \to 0^+} (x \ln x - x) = -1.$$

例 11 讨论反常积分 $\int_{-1}^1 \dfrac{\mathrm{d}x}{x^2}$ 的收敛性.

解 $x=0$ 是瑕点,$\int_{-1}^0 \dfrac{\mathrm{d}x}{x^2} = \left[-\dfrac{1}{x} \right]_{-1}^0 = \lim\limits_{x \to 0^-} \left(-\dfrac{1}{x} \right) - 1$ 极限不存在,故反常积分发散.

必须注意:(1) 如果忽视中间的瑕点,就会得到错误结果,如

$$\int_{-1}^1 \frac{\mathrm{d}x}{x^2} = \left[-\frac{1}{x} \right]_{-1}^1 = -1 - 1 = -2.$$

(2) 反常积分没有奇偶函数对称区间的特性.

例 12 证明:反常积分 $\int_0^1 \dfrac{\mathrm{d}x}{x^p}$ 当 $p < 1$ 时收敛,当 $p \geqslant 1$ 时发散.

证 $x=0$ 是瑕点. 当 $p=1$ 时,$\int_0^1 \dfrac{\mathrm{d}x}{x} = [\ln x]_0^1 = \ln 1 - \lim\limits_{x \to 0^+} \ln x = +\infty$,积分发散.

当 $p \neq 1$ 时,

$$\int_0^1 \frac{\mathrm{d}x}{x^p} = \left[\frac{1}{1-p} x^{1-p} \right]_0^1 = \frac{1}{1-p} - \lim_{x \to 0^+} \left(\frac{1}{1-p} x^{1-p} \right)$$

$$= \begin{cases} \dfrac{1}{1-p}, & p < 1, \\ +\infty, & p \geqslant 1. \end{cases}$$

习题 5-5

A 组

求 1~8 题中的反常积分.

1. $\int_1^{+\infty} \dfrac{\mathrm{d}x}{x^2}$.

2. $\int_0^{+\infty} \mathrm{e}^{-x} \mathrm{d}x$.

3. $\int_0^{+\infty} \dfrac{\mathrm{d}x}{(x+2)(x+3)}$.

4. $\int_{-\infty}^0 x \mathrm{e}^{-x^2} \mathrm{d}x$.

5. $\int_{-\infty}^0 \cos x \mathrm{d}x$.

6. $\int_{-\infty}^{+\infty} \dfrac{1}{x^2 + 4x + 5} \mathrm{d}x$.

7. $\int_e^{+\infty} \dfrac{1}{x \ln x}$.

8. $\int_1^{+\infty} \dfrac{\mathrm{d}x}{x^2(x+1)}$.

求 9~12 题中的反常积分.

9. $\int_0^1 \dfrac{1}{\sqrt{x}} \mathrm{d}x$.

10. $\int_1^e \dfrac{1}{x \sqrt{1-(\ln x)^2}} \mathrm{d}x$.

11. $\int_0^1 \dfrac{\arcsin x}{\sqrt{1-x^2}} \mathrm{d}x$.

12. $\int_{-\frac{\pi}{4}}^{\frac{3\pi}{4}} \dfrac{\mathrm{d}x}{\cos^2 x}$.

B 组

求 13～16 题中的反常积分.

13. $\displaystyle\int_0^{+\infty} \frac{x}{(1+x)^3}\mathrm{d}x.$

14. $\displaystyle\int_0^1 \frac{\mathrm{d}x}{\sqrt{x}\,(1+\sqrt{x})}.$

15. $\displaystyle\int_0^{+\infty} \mathrm{e}^{-\sqrt{x}}\mathrm{d}x$

16. $\displaystyle\int_1^2 \frac{x}{\sqrt{x-1}}\mathrm{d}x.$

5.6　定积分的应用

本节将应用前面学习过的定积分理论来分析和解决一些实际问题,通过这些问题的解决,学会运用元素法将一个量表示成定积分的分析方法.

5.6.1　定积分的元素法

在前面已经用定积分表示过曲边梯形的面积和变速直线运动的路程.解决这两个问题的基本思想是:分割、近似代替、求和、取极限.这四个步骤在实际应用时显得比较烦琐.为简便起见,人们在许多应用学科中经常采用微元分析法(或称元素法),这个方法是根据上面四个步骤,但是更突出了"细分"与"求和",将四个步骤简化成两个步骤.

第一步　无限细分区间 $[a,b]$,取有代表性的子区间 $[x,x+\mathrm{d}x]$(如图 5-6 所示),求出相应于这个子区间的部分量 ΔU 的近似值

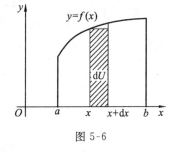
图 5-6

$$\Delta U \approx f(x)\mathrm{d}x.$$

这个值称为整体量的微元,记为 $\mathrm{d}U$,即 $\mathrm{d}U = f(x)\mathrm{d}x$.

第二步　把这些微元对区间 $[a,b]$ 无限求和,即得整体量 U 的值

$$U = \int_a^b f(x)\mathrm{d}x.$$

说明:本章总假定函数 $f(x)$ 在区间 $[a,b]$ 上连续,整体量 U 对区间 $[a,b]$ 具有可加性.

5.6.2　平面图形的面积

1. 直角坐标系下平面图形的面积

设曲线 $y=f(x)$,$y=g(x)$ 在区间 $[a,b]$ 上连续,且 $f(x)\geqslant g(x)$($x\in[a,b]$),求由曲线 $y=f(x)$,$y=g(x)$ 与直线 $x=a$,$x=b$ 所围成的平面图形的面积(如图 5-7 所示).利用微元法,选 x 作为积分变量,无限细分区间 $[a,b]$,将子区间 $[x,x+\mathrm{d}x]$ 上与其相对应的小窄条的面积近似于高为 $f(x)-g(x)$、底为 $\mathrm{d}x$ 的小矩形的面积,故面积微元 $\mathrm{d}A=[f(x)-g(x)]\mathrm{d}x$,面积微元对区间 $[a,b]$ 无限求和,从而有面积

$$A = \int_a^b [f(x)-g(x)]\mathrm{d}x. \tag{5-14}$$

例 1　求由两条抛物线 $y=x^2$,$y^2=x$ 所围成的图形的面积.

解　解方程组 $\begin{cases} y=x^2, \\ y^2=x, \end{cases}$ 得两抛物线的交点为 $(0,0)$ 和 $(1,1)$（如图 5-8 所示）. 所以

$$A=\int_0^1 (\sqrt{x}-x^2)\,dx=\left[\frac{2}{3}x^{\frac{3}{2}}-\frac{1}{3}x^3\right]_0^1=\frac{1}{3}.$$

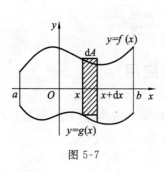

图 5-7

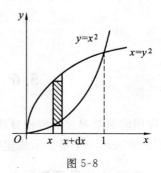

图 5-8

类似地，若曲线 $x=\psi(y),x=\varphi(y)$ 在区间 $[c,d]$ 上连续，且 $\psi(y)\leqslant\varphi(y)(y\in[c,d])$，则由曲线 $x=\psi(y),x=\varphi(y)$ 和直线 $y=c,y=d$ 所围成的图形面积为

$$A=\int_c^d [\varphi(y)-\psi(y)]\,dy. \tag{5-15}$$

例 2　求抛物线 $y^2=2x$ 与直线 $y=x-4$ 所围成的图形的面积.

解　解方程组 $\begin{cases} y^2=2x, \\ y=x-4, \end{cases}$ 求得交点为 $(2,-2),(8,4)$（如图 5-9 所示）. 所以所求图形的面积为

$$A=\int_{-2}^4 \left(y+4-\frac{1}{2}y^2\right)dy=\left(\frac{y^2}{2}+4y-\frac{y^3}{6}\right)\Big|_{-2}^4=18.$$

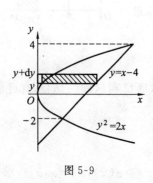

图 5-9

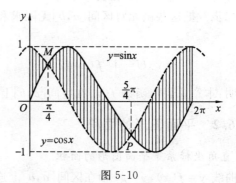

图 5-10

例 3　求由曲线 $y=\sin x,y=\cos x$ 在 $[0,2\pi]$ 上所围成的图形的面积.

解　解方程组 $\begin{cases} y=\sin x, \\ y=\cos x, \end{cases}$ 求得曲线在 $[0,2\pi]$ 上的交点为 $M\left(\frac{\pi}{4},\frac{\sqrt{2}}{2}\right)$ 和 $P\left(\frac{5\pi}{4},-\frac{\sqrt{2}}{2}\right)$. 所围成的图形为图 5-10 中阴影部分. 所以

$$A=\int_0^{\frac{\pi}{4}}(\cos x-\sin x)\,dx+\int_{\frac{\pi}{4}}^{\frac{5\pi}{4}}(\sin x-\cos x)\,dx+\int_{\frac{5\pi}{4}}^{2\pi}(\cos x-\sin x)\,dx$$

$$=(\sin x+\cos x)\Big|_0^{\frac{\pi}{4}}+(-\cos x-\sin x)\Big|_{\frac{\pi}{4}}^{\frac{5\pi}{4}}+(\sin x+\cos x)\Big|_{\frac{5\pi}{4}}^{2\pi}=4\sqrt{2}.$$

例 4　求摆线 $\begin{cases} x=a(t-\sin t), \\ y=a(1-\cos t) \end{cases}$ $(a>0,0\leqslant t\leqslant 2\pi)$ 及 x 轴所围成的图形的面积.

解　由摆线的参数方程,得 $dx=a(1-\cos t)dt$,且当 $x=0$ 时,$t=0$,当 $x=2\pi a$ 时,$t=2\pi$,代入式(5-14),得

$$A=\int_0^{2\pi a} y\,dx=\int_0^{2\pi} a^2(1-\cos t)^2\,dt=a^2\int_0^{2\pi}(1-2\cos t+\cos^2 t)\,dt$$

$$=a^2\left(\frac{3t}{2}-2\sin t+\frac{\sin 2t}{4}\right)\bigg|_0^{2\pi}=3\pi a^2.$$

2. 极坐标系下平面图形的面积

在极坐标系下求连续曲线 $r=r(\theta)(r(\theta)\geqslant 0)$ 及射线 $\theta=\alpha$,$\theta=\beta(\alpha<\beta)$ 所围成的图形的面积(如图 5-11 所示).

选 θ 作积分变量,无限细分区间 $[\alpha,\beta]$,与 $[\theta,\theta+d\theta]$ 对应的小曲边扇形的面积近似于半径为 $r=r(\theta)$,中心角为 $d\theta$ 的扇形,故面积微元

$$dA=\frac{1}{2}[r(\theta)]^2\,d\theta.$$

面积微元对区间 $[\alpha,\beta]$ 无限求和,即得

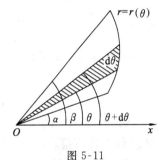

图 5-11

$$A=\int_\alpha^\beta \frac{1}{2}[r(\theta)]^2\,d\theta. \tag{5-16}$$

例 5　求心形线 $r=a(1+\cos\theta)(a>0)$ 所围成的图形的面积.

解　由图形的对称性(参见附录 2),有

$$A=2\int_0^\pi \frac{1}{2}a^2(1+\cos\theta)^2\,d\theta=a^2\int_0^\pi(1+2\cos\theta+\cos^2\theta)\,d\theta$$

$$=a^2\left(\frac{3}{2}\theta+2\sin\theta+\frac{1}{4}\sin 2\theta\right)\bigg|_0^\pi=\frac{3}{2}\pi a^2.$$

5.6.3　旋转体的体积

设 $y=f(x)$ 是一连续曲线,求由曲线 $y=f(x)$,直线 $x=a,x=b$ 及 x 轴所围成的曲边梯形绕 x 轴旋转一周所得旋转体的体积.

选取 x 作积分变量,无限细分区间 $[a,b]$,对应子区间 $[x,x+dx]$ 的小窄条绕 x 轴旋转所得体积,可近似于以 dx 为底、以 $y=f(x)$ 为高的矩形绕 x 轴旋转所得体积(如图 5-12 所示),故体积微元为 $dV=\pi[f(x)]^2\,dx$.对区间 $[a,b]$ 无限求和,即得旋转体的体积为

$$V=\int_a^b \pi[f(x)]^2\,dx. \tag{5-17}$$

类似可得由 $x=\varphi(y)$ 及直线 $y=c,y=d$ 所围成的图形绕 y 轴旋转所得旋转体的体积

$$V=\int_c^d \pi[\varphi(y)]^2\,dy. \tag{5-18}$$

图 5-12

例 6　求椭圆 $\dfrac{x^2}{a^2}+\dfrac{y^2}{b^2}=1$ 分别绕 x 轴、y 轴旋转所得旋转体的体积(如图 5-13 所示).

解　由椭圆方程得 $y^2=b^2\left(1-\dfrac{x^2}{a^2}\right)$. 由式(5-17)得绕 x 轴旋转的体积为

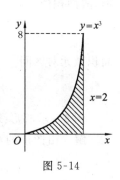

图 5-13

$$V_x=\pi\int_{-a}^{a}y^2\,\mathrm{d}x=2\pi\int_{0}^{a}b^2\left(1-\frac{x^2}{a^2}\right)\mathrm{d}x=\frac{4}{3}\pi ab^2.$$

特别地,当 $a=b$ 时,旋转体是半径为 a 的球,于是有球的体积公式

$$V=\frac{4}{3}\pi a^3.$$

由椭圆方程又可得 $x^2=a^2\left(1-\dfrac{y^2}{b^2}\right)$,由式(5-18)得绕 y 轴旋转的体积为

$$V_y=\pi\int_{-b}^{b}x^2\,\mathrm{d}y=2\pi\int_{0}^{b}a^2\left(1-\frac{y^2}{b^2}\right)\mathrm{d}y=\frac{4}{3}\pi a^2 b.$$

例 7　求由曲线 $y=x^3$,直线 $x=2$ 和 $y=0$ 所围成的图形分别绕 x 轴、y 轴旋转所得旋转体的体积(如图 5-14 所示).

解　绕 x 轴旋转的体积,由式(5-17),得

$$V_x=\int_{0}^{2}\pi y^2\,\mathrm{d}x=\pi\int_{0}^{2}x^6\,\mathrm{d}x=\frac{128}{7}\pi.$$

由曲线方程有 $x=y^{\frac{1}{3}}$,故由式(5-18)得绕 y 轴旋转的体积为

$$V_y=\pi\times2^2\times8-\int_{0}^{8}\pi x^2\,\mathrm{d}y=32\pi-\pi\int_{0}^{8}y^{\frac{2}{3}}\,\mathrm{d}y=\frac{64}{5}\pi.$$

图 5-14

5.6.4　变力所做的功

如果一个物体在恒力 F 的作用下做直线运动,物体移动了 s,则力所做的功 $W=Fs$,如果一个物体在变力 $F(x)$ 的作用下沿 Ox 轴运动,求物体从 a 点移动到 b 点时,变力 $F(x)$ 对物体所做的功.

这里仍采用微元法. 设变力 $F(x)$ 是连续变化的,无限细分区间 $[a,b]$,在子区间 $[x,x+\mathrm{d}x]$ 上变力近似为恒力,故功的微元为 $\mathrm{d}W=F(x)\mathrm{d}x$,对区间 $[a,b]$ 无限求和,则得变力所做的功

$$W=\int_{a}^{b}F(x)\,\mathrm{d}x.\tag{5-19}$$

例 8　在原点 O 有一个电量为 $+q$ 的点电荷,它所产生的电场对周围电荷有作用力. 现有一单位正电荷从距离原点 a 处沿射线方向移至距离原点为 $b(a<b)$ 的地方,求电场力所做的功. 又如果把该单位正电荷移至无穷远处,电场力做了多少功?

解　以原点为坐标原点,取单位正电荷移动的射线方向为 x 轴正方向,x 为单位正电荷距离原点的距离,根据库仑定律可知电场力为 $F=k\dfrac{q}{x^2}$(k 为常数),这是一个变力.

在子区间 $[x,x+\mathrm{d}x]\subset[a,b]$ 上,功的微元为 $\mathrm{d}W=\dfrac{kq}{x^2}\mathrm{d}x$,于是电荷从点 a 移动到点 b 所

做的功为

$$W = \int_a^b \frac{kq}{x^2} dx = kq\left(-\frac{1}{x}\right)\Big|_a^b = kq\left(\frac{1}{a} - \frac{1}{b}\right).$$

若移至无穷远处,则功为 $\int_a^{+\infty} \frac{kq}{x^2} dx = -\frac{kq}{x}\Big|_a^{+\infty} = \frac{kq}{a}.$

物理学中,上述把单位正电荷移至无穷远处所做的功叫做电场在 a 处的电位,于是可知电场在 a 处的电位为 $V = \frac{kq}{a}.$

例 9　一圆柱形的储水桶高为 8 m,底半径为 3 m,桶内盛满了水.试问要把桶内的水全部吸出需做多少功?

解　建立如图 5-15 所示的坐标系,取水深 x 为积分变量,它的变化区间是 $[0,8]$,无限细分区间 $[0,8]$,与子区间 $[x, x+dx]$ 对应的一薄层的水可近似看成是底半径为 3 m、高为 dx 的圆柱体,其所受重力为

$$9800\pi \times 3^2 dx.$$

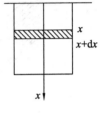
图 5-15

把这么多水抽出所做的功即为克服水的重力所做的功,所以功的微元为 $dW = 9800\pi \times 3^2 dx \times x = 88200\pi x dx$,于是所求的功为

$$W = \int_0^8 88200\pi x dx = 88200\pi\left[\frac{x^2}{2}\right]_0^8 = 2842400\pi \approx 8.965 \times 10^6 \text{(J)}.$$

例 10　设汽缸内活塞左侧存有一定量的气体,气体等温膨胀时将推动活塞向右移动,若气体体积由 V_1 变至 V_2,求气体压力所做的功.

解　气体膨胀为等温过程,所以气体压强为 $P = \frac{K}{V}$(K 为常数,V 为气体体积),而活塞上的总压力为 $F = PQ = \frac{KQ}{V} = \frac{K}{S}$,其中,$Q$ 为活塞的截面积,S 为活塞移动的距离,气体体积 $V = SQ$.

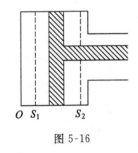
图 5-16

以 S_1 与 S_2 分别表示活塞的初始与终止位置,于是所求的功为

$$W = \int_{S_1}^{S_2} F dS = K\int_{S_1}^{S_2} \frac{1}{S} dS = K\int_{V_1}^{V_2} \frac{1}{V} dV = K\ln V\Big|_{V_1}^{V_2} = K(\ln V_1 - \ln V_2).$$

习题 5-6

A 组

求 1～6 题中的图形内阴影部分的面积.

1.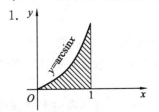

2.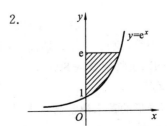

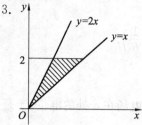

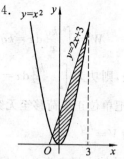

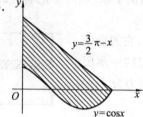

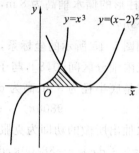

求 7～12 题中曲线所围成的图形的面积.

7. $y=\cos x, y=\sin x, x=0, x=\pi$.

8. $y=\mathrm{e}^x, y=\mathrm{e}^{-x}, x=1$.

9. $y=1-\dfrac{x^2}{4}, y=-\dfrac{5}{12}x$.

10. $xy=1, y=x, y=2$.

11. $y=0, y=-5+6x-x^2$.

12. $y=\dfrac{1}{2}x^2, y=\sqrt{8-x^2}$.

13. 求抛物线 $y=-x^2+4x-3$ 及其在点 $(0,-3)$，$(3,0)$ 处的切线所围成的图形的面积.

14. 求星形线 $x=a\cos^3 t, y=a\sin^3 t$ 所围成的图形的面积.

15. 求三叶线 $r=a\sin 3\theta$ 所围成的图形的面积.

求 16～21 题中曲线所围成的图形绕指定的坐标轴旋转所得旋转体的体积.

16. $y=x^3, y=0, x=1$，绕 x 轴.

17. $y=\sin x, y=\cos x, x=0, x=\dfrac{\pi}{2}$，绕 x 轴.

18. $x^2+(y-4)^2=4$，绕 x 轴.

19. $xy=3, x+y=4$，绕 x 轴.

20. $y^2=2x, x+y=\dfrac{3}{2}$，绕 y 轴.

21. $y=x^2, y^2=8x$，绕 x 轴，绕 y 轴.

22. 设有一弹簧，原长 1 m. 一端固定，压缩另一端. 假定每压缩 1 cm 需要 5 gf（1 gf＝9.80665×10^{-3}N），今将弹簧从 80 cm 压缩为 60 cm，问需做功多少？（假定弹簧自由端的初始位置在坐标原点）

23. 有一圆锥形的蓄水池蓄满了水，池深 15 m，池口直径 20 m. 欲将池内的水全部抽出池外，问需做功多少？

24. 有一圆台形水池，池深 15 m，上、下口半径分别为 20 m 和 10 m，如果将其中盛满的水全部抽尽,问需做功多少?

25. 若沙的密度是 r t/m³,要堆一个半径为 R m,高为 h m 的圆锥形沙堆,问需做功多少?

26. 物体按规律 $x=ct^3(c>0)$ 做直线运动,设介质的阻力与速度的平方成正比,求物体从 $x=0$ 到 $x=a$ 时,阻力所做的功.

27. 设有体积为 V 的蒸发气体存在于圆柱形汽缸内活塞的一侧,已知单位面积上的压强 P 与体积 V 成反比,即 $P=\dfrac{C}{V}$,其中 C 为比例常数,圆柱底面即活塞的面积为 Q,求气体的膨胀推动活塞由位置 a 点处移动到位置 b 点处所做的功.

B 组

求 28～29 题中曲线所围成的图形的面积.

28. $y=2x, y=\dfrac{x^2}{4}$ 与 $y=\dfrac{2}{x}$.　　　　　29. $y=x^3-6x$ 与 $y=x^2$.

求 30～31 题中曲线所围成的图形绕指定的坐标轴旋转所得旋转体的体积.

30. $xy=4, y-4x=0, 4y-x=0$ 在第一象限所围成的图形绕 x 轴旋转.

31. $y=\sin x$ 与它在 $x=\dfrac{\pi}{2}$ 处的切线以及直线 $x=\pi$ 所围成的图形绕 y 轴旋转.

32. $y=ax^2+bx+c$ 过原点,且当 $0\leqslant x\leqslant 1$ 时,$y\geqslant 0$.设它与直线 $x=1, y=0$ 所围成的图形的面积为 $\dfrac{1}{3}$,试确定 a,b,c,使得该图形绕 x 轴旋转而成的旋转体的体积为最小.

33. 求由两条曲线 $r=3\cos\theta$ 和 $r=1+\cos\theta$ 所围成的公共部分的面积.

34. 用积分方法证明球缺的体积公式为

$$V=\pi H^2\left(R-\dfrac{H}{3}\right) \quad (R \text{ 为球的半径},H \text{ 为球缺的高}).$$

35. 设有一均匀细杆,长为 l,质量为 M.另有一质量为 m 的质点位于细杆所在的直线上,质点到杆的近端的距离为 a.试计算细杆对质点的引力 F.

36. 水坝中有一个等腰三角形的闸门,这个闸门垂直地竖立在水中,它的底边与水面相齐.已知三角形底边长为 2m、高 3m.问这个闸门所受的水压力是多少?

37. 交流电路中,已知电动势 E 是时间 t 的函数 $E=E_0\sin\dfrac{2\pi t}{T}$,求它在半个周期,即 $\left[0,\dfrac{T}{2}\right]$ 上的平均电动势.

本章小结

定积分的概念是从大量的实际问题中抽象出来的.它是微积分中的一个重要的概念.要搞清定积分的概念,熟练掌握用定积分解决问题的方法.

1. 概念与理论

应注意下面几个问题:

(1) 定积分概念是怎样从实际问题中抽象出来的? 用定积分的思想解决实际问题时,

一般分为几步？

（2）定积分有哪些基本性质？它们的主要用途有哪些？

（3）什么是微积分基本定理？定积分与不定积分的联系是怎样的？

（4）对称区间上函数的定积分有怎样的特性？

2. 定积分的计算

（1）用定义求定积分.一般来说,根据定义求定积分是相当困难的.对于不同的被积函数往往需要寻求专门的方法.

（2）利用微积分基本公式求定积分.这是计算定积分的最基本的方法.它把定积分的复杂运算归结为求被积函数的原函数问题,揭示了不定积分与定积分的内在联系.同时应当注意的是公式的条件是 $f(x)$ 在积分区间上连续.

（3）换元积分法求定积分.定积分换元的思想和代换的方法与不定积分非常类似,但有两点必须特别注意.其一,在不设中间变量用凑微分的方法求定积分时,积分的上、下限不用改变,在作变量代换求定积分时,一定要相应更换积分上、下限;其二,用 $t=\varphi(x)$ 引入新变量 t 时,一定要注意反函数 $x=\varphi^{-1}(t)$ 的单值、可导的条件.

（4）分部积分法求定积分.凡在不定积分中使用分部积分的场合,在对应的定积分中也要用分部积分法.用分部积分的被积函数的类型及 u、v 的选择也相同.为了简化计算过程,在用分部积分计算定积分时,常常将每一步中的 $uv|_a^b$ 先算出.

对于某些定积分,要充分考虑它们的特殊性,对于在对称区间上的积分首先要考虑函数的奇偶性.有些函数同时要用换元积分法和分部积分法,这时要搞清换元积分中的中间变量和分部积分中所用的 u 和 v.

3. 反常积分

反常积分有积分区间为无穷和被积函数有无穷不连续点两种类型,反常积分的敛散性是由一个对应的定积分的极限存在与否来断定的.要注意的是极限不存在不但包括极限为 $+\infty$ 和 $-\infty$,而且还有振荡不定的情形.对于一个积分区间为有限的积分,首先应判断它是否为被积函数有无穷不连续点的反常积分.

4. 定积分的应用

用定积分解决的实际问题中,所要求的都是某个非均匀变化的整体量.这里采用了微元法的思想,也就是无限细分变量的变化范围,在局部范围内"以不变代变"求出整体量的微元,然后无限求和求出整体量.选择恰当的积分变量也是解题的关键.选择积分变量的原则是:所求量与积分变量能够建立联系,且所求量的微元与积分变量的关系式要尽量简单.

综合练习 5

选择题 (1～6)

1. 设 $y=f(x)$ 在 $[a,b]$ 上连续,则定积分 $\int_a^b f(x)\mathrm{d}x$ 的值（　　　）.

A. 与区间及被积函数有关　　　　　　B. 与积分变量用何字母表示有关

C. 与区间无关,与被积函数有关　　　　D. 与被积函数 $f(x)$ 的形式无关

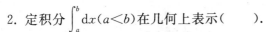

2. 定积分 $\displaystyle\int_a^b \mathrm{d}x\,(a<b)$ 在几何上表示（　　）.

A. 线段长 $b-a$　　　　　　　　　　B. 线段长 $a-b$

C. 矩形面积 $(a-b)\times 1$　　　　　　D. 矩形面积 $(b-a)\times 1$

3. 定积分 $\displaystyle\int_{\frac{1}{e}}^1 \ln x\,\mathrm{d}x$ 与 $\displaystyle\int_1^e \ln x\,\mathrm{d}x$ 的值分别为（　　）.

A. 正,正　　　　B. 正,负　　　　C. 负,正　　　　D. 负,负

4. 下列积分不为零的是（　　）.

A. $\displaystyle\int_{-\pi}^{\pi} \cos x\,\mathrm{d}x$　　　　　　　　B. $\displaystyle\int_{-\frac{\pi}{2}}^{\frac{\pi}{2}} \sin x \cos x\,\mathrm{d}x$

C. $\displaystyle\int_{-\frac{\pi}{4}}^{\frac{\pi}{4}} \frac{x}{1+\cos x}\,\mathrm{d}x$　　　　　　D. $\displaystyle\int_{-\frac{\pi}{4}}^{\frac{\pi}{3}} \tan x\,\mathrm{d}x$

5. 定积分 $\displaystyle\int_0^{\pi} |\cos x|\,\mathrm{d}x=$（　　）.

A. -2　　　　B. 0　　　　C. 2　　　　D. 1

6. 下列广义积分收敛的是（　　）.

A. $\displaystyle\int_1^{+\infty} \sin x\,\mathrm{d}x$　　　　　　　　B. $\displaystyle\int_1^{+\infty} \frac{1}{\sqrt{x}}\,\mathrm{d}x$

C. $\displaystyle\int_1^2 \frac{\mathrm{d}x}{x\ln x}$　　　　　　　　D. $\displaystyle\int_0^1 \ln x\,\mathrm{d}x$

填空题（7～12）

7. 设 $\varphi(x)=\displaystyle\int_{x^3}^5 \sqrt{1+t^2}\,\mathrm{d}t$,则 $\varphi'(1)=$ _____.

8. 设 $f(x)$ 在 $[a,b]$ 上连续,$F(x)=\displaystyle\int_a^x f(t)\,\mathrm{d}t$,则 _____ 是 _____ 在 $[a,b]$ 上的一个原函数.

9. $\displaystyle\int_0^2 |1-x|\,\mathrm{d}x=$ _____.

10. 在极坐标系中,若平面图形由 $r_1=\varphi(\theta),r_2=\psi(\theta),\theta=\alpha,\theta=\beta\,(r_1<r_2,\alpha<\beta)$ 所围成,则该平面图形的面积可表示为定积分 _____.

11. $\displaystyle\lim_{x\to 1} \frac{\displaystyle\int_1^x \sin(\pi t)\,\mathrm{d}t}{1+\cos(\pi x)}=$ _____.

12. $\displaystyle\int_{-1}^1 (1-\sin^3 x)\frac{1}{1+x^2}\,\mathrm{d}x=$ _____.

计算题（13～21）

求 13～18 题中的定积分.

13. $\displaystyle\int_{-1}^7 \frac{\mathrm{d}x}{\sqrt{4+3x}}$.　　　　　　　14. $\displaystyle\int_{-1}^1 (\sqrt{1+x^2}+x)^2\,\mathrm{d}x$.

15. $\displaystyle\int_1^2 \frac{\sqrt{x^2-1}}{x^4}\,\mathrm{d}x$.　　　　　　　16. $\displaystyle\int_1^e x\ln x\,\mathrm{d}x$.

17. $\int_0^1 \dfrac{\ln(1+x)}{(1+x)^2}\mathrm{d}x.$

18. $\int_{-1}^1 \dfrac{\mathrm{d}x}{x(x+2)}.$

19. 已知曲线 $y=\dfrac{1}{2}x^2$ 与 $x^2+y^2=8$ 所围成的平面图形 D(在上半平面),求:

(1) 所围成的面积 A；　　　(2) 图形绕 x 轴旋转的体积.

20. 一金属棒长 3 m,离棒左端 x m 处的线密度为 $\rho(x)=\dfrac{1}{\sqrt{x+1}}$ kg/m,问 x 为何值时,$[0,x]$ 一段的质量为全棒质量的一半?

21. 半径为 3 m 的半球形水池盛满了水,若要把其中的水全部抽尽,问要做功多少?

第 6 章

常微分方程与拉普拉斯变换

函数是客观事物的内部联系在数量方面的精确反映.但是,人们往往并不能直接由已知的条件找到需要的函数关系,相反,却经常能列出含有未知函数及其导数(或微分)与自变量之间的等式.这样的等式称为微分方程.根据有关的微积分知识从微分方程中找出未知的函数,就是解微分方程.本章介绍微分方程的基本概念、简单微分方程的解法以及它们在实际问题中的应用,同时还介绍在电学、力学以及控制学等众多工程技术与科学领域中有着广泛应用的拉普拉斯(Laplace)变换.

6.1　微分方程的基本概念

6.1.1　微分方程

定义 6.1　含有未知函数的导数或其微分的等式,称为微分方程,有时简称为方程.未知函数是一元函数的,称为常微分方程;未知函数是多元函数的,称为偏微分方程.

本书只讨论常微分方程.

例如,以下所列举的都是微分方程(其中 y,v,i 均为未知函数):

(1) $y'=2x-1$;

(2) $x^3 y+xy'''-4x=0$;

(3) $mdv=(mg-kv)dt$;

(4) $\dfrac{di}{dt}+\dfrac{R}{L}i=\dfrac{E_m}{L}\sin\omega t$.

代数方程中未知数的个数和次数是影响解方程难度的关键因素.而微分方程中未知函数的导数的阶数显然是一个最重要的因素.称微分方程中所出现的未知函数最高阶导数的阶数为微分方程的阶.如上面所列举的方程中(1)、(3)、(4)均为一阶微分方程,而(2)为三阶微分方程.一般地,n 阶微分方程的形式为 $F(x,y,y',\cdots,y^{(n)})=0$,其中,$x$ 是自变量,y 为未知函数,左式 F 为已知函数,且一定含有 $y^{(n)}$.

6.1.2　微分方程的解

定义 6.2　任何使微分方程恒等的函数称为微分方程的解.

有些微分方程是比较容易求解的,如 $y'=3x$,根据积分知识易得 $y=\dfrac{3}{2}x^2+C$(C 为任意常数)是它的解,当然 $y=\dfrac{3}{2}x^2+2$ 也是它的解;即使是 $y'''=1$ 这样的三阶微分方程,通过三次积分也能顺利得到解为 $y=\dfrac{1}{6}x^3+\dfrac{C_1}{2}x^2+C_2x+C_3$，当然 $y=\dfrac{1}{6}x^3+\dfrac{1}{2}x^2+x+1$ 也是解.
更多的微分方程就不那么容易求解了，以后将介绍一些简单微分方程的解法.

上面微分方程的两个解中有的含有任意常数，而有的不含任意常数. 若微分方程的解中含有任意常数，且独立的任意常数的个数与方程的阶数相同，则称这样的解为微分方程的通解. 当通解中的各任意常数都取特定值时，则称其为方程的特解. 例如，求方程 $y'=3x$ 满足条件 $y(1)=\dfrac{1}{2}$ 的解，则将条件代入通解 $y=\dfrac{3}{2}x^2+C$，解得 $C=-1$，于是 $y=\dfrac{3}{2}x^2-1$ 为该方程的特解. 用来确定通解中任意常数的附加条件称为初始条件. 一阶微分方程的初始条件一般是

$$y(x_0)=y_0，或记为 \left.y\right|_{x=x_0}=y_0.$$

而二阶微分方程的初始条件一般是

$$y(x_0)=y_0，y'(x_0)=y'_0，或写作 \left.y\right|_{x=x_0}=y_0，\left.y'\right|_{x=x_0}=y'_0.$$

求微分方程满足初始条件的特解称为微分方程的初值问题.

一般地，微分方程的每一个解都是一个一元函数，其图形是一条平面曲线，称其为微分方程的积分曲线. 而通解的图形是平面上的一簇曲线，称为积分曲线簇；特解的图形是积分曲线簇中的一条特定曲线. 这就是微分方程的通解与特解的几何意义.

例 1　判断函数 $y=3e^{-x}-xe^{-x}$ 是否为方程 $y''+2y'+y=0$ 的解.

解　先求函数 y 的一阶和二阶导数，得

$$y'=-4e^{-x}+xe^{-x}，y''=5e^{-x}-xe^{-x}.$$

再将 y,y' 和 y'' 代入原方程左边，有

$$左边=5e^{-x}-xe^{-x}+2(-4e^{-x}+xe^{-x})+3e^{-x}-xe^{-x}=0.$$

所以，$y=3e^{-x}-xe^{-x}$ 是所给方程的解.

例 2　验证 $y=Cx^3$ 是方程 $3y-xy'=0$ 的解，并求满足初始条件 $y(1)=\dfrac{1}{3}$ 的特解.

解　求 $y=Cx^3$ 的导数，得 $y'=3Cx^2$，代入方程左边，得 $3Cx^3-3Cx^3=0$，所以 $y=Cx^3$ 是原方程的解. 再将初始条件代入通解，得 $C=\dfrac{1}{3}$，故所求特解为 $y=\dfrac{1}{3}x^3$.

习题 6-1

A 组

指出 1～4 题中微分方程的阶数（其中 y 为未知函数）.

1. $x^2\mathrm{d}x+y\mathrm{d}y=0.$

2. $x^3y''-xy'+3y=0.$

3. $y'''-2y'-xy^2=0.$

4. $y'y''+xy^2=\sin x.$

验证 5～8 题中的函数是否为所给微分方程的解. 若是，指出是特解还是通解（其中 C 为任意常数）.

5. $y''-2y'+y=0，\ y=e^x+e^{-x}.$

6. $y=xy'+f(y')，\ y=Cx+f(C).$

7. $y''+y=0，\ y=3\sin x-4\cos x.$

8. $(x-2y)y'=2x-y$, $x^2-xy+y^2=C$.

9. 已知曲线 $y=f(x)$ 在点 (x,y) 处的切线的斜率等于该点横坐标的平方,又曲线过点 $(0,1)$,求该曲线的方程.

B 组

10. 验证 $e^y+C_1=(x+C_2)^2$ 是方程 $y''+y'^2=2e^{-y}$ 的通解(C_1,C_2 为常数),并求满足初始条件 $y(0)=0$, $y'(0)=\dfrac{1}{3}$ 的特解.

11. 某种气体的气压 P 对于温度 T 的变化率与气压成正比,与温度的平方成反比.试用微分方程表示该命题.

12. 已知曲线 $y=f(x)$ 上的点 $P(x,y)$ 处的法线与 x 轴的交点为 Q,且线段 PQ 被 y 轴平分.求该曲线所满足的微分方程.

6.2　一阶微分方程

一阶微分方程的基本形式为

$$y'=f(x,y). \tag{6-1}$$

有时也写成如下的对称形式:

$$P(x,y)\mathrm{d}x+Q(x,y)\mathrm{d}y=0. \tag{6-2}$$

在方程(6-2)中,变量 x 与 y 对称,它既可以看成以 x 为自变量、y 为未知函数的方程

$$\frac{\mathrm{d}y}{\mathrm{d}x}=-\frac{P(x,y)}{Q(x,y)}(此时 Q(x,y)\neq 0),$$

也可以看成以 y 为自变量、x 为未知函数的方程

$$\frac{\mathrm{d}x}{\mathrm{d}y}=-\frac{Q(x,y)}{P(x,y)}(此时 P(x,y)\neq 0).$$

下面先讨论最简单的一阶微分方程.

6.2.1　可分离变量的微分方程

形如

$$y'=f(x)g(y)或\frac{\mathrm{d}y}{g(y)}=f(x)\mathrm{d}x \tag{6-3}$$

的一阶微分方程称为可分离变量的微分方程.这里 $f(x)$,$g(y)$ 分别是 x,y 的连续函数,且 $g(y)\neq 0$.这种方程的特点是,经过简单的运算,可以将两个不同变量的函数及微分分离到方程的两边,从而利用积分顺利解题.具体解法如下:

第一步　先将方程化成方程(6-3)的形式,使方程两边分别各含一个变量.

第二步　两边分别积分,得

$$\int \frac{\mathrm{d}y}{g(y)}=\int f(x)\mathrm{d}x.$$

假设 $G(y)$ 是 $\dfrac{1}{g(y)}$ 的原函数,而 $F(x)$ 是 $f(x)$ 的原函数,则上式积分的结果为

$$G(y)=F(x)+C.$$

此式称为方程(6-3)的隐式解,而且是通解.

例 1 求微分方程 $\dfrac{\mathrm{d}y}{\mathrm{d}x}=2xy$ 的通解.

解 将方程分离变量,得

$$\frac{\mathrm{d}y}{y}=2x\mathrm{d}x,$$

两边积分

$$\int\frac{\mathrm{d}y}{y}=\int 2x\mathrm{d}x,$$

计算积分,得

$$\ln|y|=x^2+C_1,$$

所以

$$y=\pm\mathrm{e}^{x^2+C_1}=\pm\mathrm{e}^{C_1}\mathrm{e}^{x^2}.$$

其中,$\pm\mathrm{e}^{C_1}$ 为任意的正常数与负常数.易见 $y=0$ 也是方程的解,所以原方程的通解可以写成

$$y=C\mathrm{e}^{x^2}(C\ \text{为任意常数}).$$

以后凡是遇到积分后是对数的情形,应该都做类似的讨论.为方便起见,作如下简化处理.以本题为例,示范如下:

$$\int\frac{\mathrm{d}y}{y}=\int 2x\mathrm{d}x,$$
$$\ln y=x^2+\ln C,$$
$$\frac{y}{C}=\mathrm{e}^{x^2}.$$

所以原方程的通解为

$$y=C\mathrm{e}^{x^2}(C\ \text{为任意常数}).$$

例 2 求微分方程 $\cos x\sin y\mathrm{d}y=\cos y\sin x\mathrm{d}x$ 满足初始条件 $y|_{x=0}=\dfrac{\pi}{4}$ 的特解.

解 分离变量,得

$$\frac{\sin y\mathrm{d}y}{\cos y}=\frac{\sin x\mathrm{d}x}{\cos x},$$

两边积分

$$\int\frac{\sin y\mathrm{d}y}{\cos y}=\int\frac{\sin x\mathrm{d}x}{\cos x},$$

计算积分,得

$$\ln\cos y=\ln\cos x+\ln C,$$

所以原方程的通解为

$$\cos y=C\cos x.$$

将初始条件 $x=0,y=\dfrac{\pi}{4}$ 代入通解,解得

$$C=\frac{\sqrt{2}}{2}.$$

故所求特解为

$$\cos y = \frac{\sqrt{2}}{2}\cos x.$$

6.2.2　一阶线性微分方程

形如

$$\frac{\mathrm{d}y}{\mathrm{d}x} + P(x)y = Q(x) \qquad (6\text{-}4)$$

的一阶微分方程称为一阶线性微分方程,其中,$P(x)$,$Q(x)$ 都是自变量的已知连续函数. 方程(6-4)中含未知函数 y 及其导数 y',且 y 与 y' 均为一次. 若 $Q(x) \equiv 0$,即

$$\frac{\mathrm{d}y}{\mathrm{d}x} + P(x)y = 0, \qquad (6\text{-}5)$$

则称其为一阶线性齐次微分方程;否则称方程(6-4)为非齐次方程,并称方程(6-5)为对应于方程(6-4)的齐次方程.

下面讨论一阶线性微分方程的解法.

1. 齐次微分方程的解法

容易看出,齐次方程(6-5)是可分离变量的方程. 分离变量,得

$$\frac{\mathrm{d}y}{y} = -P(x)\mathrm{d}x,$$

两边积分

$$\int \frac{\mathrm{d}y}{y} = \int -P(x)\mathrm{d}x,$$

计算积分,得

$$\ln y = -\int P(x)\mathrm{d}x + \ln C.$$

于是得方程的通解为

$$y = C\mathrm{e}^{-\int P(x)\mathrm{d}x}. \qquad (6\text{-}6)$$

注:式(6-6)中的积分式不再含任意常数.

例3　求微分方程 $(x^2-1)y' + 2xy = 0$ 的通解.

解　将方程化为

$$y' + \frac{2xy}{x^2-1} = 0,$$

其中 $P(x) = \dfrac{2x}{x^2-1}$,代入式(6-6). 先计算

$$-\int P(x)\mathrm{d}x = -\int \frac{2x}{x^2-1}\mathrm{d}x = -\ln(x^2-1),$$

所以原方程的通解为

$$y = C\mathrm{e}^{-\ln(x^2-1)} = \frac{C}{x^2-1}.$$

2. 一阶线性非齐次微分方程的解法

一阶线性非齐次微分方程

$$y' + P(x)y = Q(x) \quad (Q(x) \not\equiv 0) \tag{6-7}$$

与其对应的一阶线性齐次微分方程

$$y' + P(x)y = 0 \tag{6-8}$$

的差异在于自由项 $Q(x) \not\equiv 0$，因此设想它们的解之间应该有一定的相似之处．下面用所谓的常数变易法来求非齐次方程的解．

设齐次方程(6-8)的一个特解为 y^*，则 $(y^*)' + P(x)y^* = 0$．又设非齐次方程(6-7)的解为 $y = v(x)y^*$，将此解代入非齐次方程(6-7)．

先计算

$$y' = v'(x)y^* + v(x)(y^*)',$$

所以

$$v'(x)y^* + v(x)(y^*)' + P(x)v(x)y^* = Q(x),$$

化简得

$$v'(x)y^* + v(x)[(y^*)' + P(x)y^*] = Q(x),$$

所以 $v'(x)y^* = Q(x)$，从而 $v'(x) = \dfrac{Q(x)}{y^*}$，于是求得

$$v(x) = \int \frac{Q(x)}{y^*} \mathrm{d}x + C \text{（其中积分式中不再含任意常数 } C\text{）}.$$

取 $y^* = \mathrm{e}^{-\int P(x)\mathrm{d}x}$，并代入上式，得

$$v(x) = \int Q(x)\mathrm{e}^{\int P(x)\mathrm{d}x}\mathrm{d}x + C,$$

从而可得非齐次微分方程(6-7)的通解为

$$y = \mathrm{e}^{-\int P(x)\mathrm{d}x}\left[\int Q(x)\mathrm{e}^{\int P(x)\mathrm{d}x}\mathrm{d}x + C\right]. \tag{6-9}$$

注：式(6-9)中三个积分式不再含任意常数．

将式(6-6)与式(6-9)经过比较可以看出，式(6-9)相当于将式(6-6)中的常数 C 换成了一个函数，故有"常数变易法"之说．

另外，若将式(6-9)改写成两项之和

$$y = \mathrm{e}^{-\int P(x)\mathrm{d}x}\int Q(x)\mathrm{e}^{\int P(x)\mathrm{d}x}\mathrm{d}x + C\mathrm{e}^{-\int P(x)\mathrm{d}x},$$

则可以看出，上式右端第一项是非齐次方程的一个特解（在式(6-9)中令 $C = 0$ 即可），而第二项是对应的齐次方程的通解．由此可见，一阶线性非齐次微分方程的通解，等于其自身的一个特解与对应的齐次线性微分方程的通解的和．

一阶线性非齐次微分方程(6-7)的通解式(6-9)，还可以通过所谓的积分因子法得到．设 $y^* = \mathrm{e}^{\int P(x)\mathrm{d}x}$，则

$$(y^*)' = P(x)y^*.$$

在方程(6-7)的两边同乘以 y^*，此时方程的左边成为

$$y'y^* + P(x)yy^* = y'y^* + y(y^*)' = (yy^*)',$$

而方程的右边成为 $Q(x)y^*$．即有

$$(yy^*)' = Q(x)y^*,$$

两边积分，得

$$yy^* = \int Q(x)y^* \, \mathrm{d}x + C, \tag{6-10}$$

将 y^* 回代式(6-10),同样可得方程的通解式(6-9).

上述在方程(6-7)两边所乘的项 y^* 称为积分因子. 这种做法使得方程的左边成为某个函数的导数,而右边是只含 x 的表达式,两边积分即可得到原方程的通解.

例 4 求微分方程 $y' + \dfrac{y}{x} - \sin x = 0$ 的通解.

解 将方程化为

$$y' + \frac{y}{x} = \sin x,$$

其中 $P(x) = \dfrac{1}{x}, Q(x) = \sin x,$

所以

$$\mathrm{e}^{\int P(x)\mathrm{d}x} = \mathrm{e}^{\int \frac{1}{x}\mathrm{d}x} = \mathrm{e}^{\ln x} = x,$$

$$\int Q(x)\mathrm{e}^{\int P(x)\mathrm{d}x}\mathrm{d}x = \int x\sin x\mathrm{d}x = -\int x\mathrm{d}\cos x = -x\cos x + \int \cos x\mathrm{d}x = -x\cos x + \sin x.$$

从而得原方程通解为

$$y = \frac{1}{x}(-x\cos x + \sin x + C).$$

例 5 求微分方程 $xy' + y - \mathrm{e}^x = 0$ 满足初始条件 $y(a) = b$ 的特解.

解 将方程化为

$$y' + \frac{y}{x} = \frac{\mathrm{e}^x}{x},$$

其中

$$P(x) = \frac{1}{x}, Q(x) = \frac{\mathrm{e}^x}{x},$$

于是

$$\mathrm{e}^{\int P(x)\mathrm{d}x} = \mathrm{e}^{\int \frac{1}{x}\mathrm{d}x} = \mathrm{e}^{\ln x} = x,$$

$$\int Q(x)\mathrm{e}^{\int P(x)\mathrm{d}x}\mathrm{d}x = \int \mathrm{e}^x\mathrm{d}x = \mathrm{e}^x.$$

所以原方程的通解为

$$y = \frac{1}{x}(\mathrm{e}^x + C).$$

将初始条件 $y(a) = b$ 代入通解,得 $C = ab - \mathrm{e}^a$. 故所求特解为

$$y = \frac{1}{x}(\mathrm{e}^x + ab - \mathrm{e}^a).$$

习题 6-2

A 组

求 1～8 题中微分方程的通解.

1. $xyy' = y^2 + 2.$

2. $(\mathrm{e}^{x+y} - \mathrm{e}^x)\mathrm{d}x = (\mathrm{e}^{x+y} + \mathrm{e}^y)\mathrm{d}y.$

2. $y' = 3^{x-2y}.$

4. $\sqrt{4 - x^2}\,\mathrm{d}y = \sqrt{4 - y^2}\,\mathrm{d}x.$

5. $\sin x\sin y\mathrm{d}y+\cos x\cos y\mathrm{d}x=0$.　　6. $(y+1)^3y'+x^2=0$.

7. $\dfrac{\mathrm{d}y}{\mathrm{d}x}=\dfrac{x-\mathrm{e}^{-x}}{y+\mathrm{e}^y}$.　　　　　　　8. $\dfrac{\mathrm{d}y}{\mathrm{d}x}=\dfrac{x^2}{y(1+x^2)}$.

求 9～12 题中微分方程的通解.

9. $y'+y\tan x=x\sin 2x\left(-\dfrac{\pi}{2}<x<\dfrac{\pi}{2}\right)$.

10. $\dfrac{\mathrm{d}y}{\mathrm{d}x}-\dfrac{n}{x}y=\mathrm{e}^x x^n$ (n 为常数).

11. $(x^2-1)y'+2xy-\cos x=0$.

12. $y'+y\cos x=\mathrm{e}^{-\sin x}$.

求 13～18 题中初值问题的解.

13. $y^2\mathrm{d}x+(x+1)\mathrm{d}y=0,y(0)=1$.

14. $\sqrt{1+x^2}\,y'=xy^3,y(0)=1$.

15. $\sin 2x\mathrm{d}x+\cos 3y\mathrm{d}x=0,y\left(\dfrac{\pi}{2}\right)=\dfrac{\pi}{3}$.

16. $y'-y=\dfrac{\mathrm{e}^x}{1+x^2},y(1)=0$.

17. $\cos x\dfrac{\mathrm{d}y}{\mathrm{d}x}=y\sin x+\cos^2 x,y(\pi)=1$.

18. $\dfrac{\mathrm{d}y}{\mathrm{d}x}+5y=-4\mathrm{e}^{-3x},y(0)=-4$.

B 组

求 19～24 题中微分方程的通解.

19. $\dfrac{\mathrm{d}y}{\mathrm{d}x}=\dfrac{1}{2}\sin 2x-y\cos x$.　　20. $y'=\dfrac{2x-1}{x^2}y+1$.

21. $xy\mathrm{d}y-y^2\mathrm{d}x=(x+y)\mathrm{d}y$.　　22. $(x\cos y+\sin 2y)y'=1$.

23. $y'+\cos\dfrac{x+y}{2}=\cos\dfrac{x-y}{2}$.　　24. $\dfrac{\mathrm{d}y}{\mathrm{d}x}=\dfrac{1}{x+y}$.

6.3　二阶线性常系数齐次微分方程

6.3.1　二阶线性微分方程解的结构

二阶线性微分方程的一般形式为
$$y''+p(x)y'+q(x)y=f(x),\tag{6-11}$$
其中 $f(x)$ 称为自由项. 当 $f(x)\equiv 0$ 时,即
$$y''+p(x)y'+q(x)y=0,\tag{6-12}$$
称方程(6-11)为二阶线性齐次微分方程;否则称为二阶线性非齐次微分方程. 方程中的 $p(x),q(x),f(x)$ 均为 x 的连续函数.

二阶线性微分方程的特点是:左边每项只含 y'',y' 或 y,且它们的次数只能是一次. 如 $y''-(\sin x)y'+xy=\mathrm{e}^x$ 是二阶线性微分方程,而 $y''-x(y')^3+\mathrm{e}^x y=\ln x$ 与 $y''+yy'-xy=0$

则不是二阶线性微分方程.

关于二阶线性微分方程解的结构,以下的定理 6.1、定理 6.3 和定理 6.4 的证明方法相类似.

定理 6.1　如果 y_1 与 y_2 是齐次方程(6-12)的解,则它们的线性组合

$$y = C_1 y_1 + C_2 y_2 \tag{6-13}$$

也是方程(6-12)的解,其中 C_1, C_2 为任意常数.

证　因为 y_1 与 y_2 是齐次方程(6-12)的解,所以

$$y_1'' + p(x)y_1' + q(x)y_1 = 0,$$

以及

$$y_2'' + p(x)y_2' + q(x)y_2 = 0.$$

将 $y = C_1 y_1 + C_2 y_2$ 代入方程(6-12)的左边,则

$$\begin{aligned}
左边 &= (C_1 y_1 + C_2 y_2)'' + p(x)(C_1 y_1 + C_2 y_2)' + q(x)(C_1 y_1 + C_2 y_2) \\
&= (C_1 y_1'' + C_2 y_2'') + p(x)(C_1 y_1' + C_2 y_2') + q(x)(C_1 y_1 + C_2 y_2) \\
&= C_1 [y_1'' + p(x)y_1' + q(x)y_1] + C_2 [y_2'' + p(x)y_2' + q(x)y_2] \\
&= 0 = 右边.
\end{aligned}$$

结论得证.

式(6-13)中虽然有两个任意常数,但它们不一定是相互独立的,也就是说它们有可能被合并成一个,因而式(6-13)不一定是方程(6-12)的通解. 如 y_1 是某二阶齐次微分方程的解,则 $y_2 = 3y_1$ 也是该方程的解,那么 $y = C_1 y_1 + C_2 y_2 = C_1 y_1 + C_2 (3y_1) = (C_1 + 3C_2)y_1 = Cy_1$ 中只有一个任意常数了. 那么什么情况下式(6-13)才是齐次方程(6-12)的通解呢? 这就需要介绍函数的线性相关与线性无关的概念.

定义 6.3　设 $y_1(x), y_2(x), \cdots, y_n(x)$ 为定义在区间 I 上的 n 个函数,若存在 n 个不全为零的常数 $k_1, k_2, \cdots, k_n$,使得等式

$$k_1 y_1 + k_2 y_2 + \cdots + k_n y_n = 0$$

在区间 I 上恒成立,则称这 n 个函数在区间 I 上线性相关;否则称它们线性无关.

例如,函数 $y_1 = x^2$ 与函数 $y_2 = -2x^2$ 是线性相关的. 因为只要取 $k_1 = 2, k_2 = 1$,就能使 $k_1 y_1 + k_2 y_2 = 0$ 恒成立. 而函数 $y_3 = x$ 与 $y_4 = x^2$ 则线性无关,因为假如存在不全为零的 k_3, k_4,不妨设 $k_3 \neq 0$ 使得 $k_3 y_3 + k_4 y_4 = 0$,即 $k_3 x + k_4 x^2 = 0$ 恒成立,则可推出 $x = -\dfrac{k_4}{k_3} x^2 = k x^2$ (k 为常数)恒成立,而这是不可能的.

从以上两例中可以得到如下有用的结论:两个函数线性相关的充分必要条件是这两个函数成比例.

有了线性无关的概念之后,就可以得到如下关于二阶齐次线性微分方程的通解结构的定理.

定理 6.2　如果 y_1 与 y_2 是齐次方程(6-12)的两个线性无关的特解,则 $y = C_1 y_1 + C_2 y_2$ 为该方程的通解,其中,C_1, C_2 为任意常数.

可见,有了线性无关的条件之后,解中的两个任意常数就不能合并了,因而是相互独立的任意常数,从而得到了方程的通解.

例如,$y'' - 2y' + y = 0$ 是二阶齐次线性微分方程,$y_1 = e^x$ 与 $y_2 = xe^x$ 是该方程的两个线

性无关的特解,所以 $y=C_1e^x+C_2xe^x$ 为该方程的通解.

在上节中看到,一阶线性非齐次微分方程的通解,可以表示成它自身的一个特解与对应的齐次方程的通解之和.对于二阶线性非齐次微分方程也有类似的结论.

定理 6.3　如果 y^* 是二阶线性非齐次微分方程(6-11)的一个特解,而 $\bar{y}$ 是对应的齐次微分方程(6-12)的通解,则 $y=y^*+\bar{y}$ 为方程(6-11)的通解.

证明从略.

根据上述定理可以看到,求解二阶线性非齐次微分方程(6-11)可分以下两步进行.

第一步　求出对应的齐次微分方程(6-12)的通解 $\bar{y}$.

第二步　求出方程(6-11)自身的一个特解 y^*,二者相加即得方程(6-11)的通解.

关于特解 y^* 的求法,定理 6.4 很有用.

定理 6.4　如果 y_1^*,y_2^* 分别是二阶线性非齐次微分方程
$$y''+p(x)y'+q(x)y=f_1(x)\text{ 与 }y''+p(x)y'+q(x)y=f_2(x)$$
的特解,则 $y_1^*+y_2^*$ 为二阶线性非齐次微分方程
$$y''+p(x)y'+q(x)y=f_1(x)+f_2(x) \tag{6-14}$$
的特解.

证明从略.

6.3.2　二阶常系数齐次线性微分方程的解法

在二阶线性微分方程(6-12)中,若函数 $p(x)$ 与 $q(x)$ 均为常数 p 与 q,即式(6-12)成为
$$y''+py'+qy=0, \tag{6-15}$$
则称其为二阶常系数齐次线性微分方程.

考虑到指数函数 $y=e^{rx}$(r 为常数)和它的各阶导数之间只差一个常数因子,可以猜想,假如常数 r 选择得当,指数函数 $y=e^{rx}$ 很有可能就是方程(6-15)的解.

将 $y=e^{rx}$ 求一阶和二阶导数,得 $y'=re^{rx}$,$y''=r^2e^{rx}$,把 y,y',y''代入方程(6-15),并化简,得 $e^{rx}(r^2+pr+q)=0$. 由于 $e^{rx}\neq0$,所以
$$r^2+pr+q=0. \tag{6-16}$$

由此可见,只要 r 满足方程(6-16),则函数 $y=e^{rx}$ 就是微分方程(6-15)的解. 称代数方程(6-16)为微分方程(6-15)的特征方程.

代数方程(6-16)的根有以下三种情况:

① 当 $p^2-4q>0$ 时,它有两个不相等的实根
$$r_{1,2}=\frac{-p\pm\sqrt{p^2-4q}}{2};$$

② 当 $p^2-4q=0$ 时,它有两个相等的实根
$$r_1=r_2=-\frac{p}{2};$$

③ 当 $p^2-4q<0$ 时,它有一对共轭复根
$$r_{1,2}=\alpha\pm i\beta,$$
其中 $\alpha=-\dfrac{p}{2}$,$\beta=\dfrac{\sqrt{4q-p^2}}{2}$.

相应地,微分方程(6-15)的解也有以下三种情况:

① 当特征方程有两个不相等的实根 r_1,r_2 时,函数 $y_1 = e^{r_1 x}$ 与 $y_2 = e^{r_2 x}$ 都是方程(6-15)的解,而且它们线性无关. 根据定理 6.2 可知,此时微分方程(6-15)的通解为

$$y = C_1 e^{r_1 x} + C_2 e^{r_2 x}. \tag{6-17}$$

② 当特征方程只有一个二重实根 $r = -\dfrac{p}{2}$ 时,只能得到方程(6-15)的一个特解 $y_1 = e^{rx}$,必须再求出另一个线性无关的特解 y_2,为此设 $y_2 = u(x)e^{rx}$,$u(x)$ 为非常数函数. 必要的计算如下:

$$y_2' = u'(x)e^{rx} + u(x)re^{rx},$$
$$y_2'' = u''(x)e^{rx} + u'(x)re^{rx} + u'(x)re^{rx} + u(x)r^2 e^{rx}$$
$$= u''(x)e^{rx} + 2ru'(x)e^{rx} + u(x)r^2 e^{rx},$$

将 y_2,y_2',y_2'' 代入方程(6-15),得

$$[u''(x)e^{rx} + 2ru'(x)e^{rx} + u(x)r^2 e^{rx}] + p[u'(x)e^{rx} + u(x)re^{rx}] + qu(x)e^{rx} = 0,$$

化简并整理(注意到 $e^{rx} \neq 0$)得

$$u''(x) + (2r + p)u'(x) + (r^2 + pr + q)u(x) = 0.$$

因为 r 为特征方程的二重根,所以 $2r + p = 0$,$r^2 + pr + q = 0$,于是得 $u''(x) = 0$.

为方便起见,不妨选 $u(x) = x$,由此得到方程(6-15)的另一个线性无关的特解 $y_2 = xe^{rx}$. 从而得到微分方程(6-15)的通解为

$$y = (C_1 + C_2 x)e^{rx}. \tag{6-18}$$

③ 当特征方程有一对共轭复根 $r_1 = \alpha + \beta i$ 与 $r_2 = \alpha - \beta i$ 时,方程(6-15)有两个线性无关的复数解为

$$y_1 = e^{(\alpha + \beta i)x} \text{ 和 } y_2 = e^{(\alpha - \beta i)x}.$$

可以利用欧拉(Euler)公式

$$e^{i\theta} = \cos\theta + i\sin\theta$$

将 y_1,y_2 改写成

$$y_1 = e^{(\alpha + \beta i)x} = e^{\alpha x} e^{i\beta x} = e^{\alpha x}(\cos\beta x + i\sin\beta x),$$
$$y_2 = e^{(\alpha - \beta i)x} = e^{\alpha x} e^{-i\beta x} = e^{\alpha x}(\cos\beta x - i\sin\beta x).$$

根据定理 6.1,

$$\frac{1}{2}(y_1 + y_2) = e^{\alpha x}\cos\beta x \text{ 与 } \frac{1}{2i}(y_1 - y_2) = e^{\alpha x}\sin\beta x$$

仍然为方程(6-15)的解,且它们线性无关,于是可得方程(6-15)的实函数通解为

$$y = e^{\alpha x}(C_1 \cos\beta x + C_2 \sin\beta x). \tag{6-19}$$

由上述过程可以看到,求二阶常系数齐次线性微分方程 $y'' + py' + qy = 0$ 的解,只要按下列三个步骤进行即可.

第一步　写出该微分方程的特征方程.

第二步　求出特征方程的根.

第三步　根据特征方程的根的不同情况,参照式(6-17)、式(6-18)、式(6-19)写出齐次方程的通解.

例 1　求微分方程 $y'' - 4y' + 3y = 0$ 的通解.

解 微分方程的特征方程 $r^2-4r+3=0$. 特征方程的根为 $r_1=1,r_2=3$，所以原方程的通解为

$$y=C_1e^x+C_2e^{3x}(C_1,C_2 \text{ 为任意常数}).$$

例2 求微分方程 $y''+2y'+2y=0$ 的通解.

解 特征方程为 $r^2+2r+2=0$，特征方程的根为 $r_1=-1+i,r_2=-1-i$，所以原方程的通解为

$$y=e^{-x}(C_1\cos x+C_2\sin x)(C_1,C_2 \text{ 为任意常数}).$$

例3 求微分方程 $y''-3y'+2y=0$ 满足条件 $y(0)=1,y'(0)=3$ 的特解.

解 特征方程为 $r^2-3r+2=0$，特征方程的根为 $r_1=1,r_2=2$，所以原方程的通解为

$$y=C_1e^x+C_2e^{2x}(C_1,C_2 \text{ 为任意常数}).$$

对通解求导，得
$$y'=C_1e^x+2C_2e^{2x},$$

将初始条件代入以上两式，得
$$1=C_1+C_2 \text{ 和 } 3=C_1+2C_2,$$

解得
$$C_1=-1,C_2=2.$$

故所求特解为
$$y=-e^x+2e^{2x}.$$

习题 6-3

A 组

1. 下列各题中的两个函数哪些是线性无关的？

(1) $-x,2x$；

(2) e^{2x},e^{3x}；

(3) $\frac{1}{2}\sin x\cos x,\sin 2x$；

(4) $e^{2x}\sin x,e^{2x}\cos x$；

(5) $\log_a x,\log_b x(a\neq b,\text{且均为不等于 1 的正常数})$；

(6) $x\ln x,(x+2)\ln x$.

2. 已知 $y=e^x$ 是微分方程 $y''+q(x)y=0$ 的一个特解，试求此方程的通解.

3. 验证 $y_1=\cos ax$ 与 $y_2=\sin ax$ 都是方程 $y''+a^2y=0$ 的解，并写出该方程的通解.

求 4~8 题中微分方程的通解.

4. $y''+5y'+4y=0$.

5. $y''-y'=0$.

6. $y''+4y'+4y=0$.

7. $y''+2y'+5y=0$.

8. $y''+ay'+y=0(a \text{ 为实常数}).$

求 9~12 题中初值问题的解.

9. $y''-4y'+3y=0,y(0)=6,y'(0)=8$.

10. $4y''+4y'+y=0,y(0)=4,y'(0)=1$.

11. $y''+25y=0,y(0)=2,y'(0)=5$.

12. $4y''+2y'+y=0,y(0)=\sqrt{3},y'(0)=0$.

B 组

13. 设函数 $y_1(x)$ 和 $y_2(x)$ 在同一区间上是线性无关的,证明
$$z_1(x)=y_1(x)+y_2(x) \text{和} z_2(x)=y_1(x)-y_2(x)$$
在该区间上也是线性无关的.

14. 已知 $y_1=2x, y_2=\sin2x, y_3=\cos2x$ 是微分方程 $y''+p(x)y'+q(x)y=f(x)$ 的三个特解,其中 $p(x), q(x), f(x)$ 都是已知的连续函数.试写出该方程的通解.

6.4 二阶线性常系数非齐次微分方程

二阶线性常系数非齐次微分方程的一般形式为
$$y''+py'+qy=f(x), \tag{6-20}$$
其中 p, q 为常数.

由定理 6.3 知道,要求方程(6-20)的通解,只要求出对应的齐次方程
$$y''+py'+qy=0$$
的通解,以及它自身的一个特解,二者相加即可.前一问题已经解决,本节解决第二个问题.

本节只讨论自由项 $f(x)$ 是一些特殊函数时的非齐次方程的特解的求法.这里采用的是待定系数法,而不需要通过积分.

6.4.1 $f(x)=P_n(x)$ 型

这里,$P_n(x)$ 为 x 的 n 次多项式,此时方程(6-20)为
$$y''+py'+qy=P_n(x). \tag{6-21}$$

不难想象方程(6-21)具有多项式的特解 y^*.由于多项式的导数为低一次的多项式,而方程(6-21)左边的第三项次数最高,第二项其次,根据多项式恒等的理论,要使式(6-21)左右两边恒等,两边的同次项的系数应该相等.因此容易得到以下的结论:若 $q\neq0$,则 y^* 应为 n 次多项式;若 $q=0$ 而 $p\neq0$,则 y^* 应为 $n+1$ 次多项式;若 $p=q=0$,则 y^* 应为 $n+2$ 次多项式.

根据以上讨论,设方程(6-21)的特解为 $y^*=x^k Q_n(x)$,当 $q\neq0$ 时,取 $k=0$;当 $q=0$ 而 $p\neq0$ 时,取 $k=1$;当 $p=q=0$ 时,取 $k=2$.其中 $Q_n(x)$ 为 n 次多项式.

例 1 求微分方程 $y''+5y'=3x^2-2x$ 的一个特解.

解 设特解为 $y^*=x(Ax^2+Bx+C)=Ax^3+Bx^2+Cx$,则
$$(y^*)'=3Ax^2+2Bx+C, (y^*)''=6Ax+2B.$$
将上述各式代入原方程,得
$$(6Ax+2B)+5(3Ax^2+2Bx+C)=3x^2-2x,$$
整理得
$$15Ax^2+(6A+10B)x+(2B+5C)=3x^2-2x,$$
比较两边 x 同次幂的系数,得
$$15A=3, 6A+10B=-2, 2B+5C=0,$$
解得

$$A=\frac{1}{5}, B=-\frac{8}{25}, C=\frac{16}{125}.$$

所以原方程的特解为

$$y^*=\frac{1}{5}x^3-\frac{8}{25}x^2+\frac{16}{125}x.$$

6.4.2　$f(x)=P_n(x)\mathrm{e}^{\alpha x}$型

这里，$P_n(x)$为x的n次多项式，α是非零常数. 此时方程(6-20)成为

$$y''+py'+qy=P_n(x)\mathrm{e}^{\alpha x}. \tag{6-22}$$

由于式(6-22)右边为多项式与指数函数的乘积，猜想$y^*=Q(x)\mathrm{e}^{\alpha x}$为方程(6-22)的特解(其中，$Q(x)$为多项式)，将其代入方程(6-22)，通过选取适当的多项式$Q(x)$，使方程(6-22)成立. 计算如下：

$$(y^*)'=Q'(x)\mathrm{e}^{\alpha x}+\alpha Q(x)\mathrm{e}^{\alpha x}=\mathrm{e}^{\alpha x}[Q'(x)+\alpha Q(x)],$$
$$(y^*)''=\alpha \mathrm{e}^{\alpha x}[Q'(x)+\alpha Q(x)]+\mathrm{e}^{\alpha x}[Q''(x)+\alpha Q'(x)]$$
$$=\mathrm{e}^{\alpha x}[\alpha^2 Q(x)+2\alpha Q'(x)+Q''(x)].$$

代入方程(6-22)，得

$$\mathrm{e}^{\alpha x}[\alpha^2 Q(x)+2\alpha Q'(x)+Q''(x)]+p\mathrm{e}^{\alpha x}[Q'(x)+\alpha Q(x)]+qQ(x)\mathrm{e}^{\alpha x}=P_n(x)\mathrm{e}^{\alpha x},$$

化简，得

$$Q''(x)+(2\alpha+p)Q'(x)+(\alpha^2+p\alpha+q)Q(x)=P_n(x).$$

要使上式恒等，进行如下讨论.

① 若α不是方程(6-22)对应的齐次方程(6-15)的特征方程$r^2+pr+q=0$的根，也就是$\alpha^2+p\alpha+q\neq0$，则$Q(x)$也是n次多项式，通过比较上式两边x同次幂的次数，可得$Q(x)$，于是就得到方程(6-22)的特解.

② 若α为特征方程$r^2+pr+q=0$的单根，即$\alpha^2+p\alpha+q=0$，但$2\alpha+p\neq0$，则$Q(x)$应为x的$n+1$次多项式，可设$Q(x)=xQ_n(x)$，其中$Q_n(x)$为x的n次多项式.

③ 若α为特征方程$r^2+pr+q=0$的二重根，即$\alpha^2+p\alpha+q=0$，且$2\alpha+p=0$，则$Q(x)$应为x的$n+2$次多项式，可设$Q(x)=x^2Q_n(x)$，其中$Q_n(x)$的规定同上.

总之，方程(6-22)的特解可设为$y^*=x^kQ_n(x)\mathrm{e}^{\alpha x}$，当$\alpha$不是特征方程$r^2+pr+q=0$的根时，取$k=0$；当$\alpha$是特征方程$r^2+pr+q=0$的单根时，取$k=1$；当$\alpha$是特征方程$r^2+pr+q=0$的二重根时，取$k=2$. 显然，若式(6-22)中自由项退化成$A\mathrm{e}^{\alpha x}$，则特解只要设成$y^*=Bx^k\mathrm{e}^{\alpha x}$即可，$k$的取法同上.

需要说明的是：在方程(6-22)中，若$\alpha=0$，则方程(6-22)变成了方程(6-21)，因此第一种类型是第二种类型的特殊情形. 但因为第一种类型特别简单，不需要像第二种类型这样讨论，因此单独给出了结论.

例2　求微分方程$y''-5y'+6y=x\mathrm{e}^{2x}$的一个特解.

解　原方程对应的齐次方程的特征方程为$r^2-5r+6=0$，它的特征根为$r_1=2, r_2=3$.

因为$\alpha=2$为单根，所以原方程的特解可设为$y^*=x(Ax+B)\mathrm{e}^{2x}$.

求y^*的一阶和二阶导数，得

$$(y^*)'=[2Ax^2+2(A+B)x+B]\mathrm{e}^{2x}, (y^*)''=2[2Ax^2+2(2A+B)x+A+2B]\mathrm{e}^{2x}.$$

将 y^*，$(y^*)'$，$(y^*)''$ 代入原方程并化简整理，得

$$-2Ax+2A-B=x.$$

所以

$$-2A=1, 2A-B=0,$$

解得

$$A=-\frac{1}{2}, B=-1,$$

故原方程的一个特解为 $y^*=-x\left(\frac{1}{2}x+1\right)\mathrm{e}^{2x}$.

例 3　求微分方程 $y''-6y'+9y=(x+1)\mathrm{e}^{3x}$ 的通解.

解　原方程对应的齐次方程的特征方程为 $r^2-6r+9=0$，它的根为二重根 $r=3$，所以原方程的特解可设为

$$y^*=x^2(Ax+B)\mathrm{e}^{3x}=(Ax^3+Bx^2)\mathrm{e}^{3x}.$$

求 y^* 的一阶和二阶导数，得

$$(y^*)'=[3Ax^3+(3A+3B)x^2+2Bx]\mathrm{e}^{3x},$$

$$(y^*)''=[9Ax^3+(18A+9B)x^2+(6A+12B)x+2B]\mathrm{e}^{3x}.$$

将 y^*，$(y^*)'$，$(y^*)''$ 代入原方程并化简整理，得

$$6Ax+2B=x+1,$$

解得

$$A=\frac{1}{6}, B=\frac{1}{2},$$

从而原方程的一个特解为

$$y^*=\left(\frac{1}{6}x^3+\frac{1}{2}x^2\right)\mathrm{e}^{3x}.$$

因为原方程对应的齐次方程的通解为

$$\bar{y}=(C_1+C_2 x)\mathrm{e}^{3x},$$

所以原方程的通解为 $y=y^*+\bar{y}=\left(\frac{1}{6}x^3+\frac{1}{2}x^2\right)\mathrm{e}^{3x}+(C_1+C_2 x)\mathrm{e}^{3x}$.

6.4.3　$f(x)=\mathrm{e}^{\alpha x}(A\cos\beta x+B\sin\beta x)$ 型

此时方程(6-20)成为

$$y''+py'+qy=\mathrm{e}^{\alpha x}(A\cos\beta x+B\sin\beta x). \tag{6-23}$$

仿照上述情形一、二的讨论，可以假设方程(6-23)的特解为

$$y^*=x^k\mathrm{e}^{\alpha x}(C\cos\beta x+D\sin\beta x).$$

当 $\alpha+\beta\mathrm{i}$ 不是方程(6-23)对应的齐次方程的特征方程 $r^2+pr+q=0$ 的根时，取 $k=0$；否则取 $k=1$.

例 4　求微分方程 $y''+2y'+5y=\mathrm{e}^{-x}\sin 2x$ 的一个特解.

解　原方程对应的齐次方程的特征方程为 $r^2+2r+5=0$，它有一对共轭复根 $r=-1\pm2\mathrm{i}$，而原方程右边的自由项中 $\alpha=-1$，$\beta=2$，可见 $\alpha+\beta\mathrm{i}$ 是上述特征方程的根，因此可设原方程的一个特解为 $y^*=x\mathrm{e}^{-x}(C\cos 2x+D\sin 2x)$. 必要的计算如下：

$$(y^*)'=\mathrm{e}^{-x}(C\cos 2x+D\sin 2x)+x\mathrm{e}^{-x}(-2C\sin 2x+2D\cos 2x)-x\mathrm{e}^{-x}(C\cos 2x+D\sin 2x)$$

$$=\mathrm{e}^{-x}[(C+2Dx-Cx)\cos 2x+(D-2Cx-Dx)\sin 2x],$$

$$(y^*)''=-\mathrm{e}^{-x}[(C+2Dx-Cx)\cos 2x+(D-2Cx-Dx)\sin 2x]+\mathrm{e}^{-x}[(2D-C)\cos 2x-$$

$$(2C+4Dx-2Cx)\sin2x+(-2C-D)\sin2x+(2D-4Cx-2Dx)\cos2x]$$
$$=\mathrm{e}^{-x}\left[(4D-2C-3Cx-4Dx)\cos2x+(-4C-2D-3Dx+4Cx)\sin2x\right].$$

将 $y^*,(y^*)',(y^*)''$ 代入原方程,并化简整理得

$$4D\cos2x-4C\sin2x=\sin2x.$$

比较上式两边 $\cos2x$ 与 $\sin2x$ 的系数得

$$C=-\frac{1}{4},D=0,$$

故得原方程的一个特解为

$$y^*=-\frac{1}{4}x\mathrm{e}^{-x}\cos2x.$$

例 5　求 $y''+2y'+y=\mathrm{e}^x+x^2$ 的通解.

解　根据定理 6.4 知道,方程 $y''+2y'+y=\mathrm{e}^x$ 的特解 y_1^* 与方程 $y''+2y'+y=x^2$ 的特解 y_2^* 的和 $y_1^*+y_2^*$ 是原方程的特解.下面分别求 y_1^* 与 y_2^*.

因为齐次方程 $y''+2y'+y=0$ 的特征方程 $r^2+2r+1=0$ 的特征根为 $r=-1$,故可设 $y_1^*=A\mathrm{e}^x$.代入方程 $y''+2y'+y=\mathrm{e}^x$,得 $A\mathrm{e}^x+2A\mathrm{e}^x+A\mathrm{e}^x=\mathrm{e}^x$,则 $A=\frac{1}{4}$,故

$$y_1^*=\frac{1}{4}\mathrm{e}^x.$$

又设 $y_2^*=Bx^2+Cx+D$,代入方程 $y''+2y'+y=x^2$,得

$$2B+2(2Bx+C)+(Bx^2+Cx+D)=x^2,$$

化简整理,得

$$Bx^2+(4B+C)x+(2B+2C+D)=x^2,$$

比较两边 x 同次幂的系数,得

$$\begin{cases}B=1,\\4B+C=0,\\2B+2C+D=0,\end{cases}$$

所以 $B=1,C=-4,D=6$,从而

$$y_2^*=x^2-4x+6.$$

又原方程对应的齐次方程的通解为

$$\bar{y}=(C_1+C_2x)\mathrm{e}^{-x},$$

所以原方程的通解为

$$y=(C_1+C_2x)\mathrm{e}^{-x}+\frac{1}{4}\mathrm{e}^x+x^2-4x+6.$$

习题 6-4

A 组

求 1~8 题中微分方程的通解.

1. $y''+4y'+4y=2.$

2. $y''+2y'=2-x.$

3. $y''+6y'+5y=\mathrm{e}^{2x}.$

4. $y''+3y'+\frac{9}{4}y=\mathrm{e}^{-\frac{3}{2}x}.$

5. $y''-y'-2y=\cos 2x$.　　　　　　6. $y''+4y=\cos x$.

7. $y''-2y'+5y=e^x\sin 2x$.　　　　 8. $y''-y'=\sin^2 x$.

求解 9～11 题中的初值问题.

9. $y''+y'-2y=2x$, $y(0)=0$, $y'(0)=1$.

10. $y''+y+\sin 2x=0$, $y(\pi)=1$, $y'(\pi)=1$.

11. $y''-10y'+9y=e^{2x}$, $y(0)=\dfrac{6}{7}$, $y'(0)=\dfrac{33}{7}$.

B 组

求 12～14 题中微分方程的通解.

12. $y''+y=\sin x-\cos 2x$.　　　　 13. $y''+y=\sin x\sin 2x$.

14. $y''-6y'+9y=(x+1)e^{3x}$.

求解 15～16 题中的初值问题.

15. $y''+4y=x^2+3e^x$, $y(0)=0$, $y'(0)=2$.

16. $y''-y=4xe^x$, $y(0)=0$, $y'(0)=1$.

6.5　微分方程应用举例

　　微分方程是与微积分同时产生的. 许多实际问题的解决, 导致求解微分方程, 而微分方程的研究反过来又促进实际问题的解决, 同时也促进了其他学科的发展. 比如, 在天文学上, 一般的天体都是通过观察发现的, 而海王星的发现却是一个特例, 它是 Leverrier 根据微分方程的研究结果预见到有个行星存在, 还算出了它在天空中的位置, 后来按照他计算的结果找到的. 在近代, 微分方程不仅在物理学、力学、工程学等方面继续发挥作用, 还渗透进了生物学、经济学、医学等领域, 形成了诸如生物数学、经济数学等许多的边缘学科, 极大地促进了许多自然科学和社会科学的发展. 下面通过一些实例说明微分方程的应用.

　　例 1　已知一曲线过点 $(1,2)$, 它在两坐标轴间的任一切线段均被切点所平分, 求此曲线方程.

　　解　根据导数的几何意义, 曲线上一点的切线斜率等于该点的导数. 设曲线方程为 $y=y(x)$, 其上任一点 $P(x,y)$ 处的切线方程为

$$Y-y=y'(X-x),$$

令 $X=0$, 则得到切线在 y 轴上的纵坐标为 $Y=y-xy'$, 根据题意

$$\frac{y-xy'}{2}=y,$$

整理得曲线方程所满足的微分方程为

$$y'+\frac{y}{x}=0,$$

求得它的通解为

$$y=\frac{C}{x}(C\text{ 为常数}).$$

将初始条件 $x=1$, $y=2$ 代入通解, 得 $C=2$, 故所求曲线方程为

$$y = \frac{2}{x}.$$

例 2　生物总数的数学模型.

说明　讨论一个孤立的生物种群,假设它在一个地区内没有迁移,也没有和其他种群形成天敌关系.再者,生物数量的变化是一个一个进行的,它是时间的函数,但不连续,然而,当数量很大时,一两个的变化对整体的影响很小,可近似看成连续函数.

以 $q = q(t)$ 表示 t 时刻时的种群数量,其增长率 $r = r(t, q)$ 是出生率与死亡率的差,在最简单的情况下设其为常数 a,于是有

$$\frac{\mathrm{d}q}{\mathrm{d}t} = aq(t),$$

这就是著名的马尔萨斯(Malthus)方程.设初始时的总数为 $q(t_0) = q_0$,于是就得到初值问题

$$\begin{cases} \dfrac{\mathrm{d}q}{\mathrm{d}t} = aq, \\ q(t_0) = q_0. \end{cases}$$

这是很简单的一阶线性齐次微分方程,解题过程留给读者.

例 3　一块温度为 100 ℃的物体放在室温 20 ℃中,10 min 后温度降为 60 ℃.已知物体冷却的规律为:冷却速率与物体和室温的温度差成正比.问如果要使物体温度降到 25 ℃,需要多长时间?

解　假设物体温度 $T = T(t)$,它是时间 t(min)的函数,而物体的冷却速率就是温度 $T(t)$ 对时间 t 的变化率,即 $T'(t)$.根据冷却规律 $T(t)$ 满足以下的微分方程

$$T'(t) = -k[T(t) - 20],$$

其中,$k > 0$ 为比例系数,而 k 前面的负号表示温度的下降.

另外根据题意,$T(t)$ 还满足初始条件 $T(0) = 100$.

解初值问题

$$\begin{cases} T'(t) = -k[T(t) - 20], \\ T(0) = 100, \end{cases}$$

得特解为

$$T(t) = 20 + 80\mathrm{e}^{-kt}.$$

下面根据题意确定比例系数 k.

由题意 $t = 10$ 时,$T = 60$,代入上式,得 $60 = 20 + 80\mathrm{e}^{-10k}$,解得

$$k = 0.03.$$

于是得到温度与时间的函数关系为

$$T(t) = 20 + 80\mathrm{e}^{-0.03t}.$$

最后将 $T = 25$ 代入上式,解得 $t = 40$.即物体温度从 100 ℃降到 25 ℃需要 40 min.

例 4　假设跳伞员离开飞机时($t = 0$)速度为零,下落过程中所受空气阻力与速度成正比,求跳伞员下落速度与时间的函数关系.

解　本题中所要用到的物理知识是牛顿(Newton)第二运动定律:物体所受作用力等于物体的质量与加速度的乘积,即

$$F = ma.$$

而速度关于时间的导数为加速度.

设跳伞员的下落速度为 $v(t)$，下落过程中同时受到重力 mg 与阻力 kv（k 为比例系数）的作用，其中重力的方向与速度的方向一致，而阻力的方向与速度的方向相反. 因而跳伞员所受外力

$$F = mg - kv.$$

根据牛顿第二运动定律可得函数 $v(t)$ 满足的微分方程为

$$m\frac{\mathrm{d}v}{\mathrm{d}t} = mg - kv, \tag{6-24}$$

初始条件为

$$v(0) = 0.$$

方程(6-24)为常系数一阶线性微分方程，也是可分离变量的微分方程. 分离变量，得

$$\frac{\mathrm{d}v}{mg - kv} = \frac{\mathrm{d}t}{m},$$

两边积分

$$\int \frac{\mathrm{d}v}{mg - kv} = \int \frac{\mathrm{d}t}{m},$$

计算积分，得

$$-\frac{1}{k}\ln(mg - kv) = \frac{t}{m} + C,$$

将初始条件代入上式，得

$$C = -\frac{1}{k}\ln mg,$$

故所求特解为

$$-\frac{1}{k}\ln(mg - kv) = \frac{t}{m} - \frac{1}{k}\ln mg.$$

此式可化为 $\dfrac{1}{k}\ln\dfrac{mg - kv}{mg} = -\dfrac{t}{m}$ 或者

$$v = \frac{mg}{k}\left(1 - \mathrm{e}^{-\frac{kt}{m}}\right). \tag{6-25}$$

由式(6-25)可以看出，随着时间 t 的增大，速度 v 越来越接近常数 $\dfrac{mg}{k}$，且不会超过这个常数. 可见，跳伞后开始阶段是加速运动，很长一段时间后将接近于匀速运动.

例 5　求探照灯反光镜面的形状. 设所求曲面由曲线 $y = y(x)$ 绕 x 轴旋转而成（如图 6-1 所示），且光源位于坐标原点 O，自光源发出的光线经镜面反射后平行于 x 轴.

解　本题中用到的物理知识是光学的反射定律：入射角等于反射角.

显然只需研究在坐标平面上的截线的情形就够了.

设 $P(x, y)$ 为曲线上任意一点，PQ 为曲线在 P 点的切线，根据反射定律得 $\alpha = \beta$. 又因为 PP' 平行于 x 轴，所以 $\angle OQP = \beta$，而 $\gamma = \alpha + \angle OQP = 2\beta$，于是 $\tan\gamma = \tan 2\beta$，又因为 $\tan 2\beta = \dfrac{2\tan\beta}{1 - \tan^2\beta}$，由于 $\tan\beta = y'$，$\tan\gamma = \dfrac{y}{x}$，所以 $\dfrac{y}{x} = \dfrac{2y'}{1 - (y')^2}$，解得

$$y' = -\frac{x}{y} + \sqrt{1 + \left(\frac{x}{y}\right)^2}, \tag{6-26}$$

以及

$$y' = -\frac{x}{y} - \sqrt{1 + \left(\frac{x}{y}\right)^2}. \qquad (6\text{-}27)$$

在式(6-27)中将 y 换成 $-y$ 就得到式(6-26),因而只需讨论式(6-26),它是一阶齐次微分方程.

采用换元法. 令 $u = \frac{y}{x}$,则 $y' = u + xu'$,代入式(6-26)并化简,得

$$x\frac{\mathrm{d}u}{\mathrm{d}x} = \frac{-(1+u^2) + \sqrt{1+u^2}}{u},$$

分离变量并积分,得

$$\int \frac{u\mathrm{d}u}{-(1+u^2) + \sqrt{1+u^2}} = \frac{\mathrm{d}x}{x},$$

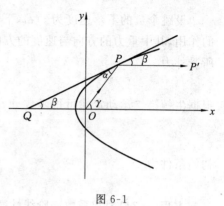

图 6-1

计算得

$$-\ln|1 - \sqrt{1+u^2}| = \ln|x| + C_1,$$

将 $u = \frac{y}{x}$ 代入上式并整理,得

$$\ln|x - \sqrt{x^2 + y^2}| = -C_1,$$

故方程(6-26)的通解为

$$x - \sqrt{x^2 + y^2} = C(C \neq 0 \text{ 为常数}),\text{即 } y^2 = -2Cx + C^2 (C \neq 0 \text{ 为常数}).$$

它是一条抛物线,因而探照灯的反光镜面是旋转抛物面.

例 6 $R\text{-}L\text{-}C$ 电路.

在如图 6-2 所示的串联电路中,电阻 R、电感 L、电容 C 均为常数,电源电动势是时间 t 的函数:$E = E_m \sin\omega t$,E_m 及 ω 也是常数. 求此电路的振荡方程.

解 合上开关后就组成了闭合电路,设电路中电流为 $i(t)$,电容器 C 极板上的电量为 $Q(t)$,两极板间的电压为 U_c,电感 L 的电动势为 E_L,则本题中所用到的电学知识有

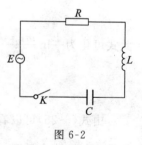

图 6-2

$$i = \frac{\mathrm{d}Q}{\mathrm{d}t}, U_c = \frac{Q}{C}, E_L = L\frac{\mathrm{d}i}{\mathrm{d}t},$$

以及基尔霍夫第二定律:绕闭合电路一周,电压降为零. 于是有

$$E - L\frac{\mathrm{d}i}{\mathrm{d}t} - \frac{Q}{C} - Ri = 0,\text{即 } L\frac{\mathrm{d}i}{\mathrm{d}t} + \frac{Q}{C} + Ri = E.$$

因为 $i = \frac{\mathrm{d}Q}{\mathrm{d}t}$,对上式两边求导得

$$L\frac{\mathrm{d}^2 i}{\mathrm{d}t^2} + \frac{1}{C}\frac{\mathrm{d}Q}{\mathrm{d}t} + R\frac{\mathrm{d}i}{\mathrm{d}t} = \frac{\mathrm{d}E}{\mathrm{d}t} = E_m\omega\cos\omega t,$$

所以

$$L\frac{\mathrm{d}^2 i}{\mathrm{d}t^2} + R\frac{\mathrm{d}i}{\mathrm{d}t} + \frac{1}{C}i = E_m\omega\cos\omega t.$$

这就是所求的串联电路的振荡方程,它是一个二阶常系数线性微分方程,具体解题过程留给读者.

例 7　弹簧振动问题.

设有一个弹簧,它的上端固定,下端挂一个质量为 m 的物体.当物体处于静止状态时,作用在物体上的重力与弹性力大小相等、方向相反.这个就是物体的平衡位置.如图 6-3 所示,取 x 轴铅直向下,并取物体的平衡位置为坐标原点.

如果使物体具有一个初始速度 $v_0 \neq 0$,那么物体便离开平衡位置,并在平衡位置附近上下振动.在振动过程中,物体的位置 x 随时间 t 变化,即 x 是 t 的函数:$x = x(t)$.要确定物体的振动规律,就要求出函数 $x = x(t)$.

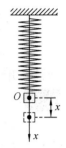

由力学知识知道,弹簧使物体回到平衡位置的弹性恢复力 f(它不包括在平衡位置时和重力 mg 相平衡的那一部分弹性力)和物体离开平衡位置的位移 x 成正比:

$$f = -cx,$$

其中,c 为弹簧的弹性系数,负号表示弹性恢复力的方向和物体位移的方向相反.

图 6-3

另外,物体在运动过程中还受到阻尼介质(如空气、油等)的阻力的作用,阻力使得振动逐渐趋向停止.由实验知道,阻力 R 的方向总与运动方向相反,当运动速度不大时,其大小与物体运动的速度成正比.设比例系数为 μ,则有

$$R = -\mu \frac{\mathrm{d}x}{\mathrm{d}t}.$$

根据上述关于物体受力情况的分析,由牛顿第二定律得

$$m \frac{\mathrm{d}^2 x}{\mathrm{d}t^2} = -cx - \mu \frac{\mathrm{d}x}{\mathrm{d}t},$$

移项,并记

$$2n = \frac{\mu}{m}, k^2 = \frac{c}{m},$$

则上式化为

$$\frac{\mathrm{d}^2 x}{\mathrm{d}t^2} + 2n \frac{\mathrm{d}x}{\mathrm{d}t} + k^2 x = 0.$$

这就是在有阻尼的情况下物体自由振动的微分方程.

如果物体在振动过程中,还受到铅直干扰力

$$F = H \sin pt$$

的作用,则有

$$\frac{\mathrm{d}^2 x}{\mathrm{d}t^2} + 2n \frac{\mathrm{d}x}{\mathrm{d}t} + k^2 x = h \sin pt,$$

其中 $h = \dfrac{H}{m}$.这就是强迫振动的微分方程.

习题 6-5

A 组

1. 求一曲线,使由其上任意一点的切线、两坐标轴和过切点平行于纵轴的直线所围成

的梯形面积等于常数 $3a^2$.

2. 一条曲线位于 $A(0,2)$，$B(1,0)$ 之间，且在弦 AB 的上方，$C(x,y)$ 为曲线上任一点，又曲线与弦 AC 之间的面积为 x^3，求此曲线的方程.

3. 一质点由离地面很高的地方由静止开始下落，作用于质点上的力为万有引力 $F=\dfrac{kmM}{y^2}$，其中，m，M 分别是质点与地球的质量，y 是质点离地面的距离. 假定地球相对于质点而言是固定的. 试求质点的速度对于 y 的依赖关系. 若开始的时候质点离地心的距离为 l，试求质点下落到地面所用的时间.

4. 一质量为 m 的小球和引力中心 O 的距离为 a，设引力与距离的立方成反比，试求小球被吸引到点 O 所需要的时间.（不考虑空气阻力与摩擦力）

B 组

5. 在如图 6-4 所示的电路中，先将开关拨向 A，达到稳定状态后再将开关拨向 B，求电压 $u_c(t)$ 及电流 $i(t)$. 已知 $E=20$ V，$C=0.5\times10^{-6}$ F，$L=0.1$ H，$R=2000$ Ω.

6. 一质量为 m 的物体沿倾角为 θ 的斜面由静止开始下滑，若不计摩擦力，试求物体下滑速度的变化规律.

7. 一质量为 m 的潜水艇从水面由静止状态下沉，所受阻力与下沉速度成正比（比例系数为 $k>0$）. 试求潜水艇下沉深度与时间 t 的关系.

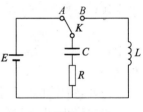

图 6-4

6.6　拉普拉斯变换

6.6.1　拉氏变换的概念

定义 6.4　设函数 $f(t)$ 的定义域为 $[0,+\infty)$，若广义积分

$$\int_0^{+\infty} f(t)\mathrm{e}^{-st}\,\mathrm{d}t$$

在 s 的某一取值范围内收敛，则此积分就确定了 s 的函数，记作

$$F(s)=\int_0^{+\infty} f(t)\mathrm{e}^{-st}\,\mathrm{d}t. \tag{6-28}$$

函数 $F(s)$ 称为 $f(t)$ 的拉普拉斯变换，简称拉氏变换（或称为 $f(t)$ 的象函数），式（6-28）称为函数 $f(t)$ 的拉氏变换式，用记号 $\mathscr{L}[f(t)]$ 表示，即

$$F(s)=\mathscr{L}[f(t)].$$

若 $F(s)$ 是 $f(t)$ 的拉氏变换，则称 $f(t)$ 为 $F(s)$ 的拉氏逆变换（或称为象原函数），记作

$$f(t)=\mathscr{L}^{-1}[F(s)].$$

注　（1）在拉氏变换的定义中，只要求 $f(t)$ 当 $t\geqslant0$ 时有定义. 为了研究拉氏变换某些性质的方便，以后总是假定当 $t<0$ 时，$f(t)\equiv0$.

（2）$F(s)$ 中的 s 是一个复参数，为了方便起见，本章只讨论 s 是实数的情形.

（3）由于实际问题中的函数的拉氏变换总是存在的，故本章略去拉氏变换存在性的讨论，总假设所讨论的拉氏变换都存在.

例 1　求单位阶跃函数 $u(t) = \begin{cases} 0, & t<0, \\ 1, & t>0 \end{cases}$ 的拉氏变换.

解　根据拉氏变换的定义,有

$$\mathscr{L}[u(t)] = \int_0^{+\infty} u(t)\mathrm{e}^{-st}\mathrm{d}t = \int_0^{+\infty} \mathrm{e}^{-st}\mathrm{d}t.$$

该积分在 $s>0$ 时收敛,且有

$$\int_0^{+\infty} \mathrm{e}^{-st}\mathrm{d}t = -\frac{1}{s}\mathrm{e}^{-st}\Big|_0^{+\infty} = \frac{1}{s},$$

所以

$$\mathscr{L}[u(t)] = \frac{1}{s}(s>0).$$

例 2　求指数函数 $f(t) = \mathrm{e}^{kt}$（k 为实数）的拉氏变换.

解　根据式(6-28),有

$$\mathscr{L}[f(t)] = \int_0^{+\infty} \mathrm{e}^{kt}\mathrm{e}^{-st}\mathrm{d}t = \int_0^{+\infty} \mathrm{e}^{-(s-k)t}\mathrm{d}t.$$

该积分在 $s>k$ 时收敛,且有

$$\int_0^{+\infty} \mathrm{e}^{-(s-k)t}\mathrm{d}t = \frac{1}{s-k},$$

所以

$$\mathscr{L}[\mathrm{e}^{kt}] = \frac{1}{s-k}(s>k).$$

例 3　求正弦函数 $f(t) = \sin kt$（k 为实数）的拉氏变换.

解　根据式(6-28),有

$$\mathscr{L}[f(t)] = \int_0^{+\infty} \sin kt\,\mathrm{e}^{-st}\mathrm{d}t = \frac{-1}{s^2+k^2}\big[(s\sin kt + k\cos kt)\mathrm{e}^{-st}\big]\Big|_0^{+\infty} = \frac{k}{s^2+k^2}(s>0),$$

所以

$$\mathscr{L}[\sin kt] = \frac{k}{s^2+k^2}(s>0).$$

类似地,可得

$$\mathscr{L}[\cos kt] = \frac{s}{s^2+k^2}(s>0).$$

在工程实际问题中,许多物理现象具有一种脉冲特征:它们不是在某一段时间间隔内出现,而是在某一瞬间或某一点才出现,如电路中的脉冲电动势作用后所产生的脉冲电流.设电流为零的电路中某一瞬时($t=0$)进入一单位电量的脉冲,现要确定电路上的电流强度 $i = i(t)$.以 $q(t)$ 表示上述电路中的电荷函数,则

$$q(t) = \begin{cases} 0, & t\neq 0. \\ 1, & t=0. \end{cases}$$

由于电流强度是电荷函数对时间 t 的变化率,则

$$i(t) = q'(t) = \lim_{\Delta t \to 0} \frac{q(t+\Delta t)-q(t)}{\Delta t}.$$

从形式上计算这个导数,得

(1) 当 $t\neq0$ 时，$i(t)=\lim\limits_{\Delta t\to0}\dfrac{0}{\Delta t}=0$；

(2) 当 $t=0$ 时，$i(t)=i(0)=\lim\limits_{\Delta t\to0}\dfrac{q(0+\Delta t)-q(0)}{\Delta t}=\lim\limits_{\Delta t\to0}\left(-\dfrac{1}{\Delta t}\right)=\infty.$

故

$$i(t)=\begin{cases}0, & t\neq0,\\ \infty, & t=0.\end{cases}$$

显然，上例中电流强度 $i(t)$ 无法用普通函数来表示，为此引入一个新的函数.

定义 6.5　设

$$\delta_\tau(t)=\begin{cases}0, & t<0,\\ \dfrac{1}{\tau}, & 0\leqslant t\leqslant\tau,\\ 0, & t>\tau,\end{cases}$$

$\delta_\tau(t)$ 的图形如图 6-5 所示. 当 $\tau\to0$ 时，$\delta_\tau(t)$ 的极限 $\delta(t)=\lim\limits_{\tau\to0}\delta_\tau(t)$ 称为狄拉克函数，简称为 δ-函数.

在工程技术中，δ 函数也称为单位脉冲函数，即

$$\delta(t)=\begin{cases}0, & t\neq0,\\ \infty, & t=0.\end{cases}$$

因为

$$\int_{-\infty}^{+\infty}\delta_\tau(t)\,\mathrm{d}t=\int_0^\tau\frac{1}{\tau}\mathrm{d}t=1,$$

所以规定

$$\int_{-\infty}^{+\infty}\delta(t)\,\mathrm{d}t=1.$$

工程技术中常用一个长度为 1 的有向线段表示 δ 函数（如图 6-6 所示），这个线段长度表示 $\delta(t)$ 的积分值.

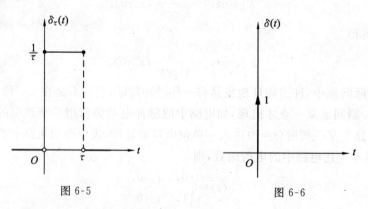

图 6-5　　　　　　　　　　　　图 6-6

狄拉克函数具有下面的性质（证明略）：

设 $f(t)$ 是 $(-\infty,+\infty)$ 上的一个连续函数，则有

$$\int_{-\infty}^{+\infty}f(t)\delta(t)\,\mathrm{d}t=f(0),\tag{6-29}$$

$$\int_{-\infty}^{+\infty} f(t)\delta(t-t_0)\mathrm{d}t = f(t_0). \tag{6-30}$$

例 4　求狄拉克函数 $\delta(t)$ 的拉氏变换.

解　因为 $t<0$ 时 $\delta(t)=0$，所以

$$\mathscr{L}[\delta(t)] = \int_0^{+\infty} \delta(t)\mathrm{e}^{-st}\mathrm{d}t = \int_{-\infty}^{+\infty} \delta(t)\mathrm{e}^{-st}\mathrm{d}t,$$

由式(6-29)，得

$$\int_{-\infty}^{+\infty} \delta(t)\mathrm{e}^{-st}\mathrm{d}t = \mathrm{e}^{-s\cdot 0} = 1,$$

故

$$\mathscr{L}[\delta(t)]=1.$$

6.6.2　拉氏变换的性质

性质 6.1（线性性质）　若 α,β 为常数，且

$$\mathscr{L}[f_1(t)]=F_1(s), \quad \mathscr{L}[f_2(t)]=F_2(s),$$

则

$$\mathscr{L}[\alpha f_1(t)+\beta f_2(t)]=\alpha\mathscr{L}[f_1(t)]+\beta\mathscr{L}[f_2(t)]=\alpha F_1(s)+\beta F_2(s).$$

性质 6.1 表明，函数线性组合的拉氏变换等于各函数拉氏变换的线性组合.它的证明由拉氏变换的定义和积分性质就可得出.

例 5　求函数 $f(t)=\dfrac{1}{3}\mathrm{e}^{2t}+2\sin t$ 的拉氏变换.

解　$\mathscr{L}[f(t)]=\mathscr{L}\left[\dfrac{1}{3}\mathrm{e}^{2t}+2\sin t\right]=\dfrac{1}{3}\mathscr{L}[\mathrm{e}^{2t}]+2\mathscr{L}[\sin t]$

$$=\dfrac{1}{3(s-2)}+\dfrac{2}{s^2+1}=\dfrac{s^2+6s-11}{3(s-2)(s^2+1)}(s>2).$$

性质 6.2（平移性质）　若 $\mathscr{L}[f(t)]=F(s)$，则

$$\mathscr{L}[\mathrm{e}^{at}f(t)]=F(s-a)(s>a).$$

性质 6.2 表明，一个象原函数乘以指数函数 e^{at} 的拉氏变换等于其象函数作位移 a.

例 6　求函数 $f(t)=\mathrm{e}^{-3t}\cos 2t$ 的拉氏变换.

解　因为 $\mathscr{L}[\cos 2t]=\dfrac{s}{s^2+2^2}$，由性质 6.2 得

$$\mathscr{L}[\mathrm{e}^{-3t}\cos 2t]=\dfrac{s+3}{(s+3)^2+2^2}.$$

性质 6.3（延迟性质）　若 $\mathscr{L}[f(t)]=F(s)$，则对于 $a>0$ 有

$$\mathscr{L}[f(t-a)]=\mathrm{e}^{-sa}F(s).$$

函数 $f(t-a)$ 与 $f(t)$ 相比，$f(t)$ 是从 $t=0$ 开始有非零数值，而 $f(t-a)$ 是从 $t=a$ 开始才有非零数值，即延迟了一个时间 a. 从它们的图象来讲，$f(t-a)$ 的图象是由 $f(t)$ 的图象沿 t 轴向右平移距离 a 而得（如图 6-7 所示）.这个性质表明时间函数延迟 a 的拉氏变换等于它的象函数乘以指数因子 e^{-sa}.

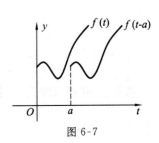

图 6-7

例 7 求函数 $u(t-a) = \begin{cases} 0, & t < a, \\ 1, & t > a \end{cases}$ 的拉氏变换.

解 因为 $\mathscr{L}[u(t)] = \dfrac{1}{s}$，由性质 6.3 得

$$\mathscr{L}[u(t-a)] = \mathrm{e}^{-sa}\mathscr{L}[u(t)] = \frac{1}{s}\mathrm{e}^{-sa}.$$

性质 6.4（微分性质） 若 $\mathscr{L}[f(t)] = F(s)$，则

$$\mathscr{L}[f'(t)] = sF(s) - f(0).$$

性质 6.4 表明，一个函数求导后取拉氏变换等于这个函数的拉氏变换乘以参数 s，再减去函数的初值.

推论 6.1 若 $\mathscr{L}[f(t)] = F(s)$，则

$$\mathscr{L}[f^{(n)}(t)] = s^n F(s) - s^{n-1}f(0) - s^{n-2}f'(0) - \cdots - f^{(n-1)}(0).$$

特别地，当初值 $f(0) = f'(0) = \cdots = f^{(n-1)}(0) = 0$ 时，有

$$\mathscr{L}[f^{(n)}(t)] = s^n F(s).$$

利用这个性质，可以将 $f(t)$ 的微分运算转化为 $F(s)$ 的代数运算.

例 8 求函数 $f(t) = t^n$ 的拉氏变换，其中 n 是正整数.

解 由 $f(t) = t^n$ 可得 $f^{(n)}(t) = n!$，且 $f(0) = f'(0) = \cdots = f^{(n-1)}(0) = 0$，所以

$$\mathscr{L}[f^{(n)}(t)] = s^n \mathscr{L}[f(t)],$$

$$\mathscr{L}[f(t)] = \frac{1}{s^n}\mathscr{L}[f^{(n)}(t)] = \frac{1}{s^n}\mathscr{L}[n!] = \frac{1}{s^n}n!\,\mathscr{L}[1] = \frac{n!}{s^{n+1}},$$

即

$$\mathscr{L}[t^n] = \frac{n!}{s^{n+1}}.$$

性质 6.5（积分性质） 若 $\mathscr{L}[f(t)] = F(s)$，则

$$\mathscr{L}\left[\int_0^t f(t)\mathrm{d}t\right] = \frac{1}{s}F(s).$$

性质 6.5 表明，一个函数积分后再取拉氏变换等于这个函数的拉氏变换除以参数 s. 重复应用积分性质，可得如下一般的情形：

$$\mathscr{L}\left[\underbrace{\int_0^t \mathrm{d}t \int_0^t \mathrm{d}t \cdots \int_0^t f(t)\mathrm{d}t}_{n\,次}\right] = \frac{1}{s^n}F(s).$$

例 9 求函数 $f(t) = \displaystyle\int_0^t \sin kt\,\mathrm{d}t$ 的拉氏变换.

解 由性质 6.5 得

$$\mathscr{L}[f(t)] = \mathscr{L}\left[\int_0^t \sin kt\,\mathrm{d}t\right] = \frac{1}{s}\mathscr{L}[\sin kt]$$

$$= \frac{1}{s}\frac{k}{s^2+k^2} = \frac{k}{s(s^2+k^2)}.$$

性质 6.6（相似性质） 若 $\mathscr{L}[f(t)] = F(s)$，则对 $a > 0$ 有

$$\mathscr{L}[f(at)] = \frac{1}{a}F\left(\frac{s}{a}\right).$$

例 10　求函数 $u(5t)$ 和 $u(5t-2)$ 的拉氏变换,其中 $u(t)$ 为单位阶跃函数.

解　因为 $\mathscr{L}[u(t)]=\dfrac{1}{s}$,由性质 6.6 有

$$\mathscr{L}[u(5t)]=\frac{1}{5}\frac{1}{\dfrac{s}{5}}=\frac{1}{s}.$$

由性质 6.3 和性质 6.6,有

$$\mathscr{L}[u(5t-2)]=\mathscr{L}\left\{u\left[5\left(t-\frac{2}{5}\right)\right]\right\}=\mathrm{e}^{-\frac{2}{5}s}\mathscr{L}[u(5t)]=\frac{1}{s}\mathrm{e}^{-\frac{2}{5}s}.$$

性质 6.7（象函数的微分性质）　若 $\mathscr{L}[f(t)]=F(s)$,则
$$\mathscr{L}[t^n f(t)]=(-1)^n F^{(n)}(s).$$

例 11　求函数 $f(t)=t\sin kt$ 的拉氏变换.

解　因为 $\mathscr{L}[\sin kt]=\dfrac{k}{s^2+k^2}$,由性质 6.7 得

$$\mathscr{L}[t\sin kt]=-\left(\frac{k}{s^2+k^2}\right)'=\frac{2ks}{(s^2+k^2)^2}.$$

类似地,可得

$$\mathscr{L}[t\cos kt]=\frac{s^2-k^2}{(s^2+k^2)^2}.$$

性质 6.8（象函数的积分性质）　若 $\mathscr{L}[f(t)]=F(s)$,且 $\lim\limits_{t\to 0}\dfrac{f(t)}{t}$ 存在,则

$$\mathscr{L}\left[\frac{f(t)}{t}\right]=\int_s^{+\infty}F(s)\mathrm{d}s.$$

例 12　求函数 $f(t)=\dfrac{\sin t}{t}$ 的拉氏变换.

解　因为 $\mathscr{L}[\sin t]=\dfrac{1}{s^2+1}$,且 $\lim\limits_{t\to 0}\dfrac{\sin t}{t}=1$,所以

$$\mathscr{L}\left[\frac{\sin t}{t}\right]=\int_s^{+\infty}\frac{1}{s^2+1}\mathrm{d}s=\arctan s\,\Big|_s^{+\infty}=\frac{\pi}{2}-\arctan s.$$

运用以上性质和常用函数的拉氏变换间接求一个函数的拉氏变换是一种常用的方法.

习题 6-6

A 组

用定义求 1~4 题中函数的拉氏变换.

1. $f(t)=2t$.

2. $f(t)=\mathrm{e}^{-2t}$.

3. $f(t)=\cos 3t$.

4. $f(t)=\begin{cases}2,&0\leqslant t<2,\\3,&t\geqslant 2.\end{cases}$

求 5~12 题中函数的拉氏变换.

5. $f(t)=t^2+3t+2$.

6. $f(t)=\mathrm{e}^{2t}+5\delta(t)$.

7. $f(t)=1-t\mathrm{e}^{-t}$.

8. $f(t)=2u(t-1)+3u(t-2)$.

9. $f(t) = \mathrm{e}^{-2t}\sin 6t$.

10. $f(t) = \int_0^t \sin\left(2t + \dfrac{\pi}{6}\right)\mathrm{d}t$.

11. $f(t) = t^2\cos 2t$.

12. $f(t) = \dfrac{\mathrm{e}^{2t} - 1}{t}$.

B组

利用拉氏变换的微分性质求 13～14 题中函数的拉氏变换.

13. $f(t) = \sin 2t$.

14. $f(t) = \dfrac{\mathrm{d}^2}{\mathrm{d}t^2}(\mathrm{e}^{-t}\sin t)$.

15. 设 $f(t) = t\sin at$,

(1) 验证 $f''(t) + a^2 f(t) = 2a\cos at$;

(2) 利用(1)及拉氏变换的微分性质求 $\mathscr{L}[f(t)]$.

6.7　拉氏变换的逆变换

前面主要讨论了由已知函数 $f(t)$ 求它的象函数 $F(s)$ 的问题,但是在实际应用中常常遇到相反的问题,即已知象函数 $F(s)$ 求原函数 $f(t)$.这就是拉氏变换的逆变换问题.

对于比较简单的象函数 $F(s)$ 的拉氏逆变换可以直接从附录 4 常用函数拉氏变换简表中查得.至于较复杂的象函数 $F(s)$ 求拉氏逆变换,一般方法是运用拉氏逆变换的性质,再借助常用函数拉氏变换简表.为方便起见,下面将常用的拉氏变换的性质用逆变换的形式表示.

性质 6.9(线性性质)
$$\mathscr{L}^{-1}[\alpha F_1(s) + \beta F_2(s)] = \alpha\mathscr{L}^{-1}[F_1(s)] + \beta\mathscr{L}^{-1}[F_2(s)] = \alpha f_1(t) + \beta f_2(t).$$

性质 6.10(平移性质)
$$\mathscr{L}^{-1}[F(s-a)] = \mathrm{e}^{at}\mathscr{L}^{-1}[F(s)] = \mathrm{e}^{at}f(t).$$

性质 6.11(延迟性质)
$$\mathscr{L}^{-1}[\mathrm{e}^{-as}F(s)] = f(t-a)\quad(a>0).$$

例 1　求下列函数的拉氏逆变换:

(1) $F(s) = \dfrac{1}{s+3}$;

(2) $F(s) = \dfrac{3s-8}{s^2}$;

(3) $F(s) = \dfrac{1}{(s-2)^3}$;

(4) $F(s) = \dfrac{2s+5}{s^2+4s+13}$.

解　(1) 由附录 4 中的序号 5,取 $a = -3$,得
$$f(t) = \mathscr{L}^{-1}\left[\frac{1}{s+3}\right] = \mathrm{e}^{-3t}.$$

(2) 由性质 6.9 及附录 4 中序号 2、3,得
$$f(t) = \mathscr{L}^{-1}\left[\frac{3s-8}{s^2}\right] = 3\mathscr{L}^{-1}\left[\frac{1}{s}\right] - 8\mathscr{L}^{-1}\left[\frac{1}{s^2}\right] = 3 - 8t.$$

(3) 由性质 6.9 及附录 4 中序号 4,得
$$f(t) = \mathscr{L}^{-1}\left[\frac{1}{(s-2)^3}\right] = \frac{1}{2}\mathscr{L}^{-1}\left[\frac{2!}{(s-2)^{2+1}}\right] = \frac{1}{2}t^2\mathrm{e}^{2t}.$$

（4） $f(t)=\mathscr{L}^{-1}\left[\dfrac{2s+5}{s^2+4s+13}\right]=\mathscr{L}^{-1}\left[\dfrac{2s+5}{(s+2)^2+3^2}\right]$

$\qquad\qquad =\mathscr{L}^{-1}\left[\dfrac{2(s+2)}{(s+2)^2+3^2}+\dfrac{1}{3}\dfrac{3}{(s+2)^2+3^2}\right]$

$\qquad\qquad =2\mathscr{L}^{-1}\left[\dfrac{s+2}{(s+2)^2+3^2}\right]+\dfrac{1}{3}\mathscr{L}^{-1}\left[\dfrac{3}{(s+2)^2+3^2}\right]$

$\qquad\qquad =2\mathrm{e}^{-2t}\cos3t+\dfrac{1}{3}\mathrm{e}^{-2t}\sin3t$

$\qquad\qquad =\mathrm{e}^{-2t}\left(2\cos3t+\dfrac{1}{3}\sin3t\right).$

应用拉氏变换解决工程问题时,遇到的象函数 $F(s)$ 的解析式有时是比较复杂的有理分式. 一般可先将其分解为部分分式(最简分式)之和,然后用性质或拉氏变换简表求出象原函数 $f(t)$.

例 2　求 $F(s)=\dfrac{2s-5}{s^2-5s+6}$ 的拉氏逆变换.

解　先将 $F(s)$ 分解为部分分式之和.

设

$$F(s)=\dfrac{2s-5}{s^2-5s+6}=\dfrac{2s-5}{(s-2)(s-3)}=\dfrac{A}{s-2}+\dfrac{B}{s-3}.$$

用待定系数法求得

$$A=1,B=1,$$

故

$$F(s)=\dfrac{2s-5}{s^2-5s+6}=\dfrac{1}{s-2}+\dfrac{1}{s-3},$$

所以

$$f(t)=\mathscr{L}^{-1}[F(s)]=\mathscr{L}^{-1}\left[\dfrac{1}{s-2}+\dfrac{1}{s-3}\right]$$

$$=\mathscr{L}^{-1}\left[\dfrac{1}{s-2}\right]+\mathscr{L}^{-1}\left[\dfrac{1}{s-3}\right]$$

$$=\mathrm{e}^{2t}+\mathrm{e}^{3t}.$$

例 3　求 $F(s)=\dfrac{s+3}{s^3+4s^2+4s}$ 的拉氏逆变换.

解　先将 $F(s)$ 分解为部分分式之和.

设

$$F(s)=\dfrac{s+3}{s^3+4s^2+4s}=\dfrac{s+3}{s(s+2)^2}=\dfrac{A}{s}+\dfrac{B}{s+2}+\dfrac{C}{(s+2)^2}.$$

用待定系数法求得

$$A=\dfrac{3}{4},B=-\dfrac{3}{4},C=-\dfrac{1}{2},$$

故

$$F(s)=\dfrac{s+3}{s^3+4s^2+4s}=\dfrac{3}{4}\dfrac{1}{s}-\dfrac{3}{4}\dfrac{1}{s+2}-\dfrac{1}{2}\dfrac{1}{(s+2)^2},$$

所以

$$f(t) = \mathscr{L}^{-1}\big[F(s)\big]$$

$$= \mathscr{L}^{-1}\Big[\frac{3}{4}\frac{1}{s} - \frac{3}{4}\frac{1}{s+2} - \frac{1}{2}\frac{1}{(s+2)^2}\Big]$$

$$= \frac{3}{4}\mathscr{L}^{-1}\Big[\frac{1}{s}\Big] - \frac{3}{4}\mathscr{L}^{-1}\Big[\frac{1}{s+2}\Big] - \frac{1}{2}\mathscr{L}^{-1}\Big[\frac{1}{(s+2)^2}\Big]$$

$$= \frac{3}{4} - \frac{3}{4}e^{-2t} - \frac{1}{2}te^{-2t}.$$

例 4　求 $F(s) = \dfrac{5s+3}{(s-1)(s^2+2s+5)}$ 的拉氏逆变换.

解　先将 $F(s)$ 分解为部分分式之和.

设

$$F(s) = \frac{5s+3}{(s-1)(s^2+2s+5)} = \frac{A}{s-1} + \frac{Bs+C}{s^2+2s+5}.$$

用待定系数法求得

$$A = 1, B = -1, C = 2,$$

故

$$F(s) = \frac{5s+3}{(s-1)(s^2+2s+5)} = \frac{1}{s-1} - \frac{s-2}{s^2+2s+5}$$

$$= \frac{1}{s-1} - \frac{s+1}{(s+1)^2+2^2} + \frac{3}{2}\frac{2}{(s+1)^2+2^2},$$

所以

$$f(t) = \mathscr{L}^{-1}\big[F(s)\big]$$

$$= \mathscr{L}^{-1}\Big[\frac{1}{s-1} - \frac{s+1}{(s+1)^2+2^2} + \frac{3}{2}\frac{2}{(s+1)^2+2^2}\Big]$$

$$= \mathscr{L}^{-1}\Big[\frac{1}{s-1}\Big] - \mathscr{L}^{-1}\Big[\frac{s+1}{(s+1)^2+2^2}\Big] + \frac{3}{2}\mathscr{L}^{-1}\Big[\frac{2}{(s+1)^2+2^2}\Big]$$

$$= e^t - e^{-t}\cos 2t + \frac{3}{2}e^{-t}\sin 2t$$

$$= e^t - e^{-t}\Big(\cos 2t - \frac{3}{2}\sin 2t\Big).$$

习题 6-7

A 组

求 1~8 题中函数的拉氏逆变换.

1. $F(s) = \dfrac{2}{s-5}$.

2. $F(s) = \dfrac{3s}{s^2+16}$.

3. $F(s) = \dfrac{1}{4s^2+25}$.

4. $F(s) = \dfrac{s^3+6}{s^3}$.

5. $F(s) = \dfrac{5s-2}{s^2+9}$.

6. $F(s) = \dfrac{1}{s(s+1)}$.

7. $F(s) = \dfrac{s+3}{s^2-2s-3}$.

8. $F(s) = \dfrac{s+2}{s^2+2s+2}$.

B组

求 9~10 题中函数的拉氏逆变换.

9. $F(s) = \dfrac{s+2}{s^3+6s^2+9s}$.

10. $F(s) = \dfrac{4s^2+3s+2}{2s(s^2+s+1)}$.

6.8　拉氏变换的应用

很多物理系统,如电路系统、自动控制系统、振动系统等的研究,可以归结为求常系数线性微分方程的初值问题.本节通过几个例子说明拉氏变换在微分方程以及电学和力学上的应用.

例 1　求微分方程 $y''(t) + 4y(t) = 0$ 满足初始条件 $y(0) = 2, y'(0) = 3$ 的解.

解　设 $\mathscr{L}[y(t)] = Y(s)$. 方程两边取拉氏变换,得

$$[s^2 Y(s) - sy(0) - y'(0)] + 4Y(s) = 0,$$

代入初始条件得

$$s^2 Y(s) - 2s - 3 + 4Y(s) = 0,$$

解上面代数方程得

$$Y(s) = \frac{2s+3}{s^2+4}.$$

最后取拉氏逆变换得

$$y(t) = \mathscr{L}^{-1}[Y(s)] = 2\mathscr{L}^{-1}\left[\frac{s}{s^2+4}\right] + \frac{3}{2}\mathscr{L}^{-1}\left[\frac{2}{s^2+4}\right]$$

$$= 2\cos 2t + \frac{3}{2}\sin 2t.$$

由例 1 可知,用拉氏变换解常系数线性微分方程,只要按下列三个步骤进行即可:

第一步　对微分方程两边取拉氏变换,得象函数的代数方程.

第二步　解象函数的代数方程,求出象函数.

第三步　求象函数的拉氏逆变换,得出微分方程的解.

上述解法步骤可以用图 6-8 来表示.

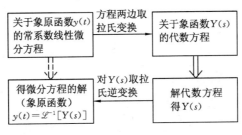

图 6-8

例 2　求微分方程组

$$\begin{cases} x' + x - y = \mathrm{e}^t, \\ y' + 3x - 2y = 2\mathrm{e}^t \end{cases}$$

满足初始条件 $x(0)=y(0)=1$ 的解.

解 设 $\mathscr{L}[x(t)]=X(s),\mathscr{L}[y(t)]=Y(s)$,对方程组的每个方程两边取拉氏变换,得

$$\begin{cases} sX(s)-x(0)+X(s)-Y(s)=\dfrac{1}{s-1}, \\ sY(s)-y(0)+3X(s)-2Y(s)=\dfrac{2}{s-1}. \end{cases}$$

代入初始条件得

$$\begin{cases} (s+1)X(s)-Y(s)-1=\dfrac{1}{s-1}, \\ (s-2)Y(s)+3X(s)-1=\dfrac{2}{s-1}, \end{cases}$$

解出 $X(s)$ 和 $Y(s)$ 得

$$X(s)=\frac{1}{s-1},\ Y(s)=\frac{1}{s-1},$$

最后取拉氏逆变换得原方程组的解为

$$\begin{cases} x(t)=\mathrm{e}^t, \\ y(t)=\mathrm{e}^t. \end{cases}$$

由上面两例可以看出,应用拉氏变换求解微分方程时,已将初始条件用上,求出的结果就是满足初始条件的特解.这样,避免了先求通解再代入初始条件求特解的复杂过程.因此拉氏变换方法是解微分方程常用的方法.

例3 设 $t<0$ 时电容器 C 中没有电荷.在 $t=0$ 时合上开关 K,将电路接上直流电源 E(如图6-9所示),对电容器进行充电.求回路中电流 $i(t)$.

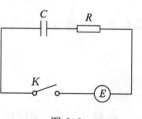

解 由回路电压定律知

$$u_R+u_C=E,$$

其中

图6-9

$$u_R=Ri(t),i(t)=C\frac{\mathrm{d}u_C}{\mathrm{d}t},$$

即

$$u_C=\frac{1}{C}\int_0^t i(t)\mathrm{d}t,$$

从而

$$\frac{1}{C}\int_0^t i(t)\mathrm{d}t+Ri(t)=E.$$

设 $\mathscr{L}[i(t)]=I(s)$,对方程两边取拉氏变换,得

$$\frac{1}{C}\frac{I(s)}{s}+RI(s)=\frac{E}{s},$$

解出 $I(s)$,得

$$I(s)=\frac{E}{s}\frac{1}{\dfrac{1}{Cs}+R}=\frac{E}{R}\frac{1}{s+\dfrac{1}{RC}},$$

对 $I(s)$ 取拉氏逆变换,得

$$i(t) = \frac{E}{R} \mathrm{e}^{-\frac{1}{RC}t}.$$

例 4　图 6-10 所示的机械系统最初是静止的,
受一冲击力 $A\delta(t)$(A 为常数)的作用系统开始运动,
求由此产生的振动规律.

解　设系统振动规律为 $x=x(t)$,当 $t=0$ 时,
$x(0)=x'(0)=0$,冲击力为 $A\delta(t)$,弹性恢复力为
$-kx(k>0$ 为弹性系数),根据牛顿第二定律,有

$$mx''(t) = A\delta(t) - kx(t),$$

即

$$mx''(t) + kx(t) = A\delta(t).$$

设 $\mathscr{L}[x(t)] = X(s)$,对方程两边取拉氏变换,得

$$ms^2 X(s) + kX(s) = A,$$

解出 $X(s)$,得

$$X(s) = \frac{A}{ms^2 + k},$$

对 $X(s)$ 取拉氏逆变换,得

$$x(t) = \frac{A}{\sqrt{mk}} \sin\sqrt{\frac{k}{m}} t.$$

此振动规律是振幅为 $\dfrac{A}{\sqrt{mk}}$、角频率为 $\sqrt{\dfrac{k}{m}}$ 的简谐振动.

习题 6-8

A 组

利用拉氏变换解 1～5 题的微分方程.

1. $y'-y=\mathrm{e}^{2t}$,$y(0)=0$.　　　　　2. $y''-3y'+2y=4$,$y(0)=0$,$y'(0)=1$.

3. $y''+3y'+y=3\cos t$,$y(0)=0$,$y'(0)=1$.　4. $y''-2y'+y=\mathrm{e}^t$,$y(0)=0$,$y'(0)=0$.

5. $y'''+y'=1$,$y(0)=y'(0)=y''(0)=0$.

利用拉氏变换解 6～7 题的微分方程组.

6. $\begin{cases} y'-2x-y=1, \\ x'-x-2y=1, \end{cases}$　$x(0)=2$,$y(0)=4$.

7. $\begin{cases} y'+x+y=0 \\ x''+2y=0, \end{cases}$　$x(0)=0$,$x'(0)=1$,$y(0)=1$.

B 组

8. 设有如图 6-11 所示的 RL 串联电路,在 $t=t_0$ 时将
电路接上直流电源 E,求电路中的电流 $i(t)$.

9. 设某一 RLC 回路中 $C=280$ F,$L=20$ H,$R=180$ Ω,
$E(t)=10\sin t$ V,假设在初始时刻 $t=0$ 电容上没有电量,

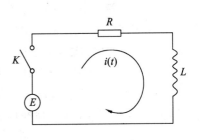

图 6-11

电流是 1 A,则电量 q 所满足的微分方程为

$$\frac{\mathrm{d}^2 q}{\mathrm{d}t^2} + 9\frac{\mathrm{d}q}{\mathrm{d}t} + 14q = \frac{1}{2}\sin t,$$

初始条件为 $q(0)=0,q'(0)=1$,求随后电容上的电量.

10. 设原点处质量为 m 的一质点在 $t=0$ 时受到 x 方向上的冲击力 $k\delta(t)$ 的作用,其中 k 为常数.假定质点的初速度为零,求其运动规律.

本章小结

常微分方程没有通用的解法,每一种解法一般仅适用于某一类方程,因此要特别注意每一种解法所适用方程的类型.

1. 一阶微分方程及解法

(1) 可分离变量的微分方程

$$\frac{\mathrm{d}y}{\mathrm{d}x} = f(x)g(y),$$

分离变量,得

$$\frac{\mathrm{d}y}{g(y)} = f(x)\mathrm{d}x,$$

两边积分,得

$$\int \frac{\mathrm{d}y}{g(y)} = \int f(x)\mathrm{d}x.$$

(2) 一阶线性微分方程的通解公式

$$y = \mathrm{e}^{-\int P(x)\mathrm{d}x}\left[\int Q(x)\mathrm{e}^{\int P(x)\mathrm{d}x}\mathrm{d}x + C\right] \text{或} \ y = \mathrm{e}^{-\int P(x)\mathrm{d}x}\int Q(x)\mathrm{e}^{\int P(x)\mathrm{d}x}\mathrm{d}x + C\mathrm{e}^{-\int P(x)\mathrm{d}x}.$$

在上式右端的表达式中,第一项是非齐次方程 $y'+P(x)y=Q(x)$ 的特解,第二项是相应的齐次方程 $y'+P(x)y=0$ 的通解.在二阶常系数线性微分方程的解中也有类似的结论.

2. 二阶常系数线性微分方程及解法

(1) 二阶线性微分方程解的结构.

若 y_1 与 y_2 是齐次方程 $y''+p(x)y'+q(x)y=0$ 的解,则它们的线性组合

$$y = C_1 y_1 + C_2 y_2$$

也是该齐次方程的解,其中 C_1,C_2 为任意常数.

若 y_1 与 y_2 是齐次方程 $y''+p(x)y'+q(x)y=0$ 的两个线性无关的特解,则 $y=C_1 y_1 + C_2 y_2$ 为该齐次方程的通解,其中 C_1,C_2 为任意常数.

若 y^* 是二阶线性非齐次微分方程 $y''+p(x)y'+q(x)y=f(x)$ 的一个特解,而 $\bar{y}$ 是对应的齐次微分方程的通解,则 $y=y^* + \bar{y}$ 为该非齐次微分方程的通解.

若 y_1^*,y_2^* 分别是二阶线性非齐次微分方程

$$y''+p(x)y'+q(x)y=f_1(x) \text{与} \ y''+p(x)y'+q(x)y=f_2(x)$$

的特解,则 $y_1^* + y_2^*$ 为二阶线性非齐次微分方程

$$y''+p(x)y'+q(x)y=f_1(x)+f_2(x)$$

的特解.

（2）二阶常系数线性齐次微分方程 $y'' + py' + qy = 0$ 的通解.

特征方程 $r^2 + pr + q = 0$ 的根的情况	方程 $y'' + py' + qy = 0$ 的通解
$\Delta = p^2 - 4q > 0$，相异实根 $r_1 \neq r_2$	$y = C_1 e^{r_1 x} + C_2 e^{r_2 x}$
$\Delta = p^2 - 4q = 0$，二重实根 $r_1 = r_2 = r$	$y = (C_1 + C_2 x) e^{rx}$
$\Delta = p^2 - 4q < 0$，共轭复根 $r_{1,2} = \alpha \pm i\beta$	$y = (C_1 \cos\beta x + C_2 \sin\beta x) e^{\alpha x}$

（3）二阶常系数线性非齐次微分方程 $y'' + py' + qy = f(x)$ 的特解.

自由项 $f(x)$ 的形式	特解 y^* 的形式
$f(x) = P_n(x)$，$P_n(x)$ 为 x 的 n 次多项式	$y^* = x^k Q_n(x)$，$Q_n(x)$ 为 x 的 n 次多项式. 当 $q \neq 0$ 时，$k = 0$； 当 $q = 0$ 而 $p \neq 0$ 时，$k = 1$； 当 $p = q = 0$ 时，$k = 2$.
$f(x) = P_n(x) e^{\alpha x}$，$P_n(x)$ 为 x 的 n 次多项式	$y^* = x^k Q_n(x) e^{\alpha x}$，$Q_n(x)$ 为 x 的 n 次多项式. 当 α 不是特征方程的根时，$k = 0$； 当 α 是特征方程的单根时，$k = 1$； 当 α 是特征方程的二重根时，$k = 2$.
$f(x) = e^{\alpha x}(A\cos\beta x + B\sin\beta x)$	$y^* = x^k e^{\alpha x}(C\cos\beta x + D\sin\beta x)$ 当 $\alpha + i\beta$ 不是特征方程的根时，$k = 0$； 当 $\alpha + i\beta$ 是特征方程的根时，$k = 1$.

上述三种情况下将特解代入原微分方程，用待定系数法求出特解中有关系数即可.

3. 微分方程的应用

用微分方程解决应用问题，关键在于建立数学模型——微分方程. 而微分方程在很多学科中都有广泛应用，只有熟悉有关学科的专业知识，才能很好地在该学科中应用微分方程的有关知识，去解决实际的问题.

4. 拉普拉斯变换

（1）在工程技术中，常常会遇到一个外来因素从某一时刻作用于一个系统上的问题，如一个外加电动势 $E(t)$ 从"某一时刻"起接通到电路上去的问题. 这里的某一时刻往往被令为 $t = 0$，而当 $t < 0$ 时 $E(t) = 0$. 因此，拉氏变换的定义中只要求 $f(t)$ 在 $t \geqslant 0$ 时有意义，并认为当 $t < 0$ 时 $f(t) = 0$ 是符合实际的.

（2）拉氏变换中的参数 s 是复参数，为了研究问题时方便，本章只是将参数 s 作为实数来讨论.

（3）并非所有的函数都存在拉氏变换，但是，在自然科学和工程技术中经常遇到的函数总能满足拉氏变换存在的条件，所以本章未对拉氏变换的存在性进行讨论.

（4）用拉氏变换解线性微分方程的方法步骤（参见图 6-12）如下.

第一步　对线性微分方程进行拉氏变换，同时结合其初始条件.

第二步　求解象函数满足的代数方程，得到象函数.

第三步　对所得到的象函数作拉氏逆变换，得到原微分方程的解.

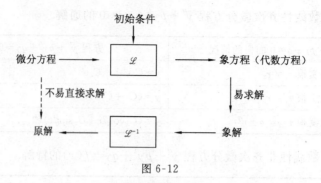

图 6-12

综合练习 6

选择题 (1~6)

1. 微分方程 $y'-y=0$ 满足初始条件 $y|_{x=0}=2$ 的特解为（　　）.

A. $y=2e^{-x}$

B. $y=2e^{x}$

C. $y=e^{x}$

D. $y=e^{-x}+1$

2. 微分方程 $\sin x\mathrm{d}x=\cos y\mathrm{d}y$ 的通解为（　　）.

A. $\cos x+\sin y=C$

B. $\cos x-\sin y=C$

C. $\sin x+\cos y=C$

D. $\sin x-\cos y=C$

3. 微分方程 $y''+2y'+2y=e^{-x}\sin x$ 的特解形式为（　　）.

A. $y=Axe^{-x}\cos x$

B. $y=Axe^{-x}\sin x$

C. $y=Axe^{-x}(\cos x+\sin x)$

D. $y=xe^{-x}(A\cos x+B\sin x)$

4. 函数 $f(t)=te^{2t}\sin 3t$ 的拉氏变换为（　　）.

A. $\dfrac{3}{(s+2)^2+9}$

B. $\dfrac{3}{(s-2)^2+9}$

C. $\dfrac{6(2-s)}{[(s-2)^2+9]^2}$

D. $\dfrac{6(s-2)}{[(s-2)^2+9]^2}$

5. 已知 $\mathscr{L}[u(t-a)]=\dfrac{1}{s}e^{-as}$，则 $\mathscr{L}[tu(t-1)]=$（　　）.

A. $\dfrac{e^{-s}}{s^2}(2-s)$

B. $\dfrac{e^{-s}}{s^2}+\dfrac{e^{-s}}{s}$

C. $\dfrac{e^{-s}}{s^2}(1+2s)$

D. $\dfrac{e^{-s}}{s^2}+\dfrac{2e^{-s}}{s}$

6. 已知 $F(s)=\dfrac{s+3}{(s+1)(s-3)}$，则 $\mathscr{L}^{-1}[F(s)]=$（　　）.

A. $\dfrac{3}{2}e^{3t}-\dfrac{1}{2}e^{-t}$

B. $\dfrac{3}{2}e^{3t}-\dfrac{1}{2}e^{t}$

C. $\dfrac{1}{2}e^{t}-\dfrac{3}{2}e^{-3t}$

D. $\dfrac{1}{2}e^{-t}-\dfrac{3}{2}e^{3t}$

填空题 (7~12)

7. 微分方程 $y'=-2y$ 满足初始条件 $y|_{x=0}=2$ 的特解为_____.

8. 微分方程 $y''-5y'+6y=7$ 满足条件 $y|_{x=0}=\dfrac{7}{6}$，$y'|_{x=0}=-1$ 的特解为 _____

_____ .

9. 微分方程 $y''+2y'-3y=0$ 的特征方程是 _____ .

10. 微分方程 $y''-4y'-y=x\mathrm{e}^{-x}$ 的特解形如 _____ .

11. 函数 $f(t)=t\mathrm{e}^{-3t}\sin 2t$ 的拉氏变换为 _____ .

12. 象函数 $F(s)=\dfrac{5s^2-15s+7}{(s+1)(s-2)^2}$ 的拉氏逆变换为 _____ .

解答题 (13~20)

解 13~16 题中的微分方程.

13. $(y^2+2x)y'+y=0$.

14. $y'+x\sin x=\dfrac{y}{x}$，$y|_{x=\frac{\pi}{2}}=1$.

15. $y''+2y'+10y=0$，$y|_{x=0}=1$，$y'|_{x=0}=1$.

16. $y''+2y'-2y=\mathrm{e}^x\sin x$.

17. 设一曲线过原点，曲线上任意点的切线的斜率为该点横坐标的 2 倍与纵坐标的和，求该曲线的方程.

18. 快艇以匀速 $v_0=5\ \mathrm{m/s}$ 在静水中前进，当停止发动机后 5 s，速度减至 3 m/s. 已知阻力与运动速度成正比. 试求艇速随时间变化的规律.

*19. 一直径为 0.5 m 的圆柱形浮筒垂直地置于水中，将它稍向下压后突然放开. 若浮筒在水中上下振动一次的周期为 2 s，试求该浮筒的质量.

*20. 一根链条悬挂在一颗钉子上，启动时一端离钉子 8 m，而另一端离钉子 12 m. 若不计钉子与链条之间的摩擦力，试求链条从钉子上滑落下来所用的时间.

第 7 章

空间解析几何、向量代数与复数

在空间解析几何中,把空间上的点与三个有次序的数对应起来,把空间上的图形与方程对应起来,从而用代数的方法来研究几何问题.它能给多元函数提供直观的几何解释,为后面将要学习的多元函数微积分打好基础.本章先引进空间向量的概念,然后以空间向量为工具来研究空间解析几何.

7.1　空间直角坐标系

7.1.1　空间直角坐标系

过空间定点 O 作三条两两垂直的数轴,它们都以 O 为原点,并且取相同的单位长度,依次称为 x 轴(横轴)、y 轴(纵轴)、z 轴(竖轴),统称为坐标轴.它们构成一个空间直角坐标系,称为 $Oxyz$ 坐标系.三个坐标轴的正向间的关系应符合右手系(如图 7-1 所示).即以右手握住 z 轴,让右手的四指从 x 轴的正向以 $\dfrac{\pi}{2}$ 的角度绕向 y 轴的正向,大拇指的指向就是 z 轴的正向.每两条坐标轴确定的平面称为坐标面,x 轴和 y 轴确定的坐标面称为 xOy 面,类似有 yOz 面、zOx 面.三个坐标面把空间分成八个部分,每一部分称为一个卦(象)限(如图 7-2 所示).含 x 轴、y 轴、z 轴的正半轴的那个卦限称为第 Ⅰ 卦限,其他依次为第 Ⅱ、Ⅲ、Ⅳ 卦限,在 xOy 面的上方,按逆时针方向确定,从 z 轴的正向向下看,第 Ⅴ、Ⅵ、Ⅶ、Ⅷ 卦限是第 Ⅰ、Ⅱ、Ⅲ、Ⅳ 卦限在 xOy 面下方的空间.

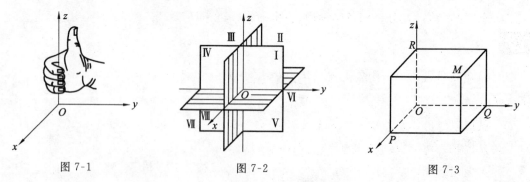

图 7-1　　　　　　　图 7-2　　　　　　　图 7-3

设 M 为空间一点,过 M 点分别作垂直于三个坐标轴的平面,与 x 轴、y 轴、z 轴分别交于 P,Q,R 三点,坐标依次记为 x,y,z(如图 7-3 所示),则点 M 唯一地确定了一组有序数 x,y 和 z.反之,给定一组有序数 x,y 和 z,它们在 x 轴、y 轴、z 轴上依次对应于 P,Q,R 三点,

过 P,Q,R 三点分别作垂直于三个坐标轴的平面,则它们有唯一的交点 M. 这样,空间中的 M 点就与一组有序数 x,y,z 建立了一一对应的关系. x,y,z 称为点 M 的坐标,记作 $M(x,y,z)$.

7.1.2　空间两点间的距离

例 1　设空间两点 $M_1(x_1,y_1,z_1),M_2(x_2,y_2,z_2)$,求它们的距离 $d=|M_1M_2|$.

解　过点 M_1,M_2 各作三个平面分别垂直于 x 轴、y 轴、z 轴,形成一个长方体(如图 7-4 所示),易知

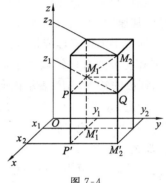

$$d=|M_1M_2|$$
$$=\sqrt{|M_1Q|^2+|QM_2|^2}$$
$$=\sqrt{|M_1P|^2+|PQ|^2+|QM_2|^2}$$
$$=\sqrt{|M_1'P'|^2+|P'M_2'|^2+|QM_2|^2}$$
$$=\sqrt{(x_2-x_1)^2+(y_2-y_1)^2+(z_2-z_1)^2}.$$

图 7-4

例 2　设 $A(4,1,-7),B(6,y,2),|AB|=11$,求 y.

解　$|AB|=\sqrt{(6-4)^2+(y-1)^2+[2-(-7)]^2}=\sqrt{(y-1)^2+85}=11$,即 $(y-1)^2=36$,所以 $y_1=7$ 或 $y_2=-5$.

习题 7-1

A 组

1. 在空间直角坐标系中画出下列各点.
$A(1,1,-1),B(1,-1,-1),C(0,1,-2),D(-1,-3,-1),E(2,0,-1),F(0,1,0)$.

2. 指出各坐标轴、坐标面上的点的坐标特点.

3. 求出点 $(2,-1,3)$ 关于(1) 各坐标面,(2) 各坐标轴,(3) 原点对称的点的坐标.

4. 求下列 A,B 两点间的距离:
(1) $A(-2,1,3),B(0,-1,2)$;　　　　　　(2) $A(-1,2,-1),B(-3,-5,1)$.

5. 求点 $A(x,y,z)$ 分别到各坐标面、各坐标轴、原点间的距离.

B 组

6. 已知点 $A(1,3,4),B(-1,3,4)$,A,B,M 在同一直线上,且 $AM:MB=-\dfrac{3}{2}$,求点 M 的坐标.

7. 试证以 $A(1,9,4),B(-1,6,10),C(4,3,2)$ 为顶点的三角形是等腰直角三角形.

8. 在 y 轴上求一点使之与点 $A(-3,2,7)$ 和点 $B(3,1,-7)$ 等距离.

7.2　向量及其线性运算

7.2.1　向量的概念

在物理学和其他应用科学中,常常会遇到这样一些量,它们既有大小又有方向,如位移、速度、加速度、力和力矩等.像这种既有大小又有方向的量称为向量或称为矢量.

通常用黑体字母或带有箭头的字母表示向量,如向量 $a, i, F, \vec{a}, \vec{i}, \vec{F}$ 等.在几何上常用一个带有箭头的有向线段表示向量,如图 7-5 所示的向量 a,起点为 A,终点为 B,还可记为 $\overrightarrow{AB}$,线段的长度 $|\overrightarrow{AB}|$ 表示该向量的大小,通常也称为向量的模,箭头表示该向量的方向.

规定:如果两个向量的大小相等,方向相同,那么这两个向量就是相等的,也就是说,向量是可以平移的;如果两个向量的方向相同或相反,那么这两个向量就是平行的,也可说它们是共线的.模为 1 的向量称为单位向量,模为 0 的向量称为零向量,记作 **0**.零向量的方向规定为任意的,即可平行于任何向量.

图 7-5

7.2.2　向量的加、减法

定义 7.1　设有两个非零向量 a, b,将 b 平移使其始点与 a 的终点重合,则以 a 的始点为始点,以 b 的终点为终点的向量就是 a 与 b 的和向量,记作 $a+b$,称为向量加法的三角形法则(如图 7-6 所示).

由两个向量的加法可推广到多个向量的加法,方法是将多个向量经过平移,使它们首尾相连,连接第一个向量的起点和最后一个向量的终点就是这些向量的和,这种加法称为折线法(如图 7-7 所示).

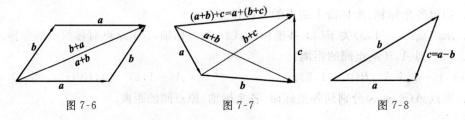

图 7-6　　　　　　　　图 7-7　　　　　　　　图 7-8

根据图 7-6 和图 7-7 可以看出,向量的加法满足以下运算律:

(1) 交换律　$a+b=b+a$;

(2) 结合律　$(a+b)+c=a+(b+c)$.

向量的减法定义为向量加法的逆运算.即对于给定的三个向量 a, b, c,若 $a=b+c$,则称 $c=a-b$.

向量的减法也可用三角形法则来求解,其方法是将 a 平移使其始点与 b 的始点重合,则以 b 的终点为始点,以 a 的终点为终点的向量就是 a 与 b 的差(如图 7-8 所示).

7.2.3　向量的数乘

定义 7.2　实数 λ 与向量 a 的乘积仍是一个向量,称为 λ 与 a 的数乘,记作 λa.其模等

于 $|\lambda|$ 与 a 的模的乘积,即

$$|\lambda a| = |\lambda| \cdot |a|.$$

并规定:当 $\lambda > 0$ 时,λa 与 a 的方向相同;当 $\lambda < 0$ 时,λa 与 a 的方向相反;当 $\lambda = 0$ 或 $a = \mathbf{0}$ 时,$\lambda a = \mathbf{0}$.

由定义 7.2 可知,无论 λ 为何值,λa 都是与 a 平行的,于是有以下定理.

定理 7.1 向量 b 与非零向量 a 平行的充分必要条件是存在一个实数 λ,使 $b = \lambda a$.

容易验证,向量的数乘运算满足以下运算律:

(1) 结合律 $\mu(\lambda a) = (\mu \lambda) a$;

(2) 分配律 $\lambda(a + b) = \lambda a + \lambda b$(对于向量的分配律),

$\qquad\qquad (\lambda + \mu) a = \lambda a + \mu a$(对于数的分配律).

其中 λ, μ 都是数量.

对于任意非零向量 a,向量 $\dfrac{a}{|a|}$ 是与 a 同向的且模为 1 的单位向量,记作 $a^0 = \dfrac{a}{|a|}$,从而对任意向量 a,都有 $a = |a| a^0$.

向量的减法还可借助数乘和向量的加法来解释,即 $a - b = a + (-1)b$.

例 1 设 $u = a + 2b - 3c$,$v = 2a - b + c$,求 $3u - 2v$.

解 $3u - 2v = 3(a + 2b - 3c) - 2(2a - b + c)$

$\qquad\qquad = 3a + 6b - 9c - 4a + 2b - 2c$

$\qquad\qquad = -a + 8b - 11c.$

例 2 证明三角形两边中点的连线平行于第三边,且其长度等于第三边长度的一半.

证 设 $\triangle ABC$ 的边 $\overrightarrow{AB} = a$,$\overrightarrow{AC} = b$,则 $\overrightarrow{BC} = \overrightarrow{AC} - \overrightarrow{AB} = b - a$. 记 AB, AC 的中点分别为 M, N,则

$$\overrightarrow{AM} = \frac{1}{2}\overrightarrow{AB} = \frac{1}{2}a,\ \overrightarrow{AN} = \frac{1}{2}\overrightarrow{AC} = \frac{1}{2}b,$$

$$\overrightarrow{MN} = \overrightarrow{AN} - \overrightarrow{AM} = \frac{1}{2}b - \frac{1}{2}a = \frac{1}{2}(b - a) = \frac{1}{2}\overrightarrow{BC}.$$

所以三角形两边中点的连线平行于第三边,且其长度等于第三边长度的一半.

习题 7-2

A 组

1. 如果四边形的对角线互相平分,证明它是平行四边形.

2. 在平行四边形 $ABCD$ 中设 $\overrightarrow{AB} = a$,$\overrightarrow{CB} = b$,M 是其对角线的交点,试用 a, b 表示向量 $\overrightarrow{MA}, \overrightarrow{MB}, \overrightarrow{MC}, \overrightarrow{MD}$.

3. 设 $\triangle ABC$ 的边 BC 的三等分点为 D, E,且 $\overrightarrow{AB} = a$,$\overrightarrow{AC} = b$,试用 a, b 表示 $\overrightarrow{AD}, \overrightarrow{AE}$.

4. 在 $\triangle ABC$ 中,证明 $\overrightarrow{BC} + \overrightarrow{CA} + \overrightarrow{AB} = \mathbf{0}$.

5. 设 a, b 为非零向量. 它们在满足什么条件时,下列等式成立?

(1) $\dfrac{a}{|a|} = \dfrac{b}{|b|}$;

(2) $|a + b| = |a - b|$;

(3) $|a + b| = |a| + |b|$;

(4) $|a + b| = |a| - |b|$.

B 组

6. 已知 $|\boldsymbol{a}|=5$，$|\boldsymbol{b}|=8$，$\boldsymbol{a}$ 与 $\boldsymbol{b}$ 的夹角为 $\dfrac{\pi}{3}$，求 $|\boldsymbol{a}+\boldsymbol{b}|$ 和 $|\boldsymbol{a}-\boldsymbol{b}|$.

7. 设 $\overrightarrow{AB}=\boldsymbol{p}+\boldsymbol{q}$，$\overrightarrow{BC}=2\boldsymbol{p}+8\boldsymbol{q}$，$\overrightarrow{CD}=3(\boldsymbol{p}-\boldsymbol{q})$，求证 A,B,D 三点共线.

7.3 向量的坐标

7.3.1 向量的坐标

为了将向量的运算代数化，先引进向量的坐标表示.

在空间直角坐标系中，以原点为起点，终点分别为 x 轴、y 轴、z 轴上的点 $(1,0,0)$，$(0,1,0)$，$(0,0,1)$ 的三个单位向量分别记为 $\boldsymbol{i}$，$\boldsymbol{j}$，$\boldsymbol{k}$，称为该坐标系的基本单位向量.

对于任意一个向量 $\boldsymbol{a}$，经过平移可使其始点落在原点 O，设此时的终点为 $M(a_x,a_y,a_z)$，即 $\boldsymbol{a}=\overrightarrow{OM}$（如图 7-9 所示）.

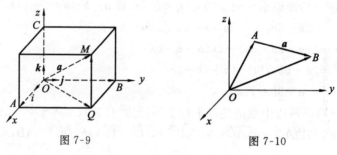

图 7-9   图 7-10

根据向量的数乘可得

$$\overrightarrow{OA}=a_x\boldsymbol{i},\quad \overrightarrow{OB}=a_y\boldsymbol{j},\quad \overrightarrow{OC}=a_z\boldsymbol{k},$$

再根据向量的加法和向量的平移特性可得

$$\boldsymbol{a}=\overrightarrow{OM}=\overrightarrow{OB}+\overrightarrow{BM}=\overrightarrow{OA}+\overrightarrow{OB}+\overrightarrow{OC}=a_x\boldsymbol{i}+a_y\boldsymbol{j}+a_z\boldsymbol{k}.$$

称 $\boldsymbol{a}=a_x\boldsymbol{i}+a_y\boldsymbol{j}+a_z\boldsymbol{k}$ 为向量 $\boldsymbol{a}$ 的坐标表示，在不引起混淆的情况下仍记为 $\boldsymbol{a}=(a_x,a_y,a_z)$.

有了向量的坐标表示，向量的运算也可用坐标表示.

设 $\boldsymbol{a}=a_x\boldsymbol{i}+a_y\boldsymbol{j}+a_z\boldsymbol{k}$，$\boldsymbol{b}=b_x\boldsymbol{i}+b_y\boldsymbol{j}+b_z\boldsymbol{k}$，易得

$$|\boldsymbol{a}|=\sqrt{a_x^2+a_y^2+a_z^2}.$$

由向量数乘和向量加法的运算律可得

$$\boldsymbol{a}\pm\boldsymbol{b}=(a_x\pm b_x)\boldsymbol{i}+(a_y\pm b_y)\boldsymbol{j}+(a_z\pm b_z)\boldsymbol{k}=(a_x\pm b_x,a_y\pm b_y,a_z\pm b_z),$$

$$\lambda\boldsymbol{a}=\lambda(a_x\boldsymbol{i}+a_y\boldsymbol{j}+a_z\boldsymbol{k})=\lambda a_x\boldsymbol{i}+\lambda a_y\boldsymbol{j}+\lambda a_z\boldsymbol{k}=(\lambda a_x,\lambda a_y,\lambda a_z).$$

例 1 设有点 $A(a_x,a_y,a_z)$，点 $B(b_x,b_y,b_z)$（如图 7-10 所示），求向量 $\overrightarrow{AB}$ 的坐标.

解 因为

$$\overrightarrow{OA}=a_x\boldsymbol{i}+a_y\boldsymbol{j}+a_z\boldsymbol{k},$$

$$\overrightarrow{OB}=b_x\boldsymbol{i}+b_y\boldsymbol{j}+b_z\boldsymbol{k},$$

所以

$$\overrightarrow{AB}=\overrightarrow{OB}-\overrightarrow{OA}$$

$$=(b_x-a_x)\boldsymbol{i}+(b_y-a_y)\boldsymbol{j}+(b_z-a_z)\boldsymbol{k}$$

$$=(b_x-a_x,b_y-a_y,b_z-a_z).$$

由此可见,向量的坐标等于向量的终点坐标与始点坐标之差.

例 2　设 $a=6i-4j+10k,b=3i+4j-9k$,求 $3a-2b,a+2b,|a|$.

解　$3a-2b=3(6,-4,10)-2(3,4,-9)=(18,-12,30)-(6,8,-18)=(12,-20,48)$,$a+2b=(6,-4,10)+2(3,4,-9)=(6,-4,10)+(6,8,-18)=(12,4,-8)$,

$$|a|=\sqrt{6^2+(-4)^2+10^2}=2\sqrt{38}.$$

例 3　设 $a=a_x i-3j+6k$ 与 $b=2i+b_y j+k$ 平行,求 a_x,b_y.

解　因为 $a/\!/b$,所以根据定理 7.1 可得

$$\frac{a_x}{2}=\frac{-3}{b_y}=\frac{6}{1},$$

解得 $a_x=12,b_y=-\dfrac{1}{2}$.

7.3.2　向量的方向角和方向余弦

定义 7.3　非零向量 $a=a_x i+a_y j+a_z k$ 与坐标系中 x 轴、y 轴、z 轴正向的夹角 $\alpha,\beta,\gamma(0\leqslant\alpha,\beta,\gamma\leqslant\pi)$ 称为向量 a 的方向角,$\cos\alpha,\cos\beta,\cos\gamma$ 称为向量 a 的方向余弦.

如果将向量 a 的始点放在坐标原点,那么它的终点坐标则为 (a_x,a_y,a_z)(如图 7-11 所示).

从图 7-11 中可看出

$$\begin{cases}\cos\alpha=\dfrac{a_x}{|a|}=\dfrac{a_x}{\sqrt{a_x^2+a_y^2+a_z^2}},\\[2mm]\cos\beta=\dfrac{a_y}{|a|}=\dfrac{a_y}{\sqrt{a_x^2+a_y^2+a_z^2}},\\[2mm]\cos\gamma=\dfrac{a_z}{|a|}=\dfrac{a_z}{\sqrt{a_x^2+a_y^2+a_z^2}}.\end{cases}$$

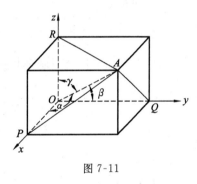

图 7-11

易见

$$\cos^2\alpha+\cos^2\beta+\cos^2\gamma=1.$$

显然,与 a 同方向的单位向量 $a^0=(\cos\alpha,\cos\beta,\cos\gamma)$.

例 4　设有点 $A(3,0,2)$,点 $B(4,\sqrt{2},1)$,求向量 $\overrightarrow{AB}$ 的方向余弦和方向角.

解　设 $\overrightarrow{AB}=a$,则 $a=(4-3,\sqrt{2}-0,1-2)=(1,\sqrt{2},-1)$,从而

$$|a|=\sqrt{1^2+(\sqrt{2})^2+(-1)^2}=2,$$

$$\cos\alpha=\frac{a_x}{|a|}=\frac{1}{2},\cos\beta=\frac{a_y}{|a|}=\frac{\sqrt{2}}{2},\cos\gamma=\frac{a_z}{|a|}=-\frac{1}{2}.$$

所以

$$\alpha=\frac{\pi}{3},\beta=\frac{\pi}{4},\gamma=\frac{2\pi}{3}.$$

例 5　设 $|a|=8$,且 $\alpha=\beta=\dfrac{\pi}{3}$,求向量 a.

解　设 $a^0=(\cos\alpha,\cos\beta,\cos\gamma)=\left(\dfrac{1}{2},\dfrac{1}{2},\cos\gamma\right)$.又

$$\cos\gamma=\pm\sqrt{1-\cos^2\alpha-\cos^2\beta}=\pm\frac{\sqrt{2}}{2},$$

所以 $\qquad a=|a|a^0=(4,4,\pm 4\sqrt{2}).$

习题 7-3

A 组

1. 设 $a=(2,-1,-3),b=(2,1,-4)$，求 $a-b,a+b$.

2. 设 $a=(3,5,-1),b=(2,2,3),c=(4,-1,-3)$，求 $2a-3b+4c,ma+nb$.

3. 设点 $A(2,-3,5)$，点 $B(3,5,-2)$，若在线段 AB 上的点 C 满足 $\overrightarrow{AB}=3\overrightarrow{CB}$，求点 C 的坐标.

4. 判断下列向量是否共线：

(1) $a=(15,5,-1),b=\left(3,1,-\dfrac{1}{5}\right)$；　(2) $a=(3,6,-3),b=(1,-2,-1)$.

5. 设点 $A(-1,1,0)$，点 $B(0,-1,2)$，求向量 $\overrightarrow{AB}$ 的方向余弦和 $\overrightarrow{AB^0}$.

B 组

6. 设向量 a 的模 $|a|=14$，方向余弦中 $\cos\beta=\dfrac{2}{7},\cos\gamma=\dfrac{3}{7}$，且 α 是钝角，求 a.

7. 设向量 a 的方向角 α,β,γ 满足 $\alpha=\beta,\gamma=2\beta$，求向量 a 的方向余弦.

8. 已知向量 a 的终点坐标 $\left(\dfrac{7}{2},\dfrac{3}{2},\dfrac{3\sqrt{2}}{2}\right),|a|=3$，方向余弦中 $\cos\alpha=\cos\beta=\dfrac{1}{2}$，求向量 a 的坐标及其起点坐标.

7.4　向量的数量积与向量积

7.4.1　向量的数量积

1. 数量积的定义与性质

设物体在恒力 f 的作用下，位移为 s. 根据物理学知识，恒力 f 所做的功为

$$W=|f||s|\cos\langle\overset{\wedge}{f,s}\rangle.$$

这种由两个向量的模与它们夹角余弦的乘积构成的式子在其他问题中也经常遇到，为此给出以下定义.

定义 7.4　对于给定的向量 a,b，数 $|a||b|\cos\langle\overset{\wedge}{a,b}\rangle$ 称为向量 a 和 b 的数量积（或称为点乘），记作 $a\cdot b$，即

$$a\cdot b=|a||b|\cos\langle\overset{\wedge}{a,b}\rangle.$$

由定义 7.4 易得 $a\cdot a=|a||a|\cos\langle\overset{\wedge}{a,a}\rangle=|a|^2$，于是有 $|a|=\sqrt{a\cdot a}$.

定理 7.2　向量 a 垂直于向量 b 的充分必要条件为 $a\cdot b=0$.

证　(1) 充分性　设 $a\perp b$，那么 $\langle\overset{\wedge}{a,b}\rangle=\dfrac{\pi}{2}$，则 $a\cdot b=|a||b|\cos\langle\overset{\wedge}{a,b}\rangle=0$.

(2) 必要性　设 $a\cdot b=0$，即 $|a||b|\cos\langle\overset{\wedge}{a,b}\rangle=0$. 如果 $|a|=0$ 或 $|b|=0$，即 $a=\mathbf{0}$ 或 $b=$

$\boldsymbol{0}$,而零向量可以垂直于任何一个向量,则 $\boldsymbol{a} \perp \boldsymbol{b}$;如果 $|\boldsymbol{a}| \neq 0$ 且 $|\boldsymbol{b}| \neq 0$,就有 $\cos\langle \overset{\wedge}{\boldsymbol{a},\boldsymbol{b}} \rangle = 0$,即 $\langle \overset{\wedge}{\boldsymbol{a},\boldsymbol{b}} \rangle = \dfrac{\pi}{2}$,则 $\boldsymbol{a} \perp \boldsymbol{b}$.

由三个基本单位向量 $\boldsymbol{i},\boldsymbol{j},\boldsymbol{k}$ 的位置关系和数量积的定义可知

$$\begin{cases} \boldsymbol{i} \cdot \boldsymbol{i} = \boldsymbol{j} \cdot \boldsymbol{j} = \boldsymbol{k} \cdot \boldsymbol{k} = 1, \\ \boldsymbol{i} \cdot \boldsymbol{j} = \boldsymbol{j} \cdot \boldsymbol{k} = \boldsymbol{k} \cdot \boldsymbol{j} = 0. \end{cases}$$

定义 7.5 数 $|\boldsymbol{a}| \cos\langle \overset{\wedge}{\boldsymbol{a},\boldsymbol{b}} \rangle$ 称为向量 $\boldsymbol{a}$ 在向量 $\boldsymbol{b}$ 上的投影(如图 7-12 所示),记作 a_b,即

$$a_b = |\boldsymbol{a}| \cos\langle \overset{\wedge}{\boldsymbol{a},\boldsymbol{b}} \rangle.$$

类似可定义 $b_a = |\boldsymbol{b}| \cos\langle \overset{\wedge}{\boldsymbol{a},\boldsymbol{b}} \rangle$. 那么,向量的数量积也可用投影表示为

$$\boldsymbol{a} \cdot \boldsymbol{b} = |\boldsymbol{b}| a_b = |\boldsymbol{a}| b_a.$$

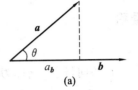 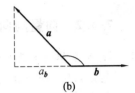

图 7-12

可以证明向量的数量积有以下运算律:

(1) 交换律 $\boldsymbol{a} \cdot \boldsymbol{b} = \boldsymbol{b} \cdot \boldsymbol{a}$;

(2) 结合律 $\lambda(\boldsymbol{a} \cdot \boldsymbol{b}) = (\lambda\boldsymbol{a}) \cdot \boldsymbol{b} = \boldsymbol{a} \cdot (\lambda\boldsymbol{b})$($\lambda$ 为常数);

(3) 分配律 $(\boldsymbol{a} + \boldsymbol{b}) \cdot \boldsymbol{c} = \boldsymbol{a} \cdot \boldsymbol{c} + \boldsymbol{b} \cdot \boldsymbol{c}$.

2. 数量积的坐标表示

设 $\boldsymbol{a} = a_x \boldsymbol{i} + a_y \boldsymbol{j} + a_z \boldsymbol{k}, \boldsymbol{b} = b_x \boldsymbol{i} + b_y \boldsymbol{j} + b_z \boldsymbol{k}$,则

$$\begin{aligned} \boldsymbol{a} \cdot \boldsymbol{b} &= (a_x \boldsymbol{i} + a_y \boldsymbol{j} + a_z \boldsymbol{k}) \cdot (b_x \boldsymbol{i} + b_y \boldsymbol{j} + b_z \boldsymbol{k}) \\ &= a_x b_x \boldsymbol{i} \cdot \boldsymbol{i} + a_x b_y \boldsymbol{i} \cdot \boldsymbol{j} + a_x b_z \boldsymbol{i} \cdot \boldsymbol{k} + a_y b_x \boldsymbol{j} \cdot \boldsymbol{i} + a_y b_y \boldsymbol{j} \cdot \boldsymbol{j} + a_y b_z \boldsymbol{j} \cdot \boldsymbol{k} + \\ &\quad a_z b_x \boldsymbol{k} \cdot \boldsymbol{i} + a_z b_y \boldsymbol{k} \cdot \boldsymbol{j} + a_z b_z \boldsymbol{k} \cdot \boldsymbol{k} \\ &= a_x b_x + a_y b_y + a_z b_z. \end{aligned}$$

即

$$\boldsymbol{a} \cdot \boldsymbol{b} = a_x b_x + a_y b_y + a_z b_z.$$

由数量积的定义可得

$$\cos\langle \overset{\wedge}{\boldsymbol{a},\boldsymbol{b}} \rangle = \frac{\boldsymbol{a} \cdot \boldsymbol{b}}{|\boldsymbol{a}||\boldsymbol{b}|} = \frac{a_x b_x + a_y b_y + a_z b_z}{\sqrt{a_x^2 + a_y^2 + a_z^2} \sqrt{b_x^2 + b_y^2 + b_z^2}}.$$

这就是向量 $\boldsymbol{a}$ 和 $\boldsymbol{b}$ 的夹角的计算公式.

例 1 设向量 $\boldsymbol{a} = 3\boldsymbol{i} + 2\boldsymbol{j} - \boldsymbol{k}, \boldsymbol{b} = \boldsymbol{i} - \boldsymbol{j} + 2\boldsymbol{k}$,求 $\boldsymbol{a} \cdot \boldsymbol{b}, 2\boldsymbol{a} \cdot 3\boldsymbol{b}, \cos\langle \overset{\wedge}{\boldsymbol{a},\boldsymbol{b}} \rangle$.

解 $\boldsymbol{a} \cdot \boldsymbol{b} = (3,2,-1) \cdot (1,-1,2) = 3 \times 1 + 2 \times (-1) + (-1) \times 2 = -1$,

$2\boldsymbol{a} \cdot 3\boldsymbol{b} = 2(3,2,-1) \cdot 3(1,-1,2) = (6,4,-2) \cdot (3,-3,6)$

$\qquad = 6 \times 3 + 4 \times (-3) + (-2) \times 6 = -6$,

$|\boldsymbol{a}| = \sqrt{3^2 + 2^2 + (-1)^2} = \sqrt{14}, |\boldsymbol{b}| = \sqrt{1^2 + (-1)^2 + 2^2} = \sqrt{6}$,

$\cos\langle \overset{\wedge}{\boldsymbol{a},\boldsymbol{b}} \rangle = \dfrac{\boldsymbol{a} \cdot \boldsymbol{b}}{|\boldsymbol{a}||\boldsymbol{b}|} = -\dfrac{1}{\sqrt{14}\sqrt{6}} = -\dfrac{1}{2\sqrt{21}}$.

例 2 设向量 $\boldsymbol{a} = 3\boldsymbol{i} - 2\boldsymbol{j} + \boldsymbol{k}, \boldsymbol{b} = 4\boldsymbol{i} + 9\boldsymbol{j} + b_z \boldsymbol{k}$ 且 $\boldsymbol{a} \perp \boldsymbol{b}$,求 b_z.

解 因为 $\boldsymbol{a} \perp \boldsymbol{b}$,所以 $\boldsymbol{a} \cdot \boldsymbol{b} = 0$,即

$$(3,-2,1)\cdot(4,9,b_z)=12-18+b_z=0,$$

解得
$$b_z=6.$$

例 3　求向量 $a=4i-3j+4k$ 在 $b=2i+2j+k$ 上的投影.

解　因为
$$a\cdot b=(4,-3,4)\cdot(2,2,1)=8-6+4=6,$$
$$|b|=\sqrt{2^2+2^2+1^2}=3,$$

所以
$$a_b=|a|\cos\langle\overset{\wedge}{a,b}\rangle=\frac{a\cdot b}{|b|}=\frac{6}{3}=2.$$

7.4.2　向量的向量积

1. 向量积的定义与性质

定义 7.6　向量 a 与向量 b 的向量积(或称为叉乘)是一个向量,记作 $c=a\times b$,它的模和方向分别定义为

(1) $|a\times b|=|a||b|\sin\langle\overset{\wedge}{a,b}\rangle$;

(2) $a\times b$ 垂直于 a 也垂直于 b,并且 $a,b,a\times b$ 成右手系(如图 7-13(a)所示).

模 $|a\times b|$ 的几何意义是以 a,b 为相邻两边的平行四边形的面积(如图 7-13(b)所示).

定理 7.3　向量 a 平行于向量 b 的充分必要条件为 $a\times b=0$.

证　**充分性**　设 $a\parallel b$,那么 $\langle\overset{\wedge}{a,b}\rangle=0$ 或 π,则 $|a\times b|=|a||b|\sin\langle\overset{\wedge}{a,b}\rangle=0$,所以 $a\times b=0$.

必要性　设 $a\times b=0$,即 $|a\times b|=|a||b|\sin\langle\overset{\wedge}{a,b}\rangle=0$. 如果 $|a|=0$ 或 $|b|=0$,即 $a=0$ 或 $b=0$,而零向量可以平行于任何一个向量,则 $a\parallel b$;如果 $|a|\neq0$ 且 $|b|\neq0$,就有 $\sin\langle\overset{\wedge}{a,b}\rangle=0$,即 $\langle\overset{\wedge}{a,b}\rangle=0$ 或 π,则 $a\parallel b$.

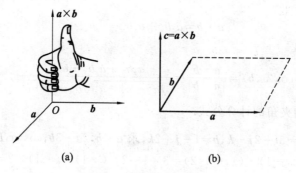

(a)　　　　　　　　(b)

图 7-13

由三个基本单位向量 i,j,k 的位置关系和向量积的定义可知
$$\begin{cases}i\times j=k,j\times k=i,k\times i=j,\\i\times i=j\times j=k\times k=0.\end{cases}$$

可以证明向量的向量积有以下运算律:

(1) 反交换律　$a\times b=-b\times a$;

(2) 结合律　$\lambda(a\times b)=(\lambda a)\times b=a\times(\lambda b)$($\lambda$ 为常数);

（3）分配律　$(a+b)\times c=a\times c+b\times c.$

2. 向量积的坐标表示

设 $a=a_x i+a_y j+a_z k,b=b_x i+b_y j+b_z k$，则

$$a\times b=(a_x i+a_y j+a_z k)\times(b_x i+b_y j+b_z k)$$
$$=a_x b_x i\times i+a_x b_y i\times j+a_x b_z i\times k+a_y b_x j\times i+a_y b_y j\times j+a_y b_z j\times k+$$
$$a_z b_x k\times i+a_z b_y k\times j+a_z b_z k\times k$$
$$=(a_y b_z-a_z b_y)i+(a_z b_x-a_x b_z)j+(a_x b_y-a_y b_x)k.$$

为了便于计算和记忆，上式可写成

$$a\times b=\begin{vmatrix} i & j & k \\ a_x & a_y & a_z \\ b_x & b_y & b_z \end{vmatrix}=\left[\begin{vmatrix} a_y & a_z \\ b_y & b_z \end{vmatrix},\begin{vmatrix} a_z & a_x \\ b_z & b_x \end{vmatrix},\begin{vmatrix} a_x & a_y \\ b_x & b_y \end{vmatrix}\right].$$

例 4　设 $a=i+2j+2k,b=-3i+5j+k$，求 $a\times b$.

解　利用公式可得

$$a\times b=\begin{vmatrix} i & j & k \\ 1 & 2 & 2 \\ -3 & 5 & 1 \end{vmatrix}=(-8,-7,11).$$

例 5　已知三角形的顶点为 $A(1,1,1),B(2,3,4),C(4,3,2)$，求 $\triangle ABC$ 的面积.

解　设 $a=\overrightarrow{AB}=(1,2,3),b=\overrightarrow{AC}=(3,2,1)$，则

$$a\times b=\begin{vmatrix} i & j & k \\ 1 & 2 & 3 \\ 3 & 2 & 1 \end{vmatrix}=(-4,8,-4),$$

从而　　　　　$S_{\triangle ABC}=\frac{1}{2}|a\times b|=\frac{1}{2}\sqrt{(-4)^2+8^2+(-4)^2}=2\sqrt{6}.$

例 6　求同时垂直于 $a=i-j+2k,b=2i-2j+2k$ 的单位向量.

解　由题意，不妨取

$$c=a\times b=\begin{vmatrix} i & j & k \\ 1 & -1 & 2 \\ 2 & -2 & 2 \end{vmatrix}=(2,2,0),$$

则　　　　$|c|=\sqrt{2^2+2^2}=2\sqrt{2},c^0=\frac{c}{|c|}=\frac{(2,2,0)}{2\sqrt{2}}=\frac{\sqrt{2}}{2}(1,1,0).$

另外，$-c^0=-\frac{\sqrt{2}}{2}(1,1,0)$ 也符合题意，即它们都是所求单位向量.

习题 7-4

A 组

1. 设向量 $a=4i-2j-4k,b=6i-3j+2k$，求：

（1）$a\cdot b$；　　　　　　　　　　　（2）$a\cdot a$；

（3）$(3a-2b)\cdot(a+3b).$

2. 设向量 $a=i+\sqrt{2}j-k,b=-i+k$，求 a 与 b 的夹角.

3. 设向量 $a=3i-2j+k, b=-i+bj-5k$, 分别求 b 的值, 使得:

(1) $a \perp b$; 　　　　　　　　　　　(2) $b_a=4$.

4. 求下列各组向量的向量积:

(1) $a=(1,1,1), b=(3,-2,1)$; 　　　　(2) $a=(0,1,-1), b=(1,-1,0)$;

(3) $a=(2,-1,1), b=(0,3,-1)$.

B 组

5. 已知三角形的顶点为 $A(1,2,3), B(3,4,5), C(2,4,7)$, 求 $\triangle ABC$ 的面积.

6. 求以 $A(3,4,1), B(2,3,0), C(3,5,1), D(2,4,0)$ 为顶点的四边形的面积.

7. 求垂直于向量 $a=(2,3,-1), b=(1,-2,3)$ 且与向量 $c=(2,-1,1)$ 的数量积为 -6 的向量.

7.5　平面及其方程

7.5.1　平面的点法式方程

垂直于平面 π 的非零向量 $n=(A,B,C)$ 称为平面 π 的法向量, 易知平面 π 内的任一向量都与该平面的法向量 n 垂直. 设平面 π 通过点 $M_0(x_0,y_0,z_0)$(如图 7-14 所示), 可按照下面的方法来建立平面 π 的方程.

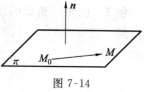

图 7-14

在平面 π 内任取一点 $M(x,y,z)$, 显然 $\overrightarrow{M_0M} \perp n$, 由两向量垂直的充要条件知

$$\overrightarrow{M_0M} \cdot n=0,$$

又 $\overrightarrow{M_0M}=(x-x_0,y-y_0,z-z_0), n=(A,B,C)$, 所以有

$$A(x-x_0)+B(y-y_0)+C(z-z_0)=0.$$

该方程称为平面 π 的点法式方程.

例 1　求通过点 $(1,2,3)$ 且与向量 $i+j+2k$ 垂直的平面方程.

解　显然 $n=i+j+2k$, 从而所求平面方程为

$$1(x-1)+1(y-2)+2(z-3)=0,$$

即

$$x+y+2z-9=0.$$

例 2　求通过三点 $A(1,1,-1), B(-2,-2,2), C(1,-1,2)$ 的平面方程.

解　$\overrightarrow{AB}=(-3,-3,3), \overrightarrow{AC}=(0,-2,3)$. 不妨取

$$n=\overrightarrow{AB} \times \overrightarrow{AC}=\begin{vmatrix} i & j & k \\ -3 & -3 & 3 \\ 0 & -2 & 3 \end{vmatrix}=(-3,9,6),$$

又平面过点 $A(1,1,-1)$, 所以所求平面方程为

$$-3(x-1)+9(y-1)+6(z+1)=0, \quad 即 \quad x-3y-2z=0.$$

7.5.2　平面的一般方程

将平面的点法式方程 $A(x-x_0)+B(y-y_0)+C(z-z_0)=0$ 展开,并令 $D=-Ax_0-By_0-Cz_0$ 可得平面方程 $Ax+By+Cz+D=0$,该方程称为平面的一般方程.即平面可用一个三元一次方程表示.反过来,一个三元一次方程 $Ax+By+Cz+D=0(A,B,C$ 不同时为零)能不能表示一个平面呢?回答是肯定的.设 x_0,y_0,z_0 为 $Ax+By+Cz+D=0$ 的一组解,则有 $Ax_0+By_0+Cz_0+D=0$,与 $Ax+By+Cz+D=0$ 相减得

$$A(x-x_0)+B(y-y_0)+C(z-z_0)=0,$$

它表示通过点 $M_0(x_0,y_0,z_0)$,以 $\boldsymbol{n}=(A,B,C)$ 为法向量的平面方程.

例 3　求通过点 $M_1(a,0,0),M_2(0,b,0),M_3(0,0,c)$ 的平面方程(其中 $abc\neq0$).

解　设所求平面方程为 $Ax+By+Cz+D=0$.则由题意得如下方程组:

$$\begin{cases} Aa+D=0, \\ Bb+D=0, \\ Cc+D=0. \end{cases}$$

解此方程组得

$$A=-\frac{D}{a},\ B=-\frac{D}{b},\ C=-\frac{D}{c}.$$

将所求的解代入所设方程并化简,得

$$\frac{x}{a}+\frac{y}{b}+\frac{z}{c}=1.$$

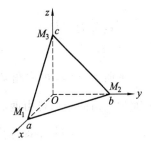

图 7-15

该方程称为平面的截距式方程,其中 a,b,c 分别称为平面在 x 轴、y 轴、z 轴上的截距(如图 7-15 所示).

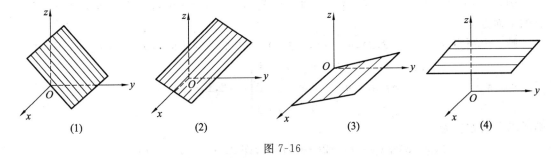

图 7-16

图 7-16 给出了一些特殊位置的平面.这些平面的方程分别如下:

(1) $Ax+By+Cz=0$,即 $D=0$,它表示一个通过原点的平面.

(2) $By+Cz+D=0$,即 $A=0$,此时法向量 $\boldsymbol{n}=(0,B,C)$ 与 $\boldsymbol{i}=(1,0,0)$ 垂直,也就是平面与 x 轴平行.

(3) $By+Cz=0$,即 $A=D=0$,由(1)、(2)可知,此时平面通过 x 轴.

(4) $Cz+D=0$,即 $A=B=0$,由(2)可知,此时平面平行于 xOy 平面.

(5) $z=0$,即 $A=B=D=0$,由(1)、(4)可知,此时平面就是 xOy 平面.

其他情况可类似讨论.

例 4　求通过点 $(-3,1,-2)$ 且通过 z 轴的平面方程.

解　设所求平面方程为

$$Ax+By=0.$$

因为平面通过点 $(-3,1,-2)$，故有

$$-3A+B=0,$$

将 $B=3A$ 代入所设方程并化简，得

$$x+3y=0.$$

7.5.3　两平面间的位置关系

讨论平面间的位置关系可用它们的法向量来进行. 设有两个平面 π_1 和 π_2，它们的方程和法向量分别为

$$\pi_1: A_1x+B_1y+C_1z+D_1=0, \boldsymbol{n}_1=(A_1,B_1,C_1),$$
$$\pi_2: A_2x+B_2y+C_2z+D_2=0, \boldsymbol{n}_2=(A_2,B_2,C_2).$$

则 $\pi_1 /\!/ \pi_2$ 的充要条件为

$$\boldsymbol{n}_1 /\!/ \boldsymbol{n}_2,\ 即 \frac{A_1}{A_2}=\frac{B_1}{B_2}=\frac{C_1}{C_2};$$

$\pi_1 \perp \pi_2$ 的充要条件为

$$\boldsymbol{n}_1 \perp \boldsymbol{n}_2,\ 即\ A_1A_2+B_1B_2+C_1C_2=0.$$

平面 π_1 和 π_2 的夹角 $\theta\left(0\leqslant\theta\leqslant\frac{\pi}{2}\right)$ 就是它们法向量 $\boldsymbol{n}_1$ 和 $\boldsymbol{n}_2$ 的夹角 $\langle\boldsymbol{n}_1,\boldsymbol{n}_2\rangle$，所以两个平面的夹角的余弦可由两向量的夹角余弦公式计算：

$$\cos\theta=|\cos\langle\stackrel{\wedge}{\boldsymbol{n}_1,\boldsymbol{n}_2}\rangle|=\frac{|\boldsymbol{n}_1\cdot\boldsymbol{n}_2|}{|\boldsymbol{n}_1||\boldsymbol{n}_2|}=\frac{|A_1A_2+B_1B_2+C_1C_2|}{\sqrt{A_1^2+B_1^2+C_1^2}\ \sqrt{A_2^2+B_2^2+C_2^2}}.$$

例5　求过点 $A(3,-1,-5)$ 且与平面 $3x-2y+2z+7=0$ 和 $5x-4y+3z+1=0$ 都垂直的平面方程.

解　由题意 $\boldsymbol{n}_1=(3,-2,2)$，$\boldsymbol{n}_2=(5,-4,3)$，所求平面的法向量 $\boldsymbol{n}\perp\boldsymbol{n}_1$，$\boldsymbol{n}\perp\boldsymbol{n}_2$. 不妨取

$$\boldsymbol{n}=\boldsymbol{n}_1\times\boldsymbol{n}_2=\begin{vmatrix} \boldsymbol{i} & \boldsymbol{j} & \boldsymbol{k} \\ 3 & -2 & 2 \\ 5 & -4 & 3 \end{vmatrix}=(2,1,-2),$$

则所求平面方程为

$$2(x-3)+(y+1)-2(z+5)=0,\ 即\ 2x+y-2z-15=0.$$

例6　求平面 $x-y+2z-6=0$ 和 $2x+y+z-5=0$ 的夹角.

解　由题意 $\boldsymbol{n}_1=(1,-1,2)$，$\boldsymbol{n}_2=(2,1,1)$，则

$$\cos\theta=|\cos\langle\stackrel{\wedge}{\boldsymbol{n}_1,\boldsymbol{n}_2}\rangle|=\frac{|\boldsymbol{n}_1\cdot\boldsymbol{n}_2|}{|\boldsymbol{n}_1||\boldsymbol{n}_2|}=\frac{|1\times2+(-1)\times1+2\times1|}{\sqrt{1^2+(-1)^2+2^2}\ \sqrt{2^2+1^2+1^2}}=\frac{1}{2},$$

故所求夹角 $\theta=\frac{\pi}{3}$.

7.5.4　点到平面的距离

设点 $M_0(x_0,y_0,z_0)$ 是平面 $\pi: Ax+By+Cz+D=0$ 外的一点，则点 M_0 到平面 π 的距离 d 可按下面方法求解.

设 $M_1(x_1,y_1,z_1)$ 是点 M_0 在平面 π 上的投影，$M_2(x_2, y_2,z_2)$ 为平面 π 上任一点（如图 7-17 所示），则点 M_0 到平面 π 的距离 d 即为 $|\overrightarrow{M_1M_0}|$，它是 $\overrightarrow{M_2M_0}=(x_0-x_2,y_0-y_2, z_0-z_2)$ 在平面 π 的法向量 $\boldsymbol{n}=(A,B,C)$ 方向上的投影的绝对值，即

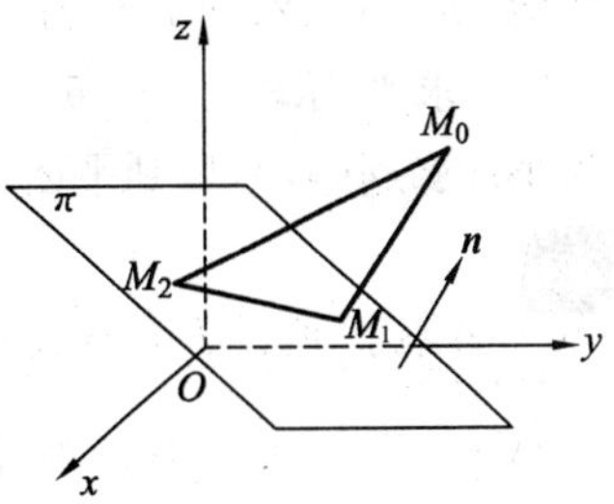

$$d=|\overrightarrow{M_1M_0}|=|\overrightarrow{M_2M_0}|\,|\cos\langle\overset{\wedge}{\overrightarrow{M_2M_0},\boldsymbol{n}}\rangle|$$

$$=\left|\frac{A(x_0-x_2)+B(y_0-y_2)+C(z_0-z_2)}{\sqrt{A^2+B^2+C^2}}\right|$$

$$=\left|\frac{Ax_0+By_0+Cz_0-(Ax_2+By_2+Cz_2)}{\sqrt{A^2+B^2+C^2}}\right|.$$

图 7-17

因为 $M_2(x_2,y_2,z_2)$ 在平面 π 上，所以

$$Ax_2+By_2+Cz_2+D=0,$$

从而

$$d=\frac{|Ax_0+By_0+Cz_0+D|}{\sqrt{A^2+B^2+C^2}}.$$

这就是点 $M_0(x_0,y_0,z_0)$ 到平面 $\pi:Ax+By+Cz+D=0$ 的距离公式.

例 7　求点 $(4,3,-2)$ 到平面 $3x-y+5z+2=0$ 的距离.

解　根据距离公式有

$$d=\frac{|3\times4-3+5\times(-2)+2|}{\sqrt{3^2+(-1)^2+5^2}}=\frac{1}{\sqrt{35}}.$$

习题 7-5

A 组

指出 1～6 题中平面的位置特征.

1. $x-y+4z=0$.

2. $x+3y-2=0$.

3. $y+z=1$.

4. $x-5z=0$.

5. $2y-3=0$.

6. $z=0$.

写出 7～10 题中平面的方程.

7. 经过 x 轴和点 $(4,-3,-1)$.

8. 平行于 y 轴且经过点 $(1,-5,1),(3,2,-2)$.

9. 垂直于 yOz 坐标面且经过点 $(4,0,-2),(5,1,7)$.

10. 垂直于 x 轴且经过点 $(1,-2,4)$.

11. 求经过点 $A(2,9,-6)$ 且与线段 OA（O 为坐标原点）垂直的平面方程.

12. 求经过点 $A(3,-1,-5)$ 且平行于向量 $\boldsymbol{a}=(3,-2,2)$，$\boldsymbol{b}=(5,-4,3)$ 的平面方程.

13. 求经过点 $A(1,-1,0),B(2,3,-1),C(-1,0,2)$ 的平面方程.

指出 14～15 题中两平面的位置关系.

14. $x+y-z-2=0,3x+3y-3z+1=0$.

15. $2x-y-3z-1=0,2x+y+z+4=0$.

16. $x+y-2z+1=0, 2x-3y+z-1=0$.

17. 求平面 $-x+y+5=0$ 与 $x-2y+2z+1=0$ 的夹角.

18. 求点 $(1,2,1)$ 到平面 $x+2y+2z-10=0$ 的距离.

B 组

19. 求经过点 $(8,-3,1)$,$(4,7,2)$ 且与平面 $3x+5y-7z+21=0$ 垂直的平面方程.

20. 一平面在 x 轴、y 轴上的截距分别为 2 和 1,且经过点 $(2,1,-1)$,求该平面的方程.

21. 求在 x 轴上的截距为 3,z 轴上的截距为 -1,且与平面 $3x+y-z+1=0$ 垂直的平面方程.

22. 求经过点 $(1,-1,1)$,且同时垂直于平面 $x-y+z+6=0$ 及 $3x+2y-12z-4=0$ 的平面方程.

7.6 空间直线及其方程

7.6.1 直线的点向式方程

平行于直线 L 的非零向量 $\boldsymbol{l}=(a,b,c)$ 称为该直线的方向向量. 如果直线 L 过点 $M_0(x_0,y_0,z_0)$(如图 7-18 所示),可按照下面的方法来建立直线 L 的方程.

取直线 L 上任意一点 $M(x,y,z)$,显然 $\overrightarrow{M_0M}\parallel\boldsymbol{l}$,又

$$\overrightarrow{M_0M}=(x-x_0,y-y_0,z-z_0),\boldsymbol{l}=(a,b,c),$$

所以有

$$\frac{x-x_0}{a}=\frac{y-y_0}{b}=\frac{z-z_0}{c}.$$

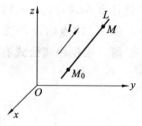

图 7-18

该方程称为直线 L 的点向式方程(当 a,b,c 中有一个或两个为零时,规定其分子也为零).

7.6.2 直线的参数式方程

在直线 L 的点向式方程中,设

$$\frac{x-x_0}{a}=\frac{y-y_0}{b}=\frac{z-z_0}{c}=t,$$

则有

$$\begin{cases}x=x_0+at,\\y=y_0+bt,\\z=z_0+ct.\end{cases}$$

这就是直线 L 的参数式方程.

例 1 求过点 $(1,2,-1)$,且以 $\boldsymbol{l}=(3,2,6)$ 为方向向量的直线的点向式方程和参数式方程.

解 直线的点向式方程为

$$\frac{x-1}{3}=\frac{y-2}{2}=\frac{z+1}{6},$$

直线的参数式方程为

$$\begin{cases} x=1+3t, \\ y=2+2t, \\ z=-1+6t. \end{cases}$$

例 2 求直线 $\dfrac{x-2}{1}=\dfrac{y+1}{-2}=\dfrac{z-3}{-2}$ 与平面 $x-2y-2z+11=0$ 的交点.

解 直线的参数式方程为

$$\begin{cases} x=2+t, \\ y=-1-2t, \\ z=3-2t. \end{cases}$$

将它们代入平面方程,得

$$(2+t)-2(-1-2t)-2(3-2t)+11=0,$$

解得 $t=-1$,所以 $x=1,y=1,z=5$,即直线与平面的交点为 $(1,1,5)$.

7.6.3 直线的一般式方程

显然,直线 L 可以看成是过此直线的两个平面

$$\pi_1:A_1x+B_1y+C_1z+D_1=0 \text{ 和 } \pi_2:A_2x+B_2y+C_2z+D_2=0$$

的交线(π_1 与 π_2 不平行),因此,直线 L 的方程可以用两个平面的联立方程表示为

$$\begin{cases} A_1x+B_1y+C_1z+D_1=0, \\ A_2x+B_2y+C_2z+D_2=0. \end{cases}$$

这就是直线 L 的一般式方程.

例 3 求直线 $\dfrac{x-2}{2}=\dfrac{y-1}{-1}=\dfrac{z-3}{4}$ 的一般式方程.

解 直线的一般式方程为

$$\begin{cases} \dfrac{x-2}{2}=\dfrac{y-1}{-1}, \\ \dfrac{y-1}{-1}=\dfrac{z-3}{4}, \end{cases}$$

整理得

$$\begin{cases} x+2y-4=0, \\ 4y+z-7=0. \end{cases}$$

7.6.4 直线间的位置关系

讨论直线间的位置关系可用它们的方向向量来进行. 设有两条直线 L_1 和 L_2,它们的方程和方向向量分别为

$$L_1: \frac{x-x_1}{a_1}=\frac{y-y_1}{b_1}=\frac{z-z_1}{c_1}, l_1=(a_1,b_1,c_1),$$

$$L_2: \frac{x-x_2}{a_2}=\frac{y-y_2}{b_2}=\frac{z-z_2}{c_2}, l_2=(a_2,b_2,c_2).$$

则 $L_1 \parallel L_2$ 的充要条件为

$$\boldsymbol{l}_1 /\!/ \boldsymbol{l}_2, \text{即} \frac{a_1}{a_2} = \frac{b_1}{b_2} = \frac{c_1}{c_2};$$

$L_1 \perp L_2$ 的充要条件为

$$\boldsymbol{l}_1 \perp \boldsymbol{l}_2, \text{即 } a_1 a_2 + b_1 b_2 + c_1 c_1 = 0.$$

直线 L_1 和 L_2 的夹角 $\theta \left(0 \leqslant \theta \leqslant \dfrac{\pi}{2}\right)$ 就是它们的方向向量 $\boldsymbol{l}_1$ 和 $\boldsymbol{l}_2$ 的夹角 $\langle \overset{\wedge}{\boldsymbol{l}_1, \boldsymbol{l}_2} \rangle$,所以两条直线的夹角的余弦可由两个向量的夹角的余弦来计算:

$$\cos\theta = \cos \langle \overset{\wedge}{\boldsymbol{l}_1, \boldsymbol{l}_2} \rangle = \frac{|\boldsymbol{l}_1 \cdot \boldsymbol{l}_2|}{|\boldsymbol{l}_1| \, |\boldsymbol{l}_2|} = \frac{|a_1 a_2 + b_1 b_2 + c_1 c_2|}{\sqrt{a_1^2 + b_1^2 + c_1^2} \, \sqrt{a_2^2 + b_2^2 + c_2^2}}.$$

例 4　判断直线 $L_1 : \dfrac{x-2}{3} = \dfrac{y-1}{1} = \dfrac{z+3}{-2}$ 和 $L_2 : \dfrac{x+1}{6} = \dfrac{y-2}{2} = \dfrac{z-3}{-4}$ 的位置关系.

解　已知 $\boldsymbol{l}_1 = (3, 1, -2), \boldsymbol{l}_2 = (6, 2, -4)$,由

$$\frac{3}{6} = \frac{1}{2} = \frac{-2}{-4} = \frac{1}{2}$$

可知 $\boldsymbol{l}_1 /\!/ \boldsymbol{l}_2$,故 $L_1 /\!/ L_2$.

例 5　求过点 $M_0(2, 1, 3)$ 且与直线 $L_1 : \dfrac{x+1}{3} = \dfrac{y-1}{2} = \dfrac{z}{-1}$ 垂直相交的直线方程.

解　设所求直线与 L_1 的交点为 $M_1 = (-1+3t, 1+2t, -t)$,则

$$\boldsymbol{l} = \overrightarrow{M_0 M_1} = (3t-3, 2t, -t-3).$$

又 $\boldsymbol{l}_1 = (3, 2, -1)$,从而由题意得

$$\boldsymbol{l}_1 \cdot \boldsymbol{l} = (3t-3) \times 3 + 2t \times 2 + (-t-3) \times (-1) = 0,$$

解得 $t = \dfrac{3}{7}$. 此时

$$\boldsymbol{l} = \left(-\frac{12}{7}, \frac{6}{7}, -\frac{24}{7}\right),$$

故所求直线方程为

$$\frac{x-2}{-\frac{12}{7}} = \frac{y-1}{\frac{6}{7}} = \frac{z-3}{-\frac{24}{7}}, \text{即} \frac{x-2}{2} = \frac{y-1}{-1} = \frac{z-3}{4}.$$

例 6　求直线 $L_1 : \dfrac{x-1}{1} = \dfrac{y}{-4} = \dfrac{z+3}{1}$ 和 $L_2 : \dfrac{x}{2} = \dfrac{y}{-2} = \dfrac{z}{-1}$ 的夹角.

解　设其夹角为 θ,则由 $\boldsymbol{l}_1 = (1, -4, 1), \boldsymbol{l}_2 = (2, -2, -1)$,得

$$\cos\theta = \cos \langle \overset{\wedge}{\boldsymbol{l}_1, \boldsymbol{l}_2} \rangle = \frac{|\boldsymbol{l}_1 \cdot \boldsymbol{l}_2|}{|\boldsymbol{l}_1| \, |\boldsymbol{l}_2|}$$

$$= \frac{|1 \times 2 + (-4) \times (-2) + 1 \times (-1)|}{\sqrt{1^2 + (-4)^2 + 1^2} \, \sqrt{2^2 + (-2)^2 + (-1)^2}} = \frac{\sqrt{2}}{2},$$

所以 $\theta = \dfrac{\pi}{4}$.

习题 7-6

A 组

1. 求过点 $(1,-2,-2)$ 且与直线 $\dfrac{x}{1}=\dfrac{y-2}{7}=\dfrac{z-1}{3}$ 平行的直线方程.

2. 求过点 $(1,-1,2)$ 且垂直于直线 $L_1:\dfrac{x-2}{2}=\dfrac{y}{2}=\dfrac{z+1}{-1}$ 和 $L_2:\begin{cases}x=0,\\ y=-t,\\ z=2t\end{cases}$ 的直线方程.

3. 求过点 $(1,0,2)$ 且和直线 $\dfrac{x-1}{2}=\dfrac{y-1}{1}=\dfrac{z}{-1}$ 垂直相交的直线方程.

4. 求过点 $M_1(-1,2,0)$ 和 $M_2(2,3,1)$ 的直线方程.

5. 求过点 $(0,2,4)$ 且与直线 $\begin{cases}x+2z-1=0,\\ y-3z-2=0\end{cases}$ 平行的直线方程.

6. 求过点 $(3,4,-4)$ 且方向角为 $\dfrac{\pi}{3},\dfrac{\pi}{4},\dfrac{4\pi}{3}$ 的直线方程.

7. 求直线 $\begin{cases}x+2y+z-1=0,\\ x-2y+z+1=0\end{cases}$ 与直线 $\begin{cases}x-y-z-1=0,\\ x-y+2z+1=0\end{cases}$ 的夹角.

8. 将直线的点向式方程 $\dfrac{x-2}{2}=\dfrac{y+1}{1}=\dfrac{z+3}{3}$ 化为一般式方程.

9. 将直线的一般式方程 $\begin{cases}x-5y+2z+1=0,\\ z=2+5y\end{cases}$ 化为点向式方程.

确定 10~12 题中两直线间的位置关系.

10. $\begin{cases}x+2y-z-7=0,\\ -2x+y+z=0\end{cases}$ 与 $\begin{cases}3x+6y-3z-1=0,\\ 2x-y-z+1=0.\end{cases}$

11. $\dfrac{x}{-1}=\dfrac{y}{1}=\dfrac{z+2}{-2}$ 与 $\begin{cases}2x-y+2z=0,\\ x-y+2z+1=0.\end{cases}$

12. $\dfrac{x+14}{3}=\dfrac{y}{1}=\dfrac{z+21}{5}$ 与 $\begin{cases}x=\dfrac{1}{3}-9t,\\ y=1-3t,\\ z=-\dfrac{1}{3}-15t.\end{cases}$

B 组

13. 求过点 $(3,1,-2)$ 且通过直线 $\dfrac{x-4}{0}=\dfrac{y+3}{2}=\dfrac{z}{1}$ 的平面方程.

14. 求由直线 $L_1:\dfrac{x-1}{6}=\dfrac{y+2}{-2}=\dfrac{z}{2}$ 和 $L_2:\begin{cases}x=3t,\\ y=2-t,\\ z=-1+t\end{cases}$ 所确定的平面方程.

15. 求点 $(0,1,-1)$ 到直线 $\begin{cases}y+1=0,\\ x+2y-7=0\end{cases}$ 的距离.

16. 问 B 和 D 为何值时，直线 $\begin{cases} x+By-2z+D=0, \\ x+3y-6z-27=0 \end{cases}$ 过点 $(0,13,2)$ 且垂直于 x 轴？

7.7　常见的空间曲面

7.7.1　球面

设有一个球面，球心为 $M_0(x_0,y_0,z_0)$，半径为 R. 取球面上任意一点 $M(x,y,z)$，则 $|M_0M|=R$，即 $\sqrt{(x-x_0)^2+(y-y_0)^2+(z-z_0)^2}=R$，两边分别平方得

$$(x-x_0)^2+(y-y_0)^2+(z-z_0)^2=R^2,$$

而不在球面上的点不满足该方程. 称该方程为球心在 $M_0(x_0,y_0,z_0)$、半径为 R 的球面方程.

特别地，当球心在坐标原点时，半径为 R 的球面方程为

$$x^2+y^2+z^2=R^2.$$

例1　求球面 $x^2+y^2+z^2+x-y=1$ 的球心和半径.

解　将原方程配方，得

$$\left(x+\frac{1}{2}\right)^2+\left(y-\frac{1}{2}\right)^2+z^2=\frac{3}{2},$$

所以球心为 $\left(-\frac{1}{2},\frac{1}{2},0\right)$，半径为 $\frac{\sqrt{6}}{2}$.

7.7.2　柱面

先看下面一个例子.

例2　方程 $x^2+y^2=R^2$ 表示怎样的曲面？

解　该方程在 xOy 平面内表示圆心为原点 O、半径为 R 的一个圆. 那么它在空间表示什么呢？发现该方程不含坐标 z，换句话说也就是不管 z 取何值，只要坐标 x,y 满足该方程，该方程都是成立的. 所以该曲面可以看成是由 xOy 坐标面内圆 $x^2+y^2=R^2$ 沿着 z 轴上下平移得到的，称这种曲面为圆柱面（如图 7-19 所示）.

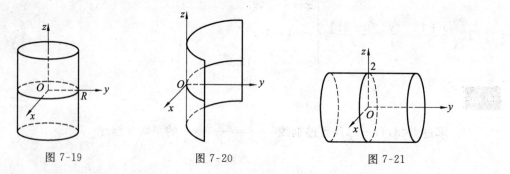

图 7-19　　　　　　　　图 7-20　　　　　　　　图 7-21

一般地，称动直线 L 沿给定曲线 C 平行移动所构成的曲面为柱面. 曲线 C 称为柱面的准线，直线 L 称为柱面的母线.

类似地，方程 $y^2+z^2=R^2$，$x^2+z^2=R^2$ 的图形是母线分别平行于 x 轴、y 轴的圆柱面. 而其他母线平行于坐标轴的柱面可根据准线的形状来命名.

例如,柱面 $y = x^2$ 在 xOy 坐标面内的图形是抛物线,该柱面称为抛物柱面(如图 7-20 所示).柱面 $\dfrac{x^2}{a^2} + \dfrac{z^2}{b^2} = 1$ 在 xOz 坐标面内的图形是椭圆,该柱面称为椭圆柱面(如图 7-21 所示),其他情况依此类推.

7.7.3　旋转曲面

一条平面曲线 C 绕同一平面内的一条定直线 L 旋转所形成的曲面,称为旋转曲面.曲线 C 称为该旋转曲面的准线,定直线 L 称为该旋转曲面的旋转轴.

设在 yOz 坐标面内曲线 $C: f(y, z) = 0$ 绕 z 轴旋转一周,就得到一个以 z 轴为旋转轴的旋转曲面(如图 7-22 所示).

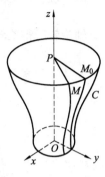

取曲线 C 上的任意一点 $M_0(x_0, y_0, z_0)$,则有 $f(y_0, z_0) = 0$.当曲线 C 旋转时,点 M_0 转到点 $M(x, y, z)$,这时 $z = z_0$,点 M 和点 M_0 到 z 轴的距离相等,即

$$\sqrt{x^2 + y^2} = |y_0|.$$

图 7-22

将 $z_0 = z$ 和 $y_0 = \pm\sqrt{x^2 + y^2}$ 代入 $f(y_0, z_0) = 0$,得

$$f(\pm\sqrt{x^2 + y^2}, z) = 0.$$

这就是所求的旋转曲面的方程.也就是说,只要将 yOz 坐标面内的曲线 $C: f(y, z) = 0$ 中的 y 换成 $\pm\sqrt{x^2 + y^2}$,就能得到曲线 C 绕 z 轴旋转的旋转曲面.

同理,xOy 坐标面内的曲线 $C: f(x, y) = 0$ 绕 x 轴旋转所得到的旋转曲面的方程为 $f(x, \pm\sqrt{y^2 + z^2}) = 0$.其他情况类此可得.下面举例说明.

例 3　求下列平面曲线绕定直线旋转所得旋转曲面的方程:

(1) yOz 坐标面内的直线 $z = 2y$ 绕 z 轴旋转;

(2) xOz 坐标面内的抛物线 $x = z^2$ 绕 x 轴旋转;

(3) xOy 坐标面内的椭圆 $\dfrac{x^2}{a^2} + \dfrac{y^2}{b^2} = 1$ 绕 y 轴旋转.

解　(1) 绕 z 轴旋转,只要将方程中的 y 换成 $\pm\sqrt{x^2 + y^2}$ 即可.所以该旋转曲面的方程为 $z = 2(\pm\sqrt{x^2 + y^2})$,即 $z^2 = 4(x^2 + y^2)$.它表示两个顶对顶的圆锥面(如图 7-23 所示).

(2) 绕 x 轴旋转,只要将方程中的 z 换成 $\pm\sqrt{y^2 + z^2}$ 即可.所以该旋转曲面的方程为 $x = (\pm\sqrt{y^2 + z^2})^2$,即 $x = y^2 + z^2$.该曲面称为旋转抛物面(如图 7-24 所示).

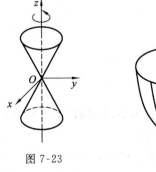

图 7-23

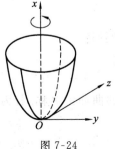

图 7-24

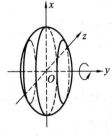

图 7-25

（3）绕 y 轴旋转，只要将方程中的 x 换成 $\pm\sqrt{x^2+z^2}$ 即可. 所以该旋转曲面的方程为

$\dfrac{x^2+z^2}{a^2}+\dfrac{y^2}{b^2}=1$. 该曲面称为旋转椭圆面（如图 7-25 所示）.

例 4　求 yOz 坐标面内的双曲线 $\dfrac{y^2}{a^2}-\dfrac{z^2}{b^2}=1$ 分别绕 y 轴、z 轴旋转所得旋转曲面的方程.

解　绕 y 轴旋转所得旋转曲面的方程为 $\dfrac{y^2}{a^2}-\dfrac{x^2+z^2}{b^2}=1$，称为双叶双曲面（如图 7-26 所示）.

绕 z 轴旋转所得旋转曲面的方程为 $\dfrac{x^2+y^2}{a^2}-\dfrac{z^2}{b^2}=1$，称为单叶双曲面（如图 7-27 所示）.

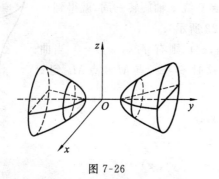

图 7-26　　　　　　　　　　图 7-27

习题 7-7

A 组

求 1～2 题中球面的方程.

1. 球心在点 $(1,-2,4)$，半径为 4.

2. 球心在点 $(-1,-3,2)$ 且通过点 $(1,-1,1)$.

求 3～4 题中球面的球心和半径.

3. $x^2+y^2+z^2-2y=1$.

4. $2x^2+2y^2+2z^2-5z-1=0$.

求 5～7 题中旋转曲面的方程.

5. $\begin{cases}x^2+z^2=2,\\y=0\end{cases}$　绕 x 轴旋转.

6. $\begin{cases}z=y^2,\\x=0\end{cases}$　绕 z 轴旋转.

7. $\begin{cases}2x^2-y^2=1,\\z=0\end{cases}$　分别绕 x 轴、y 轴旋转.

B 组

说出 8～16 题中方程在空间表示的曲面的名称. 若为旋转曲面，则说明它们是如何形成的.

8. $y^2+z^2=3$.　　　　　　　　　　　　9. $x^2+2z^2=1$.

10. $\dfrac{x^2+y^2}{4}-\dfrac{z^2}{9}=1.$

11. $x^2=2(y^2+z^2).$

12. $x^2=y-1.$

13. $3x-2y+5=0.$

14. $\dfrac{x^2}{3}-\dfrac{y^2+z^2}{6}=1.$

15. $\dfrac{x^2}{3}+\dfrac{y^2+z^2}{6}=1.$

16. $y=x^2+z^2.$

7.8　复　　数

7.8.1　复数的概念

对于任意实数 x 和 y，称 $z=x+\mathrm{i}y$ 为复数，其中 $\mathrm{i}=\sqrt{-1}$ 称为虚数单位，实数 x 和 y 分别称为复数 z 的实部和虚部，分别记为

$$x=\mathrm{Re}z,\ y=\mathrm{Im}z.$$

当实部 $x=0$ 时，$z=\mathrm{i}y$ 称为纯虚数；当虚部 $y=0$ 时，$z=x$ 就是一个实数.因此，全体实数是复数的一部分，复数是实数的推广，特别地，$0+\mathrm{i}0=0.$

对于复数 $z_1=x_1+\mathrm{i}y_1,z_2=x_2+\mathrm{i}y_2$，当且仅当 $x_1=x_2,y_1=y_2$ 时，才有 $z_1=z_2.$

必须指出，两个复数之间不能比较大小.

由复数相等的概念易见，一个复数 $z=x+\mathrm{i}y$ 对应且只对应着一对有序实数 x 和 y，可记为 $z=(x,y)$.因此，在平面上取直角坐标系 xOy，就可以用坐标为 (x,y) 的点 P 表示复数 $z=x+\mathrm{i}y$（如图 7-28 所示），于是复数就与平面上的点一一对应.实数与 x 轴上的点一一对应，x 轴称为实轴.纯虚数 $\mathrm{i}y$ 与 y 轴上的点一

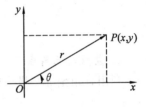

图 7-28

一对应，y 轴称为虚轴.虚轴上只有一个原点对应着实轴上的数零，可以认为原点对应着复数 $z=0+\mathrm{i}0$，记为 $z=0$.这样表示复数的平面称为复平面或 Z 平面.由于复数与平面上直角坐标系中的点一一对应，为方便起见，今后不再区分"数 z"与"点 z".

7.8.2　复数的表示法

1. 复数的向量表示

如图 7-28 所示，复数 $z=x+\mathrm{i}y$ 可以用起点为原点、终点为 $P(x,y)$ 的向量 $\overrightarrow{OP}$ 来表示，x 与 y 分别是向量 $\overrightarrow{OP}$ 在 x 轴与 y 轴上的投影.这样，复数与平面上的向量建立了一一对应关系.

向量 $\overrightarrow{OP}$ 的长度称为复数 $z=x+\mathrm{i}y$ 的模或绝对值，记为 $|z|$ 或 r，从而

$$|z|=r=\sqrt{x^2+y^2}.$$

显然

$$|x|\leqslant|z|,|y|\leqslant|z|,|z|\leqslant|x|+|y|.$$

当点 P 不是原点，即 $z\neq0$ 时，向量 $\overrightarrow{OP}$ 与 x 轴正向的夹角 θ 称为复数 z 的辐角，记为 $\theta=\mathrm{Arg}z$.则有

$$\begin{cases} x=|z|\cos\theta,\ y=|z|\sin\theta, \\[2mm] \tan\theta=\dfrac{y}{x}. \end{cases}$$

若 θ_1 为复数 z 的一个辐角,则 $\theta_1+2n\pi(n$ 为整数)也是复数 z 的辐角,因此,任何一个复数 z 都有无穷多个辐角,它们之间相差 2π 的整数倍,记为

$$\mathrm{Arg}z=\theta_1+2n\pi \quad (n=0,\pm1,\pm2,\cdots).$$

而满足 $-\pi<\theta_0\leqslant\pi$ 的辐角 θ_0 是唯一的,称为 $\mathrm{Arg}z$ 的主值,记为 $\theta_0=\arg z$. 于是

$$\begin{cases} -\pi<\arg z\leqslant\pi, \\[2mm] \mathrm{Arg}z=\arg z+2n\pi \quad (n=0,\pm1,\pm2,\cdots). \end{cases}$$

数 0 是唯一的模为零而辐角没有定义的复数.

$\arg z$ 可以通过复数 z 的实数 x 与虚部 y 用主值规定在区间 $\left(-\dfrac{\pi}{2},\dfrac{\pi}{2}\right)$ 上的反正切函数 $\arctan\dfrac{y}{x}$ 来确定,其关系如下:

$$\arg z=\begin{cases} \arctan\dfrac{y}{x}, & z\ \text{在第一、四象限}, \\[3mm] \pi+\arctan\dfrac{y}{x}, & z\ \text{在第二象限}, \\[3mm] -\pi+\arctan\dfrac{y}{x}, & z\ \text{在第三象限}. \end{cases}$$

2. 复数的三角表示与指数表示

利用直角坐标与极坐标之间的变换关系

$$\begin{cases} x=r\cos\theta, \\[2mm] y=r\sin\theta, \end{cases}$$

z 还可以用模 $r=|z|$ 和辐角 $\theta=\mathrm{Arg}z$ 来表示,即

$$z=r(\cos\theta+\mathrm{i}\sin\theta).$$

此式称为复数 z 的三角表示式.

利用欧拉公式 $\mathrm{e}^{\mathrm{i}\theta}=\cos\theta+\mathrm{i}\sin\theta$,由三角表示式还可以得到复数 z 的指数表示式 $z=r\mathrm{e}^{\mathrm{i}\theta}$. 在理论研究与实际应用中,可以根据不同的需要采用不同的复数表示式.

例 1　求复数 $2-2\mathrm{i}$ 的模和辐角.

解　$|2-2\mathrm{i}|=\sqrt{2^2+(-2)^2}=2\sqrt{2}$,

$\mathrm{Arg}(2-2\mathrm{i})=\arg(2-2\mathrm{i})+2n\pi=\arctan\dfrac{-2}{2}+2n\pi=-\dfrac{\pi}{4}+2n\pi(n=0,\pm1,\pm2,\cdots).$

例 2　将 $z=-1+\sqrt{3}\mathrm{i}$ 化为三角表示式和指数表示式.

解　因为 $z=-1+\sqrt{3}\mathrm{i}$ 在第二象限,$\tan\theta=\dfrac{y}{x}=-\sqrt{3}$,所以 $\theta=\dfrac{2\pi}{3}$,且

$$r=|z|=\sqrt{(-1)^2+(\sqrt{3})^2}=2,$$

于是 $z=-1+\sqrt{3}\mathrm{i}$ 的三角表示式为 $z=2\left(\cos\dfrac{2\pi}{3}+\mathrm{i}\sin\dfrac{2\pi}{3}\right)$,指数式为 $z=2\mathrm{e}^{\frac{2\pi}{3}\mathrm{i}}$.

例 3　将 $z=1+\cos\theta+\mathrm{i}\sin\theta(-\pi<\theta\leqslant\pi)$ 化为三角表示式.

解　因为

$$r=|z|=\sqrt{(1+\cos\theta)^2+(\sin\theta)^2}=\sqrt{2(1+\cos\theta)}$$

$$=2\sqrt{\cos^2\frac{\theta}{2}}=2\cos\frac{\theta}{2},$$

$$\arg z=\arctan\frac{\sin\theta}{1+\cos\theta}=\arctan\left(\tan\frac{\theta}{2}\right)=\frac{\theta}{2},$$

所以复数 z 的三角表示式为

$$z=2\cos\frac{\theta}{2}\left(\cos\frac{\theta}{2}+\mathrm{i}\sin\frac{\theta}{2}\right)\quad(-\pi<\theta\leqslant\pi).$$

7.8.3　复数的运算及几何意义

1.复数的加法和减法

两个复数 $z_1=x_1+\mathrm{i}y_1$ 与 $z_2=x_2+\mathrm{i}y_2$ 的加法和减法定义如下.

$$z_1+z_2=(x_1+x_2)+\mathrm{i}(y_1+y_2),$$

$$z_1-z_2=(x_1-x_2)+\mathrm{i}(y_1-y_2).$$

若复数 z_1、z_2 分别用对应的向量 $\overrightarrow{OP_1}$、$\overrightarrow{OP_2}$ 表示,则复数的加减法与向量的加减法一致,于是在平面上以 $\overrightarrow{OP_1}$、$\overrightarrow{OP_2}$ 为边的平行四边形的对角线 $\overrightarrow{OP}$ 就表示了复数 z_1+z_2(如图 7-29 所示),对角线 $\overrightarrow{P_2P_1}$ 就表示了复数 z_1-z_2.若将向量 $\overrightarrow{P_2P_1}$ 平移至向量 $\overrightarrow{OP_3}$,则向量 $\overrightarrow{OP_3}$ 就表示了复数 z_1-z_2(如图 7-30 所示).

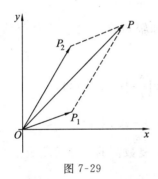

图 7-29　　　　　　　　　　　　图 7-30

根据上述几何解释,显然有下列两个不等式:

$$|z_1+z_2|\leqslant|z_1|+|z_2|,\quad|z_1-z_2|\geqslant|z_1|-|z_2|.$$

其中 $|z_1-z_2|$ 表示向量 $\overrightarrow{P_2P_1}$ 的长,也就是复平面上点 z_1、z_2 之间的距离.

定理 7.4　两个复数之和的模不超过它们的模之和.

2.复数的乘法和除法

两个复数 $z_1=x_1+\mathrm{i}y_1$ 与 $z_2=x_2+\mathrm{i}y_2$ 的乘法和除法的定义如下.

$$z_1z_2=(x_1+\mathrm{i}y_1)(x_2+\mathrm{i}y_2)=(x_1x_2-y_1y_2)+\mathrm{i}(x_1y_2+x_2y_1),$$

$$\frac{z_1}{z_2}=\frac{x_1+\mathrm{i}y_1}{x_2+\mathrm{i}y_2}=\frac{(x_1+\mathrm{i}y_1)(x_2-\mathrm{i}y_2)}{(x_2+\mathrm{i}y_2)(x_2-\mathrm{i}y_2)}$$

$$=\frac{x_1x_2+y_1y_2}{x_2^2+y_2^2}+\mathrm{i}\frac{x_2y_1-x_1y_2}{x_2^2+y_2^2}\quad(z_2\neq0).$$

现在利用复数的三角表示式来讨论复数的乘法与除法,并导出复数的积与商的模和辐角公式.

设 $z_1 = r_1(\cos\theta_1 + i\sin\theta_1)$，$z_2 = r_2(\cos\theta_2 + i\sin\theta_2)$，则

$$\begin{aligned}
z_1 z_2 &= r_1(\cos\theta_1 + i\sin\theta_1)r_2(\cos\theta_2 + i\sin\theta_2) \\
&= r_1 r_2[(\cos\theta_1\cos\theta_2 - \sin\theta_1\sin\theta_2) + i(\cos\theta_1\sin\theta_2 + \sin\theta_1\cos\theta_2)] \\
&= r_1 r_2[\cos(\theta_1 + \theta_2) + i\sin(\theta_1 + \theta_2)],
\end{aligned}$$

从而得

$$|z_1 z_2| = r_1 r_2 = |z_1||z_2|,$$
$$\mathrm{Arg}(z_1 z_2) = \mathrm{Arg}(z_1) + \mathrm{Arg}(z_2). \tag{7-1}$$

定理 7.5　两个复数乘积的模等于它们模的乘积，两个复数乘积的辐角等于它们辐角的和.

值得注意的是，由于辐角的多值性，等式(7-1)应理解为：对于左端 $\mathrm{Arg}(z_1 z_2)$ 的任一值，必有右端 $\mathrm{Arg}z_1$ 与 $\mathrm{Arg}z_2$ 的各一值相加得出的和与之对应；反之亦然.

上述结论有明确的几何解释：由复数与向量的对应关系，设向量 $\overrightarrow{OP_1}$、$\overrightarrow{OP_2}$ 分别表示复数 z_1、z_2，则将 $\overrightarrow{OP_1}$ 绕点 O 按逆时针方向旋转一个角度 $\mathrm{Arg}z_2$，并伸长（或缩短）$|z_2|$ 倍，便得向量 $\overrightarrow{OP}$. 向量 $\overrightarrow{OP}$ 即表示乘积 $z_1 z_2$（如图 7-31 所示）.

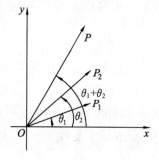

图 7-31

若用复数的指数表示式 $z_1 = r_1 e^{i\theta_1}$，$z_2 = r_2 e^{i\theta_2}$，则有

$$z_1 \cdot z_2 = r_1 e^{i\theta_1} \cdot r_2 e^{i\theta_2} = r_1 r_2 e^{i(\theta_1 + \theta_2)}.$$

下面再来推导两个数的商的模和辐角公式.

设 $z_2 \neq 0$，则由 $z_1 = \dfrac{z_1}{z_2} z_2$ 及两个复数乘积的模和辐角公式，得

$$|z_1| = \left|\frac{z_1}{z_2}\right||z_2|, \quad \mathrm{Arg}(z_1) = \mathrm{Arg}\left(\frac{z_1}{z_2}\right) + \mathrm{Arg}(z_2),$$

所以有

$$\left|\frac{z_1}{z_2}\right| = \frac{|z_1|}{|z_2|}, \quad \mathrm{Arg}\left(\frac{z_1}{z_2}\right) = \mathrm{Arg}(z_1) - \mathrm{Arg}(z_2).$$

定理 7.6　两个复数商的模等于它们模的商，两个复数商的辐角等于分子与分母辐角的差.

定理 7.6 的几何意义请读者自行思考.

若用复数的指数表示式 $z_1 = r_1 e^{i\theta_1}$，$z_2 = r_2 e^{i\theta_2}$，则有

$$\frac{z_1}{z_2} = \frac{r_1 e^{i\theta_1}}{r_2 e^{i\theta_2}} = \frac{r_1}{r_2} e^{i(\theta_1 - \theta_2)} \quad (r_2 \neq 0).$$

3. 共轭复数及其运算性质

复数 $x - iy$ 称为复数 $z = x + iy$ 的共轭复数，记为 $\bar{z}$，即 $\bar{z} = x - iy$. 显然，z 和 $\bar{z}$ 关于实轴对称，且具有下列性质：

(1) $|\bar{z}| = |z|$；

(2) $\mathrm{Arg}\bar{z} = -\mathrm{Arg}z$；

(3) $\bar{\bar{z}} = z$；

(4) $z\bar{z} = |z|^2$；

(5) $\overline{z_1 \pm z_2} = \bar{z_1} \pm \bar{z_2}$；

(6) $\overline{z_1 z_2} = \bar{z_1}\,\bar{z_2}$；

(7) $\overline{\left(\dfrac{z_1}{z_2}\right)} = \dfrac{\bar{z_1}}{\bar{z_2}}\ (z_2 \neq 0)$；

(8) $x = \dfrac{z + \bar{z}}{2}, y = \dfrac{z - \bar{z}}{2i}$.

例 1 设 $z=\dfrac{1+i}{\sqrt{3}+i}$，求 $\bar{z}$.

解 因为 $z=\dfrac{1+i}{\sqrt{3}+i}=\dfrac{(1+i)(\sqrt{3}-i)}{(\sqrt{3}+i)(\sqrt{3}-i)}=\dfrac{\sqrt{3}+1}{4}+i\dfrac{\sqrt{3}-1}{4}$，

所以 $\bar{z}=\dfrac{\sqrt{3}+1}{4}-i\dfrac{\sqrt{3}-1}{4}$.

例 2 求复数 $z=\dfrac{(3+i)(2-i)}{(3-i)(2+i)}$ 的模.

解 $|z|=\left|\dfrac{(3+i)(2-i)}{(3-i)(2+i)}\right|=\dfrac{|3+i||2-i|}{|3-i||2+i|}=1$.

例 5 求证：两个复数之和的模不超过它们的模之和.

证 因为

$$
\begin{aligned}
|z_1+z_2|^2 &=(z_1+z_2)(\overline{z_1}+\overline{z_2})\\
&=z_1\overline{z_1}+z_1\overline{z_2}+\overline{z_1}z_2+z_2\overline{z_2}\\
&=|z_1|^2+|z_2|^2+2\mathrm{Re}(z_1\overline{z_2})\\
&\leqslant|z_1|^2+2|z_1\overline{z_2}|+|z_2|^2\\
&=|z_1|^2+2|z_1||z_2|+|z_2|^2\\
&=(|z_1|+|z_2|)^2,
\end{aligned}
$$

所以 $|z_1+z_2|\leqslant|z_1|+|z_2|$.

习题 7-8

A 组

1. 求实数 m 的值，使复数 $z=m(m-1)+(m-1)i$ 是
(1) 实数；(2) 虚数；(3) 纯虚数.

2. 已知 $(x+y)+(x-2y)i=(2x-5)+(3x+y)i$，求实数 x,y 的值.

3. 计算：
(1) $1+i+i^2+i^3+\cdots+i^{101}$； (2) $i\cdot i^2\cdot i^3\cdot\cdots\cdot i^{104}$.

4. 求下列复数的实部、虚部、模、辐角主值及共轭复数.
(1) $\dfrac{1-i}{1+i}$； (2) $\dfrac{i}{(-1+i)(-2+i)}$； (3) $\dfrac{1-2i}{3-4i}-\dfrac{2-i}{5i}$.

5. 求下列复数的值，并写出其三角式和指数式：
(1) $(2-3i)(-2+i)$；

(2) $(1-i)\left(\sin^2\dfrac{\theta}{2}+i\sin^2\dfrac{\theta}{2}\right)+i\sin\theta$ $(0<\theta<2\pi)$.

B 组

6. 设 z 是复数，解下列关于 z 的方程：
(1) $2z+\bar{z}-6i=6-3i$； (2) $|z|-z=1+2i$.

7. 将复数 $1+\sqrt{3}i$ 和 $1-i$ 化为三角形式.

8. 求 $z=\dfrac{(-1+\sqrt{3}\mathrm{i})^3}{1-\mathrm{i}}$ 的模与辐角主值.

9. 求下列复数的值：

(1) $(1-\mathrm{i})^4$；　　　　(2) $(\sqrt{3}-\mathrm{i})^{12}$.

本章小结

本章的主要内容可分为空间解析几何、向量代数和复数三个部分.

1. 空间直角坐标系是在平面直角坐标系的基础上，再加上一条过原点且垂直于此平面的坐标轴，从而由两两垂直的三条坐标轴构成了空间直角坐标系. 这样对于空间任一点 P，就与一个三元数组 (x,y,z) 一一对应. 若空间中有两点 $P_1(x_1,y_1,z_1)$、$P_2(x_2,y_2,z_2)$，则得两点间距离公式：$|P_1P_2|=\sqrt{(x_2-x_1)^2+(y_2-y_1)^2+(z_2-z_1)^2}$.

对于空间平面与直线可以借助于向量来进行研究. 向量是指空间一有向线段，它有两个属性：模与方向. 向量的大小即长度称为向量的模，它的正向与坐标轴的正向间的夹角称为向量的方向角. 由于向量的两端点可用坐标表示，因而，向量也可进行代数表示. 设向量的起点为 $P_1(x_1,y_1,z_1)$，终点为 $P_2(x_2,y_2,z_2)$，则向量可表示成 $\overrightarrow{P_1P_2}=(x_2-x_1,y_2-y_1,z_2-z_1)$，从而有向量的模 $|\overrightarrow{P_1P_2}|=\sqrt{(x_2-x_1)^2+(y_2-y_1)^2+(z_2-z_1)^2}$. 向量 $\boldsymbol{a}$ 的三个方向角 α、β、γ 的余弦分别为

$$\cos\alpha=\frac{a_x}{|\boldsymbol{a}|}=\frac{a_x}{\sqrt{a_x^2+a_y^2+a_z^2}},\cos\beta=\frac{a_y}{|\boldsymbol{a}|}=\frac{a_y}{\sqrt{a_x^2+a_y^2+a_z^2}},\cos\gamma=\frac{a_z}{|\boldsymbol{a}|}=\frac{a_z}{\sqrt{a_x^2+a_y^2+a_z^2}}.$$

它们之间有关系 $\cos^2\alpha+\cos^2\beta+\cos^2\gamma=1$.

向量与向量之间可进行加、减、数乘、数量积、向量积等运算.

设 $\boldsymbol{a}=(a_x,a_y,a_z)$，$\boldsymbol{b}=(b_x,b_y,b_z)$，则有

$$\boldsymbol{a}\pm\boldsymbol{b}=(a_x\pm b_x,a_y\pm b_y,a_z\pm b_z),$$
$$k\boldsymbol{a}=(ka_x,ka_y,ka_z),$$
$$\boldsymbol{a}\cdot\boldsymbol{b}=a_xb_x+a_yb_y+a_zb_z,$$
$$\boldsymbol{a}\times\boldsymbol{b}=\begin{vmatrix} \boldsymbol{i} & \boldsymbol{j} & \boldsymbol{k} \\ a_x & a_y & a_z \\ b_x & b_y & b_z \end{vmatrix}.$$

同时有

$$\boldsymbol{a}\perp\boldsymbol{b}\Leftrightarrow\boldsymbol{a}\cdot\boldsymbol{b}=0\Leftrightarrow a_xb_x+a_yb_y+a_zb_z=0,$$
$$\boldsymbol{a}\ /\!/\ \boldsymbol{b}\Leftrightarrow\boldsymbol{a}\times\boldsymbol{b}=\boldsymbol{0}\Leftrightarrow\frac{a_x}{b_x}=\frac{a_y}{b_y}=\frac{a_z}{b_z},$$
$$\cos\theta=\frac{a_xb_x+a_yb_y+a_zb_z}{\sqrt{a_x^2+a_y^2+a_z^2}\sqrt{b_x^2+b_y^2+b_z^2}},$$

其中 θ 为两向量的夹角.

2. 平面与直线是空间中两种最基本的图形. 一平面由点及其法向量即可确定，设平面的法向量为 (A,B,C) 且此平面过点 (x_0,y_0,z_0)，则平面的方程为 $A(x-x_0)+B(x-y_0)+C(z-z_0)=0$. 将此方程进行变形，即可得到平面的一般式方程：$Ax+By+Cz+D=0$. 此方

程表面上含四个未知数,但实际上只含三个未知数,已知三点坐标求过此点的平面方程,即可先将此方程设为 $Ax+By+Cz+D=0$. 此方程中系数决定了方程的特殊性,如当方程中 $D=0$,即为过原点的平面;$A、B、C$ 中有一个为零,即为平行于坐标轴的平面;$A、B、C$ 中有两个为零,即为平行于坐标平面(垂直于坐标轴)的平面.

空间中任一直线都可以看成是两平面的交线,因而直线的方程可表示成一方程组 $\begin{cases} A_1 x+B_1 y+C_1 z+D_1=0, \\ A_2 x+B_2 y+C_2 z+D_2=0. \end{cases}$ 此方程称为直线的一般式方程. 它的缺点是未能明确显示直线的方向与位置.

而直线的点向式方程则具有这方面的特点. 设一直线过空间中一点 $P_0(x_0,y_0,z_0)$,且已知其方向向量为 $\boldsymbol{n}=(l,m,n)$,则此直线方程为 $\dfrac{x-x_0}{l}=\dfrac{y-y_0}{m}=\dfrac{z-z_0}{n}$. 对于直线上的点均可表示成 $\begin{cases} x=x_0+lt, \\ y=y_0+mt, \\ z=z_0+nt \end{cases}$ 的形式,其中 t 为参数. 不同的 t 对应不同的点,当 t 取遍整个实数时,对应的点的轨迹即为直线,因而此方程又称直线的参数式方程.

3. 在平面解析几何中,二元二次方程可以通过坐标轴的平移或旋转简化为标准方程,常见的有圆、椭圆、双曲线、抛物线等曲线的方程. 在空间直角坐标系中也有类似的情况,一般一个三元二次方程可以通过坐标轴的平移或旋转化为标准方程. 本章主要讨论的是球面、柱面、旋转曲面的标准方程. 球面标准方程的特点是 x^2、y^2、z^2 前系数相同,无 xy、yz、zx 项;柱面标准方程的特点是 x,y,z 中缺项,如若缺 x 项,则柱面平行于 x 轴;旋转曲面标准方程的特点是方程中含 x^2+y^2、y^2+z^2 或 z^2+x^2.

4. 复数 $z=x+iy$(其中 x,y 为实数,$i=\sqrt{-1}$ 为虚数单位),既表示复平面上的点 $P(x,y)$,也表示复平面上的向量 $\overrightarrow{OP}$;复数 z 与向量 $\overrightarrow{OP}$ 之间具有一一对应的关系. 复数有代数表示、三角表示和指数表示等形式. 复数可进行加、减、乘、除等运算,本章未介绍复数的开方运算.

综合练习 7

选择题(1~6)

1. 下列各组数可以作为向量的方向余弦的为(　　).

A. $\left(\dfrac{2}{3},\dfrac{1}{3},-\dfrac{2}{3}\right)$　　　　　　　　B. $\left(1,-\dfrac{1}{2},\dfrac{1}{2}\right)$

C. $\left(\dfrac{1}{2},\dfrac{1}{3},1\right)$　　　　　　　　　　D. $\left(\dfrac{2}{3},\dfrac{1}{2},1\right)$

2. 向量 $\boldsymbol{a}$ 的模为 4,方向角 α,β 的方向余弦分别为 $\dfrac{1}{2},\dfrac{1}{2}$,且 γ 为锐角,则向量 $\boldsymbol{a}$ 的坐标为(　　).

A. $(4,2\sqrt{2},4)$　　　B. $(1,1,2\sqrt{2})$　　　C. $(2,2,2\sqrt{2})$　　　D. $(2\sqrt{2},2,\sqrt{2})$

3. 同时垂直于向量 $\boldsymbol{a}=(1,1,-2)$ 和 $\boldsymbol{b}=(-1,0,1)$ 的单位向量是(　　).

A. $\pm(1,1,1)$　　　　　　　　B. $\pm\left(\dfrac{1}{\sqrt{3}},\dfrac{1}{\sqrt{3}},\dfrac{1}{\sqrt{3}}\right)$

C. $\pm(1,-1,1)$ 　　　　　　　　　D. $\pm\left(\dfrac{1}{\sqrt{3}},-\dfrac{1}{\sqrt{3}},\dfrac{1}{\sqrt{3}}\right)$

4. 下列结论正确的是(　　　).

A. $|\boldsymbol{i}+\boldsymbol{j}+\boldsymbol{k}|=\sqrt{3}$ 　　　　　　　　　B. $\boldsymbol{i}+\boldsymbol{j}+\boldsymbol{k}$ 是单位向量

C. $\boldsymbol{i}+\boldsymbol{j}+\boldsymbol{k}$ 是零向量 　　　　　　　　D. $|\boldsymbol{i}+\boldsymbol{j}-\boldsymbol{k}|=1$

5. 在空间直角坐标系中,方程 $x^2-4(y-1)^2=0$ 表示(　　　).

A. 两个平面　　　　　B. 双曲柱面　　　　　C. 椭圆柱面　　　　　D. 圆柱面

6. 直线 $\begin{cases} y=x, \\ z=0 \end{cases}$ 绕 y 轴旋转一周而成的曲面方程为(　　　).

A. $y^2=x^2+z^2$ 　　　　　　　　　B. $x^2=y^2+z^2$

C. $y=\sqrt{x^2+z^2}$ 　　　　　　　　D. $x=\sqrt{y^2+z^2}$

填空题 (7~12)

7. 向量 $\boldsymbol{a}=(-3,0,4)$ 的单位向量 $\boldsymbol{a}^0=$ _____.

8. 与 x 轴及向量 $\overrightarrow{AB}=(3,6,8)$ 都垂直的单位向量是 _____.

9. 若直线 $\dfrac{x-1}{4}=\dfrac{y+2}{3}=\dfrac{z}{1}$ 与平面 $Ax+3y-5z+1=0$ 平行,则 $A=$ _____.

10. 在空间直角坐标系中,方程 $y^2=2x-1$ 所表示的曲面是 _____.

11. yOz 平面上的曲线 $\dfrac{z^2}{4}+\dfrac{y^2}{9}=1$ 绕 y 轴旋转所得曲面方程为 _____.

12. 方程 $z=\dfrac{x^2}{3}+\dfrac{y^2}{3}$ 表示旋转曲面,它的旋转轴是 _____.

13. 设向量 $\boldsymbol{a}=\boldsymbol{i}-2\boldsymbol{j}+\boldsymbol{k}, \boldsymbol{b}=2\boldsymbol{i}-4\boldsymbol{j}+\lambda\boldsymbol{k}$. 试分别求出 λ 的值,使得

(1) $\boldsymbol{a}\perp\boldsymbol{b}$; 　　　　　　　　　(2) $\boldsymbol{a}/\!/\boldsymbol{b}$;

(3) $\boldsymbol{a}$ 与 $\boldsymbol{b}$ 成锐角.

解答题 (14~19)

求 14~16 题中的平面方程.

14. 与直线 $L_1:\begin{cases} x=1, \\ y=2+t, \\ z=2-t \end{cases}$ 和直线 $L_2:\dfrac{x-1}{1}=\dfrac{y-2}{2}=\dfrac{z+1}{1}$ 都平行,且过点 $(1,1,1)$.

15. 过点 $A(1,0,0)$ 和 $B(2,1,2)$,且与直线 $\dfrac{x-1}{2}=\dfrac{y}{0}=\dfrac{z-2}{-1}$ 平行.

16. 过点 $A(1,0,-4)$ 且与平面 $-2x+3y-z=0$ 和平面 $4x-y+2z+1=0$ 都垂直.

求 17~19 题中的直线方程.

17. 过点 $(2,-1,0)$ 且垂直于两条直线: $\dfrac{x}{1}=\dfrac{y-1}{0}=\dfrac{z+2}{-1}, \dfrac{x+1}{1}=\dfrac{y}{1}=\dfrac{z-2}{-1}$.

18. 过点 $(-3,2,1)$ 且与两平面 $2x-3y+z=0, x+5y-z=1$ 都平行.

19. 过点 $(-2,5,9)$ 且与直线 $L_1:\begin{cases} x+y-2z-1=0, \\ x+2y-z+1=0 \end{cases}$ 平行.

20. 已知复数 $(2k^2-3k-2)+(k^2+k-b)\mathrm{i}$ 的一个幅角为 $-\dfrac{\pi}{2}$,求实数 k.

多元函数微分学

　　一元函数是含有一个自变量的函数,而在自然科学和工程技术问题中,经常遇到的函数往往依赖两个或更多个变量,这种函数统称为多元函数. 本章将在一元函数微分学的基础上讨论多元函数微分学. 讨论中将以二元函数微分学为主,因为从一元函数推广到二元函数时会产生许多新问题,而从二元函数到三元函数以及一般的 n 元函数时,只是形式上的不同,并没有本质上的差异.

8.1　多元函数、二元函数的极限与连续性

8.1.1　多元函数的概念

　　在许多自然现象和实际问题中,常常是多个变量之间相互制约,若用函数反映它们之间的联系,则表现为存在多个自变量.

　　例 1　矩形的面积 S 与其边长 x 和 y 之间的关系为

$$S = xy.$$

当变量 x 和 y 在一定范围内($x>0, y>0$)取一对定值(x, y)时,S 有确定的值与之对应,S 的值依赖于 x, y 两个变量.

　　例 2　理想气体的压强 P、体积 V 和它的热力学温度 T 之间有关系式

$$P = \frac{KT}{V}(K \text{ 为常数}).$$

对于 V 和 T 在它的变化范围内所取的每一对值(V, T),都有唯一确定的压强 P 与之对应,压强 P 的值依赖于变量 V 和 T.

　　例 3　电流所产生的热量 Q 与电压 U、电流 I 以及时间 t 之间的关系式为

$$Q = IUt.$$

这一问题中有四个变量 Q, I, U, t,变量 Q 依赖于三个独立变量 I, U 和 t,Q 的值随 I, U 和 t 的变化而变化.

　　以上几例的实际意义虽不相同,但仅从数量关系来看,它们具有共同的属性,据此可给出多元函数的定义.

　　1. 二元函数的定义

　　定义 8.1　设有三个变量 x, y, z,如果对于变量 x, y 在它们的变化范围 D 内任意取定一对数值时,变量 z 按照一定的规律 f,总有一个确定的值与之对应,则称 z 是 x, y 的二元函数,记作 $z = f(x, y)$,其中,x, y 称为自变量,z 称为因变量. 自变量 x, y 的取值范围 D 称

为函数 $f(x,y)$ 的定义域. 在 (x_0,y_0) 处的函数值 $f(x_0,y_0)$ 有时也记为 $z|_{(x_0,y_0)}$.

类似地,可以定义三元函数 $u=f(x,y,z)$ 以及三元以上的函数. 二元及二元以上的函数统称为多元函数. 由于一对数值 (x,y) 表示平面上的一点 P,因此二元函数可以表示为 $z=f(P)$.类似地,三元函数 $u=f(x,y,z)$ 可以表示为 $u=f(P)$,此时 P 表示空间内(三维)的一点.

2. 二元函数的定义域

一元函数的定义域一般来说是数轴上的一个或几个区间,二元函数的定义域通常是由平面上的一条或几条光滑曲线所围成的区域,围成区域的曲线称为区域的边界. 求二元函数定义域的方法与一元函数相类似:用解析式 $z=f(x,y)$ 表达的函数,其定义域为该数学式子使 z 有意义的那些自变量的全体. 实际应用中的函数,则要根据自变量的具体意义来确定它的定义域.

例 4　求下列函数的定义域 D,并画出 D 的图形.

(1) $z=\arcsin x-\arccos \dfrac{1}{2}y$;　　　　(2) $z=\sqrt{2.25-x^2-y^2}+\ln(x^2+y^2-1)$.

解　(1) 要使函数有意义,应有 $|x|\leqslant 1$,且 $\left|\dfrac{1}{2}y\right|\leqslant 1$,即函数的定义域为

$$D=\{(x,y)|-1\leqslant x\leqslant 1,\text{且}-2\leqslant y\leqslant 2\}.$$

D 的图形是以 $x=\pm 1,y=\pm 2$ 为边界的矩形,如图 8-1 所示. 像这样包含其边界的定义域,称为闭区域.

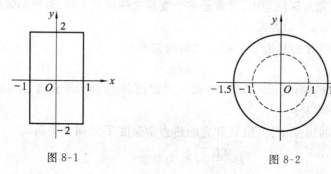

图 8-1　　　　　　　　　　　　　　图 8-2

(2) 要使函数有意义,x,y 应同时满足

$$\begin{cases} x^2+y^2\leqslant 2.25, \\ 1<x^2+y^2. \end{cases}$$

即 $1<x^2+y^2\leqslant 2.25$,故函数的定义域为 $D=\{(x,y)|1<x^2+y^2\leqslant 2.25\}$.

在几何上 D 的图形是以原点为圆心、以 1 和 1.5 为半径的两个圆围成的圆环,它不包含边界曲线内圆 $x^2+y^2=1$,但包含边界曲线外圆 $x^2+y^2=2.25$ 的点的全体,如图 8-2 所示. 像这样不包含其边界的定义域,称为开区域.

3. 二元函数的几何意义

设二元函数 $z=f(x,y)$ 的定义域为 D. 对于任意取定的点 $P(x,y)\in D$,对应的函数值为 $z=f(x,y)$. 因此,三元有序数组 (x,y,z) 就确定了空间的一个点 $M(x,y,z)$. 当点 $P(x,y)$ 取遍 D 上一切点时,对应的空间点 $M(x,y,z)$ 所构成的空间点集就是函数 $z=f(x,y)$ 的图形. 一般来说,函数 $z=f(x,y)$ 的图形是空间的一个曲面(如图 8-3 所示).

例如,二元函数 $z=\sqrt{1-x^2-y^2}$ 的图形是一个球心在原点、半径为 1 的上半球面(如图 8-4所示);而函数 $z=x^2+y^2$ 的图形是旋转抛物面(如图 8-5 所示).

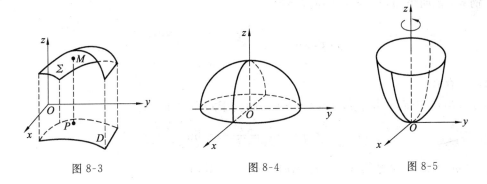

图 8-3　　　　　　　　　图 8-4　　　　　　　　　图 8-5

8.1.2　二元函数的极限与连续性

1. 二元函数的极限

与一元函数类似,二元函数 $z=f(x,y)$ 的极限就是研究当点 $P(x,y)$ 趋向于点 $P_0(x_0,y_0)$ 时对应的函数值的变化趋势.

把数轴上的邻域概念推广到平面,引入平面内一点 $P_0(x_0,y_0)$ 的邻域概念:以 P_0 为中心,$\delta(\delta>0)$ 为半径的圆形开区域叫做点 P_0 的 δ 邻域. 也就是说,点 P_0 的 δ 邻域是 xOy 平面上的点集 $\{(x,y)\mid(x-x_0)^2+(y-y_0)^2<\delta^2\}$.

定义 8.2　设函数 $z=f(x,y)$ 在点 $P_0(x_0,y_0)$ 的某一邻域内有定义(在点 P_0 可以没有定义),如果当点 $P(x,y)$ 沿任意路径趋向于 P_0 时,$f(x,y)$ 无限地趋向于一个确定的常数 A,则称 A 是函数 $f(x,y)$ 当 $(x,y)\to(x_0,y_0)$ 时的极限,记为

$$\lim_{\substack{x\to x_0\\y\to y_0}}f(x,y)=A \quad 或 \quad \lim_{P\to P_0}f(P)=A.$$

二元函数的极限也有与一元函数极限相类似的四则运算法则.

例 5　求 $\lim\limits_{(x,y)\to(0,0)}\dfrac{xy}{5-\sqrt{xy+25}}$.

解　令 $u=xy$,因为当 $x\to0,y\to0$ 时 $u\to0$,所以

$$\begin{aligned}
\lim_{(x,y)\to(0,0)}\frac{xy}{5-\sqrt{xy+25}}&=\lim_{u\to0}\frac{u}{5-\sqrt{u+25}}\\
&=\lim_{u\to0}\frac{u(5+\sqrt{u+25})}{(5-\sqrt{u+25})(5+\sqrt{u+25})}\\
&=\lim_{u\to0}\frac{u(5+\sqrt{u+25})}{-u}\\
&=-\lim_{u\to0}(5+\sqrt{u+25})=-10.
\end{aligned}$$

从本例可以看出,二元函数的极限问题有时可以转化为一元函数的极限问题.

应当指出:在求一元函数 $y=f(x)$ 的极限时,点 x 只是沿着 x 轴趋向于点 x_0,但求二元函数 $f(x,y)$ 的极限时,要求点 $P(x,y)$ 以任意方式趋向于点 $P_0(x_0,y_0)$. 因此,不能因为点 P 沿某一条(或几条)路径趋向于 P_0 时函数 $f(x,y)$ 趋向于某一常数就判定它有极限. 如果

点 P 沿不同路径趋向于 P_0 时函数 $f(x,y)$ 趋向于不同的数值,则可以断定函数在点 P_0 处没有极限.

例 6　证明当 $(x,y)\rightarrow(0,0)$ 时,函数

$$f(x,y)=\begin{cases} \dfrac{x^2 y}{x^4+y^2}, & x^2+y^2\neq 0, \\ 0, & x^2+y^2=0 \end{cases}$$

的极限不存在.

证　当点 $P(x,y)$ 沿直线 $y=kx(k\neq 0)$ 趋向于 $O(0,0)$ 时,有

$$\lim_{\substack{x\to 0 \\ y=kx\to 0}} \frac{x^2 y}{x^4+y^2}=\lim_{x\to 0}\frac{kx^3}{x^4+k^2 x^2}=\lim_{x\to 0}\frac{kx}{x^2+k^2}=0.$$

但是,当点 $P(x,y)$ 沿抛物线 $y=x^2$ 趋向于 $O(0,0)$ 时,有

$$\lim_{\substack{x\to 0 \\ y=x^2\to 0}} \frac{x^2 y}{x^4+y^2}=\lim_{x\to 0}\frac{x^4}{x^4+x^4}=\frac{1}{2}.$$

因为点 $P(x,y)$ 沿不同的路径趋向于 $O(0,0)$ 时,$f(x,y)$ 趋向于不同的值,所以由定义 8.2 可知,当 $(x,y)\rightarrow(0,0)$ 时,函数 $f(x,y)$ 的极限不存在.

2. 二元函数的连续性

定义 8.3　如果二元函数 $z=f(x,y)$ 满足条件:

(1) $z=f(x,y)$ 在点 $P_0(x_0,y_0)$ 及其某邻域内有定义,

(2) $\lim\limits_{(x,y)\to(x_0,y_0)} f(x,y)$ 存在,

(3) $\lim\limits_{(x,y)\to(x_0,y_0)} f(x,y)=f(x_0,y_0)$,

则称函数 $z=f(x,y)$ 在点 $P_0(x_0,y_0)$ 处连续,称点 $P_0(x_0,y_0)$ 为函数 $f(x,y)$ 的连续点.

若以上三条中有一条不满足,则称点 $P_0(x_0,y_0)$ 为函数 $f(x,y)$ 的间断点,或称函数 $f(x,y)$ 在点 $P_0(x_0,y_0)$ 处间断.

例如,本节例 6 所给函数 $f(x,y)$ 在点 $O(0,0)$ 处间断.

如果令 $x=x_0+\Delta x,y=y_0+\Delta y$,则

$$\lim_{(x,y)\to(x_0,y_0)} f(x,y)=f(x_0,y_0)$$

可以写成

$$\lim_{\substack{\Delta x\to 0 \\ \Delta y\to 0}}[f(x_0+\Delta x,y_0+\Delta y)-f(x_0,y_0)]=0.$$

其中,$f(x_0+\Delta x,y_0+\Delta y)-f(x_0,y_0)$ 称为当自变量 x,y 分别有增量 $\Delta x,\Delta y$ 时函数 $z=f(x,y)$ 的全增量,记为 Δz,即 $\Delta z=f(x_0+\Delta x,y_0+\Delta y)-f(x_0,y_0)$.

利用全增量的概念,连续定义亦可表述如下:

定义 8.4　设函数 $z=f(x,y)$ 在点 $P_0(x_0,y_0)$ 及其某个邻域内有定义,如果

$$\lim_{\substack{\Delta x\to 0 \\ \Delta y\to 0}}\Delta z=0,$$

则称函数 $z=f(x,y)$ 在点 $P_0(x_0,y_0)$ 处是连续的.

与一元函数类似,二元连续函数进行有限次四则运算及复合后仍为连续函数. 如果函数 $z=f(x,y)$ 在区域 D 内每一点处都连续,则称函数在区域 D 内连续.

例 7 设 $f(x,y)=\dfrac{\sin\frac{3}{2}\pi x+y^2}{\mathrm{e}^{xy}+xy}$,求 $\lim\limits_{\substack{x\to 1\\ y\to 2}}f(x,y)$.

解 因为函数 $f(x,y)$ 是初等函数,$(1,2)$ 为其定义域内的点,所以 $f(x,y)$ 在点 $(1,2)$ 处连续. 于是

$$\lim\limits_{\substack{x\to 1\\ y\to 2}}f(x,y)=f(1,2)=\frac{\sin\frac{3}{2}\pi+2^2}{\mathrm{e}^2+2}=\frac{3}{\mathrm{e}^2+2}.$$

类似于一元函数,在有界闭区域上连续的二元函数具有如下性质:

性质 8.1(最大值、最小值定理) 定义在有界闭区域 D 上的二元连续函数,必能达到最大值和最小值.

性质 8.2(介值定理) 定义在有界闭区域 D 上的二元连续函数,必能取得介于函数最大值和最小值之间的任何值.

以上关于二元函数极限与连续的讨论,完全可以推广到三元及三元以上的函数.

习题 8-1

A 组

求 1～6 题中函数的定义域,并画出定义域的图形.

1. $z=x-y$.

2. $z=\dfrac{x}{x-y}$.

3. $z=\ln(xy)$.

4. $z=\ln(y-x^2)$.

5. $z=\arcsin\dfrac{y}{x}$.

6. $z=\dfrac{\sqrt{x-y^2}}{\ln(1-x^2-y^2)}$.

7. 设函数 $f(x,y)=x^2-2xy+3y^2$,求(1) $f(0,1)$;(2) $f(tx,ty)$.

8. 已知 $z=f(u,v)=u^v$,求 $f\left(\dfrac{y}{x},xy\right)$,$f(x+y,x-y)$.

9. 设函数 $f(x+y,x-y)=xy+y^2$,求 $f(x,y)$.

求 10～11 题中的极限.

10. $\lim\limits_{\substack{x\to 0\\ y\to 1}}\arccos\sqrt{x^2+y^2}$.

11. $\lim\limits_{\substack{x\to 0\\ y\to 0}}\dfrac{\sin(xy)}{x}$.

指出 12～13 题中函数在何处间断.

12. $z=\dfrac{1}{\sqrt{x^2+y^2}}$.

13. $z=\sin\dfrac{1}{xy}$.

B 组

求 14～15 题中函数的定义域,并画出定义域的图形.

14. $z=\sqrt{\ln(x^2+y^2)}+\sqrt{4-x^2-y^2}$.

15. $z=\ln[x\ln(y-x)]$.

16. 设函数 $z=f(x+y)+x-y$,若当 $x=0$ 时,$z=y^2$,求函数 $f(x)$ 及 z.

8.2 偏导数

8.2.1 偏导数的概念

1. 偏导数的定义

在研究一元函数的变化率时引入了导数的概念. 对于多元函数同样需要研究它关于某个自变量的变化率,即偏导数的概念. 以二元函数 $z=f(x,y)$ 为例,如果只有自变量 x 变化,而自变量 y 保持不变(看成常量),函数 z 就是 x 的一元函数,函数对 x 求导,就称为该二元函数关于 x 的偏导数.

定义 8.5 设函数 $z=f(x,y)$ 在点 (x_0,y_0) 的某邻域内有定义,固定自变量 $y=y_0$,而 x 在 x_0 处有增量 Δx 时,函数相应地有改变量 $\Delta_x z=f(x_0+\Delta x,y_0)-f(x_0,y_0)$. 如果极限

$$\lim_{\Delta x\to 0}\frac{\Delta_x z}{\Delta x}=\lim_{\Delta x\to 0}\frac{f(x_0+\Delta x,y_0)-f(x_0,y_0)}{\Delta x}$$

存在,则称此极限值为函数 $z=f(x,y)$ 在点 (x_0,y_0) 处对 x 的偏导数,记作

$$\left.\frac{\partial z}{\partial x}\right|_{\substack{x=x_0\\y=y_0}} 或 \left.\frac{\partial f}{\partial x}\right|_{\substack{x=x_0\\y=y_0}},f'_x(x_0,y_0),\left.z'_x\right|_{\substack{x=x_0\\y=y_0}}.$$

类似地,如果极限

$$\lim_{\Delta y\to 0}\frac{\Delta_y z}{\Delta y}=\lim_{\Delta y\to 0}\frac{f(x_0,y_0+\Delta y)-f(x_0,y_0)}{\Delta y}$$

存在,则称此极限值为 $z=f(x,y)$ 在点 (x_0,y_0) 处对 y 的偏导数,记作

$$\left.\frac{\partial z}{\partial y}\right|_{\substack{x=x_0\\y=y_0}} 或 \left.\frac{\partial f}{\partial y}\right|_{\substack{x=x_0\\y=y_0}},f'_y(x_0,y_0),\left.z'_y\right|_{\substack{x=x_0\\y=y_0}}.$$

如果函数 $z=f(x,y)$ 在区域 D 内每一点 (x,y) 处对 x 的偏导数都存在,那么这个偏导数是 x,y 的函数,它就称为 $z=f(x,y)$ 对自变量 x 的偏导函数,记作 $\frac{\partial z}{\partial x}$ 或 $\frac{\partial f}{\partial x}$,$f'_x(x,y)$,$z'_x$.

类似地,可定义函数 $z=f(x,y)$ 对自变量 y 的偏导函数,记作 $\frac{\partial z}{\partial y}$ 或 $\frac{\partial f}{\partial y}$,$f'_y(x,y)$,$z'_y$. 在不至于混淆之处,偏导函数亦称为偏导数.

2. 偏导数的求法

根据定义 8.5 可见,求二元函数的偏导数不需要新的方法. 当要求函数 $z=f(x,y)$ 在某一点 (x,y) 处关于 x 的偏导数 $\frac{\partial z}{\partial x}=f'_x(x,y)$ 时,只要把函数 $f(x,y)$ 中的 y 看成常数对 x 求导数即可;类似地,求 $\frac{\partial z}{\partial y}=f'_y(x,y)$ 时,只要把 x 看成常数对 y 求导.

例 1 求 $z=x^2+3xy+y^2$ 在点 $(1,2)$ 处的偏导数.

解 因为 $\frac{\partial z}{\partial x}=2x+3y,\frac{\partial z}{\partial y}=3x+2y$,所以

$$\left.\frac{\partial z}{\partial x}\right|_{(1,2)}=2\times 1+3\times 2=8,\left.\frac{\partial z}{\partial y}\right|_{(1,2)}=3\times 1+2\times 2=7.$$

例 2 求 $z=x^3\sin 5y$ 的偏导数.

解 根据偏导数的求法有

$$\frac{\partial z}{\partial x} = 3x^2 \sin 5y, \frac{\partial z}{\partial y} = 5x^3 \cos 5y.$$

例 3 求 $u = \sqrt{x^2 + y^2 + z^2}$ 的偏导数.

解 这是三元函数,其求偏导数的方法与二元函数相似. 把 y,z 看成常数对 x 求导,有

$$\frac{\partial u}{\partial x} = \frac{x}{\sqrt{x^2 + y^2 + z^2}} = \frac{x}{u}.$$

由于题中 x,y,z 是对称的,所以 $\dfrac{\partial u}{\partial y} = \dfrac{y}{u}, \dfrac{\partial u}{\partial z} = \dfrac{z}{u}$.

例 4 求 $z = x^y$ 的偏导数.

解 对 x 求偏导数时把 y 看成常数,则 z 是 x 的幂函数,所以

$$\frac{\partial z}{\partial x} = y x^{y-1}.$$

对 y 求偏导数时把 x 看成常数,则 z 是 y 的指数函数,于是

$$\frac{\partial z}{\partial y} = x^y \ln x.$$

需要指出的是:一元函数的导数 $\dfrac{\mathrm{d}y}{\mathrm{d}x}$,可以看成是两个微分 $\mathrm{d}y$ 与 $\mathrm{d}x$ 之商,从而可分开单独使用,而多元函数的偏导数记号 $\dfrac{\partial z}{\partial x}, \dfrac{\partial z}{\partial y}$ 则是一个整体,不能理解为 ∂z 与 ∂x 或 ∂z 与 ∂y 的商.

例 5 求上节例 6 中函数 $f(x,y)$ 在点 $O(0,0)$ 处的偏导数 $f'_x(0,0), f'_y(0,0)$.

解 由偏导数定义,得

$$f'_x(0,0) = \lim_{\Delta x \to 0} \frac{\Delta_x z}{\Delta x} = \lim_{\Delta x \to 0} \frac{f(0+\Delta x, 0) - f(0,0)}{\Delta x} = \lim_{\Delta x \to 0} \frac{0-0}{\Delta x} = 0.$$

类似可得

$$f'_y(0,0) = 0.$$

从上节例 6 已知,函数 $f(x,y)$ 在点 $(0,0)$ 处不连续,现又知它在 $(0,0)$ 处的两个偏导数都存在. 因此,对于二元函数 $z = f(x,y)$ 来讲,在点 (x_0, y_0) 处的偏导数存在,并不能保证函数在该点连续.

3. 二元函数偏导数的几何意义

一元函数导数的几何意义是曲线上某点处切线的斜率. 既然二元函数的偏导数可视为一元函数的导数,那么二元函数的偏导数的几何意义也应该是某条曲线的切线斜率.

在空间直角坐标系中,二元函数 $z = f(x,y)$ 一般表示一个空间曲面,如 y 固定为 y_0,则

$$\begin{cases} z = f(x,y), \\ y = y_0 \end{cases}$$

就表示曲面 $z = f(x,y)$ 与平面 $y = y_0$ 相交而成的一条曲线. 此曲线在 $x = x_0$ 处的切线关于 x 轴的斜率就是 $f'_x(x_0, y_0)$. 类似

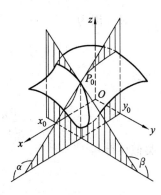

图 8-6

地，$f'_y(x_0,y_0)$ 的几何意义为曲面 $z=f(x,y)$ 被平面 $x=x_0$ 所截得的曲线在 $y=y_0$ 处的切线关于 y 轴的斜率(如图 8-6 所示).

8.2.2　高阶偏导数

设函数 $z=f(x,y)$ 在区域 D 内有偏导数

$$\frac{\partial z}{\partial x}=f'_x(x,y),\frac{\partial z}{\partial y}=f'_y(x,y),$$

一般来说，它们仍然是 x,y 的函数.如果这两个函数的偏导数也存在，则称它们的偏导数是函数 $z=f(x,y)$ 的二阶偏导数.根据对自变量的求导次序不同，有下列四个二阶偏导数：

$$\frac{\partial}{\partial x}\left(\frac{\partial z}{\partial x}\right)=\frac{\partial^2 z}{\partial x^2}=f''_{xx}(x,y),\quad \frac{\partial}{\partial x}\left(\frac{\partial z}{\partial y}\right)=\frac{\partial^2 z}{\partial y\partial x}=f''_{yx}(x,y),$$

$$\frac{\partial}{\partial y}\left(\frac{\partial z}{\partial x}\right)=\frac{\partial^2 z}{\partial x\partial y}=f''_{xy}(x,y),\quad \frac{\partial}{\partial y}\left(\frac{\partial z}{\partial y}\right)=\frac{\partial^2 z}{\partial y^2}=f''_{yy}(x,y),$$

其中，f''_{xy} 和 f''_{yx} 称为二阶混合偏导数.类似地，可以引入三阶以及更高阶的偏导数.二阶及二阶以上的偏导数统称为高阶偏导数.

例 6　求函数 $z=x^3 y^2-3xy^3-xy+1$ 的二阶偏导数.

解　先求一阶偏导数，再求二阶偏导数，有

$$\frac{\partial z}{\partial x}=3x^2 y^2-3y^3-y,\frac{\partial z}{\partial y}=2x^3 y-9xy^2-x,$$

$$\frac{\partial^2 z}{\partial x^2}=6xy^2,\frac{\partial^2 z}{\partial y^2}=2x^3-18xy,$$

$$\frac{\partial^2 z}{\partial x\partial y}=6x^2 y-9y^2-1,\frac{\partial^2 z}{\partial y\partial x}=6x^2 y-9y^2-1.$$

此例中，两个混合偏导数 $f''_{xy}=f''_{yx}$ 相等.这并非偶然，在一定条件下，混合偏导数与求导次序无关.对此，有以下定理：

定理 8.1　如果函数 $z=f(x,y)$ 的两个混合偏导数 $f''_{xy}(x,y),f''_{yx}(x,y)$ 在区域 D 内连续，则在区域 D 内这两个混合偏导数相等，即

$$f''_{xy}(x,y)=f''_{yx}(x,y).$$

证明从略.

例 7　设 $u=\sqrt{x^2+y^2+z^2}$，证明 $\dfrac{\partial^2 u}{\partial x^2}+\dfrac{\partial^2 u}{\partial y^2}+\dfrac{\partial^2 u}{\partial z^2}=\dfrac{2}{u}$.

证　因为

$$\frac{\partial u}{\partial x}=\frac{x}{u},\frac{\partial u}{\partial y}=\frac{y}{u},\frac{\partial u}{\partial z}=\frac{z}{u},$$

所以

$$\frac{\partial^2 u}{\partial x^2}=\frac{\partial}{\partial x}\left(\frac{u}{x}\right)=\frac{u-x\dfrac{\partial u}{\partial x}}{u^2}=\frac{u-\dfrac{x^2}{u}}{u^2}=\frac{u^2-x^2}{u^3}.$$

类似可得

$$\frac{\partial^2 u}{\partial y^2}=\frac{u^2-y^2}{u^3},\frac{\partial^2 u}{\partial z^2}=\frac{u^2-z^2}{u^3}.$$

从而

$$\frac{\partial^2 u}{\partial x^2}+\frac{\partial^2 u}{\partial y^2}+\frac{\partial^2 u}{\partial z^2}=\frac{u^2-x^2}{u^3}+\frac{u^2-y^2}{u^3}+\frac{u^2-z^2}{u^3}=\frac{2}{u}.$$

习题 8-2

A 组

求 1~8 题中函数的偏导数.

1. $z=x^2 y-x y^2$.　　　　　　　2. $s=\dfrac{u^2+v^2}{uv}$.

3. $z=\sqrt{\ln(xy)}$.　　　　　　　4. $z=\sin(xy)+\cos^2(xy)$.

5. $z=\ln\tan\dfrac{x}{y}$.　　　　　　6. $z=(1+xy)^y$.

7. $u=x^{\frac{y}{z}}$.　　　　　　　　8. $u=\arctan(x-y)^z$.

9. 设 $f(x,y)=x+y-\sqrt{x^2+y^2}$,求 $f_x'(3,4)$.

10. 设 $f(x,y)=x+(y-1)\arcsin\sqrt{\dfrac{x}{y}}$,求 $f_x'(x,1)$.

11. 设 $z=\sqrt{x}\sin\dfrac{y}{x}$,验证 $x\dfrac{\partial z}{\partial x}+y\dfrac{\partial z}{\partial y}=\dfrac{z}{2}$.

求 12~13 题中函数的二阶偏导数 $\dfrac{\partial^2 z}{\partial x^2},\dfrac{\partial^2 z}{\partial y^2},\dfrac{\partial^2 z}{\partial x\partial y}$.

12. $z=x^4+y^4-4x^2 y^2$.　　　　13. $z=\arctan\dfrac{y}{x}$.

B 组

求 14~15 题中函数的二阶偏导数 $\dfrac{\partial^2 z}{\partial x^2},\dfrac{\partial^2 z}{\partial y^2},\dfrac{\partial^2 z}{\partial x\partial y}$.

14. $z=y^x$.　　　　　　　　　15. $z=\ln(x+\sqrt{x^2+y^2})$.

16. 验证函数 $z=\ln(e^x+e^y)$ 满足方程

$$\frac{\partial^2 z}{\partial x^2}\frac{\partial^2 z}{\partial y^2}-\left(\frac{\partial^2 z}{\partial x\partial y}\right)^2=0.$$

17. 验证函数 $u=z\arctan\dfrac{x}{y}$ 满足拉普拉斯方程

$$\frac{\partial^2 u}{\partial x^2}+\frac{\partial^2 u}{\partial y^2}+\frac{\partial^2 u}{\partial z^2}=0.$$

8.3　全微分及其在近似计算中的应用

8.3.1　全微分的概念

已经知道一元函数 $y=f(x)$ 在点 x_0 处可微是指:如果函数在 $x=x_0$ 处的增量 Δy 可以表示为

$$\Delta y=A\Delta x+\alpha,$$

其中，A 与 Δx 无关，α 是 Δx 的高阶无穷小，即 $\lim\limits_{\Delta x \to 0}\dfrac{\alpha}{\Delta x}=0$，那么称 $A\Delta x$ 是函数 $y=f(x)$ 在点 $x=x_0$ 处的微分．根据可微与可导的等价性，此处的微分记为 $\mathrm{d}y=f'(x_0)\Delta x$．

类似地，可定义二元函数 $z=f(x,y)$ 在点 (x_0,y_0) 处的全微分．

定义 8.6　如果函数 $z=f(x,y)$ 在点 (x_0,y_0) 处的全增量 $\Delta z=A\Delta x+B\Delta y+\omega$，其中，$A,B$ 与 $\Delta x,\Delta y$ 无关，ω 是 $\rho=\sqrt{(\Delta x)^2+(\Delta y)^2}$ 的高阶无穷小，即 $\lim\limits_{\rho \to 0}\dfrac{\omega}{\rho}=0$，则称 $A\Delta x+B\Delta y$ 为函数 $z=f(x,y)$ 在点 (x_0,y_0) 处的全微分，记作 $\mathrm{d}z$，即 $\mathrm{d}z=A\Delta x+B\Delta y$．此时也称函数 $z=f(x,y)$ 在点 (x_0,y_0) 处可微．如果函数 $z=f(x,y)$ 在区域 D 内每一点都可微，则称函数 $z=f(x,y)$ 在区域 D 内可微．

定理 8.2　如果函数 $z=f(x,y)$ 在点 (x_0,y_0) 处可微，则函数 $z=f(x,y)$ 在点 (x_0,y_0) 处连续．

证　由于函数 $z=f(x,y)$ 在点 (x_0,y_0) 处可微，则

$$\Delta z=A\Delta x+B\Delta y+\omega,$$

其中，A,B 与 $\Delta x,\Delta y$ 无关，且 $\lim\limits_{\rho \to 0}\dfrac{\omega}{\rho}=0$．显然 $\lim\limits_{\rho \to 0}\omega=0$，所以

$$\lim_{\substack{\Delta x \to 0 \\ \Delta y \to 0}}\Delta z=\lim_{\substack{\Delta x \to 0 \\ \Delta y \to 0}}(A\Delta x+B\Delta y)+\lim_{\rho \to 0}\omega=0.$$

即函数 $z=f(x,y)$ 在点 (x_0,y_0) 处连续．

定理 8.3（可微的必要条件）　如果函数 $z=f(x,y)$ 在点 (x_0,y_0) 处可微，则函数 $z=f(x,y)$ 在点 (x_0,y_0) 必存在偏导数，且

$$A=\frac{\partial z}{\partial x}\Big|_{\substack{x=x_0 \\ y=y_0}},\quad B=\frac{\partial z}{\partial y}\Big|_{\substack{x=x_0 \\ y=y_0}}.$$

证　因为函数 $z=f(x,y)$ 在点 (x_0,y_0) 处可微，则其全增量

$$\Delta z=A\Delta x+B\Delta y+\omega,$$

其中，A,B 与 $\Delta x,\Delta y$ 无关，$\lim\limits_{\rho \to 0}\dfrac{\omega}{\rho}=0$．上式对任意的 $\Delta x,\Delta y$ 都成立．令 $\Delta y=0$，此时有

$$\Delta_x z=f(x_0+\Delta x,y_0)-f(x_0,y_0)=A\Delta x+\omega,$$

又 $\rho=|\Delta x|$，所以

$$\lim_{\Delta x \to 0}\frac{\Delta z}{\Delta x}=\lim_{\Delta x \to 0}\left(A+\frac{\omega}{\Delta x}\right)=A+\lim_{\Delta x \to 0}\left(\frac{\omega}{\rho}\times\frac{\rho}{\Delta x}\right)=A,\quad 即 A=\frac{\partial z}{\partial x}\Big|_{\substack{x=x_0 \\ y=y_0}}.$$

类似可证　$B=\dfrac{\partial z}{\partial y}\Big|_{\substack{x=x_0 \\ y=y_0}}.$

定理 8.3 给出了函数 $z=f(x,y)$ 在点 (x_0,y_0) 处可微时的全微分公式

$$\mathrm{d}z=\frac{\partial z}{\partial x}\Delta x+\frac{\partial z}{\partial y}\Delta y.$$

类似于一元函数，规定 $\mathrm{d}x=\Delta x,\mathrm{d}y=\Delta y$，则有

$$\mathrm{d}z=\frac{\partial z}{\partial x}\mathrm{d}x+\frac{\partial z}{\partial y}\mathrm{d}y.$$

需要指出的是：在一元函数中可微与可导是等价的，但在多元函数里，这个结论并不成立．这是多元函数与一元函数的又一不同之处，参见上节例 5．

定理 8.4(可微的充分条件)　如果函数 $z=f(x,y)$ 在点 (x_0,y_0) 的某一邻域内的偏导数 $\dfrac{\partial z}{\partial x},\dfrac{\partial z}{\partial y}$ 连续,则函数 $z=f(x,y)$ 在点 (x_0,y_0) 处可微.

证明从略.

常见的二元函数一般都满足定理 8.4 的条件,因此它们都是可微函数. 二元函数全微分的概念可推广到三元及三元以上.

例 1　计算 $z=x^2y+\dfrac{y}{x}$ 在点 $(1,-1)$ 处的全微分.

解　因为

$$\frac{\partial z}{\partial x}=2xy-\frac{y}{x^2},\frac{\partial z}{\partial x}\Big|_{\substack{x=1\\y=-1}}=-1,\frac{\partial z}{\partial y}=x^2+\frac{1}{x},\frac{\partial z}{\partial y}\Big|_{\substack{x=1\\y=-1}}=2,$$

所以

$$\mathrm{d}z\big|_{\substack{x=1\\y=-1}}=-\mathrm{d}x+2\mathrm{d}y.$$

例 2　求 $z=y^x$ 的全微分.

解　因为 $\dfrac{\partial z}{\partial x}=y^x\ln y,\dfrac{\partial z}{\partial y}=xy^{x-1}$,所以

$$\mathrm{d}z=\frac{\partial z}{\partial x}\mathrm{d}x+\frac{\partial z}{\partial y}\mathrm{d}y=y^x\ln y\mathrm{d}x+xy^{x-1}\mathrm{d}y.$$

例 3　求 $z=xy$ 在点 $(2,3)$ 处关于 $\Delta x=0.1,\Delta y=0.2$ 的全增量与全微分.

解　先求全增量与全微分,有

$$\Delta z=(x+\Delta x)(y+\Delta y)-xy=y\Delta x+x\Delta y+\Delta x\Delta y,$$

$$\mathrm{d}z=\frac{\partial z}{\partial x}\mathrm{d}x+\frac{\partial z}{\partial y}\mathrm{d}y=y\mathrm{d}x+x\mathrm{d}y=y\Delta x+x\Delta y.$$

将 $x=2,y=3,\Delta x=0.1,\Delta y=0.2$ 分别代入上式,得到

$$\Delta z=0.72,\mathrm{d}z=0.7.$$

8.3.2　全微分在近似计算中的应用

如果函数 $z=f(x,y)$ 在点 (x_0,y_0) 处可微,当 $|\Delta x|,|\Delta y|$ 都比较小时,就有

$$\Delta z\approx\mathrm{d}z=f'_x(x_0,y_0)\mathrm{d}x+f'_y(x_0,y_0)\mathrm{d}y.$$

上式也可写成

$$f(x_0+\Delta x,y_0+\Delta y)\approx f(x_0,y_0)+f'_x(x_0,y_0)\Delta x+f'_y(x_0,y_0)\Delta y.$$

即全微分可用来对二元函数进行近似计算.

例 4　计算 $(1.04)^{2.02}$ 的近似值.

解　设函数 $f(x,y)=x^y$,要计算的函数值就是函数在 $x=1.04,y=2.02$ 时的函数值,故取 $x_0=1,\Delta x=0.04,y_0=2,\Delta y=0.02$,由于

$$f(1,2)=1,f'_x(x,y)=yx^{y-1},f'_x(1,2)=2,f'_y(x,y)=x^y\ln x,f'_y(1,2)=0,$$

所以

$$(1.04)^{2.02}\approx f(1,2)+\mathrm{d}z\big|_{(1,2)}=f(1,2)+f'_x(1,2)\Delta x+f'_y(1,2)\Delta y=1.08.$$

例 5　为制造轴承,需对 1000 个半径为 4 mm、高为 10 mm 的圆柱体钢材镀厚度为 0.1 mm 的铬,问大约需要多少克铬?(铬的密度为 $\rho=7.1\ \mathrm{g/cm^3}$)

解　圆柱体体积 $V=\pi r^2 h$，镀层的体积为

$$\Delta V \approx \mathrm{d}V = \frac{\partial V}{\partial r}\mathrm{d}r + \frac{\partial V}{\partial h}\mathrm{d}h = 2\pi rh\Delta r + \pi r^2 \Delta h.$$

将 $r=4, h=10, \Delta r=0.1, \Delta h=0.2$ 代入上式，得

$$\Delta V \approx 2\pi \times 4 \times 10 \times 0.1 + \pi \times 4^2 \times 0.2 = 11.2\pi \ \mathrm{mm}^3 \approx 0.0352 \ \mathrm{cm}^3.$$

从而　　　　　　　　　　$M=1000\Delta V\rho \approx 1000 \times 7.1 \times 0.0352 \approx 249.8 (\mathrm{g}).$

据此，大约需要 249.8 g 铬.

习题 8-3

A组

求 1～6 题中函数的全微分.

1. $z=4xy^3+5x^2y^6.$

2. $z=\dfrac{x+y}{x-y}.$

3. $z=xy+\dfrac{x}{y}.$

4. $z=\mathrm{e}^{\frac{y}{x}}.$

5. $z=\ln(x^2+y^2).$

6. $z=\mathrm{e}^x\sin(x+y).$

7. 求函数 $z=\mathrm{e}^{xy}$ 在点 $(2,1)$ 处的全微分.

8. 求函数 $z=xy^2+x^2$ 在点 $(1,2)$ 处当 $\Delta x=0.01, \Delta y=-0.02$ 时的全增量与全微分.

9. 求函数 $z=\dfrac{y}{x}$ 在点 $(2,1)$ 处当 $\Delta x=0.1, \Delta y=-0.2$ 时的全增量与全微分.

B组

计算 10～11 题中的近似值.

10. $(1.98)^{1.03}.$

11. $\sqrt{1.02^3+1.97^3}.$

12. 一圆柱形无盖容器，壁与底的厚度均为 0.1 cm，内高为 20 cm，半径为 4 cm，求容器处壳体积的近似值.

13. 已知边长为 $x=60$ cm 与 $y=80$ cm 的矩形，如果 x 边增加 5 cm，而 y 边减少 10 cm，这个矩形的对角线的改变值是多少？

8.4　多元复合函数的偏导数

8.4.1　复合函数偏导数的链式法则

在求一元复合函数的微分时，复合函数的求导法则起着重要的作用. 对于多元函数，也有类似的问题，但是要比一元函数的情形复杂些.

定理 8.5　设函数 $u=\varphi(x,y), v=\psi(x,y)$ 都在点 (x,y) 有连续的偏导数，函数 $z=f(u,v)$ 在对应的点 (u,v) 有连续的偏导数. 则复合函数 $z=f[\varphi(x,y),\psi(x,y)]$ 在点 (x,y) 有对 x，y 的连续偏导数，且

$$\frac{\partial z}{\partial x}=\frac{\partial z}{\partial u}\frac{\partial u}{\partial x}+\frac{\partial z}{\partial v}\frac{\partial v}{\partial x}, \qquad \frac{\partial z}{\partial y}=\frac{\partial z}{\partial u}\frac{\partial u}{\partial y}+\frac{\partial z}{\partial v}\frac{\partial v}{\partial y}.$$

证明从略.

为了便于理解与记忆,可画出函数 z,中间变量 u,v 与自变量 x,y 之间的关系图(如图 8-7所示). 其中线段表示所连两个变量之间的关系,图中表示 z 是 u 和 v 的函数,而 u 和 v 又都是 x 和 y 的函数.

定理 8.5 的结果可以推广至二元以上复合函数的情形.

多元复合函数对某个自变量的偏导数,等于函数对每个中间变量的偏导数与这个中间变量对该自变量的偏导数的乘积之和. 这一结果称为多元复合函数偏导数的链式法则. 例如,当 $z=f(u,v,w),u=\varphi(x,y),v=\psi(x,y),w=\omega(x,y)$ 时,其求导公式可参考如图 8-8 所示的关系图.

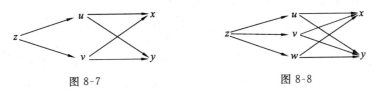

图 8-7　　　　　　　　　　　　　图 8-8

例 1 设 $z=\mathrm{e}^u\sin v$,而 $u=2xy,v=x^2+y$,求 $\dfrac{\partial z}{\partial x}$ 和 $\dfrac{\partial z}{\partial y}$.

解 根据链式法则,有
$$\frac{\partial z}{\partial x}=\frac{\partial z}{\partial u}\frac{\partial u}{\partial x}+\frac{\partial z}{\partial v}\frac{\partial v}{\partial x}=\mathrm{e}^u(\sin v)2y+\mathrm{e}^u(\cos v)2x$$
$$=2\mathrm{e}^{2xy}\big[y\sin(x^2+y)+x\cos(x^2+y)\big],$$
$$\frac{\partial z}{\partial y}=\frac{\partial z}{\partial u}\frac{\partial u}{\partial y}+\frac{\partial z}{\partial v}\frac{\partial v}{\partial y}=\mathrm{e}^u(\sin v)2x+\mathrm{e}^u\cos v\times1$$
$$=\mathrm{e}^{2xy}\big[2x\sin(x^2+y)+\cos(x^2+y)\big].$$

注:求复合函数的偏导数时,最后要将中间变量都换成自变量. 有些复杂的或不易直接求解的多元函数求偏导数问题,可引进中间变量以帮助运算.

例 2 设 $z=f(x^2-y^2,xy)$,其中 f 是可微函数,求 $\dfrac{\partial z}{\partial x}$ 和 $\dfrac{\partial z}{\partial y}$.

解 令 $u=x^2-y^2,v=xy$,则 $z=f(u,v)$. 由链式法则有
$$\frac{\partial z}{\partial x}=\frac{\partial z}{\partial u}\frac{\partial u}{\partial x}+\frac{\partial z}{\partial v}\frac{\partial v}{\partial x}=2x\frac{\partial z}{\partial u}+y\frac{\partial z}{\partial v},$$
$$\frac{\partial z}{\partial y}=\frac{\partial z}{\partial u}\frac{\partial u}{\partial y}+\frac{\partial z}{\partial v}\frac{\partial v}{\partial y}=-2y\frac{\partial z}{\partial u}+x\frac{\partial z}{\partial v},$$

其中,$\dfrac{\partial z}{\partial u}$ 和 $\dfrac{\partial z}{\partial v}$ 又可记为 f'_u,f'_v,不能具体计算,因为 f 是抽象函数,没有函数表达式.

例 3 设函数 $z=f(x,y)$ 有连续偏导数,且 $\begin{cases}x=r\cos\theta,\\y=r\sin\theta.\end{cases}$ 试求 $\dfrac{\partial z}{\partial r}$ 和 $\dfrac{\partial z}{\partial\theta}$,并验证关系式
$$\left(\frac{\partial z}{\partial x}\right)^2+\left(\frac{\partial z}{\partial y}\right)^2=\left(\frac{\partial z}{\partial r}\right)^2+\frac{1}{r^2}\left(\frac{\partial z}{\partial\theta}\right)^2.$$

解 先求偏导数,再验证. 根据链式法则有
$$\frac{\partial z}{\partial r}=\frac{\partial z}{\partial x}\frac{\partial x}{\partial r}+\frac{\partial z}{\partial y}\frac{\partial y}{\partial r}=\frac{\partial z}{\partial x}\cos\theta+\frac{\partial z}{\partial y}\sin\theta,$$

$$\frac{\partial z}{\partial \theta}=\frac{\partial z}{\partial x}\frac{\partial x}{\partial \theta}+\frac{\partial z}{\partial y}\frac{\partial y}{\partial \theta}=\frac{\partial z}{\partial x}(-r\sin\theta)+\frac{\partial z}{\partial y}(r\cos\theta),$$

从而
$$\left(\frac{\partial z}{\partial r}\right)^2+\frac{1}{r^2}\left(\frac{\partial z}{\partial \theta}\right)^2=\left(\frac{\partial z}{\partial x}\cos\theta+\frac{\partial z}{\partial y}\sin\theta\right)^2+\frac{1}{r^2}\left(-\frac{\partial z}{\partial x}r\sin\theta+\frac{\partial z}{\partial y}r\cos\theta\right)^2$$

$$=\left(\frac{\partial z}{\partial x}\right)^2\cos^2\theta+2\frac{\partial z}{\partial x}\frac{\partial z}{\partial y}\sin\theta\cos\theta+\left(\frac{\partial z}{\partial y}\right)^2\sin^2\theta+$$

$$\left(\frac{\partial z}{\partial x}\right)^2\sin^2\theta-2\frac{\partial z}{\partial x}\frac{\partial z}{\partial y}\sin\theta\cos\theta+\left(\frac{\partial z}{\partial y}\right)^2\cos^2\theta$$

$$=\left(\frac{\partial z}{\partial x}\right)^2+\left(\frac{\partial x}{\partial y}\right)^2.$$

为了正确掌握链式法则,再举一些复合函数求导的例题.

例 4　设 $z=f(x,u)$,而 $u=u(x,y)$,求 $\dfrac{\partial z}{\partial x}$ 和 $\dfrac{\partial z}{\partial y}$.

解　z 与中间变量 u 以及自变量 x,y 的关系如图 8-9 所示,由链式法则得

$$\frac{\partial z}{\partial x}=\frac{\partial f}{\partial x}+\frac{\partial f}{\partial u}\frac{\partial u}{\partial x},\frac{\partial z}{\partial y}=\frac{\partial f}{\partial u}\frac{\partial u}{\partial y}.$$

注意上式 $\dfrac{\partial z}{\partial x}$ 和 $\dfrac{\partial f}{\partial x}$ 的区别. $\dfrac{\partial z}{\partial x}$ 是 y 固定时 z 对 x 的偏导数,这时有复合关系,x 除直接影响 z 以外还通过中间变量 u 影响 z;而 $\dfrac{\partial f}{\partial x}$ 则是把 $f(x,u)$ 中的中间变量 u 固定时 z 对 x 的偏导数.

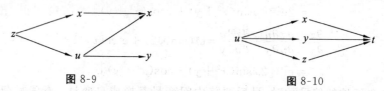

图 8-9　　　　　　　　　　　　　图 8-10

例 5　设 $u=f(x,y,z)$,而 $x=\varphi(t),y=\psi(t),z=\omega(t)$,求 $\dfrac{\mathrm{d}u}{\mathrm{d}t}$.

解　复合函数 $u=f[\varphi(t),\psi(t),\omega(t)]$ 是关于一个自变量 t 的函数,因此它的导数 $\dfrac{\mathrm{d}u}{\mathrm{d}t}$ 称为全导数. u 与中间变量 x,y,z 以及自变量 t 的关系如图 8-10 所示.

由链式法则得

$$\frac{\mathrm{d}u}{\mathrm{d}t}=\frac{\partial f}{\partial x}\frac{\mathrm{d}\varphi}{\mathrm{d}t}+\frac{\partial f}{\partial y}\frac{\mathrm{d}\psi}{\mathrm{d}t}+\frac{\partial f}{\partial z}\frac{\mathrm{d}\omega}{\mathrm{d}t}.$$

例 6　设 $z=uv+\sin t,u=\mathrm{e}^t,v=\cos t$,求全导数 $\dfrac{\mathrm{d}z}{\mathrm{d}t}$.

解　$\dfrac{\mathrm{d}z}{\mathrm{d}t}=\dfrac{\partial z}{\partial u}\dfrac{\mathrm{d}u}{\mathrm{d}t}+\dfrac{\partial z}{\partial v}\dfrac{\mathrm{d}v}{\mathrm{d}t}+\dfrac{\partial z}{\partial t}=v\mathrm{e}^t+u(-\sin t)+\cos t=\mathrm{e}^t\cos t-\mathrm{e}^t\sin t+\cos t.$

8.4.2　全微分形式的不变性

与一元函数的微分形式不变性相类似,多元函数的全微分也具有不变性.

设 $z=f(u,v)$ 有连续偏导数,则不论 u,v 是否为自变量,都有

$$\mathrm{d}z=\frac{\partial z}{\partial u}\mathrm{d}u+\frac{\partial z}{\partial v}\mathrm{d}v.$$

当 u,v 为自变量时,此式显然成立. 当 u,v 为中间变量时,可以证明此式也成立:

设 $u=u(x,y),v=v(x,y)$ 有连续偏导数,则

$$dz=\frac{\partial z}{\partial x}dx+\frac{\partial z}{\partial y}dy=\left(\frac{\partial z}{\partial u}\frac{\partial u}{\partial x}+\frac{\partial z}{\partial v}\frac{\partial v}{\partial x}\right)dx+\left(\frac{\partial z}{\partial u}\frac{\partial u}{\partial y}+\frac{\partial z}{\partial v}\frac{\partial v}{\partial y}\right)dy$$

$$=\frac{\partial z}{\partial u}\left(\frac{\partial u}{\partial x}dx+\frac{\partial u}{\partial y}dy\right)+\frac{\partial z}{\partial v}\left(\frac{\partial v}{\partial x}dx+\frac{\partial v}{\partial y}dy\right)$$

$$=\frac{\partial z}{\partial u}du+\frac{\partial z}{\partial v}dv.$$

所谓全微分"形式"不变性,是指不管 u,v 是否为自变量,函数 z 的全微分都等于函数对每个变量的偏导数与该变量微分乘积之和.

利用全微分形式的不变性,容易得到下列全微分的运算公式:

$$d(u\pm v)=du\pm dv,$$

$$d(uv)=udv+vdu,$$

$$d\left(\frac{u}{v}\right)=\frac{vdu-udv}{v^2}(v\neq 0).$$

由此可见,利用全微分形式的不变性,可使多元函数全微分和偏导数的运算变得灵活简便.

例 7　求 $z=\dfrac{xy}{x^2+y^2}$ 的全微分.

解　令 $u=xy,v=x^2+y^2$,利用公式 $d\left(\dfrac{u}{v}\right)=\dfrac{vdu-udv}{v^2}(v\neq 0)$,有

$$dz=d\left(\frac{xy}{x^2+y^2}\right)=\frac{(x^2+y^2)d(xy)-xyd(x^2+y^2)}{(x^2+y^2)^2}$$

$$=\frac{(x^2+y^2)(ydx+xdy)-xy(2xdx+2ydy)}{(x^2+y^2)^2}$$

$$=\frac{(y^3-x^2y)dx+(x^3-xy^2)dy}{(x^2+y^2)^2}$$

$$=\frac{(y^3-x^2y)}{(x^2+y^2)^2}dx+\frac{(x^3-xy^2)}{(x^2+y^2)^2}dy.$$

由全微分的表达式可得

$$\frac{\partial z}{\partial x}=\frac{y^3-x^2y}{(x^2+y^2)^2},\frac{\partial z}{\partial y}=\frac{x^3-xy^2}{(x^2+y^2)^2}.$$

8.4.3　隐函数的微分法

由一个方程 $F(x,y)=0$ 可以确定一个函数 $y=y(x)$. 同样由方程 $F(x,y,z)=0$ 也可以确定 z 是 x,y 的二元函数 $z=z(x,y)$. 这种由方程确定的函数称为隐函数.

在一元函数中,设方程 $F(x,y)=0$,将 $y=y(x)$ 代入方程,有恒等式

$$F[x,y(x)]\equiv 0.$$

两端对 x 求导,得

$$F'_x+F'_y\frac{dy}{dx}=0.$$

若 $F'_y\neq 0$,则有

$$\frac{\mathrm{d}y}{\mathrm{d}x} = -\frac{F_x'}{F_y'}.$$

这就是一元隐函数的求导公式.

例 8　设 $x^2+y^2=2x$,求 $\dfrac{\mathrm{d}y}{\mathrm{d}x}$.

解　令 $F(x,y)=x^2+y^2-2x$,则

$$F_x'=2x-2,\ F_y'=2y,$$

所以

$$\frac{\mathrm{d}y}{\mathrm{d}x} = -\frac{2x-2}{2y} = \frac{1-x}{y}.$$

在二元函数中,设方程 $F(x,y,z)=0$,将 $z=z(x,y)$ 代入,则有

$$F[x,y,z(x,y)]\equiv 0,$$

两端分别对 x,y 求偏导数,得

$$F_x'+F_z'\frac{\partial z}{\partial x}=0,\quad F_y'+F_z'\frac{\partial z}{\partial y}=0.$$

若 $F_z'\neq 0$,则有

$$\frac{\partial z}{\partial x} = -\frac{F_x'}{F_z'},\quad \frac{\partial z}{\partial y} = -\frac{F_y'}{F_z'}.$$

这就是二元隐函数的求导公式.

例 9　设 $z^x=y^z$,求 $\mathrm{d}z$.

解　令 $F(x,y,z)=z^x-y^z$. 因为

$$F_x'=z^x\ln z,\ F_y'=-zy^{z-1},\ F_z'=xz^{x-1}-y^z\ln y,$$

所以

$$\frac{\partial z}{\partial x}=-\frac{F_x'}{F_z'}=-\frac{z^x\ln z}{xz^{x-1}-y^z\ln y},\ \frac{\partial z}{\partial y}=-\frac{F_y'}{F_z'}=-\frac{-zy^{z-1}}{xz^{x-1}-y^z\ln y},$$

从而

$$\mathrm{d}z=\frac{z^x\ln z}{y^z\ln y-xz^{x-1}}\mathrm{d}x+\frac{zy^{z-1}}{xz^{x-1}-y^z\ln y}\mathrm{d}y.$$

例 10　设 $x^2+2y^2+3z^2=4$,求 $\dfrac{\partial z}{\partial x},\dfrac{\partial^2 z}{\partial x\partial y}$.

解　令 $F(x,y,z)=x^2+2y^2+3z^2-4$. 因为

$$F_x'=2x,\ F_y'=4y,\ F_z'=6z,$$

所以

$$\frac{\partial z}{\partial x}=-\frac{F_x'}{F_z'}=-\frac{2x}{6z}=-\frac{x}{3z},\ \frac{\partial z}{\partial y}=-\frac{F_y'}{F_z'}=-\frac{4y}{6z}=-\frac{2y}{3z}.$$

再求二阶偏导数,得

$$\frac{\partial^2 z}{\partial x\partial y}=\frac{\partial}{\partial y}\left(\frac{\partial z}{\partial x}\right)=-\frac{x}{3}\left(\frac{1}{z}\right)_y'=-\frac{x}{3}\left(-\frac{1}{z^2}\right)\frac{\partial z}{\partial y}$$

$$=\frac{x}{3z^2}\left(-\frac{2y}{3z}\right)=-\frac{2xy}{9z^3}.$$

例 11　设 $z=z(x,y)$ 由方程 $\varphi(cx-az,cy-bz)=0$ 确定,证明 $a\dfrac{\partial z}{\partial x}+b\dfrac{\partial z}{\partial y}=c$,其中 a,

b,c 为常数,函数 φ 可微.

证 将函数 $z=z(x,y)$ 代入原方程,有恒等式

$$\varphi[cx-az(x,y),cy-bz(x,y)]\equiv 0,$$

两边对 x 求导,得

$$\varphi'_u\left(c-a\frac{\partial z}{\partial x}\right)+\varphi'_v\left(-b\frac{\partial z}{\partial x}\right)=0,$$

其中 $u=cx-az,v=cy-bz$,解之得

$$\frac{\partial z}{\partial x}=\frac{c\varphi'_u}{a\varphi'_u+b\varphi'_v}.$$

类似可得

$$\frac{\partial z}{\partial y}=\frac{c\varphi'_v}{a\varphi'_u+b\varphi'_v}.$$

因此

$$a\frac{\partial z}{\partial x}+b\frac{\partial z}{\partial y}=\frac{ac\varphi'_u+bc\varphi'_v}{a\varphi'_u+b\varphi'_v}=c.$$

习题 8-4

A 组

1. 设 $z=u^2v+uv^2,u=\ln x,v=\mathrm{e}^x$,求 $\dfrac{\mathrm{d}z}{\mathrm{d}x}$.

2. 设 $z=\dfrac{u}{v},u=\sin x,v=1+\mathrm{e}^x$,求 $\dfrac{\mathrm{d}z}{\mathrm{d}x}$.

3. 设 $z=u^2\ln v,u=3x-2y,v=3x+2y$,求 $\dfrac{\partial z}{\partial x},\dfrac{\partial z}{\partial y}$.

4. 验证函数 $z=\arctan\dfrac{x}{y}$,其中,$x=u+v,y=u-v$,满足 $\dfrac{\partial z}{\partial u}+\dfrac{\partial z}{\partial v}=\dfrac{u-v}{u^2+v^2}$.

求 5~10 题中函数的偏导数.

5. $z=f(x+y,x^2-y^2)$.

6. $z=f[\mathrm{e}^{xy},\ln(x+y)]$.

7. $z=f\left(\sqrt{xy},\dfrac{x}{y}\right)$.

8. $z=f\left(3x,\dfrac{y}{x}\right)$.

9. $u=f\left(\dfrac{x}{y},\dfrac{y}{z}\right)$.

10. $u=f(x,xy,xyz)$.

求 11~14 题中由方程所确定的隐函数 $z=z(x,y)$ 的偏导数 $\dfrac{\partial z}{\partial x},\dfrac{\partial z}{\partial y},\dfrac{\partial x}{\partial y}$.

11. $\dfrac{x}{z}=\ln\dfrac{z}{y}$.

12. $\mathrm{e}^z-xyz=xy$.

13. $x+2y+z-2\sqrt{xyz}=0$.

14. $z^3+3xyz=14$.

15. 设 $\ln(x^2+y^2)=\arctan\dfrac{x}{y}$,求 $\dfrac{\mathrm{d}y}{\mathrm{d}x}$.

16. 设函数 $z=z(x,y)$ 由方程 $\cos^2 x+\cos^2 y+\cos^2 z=1$ 所确定,求 $\dfrac{\partial z}{\partial x},\dfrac{\partial z}{\partial y},\mathrm{d}z$.

B 组

17. 设 $x^2 + y^2 + z^2 = 4z$，求 $\dfrac{\partial^2 z}{\partial x^2}$.

18. 设 $z^3 - 2xz + y = 0$，求 $\dfrac{\partial^2 z}{\partial x^2}, \dfrac{\partial^2 z}{\partial y^2}, \dfrac{\partial^2 z}{\partial x \partial y}$.

19. 设由方程 $x + z = yf(x^2 - z^2)$ 确定的隐函数 $z = z(x, y)$，证明

$$z\frac{\partial z}{\partial x} + y\frac{\partial z}{\partial y} = x.$$

20. 设 $u = \sin x + f(\sin y - \sin x)$，其中 f 可微，证明

$$\frac{\partial u}{\partial x}\cos y + \frac{\partial u}{\partial y}\cos x = \cos x \cos y.$$

8.5　多元函数的极值与最值

8.5.1　二元函数的极值

与一元函数相类似，二元函数也有求极值的问题.

定义 8.7　设函数 $z = f(x, y)$ 在点 (x_0, y_0) 的某个邻域内有定义，对于该邻域内异于 (x_0, y_0) 的点 (x, y) 都有

$$f(x, y) < f(x_0, y_0)(\text{或 } f(x, y) > f(x_0, y_0)),$$

则称 $f(x_0, y_0)$ 为函数 $f(x, y)$ 的极大值（或极小值）. 极大值或极小值统称极值. 使函数取得极大值的点（或极小值的点），称为极大值点（或极小值点）.

例如，函数 $z = x^2 + y^2$ 在点 $(0, 0)$ 处有极小值. 因为这个函数在点 $(0, 0)$ 处的值为零，而在点 $(0, 0)$ 的任一邻域内异于 $(0, 0)$ 的点的函数值都大于零. 这从几何上显然可知，因为点 $(0, 0, 0)$ 是开口向上的抛物面 $z = x^2 + y^2$ 的顶点.

那么，究竟哪些点可能是函数的极值点呢？又如何求出极值点呢？

定理 8.6（极值点的必要条件）　设函数 $z = f(x, y)$ 在点 (x_0, y_0) 的某个邻域内有定义，且存在一阶偏导数，如果 (x_0, y_0) 是极值点，则有

$$f'_x(x_0, y_0) = 0, \quad f'_y(x_0, y_0) = 0.$$

证　因为点 (x_0, y_0) 是 $z = f(x, y)$ 的极值点，所以当 y 固定为 y_0 时，对一元函数 $z = f(x, y_0)$ 来讲，在 x_0 处也取得极值. 根据一元函数极值存在的必要条件，得

$$f'_x(x_0, y_0) = 0.$$

同理可知 $f'_y(x_0, y_0) = 0$.

注：这个定理仅是二元函数极值点的必要条件，而不是充分条件，也就是说偏导数为零的点不一定是极值点. 例如，对于函数 $z = xy$，易知 $z'_x(0, 0) = 0, z'_y(0, 0) = 0$，但在 $(0, 0)$ 的任何一个邻域内，总有使函数值为正和为负的点存在，而 $z(0, 0) = 0$，所以 $(0, 0)$ 不是极值点.

同时满足 $f'_x(x_0, y_0) = 0$ 和 $f'_y(x_0, y_0) = 0$ 的点 (x_0, y_0) 称为函数 $z = f(x, y)$ 的驻点. 与一元函数相似，驻点不一定是极值点. 那么在什么条件下，驻点才是极值点呢？

定理 8.7（极值存在的充分条件）　设点 (x_0, y_0) 是函数 $z = f(x, y)$ 的驻点，且函数在点

(x_0, y_0)的一个邻域内有连续的二阶偏导数,记

$$A = f''_{xx}(x_0, y_0), B = f''_{xy}(x_0, y_0), C = f''_{yy}(x_0, y_0), \Delta = B^2 - AC.$$

则

(1) 当$\Delta < 0$且$A < 0$时,$f(x_0, y_0)$是极大值,当$\Delta < 0$且$A > 0$时,$f(x_0, y_0)$是极小值;

(2) 当$\Delta > 0$时,$f(x_0, y_0)$不是极值;

(3) 当$\Delta = 0$时,函数$f(x, y)$在点(x_0, y_0)可能有极值,也可能没有极值.

证明从略.

综上所述,可以得到求可微二元函数$z = f(x, y)$极值的步骤:

第一步　求偏导数$f'_x, f'_y, f''_{xx}, f''_{xy}, f''_{yy}$.

第二步　解联立方程组$\begin{cases} f'_x(x, y) = 0, \\ f'_y(x, y) = 0, \end{cases}$求出定义域内全部驻点.

第三步　求出驻点处的A, B, C的值及$\Delta = B^2 - AC$符号,并判断$f(x, y)$是否有极值,如果有,求出其极值.

例 1　求函数$z = x^2 - xy + y^2 - 2x + y$的极值.

解　$\dfrac{\partial z}{\partial x} = 2x - y - 2, \dfrac{\partial z}{\partial y} = -x + 2y + 1$,令$\dfrac{\partial z}{\partial x} = 0, \dfrac{\partial z}{\partial y} = 0$,解联立方程组

$$\begin{cases} 2x - y - 2 = 0, \\ -x + 2y + 1 = 0, \end{cases}$$

得驻点为$(1, 0)$.

求二阶偏导数　　　　　$\dfrac{\partial^2 z}{\partial x^2} = 2, \dfrac{\partial^2 z}{\partial x \partial y} = -1, \dfrac{\partial^2 z}{\partial y^2} = 2.$

因此有

$$A = 2, B = -1, C = 2, \Delta = B^2 - AC = -3 < 0.$$

所以驻点$(1, 0)$是极值点. 又$A = 2 > 0$,故函数$z = x^2 - xy + y^2 - 2x + y$在点$(1, 0)$处有极小值,且极小值为$-1$.

注:与一元函数类似,二元可微函数的极值点一定是驻点,但对不可微函数来说,极值点不一定是驻点. 例如,点$(0, 0)$是$z = \sqrt{x^2 + y^2}$的极小值点,但点$(0, 0)$并不是驻点,因为函数在该点的偏导数不存在. 因此二元函数的极值点可能是驻点,也可能是偏导数中至少有一个不存在的点.

8.5.2　最大值与最小值

已经知道有界闭区域D上的连续函数$f(x, y)$一定有最大值和最小值. 如果函数是可微的,且函数的最大值或最小值在D内部达到,则最大值点或最小值点必定就是驻点. 因此求出驻点的函数值及函数在边界上的最大值或最小值,比较其大小,其最大值就是函数在区域D上的最大值,最小值就是函数在区域D上的最小值. 但是这种做法并不容易,因为求函数在边界上的最大值或最小值一般来说是相当复杂的,然而对于实际应用问题,与一元函数一样,如果问题的最大值或最小值确实存在,而在定义域内只有唯一的驻点,那么就可以肯定函数在该驻点取得最大值或最小值.

例 2　求函数$z = (x^2 + y^2 - 2x)^2$在圆域$D = \{(x, y) | x^2 + y^2 \leqslant 2x\}$上的最大值和最小值.

解　函数 $z=(x^2+y^2-2x)^2\geqslant 0$，且在圆域 D 的边界圆周 $x^2+y^2=2x$ 上取得最小值 0. 方程组

$$\frac{\partial z}{\partial x}=2(x^2+y^2-2x)(2x-2)=0,\quad \frac{\partial z}{\partial y}=2(x^2+y^2-2x)2y=0$$

在圆域 D 内部有解 $x=1,y=0$，这是函数 $z=(x^2+y^2-2x)^2$ 在 D 内部唯一的驻点，因此该点是最大值点. 所以函数 $z=(x^2+y^2-2x)^2$ 在 D 上的最大值就是 $z(1,0)=1$.

例 3　用铁皮做一个体积为 V 的无盖长方体箱子，问箱子的尺寸为多少时才能使铁皮最省？

解　设箱子的长、宽分别为 x,y，已知体积为 V，所以高为 $\dfrac{V}{xy}(x>0,y>0)$. 铁皮最省也就是表面积最小，因此设表面积为 S，则

$$S=xy+2x\frac{V}{xy}+2y\frac{V}{xy}=xy+\frac{2V}{y}+\frac{2V}{x}(x>0,y>0).$$

于是有方程组

$$\begin{cases} S'_x=y-\dfrac{2V}{x^2}=0, \\[2mm] S'_y=x-\dfrac{2V}{y^2}=0. \end{cases}$$

解得

$$x=y=\sqrt[3]{2V},$$

它是函数 S 在区域 $(x>0,y>0)$ 内唯一的驻点，此时高 $h=\dfrac{\sqrt[3]{2V}}{2}$. 又知该问题存在最小值，所以当长、宽、高分别为 $\sqrt[3]{2V},\sqrt[3]{2V},\dfrac{\sqrt[3]{2V}}{2}$ 时所用铁皮最省.

8.5.3　条件极值

对于函数的自变量只是限定在函数的定义域内，而没有其他限制的极值问题，称其为无条件极值问题. 但在许多实际问题中，往往会遇到对自变量还附加有其他约束条件的情形. 例如，在本节例 3 中，可以设长方体的长、宽、高分别为 x,y,z，表面积为 S，则

$$S=xy+2xz+2yz(x>0,y>0,z>0),$$

其中 x,y,z 还要满足约束条件 $xyz=V$. 像这种对自变量附有其他约束条件的极值问题称为条件极值问题.

在有些问题中，可以把条件极值问题转化为无条件极值问题，如本节例 3 的解法. 但是在许多实际问题中，条件极值问题要转化为无条件极值问题是很复杂的，甚至是不可能的. 下面介绍求条件极值的更一般的方法——拉格朗日乘数法.

设二元函数 $z=f(x,y)$ 和 $\varphi(x,y)$ 在所考虑的区域内有连续的一阶偏导数，且 $\varphi'_x(x,y),\varphi'_y(x,y)$ 不同时为零，求函数 $z=f(x,y)$ 在约束条件 $\varphi(x,y)=0$ 下的极值的步骤如下：

第一步　构造拉格朗日辅助函数

$$L(x,y,\lambda)=f(x,y)+\lambda\varphi(x,y),$$

λ 称为拉格朗日乘数.

第二步　解联立方程组$\begin{cases} L'_x(x,y,\lambda)=f'_x(x,y)+\lambda\varphi'_x(x,y)=0, \\ L'_y(x,y,\lambda)=f'_y(x,y)+\lambda\varphi'_y(x,y)=0, \\ L'_\lambda(x,y,\lambda)=\varphi(x,y)=0, \end{cases}$

得可能的极值点(x,y),而在实际问题中,往往就是所求的极值点.

拉格朗日乘数法可以推广到有两个以上自变量或一个以上约束条件的情况.

例 4　用拉格朗日乘数法解例 3.

解　设箱子的长、宽、高分别为 x,y,z,表面积为 S,则
$$S=xy+2xz+2yz(x>0,y>0,z>0),$$

约束条件为
$$xyz=V,即 \varphi(x,y,z)=xyz-V=0.$$

相应的拉格朗日函数为
$$L(x,y,z,\lambda)=xy+2xz+2yz+\lambda(xyz-V)(x>0,y>0,z>0).$$

解联立方程组
$$\begin{cases} L'_x=y+2z+\lambda yz=0, \\ L'_y=x+2z+\lambda xz=0, \\ L'_z=2x+2y+\lambda xy=0, \\ L'_\lambda=xyz-V=0, \end{cases}$$

得 $x=y=2z=\sqrt[3]{2V}$.由于驻点唯一,又知该问题一定存在最小值,所以当长、宽均为 $\sqrt[3]{2V}$,而高为 $\dfrac{\sqrt[3]{2V}}{2}$时,所用材料最省.

例 5　经过点$(1,1,1)$的所有平面中,哪一个平面与坐标平面在第一卦限所围立体的体积最小,并求此最小体积.

解　设所求平面方程为
$$\frac{x}{a}+\frac{y}{b}+\frac{z}{c}=1(a>0,b>0,c>0).$$

因为平面过点$(1,1,1)$,所以该点满足方程,即有
$$\frac{1}{a}+\frac{1}{b}+\frac{1}{c}=1.$$

又设所求平面与三个坐标平面在第一卦限所围立体的体积为 V（如图 8-11 所示）. 所以
$$V=\frac{1}{6}abc.$$

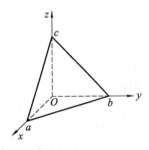

图 8-11

现在求函数 $V=\dfrac{1}{6}abc$ 在条件 $\dfrac{1}{a}+\dfrac{1}{b}+\dfrac{1}{c}=1(a>0,b>0,c>0)$下的最小值. 构造辅助函数
$$L(a,b,c,\lambda)=\frac{1}{6}abc+\lambda\left(\frac{1}{a}+\frac{1}{b}+\frac{1}{c}-1\right).$$

解联立方程组
$$\begin{cases} L'_a=\dfrac{1}{6}bc-\dfrac{\lambda}{a^2}=0, \\ L'_b=\dfrac{1}{6}ac-\dfrac{\lambda}{b^2}=0, \\ L'_c=\dfrac{1}{6}ab-\dfrac{\lambda}{c^2}=0, \\ L'_\lambda=\dfrac{1}{a}+\dfrac{1}{b}+\dfrac{1}{c}-1=0, \end{cases}$$

得 $a=b=c=3$. 由问题可知必定存在最小值,且驻点唯一,所以当平面为 $x+y+z=3$ 时,它与在第一卦限中的三个坐标平面所围立体体积最小,且 $V=\dfrac{9}{2}$.

习题 8-5

A 组

求 1~4 题中函数的极值点与极值.

1. $z=e^{2x}(x+2y+y^2)$.　　　　　　2. $z=xy(x^2+y^2-1)$.

3. $z=x^3+y^3-3(x^2+y^2)$.

4. $f(x,y)=\sin x+\cos y+\cos(x-y)\ (0\leqslant x,y\leqslant\dfrac{\pi}{2})$.

5. 求原点到曲面 $z^2=xy+x-y+4$ 的最短距离.

6. 在平面 $3x-2z=0$ 上求一点,使它与点 $A(1,1,1)$ 和 $B(2,3,4)$ 的距离的平方和最小.

7. 在所有对角线为 $2\sqrt{3}$ 的长方体中,求最大体积的长方体.

B 组

8. 已知矩形的周长为 $2p$,将它绕其一边旋转而成一圆柱,求使圆柱体积最大的矩形.

9. 半径为 R 的半球内,求一个体积最大的内接长方体.

10. 求内接于椭球面 $\dfrac{x^2}{a^2}+\dfrac{y^2}{b^2}+\dfrac{z^2}{c^2}=1$ 的最大的长方体体积.

本章小结

本章的主要内容包括多元函数的概念、二元函数的极限与连续性、偏导数的概念及其求偏导数的方法、全微分及其在近似计算中的应用. 多元函数微分学与一元函数微分学是相互对应的,从一元函数推广到二元函数时会产生许多新问题,而从二元函数推广到一般的 n 元函数,往往只是形式上的不同,并没有本质上的差异. 所以,在学习本章内容时,要注意与一元函数相应内容的异同.

1. 多元函数的概念

二元及二元以上的函数统称为多元函数. 因为一对数值 (x,y) 表示平面上的一点 P,所以二元函数可以表示为 $z=f(P)$. 类似地,三元函数 $u=f(x,y,z)$ 可以表示为 $u=f(P)$,此时 P 表示为一个空间(三维)的点. 显然,无论是一元函数还是多元函数,都可以统一地表示为 $u=f(P)$ 的形式.

二元函数 $z=f(x,y)$ 的定义域通常是由平面上的一条或几条光滑曲线所围成的区域,函数 $z=f(x,y)$ 的图形通常是空间的一个曲面.

2. 二元函数的极限

如果 $u=f(P)$ 为一元函数,则其在 P_0 处极限存在的充分必要条件是左、右极限存在且相等,即 $\lim\limits_{P\to P_0}f(P)=A\Leftrightarrow\lim\limits_{P\to P_0^-}f(P)=\lim\limits_{P\to P_0^+}f(P)=A$.

但是对二元函数 $u=f(P)$ 而言,其在 P_0 处极限存在的充分必要条件是 P 按任何路径趋向于 P_0 时所对应的极限存在且相等.不能因为点 P 沿某一条(或几条)路径趋向于 P_0 时函数 $u=f(P)$ 都趋向于同一个常数而断定它有极限.但是,如果点 P 沿两条不同路径趋向于 P_0 时函数 $u=f(P)$ 趋向于两个不同的数值,则可以断定函数在点 P_0 处没有极限.

3. 二元函数的连续

由于一元函数和二元函数连续的定义是相同的,所以函数 $u=f(P)$ 在点 P_0 处连续的条件可统一地表示为:

(1) $f(P)$ 在 P_0 及其某邻域内有定义;

(2) $\lim\limits_{P \to P_0} f(P)$ 存在;

(3) $\lim\limits_{P \to P_0} f(P)=f(P_0)$.

如果以上有一条不满足,则 P_0 必为函数 $u=f(P)$ 的间断点.

4. 偏导数的概念

多元函数的偏导数与一元函数的导数无论在定义的形式上,还是在求导公式上都是相同的.在求一个变量的偏导数时,要将该变量看成变量,而把其他变量看成常量.

一元函数导数的记号与多元函数偏导数的记号不能混淆,一元函数的导数 $\dfrac{\mathrm{d}y}{\mathrm{d}x}$ 可以看成是两个微分 $\mathrm{d}y$ 与 $\mathrm{d}x$ 之商,从而可分开单独使用,而多元函数的偏导数记号 $\dfrac{\partial z}{\partial x}$,$\dfrac{\partial z}{\partial y}$ 则是一个整体,不能理解为 ∂z 与 ∂x 或 ∂z 与 ∂y 的商.

根据对自变量的求导次序不同,二元函数共有四个二阶偏导数:

$$\frac{\partial}{\partial x}\left(\frac{\partial z}{\partial x}\right)=\frac{\partial^2 z}{\partial x^2}=f''_{xx}(x,y),\frac{\partial}{\partial x}\left(\frac{\partial z}{\partial y}\right)=\frac{\partial^2 z}{\partial y \partial x}=f''_{yx}(x,y),$$

$$\frac{\partial}{\partial y}\left(\frac{\partial z}{\partial x}\right)=\frac{\partial^2 z}{\partial x \partial y}=f''_{xy}(x,y),\frac{\partial}{\partial y}\left(\frac{\partial z}{\partial y}\right)=\frac{\partial^2 z}{\partial y^2}=f''_{yy}(x,y).$$

其中

$$\frac{\partial}{\partial y}\left(\frac{\partial z}{\partial x}\right)=\frac{\partial^2 z}{\partial x \partial y}=f''_{yx}(x,y) \text{和} \frac{\partial}{\partial x}\left(\frac{\partial x}{\partial y}\right)=\frac{\partial^2 z}{\partial y \partial x}=f''_{yx}(x,y)$$

称为二阶混合偏导数,一般情况下,这两个二阶混合偏导数相等.

一元复合函数对自变量的导数,等于函数对中间变量的导数乘以中间变量对自变量的导数.二元复合函数的求偏导数法则与一元复合函数求导数的法则相类似,关键在于分清二元复合函数在复合过程中哪些是中间变量、哪些是自变量.为了直观地显示各变量之间的关系,常常可用一个结构图来表示.

5. 二元函数的微分

二元函数 $z=f(x,y)$ 在点 P 处可微是指 $\mathrm{d}z=\dfrac{\partial z}{\partial x}\mathrm{d}x+\dfrac{\partial z}{\partial y}\mathrm{d}y$.

在一元函数中,可微与可导是等价的,但在二元函数中,这个结论并不成立(参见第 2 节例 5).即使在点 P 处 $\dfrac{\partial z}{\partial x}$ 与 $\dfrac{\partial z}{\partial y}$ 都存在也不能保证 $z=f(x,y)$ 在点 P 处可微,只有当两个偏导数在点 P 处存在且连续时,才能保证其在点 P 处是可微的.

用微分可近似地表示增量 $\Delta z \approx \mathrm{d}z$.

6. 二元函数极值的概念

多元函数极值的定义与一元函数极值的定义非常相似,它们都是以某一点处的函数值与其周围的函数值相比较. 极值为局部概念,而最值为全局概念,极小值不一定小于极大值.

极值存在的充分条件与必要条件是讨论函数有无极值的理论基础. 为了突出应用性,重点介绍了拉格朗日乘数法及其求解步骤.

综合练习 8

选择题 (1~8)

1. 若 $f(x,y)=xy$,则 $f(x+y,x-y)=(\quad)$.

A. $(x+y)^2$ 　　　　　　　　　　B. $(x-y)^2$

C. x^2+y^2 　　　　　　　　　　D. x^2-y^2

2. $f'_x(x,y),f'_y(x,y)$ 在 (x_0,y_0) 连续是 $f(x,y)$ 在 (x_0,y_0) 可微的 $(\quad)$.

A. 必要条件 　　　　　　　　　　B. 充分必要条件

C. 充分条件 　　　　　　　　　　D. 既非充分又非必要条件

3. 若 $z=x^y$,则 $\left.\dfrac{\partial z}{\partial x}\right|_{(e,1)}=(\quad)$.

A. e 　　　B. $\dfrac{1}{e}$ 　　　　　C. 1 　　　　　　D. 0

4. 若 $z=e^x\sin y$,则 $dz=(\quad)$.

A. $e^x\sin y dx+e^x\cos y dy$ 　　　　　B. $e^x\cos y dx dy$

C. $e^x\sin y dx$ 　　　　　　　　　　D. $e^x\cos y dy$

5. 若 $y-xe^y=0$,则 $\dfrac{dy}{dx}=(\quad)$.

A. $\dfrac{e^y}{xe^y-1}$ 　　　　　　　　B. $\dfrac{e^y}{1-xe^y}$

C. $\dfrac{1-xe^y}{e^y}$ 　　　　　　　　D. $\dfrac{xe^y-1}{e^y}$

6. 若函数 $f(x,y)=\dfrac{1}{\sqrt{\ln(x+y)}}$,则定义域为 $(\quad)$.

A. $x+y>0$ 　　　　　　　　　　B. $\ln(x+y)\neq0$

C. $x+y>1$ 　　　　　　　　　　D. $x+y\neq1$

7. 函数 $f(x,y)=\sqrt{x^2+y^2}$ 在点 $(0,0)$ 处 $(\quad)$.

A. 连续,偏导数不存在 　　　　　B. 连续,偏导数存在

C. 连续且可微 　　　　　　　　　D. 不连续,偏导数不存在

8. 对于函数 $f(x,y)$,则结论 $(\quad)$ 正确.

A. 若在点 (x,y) 处连续,则两个偏导数存在

B. 若在点 (x,y) 处存在两个偏导数,则在 (x,y) 处连续.

C. 在点 (x,y) 处存在两个偏导数,但在 (x,y) 处不一定连续

D. 若在点 (x,y) 处偏导数不存在,则在 (x,y) 处必定不连续

填空题 (9～16)

9. 函数 $z=\dfrac{1}{\ln(xy)}$ 的定义域是 ＿＿＿＿＿＿＿.

10. 设二元函数 $z=x^2y$，则 $\dfrac{\partial z}{\partial x}\Big|_{\substack{x=1\\y=2}}=$ ＿＿＿＿＿＿＿.

11. 设二元函数 $z=x^3-4x^3y^2+5y^4$，则 $\dfrac{\partial^2 z}{\partial x\partial y}=$ ＿＿＿＿＿＿＿.

12. 可微函数 $f(x,y)$ 在点 (x_0,y_0) 达到极限，则必有 ＿＿＿＿＿＿＿.

13. $z=\dfrac{u}{v}$，其中 $u=\mathrm{e}^x$，$v=x+x^2$，则 $\dfrac{\mathrm{d}z}{\mathrm{d}x}=$ ＿＿＿＿＿＿＿.

14. 若 $z=\mathrm{e}^{xy}$，则 $\mathrm{d}z|_{(1,1)}=$ ＿＿＿＿＿＿＿.

15. 若 $f(u,v)=(u+v)^2$，则 $f\left(xy,\dfrac{x}{y}\right)=$ ＿＿＿＿＿＿＿.

16. 设 $z=x^{\sin y}$，则 $\dfrac{\partial z}{\partial y}=$ ＿＿＿＿＿＿＿.

计算题 (17～28)

17. $z=\dfrac{y}{x}\ln(2x-y)$，求 $\dfrac{\partial z}{\partial x}\Big|_{\substack{x=1\\y=1}}$，$\dfrac{\partial z}{\partial y}\Big|_{\substack{x=1\\y=1}}$.

18. $z=\arcsin\dfrac{x}{y}$，求 $\dfrac{\partial z}{\partial x}$，$\dfrac{\partial z}{\partial y}$.

19. $z=\dfrac{\mathrm{e}^{x-y}-\mathrm{e}}{\sqrt{xy}}$，求 $\mathrm{d}z$.

20. $z=(a^2+x^2)^{xy}$（a 是常数），求 $\dfrac{\partial z}{\partial x}$，$\dfrac{\partial z}{\partial y}$.

21. $z=xy\ln y$，求 $\mathrm{d}z$.

22. $u=(x^2y)^{\frac{1}{z}}$，求 u 在点 $(1,1,1)$ 处的全微分.

23. 设 $z=f(x^2-y^2,\mathrm{e}^{\frac{y}{x}})$，求 $\mathrm{d}z$.

24. 设 $z=x+f(xy)$，验证 $x\dfrac{\partial^2 z}{\partial x\partial y}-\dfrac{\partial z}{\partial y}=y\dfrac{\partial^2 z}{\partial y^2}$.

25. $\mathrm{e}^{xyz}+\ln z+\ln x=1$，求 $\dfrac{\partial z}{\partial x}$，$\dfrac{\partial z}{\partial y}$.

26. $z=\varphi(x+y-z)$，求 $\mathrm{d}z$.

27. 求原点到曲面 $(x-y)^2-z^2=1$ 的最短距离.

28. 在平面 $x-z=0$ 上求一点，使它与点 $A(1,1,1)$ 和点 $B(2,3,4)$ 的距离的平方和最小.

第 9 章

二重积分与曲线积分

定积分是一元函数在区间上的某种确定形式的和的极限,影响定积分大小的是被积函数和积分区间. 若将一元函数推广到多元函数,同时将区间推广到区域、曲线或者曲面上,则相应地得到二重积分、曲线积分与曲面积分的概念. 本章介绍二重积分与曲线积分的概念、计算以及它们的一些应用,并简单地介绍将二重积分与曲线积分联系起来的格林(Green)公式,它的作用类似于定积分的牛顿-莱布尼兹公式.

9.1 二重积分的概念与性质

9.1.1 二重积分的概念

1. 两个引例

引例 1 曲顶柱体的体积

设有一立体,它的底是空间直角坐标系中 xOy 面上的有界闭区域 D,侧面是以 D 的边界曲线为准线而母线平行于 z 轴的柱面,而顶是定义在 D 上的二元连续函数 $z=f(x,y)$($\geqslant 0$)表示的曲面,这样的立体称为曲顶柱体(如图 9-1 所示).

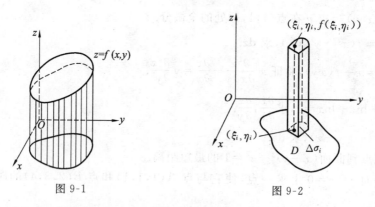

图 9-1   图 9-2

解 已经知道,对于平顶柱体,它的体积可用公式
$$体积 V = 底面积 \times 高 = \sigma h$$
来计算,其中,σ 是有界闭区域 D 的面积.

但对曲顶柱体来说,它的高 $f(x,y)$ 在 D 上是变量,因此其体积不能用上面的公式计算. 但可以仿照求曲边梯形面积的方法,采用"分割取近似,求和取极限"的方法来求曲顶柱体的体积. 下面分四步来具体说明其求法.

（1）分割. 将区域 D 任意分成 n 个子闭区域, 分别记作 $\Delta\sigma_1, \Delta\sigma_2, \cdots, \Delta\sigma_n$（同时也用这些记号表示它们各自的面积）. 然后在每个闭子区域上作以它的边界曲线为准线而母线平行于 z 轴的柱面. 这些柱面将原来的曲顶柱体分成 n 个小的曲顶柱体.

（2）近似. 在每个 $\Delta\sigma_i$ 上任取一点 $(\xi_i, \eta_i)(i=1,2,\cdots,n)$, 当 $\Delta\sigma_i$ 很小时, 考虑到函数 $f(x,y)$ 的连续性, 可将小曲顶柱体近似看成小的平顶柱体（如图 9-2 所示）. 于是第 i 个小曲顶柱体的体积近似为

$$\Delta V_i \approx f(\xi_i, \eta_i)\Delta\sigma_i.$$

（3）求和. 将上述 n 个小平顶柱体的体积相加, 即得所求曲顶柱体体积的近似值

$$V=\sum_{i=1}^{n}\Delta V_i \approx \sum_{i=1}^{n} f(\xi_i, \eta_i)\Delta\sigma_i.$$

（4）取极限. 将区域 D 无限细分, 并令所有闭子区域的直径中的最大值（记为 λ）趋向于零, 若（3）中和式的极限存在, 则其即为所求曲顶柱体的体积, 即

$$V=\lim_{\lambda\to 0}\sum_{i=1}^{n} f(\xi_i, \eta_i)\Delta\sigma_i.$$

引例 2　平面薄片的质量

设有一平面薄片占有 xOy 平面上的闭区域 D（如图 9-3 所示）, 它在点 $P(x,y)$ 处的密度为 D 上的连续函数 $\rho(x,y)$, 求该平面薄片的质量.

解　若薄片是均匀的, 即面密度为常数, 则薄片质量的计算公式为

$$\text{质量}=\text{面密度}\times\text{面积}.$$

而现在面密度是变量, 故不能直接用上面的公式计算, 但是可仿照引例 1 中求曲顶柱体的体积的方法进行.

把薄片分成 n 个子块 $\Delta\sigma_i(i=1,2,\cdots,n)$, 只要每个子块所占的闭子区域的直径足够小, 由于 $\rho(x,y)$ 的连续性, 每个子块可近似地看成是均匀薄片, 在 $\Delta\sigma_i$ 上任取一点 $(\xi_i, \eta_i)(i=1,2,\cdots,n)$, 则第 i 个子块的质量的近似值为

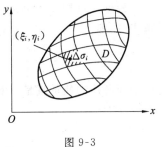

图 9-3

$$M_i=\rho(\xi_i, \eta_i)\Delta\sigma_i,$$

于是通过求和、取极限, 就得到平面薄片质量的准确值为

$$M=\lim_{\lambda\to 0}\sum_{i=1}^{n}\rho(\xi_i, \eta_i)\Delta\sigma_i,$$

其中 λ 的意义同例 1.

上面两个引例的实际意义虽然不同, 但所用方法类似, 所求量也都归结为同一形式. 在几何、力学、物理以及工程技术中有许多类似的问题, 经过抽象就形成了二重积分的概念.

2. 二重积分的定义

定义 10.1　设二元函数 $z=f(x,y)$ 为定义在有界闭区域 D 上的有界函数. 将 D 分成 n 个子闭区域 $\Delta\sigma_1, \Delta\sigma_2, \cdots, \Delta\sigma_n$（这些记号同时表示它们的面积）. 在每个子闭区域 $\Delta\sigma_i$ 上任取一点 (ξ_i, η_i), 作和 $\sum_{i=1}^{n} f(\xi_i, \eta_i)\Delta\sigma_i$. 无论闭区域 D 的分法如何, 也无论点 (ξ_i, η_i) 的取法如何, 当各个子闭区域的直径中的最大值 λ 趋向于零时, 如果和式的极限存在, 则称此极限值

为二元函数 $z=f(x,y)$ 在闭区域 D 上的二重积分,记为 $\iint\limits_{D}f(x,y)\mathrm{d}\sigma$,即

$$\iint\limits_{D}f(x,y)\mathrm{d}\sigma=\lim_{\lambda\to0}\sum_{i=1}^{n}f(\xi_i,\eta_i)\Delta\sigma_i. \tag{9-1}$$

同时称 $f(x,y)$ 在 D 上可积,$f(x,y)$ 称为可积函数,$f(x,y)\mathrm{d}\sigma$ 称为被积表达式,$\mathrm{d}\sigma$ 称为面积元素,D 称为积分区域,符号 $\iint$ 称为二重积分号.

在二重积分的定义中,闭区域 D 的分法是任意的,如果在直角坐标系中用平行于坐标轴的直线网来划分区域 D,则除了包含边界点的一些闭子区域外,其他的闭子区域都是矩形. 假设矩形区域 $\Delta\sigma_i$ 的边长为 Δx_j 与 Δy_k,则 $\Delta\sigma_i=\Delta x_j\Delta y_k$. 因而在直角坐标系中也把面积元素 $\mathrm{d}\sigma$ 记作 $\mathrm{d}x\mathrm{d}y$,而把二重积分记作

$$\iint\limits_{D}f(x,y)\mathrm{d}x\mathrm{d}y. \tag{9-2}$$

其中,$\mathrm{d}x\mathrm{d}y$ 称为直角坐标系中的面积元素.

需要指出的是,当 $f(x,y)$ 在闭区域 D 上连续时,它在 D 上的二重积分一定存在,即有界闭区域上的连续函数一定可积. 本章总假定二重积分中的被积函数都是连续的,以后不再说明.

根据二重积分的定义,以 $f(x,y)\geqslant0$ 为顶的曲顶柱体的体积就是 $f(x,y)$ 在 D 上的二重积分,即

$$V=\iint\limits_{D}f(x,y)\mathrm{d}\sigma;$$

而平面薄片的质量就是它的面密度 $\rho(x,y)$ 在薄片所占闭区域 D 上的二重积分,即

$$M=\iint\limits_{D}\rho(x,y)\mathrm{d}\sigma.$$

3. 二重积分的几何意义

当 $f(x,y)\geqslant0$ 时,二重积分 $\iint\limits_{D}f(x,y)\mathrm{d}\sigma$ 就表示以区域 D 为底、$f(x,y)$ 为顶的曲顶柱体的体积;当 $f(x,y)<0$ 时,二重积分 $\iint\limits_{D}f(x,y)\mathrm{d}\sigma$ 表示曲顶柱体体积的相反值;当 $f(x,y)$ 在 D 上有正有负时,则二重积分 $\iint\limits_{D}f(x,y)\mathrm{d}\sigma$ 表示分别位于 xOy 平面上方与下方的曲顶柱体体积的代数和.

9.1.2 二重积分的性质

二重积分具有与定积分类似的性质.假设下列性质中涉及到的函数均可积,现叙述如下.

性质 9.1 设 α,β 为常数,则 $f(x,y)$ 与 $g(x,y)$ 的线性组合也可积,且

$$\iint\limits_{D}[\alpha f(x,y)+\beta g(x,y)]\mathrm{d}\sigma=\alpha\iint\limits_{D}f(x,y)\mathrm{d}\sigma+\beta\iint\limits_{D}g(x,y)\mathrm{d}\sigma.$$

性质 9.2 如果区域 D 被一条曲线分成两个没有公共部分的部分区域 D_1 和 D_2,则有

$$\iint\limits_{D} f(x,y)\mathrm{d}\sigma = \iint\limits_{D_1} f(x,y)\mathrm{d}\sigma + \iint\limits_{D_2} f(x,y)\mathrm{d}\sigma.$$

显然,此性质可推广到任意有限个部分区域上去,称为二重积分对区域的可加性.

性质 9.3　如果在 D 上 $f(x,y)\equiv 1$,且 D 的面积为 σ,则有

$$\iint\limits_{D} 1\mathrm{d}\sigma = \iint\limits_{D}\mathrm{d}\sigma = \sigma.$$

性质 9.4　如果在 D 上 $f(x,y)\geqslant g(x,y)$,则有

$$\iint\limits_{D} f(x,y)\mathrm{d}\sigma \geqslant \iint\limits_{D} g(x,y)\mathrm{d}\sigma.$$

特别地,有

$$\iint\limits_{D} |f(x,y)|\mathrm{d}\sigma \geqslant \left|\iint\limits_{D} f(x,y)\mathrm{d}\sigma\right|.$$

性质 9.5　如果 M,m 分别是 $f(x,y)$ 在闭区域 D 上的最大值和最小值,σ 是 D 的面积,则有

$$m\sigma \leqslant \iint\limits_{D} f(x,y)\mathrm{d}\sigma \leqslant M\sigma.$$

此式称为二重积分的估值不等式.

性质 9.6(二重积分中值定理)　设函数 $f(x,y)$ 在有界闭区域 D 上连续,又 σ 为 D 的面积,则在 D 上至少存在一点 (ξ,η),使得

$$\iint\limits_{D} f(x,y)\mathrm{d}\sigma = f(\xi,\eta)\sigma.$$

这些性质与相应的定积分性质的证明方法相类似,请读者自证.

例 1　比较积分 $\iint\limits_{D}(x+y)^2\mathrm{d}\sigma$ 与 $\iint\limits_{D}(x+y)^3\mathrm{d}\sigma$ 的大小,其中,积分区域 D 由圆 $(x-2)^2+(y-1)^2=2$ 所围成.

解　要比较题中两个积分的大小,关键是比较它们的被积函数 $(x+y)^2$ 与 $(x+y)^3$ 在 D 上的大小,首先要考察 $x+y$ 在 D 上的大小. 为此,设 $x+y=k$,根据平面解析几何知识,k 的最大值与最小值可由圆与直线 $x+y=k$ 相切而确定(如图 9-4 所示). 由点到直线的距离公式,得

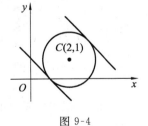

图 9-4

$$\frac{|1\times 2+1\times 1-k|}{\sqrt{1^2+1^2}}=\sqrt{2},$$

解得 $k=1$ 或 $k=5$. 从而 $1\leqslant k\leqslant 5$,即 $1\leqslant x+y\leqslant 5$,$(x,y)\in D$. 于是
$$(x+y)^2\leqslant(x+y)^3, \quad (x,y)\in D.$$

所以
$$\iint\limits_{D}(x+y)^2\mathrm{d}\sigma \leqslant \iint\limits_{D}(x+y)^3\mathrm{d}\sigma.$$

习题 9-1

A 组

1. 设有一个平面薄片(不计厚度),占有 xOy 平面上的区域 D,薄片上分布有密度为

$\mu(x,y)$(连续函数)的电荷,试给出薄片上电荷 Q 的二重积分表达式.

2. 设 $E_1 = \iint\limits_{D_1} (x^2 + \cos y)\,\mathrm{d}\sigma$, $E_2 = \iint\limits_{D_2} (x^2 + \cos y)\,\mathrm{d}\sigma$, 其中 $D_1 = \{(x,y)\,|\,x^2 + y^2 \leqslant 4\}$, $D_2 = \{(x,y)\,|\,x^2 + y^2 \leqslant 4, x \geqslant 0, y \geqslant 0\}$. 试利用二重积分的几何意义说明 E_1 与 E_2 之间的关系.

3. 光滑曲面 $z = f(x,y)$ 在 xOy 平面的投影为区域 D,用二重积分表示区域 D 的面积.

用二重积分表示 4~6 题中曲顶柱体的体积,并用不等式组表示曲顶柱体在 xOy 平面上的投影区域.

4. 由平面 $x + 2y + 3z = 6$, $x = 0$, $y = 0$, $z = 0$ 所围成的立体的体积.

5. 由球体 $x^2 + y^2 + z^2 \leqslant 2$ 与柱体 $\dfrac{x^2}{2} + y^2 \leqslant 1$ 相交所成的在平面 $z = 0$ 上方的公共部分的体积.

6. 由椭球 $\dfrac{x^2}{a^2} + \dfrac{y^2}{b^2} + \dfrac{z^2}{c^2} \leqslant 1$ 被平面 $z = h$ $(0 < h < c)$ 所截得的上半部分的体积.

根据二重积分的性质,比较 7~9 题中各对积分的大小.

7. $\iint\limits_{D} (x+y)\,\mathrm{d}\sigma$ 与 $\iint\limits_{D} (x+y)^2\,\mathrm{d}\sigma$,其中 D 由直线 $x = 1$, $y = 3$ 及 $x + y = 1$ 围成.

8. $\iint\limits_{D} \mathrm{e}^{x-y}\,\mathrm{d}\sigma$ 与 $\iint\limits_{D} \mathrm{e}^{(x-y)^2}\,\mathrm{d}\sigma$,其中 D 由直线 $y = x$, $y = -1$ 及 $x = 0$ 围成.

9. $\iint\limits_{D} \ln(x+y)\,\mathrm{d}\sigma$ 与 $\iint\limits_{D} [\ln(x+y)]^2\,\mathrm{d}\sigma$,其中 $D = \{(x,y)\,|\,2 \leqslant x \leqslant 5, 1 \leqslant y \leqslant 3\}$.

B 组

利用二重积分的性质,估计 10~11 题中积分的值.

10. $I = \iint\limits_{D} xy(x+y)\,\mathrm{d}\sigma$,其中 $D = \{(x,y)\,|\,0 \leqslant x \leqslant 1, 0 \leqslant y \leqslant 1\}$.

11. $I = \iint\limits_{D} (x^2 + 4y^2 + 9)\,\mathrm{d}\sigma$,其中 $D = \{(x,y)\,|\,x^2 + y^2 \leqslant 4\}$.

12. 设 $f(x,y)$ 是有界闭区域 $D = \{(x,y)\,|\,x^2 + y^2 \leqslant a^2\}$ 上的连续函数,求 $a \to 0$ 时 $\dfrac{1}{\pi a^2} \iint\limits_{D} f(x,y)\,\mathrm{d}x\mathrm{d}y$ 的极限.

13. 根据二重积分的性质,比较积分 $\iint\limits_{D} (x+y)^2\,\mathrm{d}\sigma$ 与 $\iint\limits_{D} (x+y)\,\mathrm{d}\sigma$ 的大小,其中 $D = \{(x,y)\,|\,(x-3)^2 + (y-2)^2 \leqslant 8\}$.

14. 称闭区域 D 关于 y 轴对称,如果当 $(x,y) \in D$ 时,恒有 $(-x,y) \in D$. 设函数 $f(x,y)$ 在关于 y 轴对称的闭区域 D 上连续,且对 D 上任意点 (x,y) 满足 $f(x,y) = -f(-x,y)$,求 $\iint\limits_{D} f(x,y)\,\mathrm{d}\sigma$. 若其他条件不变,最后条件改为 $f(x,y) = f(-x,y)$,则结论又将如何?

9.2　二重积分的计算及应用

按定义计算二重积分,对大多数被积函数及积分区域来说是困难的.下面介绍的累次积分法,是计算二重积分的一种有效方法.

9.2.1　直角坐标系中二重积分的计算

1. 积分区域 D 为 X-型区域

$$\begin{cases} \varphi_1(x) \leqslant y \leqslant \varphi_2(x), \\ a \leqslant x \leqslant b. \end{cases}$$

如图 9-5(a)所示,X-型区域的特点为穿过 D 的内部且垂直于 x 轴的直线与 D 的边界最多两个交点,一般有"两直两曲"四条边界线,当然也可能退化成"一直两曲"或"两曲"(如图 9-5(b)、(c)所示).

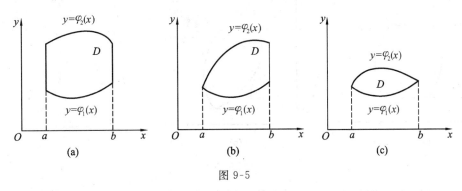

图 9-5

　　下面用定积分中的微元法,来计算以 xOy 平面上的闭区域 D 为底,以曲面 $z = f(x,y)$ ($\geqslant 0$)为顶的曲顶柱体的体积.

　　选 x 为积分变量,其积分区间为 $[a,b]$,任取子区间 $[x, x+\mathrm{d}x] \subset [a,b]$. 以 $A(x)$ 表示过点 x 且与 x 轴垂直的平面与曲顶柱体相交所得截面的面积,而截面是以区间 $[\varphi_1(x), \varphi_2(x)]$ 为底、以曲线 $z = f(x,y)$(x 看成是固定的)为曲边的曲边梯形(如图 9-6 所示).所以

$$A(x) = \int_{\varphi_1(x)}^{\varphi_2(x)} f(x,y)\mathrm{d}y.$$

图 9-6

曲顶柱体体积的微元为

$$\mathrm{d}V = A(x)\mathrm{d}x,$$

从而曲顶柱体的体积为

$$V = \int_a^b A(x)\mathrm{d}x = \int_a^b \left[\int_{\varphi_1(x)}^{\varphi_2(x)} f(x,y)\mathrm{d}y \right] \mathrm{d}x.$$

于是可得二重积分的计算公式为

$$\iint\limits_D f(x,y)\mathrm{d}\sigma = \int_a^b \left[\int_{\varphi_1(x)}^{\varphi_2(x)} f(x,y)\mathrm{d}y \right] \mathrm{d}x. \tag{9-3}$$

　　式(9-3)中计算二重积分的方法称为二次积分法,即可通过两次定积分来计算二重积分:第一次积分时将 x 看成常数,对 y 进行积分,其结果一般是 x 的函数;第二次对 x 积分,所得结果为常数,即为二重积分的值. 故式(9-3)又称为先对 y 后对 x 的二次积分公式,它通常也写作如下形式:

$$\iint\limits_{D} f(x,y)\mathrm{d}\sigma = \int_a^b \mathrm{d}x \int_{\varphi_1(x)}^{\varphi_2(x)} f(x,y)\mathrm{d}y.$$

在上面的讨论中,总假定 $f(x,y) \geqslant 0$,但可以证明式(9-3)的成立并不受此条件限制.

2. 积分区域 D 为 Y-型区域

$$\begin{cases} \psi_1(y) \leqslant x \leqslant \psi_2(y), \\ c \leqslant y \leqslant d. \end{cases}$$

如图 9-7(a)所示,Y-型区域的特点为穿过 D 的内部且垂直于 y 轴的直线与 D 的边界最多两个交点,它也有两种退化形式,分别如图 9-7(b)、(c)所示.

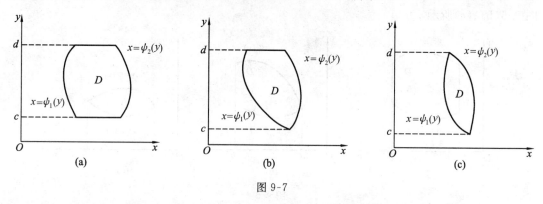

图 9-7

与 X-型区域的情况类似,用微元法可得此时曲顶柱体的体积为

$$V = \int_c^d \left[\int_{\psi_1(y)}^{\psi_2(y)} f(x,y)\mathrm{d}x \right] \mathrm{d}y,$$

于是得此时二重积分的计算公式为

$$\iint\limits_{D} f(x,y)\mathrm{d}\sigma = \int_c^d \left[\int_{\psi_1(y)}^{\psi_2(y)} f(x,y)\mathrm{d}x \right] \mathrm{d}y. \tag{9-4}$$

式(9-4)也称为先对 x 后对 y 的二次积分公式,它的计算方法与式(9-3)类似. 另外,式(9-4)通常也写作如下形式:

$$\iint\limits_{D} f(x,y)\mathrm{d}\sigma = \int_c^d \mathrm{d}y \int_{\psi_1(y)}^{\psi_2(y)} f(x,y)\mathrm{d}x.$$

若积分区域 D 既是 X-型区域,又是 Y-型区域,则对同一个二重积分 $\iint\limits_{D} f(x,y)\mathrm{d}\sigma$ 来说,式(9-3)与式(9-4)都成立,于是有

$$\iint\limits_{D} f(x,y)\mathrm{d}\sigma = \int_a^b \left[\int_{\varphi_1(x)}^{\varphi_2(x)} f(x,y)\mathrm{d}y \right]\mathrm{d}x = \int_c^d \left[\int_{\psi_1(y)}^{\psi_2(y)} f(x,y)\mathrm{d}x \right]\mathrm{d}y.$$

上式表明,同一个二重积分可以有不同的积分次序,它们有时是有差别的,在计算上甚至有很大的差别,在后面的例题中可以看到这一点.

可以看出,将二重积分化为二次积分时,积分限的确定是个关键. 先画出区域 D 的图形,若是 X-型区域(如图 9-8 所示),在区间 $[a,b]$ 上任意取定一个 x 值,过此 x 作与 x 轴垂直的直线,它与区域 D 的上下边界各有一个交点,纵坐标分别为 $y = \varphi_1(x)$ 与 $y = \varphi_2(x)$ $(\varphi_1(x) \leqslant \varphi_2(x))$,则 $\varphi_1(x)$ 与 $\varphi_2(x)$ 即为积分变量 y 的积分下限与上限. 而变量 x 的取值范围是区间 $[a,b]$,也就是它的积分区间.

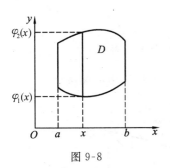

图 9-8

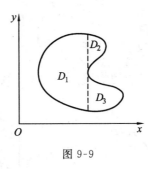

图 9-9

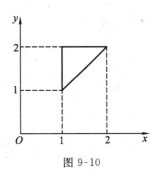

图 9-10

若是 Y-型区域,方法与 X-型区域类似,故不再重复.

需要说明的是,有的区域可能既不是 X-型区域,也不是 Y-型区域,这时可将区域 D 分成几个区域,使每一部分是 X-型区域或者是 Y-型区域,这样就可归结为上面的情形,从而顺利解题. 如图 9-9 所示的区域 D,可将 D 分成三个子区域,它们都是 X-型区域,用式(9-3)分别计算三个子区域上的二重积分,三者相加即为 D 上的二重积分.

例 1 试将二重积分 $\iint\limits_{D} f(x,y)\mathrm{d}\sigma$ 化为两种不同次序的二次积分. 其中,D 是由 $y=2$,$x=1$ 及 $y=x$ 所围成的闭区域,$f(x,y)$ 为 D 上的连续函数.

解 画出积分区域 D(如图 9-10 所示),它既是 X-型区域,也是 Y-型区域.

看成 X-型区域时,它可表示为

$$\begin{cases} x\leqslant y\leqslant 2, \\ 1\leqslant x\leqslant 2. \end{cases}$$

从而二重积分可化为先对 y 后对 x 的二次积分

$$\iint\limits_{D} f(x,y)\mathrm{d}\sigma=\int_{1}^{2}\left[\int_{x}^{2} f(x,y)\mathrm{d}y\right]\mathrm{d}x.$$

看成 Y-型区域时,它可表示为

$$\begin{cases} 1\leqslant x\leqslant y, \\ 1\leqslant y\leqslant 2. \end{cases}$$

此时二重积分可化为先对 x 后对 y 的二次积分

$$\iint\limits_{D} f(x,y)\mathrm{d}\sigma=\int_{1}^{2}\left[\int_{1}^{y} f(x,y)\mathrm{d}x\right]\mathrm{d}y.$$

例 2 画出累次积分 $\int_{0}^{4}\mathrm{d}y\int_{-\sqrt{4-y}}^{\frac{1}{2}(y-4)} f(x,y)\mathrm{d}x$ 所表示的二重积分的积分区域,然后交换其积分次序.

解 根据二次积分,区域 D 的边界曲线为 $y=0$,$y=4$,$x=\frac{1}{2}(y-4)$,$x=-\sqrt{4-y}$,前三条均匀直线,最后一条是抛物线 $y=4-x^2(x\leqslant 0)$(如图 9-11 所示).

将它看成 X-型区域时,可表示为

$$\begin{cases} 2x+4\leqslant y\leqslant 4-x^2, \\ -2\leqslant x\leqslant 0. \end{cases}$$

于是,可将上面的先对 x 后对 y 的二次积分,化为如下的先对 y 后对

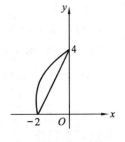

图 9-11

x 的二次积分

$$\int_0^4 dy \int_{-\sqrt{4-y}}^{\frac{1}{2}(y-4)} f(x,y)dx = \int_{-2}^0 dx \int_{2x+4}^{4-x^2} f(x,y)dy.$$

例3 计算 $\iint\limits_D xy\,d\sigma$,其中 D 是由抛物线 $y^2 = x$ 及直线 $y = x - 2$ 所围成的闭区域.

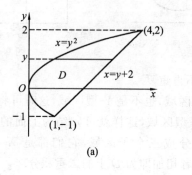
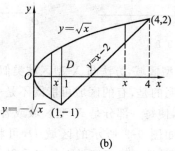

图 9-12

解 画出积分区域 D(如图 9-12(a)所示). D 既是 X-型又是 Y-型. 利用式(9-4),得

$$\iint\limits_D xy\,d\sigma = \int_{-1}^2 \left(\int_{y^2}^{y+2} xy\,dx \right) dy$$

$$= \int_{-1}^2 \left[\frac{x^2}{2} y \right]_{y^2}^{y+2} dy = \frac{1}{2} \int_{-1}^2 \left[y(y+2)^2 - y^5 \right] dy$$

$$= \frac{1}{2} \left[\frac{y^4}{4} + \frac{4}{3} y^3 + 2y^2 - \frac{y^6}{6} \right]_{-1}^2 = 5\frac{5}{8}.$$

若利用公式(9-3)来计算,则由于在区间 $[0,1]$ 及 $[1,4]$ 上表示 $\varphi_1(x)$ 的式子不同,所以要用经过交点 $(1,-1)$ 且平行于 y 轴的直线 $x=1$ 把区域 D 分成 D_1 和 D_2 两部分(如图 9-12(b)所示),其中

$$D_1 = \{(x,y) \mid -\sqrt{x} \leqslant y \leqslant \sqrt{x}, 0 \leqslant x \leqslant 1\},$$
$$D_2 = \{(x,y) \mid x-2 \leqslant y \leqslant \sqrt{x}, 1 \leqslant x \leqslant 4\}.$$

因此,根据二重积分的性质 9.2,有

$$\iint\limits_D xy\,d\sigma = \iint\limits_{D_1} xy\,d\sigma + \iint\limits_{D_2} xy\,d\sigma = \int_0^1 \left(\int_{-\sqrt{x}}^{\sqrt{x}} xy\,dy \right) dx + \int_1^4 \left(\int_{x-2}^{\sqrt{x}} xy\,dy \right) dx.$$

由此可见,这里用公式(9-3)来计算比较麻烦.

例4 计算二重积分 $\iint\limits_D e^{-y^2} d\sigma$,其中,$D$ 由直线 $y=x$,$y=1$ 与 y 轴所围成.

解 画出积分区域 D 的图形(如图 9-13 所示). 它既是 X-型区域,又是 Y-型区域.

看成 X-型区域时,区域 D 表示为

$$\begin{cases} x \leqslant y \leqslant 1, \\ 0 \leqslant x \leqslant 1. \end{cases}$$

此时二重积分化为

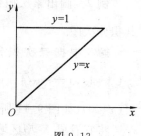

图 9-13

$$\iint\limits_{D} \mathrm{e}^{-y^2}\,\mathrm{d}\sigma = \int_0^1 \left(\int_x^1 \mathrm{e}^{-y^2}\,\mathrm{d}y\right)\mathrm{d}x,$$

但因为 e^{-y^2} 的原函数不是初等函数,所以积分 $\displaystyle\int_x^1 \mathrm{e}^{-y^2}\,\mathrm{d}y$ 无法计算. 那么是否意味着此二重积分因此无法算出呢?

考虑到积分区域 D 也是 Y-型区域,此时它可表示为

$$\begin{cases} 0 \leqslant x \leqslant y, \\ 0 \leqslant y \leqslant 1. \end{cases}$$

于是二重积分可化为

$$\iint\limits_{D} \mathrm{e}^{-y^2}\,\mathrm{d}\sigma = \int_0^1 \left(\int_0^y \mathrm{e}^{-y^2}\,\mathrm{d}x\right)\mathrm{d}y = \int_0^1 y\mathrm{e}^{-y^2}\,\mathrm{d}y$$

$$= \left[-\frac{1}{2}\mathrm{e}^{-y^2}\right]_0^1 = -\frac{1}{2}(\mathrm{e}^{-1}-1).$$

例 4 表明,积分次序的选择,不仅要看积分区域的特征,而且要考虑到被积函数的特点. 有的积分次序的选择,可能使计算无法进行,而有的积分次序的选择,可能使计算变得简单,这只有通过反复实践,才能逐渐灵活掌握.

9.2.2　极坐标系中二重积分的计算

有些二重积分的边界曲线用极坐标方程表示比较方便,或被积函数用极坐标变量 r,θ 来表示也比较简单,则可以考虑利用极坐标来计算二重积分.

用极坐标计算二重积分要解决两个问题:一是将被积函数 $f(x,y)$ 化为极坐标形式;二是将面积元素 $\mathrm{d}\sigma$ 化为极坐标形式.

第一个问题很容易解决. 选取极点 O 为直角坐标系的原点、选极轴为 x 轴的正半轴,则根据直角坐标与极坐标之间的关系

$$\begin{cases} x = r\cos\theta, \\ y = r\sin\theta, \end{cases}$$

立即可得

$$f(x,y) = f(r\cos\theta, r\sin\theta).$$

下面讨论第二个问题.

在上节已知,直角坐标系中面积元素 $\mathrm{d}\sigma = \mathrm{d}x\mathrm{d}y$. 在极坐标系中,假定从极点 O 出发且穿过区域 D 内部的射线与 D 的边界曲线相交不多于两点. 在坐标变换 $x = r\cos\theta, y = r\sin\theta$ 下,用以极点为中心的一簇同心圆 $r =$ 常数和从极点出发的一簇射线 $\theta =$ 常数,将 D 分成 n 个子区域. 当 $\mathrm{d}r \to 0, \mathrm{d}\theta \to 0$ 时,这些子区域 $\mathrm{d}\sigma$ 可近似地看成一条边长为 $\mathrm{d}r$,另一条边长为 $r\mathrm{d}\theta$ 的小矩形(如图 9-14 所示). 因此极坐标系中的面积元素记为 $\mathrm{d}\sigma = r\mathrm{d}r\mathrm{d}\theta$,于是二重积分的极坐标形式为

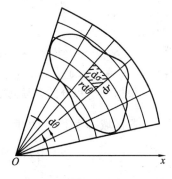

图 9-14

$$\iint\limits_{D} f(x,y)\,\mathrm{d}\sigma = \iint\limits_{D} f(r\cos\theta, r\sin\theta)\,r\mathrm{d}r\mathrm{d}\theta. \qquad (9\text{-}5)$$

特别注意,不能遗漏面积元素中的因子 r!

极坐标系中的二重积分,同样可化为二次积分来计算. 考虑到极坐标系中的曲线通常用方程 $r=r(\theta)$ 来表示,因而一般选择先对 r 后对 θ 的二次积分. 极坐标系下二重积分化为二次积分的情形如下.

情形一　极点在积分区域 D 内部(如图 9-15 所示).
$$D:0\leqslant\theta\leqslant2\pi,0\leqslant r\leqslant r(\theta),$$

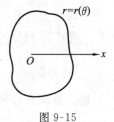

$$\iint\limits_{D}f(r\cos\theta,r\sin\theta)r\mathrm{d}r\mathrm{d}\theta=\int_{0}^{2\pi}\left[\int_{0}^{r(\theta)}f(r\cos\theta,r\sin\theta)r\mathrm{d}r\right]\mathrm{d}\theta,$$
即
$$\iint\limits_{D}f(r\cos\theta,r\sin\theta)r\mathrm{d}r\mathrm{d}\theta=\int_{0}^{2\pi}\mathrm{d}\theta\int_{0}^{r(\theta)}f(r\cos\theta,r\sin\theta)r\mathrm{d}r.$$

图 9-15

情形二　极点在区域 D 的外部(如图 9-16 所示).

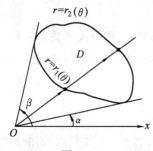

图 9-16

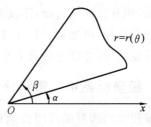

图 9-17

$$D:\alpha\leqslant\theta\leqslant\beta,r_{1}(\theta)\leqslant r\leqslant r_{2}(\theta),$$
$$\iint\limits_{D}f(r\cos\theta,r\sin\theta)r\mathrm{d}r\mathrm{d}\theta=\int_{\alpha}^{\beta}\left[\int_{r_{1}(\theta)}^{r_{2}(\theta)}f(r\cos\theta,r\sin\theta)r\mathrm{d}r\right]\mathrm{d}\theta,$$
即
$$\iint\limits_{D}f(r\cos\theta,r\sin\theta)r\mathrm{d}r\mathrm{d}\theta=\int_{\alpha}^{\beta}\mathrm{d}\theta\int_{r_{1}(\theta)}^{r_{2}(\theta)}f(r\cos\theta,r\sin\theta)r\mathrm{d}r.$$

情形三　极点在区域 D 的边界上(如图 9-17 所示).
$$D:\alpha\leqslant\theta\leqslant\beta,0\leqslant r\leqslant r(\theta),$$
$$\iint\limits_{D}f(r\cos\theta,r\sin\theta)r\mathrm{d}r\mathrm{d}\theta=\int_{\alpha}^{\beta}\left[\int_{0}^{r(\theta)}f(r\cos\theta,r\sin\theta)r\mathrm{d}r\right]\mathrm{d}\theta,$$
即
$$\iint\limits_{D}f(r\cos\theta,r\sin\theta)r\mathrm{d}r\mathrm{d}\theta=\int_{\alpha}^{\beta}\mathrm{d}\theta\int_{0}^{r(\theta)}f(r\cos\theta,r\sin\theta)r\mathrm{d}r.$$

根据二重积分的性质,极坐标系中闭区域 D 的面积为 $\sigma=\iint\limits_{D}r\mathrm{d}r\mathrm{d}\theta$.

若区域 D 如图 9-16 所示,则其面积为
$$\sigma=\iint\limits_{D}r\mathrm{d}r\mathrm{d}\theta=\int_{\alpha}^{\beta}\left[\int_{r_{1}(\theta)}^{r_{2}(\theta)}r\mathrm{d}r\right]\mathrm{d}\theta=\frac{1}{2}\int_{\alpha}^{\beta}\left[r_{2}^{2}(\theta)-r_{1}^{2}(\theta)\right]\mathrm{d}\theta.$$

若区域 D 如图 9-17 所示,则其面积为
$$\sigma=\frac{1}{2}\int_{\alpha}^{\beta}r^{2}(\theta)\mathrm{d}\theta.$$

此式即为第 5 章里用定积分计算极坐标系中平面图形的面积公式.

　　例 5　画出积分区域 $D = \{(x,y)\,|\,x^2 + y^2 \leqslant 2x\}$，把积分 $\iint\limits_{D} f(x,y)\,\mathrm{d}x\mathrm{d}y$ 化为极坐标系下的二次积分.

　　解　积分区域 D 如图 9-18 所示，D 的边界曲线 $x^2 + y^2 = 2x$ 的极坐标形式为 $r = 2\cos\theta$，极点不是 D 的内点，因而 D 可表示为

$$\begin{cases} 0 \leqslant r \leqslant 2\cos\theta, \\ -\dfrac{\pi}{2} \leqslant \theta \leqslant \dfrac{\pi}{2}. \end{cases}$$

故所求极坐标形式的二次积分为

$$\iint\limits_{D} f(x,y)\,\mathrm{d}x\mathrm{d}y = \int_{-\frac{\pi}{2}}^{\frac{\pi}{2}} \mathrm{d}\theta \int_{0}^{2\cos\theta} f(r\cos\theta, r\sin\theta)r\,\mathrm{d}r.$$

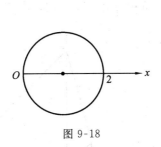

图 9-18

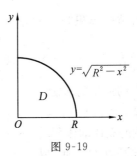

图 9-19

　　例 6　计算二重积分 $\iint\limits_{D} \ln(1 + x^2 + y^2)\,\mathrm{d}\sigma$，其中 $D: x^2 + y^2 \leqslant R^2, x \geqslant 0, y \geqslant 0$.

　　解　画出积分区域 D 如图 9-19 所示. D 的边界曲线 $x^2 + y^2 = R^2$ 化为极坐标形式为 $r = R$，极点不在 D 的内部，D 可表示为

$$\begin{cases} 0 \leqslant r \leqslant R, \\ 0 \leqslant \theta \leqslant \dfrac{\pi}{2}. \end{cases}$$

所以

$$\begin{aligned}
\iint\limits_{D} \ln(1 + x^2 + y^2)\,\mathrm{d}\sigma &= \int_{0}^{\frac{\pi}{2}} \mathrm{d}\theta \int_{0}^{R} \ln(1 + r^2)r\,\mathrm{d}r \\
&= \int_{0}^{\frac{\pi}{2}} \frac{1}{2}\big[(1 + r^2)\ln(1 + r^2) - (1 + r^2)\big]_{0}^{R}\,\mathrm{d}\theta \\
&= \frac{1}{2}\int_{0}^{\frac{\pi}{2}} \big[(1 + R^2)\ln(1 + R^2) - R^2\big]\,\mathrm{d}\theta \\
&= \frac{\pi}{4}\big[(1 + R^2)\ln(1 + R^2) - R^2\big].
\end{aligned}$$

　　例 7　计算二重积分 $\iint\limits_{D} \mathrm{e}^{-x^2 - y^2}\,\mathrm{d}\sigma$，其中 $D: x^2 + y^2 \leqslant a^2\,(a > 0)$.

　　解　与例 4 类似，由被积函数可知，本题在直角坐标系中无法解决. 现用极坐标来进行计算. 极点在积分区域 D 的内部，如图 9-20 所示，D 的边界的极坐标表示为

$$0 \leqslant r \leqslant a, 0 \leqslant \theta \leqslant 2\pi,$$

所求二重积分计算如下：

$$\iint\limits_{D} e^{-x^2-y^2} d\sigma = \int_0^{2\pi} \left(\int_0^a e^{-r^2} r dr \right) d\theta$$

$$= \int_0^{2\pi} \left[-\frac{1}{2} e^{-r^2} \right]_0^a d\theta = -\pi(e^{-a^2}-1).$$

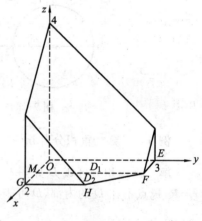

图 9-20

从以上几例可见，若二重积分的被积函数是以 x^2+y^2 为变量的函数，或者积分区域是圆形域、环形域、扇形域等，则它在极坐标系中的计算一般要比在直角坐标系中的计算简单.

9.2.3　二重积分的应用

1. 几何上的应用——体积

由上节知道，当 $z=f(x,y) \geqslant 0$ 时，以 xOy 平面上有界闭区域 D 为底、以曲面 $z=f(x, y)$ 为顶的曲顶柱体的体积等于 $f(x,y)$ 在 D 上的二重积分 $\iint\limits_{D} f(x,y) d\sigma$；若 $f(x,y) \leqslant 0$，则该曲顶柱体的体积为 $-\iint\limits_{D} f(x,y) d\sigma$. 现举例说明由曲面围成的一些立体的体积的求法.

例 8　求由 $x=0, y=0, z=0, x=2, y=3$ 及 $x+y+z=4$ 所围成的立体的体积.

解　该立体是以 D 为底、以 $f(x,y)=4-x-y$ 为一个面的多面体（如图 9-21 所示）. 该立体在 xOy 平面上的投影区域 D 可分割为 D_1（矩形 $OEFM$）和 D_2（梯形 $MFHG$），它们均可看成 X-型区域，分别表示为

$$D_1: \begin{cases} 0 \leqslant y \leqslant 3, \\ 0 \leqslant x \leqslant 1, \end{cases} \quad \text{和} \quad D_2: \begin{cases} 0 \leqslant y \leqslant 4-x, \\ 1 \leqslant x \leqslant 2. \end{cases}$$

图 9-21

故所求立体的体积为

$$V = \iint\limits_{D} f(x,y) d\sigma = \iint\limits_{D_1} f(x,y) d\sigma + \iint\limits_{D_2} f(x,y) d\sigma$$

$$= \int_0^1 \left[\int_0^3 (4-x-y) dy \right] dx + \int_1^2 \left[\int_0^{4-x} (4-x-y) dy \right] dx$$

$$= \int_0^1 \left[4y-xy-\frac{1}{2} y^2 \right]_0^3 dx + \int_1^2 \left[4y-xy-\frac{1}{2} y^2 \right]_0^{4-x} dx$$

$$= \int_0^1 \left(\frac{15}{2}-3x \right) dx + \int_1^2 \left(8-4x+\frac{1}{2} x^2 \right) dx$$

$$= 6+2\frac{7}{6} = 9\frac{1}{6}.$$

例 9　求由锥面 $z=\sqrt{x^2+y^2}$ 与旋转抛物面 $z=12-x^2-y^2$ 所围成的立体的体积.

解　画出该立体的图形（如图 9-22 所示）. 求出两个曲面的交线在 xOy 平面上的投影曲线为

$$\begin{cases} x^2+y^2=9, \\ z=0. \end{cases}$$

它是所求立体在 xOy 平面上的投影区域 D 的边界曲线. 由图 9-22 易见,所求体积是两个体积 V_2 与 V_1 的差,V_2 是以旋转抛物面为顶、D 为底的曲顶柱体的体积,而 V_1 是以锥面为顶、以 D 为底的曲顶柱体的体积,即

$$V = V_2 - V_1 = \iint\limits_{D} (12 - x^2 - y^2)\mathrm{d}\sigma - \iint\limits_{D} \sqrt{x^2 + y^2}\,\mathrm{d}\sigma$$

$$= \iint\limits_{D} (12 - x^2 - y^2 - \sqrt{x^2 + y^2})\mathrm{d}\sigma.$$

易见,该二重积分的计算在极坐标系中比较方便. 于是有

$$V = \iint\limits_{D} (12 - r^2 - r) r\,\mathrm{d}r\,\mathrm{d}\theta = \int_0^{2\pi} \mathrm{d}\theta \int_0^3 (12 - r^2 - r) r\,\mathrm{d}r = \frac{99}{2}\pi.$$

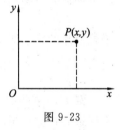

图 9-22

此处区域 D 的边界曲线是如何得到的? 请读者思考.

2. 物理上的应用

(1) 平面薄片的重心(也称为质心). 设质点 P 位于平面直角坐标系中点 (x, y) $(x > 0, y > 0)$ 处(如图 9-23 所示),且其质量为 m,由力学知识知道,该质点关于 x 轴、y 轴的静力矩分别为

$$M_x = my \text{ 和 } M_y = mx.$$

设有一质量为 M 的均匀平面薄片,其重心坐标为 $(\bar{x}, \bar{y})$,由力学知识可知

$$\bar{x} = \frac{M_y}{M}, \bar{y} = \frac{M_x}{M},$$

其中 M_x, M_y 分别为薄片关于 x 轴、y 轴的静力矩.

下面利用定积分的微元法,求非均匀平面薄片关于坐标轴的静力矩. 设一平面薄片占有平面上的区域 D,且在点 (x, y) 处的面密度为 $\rho(x, y)$(为连续函数). 在 D 上任取一子域 $\mathrm{d}\sigma$($\mathrm{d}\sigma$ 也表示此子域的面积),点 (x, y) 为 $\mathrm{d}\sigma$ 中一点,只要此子域足够小,则其关于两坐标轴的静力矩 $\mathrm{d}M_x, \mathrm{d}M_y$ 应分别为

$$\mathrm{d}M_x = y\rho(x, y)\mathrm{d}\sigma \text{ 和 } \mathrm{d}M_y = x\rho(x, y)\mathrm{d}\sigma.$$

所以整个薄片关于两坐标轴的静力矩分别为

$$M_x = \iint\limits_{D} \mathrm{d}M_x = \iint\limits_{D} y\rho(x, y)\mathrm{d}\sigma \text{ 和 } M_y = \iint\limits_{D} \mathrm{d}M_y = \iint\limits_{D} x\rho(x, y)\mathrm{d}\sigma.$$

又薄片的质量为

$$M = \iint\limits_{D} \rho(x, y)\mathrm{d}\sigma,$$

从而所求薄片的重心坐标为

$$\bar{x} = \frac{M_y}{M} = \frac{\iint\limits_{D} x\rho(x, y)\mathrm{d}x}{\iint\limits_{D} \rho(x, y)\mathrm{d}\sigma}, \bar{y} = \frac{M_x}{M} = \frac{\iint\limits_{D} y\rho(x, y)\mathrm{d}x}{\iint\limits_{D} \rho(x, y)\mathrm{d}\sigma}.$$

如果薄片是均匀的,即面密度是常数,代入上式得

$$\bar{x} = \frac{1}{\sigma} \iint\limits_{D} x\,\mathrm{d}\sigma, \bar{y} = \frac{1}{\sigma} \iint\limits_{D} y\,\mathrm{d}\sigma,$$

图 9-23

其中 σ 为 D 的面积. 此时也称点 $(\bar{x}, \bar{y})$ 为平面图形的形心.

例 10 求如图 9-24 所示的半径为 R 的半圆形均匀薄片的重心.

解 根据对称性,重心的横坐标为 0. 重心的纵坐标为

$$\bar{y} = \frac{1}{\sigma} \iint_D y \,\mathrm{d}\sigma = \frac{2}{\pi R^2} \iint_D y \,\mathrm{d}\sigma = \frac{2}{\pi R^2} \int_0^\pi \mathrm{d}\theta \int_0^R r^2 \sin\theta \,\mathrm{d}r = \frac{4R}{3\pi}.$$

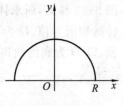

图 9-24

(2) 转动惯量. 设质点 P 位于 xOy 平面上的点 (x, y) 处,质量为 m,由力学知识知道,该质点关于 x 轴、y 轴的转动惯量分别为

$$I_x = my^2 \ \text{和} \ I_y = mx^2.$$

现有一非均匀平面薄片,它占有 xOy 平面上的闭区域 D,在点 (x, y) 处的面密度为 $\rho(x, y)$(在 D 上连续). 下面用定积分的微元法来求该薄片关于坐标轴的转动惯量.

在 D 上任取一个子域 $\mathrm{d}\sigma$($\mathrm{d}\sigma$ 也表示该子域的面积),点 (x, y) 为 $\mathrm{d}\sigma$ 中的一点,只要 $\mathrm{d}\sigma$ 足够小,则该子域的质量可看成全部集中在点 (x, y) 上,故该点的质量为 $\rho(x, y)\mathrm{d}\sigma$. 该点关于两坐标轴的转动惯量,即为薄片关于坐标轴的转动惯量的微元,其大小为

$$\mathrm{d}I_x = y^2 \rho(x, y)\mathrm{d}\sigma \ \text{和} \ \mathrm{d}I_y = x^2 \rho(x, y)\mathrm{d}\sigma.$$

于是薄片的转动惯量为

$$I_x = \iint_D y^2 \rho(x, y)\mathrm{d}\sigma \ \text{和} \ I_y = \iint_D x^2 \rho(x, y)\mathrm{d}\sigma.$$

例 11 求半径为 a 的均匀半圆薄片(面密度为常量 k)对其直径所在边的转动惯量.

解 建立如图 9-25 所示的坐标系,则薄片所占闭区域为

$$D = \{(x, y) \mid x^2 + y^2 \leqslant a^2, y \geqslant 0\},$$

所求转动惯量为半圆薄片关于 x 轴的转动惯量为

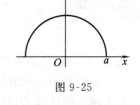

图 9-25

$$I_x = \iint_D y^2 k \mathrm{d}\sigma = k \iint_D r^3 \sin^2\theta \,\mathrm{d}r\mathrm{d}\theta = k \int_0^\pi \left(\int_0^a r^3 \sin^2\theta \,\mathrm{d}r \right) \mathrm{d}\theta$$

$$= \frac{ka^4}{4} \int_0^\pi \sin^2\theta \,\mathrm{d}\theta = \frac{1}{4}ka^4 \times \frac{\pi}{2} = \frac{1}{4}Ma^2 \ (M \text{ 为薄片质量}).$$

例 12 求质量为 M、内外半径分别为 r 及 R 的均匀圆环状平面薄片,关于垂直于环面并过其中心的轴的转动惯量.

解 建立如图 9-26 所示的坐标系,则平面薄片所占的闭区域为

$$D = \{(x, y) \mid r^2 \leqslant x^2 + y^2 \leqslant R^2\}.$$

在 D 中任取一子域 $\mathrm{d}\sigma$,$\mathrm{d}\sigma$ 的质量为

$$\mathrm{d}m = \frac{M}{\pi(R^2 - r^2)} \mathrm{d}\sigma.$$

设点 (x, y) 是 $\mathrm{d}\sigma$ 中任意一点,该点到 z 轴的距离为

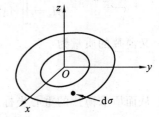

图 9-26

$\sqrt{x^2 + y^2}$. 只要 $\mathrm{d}\sigma$ 足够小,则可认为点 (x, y) 集中了 $\mathrm{d}\sigma$ 的所有质量,它关于 z 轴的转动惯量的微元为

$$\mathrm{d}I = (\sqrt{x^2 + y^2})^2 \frac{M}{\pi(R^2 - r^2)} \mathrm{d}\sigma.$$

从而所求薄片关于 z 轴的转动惯量为

$$I=\iint\limits_{D}\mathrm{d}I=\iint\limits_{D}(x^2+y^2)\frac{M}{\pi(R^2-r^2)}\mathrm{d}\sigma=\frac{M}{\pi(R^2-r^2)}\int_0^{2\pi}\left(\int_r^R r^3\,\mathrm{d}r\right)\mathrm{d}\theta=\frac{M}{2}(R^2+r^2).$$

习题 9-2

A 组

化 1~4 题中二重积分 $I=\iint\limits_{D}f(x,y)\mathrm{d}\sigma$ 为二次积分(用两种不同的次序).

1. 积分区域 $D:a\leqslant x\leqslant b,c\leqslant y\leqslant d$.

2. 积分区域 D:直线 $y=x$ 及抛物线 $y=x^2$ 所围成.

3. 积分区域 $D:\dfrac{x^2}{4}+y^2\leqslant 1$.

4. 积分区域 D:直线 $x=0,y=2$ 及曲线 $y=\mathrm{e}^x$ 所围成.

画出 5~10 题中二次积分所表示的二重积分的积分区域,然后交换其积分次序.

5. $\displaystyle\int_0^{\frac{1}{2}}\mathrm{d}x\int_x^{1-x}f(x,y)\mathrm{d}y$.   6. $\displaystyle\int_1^2\mathrm{d}y\int_0^y f(x,y)\mathrm{d}x$.

7. $\displaystyle\int_{-a}^a\mathrm{d}x\int_0^{\sqrt{a^2-x^2}}f(x,y)\mathrm{d}y$.   8. $\displaystyle\int_{-1}^1\mathrm{d}x\int_{x^2}^{\sqrt{2-x^2}}f(x,y)\mathrm{d}y$.

9. $\displaystyle\int_0^1\mathrm{d}y\int_0^{2y}f(x,y)\mathrm{d}x+\int_1^3\mathrm{d}y\int_0^{3-y}f(x,y)\mathrm{d}x$.

10. $\displaystyle\int_{\frac{1}{e}}^1\mathrm{d}x\int_{\ln x}^0 f(x,y)\mathrm{d}y+\int_1^e\mathrm{d}x\int_0^{\ln x}f(x,y)\mathrm{d}y$.

计算 11~18 题中的二重积分.

11. $\displaystyle\iint\limits_{D}\mathrm{e}^{x+y}\mathrm{d}\sigma$,其中 $D=\{(x,y)\mid |x|\leqslant 1,|y|\leqslant 1\}$.

12. $\displaystyle\iint\limits_{D}(x^2+xy+y^2)\mathrm{d}\sigma$,其中 D 是两坐标轴与直线 $y=x-2$ 所围成的闭区域.

13. $\displaystyle\iint\limits_{D}x\mathrm{e}^y\mathrm{d}\sigma$,其中 $D=\{(x,y)\mid |x|+|y|\leqslant 1\}$.

14. $\displaystyle\iint\limits_{D}y\sin(x+y)\mathrm{d}\sigma$,其中 D 是顶点分别为 $(0,0),(\pi,0)$ 和 (π,π) 的三角形区域.

15. $\displaystyle\iint\limits_{D}xy\mathrm{d}\sigma$,其中 D 是由 x 轴与抛物线 $y=x^2-3x+2$ 所围成的闭区域.

16. $\displaystyle\iint\limits_{D}\left(\frac{x}{y}\right)^2\mathrm{d}\sigma$,其中 D 是由直线 $y=x,x=2$ 及双曲线 $xy=1$ 所围成.

17. $\displaystyle\iint\limits_{D}\frac{\sin 2x}{x}\mathrm{d}\sigma$,其中 D 是由直线 $y=x,y=0,x=\frac{\pi}{2},x=\pi$ 所围成的闭区域.

18. $\displaystyle\iint\limits_{D}\mathrm{e}^{x+y}\mathrm{d}\sigma$,其中 D 是由直线 $x=0,y=0,x+y=1$ 所围成的闭区域.

化 19~22 题中的二重积分 $I=\iint\limits_{D}f(x,y)$ 为极坐标系中的累次积分.

19. $D:x^2+y^2\leqslant 4$.   20. $D:x^2+y^2\leqslant 4y$.

21. $D: 1 \leqslant x^2 + y^2 \leqslant 4.$　　　　　22. $D: 0 \leqslant y \leqslant 1-x, 0 \leqslant x \leqslant 1.$

计算 23～26 题中的二重积分.

23. $\iint\limits_{D} e^{x^2+y^2} d\sigma$,其中 D 是由圆 $x^2+y^2=1$ 所围成的闭区域.

24. $\iint\limits_{D} \cos(x^2+y^2) d\sigma$,其中 D 是由圆 $x^2+y^2=1$ 与两坐标轴在第一象限所围成的闭区域.

25. $\iint\limits_{D} \arctan\dfrac{y}{x} d\sigma$,其中 D 是由圆 $x^2+y^2=4$, $x^2+y^2=1$ 与两坐标轴在第一象限所围成的闭区域.

26. $\iint\limits_{D} \sqrt{\dfrac{1-x^2-y^2}{1+x^2+y^2}} d\sigma$,其中 D 是由圆 $x^2+y^2=1$ 与两坐标轴在第一象限所围成的闭区域.

B 组

求 27～29 题中立体的体积.

27. 由四个平面 $x=0, y=0, x=1, y=1$ 所围成的柱体被平面 $z=0$ 及 $2x+3y+z=6$ 所截得的立体.

28. 由 $z=2x^2+3y^2$ 与 $z=4-2x^2-y^2$ 所围成的立体.

29. 由平面 $y=0, y=kx(k>0), z=0$ 以及球心在原点、半径为 R 的上半球面所围成的在第一卦限内的立体.

30. 设平面薄片由抛物线 $y=x^2-2$ 与直线 $y=x$ 所围成,它在点 (x,y) 处的面密度为 $\rho(x,y)=x+y$,求该薄片的重心.

31. 由抛物线 $y=x^2$ 及直线 $y=4$ 所围成的、面密度为常数 k 的均匀薄片,对于直线 $y=-1$ 的转动惯量是多少?

32. 在半径为 R 的半圆直径旁拼接一个长为直径的矩形(与半圆在同一平面内),使整个平面块的形心在半圆的圆心处,求此矩形的宽.

*9.3　对弧长的曲线积分

9.3.1　对弧长的曲线积分的概念与性质

1. 引例——平面曲线的质量

在设计曲线构件时,为了合理使用材料,应根据构件各部分受力情况,将构件上各点处的粗细设计得不完全一样. 据此可以认为此构件的线密度是变量. 假定该构件所占位置为 xOy 平面上的一段曲线 L,并设其在任意一点 (x,y) 处的线密度为 $\rho=f(x,y)$,求这段曲线的质量.

类似于定积分求曲边梯形面积的方法,把曲线 L 任意分成 n 个连续的子弧段 $\Delta s_i (i=1,2,\cdots,n)$,且以此记号

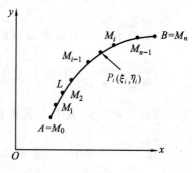

图 9-27

表示该弧段的长度,然后在每个子弧段 Δs_i 上任取一点 $P_i(\xi_i,\eta_i)$,只要每个子弧段足够短,则每个子弧段的质量近似为 $f(\xi_i,\eta_i)\Delta s_i$(如图 9-27 所示). 于是整个曲线构件 L 的质量近似为

$$M\approx\sum_{i=1}^{n}f(\xi_i,\eta_i)\Delta s_i.$$

令 $\lambda=\max\limits_{1\leqslant i\leqslant n}\{\Delta s_i\}$,当 $\lambda\to0$ 时,若上式的极限存在,则此极限值即为曲线 L 质量的准确值,即

$$M=\lim_{\lambda\to0}\sum_{i=1}^{n}f(\xi_i,\eta_i)\Delta s_i.$$

抽去上式具体的物理意义,给出对弧长的曲线积分的定义.

2. 对弧长曲线积分的定义

定义 9.2　设 L 为 xOy 平面上的一条光滑曲线,函数 $f(x,y)$ 在 L 上有界. 在 L 上任意插入 $n-1$ 个分点 $M_1,M_2,\cdots,M_{n-1}$ 把 L 分成 n 个子弧段. 设第 i 个子弧段记为 Δs_i(其长度也用此记号). 又设 (ξ_i,η_i) 为 Δs_i 上任意一点,作乘积 $f(\xi_i,\eta_i)\Delta s_i(i=1,2,\cdots,n)$,并作和 $\sum\limits_{i=1}^{n}f(\xi_i,\eta_i)\Delta s_i$,如果当 $\Delta s_i(i=1,2,\cdots,n)$ 中的最大值 $\lambda\to0$ 时上述和式的极限总存在,则称此极限值为函数 $f(x,y)$ 在曲线 L 上对弧长的曲线积分或第一类曲线积分,记作 $\int_L f(x,y)\mathrm{d}s$,即

$$\int_L f(x,y)\mathrm{d}s=\lim_{\lambda\to0}\sum_{i=1}^{n}f(\xi_i,\eta_i)\Delta s_i. \tag{9-6}$$

其中,$f(x,y)$ 称为被积函数,$f(x,y)\mathrm{d}s$ 称为被积表达式,$\mathrm{d}s$ 称为弧长元素,L 称为积分路径或积分弧段. 若 L 为封闭曲线,则此时所讨论的对弧长的曲线积分,记为 $\oint_L f(x,y)\mathrm{d}s$.

可以证明,当 $f(x,y)$ 在光滑曲线弧 L 上连续时,对弧长的曲线积分 $\int_L f(x,y)\mathrm{d}s$ 一定存在. 以后总假定所讨论的函数 $f(x,y)$ 在 L 上连续.

由于对弧长的曲线积分的定义与定积分以及二重积分的定义十分相似,因此也有与它们相类似的一些性质.

性质 9.7　设 α,β 为常数,则

$$\int_L[\alpha f(x,y)+\beta g(x,y)]\mathrm{d}s=\alpha\int_L f(x,y)\mathrm{d}s+\beta\int_L g(x,y)\mathrm{d}s.$$

性质 9.8　若积分路径 L 可分成两段光滑曲线弧 L_1 与 L_2,则有

$$\int_L f(x,y)\mathrm{d}s=\int_{L_1} f(x,y)\mathrm{d}s+\int_{L_2} f(x,y)\mathrm{d}s.$$

性质 9.9　设在 L 上 $f(x,y)\leqslant g(x,y)$,则

$$\int_L f(x,y)\mathrm{d}s\leqslant\int_L g(x,y)\mathrm{d}s.$$

特别地,有

$$\left|\int_L f(x,y)\mathrm{d}s\right|\leqslant\int_L|f(x,y)|\mathrm{d}s.$$

证明从略.

另外,由定义不难看出,对弧长的曲线积分与积分路径 L 的方向无关. 也就是说,假设 L 为曲线弧 $\overset{\frown}{AB}$,则有

$$\int_{AB} f(x,y)\mathrm{d}s = \int_{BA} f(x,y)\mathrm{d}s.$$

9.3.2 对弧长的曲线积分的计算

设 $f(x,y)$ 在曲线弧 L 上连续,L 的参数方程为

$$\begin{cases} x=\varphi(t), \\ y=\psi(t) \end{cases} (\alpha \leqslant t \leqslant \beta),$$

其中,$\varphi(t),\psi(t)$ 在区间 $[\alpha,\beta]$ 上有一阶连续导数,且 $[\varphi'(t)]^2+[\psi'(t)]^2 \neq 0$. 有如下的计算公式:

$$\int_L f(x,y)\mathrm{d}s = \int_\alpha^\beta f[\varphi(t),\psi(t)]\sqrt{\varphi'^2(t)+\psi'^2(t)}\,\mathrm{d}t. \tag{9-7}$$

公式(9-7)很像定积分的换元积分公式,但要注意的是,公式(9-7)右端积分的下限 α 一定小于上限 β. 这是由于 $\mathrm{d}s>0$,故应保证 $\mathrm{d}t>0$.

如果曲线 L 由方程

$$y=g(x)(a \leqslant x \leqslant b)$$

给出,此时可把 L 看成特殊的参数方程

$$x=x, y=g(x)(a \leqslant x \leqslant b).$$

代入式(9-7)有

$$\int_L f(x,y)\mathrm{d}s = \int_a^b f[x,g(x)]\sqrt{1+g'^2(x)}\,\mathrm{d}x. \tag{9-8}$$

如果曲线 L 由方程

$$x=h(y)(c \leqslant y \leqslant d)$$

给出,此时可将 L 看成特殊的参数方程

$$y=y, x=h(y)(c \leqslant y \leqslant d).$$

代入式(9-7)有

$$\int_L f(x,y)\mathrm{d}s = \int_c^d f[h(y),y]\sqrt{1+h'^2(y)}\,\mathrm{d}y. \tag{9-9}$$

例1 计算 $\oint_L (x+\sqrt{y})\mathrm{d}s$,其中,$L$ 是由 $y=x^2$ 上介于点(0,0)与点(1,1)之间的一段弧(记为 L_1)、线段 OA 及线段 AB 所构成的封闭曲线(如图9-28所示).

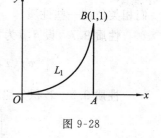

图 9-28

解 $\oint_L (x+\sqrt{y})\mathrm{d}s = \int_{L_1} (x+\sqrt{y})\mathrm{d}s + \int_{OA} (x+\sqrt{y})\mathrm{d}s + \int_{AB} (x+\sqrt{y})\mathrm{d}s.$

右端三个积分分别计算如下:

由式(9-8),有

$$\int_{L_1} (x+\sqrt{y})\,\mathrm{d}s = \int_0^1 (x+\sqrt{x^2})\sqrt{1+\left[(x^2)'\right]^2}\,\mathrm{d}x = \int_0^1 2x\sqrt{1+4x^2}\,\mathrm{d}x$$

$$= \left[\frac{1}{4}\times\frac{3}{2}(1+4x^2)^{\frac{2}{3}}\right]_0^1 = \frac{1}{6}(5\sqrt{5}-1).$$

线段 OA 的方程为 $y=0,0\leqslant x\leqslant 1$，由式(9-8)，有

$$\int_{OA} (x+\sqrt{y})\,\mathrm{d}s = \int_0^1 x\,\mathrm{d}x = \frac{1}{2}.$$

线段 AB 的方程为 $x=1,0\leqslant y\leqslant 1$，由式(9-8)，有

$$\int_{AB} (x+\sqrt{y})\,\mathrm{d}x = \int_0^1 (1+\sqrt{y})\,\mathrm{d}y = 1+\frac{2}{3} = \frac{5}{3}.$$

综上可得所求对弧长的曲线积分

$$\oint_L (x+\sqrt{y})\,\mathrm{d}s = \frac{5}{6}\sqrt{5}+2.$$

习题 9-3

A 组

计算 1～4 题中对弧长的曲线积分.

1. $\displaystyle\int_L (x+y)\,\mathrm{d}s$，其中，$L$ 为连结 $(1,0)$ 及 $(0,1)$ 两点的线段.

2. $\displaystyle\oint_L (x^2+y^2)^n\,\mathrm{d}s$，其中，$L$ 为圆周 $x=a\cos t,y=a\sin t(a>0,n$ 为常数$)$.

3. $\displaystyle\oint_L (x+y)\,\mathrm{d}s$，其中，$L$ 为 x 轴上线段 AB 与圆弧 $x^2+y^2=a^2(y\geqslant 0,a>0)$ 构成的封闭曲线，$A(a,0),B(-a,0)$.

4. $\displaystyle\int_L y^2\,\mathrm{d}s$，其中，$L$ 为摆线的一拱 $x=a(t-\sin t),y=a(1-\cos t)(0\leqslant t\leqslant 2\pi)$.

B 组

5. 计算曲线积分 $\displaystyle\int_L x^2 yz\,\mathrm{d}s$，其中，$L$ 为折线 $OABC$，其坐标依次是 $(0,0,0),(0,0,2)$，$(1,0,2)$ 和 $(1,3,2)$.

6. 计算曲线积分 $\displaystyle\oint_L \mathrm{e}^{\sqrt{x^2+y^2}}\,\mathrm{d}s$，其中，$L$ 为圆周 $x^2+y^2=a^2(a$ 为常数$)$、直线 $y=x$ 及 x 轴在第一象限内所围成的扇形的整个边界.

7. 设在 xOy 平面内分布着一段曲线弧 L，在点 (x,y) 处的线密度为 $\rho(x,y)$. 用对弧长的曲线积分分别表达：

(1) 这段曲线弧对 x 轴、y 轴的转动惯量 I_x,I_y；

(2) 这段曲线弧的质心坐标.

*9.4 对坐标的曲线积分

9.4.1 对坐标的曲线积分的概念与性质

1. 引例——变力沿曲线所做的功

设 xOy 平面上的一个质点,受到力

$$F(x,y)=P(x,y)i+Q(x,y)j$$

的作用. 在平面上沿光滑曲线 L 从点 A 移动到点 B,试求变力 $F(x,y)$ 所做的功(如图 9-29 所示).

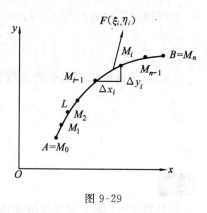

图 9-29

如果质点在常力 F 作用下做直线运动,发生的位移向量为 l,则力 F 所做的功等于力与位移向量的数量积,即

$$W=F \cdot l.$$

由于这里 F 为变力,而且运动轨迹为曲线,故不能直接用上述公式进行计算. 但是,仍然可以采用局部"以直代曲"和"以常代变"的方法来解决这个问题.

将有向光滑曲线 L 任意分成 n 个有向子弧段,设分点依次为 $A=M_0(x_0,y_0)$,$M_1(x_1,y_1)$,$M_2(x_2,y_2)$,$\cdots$,$M_{n-1}(x_{n-1},y_{n-1})$,$M_n(x_n,y_n)=B$. 第 i 个有向子弧段为 $\overparen{M_{i-1}M_i}$ ($i=1$,$2,\cdots,n$),与它相应的有向线段为

$$\overrightarrow{M_{i-1}M_i}=(\Delta x_i)i+(\Delta y_i)j.$$

其中,$\Delta x_i=x_i-x_{i-1}$,$\Delta y_i=y_i-y_{i-1}$ 就是有向子弧段 $\overparen{M_{i-1}M_i}$ 分别在 x 轴和 y 轴上的投影.

如果函数 $P(x,y)$,$Q(x,y)$ 在 L 上连续,当每个子弧段足够短时,子弧段 $\overparen{M_{i-1}M_i}$ 所受的力可近似地看成是其上任意一点 (ξ_i,η_i) 受到的力

$$F(\xi_i,\eta_i)=P(\xi_i,\eta_i)i+Q(\xi_i,\eta_i)j,$$

于是变力 $F(x,y)$ 沿有向子弧段 $\overparen{M_{i-1}M_i}$ 所做的功 ΔW_i,可近似看成是常力 $F(\xi_i,\eta_i)$ 沿有向线段 $\overrightarrow{M_{i-1}M_i}$ 所做的功,即为

$$\Delta W_i \approx F(\xi_i,\eta_i) \cdot \overrightarrow{M_{i-1}M_i}=P(\xi_i,\eta_i)\Delta x_i+Q(\xi_i,\eta_i)\Delta y_i.$$

故所求变力 F 沿曲线弧 $\overparen{AB}$ 所做的功近似为

$$W=\sum_{i=1}^{n} \Delta W_i \approx \sum_{i=1}^{n} \left[P(\xi_i,\eta_i)\Delta x_i+Q(\xi_i,\eta_i)\Delta y_i\right].$$

令 λ 表示 n 个子弧段中最大的弧长,若当 $\lambda \to 0$ 时上式右端的极限存在,则此极限值即为所求功 W 的精确值,即

$$W=\lim_{\lambda \to 0} \sum_{i=1}^{n} \left[P(\xi_i,\eta_i)\Delta x_i+Q(\xi_i,\eta_i)\Delta y_i\right].$$

上述和式的极限,也就是下面两个极限

$$\lim_{\lambda \to 0} \sum_{i=1}^{n} P(\xi_i, \eta_i) \Delta x_i \text{ 与 } \lim_{\lambda \to 0} \sum_{i=1}^{n} Q(\xi_i, \eta_i) \Delta y_i$$

的和. 由于这种极限在研究其他问题时也会碰到,因此产生了另一种类型的曲线积分——对坐标的曲线积分(也称为第二类曲线积分).

2. 对坐标的曲线积分的定义

定义 9.3　设 L 为 xOy 平面上一条由点 A 到点 B 的有向光滑曲线,函数 $P(x,y)$, $Q(x,y)$ 在 L 上有界. 从点 A 到点 B 将 L 任意分成 n 个有向子弧段,记分点为

$$A = M_0(x_0, y_0), M_1(x_1, y_1), M_2(x_2, y_2), \cdots, M_{n-1}(x_{n-1}, y_{n-1}), M_n(x_n, y_n) = B,$$

记 Δx_i(或 Δy_i)为有向子弧段 $\widehat{M_{i-1}M_i}$ 在 x 轴(或 y 轴)上的投影,即 $\Delta x_i = x_i^{'} - x_{i-1}$($\Delta y_i = y_i - y_{i-1}$). 在每个子弧段 $\widehat{M_{i-1}M_i}$ 上任取一点 (ξ_i, η_i),作和式

$$\sum_{i=1}^{n} P(\xi_i, \eta_i) \Delta x_i (\text{或} \sum_{i=1}^{n} Q(\xi_i, \eta_i) \Delta y_i),$$

记 λ 为 n 个子弧段的最大弧长. 如果

$$\lim_{\lambda \to 0} \sum_{i=1}^{n} P(\xi_i, \eta_i) \Delta x_i (\text{或} \lim_{\lambda \to 0} \sum_{i=1}^{n} Q(\xi_i, \eta_i) \Delta y_i)$$

总存在,则称此极限值为函数 $P(x,y)$(或 $Q(x,y)$)在有向曲线 L 上对坐标 x(或 y)的曲线积分,记作

$$\int_L P(x,y) \mathrm{d}x = \lim_{\lambda \to 0} \sum_{i=1}^{n} P(\xi_i, \eta_i) \Delta x_i \tag{9-10}$$

$$\left(\text{或} \int_L Q(x,y) \mathrm{d}y = \lim_{\lambda \to 0} \sum_{i=1}^{n} Q(\xi_i, \eta_i) \Delta y_i \right). \tag{9-11}$$

其中,$P(x,y)$(或 $Q(x,y)$)称为被积函数,L 称为积分路径(或积分弧段).

以上两个积分也称为第二类曲线积分. 在应用上也常把上述两个积分结合在一起,即

$$\int_L P(x,y) \mathrm{d}x + \int_L Q(x,y) \mathrm{d}y.$$

为简便起见,也常记为

$$\int_L P(x,y) \mathrm{d}x + Q(x,y) \mathrm{d}y,$$

称为组合曲线积分.

根据定义 9.3,引例中质点沿有向曲线 L 移动时,变力 F 所做的功为

$$W = \int_L P(x,y) \mathrm{d}x + Q(x,y) \mathrm{d}y.$$

需要指出的是,对坐标的曲线积分与曲线的方向有关. 这是因为和式中每一个加项都是函数在某一点的函数值与有向子弧段在坐标轴上投影的积,而投影的正负显然与子弧段的方向有关.

3. 对坐标的曲线积分的性质

对坐标的曲线积分也有与二重积分类似的性质.

性质 9.10　设 α, β 为常数,则

$$\int_L [\alpha P(x,y)+\beta Q(x,y)]dx = \alpha \int_L P(x,y)dx + \beta \int_L Q(x,y)dx.$$

性质 9.11　若有向曲线弧 L 分段光滑,比如说 L 可分成两段光滑的有向曲线 L_1,L_2, 则有

$$\int_L P(x,y)dx+Q(x,y)dy = \int_{L_1} P(x,y)dx+Q(x,y)dy + \int_{L_2} P(x,y)dx+Q(x,y)dy.$$

性质 9.12　设 L^- 为有向光滑曲线 L 的反向曲线,则有

$$\int_L P(x,y)dx+Q(x,y)dy = -\int_{L^-} P(x,y)dx+Q(x,y)dy.$$

性质 9.12 表明,当积分路径的方向改变时,对坐标的曲线积分也要改变. 因此,计算对坐标的曲线积分时必须注意积分路径的方向. 另外,这一性质是对弧长的曲线积分所没有的.

9.4.2　对坐标的曲线积分的计算

对坐标的曲线积分,不加证明地给出以下结论.

设 $P(x,y),Q(x,y)$ 在有向曲线 L 上连续,L 的参数方程为

$$\begin{cases} x=\varphi(t), \\ y=\psi(t). \end{cases}$$

当参数 t 单调地由 α 变到 β 时,点 $M(x,y)$ 从 L 的起点 A 运动到终点 B,$\varphi(t),\psi(t)$ 在以 α 及 β 为端点的闭区间上具有一阶连续导数,则有

$$\int_L P(x,y)dx = \int_\alpha^\beta P[\varphi(t),\psi(t)]\varphi'(t)dt,$$

$$\int_L Q(x,y)dy = \int_\alpha^\beta Q[\varphi(t),\psi(t)]\psi'(t)dt.$$

上述两式可合并为

$$\int_L P(x,y)dx+Q(x,y)dy = \int_\alpha^\beta \{P[\varphi(t),\psi(t)]\varphi'(t)+Q[\varphi(t),\psi(t)]\psi'(t)\}dt. \quad (9\text{-}12)$$

若有向曲线 L 的方程为 $y=f(x)$,与上节类似,将 x 看成特殊的参数,根据式(9-12),则有

$$\int_L P(x,y)dx+Q(x,y)dy = \int_a^b \{P[x,f(x)]+Q[x,f(x)]f'(x)\}dx. \quad (9\text{-}13)$$

其中,a 是曲线 L 的起点的横坐标,b 为终点的横坐标.

同样,若有向曲线 L 的方程为 $x=g(y)$,根据式(9-12),则有

$$\int_L P(x,y)dx+Q(x,y)dy = \int_c^d \{P[g(y),y]g'(y)+Q[g(y),y]\}dy. \quad (9\text{-}14)$$

例 1　计算第二类曲线积分 $\int_L y\,dx$,L 为下列两种情形:

(1) 抛物线 $y=4-x^2$ 在 x 轴上方的部分从点 $(-2,0)$ 起到点 $(2,0)$ 止;

(2) x 轴上从点 $(-2,0)$ 起到点 $(2,0)$ 止的直线段.

解　(1) 由式(9-13)得

$$\int_L y\,dx = \int_{-2}^2 (4-x^2)dx = \frac{32}{3}.$$

（2）该直线段的方程为 $y=0,-2\leqslant x\leqslant2$，根据式（9-13）得

$$\int_L y\mathrm{d}x=\int_{-2}^2 0\mathrm{d}x=0.$$

从本例可以看出，虽然被积函数相同，积分路径的起点和终点也相同，但是沿不同路径的曲线积分的值并不相同．

例 2　计算积分 $\int_L 2xy\mathrm{d}x+x^2\mathrm{d}y$，其中，$L$ 分别为下列情形：

（1）抛物线 $y=x^2$ 上，从 $O(0,0)$ 到 $B(1,1)$ 的一段弧；

（2）抛物线 $y^2=x$ 上，从 $O(0,0)$ 到 $B(1,1)$ 的一段弧．

解　（1）由式（9-13）得

$$\int_L 2xy\mathrm{d}x+x^2\mathrm{d}y=\int_0^1 [2x^3+x^2(x^2)']\mathrm{d}x=1.$$

（2）由式（9-14）得

$$\int_L 2xy\mathrm{d}x+x^2\mathrm{d}y=\int_0^1 [2y^3(y^2)'+y^4]\mathrm{d}y=1.$$

例 2 与例 1 不同的是，同一被积函数沿不同的路径积分时积分值是相同的．

9.4.3　两类曲线积分之间的关系

对坐标的曲线积分可以转化为对弧长的曲线积分．设 L 是平面上的一条有向曲线，其正向是从点 A 指向点 B，L 上任一点 (x,y) 处的切向量 $\boldsymbol{t}$ 的指向与 L 的正向相对应（如图 9-30 所示）．记 $\langle\boldsymbol{t},\boldsymbol{x}\rangle$，$\langle\boldsymbol{t},\boldsymbol{y}\rangle$ 表示切线向量与 x 轴、y 轴正向的夹角．于是由图 9-30 可得

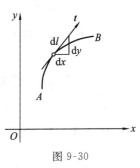

图 9-30

$$\mathrm{d}x=\mathrm{d}l\cos\langle\boldsymbol{t},\boldsymbol{x}\rangle,\mathrm{d}y=\mathrm{d}l\cos\langle\boldsymbol{t},\boldsymbol{y}\rangle,$$

从而有

$$\int_L P\mathrm{d}x+Q\mathrm{d}y=\int_L [P\cos\langle\boldsymbol{t},\boldsymbol{x}\rangle+Q\cos\langle\boldsymbol{t},\boldsymbol{y}\rangle]\mathrm{d}l,$$

其中 $\mathrm{d}l=\boldsymbol{i}\mathrm{d}x+\boldsymbol{j}\mathrm{d}y$ 为向量形式．

这样对坐标的曲线积分就转化成对弧长的曲线积分了．

习题 9-4

A 组

1. 设以点 $A(1,0),B(0,1),C(-1,0),D(0,-1)$ 为顶点的正方形记作 $ABCD$．计算积分 $\displaystyle\int_{ABCD}\frac{\mathrm{d}x+\mathrm{d}y}{|x|+|y|}$．

2. 计算 $\displaystyle\int_L y\mathrm{d}x+x\mathrm{d}y$，其中 L 为圆周 $x=R\cos t,y=R\sin t$ 上对应 t 从 0 到 $\dfrac{\pi}{2}$ 的一段弧．

3. 计算 $\displaystyle\int_L (x^2-y^2)\mathrm{d}x+(x^2+y^2)\mathrm{d}y$，其中 L 为下列两种情形：

（1）抛物线 $y=x^2$ 上从点 $(0,0)$ 到点 $(2,4)$ 的一段弧；

(2) 直线 $y=2x$ 上从点 $(0,0)$ 到点 $(2,4)$ 的线段.

4. 计算 $\int_L (x+y)\mathrm{d}x+(y-x)\mathrm{d}y$,其中 L 是下列三种情形：

(1) 抛物线 $y^2=x$ 上从点 $(1,1)$ 到点 $(4,2)$ 的一段弧；

(2) 从点 $(1,1)$ 到点 $(4,2)$ 的直线段；

(3) 曲线 $x=2t^2+t+1$,$y=t^2+1$ 上从点 $(1,1)$ 到点 $(4,2)$ 的一段弧.

B 组

5. 在椭圆 $x=a\cos t$,$y=b\sin t$ 上每一点 M 有作用力 $\boldsymbol{F}$,其大小等于从点 M 到椭圆中心的距离,而方向朝着椭圆的中心.

(1) 试计算质点 P 沿椭圆位于第一象限中的弧从点 $(a,0)$ 移动到点 $(0,b)$ 时力 $\boldsymbol{F}$ 所做的功；

(2) 求点 P 按(1)的方向走遍整个椭圆时力 $\boldsymbol{F}$ 所做的功.

6. 计算 $\int_L (2a-y)\mathrm{d}x+x\mathrm{d}y$,其中,$L$ 是摆线 $x=a(t-\sin t)$,$y=a(1-\cos t)$ 上由 $t_1=0$ 到 $t_2=\pi$ 的一段弧.

7. 设 L 为 x 轴上从点 $A(a,0)$ 到点 $B(b,0)$ 的线段,证明 $\int_L P(x,y)\mathrm{d}x=\int_a^b P(x,0)\mathrm{d}x$.

*9.5　格林公式及平面上曲线积分与路径无关的条件

9.5.1　格林公式

已经知道,平面区域的边界是曲线. 而对区间来说,如果说有边界的话,它的边界则是点. 由牛顿-莱布尼兹公式知道,连续函数在闭区间上的定积分,可以通过它的原函数在边界上的值来求出. 以下介绍的格林公式则与此类似,它表明,平面闭区域 D 上的连续函数的二重积分,也可以通过它在 D 的边界上的曲线积分来表示.

先来介绍平面上单连通区域的概念. 如果区域 D 内任一闭曲线所围的部分都在 D 内,则称这样的区域为平面单连通区域,否则称为复连通区域. 直观地说,单连通区域就是没有"空洞"(包括"点洞")的区域(如图 9-31 所示),而复连通区域则是含有"空洞"的区域(如图 9-32 所示).

下面再来规定区域 D 的边界曲线 L 的正向：当观察者沿着 L 的某个方向行走时,区域 D 总是位于观察者的左边. 显然,对平面上的单连通区域来说,逆时针方向即为其边界的正方向. 而对复连通区域来说,"外边界"的正方向也是逆时针方向,而"内边界"的正方向为顺时针方向(如图 9-33(a)及(b)所示).

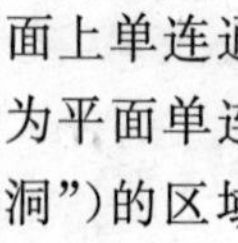

图 9-31

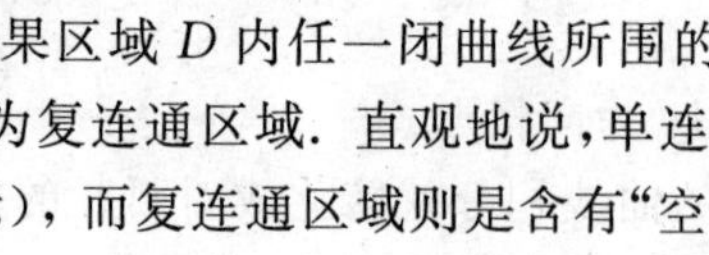

图 9-32

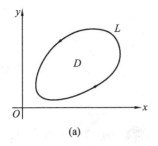

(a)

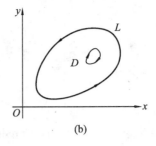

(b)

图 9-33

定理 9.1（格林公式）　设 D 是以分段光滑曲线为边界的平面有界闭区域,函数 $P(x,y)$,$Q(x,y)$ 在 D 上具有一阶连续偏导数,则有

$$\iint_D \left(\frac{\partial Q}{\partial x} - \frac{\partial P}{\partial y} \right) \mathrm{d}\sigma = \oint_L P\,\mathrm{d}x + Q\,\mathrm{d}y. \tag{9-15}$$

其中 L 是 D 的取正向的边界曲线.

证　第一步,先假定穿过区域 D 内部且平行于坐标轴的直线与 D 的边界曲线 L 的交点不超过两个,即区域 D 既是 X-型区域,又是 Y-型区域(如图 9-34 所示). 此时区域 D 可表示为

$$a \leqslant x \leqslant b, \varphi_1(x) \leqslant y \leqslant \varphi_2(x),$$

由于 $\dfrac{\partial P}{\partial y}$ 连续,根据二重积分的计算方法可得

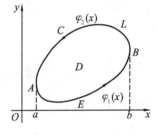

图 9-34

$$\iint_D \frac{\partial P}{\partial y}\mathrm{d}\sigma = \int_a^b \left[\int_{\varphi_1(x)}^{\varphi_2(x)} \frac{\partial P}{\partial y}\mathrm{d}y \right] \mathrm{d}x$$

$$= \int_a^b \{ P[x, \varphi_2(x)] - P[x, \varphi_1(x)] \}\mathrm{d}x.$$

另一方面,根据曲线积分计算法,有

$$\oint_L P\,\mathrm{d}x = \int_{L_1} P(x,y)\mathrm{d}x + \int_{L_2} P(x,y)\mathrm{d}x$$

$$= \int_a^b P[x, \varphi_1(x)]\mathrm{d}x + \int_b^a P[x, \varphi_2(x)]\mathrm{d}x$$

$$= \int_a^b \{ P[x, \varphi_1(x)] - P[x, \varphi_2(x)] \}\mathrm{d}x.$$

所以

$$-\iint_D \frac{\partial P}{\partial y}\mathrm{d}\sigma = \oint_L P\,\mathrm{d}x.$$

同理可证

$$\iint_D \frac{\partial Q}{\partial x}\mathrm{d}\sigma = \oint_L Q\,\mathrm{d}y.$$

两式相加即得所要证明的式(9-15).

第二步,对一般的区域 D,可以在 D 内画一条或几条辅助线将 D 分成几个部分闭区域,使得每个部分闭区域都属于第一步的情形,同理可证式(9-15).

格林公式的一个简单应用是求平面闭区域的面积. 在式(9-15)中,取 $P = y, Q = x$,

则有

$$2\iint_D d\sigma = \oint_L x\,dy - y\,dx.$$

所以区域 D 的面积为

$$A = \iint_D d\sigma = \frac{1}{2}\oint_L x\,dy - y\,dx. \tag{9-16}$$

例 1　计算星形线 $x = a\cos^3 t, y = a\sin^3 t (a > 0$ 为常数)所围成图形的面积.

解　根据式(9-16)可得所求面积

$$A = \frac{1}{2}\oint_L x\,dy - y\,dx = \frac{1}{2}\int_0^{2\pi}(a\cos^3 t\,da\sin^3 t - a\sin^3 t\,da\cos^3 t)$$

$$= \frac{3a^2}{2}\int_0^{2\pi}\cos^2 t\sin^2 t\,dt = \frac{3\pi}{8}a^2.$$

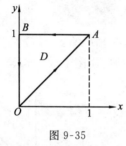

图 9-35

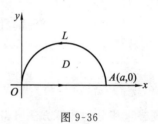

图 9-36

例 2　计算 $\iint_D e^{-y^2}\,dx\,dy$,其中 D 是以 $O(0,0), A(1,1), B(0,1)$ 为顶点的三角形闭区域 (如图 9-35 所示).

解　令 $P = 0, Q = xe^{-y^2}$,则

$$\frac{\partial Q}{\partial x} - \frac{\partial P}{\partial y} = e^{-y^2},$$

由格林公式(9-15)可得

$$\iint_D e^{-y^2}\,dx\,dy = \oint_{OA+AB+BO} xe^{-y^2}\,dy = \int_{OA} xe^{-y^2}\,dy$$

$$= \int_0^1 xe^{-x^2}\,dx = \frac{1}{2}(1 - e^{-1}).$$

例 3　计算曲线积分 $\int_L (e^x\sin y - my)\,dx + (e^x\cos y - m)\,dy$. 其中,$L$ 是从点 $A(a,0)$ 到点 $O(0,0)$ 的上半圆周 $x^2 + y^2 = ax(a > 0$ 为常数,$y \geqslant 0$).

解　L 不是封闭曲线,因此不能直接应用格林公式. 若添加有向线段 OA,则 $OA + L = L_1$ 是一条正向的封闭曲线,设由它所围成的区域为 D(如图 9-36 所示). 令

$$P(x,y) = e^x\sin y - my, Q(x,y) = e^x\cos y - m.$$

则

$$\frac{\partial Q}{\partial x} - \frac{\partial P}{\partial y} = e^x\cos y - e^x\cos y + m = m,$$

由式(9-15)得

$$\oint_{L_1} (e^x \sin y - my)\mathrm{d}x + (e^x \cos y - m)\mathrm{d}y = \iint_D m\,\mathrm{d}\sigma = \frac{m\pi}{8}a^2.$$

所以

$$\int_L (e^x \sin y - my)\mathrm{d}x + (e^x \cos y - m)\mathrm{d}y$$

$$= \oint_{L_1} (e^x \sin y - my)\mathrm{d}x + (e^x \cos y - m)\mathrm{d}y - \int_{OA} (e^x \sin y - my)\mathrm{d}x + (e^x \cos y - m)\mathrm{d}y$$

$$= \frac{m\pi a^2}{8} - \int_0^a 0\,\mathrm{d}x + 0 = \frac{m\pi}{8}a^2.$$

9.5.2 平面上曲线积分与路径无关的条件

在物理学、力学中要研究所谓势场,就是要研究场力所做的功与路径无关的情形. 这个问题在数学上就是要研究曲线积分与路径无关的条件. 下面先给出什么叫做曲线积分 $\int_L P\mathrm{d}x + Q\mathrm{d}y$ 与路径无关.

定义 9.4 设 D 是一个开区域,如果对 D 内任意指定的两点 A 与 B 以及 D 内从点 A 到点 B 的任意两条不同的分段光滑曲线 L_1,L_2,等式

$$\int_{L_1} P\mathrm{d}x + Q\mathrm{d}y = \int_{L_2} P\mathrm{d}x + Q\mathrm{d}y \tag{9-17}$$

恒成立,则称曲线积分 $\int_L P\mathrm{d}x + Q\mathrm{d}y$ 在 D 内与路径无关. 此时可将曲线积分记为

$$\int_A^B P\mathrm{d}x + Q\mathrm{d}y.$$

根据定义 9.4,若曲线积分与路径无关,则式(9-17)成立. 由于

$$\int_{L_2} P\mathrm{d}x + Q\mathrm{d}y = -\int_{L_2^-} P\mathrm{d}x + Q\mathrm{d}x,$$

代入式(9-17)得

$$\int_{L_1} P\mathrm{d}x + Q\mathrm{d}y + \int_{L_2^-} P\mathrm{d}x + Q\mathrm{d}y = 0,$$

即

$$\oint_{L_1+L_2^-} P\mathrm{d}x + Q\mathrm{d}y = 0. \tag{9-18}$$

这里 $L_1 + L_2^-$ 为一条有向闭曲线. 可见若曲线积分在区域 D 内与路径无关,则一定有式(9-18)成立. 反过来结论也成立. 因此,曲线积分 $\int_L P\mathrm{d}x + Q\mathrm{d}y$ 与路径无关的充要条件是:对 D 内任意闭曲线 L,有

$$\oint_L P\mathrm{d}x + Q\mathrm{d}y = 0. \tag{9-19}$$

定理 9.2 设区域 D 为单连通区域,函数 $P(x,y),Q(x,y)$ 在 D 内具有一阶连续偏导

数,则曲线积分 $\displaystyle\int_L P\,\mathrm{d}x+Q\,\mathrm{d}y$ 在 D 内与路径无关的充要条件是

$$\frac{\partial P}{\partial y}=\frac{\partial Q}{\partial x}$$

在 D 内恒成立.

充分性的证明用式(9-19)很容易解决,必要性的证明从略.

定理 9.2 表明,若遇到曲线积分沿某一路径不易计算时,而该积分与路径无关,则可改换一条容易积分的路径进行.

例 4　计算积分 $\displaystyle\int_{(2,0)}^{(3,2)}(2x^2y-y^3)\,\mathrm{d}x+\left(\frac{2}{3}x^3-3xy^2\right)\mathrm{d}y$.

解　$P(x,y)=2x^2y-y^3$ 和 $Q(x,y)=\dfrac{2}{3}x^3-3xy^2$ 在整个 xOy 平面上连续,且

$$\frac{\partial Q}{\partial x}=2x^2-3y^2=\frac{\partial P}{\partial y}$$

也在整个 xOy 平面上连续,根据定理 9.2,此积分与路径无关,因而可选择从点 $A(2,0)$ 到 $C(3,2)$ 的任何路径积分(如图 9-37 所示). 选取从 $A(2,0)$ 到 $B(3,0)$,再到 $C(3,2)$ 的折线段进行积分,所以

$$原式=\int_{AB}(2x^2y-y^3)\,\mathrm{d}x+\left(\frac{2}{3}x^3-3xy^2\right)\mathrm{d}y+\int_{BC}(2x^2y-y^3)\,\mathrm{d}x+\left(\frac{2}{3}x^3-3xy^2\right)\mathrm{d}y$$

$$=0+\int_0^2(18-9y^2)\,\mathrm{d}y=12.$$

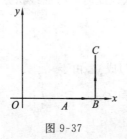

图 9-37

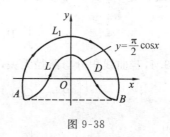

图 9-38

例 5　计算 $\displaystyle\int_L \frac{x\,\mathrm{d}y-y\,\mathrm{d}x}{x^2+y^2}$,其中 L 是由点 $A\left(-\pi,-\dfrac{\pi}{2}\right)$ 经曲线 $y=\dfrac{\pi}{2}\cos x$ 到点 $B\left(\pi,-\dfrac{\pi}{2}\right)$ 的一段弧(如图 9-38 所示).

解　很明显,如果不换积分路径,本题的计算很困难. 先作必要的计算如下:

$$P(x,y)=\frac{-y}{x^2+y^2},\ Q(x,y)=\frac{x}{x^2+y^2},$$

$$\frac{\partial P}{\partial y}=\frac{y^2-x^2}{(x^2+y^2)^2}=\frac{\partial Q}{\partial x}.$$

下面考虑换一条积分路径 L_1,它与 L 围成的区域设为 D. 要使函数 $P(x,y),Q(x,y)$ 及它们的偏导数在 D 内连续,则原点不能包含在 D 内;否则不能满足定理的条件. 基于此,作以原点为圆心,$\dfrac{\sqrt{5}}{2}\pi$ 长为半径的圆周,它与曲线 L 交于 A,B 两点,圆周位于 A,B 两点上方

的部分设为 L_1，则 L 与 L_1 围成的区域 D 是单连通区域，上述函数及它们的偏导数在 D 内均连续. L_1 的参数方程为

$$x=\frac{\sqrt{5}}{2}\pi\cos t,\ y=\frac{\sqrt{5}}{2}\pi\sin t,$$

所以

$$\int_L\frac{x\mathrm{d}y-y\mathrm{d}x}{x^2+y^2}=\int_{L_1}\frac{x\mathrm{d}y-y\mathrm{d}x}{x^2+y^2}=\int_{\frac{7\pi}{6}}^{-\frac{\pi}{6}}\mathrm{d}t=-\frac{4}{3}\pi.$$

从上面的例题中可以归纳出换积分路径的一般步骤：

第一步　计算 $\dfrac{\partial P}{\partial y}$，$\dfrac{\partial Q}{\partial x}$ 是否相等，若相等，则可进行下一步.

第二步　选一条与原路径起点、终点相同的新路径 L_1，使与原路径 L 所围的平面区域为单连通区域，则可将路径 L 换成 L_1.

习题 9-5

A 组

利用格林公式计算 1～4 题.

1. $\oint_L(2x-y+4)\mathrm{d}x+(5y+3x-6)\mathrm{d}y$，其中 L 为以 $(0,0)$，$(3,0)$ 和 $(3,2)$ 为顶点的三角形的正向边界曲线.

2. $\oint_L\mathrm{e}^x(1-\cos y)\mathrm{d}x-\mathrm{e}^x(y-\sin y)\mathrm{d}y$，其中 L 为区域 $0\leqslant x\leqslant\pi,0\leqslant y\leqslant\sin x$ 的正向边界曲线.

3. $\int_L(2xy^3-y^2\cos x)\mathrm{d}x+(1-2y\sin x+3x^2y^2)\mathrm{d}y$，其中 L 为抛物线 $2x=\pi y^2$ 上从点 $(0,0)$ 到点 $(\frac{\pi}{2},1)$ 的一段弧.

4. $\oint_L(2x-y+4)\mathrm{d}x+(5y+3x-6)\mathrm{d}y$，其中 L 为以点 $(0,0)$，$(3,0)$ 及 $(3,2)$ 为顶点的三角形正向边界.

证明 5～8 题中曲线积分在整个 xOy 平面（或指定区域）内与路径无关，并计算积分值.

5. $\int_{(1,1)}^{(2,3)}(x+y)\mathrm{d}x+(x-y)\mathrm{d}y.$

6. $\int_{(1,3)}^{(2,4)}(6xy^2-y^3)\mathrm{d}x+(6x^2y-3xy^2)\mathrm{d}y.$

7. $\int_{(1,0)}^{(2,1)}(2xy-y^4+3)\mathrm{d}x+(x^3-4xy^3)\mathrm{d}y.$

8. $\int_{(1,\pi)}^{(2,\pi)}\left(1-\frac{y^2}{x^2}\cos\frac{y}{x}\right)\mathrm{d}x+\left(\sin\frac{y}{x}+\frac{y}{x}\cos\frac{y}{x}\right)\mathrm{d}y$，路径与 y 轴不交.

B 组

9. 计算曲线积分 $\int_L(x^2-y)\mathrm{d}x-(x+\sin^2y)\mathrm{d}y$，其中，$L$ 是圆周 $y=\sqrt{2x-x^2}$ 上由点

$O(0,0)$ 到 $A(1,1)$ 的一段弧，L 取正向.

10. 利用曲线积分计算摆线 $x=a(t-\sin t),y=a(1-\cos t)(a>0$ 为常数)的一拱($0\leqslant t\leqslant2\pi$)的面积.

11. 设有一变力在坐标轴上的投影为 $X=x+y^2,Y=2xy-8$，该变力确定了一个力场，证明质点在此场内移动时场力所做的功与路径无关.

12. 设在半平面 $y>0$ 内，有方向指向原点、大小等于作用点到坐标原点距离的平方的力所构成的力场，求质点从位置 r_A 移动到位置 r_B 时场力所做的功. 其中 r_A,r_B 分别是质点与坐标原点的距离.

13. 利用曲线积分计算星形线 $x=a\cos^3t,y=a\sin^3t(a>0$ 为常数)所围成的图形面积.

本章小结

二重积分是定积分同时在被积函数与积分区间上的推广. 二者在定义形式、几何意义及性质等许多方面都有类似之处，如都有线性性质、比较定理、估值定理、中值定理等. 但二者又有显著的不同，如由于区域的复杂性和二元函数的多样性，二重积分的计算远比定积分来得复杂. 两种曲线积分既有区别又有联系，是对二重积分的有效补充，通过格林公式又可以把二重积分与曲线积分统一起来.

1. 直角坐标系中二重积分的计算

(1) 选择二次积分次序. 选序的原则是：先积分的容易，并能为后积分创造条件.

(2) 确定二次积分的上下限. 假如积分区域需要划分，其原则是块数越少越好，判断是 X-型区域还是 Y-型区域，将该区域表示成不等式组的形式.

(3) 将二重积分化为二次积分，作定积分运算. 若积分区域是 X-型区域，应先对 y 后对 x 积分；若积分区域是 Y-型区域，应先对 x 后对 y 积分.

2. 极坐标系中二重积分的计算

一般而言，极坐标系中二重积分的积分次序是"先 r 后 θ". 积分限的确定，根据极点相对于区域的不同位置来进行，正文中已有具体说明，此处不再重复.

3. 对弧长的曲线积分

对弧长的曲线积分与方向无关. 当积分路径以参数方程的形式给出时，其计算公式为

$$\int_L f(x,y)\mathrm{d}s=\int_\alpha^\beta f[\varphi(t),\psi(t)]\sqrt{\varphi'^2(t)+\psi'^2(t)}\mathrm{d}t.$$

但要注意该式右端积分上限必须大于积分下限. 另外，以直角坐标方程给出的积分路径，其计算与上式类似.

4. 对坐标的曲线积分

对坐标的曲线积分与方向有关. 关于它的计算(结合格林公式)，有以下几种方法.

(1) 化为参数的定积分求解. 当积分路径以参数方程给出时，计算公式为

$$\int_L P(x,y)\mathrm{d}x+Q(x,y)\mathrm{d}y=\int_\alpha^\beta \{P[\varphi(t),\psi(t)]\varphi'(t)+Q[\varphi(t),\psi(t)]\psi'(t)\}\mathrm{d}t.$$

该式右端积分上限不一定大于积分下限. 若以直角坐标方程给出，计算方法类似.

(2) 利用格林公式求解. 在公式

$$\iint\limits_{D}\left(\frac{\partial Q}{\partial x}-\frac{\partial P}{\partial y}\right)\mathrm{d}\sigma=\oint\limits_{L}P\,\mathrm{d}x+Q\,\mathrm{d}y$$

的使用中,一要验证函数的一阶偏导数在闭区域上连续,二要注意曲线必须是封闭的.

（3）利用与路径无关的条件来求解.这里也要注意满足两个条件:一是区域必须是单连通区域,二是函数的一阶偏导数在区域内连续.

综合练习 9

选择题（1～6）

1. 设有闭区域 $D=\{(x,y)\mid-a\leqslant x\leqslant a,x\leqslant y\leqslant a\}$，$D_1=\{(x,y)\mid0\leqslant x\leqslant a,x\leqslant y\leqslant a\}$，则 $\iint\limits_{D}(xy+\cos x\sin y)\mathrm{d}x\mathrm{d}y=(\quad)$．

　A. $2\iint\limits_{D_1}\cos x\sin y\mathrm{d}x\mathrm{d}y$ 　　　　　　B. $2\iint\limits_{D_1}xy\mathrm{d}x\mathrm{d}y$

　C. $4\iint\limits_{D_1}(xy+\cos x\sin y)\mathrm{d}x\mathrm{d}y$ 　　D. 0

2. 已知 $\iint\limits_{D}(x^2+y^2)\mathrm{d}x\mathrm{d}y=8\pi$，其中，$D$ 是由圆 $x^2+y^2=a^2(a>0)$ 所围成的闭区域,则 $a=(\quad)$．

　A. 1 　　　　　　B. 2 　　　　　　C. 4 　　　　　　D. 8

3. 若 $\iint\limits_{D}\mathrm{d}x\mathrm{d}y=1$，则区域 D 是由（　　）所围成的闭区域．

　A. $y=x+1,x=0,x=1$ 及 x 轴 　　B. $|x|=1,|y|=1$

　C. $2x+y=2,x$ 轴及 y 轴 　　　　D. $|x+y|=1,|x-y|=1$

4. 设 $f(x,y)$ 是连续函数，则 $\int_0^4\mathrm{d}x\int_0^{2\sqrt{x}}f(x,y)\mathrm{d}y=(\quad)$．

　A. $\int_0^4\mathrm{d}y\int_{\frac{1}{4}}^1f(x,y)\mathrm{d}x$ 　　　　B. $\int_0^4\mathrm{d}y\int_{-y}^{\frac{1}{4}y^2}f(x,y)\mathrm{d}x$

　C. $\int_0^4\mathrm{d}y\int_{\frac{1}{4}y^2}^4f(x,y)\mathrm{d}x$ 　　　　D. $\int_0^4\mathrm{d}y\int_{\frac{1}{4}y^2}^yf(x,y)\mathrm{d}x$

5. 二次积分 $\int_0^{\frac{\pi}{2}}\mathrm{d}\theta\int_0^{\cos\theta}f(r\cos\theta,r\sin\theta)r\mathrm{d}r$ 可写成（　　）．

　A. $\int_0^1\mathrm{d}y\int_0^{\sqrt{y-y^2}}f(x,y)\mathrm{d}x$ 　　B. $\int_0^1\mathrm{d}y\int_0^{\sqrt{1-y^2}}f(x,y)\mathrm{d}x$

　C. $\int_0^1\mathrm{d}x\int_0^1f(x,y)\mathrm{d}y$ 　　　　　D. $\int_0^1\mathrm{d}x\int_0^{\sqrt{x-x^2}}f(x,y)\mathrm{d}y$

6. 用格林公式计算平面曲线 L 围成区域的面积的公式 $S=(\quad)$．

　A. $\frac{1}{2}\oint\limits_{L}y\mathrm{d}x+x\mathrm{d}y$ 　　　　　　B. $\oint\limits_{L}x\mathrm{d}y-y\mathrm{d}x$

　C. $\oint\limits_{L}y\mathrm{d}x+x\mathrm{d}y$ 　　　　　　　D. $\frac{1}{2}\oint\limits_{L}x\mathrm{d}y-y\mathrm{d}x$

填空题 (7~12)

7. 设 D 是顶点分别为 $(0,0),(1,0),(1,2)$ 和 $(0,1)$ 的梯形闭区域,则 $\iint\limits_{D}(1+x)\sin y\mathrm{d}\sigma=$
_____.

8. $\iint\limits_{D}\mathrm{e}^{x^2+y^2}\mathrm{d}\sigma=$ _____,其中 D 为圆域 $x^2+y^2\leqslant a^2(a>0)$.

9. 交换二次积分的次序: $\int_0^1\mathrm{d}x\int_{\sqrt{x}}^{1+\sqrt{1-x^2}}f(x,y)\mathrm{d}y=$ _____.

10. $\oint\limits_{L}(x^2+y^2)^2\mathrm{d}s=$ _____,其中 L 为圆周 $x=a\cos t,y=a\sin t(a>0)$.

11. $\oint\limits_{L}\mathrm{e}^{\sqrt{x^2+y^2}}\mathrm{d}s=$ _____,其中 L 为圆 $x^2+y^2=r^2(r>0)$,直线 $y=x$ 及 x 轴在第一象限内所围成的区域的整个边界.

12. 设 D 为由圆 $x^2+y^2=2x$ 所围成的闭区域,则 $\iint\limits_{D}f(x,y)\mathrm{d}x\mathrm{d}y$ 表示为极坐标形式的二次积分为 _____.

计算题 (13~20)

13. $\iint\limits_{D}\dfrac{x}{y+1}\mathrm{d}x\mathrm{d}y$,其中 D 是由抛物线 $y=x^2+1$,直线 $y=2x$ 及 $x=0$ 所围成的闭区域.

14. $\iint\limits_{D}(x+y)\mathrm{d}x\mathrm{d}y$,其中 D 是由双曲线 $xy=2$,直线 $y=2x$ 及 $x=2y$ 在第一象限所围成的闭区域.

15. $\iint\limits_{D}(x+x^3y^2)\mathrm{d}x\mathrm{d}y$,其中 D 是由半圆 $x^2+y^2=4^2(y\geqslant0)$,直线 $y=0$ 所围成的闭区域.

16. $\int\limits_{L}(x^2-y^2)\mathrm{d}x$,其中 L 是由抛物线 $y=x^2$ 上从点 $(0,0)$ 到点 $(2,4)$ 的一段弧.

17. $\oint\limits_{L}(2xy-x^2)\mathrm{d}x+(x+y^2)\mathrm{d}y$,其中 L 是由抛物线 $y=x^2$ 和 $x=y^2$ 所围成的闭区域的正向边界曲线.

18. $\int\limits_{L}(2xy^3-y^2\cos x)\mathrm{d}x+(1-2y\sin x+3x^2y^2)\mathrm{d}y$,其中 L 为抛物线 $x=\dfrac{\pi}{2}y^2$ 上从点 $(0,0)$ 到点 $\left(\dfrac{\pi}{2},1\right)$ 的一段弧.

19. 均匀薄板(面密度为常数 ρ)所占区域 D 由抛物线 $y^2=\dfrac{9}{2}x$ 与直线 $x=2$ 所围成,求薄板对 x 轴的转动惯量.

20. 求力 $\boldsymbol{F}=x\boldsymbol{i}-y\boldsymbol{j}$ 由点 $(-a,0)$ 经上半圆 $x^2+y^2=a^2$ 到点 $(a,0)$ 所做的功.

无穷级数

　　无穷级数是高等数学的一个重要组成部分,它是表示函数、研究函数性质、进行数值计算以及近似求解微分方程的一种工具.本章先介绍无穷级数的基本概念,然后研究在电工学、物理学等学科中经常用到的傅里叶级数,着重讨论如何将函数展开为傅里叶(Fourier)级数的问题.

10.1　数项级数的概念与性质

10.1.1　数项级数的基本概念

　　分数 $\frac{1}{3}$ 写成循环小数的形式为 $0.333\cdots$. 在近似计算中,可以根据不同的精确度要求,取小数点后的 n 位作为 $\frac{1}{3}$ 的近似值.显然 n 越大近似程度就越高.

　　由
$$0.333\cdots = \frac{3}{10} + \frac{3}{10^2} + \frac{3}{10^3} + \cdots + \frac{3}{10^n} + \cdots$$
可得到一个"无穷和式",这个"无穷和式"就是一个数项级数.

　　一般地,若给定一个数列 $\{u_n\}$,则表达式
$$u_1 + u_2 + u_3 + \cdots + u_n + \cdots$$
称为数项无穷级数,简称数项级数,记为 $\sum\limits_{n=1}^{\infty} u_n$, 即
$$\sum_{n=1}^{\infty} u_n = u_1 + u_2 + u_3 + \cdots + u_n + \cdots,$$
其中,u_n 称为级数的第 n 项,也称一般项或通项.

　　取级数最前面的一项,两项,$\cdots$,n 项,$\cdots$相加,得到一个新的数列 $\{S_n\}$,其中
$$S_1 = u_1, S_2 = u_1 + u_2, S_3 = u_1 + u_2 + u_3, \cdots, S_n = u_1 + u_2 + \cdots + u_n, \cdots.$$
这个数列的通项 $S_n = u_1 + u_2 + \cdots + u_n$ 称为级数 $\sum\limits_{n=1}^{n} u_n$ 的前 n 项的部分和,该数列称为级数的部分和数列.

　　根据极限知识,易见
$$\lim_{n \to \infty} \left(\frac{3}{10} + \frac{3}{10^2} + \frac{3}{10^3} + \cdots + \frac{3}{10^n} \right) = \frac{1}{3}.$$

无穷级数是无穷多个数累加的结果,上式的计算方法说明,可以先求有限项的和,然后运用极限的方法来解决这个无穷多项的求和问题.但是,无限个数相加,其和是否一定存在呢?

定义 10.1 如果无穷级数 $\sum\limits_{n=1}^{\infty} u_n$ 的部分和数列 $\{S_n\}$ 当 $n \to \infty$ 时的极限为 S,即 $\lim\limits_{n \to \infty} S_n = S$,则称无穷级数 $\sum\limits_{n=1}^{\infty} u_n$ 是收敛的,并称 S 为该级数的和.即

$$u_1 + u_2 + u_3 + \cdots + u_n + \cdots = \sum_{n=1}^{\infty} u_n = S.$$

如果数列 $\{S_n\}$ 没有极限,则称该级数是发散的.

当级数 $\sum\limits_{n=1}^{\infty} u_n$ 收敛时,级数的和 S 与它的部分和 S_n 的差

$$r_n = S - S_n = u_{n+1} + u_{n+2} + u_{n+3} + \cdots$$

称为级数的余项.以部分和 S_n 作为和 S 的近似值所产生的误差,就是这个余项的绝对值 $|r_n|$.

例 1 讨论等比级数

$$\sum_{n=0}^{\infty} aq^n = a + aq + aq^2 + \cdots + aq^n + \cdots$$

的敛散性.

解 根据等比数列前 n 项的求和公式可知,当 $q \neq 1$ 时,所给级数的部分和

$$S_n = \frac{a - aq^n}{1 - q} = \frac{a}{1 - q}(1 - q^n).$$

于是,当 $|q| < 1$ 时,

$$\lim_{n \to \infty} S_n = \lim_{n \to \infty} \frac{a}{1 - q}(1 - q^n) = \frac{a}{1 - q}.$$

由定义 10.1 知,该级数收敛,其和 $S = \frac{a}{1 - q}$,即 $\sum\limits_{n=0}^{\infty} aq^n = \frac{a}{1 - q}$.

当 $|q| > 1$ 时,

$$\lim_{n \to \infty} S_n = \lim_{n \to \infty} \frac{a}{1 - q}(1 - q^n) = \infty.$$

此时该级数发散.

当 $q = 1$ 时,$S_n = na \to \infty$(当 $n \to \infty$ 时),即部分和数列 $\{S_n\}$ 不存在极限,因此该级数发散.

当 $q = -1$ 时,$S_n = a - a + a - a + \cdots + (-1)^{n-1} a = \begin{cases} a, & n \text{ 为奇数时,} \\ 0, & n \text{ 为偶数时.} \end{cases}$ 故部分和数列 $\{S_n\}$ 不存在极限,从而该级数发散.

综上可知,对于等比级数 $\sum\limits_{n=0}^{\infty} aq^n$,当公比 $|q| < 1$ 时收敛;当公比 $|q| \geqslant 1$ 时发散.

例 2 求函数 $\sum\limits_{n=1}^{\infty} \dfrac{1}{(5n-4)(5n+1)}$ 的和.

解 注意到级数的通项

$$u_n = \frac{1}{(5n-4)(5n+1)} = \frac{1}{5}\left(\frac{1}{5n-4} - \frac{1}{5n+1}\right),$$

因此

$$
\begin{aligned}
S_n &= \sum_{k=1}^{n} \frac{1}{5}\left(\frac{1}{5k-4} - \frac{1}{5k+1}\right) \\
&= \frac{1}{5}\left[\left(1 - \frac{1}{6}\right) + \left(\frac{1}{6} - \frac{1}{11}\right) + \cdots + \left(\frac{1}{5n-4} - \frac{1}{5n+1}\right)\right] \\
&= \frac{1}{5}\left(1 - \frac{1}{5n+1}\right),
\end{aligned}
$$

所以该级数的和

$$S = \lim_{n\to\infty} S_n = \lim_{n\to\infty} \frac{1}{5}\left(1 - \frac{1}{5n+1}\right) = \frac{1}{5},$$

即

$$\sum_{n=1}^{\infty} \frac{1}{(5n-4)(5n+1)} = \frac{1}{5}.$$

10.1.2　数项级数的基本性质

根据数项级数敛散性的概念,可以得出如下的基本性质.

性质 10.1　若级数 $\sum\limits_{n=1}^{\infty} u_n$ 收敛,k 为任意数,则级数 $\sum\limits_{n=1}^{\infty} ku_n$ 也收敛,且

$$\sum_{n=1}^{\infty} ku_n = k\sum_{n=1}^{\infty} u_n.$$

性质 10.2　若级数 $\sum\limits_{n=1}^{\infty} u_n$ 和 $\sum\limits_{n=1}^{\infty} v_n$ 都收敛,则级数 $\sum\limits_{n=1}^{\infty}(u_n \pm v_n)$ 也收敛,且

$$\sum_{n=1}^{\infty}(u_n \pm v_n) = \sum_{n=1}^{\infty} u_n \pm \sum_{n=1}^{\infty} v_n.$$

性质 10.3　增加、去掉或改变级数 $\sum\limits_{n=1}^{\infty} u_n$ 的有限项,不会改变级数的敛散性,但对于收敛的级数其和要改变.

性质 10.4(级数收敛的必要条件)　若级数 $\sum\limits_{n=1}^{\infty} u_n$ 收敛,则其一般项 u_n 趋于零,即

$$\lim_{n\to\infty} u_n = 0.$$

需要注意的是,性质 10.4 给出的是级数收敛的必要条件,若 $\lim\limits_{n\to\infty} u_n \neq 0$,则级数一定发散.但不是级数收敛的充分条件,即不能由 $\lim\limits_{n\to\infty} u_n = 0$ 就得出级数 $\sum\limits_{n=1}^{\infty} u_n$ 收敛的结论.

例如,对于调和级数 $\sum\limits_{n=1}^{\infty} \frac{1}{n}$ 而言,虽然满足 $\lim\limits_{n\to\infty} \frac{1}{n} = 0$,但它是发散的.

在不等式 $x > \ln(1+x)\,(x>0)$ 中(参见 3.2.1 例 3),依次令 $x = 1, \frac{1}{2}, \frac{1}{3}, \cdots, \frac{1}{n}$,得

$$1 > \ln(1+1),\ \frac{1}{2} > \ln\left(1+\frac{1}{2}\right),\cdots,\frac{1}{n} > \ln\left(1+\frac{1}{n}\right),$$

相加得

$$S_n = 1 + \frac{1}{2} + \frac{1}{3} + \cdots + \frac{1}{n} > \ln 2 + \ln \frac{3}{2} + \ln \frac{4}{3} + \cdots + \ln \frac{n+1}{n}$$

$$= \ln \left(2 \times \frac{3}{2} \times \frac{4}{3} \times \cdots \times \frac{n+1}{n} \right) = \ln(n+1),$$

因为 $\lim\limits_{n \to \infty} \ln(n+1) = \infty$，所以 $S_n \to \infty$（当 $n \to \infty$ 时），从而调和级数 $\sum\limits_{n=1}^{\infty} \frac{1}{n}$ 发散.

实际上，级数的收敛与否，取决于通项趋于零的速度. 公比绝对值小于 1 的等比级数，通项趋于零的速度较快，因此它是收敛的；级数 $\sum\limits_{n=1}^{\infty} \frac{1}{n^2}$ 的通项 $\frac{1}{n^2}$ 趋于零的速度也较快，因此也是收敛的（参见下节例 1）；但 $\frac{1}{n}$ 趋于零的速度不够快，故以它为通项的调和级数就发散了.

例 3　考察下列级数的敛散性，若收敛，求其和.

(1) $\sum\limits_{n=1}^{\infty} \left(1 + \frac{1}{n} \right)^{-n}$；　　　　　　　　(2) $\sum\limits_{n=1}^{\infty} \frac{5 + (-1)^n}{4^n}$.

解　(1) 因为级数的通项 $u_n = \left(1 + \frac{1}{n} \right)^{-n} \to \frac{1}{e}$（当 $n \to \infty$ 时），所以该级数发散.

(2) 因为 $\sum\limits_{n=1}^{\infty} \frac{5}{4^n}$ 是公比为 $\frac{1}{4}$ 的等比级数，由例 1 知，它是收敛的，其和为 $\dfrac{\frac{5}{4}}{1 - \frac{1}{4}} = \frac{5}{3}$.

$\sum\limits_{n=1}^{\infty} \frac{(-1)^n}{4^n}$ 是公比为 $-\frac{1}{4}$ 的等比级数，它也是收敛的，其和为 $\dfrac{-\frac{1}{4}}{1 - \left(-\frac{1}{4} \right)} = -\frac{1}{5}$. 故由性质

10.2 可知级数

$$\sum_{n=1}^{\infty} \frac{5 + (-1)^n}{4^n} = \sum_{n=1}^{\infty} \left[\frac{5}{4^n} + \frac{(-1)^n}{4^n} \right]$$

收敛，且其和为 $\frac{5}{3} + \left(-\frac{1}{5} \right) = \frac{22}{15}$.

习题 10-1

A 组

根据级数敛散性的定义判别 1～4 题中级数的敛散性.

1. $\sum\limits_{n=1}^{\infty} \frac{(-1)^n}{2^n}$.

2. $\sum\limits_{n=0}^{\infty} \frac{1}{(2n-1)(2n+1)}$.

3. $\sum\limits_{n=0}^{\infty} (-1)^{n-1} (\ln 5)^n$.

4. $\sum\limits_{n=1}^{\infty} \frac{1}{\sqrt{n+1} + \sqrt{n}}$.

根据级数的基本性质判定 5～10 题中级数的敛散性，若收敛，求其和.

5. $\sum\limits_{n=1}^{\infty} \frac{6 - 5n}{3 + 2n}$.

6. $\sum\limits_{n=1}^{\infty} \frac{3 \times 2^n - 2 \times 3^n}{6^n}$.

7. $\displaystyle\sum_{n=1}^{\infty}\left(\frac{2-n}{3-n}\right)^{n+2}$.

8. $\displaystyle\sum_{n=1}^{\infty}4^n\cos\frac{n\pi}{4^n}$.

9. $\displaystyle\sum_{n=1}^{\infty}\frac{2+(-1)^n}{2^n}$.

10. $\displaystyle\sum_{n=0}^{\infty}(\sqrt{n+1}-\sqrt{n})$.

11. 设级数 $\displaystyle\sum_{n=1}^{\infty}u_n=S$，常数 $k\neq0$，判别下列级数的敛散性.

(1) $k+\displaystyle\sum_{n=1}^{\infty}u_n$；

(2) $\displaystyle\sum_{n=1}^{\infty}(k+u_n)$.

B 组

求 12～13 题中级数的和.

12. $\displaystyle\sum_{n=1}^{\infty}\frac{n}{(n+1)(n+2)(n+3)}$.

13. $\displaystyle\sum_{n=1}^{\infty}\frac{1}{1+2+3+\cdots+n}$.

10.2 数项级数审敛法

对于一个级数，一般会提出这样两个问题：它是不是收敛的？它的和是多少？显然第一个问题最为重要，因为如果级数是发散的，那么第二个问题就不存在了. 以下介绍如何确定级数收敛和发散的方法.

10.2.1 正项级数审敛法

若级数 $\displaystyle\sum_{n=1}^{\infty}u_n$ 中各项均非负，即 $u_n\geqslant0(n=1,2,3,\cdots)$，则称此级数为正项级数. 显然，正项级数的部分和数列 $\{S_n\}$ 是一个单调递增数列，即有
$$S_1\leqslant S_2\leqslant S_3\leqslant\cdots\leqslant S_n\leqslant\cdots.$$

由定理 1.1 已经知道，单调有界数列必定收敛. 据此，可得到判定正项级数收敛的一个定理.

定理 10.1 正项级数 $\displaystyle\sum_{n=1}^{\infty}u_n$ 收敛的充分必要条件是它的部分和数列有界.

直接应用定理 10.1 来判定正项级数是否收敛常常不太方便. 由定理 10.1 可以得到常用的正项级数的比较审敛法.

定理 10.2（比较审敛法） 设 $\displaystyle\sum_{n=1}^{\infty}u_n$ 和 $\displaystyle\sum_{n=1}^{\infty}v_n$ 是两个正项级数，且 $u_n\leqslant v_n(n=1,2,3,\cdots)$，于是有：

(1) 若级数 $\displaystyle\sum_{n=1}^{\infty}v_n$ 收敛，则级数 $\displaystyle\sum_{n=1}^{\infty}u_n$ 也收敛；

(2) 若级数 $\displaystyle\sum_{n=1}^{\infty}u_n$ 发散，则级数 $\displaystyle\sum_{n=1}^{\infty}v_n$ 也发散.

证明从略.

例 1 讨论广义调和级数 $\displaystyle\sum_{n=1}^{\infty}\frac{1}{n^p}$（$p$ 为正的常数）的敛散性. 该数项级数又称为 p 级数.

解 当 $p \le 1$ 时，p 级数的各项不小于调和级数的对应各项，而调和级数发散，所以由定理 10.2 的结论(2)可知，此时 p 级数发散.

当 $p > 1$ 时，观察其前 n 项的和

$$S_n = 1 + \frac{1}{2^p} + \frac{1}{3^p} + \cdots + \frac{1}{n^p}.$$

对于每一个确定的 p 值，S_n 可看成是 n 个以 1 为底、高为 $\dfrac{1}{n^p}$ 逐步递减的小矩形的面积之和(如图 10-1 所示).

根据定积分的几何意义，显然有

$$S_n < 1 + \int_2^{n+1} \frac{1}{(x-1)^p} \mathrm{d}x = 1 - \frac{1}{p-1}\left(\frac{1}{n^{p-1}} - 1\right)$$

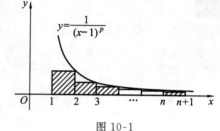

图 10-1

$$= \frac{p}{p-1} - \frac{1}{p-1} \times \frac{1}{n^{p-1}} < \frac{p}{p-1}.$$

所以 p 级数的部分和数列有界. 从而由定理 10.1 可知，此时 p 级数收敛.

综上所述，p 级数当 $p \le 1$ 时发散，当 $p > 1$ 时收敛.

例 2 用定理 10.2 判别下列级数的敛散性：

(1) $\displaystyle\sum_{n=1}^{\infty} \frac{1}{n^2 + 2n + 2}$；　　　　　(2) $\displaystyle\sum_{n=1}^{\infty} \frac{1}{\sqrt{n(n+1)}}$.

解 (1) 因为 $\dfrac{1}{n^2 + 2n + 2} < \dfrac{1}{n^2} (n = 1, 2, 3, \cdots)$，而级数 $\displaystyle\sum_{n=1}^{\infty} \frac{1}{n^2}$ 是 $p = 2$ 的 p 级数，从而收敛，所以级数 $\displaystyle\sum_{n=1}^{\infty} \frac{1}{n^2 + 2n + 2}$ 收敛.

(2) 因为 $\dfrac{1}{\sqrt{n(n+1)}} > \dfrac{1}{n+1}$，而级数 $\displaystyle\sum_{n=1}^{\infty} \frac{1}{n+1} = -1 + \left(1 + \displaystyle\sum_{n=1}^{\infty} \frac{1}{n+1}\right) = -1 + \displaystyle\sum_{n=1}^{\infty} \frac{1}{n}$ 发散，所以级数 $\displaystyle\sum_{n=1}^{\infty} \frac{1}{\sqrt{n(n+1)}}$ 发散.

由例 2 可见，如果正项级数的通项 u_n 是分式，而其分子、分母都是 n 的多项式(常数是零次多项式)或无理式时，只要分母的次数高出分子的次数一次以上(不包括一次)，则该正项级数收敛；否则发散.

当正项级数的通项中含有幂 a^n 或阶乘 $n!$ 因式时，用下面的达朗贝尔(D'Alembert)比值审敛法判定其敛散性.

定理 10.3(达朗贝尔比值审敛法) 设有正项级数 $\displaystyle\sum_{n=1}^{\infty} u_n$，如果极限 $\displaystyle\lim_{n \to \infty} \frac{u_{n+1}}{u_n} = \rho$，则

(1) 当 $\rho < 1$ 时，级数收敛；

(2) 当 $\rho > 1$ 时，级数发散；

(3) 当 $\rho = 1$ 时，级数可能收敛，也可能发散.

证明从略.

例 3 判别下列级数的敛散性.

(1) $\displaystyle\sum_{n=1}^{\infty}\frac{n}{2^{n-1}}$;   (2) $\displaystyle\sum_{n=1}^{\infty}n!\left(\frac{x}{n}\right)^{n}(x>0)$.

解 (1) 因为

$$\lim_{n\to\infty}\frac{u_{n+1}}{u_n}=\lim_{n\to\infty}\frac{\dfrac{n+1}{2^n}}{\dfrac{n}{2^{n-1}}}=\lim_{n\to\infty}\frac{n+1}{2n}=\frac{1}{2}<1,$$

所以级数 $\displaystyle\sum_{n=1}^{\infty}\frac{n}{2^{n-1}}$ 收敛.

(2) 因为

$$\lim_{n\to\infty}\frac{u_{n+1}}{u_n}=\lim_{n\to\infty}\frac{(n+1)!\left(\dfrac{x}{n+1}\right)^{n+1}}{n!\left(\dfrac{x}{n}\right)^{n}}=\lim_{n\to\infty}\frac{x}{\left(1+\dfrac{1}{n}\right)^{n}}=\frac{x}{e},$$

所以当 $\dfrac{x}{e}<1$ 即 $x<e$ 时，级数 $\displaystyle\sum_{n=1}^{\infty}n!\left(\frac{x}{n}\right)^{n}(x>0)$ 收敛；当 $\dfrac{x}{e}>1$ 即 $x>e$ 时，级数 $\displaystyle\sum_{n=1}^{\infty}n!\left(\frac{x}{n}\right)^{n}(x>0)$ 发散.

当 $x=e$ 时，虽然不能用定理 10.3 直接得出级数收敛或发散的结论，但是由于数列 $\left\{\left(1+\dfrac{1}{n}\right)^{n}\right\}$ 单调递增且有上界，即 $\left(1+\dfrac{1}{n}\right)^{n}\leqslant e(n=1,2,3,\cdots)$，因而对于任意给定的 n，总有

$$\frac{u_{n+1}}{u_n}=\frac{x}{\left(1+\dfrac{1}{n}\right)^{n}}=\frac{e}{\left(1+\dfrac{1}{n}\right)^{n}}>1.$$

由此可知，级数的后项总大于前项，于是 $\lim\limits_{n\to\infty}u_n\neq0$，从而级数发散.

例 3(2)说明，虽然定理 10.3 对于 $\rho=1$ 的情形失效，但如果能够确定在 $\lim\limits_{n\to\infty}\dfrac{u_{n+1}}{u_n}=1$ 的过程中，$\dfrac{u_{n+1}}{u_n}$ 总是从大于 1 的方向趋向于 1，则可以判定该级数是发散的.

10.2.2 交错级数审敛法

级数 $\displaystyle\sum_{n=1}^{\infty}(-1)^{n-1}u_n(u_n>0)$ 称为交错级数. 关于交错级数敛散性的判定，有下面的莱布尼兹(Leibniz)审敛法.

定理 10.4(莱布尼兹审敛法) 如果交错级数 $\displaystyle\sum_{n=1}^{\infty}(-1)^{n-1}u_n(u_n>0)$ 满足条件：

(1) $u_n\geqslant u_{n+1}(n=1,2,3,\cdots)$,

(2) $\lim\limits_{n\to\infty}u_n=0$,

则交错级数收敛，且其和 $S\leqslant u_1$.

证明从略.

例 4 判别交错级数 $\sum\limits_{n=1}^{\infty}(-1)^{n-1}\dfrac{n}{3^n}$ 的敛散性.

解 因为 $u_n-u_{n+1}=\dfrac{n}{3^n}-\dfrac{n+1}{3^{n+1}}=\dfrac{2n-1}{3^{n+1}}>0(n=1,2,3,\cdots)$,所以

$$u_n>u_{n+1}(n=1,2,3,\cdots),$$

$$\lim_{n\to\infty}u_n=\lim_{n\to\infty}\frac{n}{3^n}=0,$$

从而由定理 10.4 知,交错级数 $\sum\limits_{n=1}^{\infty}(-1)^{n-1}\dfrac{n}{3^n}$ 收敛.

例 5 利用交错级数 $\sum\limits_{n=1}^{\infty}(-1)^{n-1}\dfrac{1}{10^{n-1}}$ 计算 $\dfrac{10}{11}$ 的近似值,使其误差不超过 0.0001.

解 若用级数 $\sum\limits_{n=1}^{\infty}(-1)^{n-1}\dfrac{1}{10^{n-1}}$ 的前 n 项和作为 $\dfrac{10}{11}$ 的近似值,则余项的绝对值 $|r_n|$ 就是误差值.而该级数是满足定理 10.4 的条件的交错级数,所以余项 r_n 也是交错级数,且

$$|r_n|\leqslant u_{n+1}.$$

因为在级数 $\sum\limits_{n=1}^{\infty}(-1)^{n-1}\dfrac{1}{10^{n-1}}$ 中,$u_5=\dfrac{1}{10^4}=0.0001$,所以只要取级数的前 4 项和作为近似值,就可以保证近似值的误差不超过 0.0001.从而得

$$\frac{10}{11}\approx 1-\frac{1}{10}+\frac{1}{10^2}-\frac{1}{10^3}=0.909.$$

10.2.3 绝对收敛与条件收敛

如果将级数 $\sum\limits_{n=1}^{\infty}u_n$ 的各项取绝对值后所构成的正项级数 $\sum\limits_{n=1}^{\infty}|u_n|$ 收敛,则称级数 $\sum\limits_{n=1}^{\infty}u_n$ 绝对收敛;如果 $\sum\limits_{n=1}^{\infty}u_n$ 收敛,而级数 $\sum\limits_{n=1}^{\infty}|u_n|$ 发散,则称级数 $\sum\limits_{n=1}^{\infty}u_n$ 条件收敛.

定理 10.5 如果级数 $\sum\limits_{n=1}^{\infty}|u_n|$ 收敛,则级数 $\sum\limits_{n=1}^{\infty}u_n$ 必定收敛.

证明从略.

定理 10.5 说明,对于一般的级数 $\sum\limits_{n=1}^{\infty}u_n$,如果用正项级数的审敛法来判定级数 $\sum\limits_{n=1}^{\infty}|u_n|$ 收敛,则级数 $\sum\limits_{n=1}^{\infty}u_n$ 收敛.从而可将很多级数的敛散性判别问题转化为判别正项级数的敛散性问题.

例 6 证明交错级数 $\sum\limits_{n=1}^{\infty}(-1)^{n-1}\dfrac{1}{n}$ 条件收敛.

证 由调和级数的敛散性可知,级数

$$\sum_{n=1}^{\infty}\left|(-1)^{n-1}\frac{1}{n}\right|=\sum_{n=1}^{\infty}\frac{1}{n}$$

发散,故只需证明级数 $\sum\limits_{n=1}^{\infty}(-1)^{n-1}\dfrac{1}{n}$ 收敛即可.事实上,由定理 10.4 易见

$$u_n = \frac{1}{n} > \frac{1}{n+1} = u_{n+1}, \text{且} \lim_{n \to \infty} u_n = \lim_{n \to \infty} \frac{1}{n} = 0.$$

所以交错级数 $\sum\limits_{n=1}^{\infty} (-1)^{n-1} \dfrac{1}{n}$ 条件收敛.

习题 10-2

A 组

用定理 10.2 判别 1～2 题中级数的敛散性.

1. $\sum\limits_{n=1}^{\infty} \dfrac{1}{n \sqrt{n+1}}$.

2. $\sum\limits_{n=1}^{\infty} \dfrac{5}{n^2 + 2n + 3}$.

用定理 10.3 判别 3～6 题中级数的敛散性.

3. $\sum\limits_{n=1}^{\infty} \sin \dfrac{1}{n}$.

4. $\sum\limits_{n=1}^{\infty} \left(1 - \cos \dfrac{1}{n}\right)$.

5. $\sum\limits_{n=1}^{\infty} \dfrac{n!}{n^n}$.

6. $\sum\limits_{n=1}^{\infty} \dfrac{n^2}{4^n}$.

用定理 10.4 判别 7～8 题中级数的敛散性.

7. $\sum\limits_{n=1}^{\infty} \dfrac{(-1)^{n-1}}{n^3}$.

8. $\sum\limits_{n=1}^{\infty} (-1)^{n-1} \dfrac{\sqrt{n}}{n+1}$.

B 组

判别 9～12 题中级数的敛散性.

9. $\sum\limits_{n=1}^{\infty} 2^n \sin \dfrac{1}{5^n}$.

10. $\sum\limits_{n=1}^{\infty} \left(\dfrac{n}{1+7n}\right)^{\frac{n}{2}}$.

11. $\sum\limits_{n=1}^{\infty} \dfrac{3 \times 5 \times 7 \times \cdots \times (2n+1)}{2 \times 5 \times 9 \times \cdots \times (3n-1)}$.

12. $\sum\limits_{n=1}^{\infty} \dfrac{2^n n!}{n^n}$.

判别 13～16 题中级数的敛散性,若是收敛级数,是条件收敛还是绝对收敛?

13. $\sum\limits_{n=1}^{\infty} (-1)^{n-1} \dfrac{1}{\sqrt{n}}$.

14. $\sum\limits_{n=1}^{\infty} \dfrac{\sin \dfrac{n\pi}{2}}{\sqrt{n^3}}$.

15. $\sum\limits_{n=1}^{\infty} (-1)^n \left(\dfrac{2}{3}\right)^n$.

16. $\sum\limits_{n=1}^{\infty} (-1)^{\frac{n(n+1)}{2}} \dfrac{1}{5^n}$.

10.3 幂级数

在自然科学与工程技术中运用级数这一工具时,经常用到不是常数项的级数,而是函数项的级数.而常数项级数是研究函数项级数的基础.

10.3.1 函数项级数的概念

设有定义在同一个区间 I 上的函数列

$$u_1(x), u_2(x), u_3(x), \cdots, u_n(x), \cdots,$$

则表达式

$$\sum_{n=1}^{\infty} u_n(x) = u_1(x) + u_2(x) + u_3(x) + \cdots + u_n(x) + \cdots$$

称为定义在区间 I 上的函数项无穷级数,简称函数项级数.

显然,对于每一个确定的值 $x_0 \in I$,级数 $\sum_{n=1}^{\infty} u_n(x_0)$ 就成为一个数项级数.如果该级数收

敛,则称 x_0 是函数项级数 $\sum_{n=1}^{\infty} u_n(x)$ 的收敛点,所有收敛点的集合称为函数项级数

$\sum_{n=1}^{\infty} u_n(x)$ 的收敛域.

类似于数项级数,称

$$S_n(x) = u_1(x) + u_2(x) + u_3(x) + \cdots + u_n(x)$$

为函数项级数 $\sum_{n=1}^{\infty} u_n(x)$ 的部分和.对于 $\sum_{n=1}^{\infty} u_n(x)$ 的收敛域上任意一点 x,有

$$\sum_{n=1}^{\infty} u_n(x) = \lim_{n \to \infty} S_n(x) = S(x),$$

称 $S(x)$ 为函数项级数的和函数.

10.3.2 幂级数及其敛散性

形如

$$\sum_{n=0}^{\infty} a_n(x-x_0)^n = a_0 + a_1(x-x_0) + a_2(x-x_0)^2 + \cdots + a_n(x-x_0)^n + \cdots$$

的函数项级数称为 $(x-x_0)$ 的幂级数,其中,$a_n(n=0,1,2,\cdots)$ 均为常数,称为幂级数的对应项系数.特别地,当 $x_0 = 0$ 时的函数项级数

$$\sum_{n=0}^{\infty} a_n x^n = a_0 + a_1 x + a_2 x^2 + \cdots + a_n x^n + \cdots$$

称为 x 的幂级数.

对于幂级数,我们所关心的仍是其敛散性的判定问题.

定理 10.6 设幂级数 $\sum_{n=1}^{\infty} a_n x^n$. 令

$$\lim_{n \to \infty} \left| \frac{a_{n+1}}{a_n} \right| = \rho,$$

并记 $R = \dfrac{1}{\rho}$,即

$$R = \lim_{n \to \infty} \left| \frac{a_n}{a_{n+1}} \right|.$$

则

(1) 当 $0 < \rho < +\infty$ 时,幂级数在 $(-R, R)$ 内收敛,R 称为幂级数的收敛半径;

(2) 当 $\rho = 0$ 时,幂级数在 $(-\infty, +\infty)$ 内收敛;

(3) 当 $\rho = +\infty$ 时,除 $x = 0$ 外幂级数发散.

证 将幂级数的各项取绝对值,得正项级数.

（1）根据定理 10.3. 因为

$$\lim_{n\to\infty}\left|\frac{a_{n+1}x^{n+1}}{a_n x^n}\right|=\lim_{n\to\infty}\left|\frac{a_{n+1}}{a_n}\right||x|=\rho|x|,$$

所以① 当 $\rho|x|<1$ 即 $|x|<\dfrac{1}{\rho}$ 时，级数 $\displaystyle\sum_{n=1}^{\infty}|a_n x^n|$ 收敛，且级数 $\displaystyle\sum_{n=1}^{\infty}a_n x^n$ 绝对收敛.

② 当 $\rho|x|>1$ 即 $|x|>\dfrac{1}{\rho}$ 时，级数 $\displaystyle\sum_{n=1}^{\infty}|a_n x^n|$ 发散，此时幂级数各项的绝对值越来越大，从而 $\lim\limits_{n\to\infty}a_n x^n\neq0$，由级数收敛的必要条件可知，级数 $\displaystyle\sum_{n=0}^{\infty}a_n x^n$ 也发散.

故级数的收敛半径为 $R=\dfrac{1}{\rho}$.

（2）若 $\rho=0$ 时，则对一切 x，恒有 $\rho|x|<1$，即级数在整个数轴上收敛，所以级数的收敛半径为 $R=+\infty$.

（3）若 $\rho=+\infty$ 时，则除 $x=0$ 外，级数 $\displaystyle\sum_{n=0}^{\infty}a_n x^n$ 发散，所以级数的收敛半径 $R=0$.

讨论幂级数收敛的问题主要在于寻找收敛半径. 由定理 10.6 可知，幂级数的收敛区间是关于原点对称的区间 $|x|<R$，在这个区间内级数收敛，在这个区间外级数发散；当 $|x|=R$ 时，级数的敛散性不能由定理 10.6 来判定，需另行讨论.

例 1　求幂级数 $\displaystyle\sum_{n=0}^{\infty}\dfrac{1}{(n+1)7^n}x^n$ 的收敛区间.

解　根据定理 10.6 求该幂级数的收敛半径

$$R=\lim_{n\to\infty}\left|\frac{a_n}{a_{n+1}}\right|=\lim_{n\to\infty}\left|\frac{\dfrac{1}{(n+1)7^n}}{\dfrac{1}{(n+2)7^{n+1}}}\right|=\lim_{n\to\infty}\frac{7(n+2)}{n+1}=7.$$

当 $x=7$ 或 $x=-7$ 时，级数分别为 $\displaystyle\sum_{n=0}^{\infty}\dfrac{1}{n+1}$ 与 $\displaystyle\sum_{n=0}^{\infty}(-1)^n\dfrac{1}{n+1}$，而前者发散，后者收敛. 所以该幂级数的收敛区间是 $[-7,7)$.

例 2　求幂级数 $\displaystyle\sum_{n=0}^{\infty}\dfrac{(2n)!}{(n!)^2}x^{2n}$ 的收敛半径.

解　该幂级数不含奇次项，从而不能直接应用定理 10.6. 运用正项级数比值审敛法：

$$\rho=\lim_{n\to\infty}\left|\frac{a_{n+1}}{a_n}\right|=\lim_{n\to\infty}\left|\frac{\dfrac{[2(n+1)]!}{[(n+1)!]^2}x^{2(n+1)}}{\dfrac{(2n)!}{(n!)^2}x^{2n}}\right|=4x^2.$$

当 $\rho<1$ 即 $4x^2<1$，$|x|<\dfrac{1}{2}$ 时，级数收敛；当 $\rho>1$ 即 $4x^2>1$，$|x|>\dfrac{1}{2}$ 时，级数发散. 所以该幂级数的收敛半径为 $R=\dfrac{1}{2}$.

例 3　求幂级数 $\displaystyle\sum_{n=0}^{\infty}\dfrac{(-1)^n}{3^n}(x-3)^n$ 的收敛区间.

解　因为

$$\rho = \lim_{n \to \infty} \left| \frac{a_{n+1}}{a_n} \right| = \lim_{n \to \infty} \left| \frac{\dfrac{(-1)^{n+1}}{3^{n+1}}(x-3)^{n+1}}{\dfrac{(-1)^n}{3^n}(x-3)^n} \right| = \frac{|x-3|}{3},$$

故根据定理 10.3,当 $\rho < 1$ 即 $\dfrac{|x-3|}{3} < 1$,$0 < x < 6$ 时,级数收敛;当 $x=0$ 或 $x=6$ 时,幂级数

分别化为 $\displaystyle\sum_{n=0}^{\infty} 1$ 和 $\displaystyle\sum_{n=0}^{\infty}(-1)^n$,它们都是发散的.所以该幂级数的收敛区间为 $(0,6)$.

10.3.3 幂级数的运算性质

设幂级数 $\displaystyle\sum_{n=0}^{\infty} a_n x^n$ 与 $\displaystyle\sum_{n=0}^{\infty} b_n x^n$ 分别在区间 $(-R_1, R_1)$ 与 $(-R_2, R_2)$ 内收敛,$R_1 > 0$,$R_2 > 0$.

其和函数分别为 $S_1(x)$ 与 $S_2(x)$,则对于幂函数 $\displaystyle\sum_{n=0}^{\infty} a_n x^n$ 与 $\displaystyle\sum_{n=0}^{\infty} b_n x^n$ 有如下运算性质.

性质 10.5(加法和减法)

$$\sum_{n=0}^{\infty} a_n x^n \pm \sum_{n=0}^{\infty} b_n x^n = \sum_{n=0}^{\infty}(a_n \pm b_n)x^n = S_1(x) \pm S_2(x).$$

此时所得幂级数的收敛半径 $R = \min\{R_1, R_2\}$.

性质 10.6(乘法)

$$\sum_{n=0}^{\infty} a_n x^n \sum_{n=0}^{\infty} b_n x^n = a_0 b_0 + (a_0 b_1 + a_1 b_0)x + (a_0 b_2 + a_1 b_1 + a_2 b_0)x^2 + \cdots +$$
$$(a_0 b_n + a_1 b_{n-1} + \cdots + a_n b_0)x^n + \cdots.$$

此时所得幂级数的收敛半径 $R = \min\{R_1, R_2\}$.

性质 10.7(逐项求导数)   幂级数 $\displaystyle\sum_{n=0}^{\infty} a_n x^n$ 的和函数 $S_1(x)$ 在 $(-R_1, R_1)$ 内的任一点均

可导,且有逐项求导公式

$$S_1'(x) = \left(\sum_{n=0}^{\infty} a_n x^n \right)' = \sum_{n=0}^{\infty}(a_n x^n)' = \sum_{n=1}^{\infty} n a_n x^{n-1}.$$

求导后的幂级数与原幂级数有相同的收敛半径 R_1.

性质 10.8(逐项积分)   幂级数 $\displaystyle\sum_{n=0}^{\infty} a_n x^n$ 的和函数 $S_1(x)$ 在 $(-R_1, R_1)$ 内可以积分,且有

逐项积分公式

$$\int_0^x S_1(x)\mathrm{d}x = \int_0^x \sum_{n=0}^{\infty} a_n x^n \mathrm{d}x = \sum_{n=0}^{\infty} \int_0^x a_n x^n \mathrm{d}x = \sum_{n=0}^{\infty} \frac{1}{n+1} a_n x^{n+1}.$$

积分后所得的幂级数与原幂级数有相同的收敛半径 R_1.

证明从略.

例 4   求幂级数 $\displaystyle\sum_{n=1}^{\infty} n x^{n-1}$ 在其收敛区间 $(-1,1)$ 内的和函数.

解   设幂级数的和函数为

$$S(x) = \sum_{n=1}^{\infty} n x^{n-1}.$$

根据性质 10.8,对其进行逐项积分,得

$$\int_0^x S(x)\mathrm{d}x = \sum_{n=1}^\infty x^n = \frac{x}{1-x}, x \in (-1,1).$$

对上式求导,得和函数

$$\left[\int_0^x S(x)\mathrm{d}x\right]' = \left(\frac{x}{1-x}\right)' = \frac{1}{(1-x)^2}, x \in (-1,1),$$

即

$$S(x) = \frac{1}{(1-x)^2}, x \in (-1,1).$$

例 5　求幂级数 $\sum_{n=1}^\infty (-1)^{n-1}\frac{1}{2n-1}x^{2n-1}$ 在其收敛区间 $(-1,1)$ 内的和函数.

解　设幂级数的和函数为

$$S(x) = \sum_{n=1}^\infty (-1)^{n-1}\frac{1}{2n-1}x^{2n-1}, x \in (-1,1).$$

根据性质 10.7,对其进行逐项求导,得

$$S'(x) = \sum_{n=1}^\infty (-1)^{n-1}x^{2n-2} = 1 - x^2 + x^4 - \cdots + (-1)^{n-1}x^{2n-2} + \cdots, x \in (-1,1).$$

上式右端是首项为 1、公比的绝对值为 $|-x^2| < 1$ 的等比级数,从而

$$S'(x) = \frac{1}{1+x^2}, x \in (-1,1).$$

对上式积分,得

$$\int_0^x S'(x)\mathrm{d}x = \int_0^x \frac{1}{1+x^2}\mathrm{d}x = \arctan x, x \in (-1,1),$$

即所求幂级数的和函数为

$$S(x) = \arctan x, x \in (-1,1).$$

习题 10-3

A 组

求 1~6 题中幂级数的收敛区间.

1. $\sum_{n=1}^\infty x^{n-1}$.

2. $\sum_{n=0}^\infty \frac{2n+1}{n!}x^n$.

3. $\sum_{n=1}^\infty \frac{x^n}{n(n+1)}$.

4. $\sum_{n=0}^\infty n!x^n$.

5. $\sum_{n=1}^\infty \frac{2^n}{n}(x-1)^n$.

6. $\sum_{n=1}^\infty \frac{(x+2)^n}{2^n n}$.

B 组

求 7~10 题中幂级数的收敛区间及其和函数.

7. $\sum_{n=0}^\infty (n+1)x^n$.

8. $\sum_{n=1}^\infty (-1)^n \frac{x^n}{n}$.

9. $\displaystyle\sum_{n=1}^{\infty} 2nx^{2n-1}$.

10. $\displaystyle\sum_{n=1}^{\infty} (-1)^{n+1} \frac{x^{n+1}}{n(n+1)}$.

10.4　函数的幂级数展开式

由上节内容可以看到,幂级数不仅形式简单,而且有一些与多项式类似的性质,在其收敛域内,幂级数还收敛于一个和函数.本节将研究相反的问题,即函数 $f(x)$ 可以展开成幂级数的条件及求其展开式.

10.4.1　泰勒级数

1. 泰勒(Taylor)公式

如果函数 $f(x)$ 在 $x=x_0$ 的某一邻域内具有直到 $(n+1)$ 阶的导数,则在该邻域内的任意一点 x 处,有

$$f(x)=f(x_0)+\frac{f'(x_0)}{1!}(x-x_0)+\frac{f''(x_0)}{2!}(x-x_0)^2+\cdots+\frac{f^{(n)}(x_0)}{n!}(x-x_0)^n+R_n(x),$$

其中余项

$$R_n(x)=\frac{f^{(n+1)}(\xi)}{(n+1)!}(x-x_0)^{n+1},$$

ξ 是介于 x 与 x_0 之间的某个值.该公式被称为泰勒公式.此时,在该邻域内可用 n 次多项式

$$P_n(x)=f(x_0)+\frac{f'(x_0)}{1!}(x-x_0)+\frac{f''(x_0)}{2!}(x-x_0)^2+\cdots+\frac{f^{(n)}(x_0)}{n!}(x-x_0)^n$$

近似地表达 $f(x)$,并且误差等于余项的绝对值 $|R_n(x)|$.

在泰勒公式中,如果令 $x_0=0$,则得到

$$f(x)=f(0)+\frac{f'(0)}{1!}x+\frac{f''(0)}{2!}x^2+\cdots+\frac{f^{(n)}(0)}{n!}x^n+R_n(x),$$

其中

$$R_n(x)=\frac{f^{(n+1)}(\xi)}{(n+1)!}x^{n+1},$$

ξ 是介于 x 与 0 之间的某个值.此式被称为麦克劳林(Maclaurin)公式.

2. 泰勒级数

定义 10.2　如果函数 $f(x)$ 在点 x_0 的某邻域内具有任意阶导数,则称级数

$$f(x_0)+\frac{f'(x_0)}{1!}(x-x_0)+\frac{f''(x_0)}{2!}(x-x_0)^2+\cdots+\frac{f^{(n)}(x_0)}{n!}(x-x_0)^n+\cdots$$

为函数 $f(x)$ 的泰勒级数.

函数 $f(x)$ 在 $x_0=0$ 处的泰勒级数

$$f(0)+\frac{f'(0)}{1!}x+\frac{f''(0)}{2!}x^2+\cdots+\frac{f^{(n)}(0)}{n!}x^n+\cdots$$

称为麦克劳林级数.

关于函数 $f(x)$ 的泰勒级数在什么条件下收敛于 $f(x)$ 的问题,不加证明地给出如下定理.

定理 10.7　如果函数 $f(x)$ 在点 x_0 的某邻域 $U(x_0,\delta)$ 内具有任意阶导数,则 $f(x)$ 在该

邻域内的泰勒级数收敛于 $f(x)$ 的充分必要条件为泰勒公式的余项 $R_n(x)$ 满足

$$\lim_{n\to\infty} R_n(x)=0.$$

由以上内容可知,将函数 $f(x)$ 展开成 $(x-x_0)$ 的幂级数或 x 的幂级数,就是用 $f(x)$ 的泰勒级数或麦克劳林级数表示 $f(x)$.

10.4.2　函数展开成幂级数

1. 直接展开法

利用麦克劳林公式将函数 $f(x)$ 展开成 x 的幂级数的方法,称为直接展开法,其一般步骤如下:

第一步　求出函数 $f(x)$ 的各阶导数 $f^{(n)}(x)(n=1,2,3,\cdots)$.

第二步　求出函数 $f(x)$ 及其各阶导数在 $x=0$ 处的值 $f^{(n)}(0)(n=0,1,2,\cdots)$.

第三步　写出幂级数

$$f(0)+\frac{f'(0)}{1!}x+\frac{f''(0)}{2!}x^2+\cdots+\frac{f^{(n)}(0)}{n!}x^n+\cdots,$$

并求出其收敛半径 R.

第四步　考察当 x 在区间 $(-R,R)$ 内时,余项 $R_n(x)$ 的极限

$$\lim_{n\to\infty} R_n(x)=\lim_{n\to\infty}\frac{f^{(n+1)}(\xi)}{(n+1)!}x^{n+1}\quad(\xi\text{ 介于 0 与 }x\text{ 之间})$$

是否为零. 如果为零,则函数 $f(x)$ 在 $x=0$ 处的幂级数展开式为

$$f(x)=f(0)+\frac{f'(0)}{1!}x+\frac{f''(0)}{2!}x^2+\cdots+\frac{f^{(n)}(0)}{n!}x^n+\cdots,x\in(-R,R);$$

如果不为零,则只能说明第三步求出的幂级数在其收敛区间上收敛,但它的和并不是函数 $f(x)$.

例 1　将函数 $f(x)=e^x$ 展开成 x 的幂级数.

解　$f(x)$ 的各阶导数为 $f^{(n)}(x)=e^x(n=1,2,3,\cdots)$,从而

$$f(0)=1,\ f^{(n)}(0)=1\ (n=1,2,3\cdots),$$

于是得幂级数

$$1+x+\frac{x^2}{2!}+\frac{x^3}{3!}+\cdots+\frac{x^n}{n!}+\cdots,$$

它的收敛区间为 $(-\infty,+\infty)$.

对于任何确定的数 x,余项的绝对值为

$$|R_n(x)|=\left|\frac{e^\xi}{(n+1)!}x^{n+1}\right|<e^{|x|}\frac{|x|^{n+1}}{(n+1)!}\quad(\xi\text{ 介于 0 与 }x\text{ 之间}).$$

因为 $e^{|x|}$ 为有限数,且 $\frac{|x|^{n+1}}{(n+1)!}$ 为收敛级数 $\sum_{n=0}^{\infty}\frac{|x|^{n+1}}{(n+1)!}$ 的一般项,所以

$$\lim_{n\to\infty} e^{|x|}\frac{|x|^{n+1}}{(n+1)!}=0,\text{ 即}\lim_{n\to\infty}|R_n(x)|=0.$$

从而得 $f(x)=e^x$ 的幂级数展开式为

$$e^x=1+x+\frac{x^2}{2!}+\frac{x^3}{3!}+\cdots+\frac{x^n}{n!}+\cdots\quad(-\infty<x<+\infty).$$

例 2　将函数 $f(x)=\sin x$ 展开成 x 的幂级数.

解　$f(x)$ 的各阶导数为 $f^{(n)}(x)=\sin\left(x+\dfrac{n\pi}{2}\right)$ $(n=1,2,3,\cdots)$,从而

$$f(0)=0,f'(0)=1,f''(0)=0,f'''(0)=-1,\cdots,$$
$$f^{(2n)}(0)=1,f^{(2n+1)}(0)=(-1)^n\quad(n=1,2,3,\cdots),$$

于是得幂级数

$$x-\frac{x^3}{3!}+\frac{x^5}{5!}+\cdots+(-1)^{n-1}\frac{x^{2n-1}}{(2n-1)!}+\cdots,$$

它的收敛区间为 $(-\infty,+\infty)$.

对于任何确定的数 x,余项的绝对值为

$$|R_n(x)|=\left|\frac{\sin\left[\xi+\dfrac{(n+1)}{2}\pi\right]}{(n+1)!}x^{n+1}\right|\leqslant\frac{|x|^{n+1}}{(n+1)!}\to0(n\to\infty)(\xi\text{介于 0 与 }x\text{ 之间}),$$

所以 $f(x)=\sin x$ 的幂级数展开式为

$$\sin x=x-\frac{x^3}{3!}+\frac{x^5}{5!}+\cdots+(-1)^{n-1}\frac{x^{2n-1}}{(2n-1)!}+\cdots(-\infty<x<+\infty).$$

2. 间接展开法

直接展开法虽然步骤明确,但是运算常常过于烦琐,因而人们经常利用一些已知函数的幂级数的展开式,通过幂级数的运算求得另外一些函数的幂级数的展开式.这种求函数幂级数的展开式的方法称为间接展开法.

例 3　将函数 $f(x)=\ln(1+x)$ 展开成 x 的幂级数.

解　因为 $[\ln(1+x)]'=\dfrac{1}{1+x}$,所以 $\ln(1+x)=\displaystyle\int_0^x\frac{1}{1+x}\mathrm{d}x$,利用

$$\frac{1}{1+x}=1-x+x^2-\cdots+(-1)^nx^n+\cdots\quad(-1<x<1).$$

将该式两端同时积分,得

$$\ln(1+x)=x-\frac{1}{2}x^2+\frac{1}{3}x^3-\cdots+(-1)^n\frac{1}{n+1}x^{n+1}+\cdots.$$

因为幂级数逐项积分后收敛半径不变,所以上式右端级数的收敛半径仍为 $R=1$,且该级数当 $x=-1$ 时发散,当 $x=1$ 时收敛,故收敛区间为 $(-1,1]$.

例 4　将函数 $f(x)=\arctan x$ 展开为 x 的幂级数.

解　因为 $\arctan x=\displaystyle\int_0^x\frac{1}{1+x^2}\mathrm{d}x$,利用

$$\frac{1}{1+x}=1-x+x^2-\cdots+(-1)^nx^n+\cdots\quad(-1<x<1),$$

可得函数 $\dfrac{1}{1+x^2}$ 的幂级数展开式,即只要将函数 $\dfrac{1}{1+x}$ 的幂级数展开式中的 x 换成 x^2,所以

$$\frac{1}{1+x^2}=1-x^2+x^4-\cdots+(-1)^nx^{2n}+\cdots\quad(-1<x<1).$$

将该式两端同时积分,得

$$\arctan x=x-\frac{1}{3}x^3+\frac{1}{5}x^5-\cdots+(-1)^n\frac{1}{2n+1}x^{2n+1}+\cdots.$$

容易确定所得级数在区间端点处收敛,所以该级数的收敛区间为$[-1,1]$.

例 5　将函数 $f(x)=\dfrac{1}{2-x}$ 展开成 $x+1$ 的幂级数.

解　因为 $f(x)=\dfrac{1}{2-x}=\dfrac{1}{3-(x+1)}=\dfrac{1}{3}\times\dfrac{1}{1-\dfrac{x+1}{3}}$,令 $y=\dfrac{x+1}{3}$,则

$$\frac{1}{2-x}=\frac{1}{3}\times\frac{1}{1-y},$$

$$\frac{1}{1-y}=1+y+y^2+\cdots+y^n+\cdots \quad (-1<y<1),$$

从而

$$\frac{1}{2-x}=\frac{1}{3}\times\frac{1}{1-y}=\frac{1}{3}(1+y+y^2+\cdots+y^n+\cdots)$$

$$=\frac{1}{3}\left[1+\frac{x+1}{3}+\frac{(x+1)^2}{3^2}+\cdots+\frac{(x+1)^n}{3^n}+\cdots\right]$$

$$=\frac{1}{3}+\frac{x+1}{3^2}+\frac{(x+1)^2}{3^3}+\cdots+\frac{(x+1)^n}{3^{n+1}}+\cdots,$$

且当 $\left|\dfrac{x+1}{3}\right|<1$ 时,有 $-4<x<2$.所以

$$\frac{1}{2-x}=\frac{1}{3}+\frac{x+1}{3^2}+\frac{(x+1)^2}{3^3}+\cdots+\frac{(x+1)^n}{3^{n+1}}+\cdots \quad (-4<x<2).$$

10.4.3　幂级数在近似计算中的应用

1. 求函数的近似值

利用函数 $f(x)$ 的幂级数展开式,可以在其收敛区间上按精确度要求进行近似计算.

例 6　求 e 的近似值,要求误差不超过 10^{-4}.

解　函数 e^x 的幂级数的展开式为

$$e^x=1+x+\frac{x^2}{2!}+\frac{x^3}{3!}+\cdots+\frac{x^n}{n!}+\cdots \quad (-\infty<x<+\infty).$$

令 $x=1$,得

$$e=1+1+\frac{1}{2!}+\frac{1}{3!}+\cdots+\frac{1}{n!}+\cdots.$$

当 $n=7$ 时,$\dfrac{1}{7!}\approx0.00019$,当 $n=8$ 时,$\dfrac{1}{8!}\approx0.000025$,所以取展开式的前 8 项作近似计算就可满足误差要求,即

$$e\approx1+1+\frac{1}{2!}+\frac{1}{3!}+\frac{1}{4!}+\frac{1}{5!}+\frac{1}{6!}+\frac{1}{7!}\approx2.7183.$$

2. 求定积分的近似值

例 7　求 $\displaystyle\int_0^{\frac{1}{2}}\dfrac{1}{1+x^4}dx$ 的近似值,要求误差不超过 10^{-4}.

解　在函数 $f(x)=\dfrac{1}{1+x}$ 的幂级数展开式

$$\frac{1}{1+x}=1-x+x^2-x^3+\cdots+(-1)^nx^n+\cdots \quad (-1<x<1)$$

中，用 x^4 代替 x，得

$$\frac{1}{1+x^4}=1-x^4+x^8-x^{12}+x^{16}-x^{20}+\cdots \quad (-1<x<1),$$

逐项积分，得

$$\int_0^{\frac{1}{2}}\frac{1}{1+x^4}\mathrm{d}x=\int_0^{\frac{1}{2}}(1-x^4+x^8-x^{12}+x^{16}-x^{20}+\cdots)\mathrm{d}x$$

$$=\frac{1}{2}-\frac{1}{5\times2^5}+\frac{1}{9\times2^9}-\frac{1}{13\times2^{13}}+\cdots.$$

上式右端是一个收敛的交错级数，其误差余项

$$|R_2|\leqslant u_3=\frac{1}{9\times2^9}\approx0.000217,|R_3|\leqslant u_4=\frac{1}{13\times2^{13}}\approx0.00000939.$$

所以取展开式的前 3 项作近似计算就可满足误差要求，即

$$\int_0^{\frac{1}{2}}\frac{1}{1+x^4}\mathrm{d}x=\frac{1}{2}-\frac{1}{5\times2^5}+\frac{1}{9\times2^9}\approx0.4940.$$

习题 10-4

A 组

利用间接展开法，将 1～6 题中的函数展开成 x 的幂级数，并求其收敛区间.

1. $a^x(a>0,a\neq1)$.　　　　　2. e^{-2x}.　　　　　3. $\cos x$.

4. $\ln(7+x)$.　　　　　5. $\sin^2 x$.　　　　　6. $\dfrac{1}{3-x}$.

7. 利用函数的幂级数展开式求 $\ln1.04$ 的近似值，要求误差不超过 10^{-4}.

8. 利用函数的幂级数展开式求 $\sin\dfrac{\pi}{20}$ 的近似值，要求误差不超过 10^{-5}.

B 组

9. 将函数 $f(x)=\sin x$ 展开成 $\left(x-\dfrac{\pi}{4}\right)$ 的幂级数.

10. 将函数 $f(x)=\dfrac{1}{x}$ 展开成 $(x-3)$ 的幂级数.

11. 将函数 $f(x)=\ln x$ 在 $x=2$ 处展开成幂级数.

将 12～14 题中的函数展开成 x 的幂级数，并求其收敛区间.

12. $(1+x)\ln(1+x)$.　　　　　13. $\sin\dfrac{x}{2}$.　　　　　14. $\displaystyle\int_0^x\frac{\sin t}{t}\mathrm{d}t$.

15. 利用函数的幂级数展开式，求 $\displaystyle\int_0^x\frac{\sin x}{x}\mathrm{d}x$ 的近似值，要求误差不超过 10^{-4}.

16. 利用函数 e^x 的幂级数展开式，证明欧拉（Euler）公式

$$\mathrm{e}^{\mathrm{i}\theta}=\cos\theta+\mathrm{i}\sin\theta,$$

其中 i 是虚数单位.

*10.5　傅里叶级数

10.5.1　谐波分析与三角级数

1. 引例——谐波分析法

自然界中周期现象的数学描述就是周期函数,如单摆的摆动、弹簧的振动和交流电的电流与电压的变化等,都可用正弦函数 $y=A\sin(\omega t+\varphi)$ 或余弦函数 $y=A\cos(\omega t+\varphi)$ 表示.

但是在实际问题中,如电磁波、机械振动和热传导等复杂的周期现象,就不能仅用一个正弦函数或余弦函数来表示,需要用很多个甚至无穷多个正弦函数和余弦函数的叠加来表示.

例 1　(如图 10-2 所示)有一个由电阻 R,电感 L,电容 C 和电源 E 串联组成的电路,其中,R,L 及 C 为常数,电源电动势 $E=E(t)$.

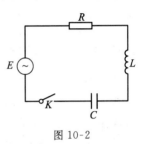

图 10-2

设电路中的电流为 $i(t)$,电容器两极板上的电压为 u_c,那么根据回路定律,就得到了一个二阶线性常系数非齐次微分方程

$$\frac{\mathrm{d}^2 u_c}{\mathrm{d}t^2}+2\beta\frac{\mathrm{d}u_c}{\mathrm{d}t}+\omega_0^2 u_c=f(t),$$

其中 $\beta=\dfrac{R}{2L}$,$\omega_0=\dfrac{1}{\sqrt{LC}}$,$f(t)=\dfrac{E(t)}{LC}$. 这就是串联电路的振荡方程. 如果电源电动势 $E(t)$ 非正弦变化,也就是说 $f(t)$ 不是正弦函数,那么求解这个非齐次微分方程就变得十分复杂. 在电学中解决这类问题的方法,是将自由项近似地表示成许多不同周期的正弦型函数的叠加,即

$$f(t)=\sum_{k=0}^{\infty}A_k\sin(k\omega t+\varphi_k).$$

这样,串联电路的振荡方程的解 $u_c(t)$ 就化成了 $n+1$ 个自由项为正弦型函数的方程解 $u_{c_k}(t)$ 的叠加,于是可求得原方程的解 $u_c(t)$ 的近似值. 当 $n\to\infty$ 时,就得精确解

$$u_c(t)=\sum_{k=0}^{\infty}u_{c_k}(t).$$

这种方法称为谐波分析法. 它是将一个非正弦型的信号分解成一系列不同频率的正弦信号的叠加,即

$$f(t)=\sum_{n=0}^{\infty}A_n\sin(n\omega t+\varphi_n)=A_0+\sum_{n=1}^{\infty}A_n\sin(n\omega t+\varphi_n)\left(\varphi_0=\frac{\pi}{2}\right),$$

其中,A_0 称为直流分量,$A_1\sin(\omega t+\varphi_1)$ 称为一次谐波(基波),$A_2\sin(2\omega t+\varphi_2)$ 称为二次谐波,以下依次为三次谐波,四次谐波等.

2. 三角函数系的正交性与三角级数

函数列

$$1,\cos x,\sin x,\cos 2x,\sin 2x,\cdots,\cos nx,\sin nx,\cdots$$

称为三角函数系.

三角函数系的正交性是指,如果从三角函数系中任取两个不同的函数相乘,其积在区间 $[-\pi,\pi]$ 上的定积分都为零,而每个函数自身的平方在区间 $[-\pi,\pi]$ 上的积分不为零. 即对

于非负自然数 m,n，下列等式成立：

$$\int_{-\pi}^{\pi} \sin mx \sin nx \, \mathrm{d}x = \begin{cases} 0, & m \neq n, \\ \pi, & m = n, \end{cases}$$

$$\int_{-\pi}^{\pi} \sin mx \cos nx \, \mathrm{d}x = 0,$$

$$\int_{-\pi}^{\pi} \cos mx \cos nx \, \mathrm{d}x = \begin{cases} 0, & m \neq n, \\ \pi, & m = n. \end{cases}$$

以三角函数系为基础构成的函数级数

$$\frac{a_0}{2} + \sum_{n=1}^{\infty} (a_n \cos nx + b_n \sin nx) \tag{10-3}$$

称为三角级数，其中常数 $a_0, a_n, b_n (n=1,2,3,\cdots)$ 称为三角级数的系数.

10.5.2　傅里叶级数

这里所关心和要研究的是这样三个问题：一是函数 $f(x)$ 满足什么条件时才能展开为三角级数式？二是若 $f(x)$ 能展开为三角级数，那么系数 a_0, a_n, b_n 怎样求得？三是展开后的三角级数在哪些点上收敛于 $f(x)$？

设 $f(x)$ 是周期为 2π 的周期函数，且能展开成三角级数

$$f(x) = \frac{a_0}{2} + \sum_{n=1}^{\infty} (a_n \cos nx + b_n \sin nx), \tag{10-4}$$

并假定其可逐项积分，于是有

$$\int_{-\pi}^{\pi} f(x) \mathrm{d}x = \int_{-\pi}^{\pi} \frac{a_0}{2} \mathrm{d}x + \sum_{n=1}^{\infty} \left(a_n \int_{-\pi}^{\pi} \cos nx \, \mathrm{d}x + b_n \int_{-\pi}^{\pi} \sin nx \, \mathrm{d}x \right).$$

因为 a_0, a_n, b_n 均为常数，利用三角函数系的正交性，可得

$$\int_{-\pi}^{\pi} f(x) \mathrm{d}x = \int_{-\pi}^{\pi} \frac{a_0}{2} \mathrm{d}x = \pi a_0,$$

从而得

$$a_0 = \frac{1}{\pi} \int_{-\pi}^{\pi} f(x) \mathrm{d}x.$$

为了求出系数 a_n，用 $\cos kx$ 乘级数 (10-4)，再在 $[-\pi,\pi]$ 上逐项积分，可得

$$\int_{-\pi}^{\pi} \cos kx f(x) \mathrm{d}x = \frac{a_0}{2} \int_{-\pi}^{\pi} \cos kx \, \mathrm{d}x + \sum_{n=1}^{\infty} \left(a_n \int_{-\pi}^{\pi} \cos nx \cos kx \, \mathrm{d}x + b_n \int_{-\pi}^{\pi} \sin nx \cos kx \, \mathrm{d}x \right).$$

由三角函数系的正交性可知，等式右端各项中，除 $k=n$ 的一项之外其余各项均为零. 所以有

$$\int_{-\pi}^{\pi} \cos kx f(x) \mathrm{d}x = a_n \int_{-\pi}^{\pi} \cos kx \cos nx \, \mathrm{d}x = a_n \int_{-\pi}^{\pi} \cos^2 nx \, \mathrm{d}x = a_n \pi,$$

从而得

$$a_n = \frac{1}{\pi} \int_{-\pi}^{\pi} f(x) \cos nx \, \mathrm{d}x \quad (n=1,2,3,\cdots).$$

用类似的方法，可得

$$b_n = \frac{1}{\pi} \int_{-\pi}^{\pi} f(x) \sin nx \, \mathrm{d}x \quad (n=1,2,3,\cdots).$$

注意到当 $n=0$ 时，从 a_n 的表达式就能得到 a_0 的表达式，因此求系数 a_n, b_n 的公式可以

归并为

$$\begin{cases} a_n = \dfrac{1}{\pi} \displaystyle\int_{-\pi}^{\pi} f(x)\cos nx \, \mathrm{d}x & (n=0,1,2,\cdots), \\[2mm] b_n = \dfrac{1}{\pi} \displaystyle\int_{-\pi}^{\pi} f(x)\sin nx \, \mathrm{d}x & (n=1,2,3,\cdots). \end{cases} \tag{10-5}$$

a_n, b_n 称为函数 $f(x)$ 的傅里叶系数. 由傅里叶系数确定的三角级数式(10-3)称为傅里叶级数.

（1）若 $f(x)$ 为奇函数,则它的傅里叶系数为

$$a_n = 0 \quad (n=0,1,2,\cdots),$$

$$b_n = \frac{2}{\pi} \int_0^{\pi} f(x)\sin nx \, \mathrm{d}x \quad (n=1,2,3,\cdots).$$

此时,傅里叶级数成为只含有正弦项的正弦级数

$$\sum_{n=1}^{\infty} b_n \sin nx. \tag{10-6}$$

（2）若 $f(x)$ 为偶函数,则它的傅里叶系数为

$$a_n = \frac{2}{\pi} \int_0^{\pi} f(x)\cos nx \, \mathrm{d}x \quad (n=1,2,3,\cdots),$$

$$b_n = 0 \quad (n=1,2,3,\cdots).$$

此时,傅里叶级数成为只含有常数项和余弦项的余弦级数

$$\frac{a_0}{2} + \sum_{n=1}^{\infty} a_n \cos nx. \tag{10-7}$$

关于函数展开成傅里叶级数的条件及其收敛性的问题,有如下收敛定理.

定理 10.9（狄利克雷收敛定理）　设函数 $f(x)$ 是周期为 2π 的周期函数,如果它满足条件:在一个周期内连续或只有有限个第一类间断点,并且至多只有有限个极值点,则 $f(x)$ 的傅里叶级数收敛,并且

（1）当 x 是 $f(x)$ 的连续点时,级数收敛于 $f(x)$;

（2）当 x 是 $f(x)$ 的间断点时,级数收敛于 $\dfrac{1}{2}\big[f(x-0)+f(x+0)\big]$.

其中,$f(x-0)$ 表示 $f(x)$ 在 x 处的左极限,$f(x+0)$ 表示 $f(x)$ 在 x 处的右极限.

证明从略.

定理 10.9 说明,以 2π 为周期的函数 $f(x)$,只要是在一个周期内连续或只有有限个第一类间断点,并且至多只有有限个极值点,那么按式(10-5)计算出傅里叶系数,得到的傅里叶级数,在 $f(x)$ 的连续点处收敛于函数 $f(x)$. 定理中所要求的条件,一般的初等函数与分段函数都能满足,这就保证了傅里叶级数广泛的应用性.

例 2　设 $f(x)$ 是周期为 2π 的周期函数,它在 $(-\pi,\pi)$ 上的表达为 $f(x)=x$,将 $f(x)$ 展开成傅里叶级数.

解　显然函数 $f(x)$ 满足定理 10.9 的条件.

除了不连续点 $x=(2k+1)\pi (k=0,\pm1,\pm2,\cdots)$ 外,$f(x)$ 是周期为 2π 的奇函数,可知 $f(x)$ 的傅里叶系数为

$$a_n = 0 \quad (n=0,1,2,\cdots),$$

$$b_n = \frac{2}{\pi}\int_0^\pi f(x)\sin nx\,\mathrm{d}x = \frac{2}{\pi}\int_0^\pi x\sin nx\,\mathrm{d}x$$

$$= \frac{2}{\pi}\left[-\frac{x\cos nx}{n} + \frac{\sin x}{n^2}\right]_0^\pi = -\frac{2}{n}\cos n\pi$$

$$= (-1)^{n+1}\frac{2}{n}\quad (n=1,2,3,\cdots).$$

将求得的 b_n 代入正弦级数(10-6),得 $f(x)$ 的傅里叶级数展开式为

$$f(x) = 2\left[\sin x - \frac{1}{2}\sin 2x + \frac{1}{3}\sin 3x - \cdots + \frac{(-1)^{n+1}}{n}\sin nx + \cdots\right]$$

$$(-\infty < x < +\infty, x \neq (2k+1)\pi, k\in\mathbf{Z}).$$

$f(x)$ 的傅里叶级数在不连续点 $x=(2k+1)\pi$ 处收敛于

$$\frac{f[(2k+1)\pi - 0] + f[(2k+1)\pi + 0]}{2} = \frac{\pi + (-\pi)}{2} = 0,$$

在连续点 $x \neq (2k+1)\pi$ 处收敛于 $f(x)$,和函数的图形如图 10-3 所示.

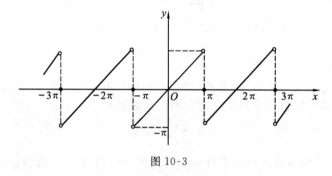

图 10-3

例 3　设 $f(x)$ 是周期为 2π 的周期函数,它在 $[-\pi,\pi]$ 上的表达式为

$$f(x) = \begin{cases} -\pi, & -\pi \leqslant x < 0, \\ x, & 0 \leqslant x < \pi. \end{cases}$$

试将函数 $f(x)$ 展开成傅里叶级数.

解　函数 $f(x)$ 的图形如图 10-4 所示,它显然满足定理 10.9 的条件,由式(10-5),有

$$a_n = \frac{1}{\pi}\int_{-\pi}^\pi f(x)\cos nx\,\mathrm{d}x = \frac{1}{\pi}\int_{-\pi}^0 (-\pi)\cos nx\,\mathrm{d}x + \frac{1}{\pi}\int_0^\pi x\cos nx\,\mathrm{d}x$$

$$= -\frac{1}{n}\left[\sin nx\right]_{-\pi}^0 + \frac{1}{n\pi}\left[x\sin nx\right]_0^\pi - \frac{1}{n\pi}\int_0^\pi \sin nx\,\mathrm{d}x$$

$$= \frac{1}{n^2\pi}\left[(-1)^n - 1\right] = \begin{cases} -\dfrac{2}{n^2\pi}, & n=1,3,5,\cdots, \\ 0, & n=2,4,6,\cdots, \end{cases}$$

$$a_0 = \frac{1}{\pi}\int_{-\pi}^\pi f(x)\,\mathrm{d}x = \frac{1}{\pi}\int_{-\pi}^0 (-\pi)\,\mathrm{d}x + \frac{1}{\pi}\int_0^\pi x\,\mathrm{d}x = -\frac{\pi}{2},$$

$$b_n = \frac{1}{\pi}\int_{-\pi}^\pi f(x)\sin nx\,\mathrm{d}x = \frac{1}{\pi}\int_{-\pi}^0 (-\pi)\sin nx\,\mathrm{d}x + \frac{1}{\pi}\int_0^\pi x\sin nx\,\mathrm{d}x$$

$$= \frac{1}{n}\left[\cos nx\right]_{-\pi}^0 + \frac{1}{n\pi}\left[x\cos nx\right]_0^\pi - \frac{1}{n\pi}\int_0^\pi \cos nx\,\mathrm{d}x$$

$$= \frac{1}{n}\big[1-2(-1)^n\big]=\begin{cases}\dfrac{3}{n}, & n=1,3,5,\cdots,\\[2mm] -\dfrac{1}{n}, & n=2,4,6,\cdots.\end{cases}$$

所求傅里叶级数在连续点处收敛于 $f(x)$,即有

$$f(x)=-\frac{\pi}{4}-\frac{2}{\pi}\Big(\cos x+\frac{1}{3^2}\cos 3x+\frac{1}{5^2}\cos 5x+\cdots\Big)+$$

$$\Big(3\sin x-\frac{1}{2}\sin 2x+\frac{3}{3}\sin 3x-\frac{1}{4}\sin 4x+\cdots\Big)$$

$$(-\infty<x<+\infty,x\neq k\pi,k\in\mathbf{Z}).$$

当 $x=2k\pi(k\in\mathbf{Z})$ 时,级数收敛于 $-\dfrac{\pi}{2}$;当 $x=(2k+1)\pi(k\in\mathbf{Z})$ 时,级数收敛于 0. 和函数的图形如图 10-5 所示. 细心的读者会发现这个图形在 $x=k\pi(k\in\mathbf{Z})$ 各点处与图 10-4 不同.

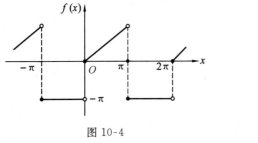

图 10-4

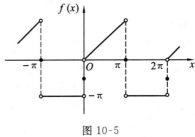

图 10-5

例 4 将周期函数

$$u(t)=\Big|\sin\frac{t}{2}\Big|$$

展开成傅里叶级数.

解 因为函数 $u(t)$ 满足定理 10.9 的条件,且它在整个数轴上连续(如图 10-6 所示),所以 $u(t)$ 的傅里叶级数处处收敛于 $u(t)$.

因为 $u(t)$ 是周期为 2π 的偶函数,所以 $b_n=0(n=1,2,3,\cdots)$,而

$$a_n=\frac{2}{\pi}\int_0^\pi u(t)\cos nt\,\mathrm{d}t=\frac{2}{\pi}\int_0^\pi\sin\frac{t}{2}\cos nt\,\mathrm{d}t$$

$$=\frac{1}{\pi}\int_0^\pi\Big[\sin\Big(n+\frac{1}{2}\Big)t-\sin\Big(n-\frac{1}{2}\Big)t\Big]\mathrm{d}t$$

$$=\frac{1}{\pi}\left[-\frac{\cos\Big(n+\frac{1}{2}\Big)t}{n+\frac{1}{2}}+\frac{\cos\Big(n-\frac{1}{2}\Big)t}{n+\frac{1}{2}}\right]_0^\pi$$

$$=\frac{1}{\pi}\Big(\frac{1}{n+\frac{1}{2}}-\frac{1}{n-\frac{1}{2}}\Big)=-\frac{4}{(4n^2-1)\pi}\quad(n=0,1,2,\cdots),$$

所以 $u(t)$ 的傅里叶级数展开式为

$$u(t)=\frac{4}{\pi}\Big(\frac{1}{2}-\frac{1}{3}\cos t-\frac{1}{15}\cos 2t-\frac{1}{35}\cos 3t-\cdots-\frac{1}{4n^2-1}\cos nt-\cdots\Big)\quad(-\infty<x<+\infty).$$

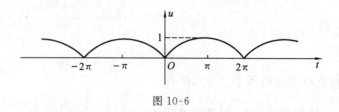

图 10-6

10.5.3　函数 $f(x)$ 在 $[0,\pi]$ 上展开为正弦级数与余弦级数

以上研究了将以 2π 为周期的函数 $f(x)$ 展开成傅里叶级数的方法. 下面介绍将定义在区间 $[0,\pi]$ 上的函数展开为傅里叶级数的方法.

设函数 $f(x)$ 定义在区间 $[0,\pi]$ 上,假设有一个函数 $\varphi(x)$,它是定义在 $(-\infty,+\infty)$ 上且以 2π 为周期的函数,而在 $[0,\pi]$ 上 $\varphi(x)=f(x)$. 如果 $\varphi(x)$ 满足定理 10.9 的条件,那么 $\varphi(x)$ 在 $(-\infty,+\infty)$ 就可展开为傅里叶级数,取其 $[0,\pi]$ 上一段,即为 $f(x)$ 在 $[0,\pi]$ 上的傅里叶级数. $\varphi(x)$ 称为 $f(x)$ 的周期延拓函数.

在理论上或实际工作中,下面的两种周期延拓最为常用.

(1) 将 $f(x)$ 先延拓到 $(-\pi,0)$,使延拓后的函数成为奇函数,然后再延拓为以 2π 为周期的函数. 这种延拓称为周期奇延拓(如图 10-7 所示).

(2) 将 $f(x)$ 先延拓到 $(-\pi,0)$,使延拓后的函数为偶函数,然后再延拓为以 2π 为周期的函数,这种延拓称为周期偶延拓(如图 10-8 所示).

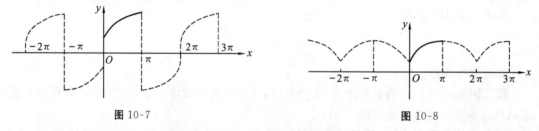

图 10-7　　　　　　　　　　　　　　　　　　　　图 10-8

显然,周期奇延拓的结果为正弦级数. 注意到在区间 $[0,\pi]$ 上 $\varphi(x)=f(x)$,其傅里叶系数直接按下式计算:

$$a_n=0 \quad (n=0,1,2,\cdots),$$
$$b_n=\frac{2}{\pi}\int_0^\pi \varphi(x)\sin nx\,\mathrm{d}x=\frac{2}{\pi}\int_0^\pi f(x)\sin nx\,\mathrm{d}x \quad (n=1,2,3,\cdots).$$

周期偶延拓的结果为余弦级数,其傅里叶系数直接按下式计算:

$$a_n=\frac{2}{\pi}\int_0^\pi \varphi(x)\cos nx\,\mathrm{d}x=\frac{2}{\pi}\int_0^\pi f(x)\cos nx\,\mathrm{d}x \quad (n=0,1,2,\cdots),$$
$$b_n=0 \quad (n=1,2,3,\cdots).$$

例 5　将函数 $f(x)=x(0<x<\pi)$ 分别展开为正弦级数、余弦级数.

解　显然函数 $f(x)$ 满足定理 10.9 的条件.

(1) 将函数 $f(x)$ 展开为正弦级数,计算傅里叶系数:

$$a_n=0 \quad (n=0,1,2,\cdots),$$
$$b_n=\frac{2}{\pi}\int_0^\pi f(x)\sin nx\,\mathrm{d}x=\frac{2}{\pi}\int_0^\pi x\sin nx\,\mathrm{d}x$$

$$= \frac{2}{\pi}\left[-\frac{x\cos nx}{n} + \frac{\sin nx}{n^2}\right]_0^\pi = (-1)^{n+1}\frac{2}{n} \quad (n=1,2,3,\cdots).$$

所以

$$f(x) = 2\sum_{n=1}^\infty \frac{(-1)^{n+1}}{n}\sin nx \,(0 < x < \pi).$$

（2）将函数 $f(x)$ 展开为余弦级数，计算傅里叶系数：

$$a_0 = \frac{2}{\pi}\int_0^\pi f(x)\mathrm{d}x = \frac{2}{\pi}\int_0^\pi x\mathrm{d}x = \pi,$$

$$a_n = \frac{2}{\pi}\int_0^\pi f(x)\cos nx \,\mathrm{d}x = \frac{2}{\pi}\int_0^\pi x\cos nx \,\mathrm{d}x$$

$$= \frac{2}{\pi}\left[\frac{x\sin nx}{n} + \frac{\cos nx}{n^2}\right]_0^\pi = \frac{2}{n^2\pi}\left[(-1)^n - 1\right] \quad (n=1,2,3,\cdots),$$

$$b_n = 0 \quad (n=1,2,3,\cdots).$$

所以

$$f(x) = \frac{\pi}{2} + \frac{2}{\pi}\sum_{n=1}^\infty \frac{\left[(-1)^n - 1\right]}{n^2}\cos nx \quad (0 < x < \pi),$$

即

$$f(x) = \frac{\pi}{2} - \frac{4}{\pi}\sum_{n=1}^\infty \frac{1}{(2n-1)^2}\cos(2n-1)x \quad (0 < x < \pi).$$

10.5.4　周期为 $2l$ 的函数展开成傅里叶级数

对于周期为 $2l$、在区间 $[-l,l]$ 满足定理 10.9 条件的函数 $f(x)$，可否展开成傅里叶级数呢？答案是肯定的.

令 $x = \frac{l}{\pi}t$，则当 x 在区间 $[-l,l]$ 上变化时，t 就在区间 $[-\pi,\pi]$ 上变化. 如果令

$$f(x) = f\left(\frac{l}{\pi}t\right) = \varphi(t),$$

则 $\varphi(t)$ 是以 2π 为周期的周期函数，且满足定理 10.9 的条件，从而 $\varphi(t)$ 在 $(-\pi,\pi)$ 上可展开成傅里叶级数

$$\varphi(t) = \frac{a_0}{2} + \sum_{n=1}^\infty (a_n\cos nt + b_n\sin nt),$$

其中

$$\begin{cases} a_n = \dfrac{1}{\pi}\displaystyle\int_{-\pi}^\pi \varphi(t)\cos nx \,\mathrm{d}x & (n=0,1,2,\cdots), \\ b_n = \dfrac{1}{\pi}\displaystyle\int_{-\pi}^\pi \varphi(t)\sin nx \,\mathrm{d}x & (n=1,2,3,\cdots). \end{cases}$$

在以上各式中，将变量 t 换成变量 x，并注意到 $f(x) = \varphi(t)$，则函数 $f(x)$ 的傅里叶级数为

$$f(x) = \frac{a_0}{2} + \sum_{n=1}^\infty \left(a_n\cos\frac{n\pi x}{l} + b_n\sin\frac{n\pi x}{l}\right), \tag{10-8}$$

此处

$$\begin{cases} a_n = \dfrac{1}{l}\displaystyle\int_{-l}^{l} f(x)\cos\dfrac{n\pi x}{l}\mathrm{d}x & (n=0,1,2,\cdots), \\[2mm] b_n = \dfrac{1}{l}\displaystyle\int_{-l}^{l} f(x)\sin\dfrac{n\pi x}{l}\mathrm{d}x & (n=1,2,3,\cdots). \end{cases} \tag{10-9}$$

同样可以证明,如果 x 是 $(-l,l)$ 内函数 $f(x)$ 的间断点,则级数在 x 处收敛于

$$\frac{f(x-0)+f(x+0)}{2}.$$

而在区间的端点 $x=\pm l$ 处,级数收敛于

$$\frac{f(-l+0)+f(l-0)}{2}.$$

类似地,若 $f(x)$ 为奇函数,则它的傅里叶级数为正弦函数,即

$$f(x) = \sum_{n=1}^{\infty} b_n\sin\frac{n\pi x}{l}, \tag{10-10}$$

其中

$$b_n = \frac{2}{l}\int_0^l f(x)\sin\frac{n\pi x}{l}\mathrm{d}x \quad (n=1,2,3,\cdots).$$

若 $f(x)$ 为偶函数,则它的傅里叶级数为余弦函数,即

$$f(x) = \frac{a_0}{2} + \sum_{n=1}^{\infty} a_n\cos\frac{n\pi x}{l}, \tag{10-11}$$

其中

$$a_0 = \frac{2}{l}\int_0^l f(x)\mathrm{d}x,\, a_n = \frac{2}{l}\int_0^l f(x)\cos\frac{n\pi x}{l}\mathrm{d}x \quad (n=1,2,3,\cdots).$$

例 6 以 $2l(l>0)$ 为周期的脉冲电压的脉冲波形状如图 10-9 所示,其中 t 为时间.

(1) 将脉冲电压 $f(t)$ 在 $[-l,l]$ 上展开为以 $2l$ 为周期的傅里叶级数;

(2) 将脉冲电压 $f(t)$ 在 $[0,2l]$ 上展开为以 $2l$ 为周期的傅里叶级数.

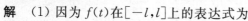

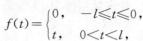

图 10-9

解 (1) 因为 $f(t)$ 在 $[-l,l]$ 上的表达式为

$$f(t) = \begin{cases} 0, & -l\leqslant t\leqslant 0, \\ t, & 0<t<l, \end{cases}$$

满足定理 10.9 的条件,所以

$$a_0 = \frac{1}{l}\int_{-l}^{l} f(t)\mathrm{d}t = \frac{1}{l}\int_0^l t\mathrm{d}t = \frac{l}{2},$$

$$a_n = \frac{1}{l}\int_{-l}^{l} f(t)\cos\frac{n\pi t}{l}\mathrm{d}t = \frac{1}{l}\int_0^l t\cos\frac{n\pi t}{l}\mathrm{d}t = \frac{l}{n^2\pi^2}(\cos n\pi-1) \quad (n=1,2,3,\cdots),$$

$$b_n = \frac{1}{l}\int_{-l}^{l} f(t)\sin\frac{n\pi t}{l}\mathrm{d}t = \frac{1}{l}\int_0^l t\sin\frac{n\pi t}{l}\mathrm{d}t$$

$$= \frac{1}{l}\left(-\frac{l}{n\pi}\right)l\cos n\pi = (-1)^{n+1}\frac{l}{n\pi} \quad (n=1,2,3,\cdots).$$

故当 $t\in(-l,l)$ 时,有

$$f(t) = \frac{l}{4} - \frac{2l}{\pi^2} \sum_{n=1}^{\infty} \frac{1}{(2n-1)^2} \cos \frac{(2n-1)\pi t}{l} + \frac{l}{\pi} \sum_{n=1}^{\infty} \frac{(-1)^{n+1}}{n} \sin \frac{n\pi t}{l}$$

$$(-\infty < t < +\infty, t \neq (2k+1)l, k \in \mathbf{Z}).$$

（2）因为 $f(t)$ 在 $[0,2l]$ 上的表达式为

$$f(t) = \begin{cases} t, & 0 \leqslant t < l, \\ 0, & l \leqslant t \leqslant 2l, \end{cases}$$

满足定理 10.9 的条件，所以

$$a_0 = \frac{1}{l} \int_0^{2l} f(t) \mathrm{d}t = \frac{1}{l} \int_0^l t \mathrm{d}t = \frac{l}{2},$$

$$a_n = \frac{1}{l} \int_0^{2l} f(t) \cos \frac{n\pi t}{l} \mathrm{d}t = \frac{1}{l} \int_0^l t \cos \frac{n\pi t}{l} \mathrm{d}t$$

$$= \frac{l}{n^2 \pi^2} (\cos n\pi - 1) \quad (n = 1, 2, 3, \cdots),$$

$$b_n = \frac{1}{l} \int_0^{2l} f(t) \sin \frac{n\pi t}{l} \mathrm{d}t = \frac{1}{l} \int_0^l t \sin \frac{n\pi t}{l} \mathrm{d}t$$

$$= \frac{1}{l} \left(-\frac{l}{n\pi} \right) l \cos n\pi = (-1)^{n+1} \frac{l}{n\pi} \quad (n = 1, 2, 3, \cdots).$$

故当 $t \in (0, 2l)$ 时，有

$$f(t) = \frac{l}{4} - \frac{2l}{\pi^2} \sum_{n=1}^{\infty} \frac{1}{(2n-1)^2} \cos \frac{(2n-1)\pi t}{l} + \frac{l}{\pi} \sum_{n=1}^{\infty} \frac{(-1)^{n+1}}{n} \sin \frac{n\pi t}{l}$$

$$(-\infty < t < +\infty, t \neq (2k+1)l, k \in \mathbf{Z}).$$

在例 6 中，为什么（1）和（2）的两个傅里叶级数相同呢？请读者自行思考．

习题 10-5

A 组

1. 证明三角函数系

$$1, \cos \omega x, \sin \omega x, \cos 2\omega x, \sin 2\omega x, \cdots, \cos n\omega x, \sin n\omega x, \cdots$$

在 $\left(-\frac{T}{2}, \frac{T}{2} \right)$ 上具有正交性，其中 $T = \frac{2\pi}{\omega}$.

将 2～5 题中周期为 2π 的周期函数 $f(x)$ 在 $[-\pi, \pi]$ 上展开成傅里叶级数．

2. $f(x) = 3x^2 + 1$.　　　　　　　　　3. $f(x) = \dfrac{\pi - x}{2}$.

4. $f(x) = |x|$.　　　　　　　　　　　　5. $f(x) = 2\sin \dfrac{x}{3}$.

6. 将函数 $f(x) = \dfrac{\pi}{2} - x$ 在 $[0, \pi]$ 上展开成正弦级数．

B 组

7. 将函数 $f(x) = x - x^2$ 在 $[0, \pi]$ 上展开成余弦级数．

8. 设 $f(x)$ 是周期为 2π 的函数，它在 $[-\pi, \pi]$ 上的表达式为

$$f(x) = \begin{cases} x, & -\pi \leqslant x < 0, \\ 2x, & 0 \leqslant x < \pi, \end{cases}$$

将 $f(x)$ 展开成傅里叶级数.

9. 将函数 $f(x)=\begin{cases} x, & 0\leqslant x\leqslant\dfrac{\pi}{2}, \\ x-\dfrac{\pi}{2}, & \dfrac{\pi}{2}<x\leqslant\pi \end{cases}$ 在 $[0,\pi]$ 上展开成正弦级数.

10. 设 $f(x)$ 是周期为 6 的函数,它在 $[-3,3)$ 上的表达式为

$$f(x)=\begin{cases} 2x+1, & -3\leqslant x<0, \\ 1, & 0\leqslant x<3, \end{cases}$$

将 $f(x)$ 展开成傅里叶级数.

本章小结

级数是研究函数的一个重要工具. 无论是抽象的理论还是应用的学科,级数都处于重要的地位. 一方面,能够借助于级数表示很多有用的非初等函数,如有些微分方程的解不是初等函数,但其解可用级数表示出来;另一方面,又可以将函数展开成级数,从而借助于级数来研究这些函数,如利用幂级数研究非初等函数、进行实数的近似计算等.

1. 本章主要内容

(1) 无穷级数敛散性的概念,级数收敛的必要条件;

(2) 数项级数敛散性的判别;

(3) 幂级数的收敛区间的求法、幂级数的主要运算性质、将函数 $f(x)$ 展开成幂级数、幂级数的简单应用;

(4) 傅里叶级数的概念、傅里叶系数的求法,以及将函数 $f(x)$ 展开成傅里叶级数.

2. 判断数项级数 $\sum\limits_{n=1}^{\infty}u_n$ 敛散性的方法和步骤

第一步   利用级数收敛的必要条件,如果 $\lim\limits_{n\to\infty}u_n\neq0$,则级数 $\sum\limits_{n=1}^{\infty}u_n$ 发散.

第二步   如果 $\lim\limits_{n\to\infty}u_n=0$,则根据级数的具体类型进行:

(1) 若 $\sum\limits_{n=1}^{\infty}u_n$ 为正项级数,则可利用比值审敛法、比较审敛法或其他判别方法;

(2) 若 $\sum\limits_{n=1}^{\infty}u_n$ 为交错级数,则利用莱布尼兹审敛法;

(3) 若 $\sum\limits_{n=1}^{\infty}u_n$ 为任意项级数,则利用任意项级数审敛法.

3. 幂级数 $\sum\limits_{n=0}^{\infty}a_n x^n$ 收敛区间的求法

首先求出幂级数的收敛半径 $R=\lim\limits_{n\to\infty}\left|\dfrac{a_n}{a_{n+1}}\right|$,其次将 $x=\pm R$ 分别代入幂级数中,用数项级数审敛法判别相应的数项级数是收敛还是发散,从而确定收敛区间. 但要注意的是,有的幂级数不能直接应用定理 10.6 求收敛区间,要另寻其他方法(如 10.3.2 例 2).

4. 将函数 $f(x)$ 直接展开成 x 的幂级数的步骤

第一步   求出函数 $f(x)$ 的各阶导数,再求出函数 $f(x)$ 及各阶导数在 $x=0$ 处的函数

值. 若某阶导数不存在, 则该函数就不能展开成 x 的幂级数.

第二步　若函数 $f(x)$ 的任意阶导数都存在, 写出函数 $f(x)$ 的麦克劳林级数, 并求出其收敛区间.

第三步　若在收敛区间内麦克劳林级数的余项 $R_n \to 0 (n \to \infty)$, 则该麦克劳林级数就是函数 $f(x)$ 的展开式. 否则, 虽然麦克劳林级数收敛, 但它的和函数不是 $f(x)$.

第四步　最后写出 $f(x)$ 的麦克劳林级数展开式.

5. 将周期函数 $f(x)$ 在 $[-\pi, \pi]$ 上展开成傅里叶级数的步骤

第一步　判断函数 $f(x)$ 是否满足狄利克雷收敛定理的条件.

第二步　在函数 $f(x)$ 满足收敛定理的条件时, 求出傅里叶系数.

第三步　写出傅里叶级数, 并注意该项级数在何处收敛于 $f(x)$.

傅里叶级数中各个展开式及其系数之间有如下框图所示的关系:

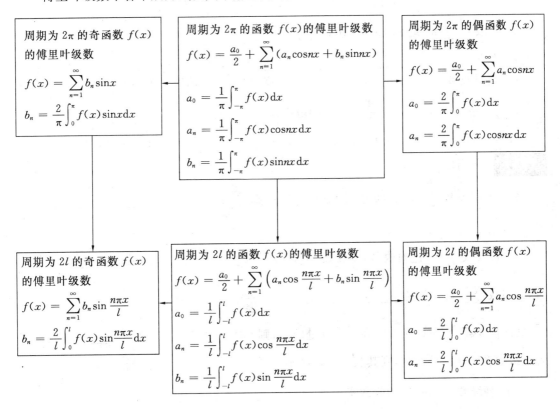

综合练习 10

选择题 (1～6)

1. 下列级数收敛的是(　　　).

A. $\displaystyle\sum_{n=1}^{\infty} \frac{1}{\sqrt{n}}$　　　B. $\displaystyle\sum_{n=1}^{\infty} \frac{1}{\sqrt[n]{n}}$　　　C. $\displaystyle\sum_{n=1}^{\infty} \frac{1}{\sqrt[3]{n^4}}$　　　D. $\displaystyle\sum_{n=1}^{\infty} \sqrt{\frac{n}{n+1}}$

2. 如果级数 $\displaystyle\sum_{n=1}^{\infty} u_n$ 收敛, 下列级数发散的是(　　　).

A. $\displaystyle\sum_{n=1}^{\infty}(u_n+99)$　　B. $\displaystyle\sum_{n=1}^{\infty}u_{n+99}$　　C. $\displaystyle\sum_{n=1}^{\infty}99u_n$　　D. $99+10\displaystyle\sum_{n=1}^{\infty}u_n$

3. 下列级数条件收敛的是（　　）.

A. $\displaystyle\sum_{n=1}^{\infty}(-1)^n\frac{n}{n+1}$　　　　　　　　　B. $\displaystyle\sum_{n=1}^{\infty}(-1)^n\frac{\sin n}{n^2}$

C. $\displaystyle\sum_{n=1}^{\infty}(-1)^n\frac{1}{n(n+1)}$　　　　　　　D. $\displaystyle\sum_{n=1}^{\infty}(-1)^n\frac{1}{\sqrt{n}}$

4. 下列级数绝对收敛的是（　　）.

A. $\displaystyle\sum_{n=1}^{\infty}(-1)^{n+1}\frac{1}{\sqrt{3n-2}}$　　　　　　B. $\displaystyle\sum_{n=1}^{\infty}(-1)^n\left(\frac{3}{2}\right)^n$

C. $\displaystyle\sum_{n=1}^{\infty}(-1)^{n+1}\frac{1}{\sqrt{n^3+1}}$　　　　　D. $\displaystyle\sum_{n=1}^{\infty}(-1)^n\frac{n-1}{n^2+1}$

5. 若级数 $\displaystyle\sum_{n=1}^{\infty}u_n$ 绝对收敛，则级数 $\displaystyle\sum_{n=1}^{\infty}\left(1+\frac{1}{n}\right)^n u_n$（　　）.

A. 发散　　　　　　　　　　　B. 条件收敛

C. 绝对收敛　　　　　　　　　D. 以上三个选项均不确定

6. $\displaystyle\sum_{n=1}^{\infty}\frac{1}{3^n}(x+1)^{n-1}=\frac{1}{2-x}$ 成立的范围是（　　）.

A. $[-4,2)$　　　B. $(-4,2)$　　　C. $(-3,3)$　　　D. $(-1,1)$

填空题（7～12）

7. 已知级数 $\displaystyle\sum_{n=1}^{\infty}u_n$ 的部分和 $S_n=\dfrac{n}{2n+1}$，则 $\displaystyle\sum_{n=1}^{\infty}u_n=\underline{\hspace{5cm}}$，
$u_n\underline{\hspace{4cm}}$.

8. 若级数 $\displaystyle\sum_{n=1}^{\infty}u_n$ 绝对收敛，则级数 $\displaystyle\sum_{n=1}^{\infty}u_n$ 必定 $\underline{\hspace{2.5cm}}$；若级数 $\displaystyle\sum_{n=1}^{\infty}u_n$ 条件收敛，则级数 $\displaystyle\sum_{n=1}^{\infty}|u_n|$ 必定 $\underline{\hspace{2.5cm}}$.

9. 若级数 $\displaystyle\sum_{n=1}^{\infty}a_n(x-1)^n$ 在 $x_1=0$ 处收敛，则其收敛半径必不小于 $\underline{\hspace{2.5cm}}$；若该级数在 $x_2=3$ 处发散，则其收敛半径必不大于 $\underline{\hspace{2.5cm}}$.

10. 幂级数 $\displaystyle\sum_{n=1}^{\infty}\frac{1}{n^2}x^n$ 的收敛半径是 $\underline{\hspace{2.5cm}}$.

11. 函数 $\arctan x$ 的麦克劳林级数为 $\underline{\hspace{2.5cm}}$.

12. 将 $\ln(1+2x)$ 展开成 x 的幂级数，则其收敛区间是 $\underline{\hspace{2.5cm}}$.

解答题（13～21）

判别 13～16 题中级数的敛散性.

13. $\displaystyle\sum_{n=1}^{\infty}(-1)^n\frac{n+\sin 2n}{3n}$.　　　　　　14. $\displaystyle\sum_{n=1}^{\infty}(-1)^{n+1}\frac{1}{n+\ln n}$.

15. $\displaystyle\sum_{n=1}^{\infty}(-1)^{n-1}\frac{\ln n}{n!}$.　　　　　　　16. $\displaystyle\sum_{n=1}^{\infty}(-1)^n\frac{\cos n\pi}{\sqrt{n\pi}}$.

将 17~20 题中函数展开成 x 的幂级数,并求其收敛区间.

17. $f(x) = \dfrac{1}{\sqrt{1+x^2}}$.

18. $f(x) = \ln \dfrac{1-x}{1+x}$.

19. $f(x) = \dfrac{1}{2}(e^x + e^{-x})$.

20. $f(x) = \displaystyle\int_0^x e^{-t^2}\,dt$.

21. 将函数 $f(x) = \begin{cases} 2x, & -\pi \leqslant x < 0, \\ x, & 0 \leqslant x < \pi \end{cases}$ 展开成以 2π 为周期的傅里叶级数.

线性代数初步

在科学技术和生产经营管理活动中遇到的许多问题都可以归结为求解线性方程组的问题. 行列式和矩阵是为求解线性方程组而引入的, 它们是研究线性代数的重要工具. 本章将介绍行列式和矩阵的概念及其运算, 并用它们求解线性方程组, 解决一些实际问题.

11.1　行　列　式

11.1.1　行列式的概念与性质

1. 二阶与三阶行列式

设含有两个未知量 x_1、x_2 及两个方程的线性方程组(即未知量的最高次幂是 1 的方程组)为

$$\begin{cases} a_{11}x_1 + a_{12}x_2 = b_1, \\ a_{21}x_1 + a_{22}x_2 = b_2. \end{cases} \tag{11-1}$$

若 $a_{11}a_{22} - a_{12}a_{21} \neq 0$, 则可以用加减消元法求得方程组(11-1)的解为

$$\begin{cases} x_1 = \dfrac{b_1 a_{22} - a_{12} b_2}{a_{11} a_{22} - a_{12} a_{21}}, \\ x_2 = \dfrac{a_{11} b_2 - b_1 a_{21}}{a_{11} a_{22} - a_{12} a_{21}}. \end{cases} \tag{11-2}$$

为便于记忆和应用, 引入二阶行列式的概念. 记号

$$\begin{vmatrix} a_{11} & a_{12} \\ a_{21} & a_{22} \end{vmatrix} \tag{11-3}$$

称为二阶行列式, 它由 2^2 个数构成, 表示一个算式, 其值为 $a_{11}a_{22} - a_{12}a_{21}$, 即

$$\begin{vmatrix} a_{11} & a_{12} \\ a_{21} & a_{22} \end{vmatrix} = a_{11}a_{22} - a_{12}a_{21}.$$

其中, 数 $a_{ij}(i=1,2; j=1,2)$ 称为行列式(11-3)的元素. 元素 a_{ij} 的第一个下标 i 称为行标, 表明该元素位于第 i 行, 第二个下标 j 称为列标, 表明该元素位于第 j 列.

上述二阶行列式的定义, 可用对角线法则来记忆. 把 a_{11} 到 a_{22} 的对角线称为主对角线, a_{12} 到 a_{21} 的对角线称为副(或次)对角线, 于是二阶行列式便是主对角线上的两个元素之积减去副对角线上的两个元素之积所得的差.

利用二阶行列式的概念, 若记

$$D = \begin{vmatrix} a_{11} & a_{12} \\ a_{21} & a_{22} \end{vmatrix}, \qquad D_1 = \begin{vmatrix} b_1 & a_{12} \\ b_2 & a_{22} \end{vmatrix}, \qquad D_2 = \begin{vmatrix} a_{11} & b_1 \\ a_{21} & b_2 \end{vmatrix},$$

则公式(11-2)可写成

$$x_1 = \frac{D_1}{D} = \frac{\begin{vmatrix} b_1 & a_{12} \\ b_2 & a_{22} \end{vmatrix}}{\begin{vmatrix} a_{11} & a_{12} \\ a_{21} & a_{22} \end{vmatrix}}, \quad x_2 = \frac{D_2}{D} = \frac{\begin{vmatrix} a_{11} & b_1 \\ a_{21} & b_2 \end{vmatrix}}{\begin{vmatrix} a_{11} & a_{12} \\ a_{21} & a_{22} \end{vmatrix}}.$$

注 上式的分母 D 是由方程组(11-1)的系数所确定的二阶行列式(称为系数行列式)，x_1 的分子 D_1 是用常数项 b_1, b_2 替换 D 中 x_1 的系数 a_{11}, a_{21} 所得的二阶行列式，x_2 的分子 D_2 是用常数项 b_1, b_2 替换 D 中 x_2 的系数 a_{12}, a_{22} 所得的二阶行列式.

例 1 求解二元线性方程组

$$\begin{cases} 2x_1 + 3x_2 = 2, \\ x_1 + 4x_2 = -1. \end{cases}$$

解 因为

$$D = \begin{vmatrix} 2 & 3 \\ 1 & 4 \end{vmatrix} = 8 - 3 = 5 \neq 0,$$

$$D_1 = \begin{vmatrix} 2 & 3 \\ -1 & 4 \end{vmatrix} = 8 - (-3) = 11, \quad D_2 = \begin{vmatrix} 2 & 2 \\ 1 & -1 \end{vmatrix} = -2 - 2 = -4,$$

所以方程组的解为

$$\begin{cases} x_1 = \dfrac{D_1}{D} = \dfrac{11}{5}, \\ x_2 = \dfrac{D_2}{D} = -\dfrac{4}{5}. \end{cases}$$

与二阶行列式类似，定义

$$D = \begin{vmatrix} a_{11} & a_{12} & a_{13} \\ a_{21} & a_{22} & a_{23} \\ a_{31} & a_{32} & a_{33} \end{vmatrix} = a_{11}a_{22}a_{33} + a_{12}a_{23}a_{31} + a_{13}a_{21}a_{32} - a_{11}a_{23}a_{32} - a_{12}a_{21}a_{33} - a_{13}a_{22}a_{31}$$

为三阶行列式.

由三阶行列式定义可知，三阶行列式有三行三列，其元素 $a_{ij}(i, j = 1, 2, 3)$ 共有 3^2 个. 三阶行列式仍有对角线法则，即实线上三个元素乘积之和，减去虚线上三个元素乘积之和(如图 11-1 所示).

根据二阶行列式和三阶行列式的定义，不难发现有如下关系式：

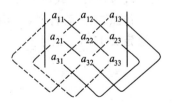

图 11-1

$$D = \begin{vmatrix} a_{11} & a_{12} & a_{13} \\ a_{21} & a_{22} & a_{23} \\ a_{31} & a_{32} & a_{33} \end{vmatrix}$$

$$= a_{11}(-1)^{1+1} \begin{vmatrix} a_{22} & a_{23} \\ a_{32} & a_{33} \end{vmatrix} + a_{12}(-1)^{1+2} \begin{vmatrix} a_{21} & a_{23} \\ a_{31} & a_{33} \end{vmatrix} + a_{13}(-1)^{1+3} \begin{vmatrix} a_{21} & a_{22} \\ a_{31} & a_{32} \end{vmatrix},$$

其中

$$\begin{vmatrix} a_{22} & a_{23} \\ a_{32} & a_{33} \end{vmatrix}$$

是原三阶行列式 D 中划去元素 a_{11} 所在的第一行和第一列后剩下的元素按原来顺序组成的二阶行列式,称它为元素 a_{11} 的余子式,记作 M_{11},即

$$M_{11} = \begin{vmatrix} a_{22} & a_{23} \\ a_{32} & a_{33} \end{vmatrix}.$$

类似地,记

$$M_{12} = \begin{vmatrix} a_{21} & a_{23} \\ a_{31} & a_{33} \end{vmatrix}, \quad M_{13} = \begin{vmatrix} a_{21} & a_{22} \\ a_{31} & a_{32} \end{vmatrix},$$

并且令

$$A_{ij} = (-1)^{i+j} M_{ij} (i, j = 1, 2, 3),$$

称为元素 a_{ij} 的代数余子式.

因此,三阶行列式也可以表示为

$$D = \begin{vmatrix} a_{11} & a_{12} & a_{13} \\ a_{21} & a_{22} & a_{23} \\ a_{31} & a_{32} & a_{33} \end{vmatrix} = a_{11}A_{11} + a_{12}A_{12} + a_{13}A_{13}. \tag{11-4}$$

这样,三阶行列式的值可转化为二阶行列式的计算而得到.

例 2 计算三阶行列式

$$D = \begin{vmatrix} 2 & -5 & 1 \\ 0 & 3 & -2 \\ -1 & -3 & 4 \end{vmatrix}.$$

解 $D = 2(-1)^{1+1} \begin{vmatrix} 3 & -2 \\ -3 & 4 \end{vmatrix} + (-5)(-1)^{1+2} \begin{vmatrix} 0 & -2 \\ -1 & 4 \end{vmatrix} + 1(-1)^{1+3} \begin{vmatrix} 0 & 3 \\ -1 & -3 \end{vmatrix}$

$= 2[3 \times 4 - (-2) \times (-3)] + 5[0 \times 4 - (-2) \times (-1)] +$

$[0 \times (-3) - 3 \times (-1)] = 5.$

2. n 阶行列式的定义

仿照二、三阶行列式,可以把行列式推广到一般情形.

定义 11.1 记号

$$D = \begin{vmatrix} a_{11} & a_{12} & \cdots & a_{1n} \\ a_{21} & a_{22} & \cdots & a_{2n} \\ \vdots & \vdots & & \vdots \\ a_{n1} & a_{n2} & \cdots & a_{nn} \end{vmatrix}$$

称为 n 阶行列式,它由 n^2 个数构成,代表一个算式,其值为

① 当 $n=1$ 时,规定 $D = |a_{11}| = a_{11}$;

② 当 $n \geq 2$ 时,将行列式按第一行展开,得

$$D = a_{11}A_{11} + a_{12}A_{12} + \cdots + a_{1n}A_{1n}. \tag{11-5}$$

对于 n 阶行列式,元素 $a_{ij}(i=1,2,3,\cdots,n; \ j=1,2,3,\cdots,n)$ 的余子式和代数余子式的

定义与三阶行列式的余子式和代数余子式的定义相同. 显然, n 阶行列式的余子式和代数余子式均为 $n-1$ 阶行列式.

例 3　写出四阶行列式

$$\begin{vmatrix} 2 & -1 & 5 & 7 \\ 3 & 8 & 6 & 0 \\ 5 & 4 & 1 & 9 \\ 10 & 11 & -3 & -6 \end{vmatrix}$$

中元素 a_{23} 的余子式和代数余子式.

解　由余子式和代数余子式的定义可知

$$M_{23} = \begin{vmatrix} 2 & -1 & 7 \\ 5 & 4 & 9 \\ 10 & 11 & -6 \end{vmatrix}, \quad A_{23} = (-1)^{2+3} M_{23} = - \begin{vmatrix} 2 & -1 & 7 \\ 5 & 4 & 9 \\ 10 & 11 & -6 \end{vmatrix}.$$

例 4　计算 n 阶三角行列式

$$D = \begin{vmatrix} a_{11} & 0 & \cdots & 0 \\ a_{21} & a_{22} & \cdots & 0 \\ \vdots & \vdots & & \vdots \\ a_{n1} & a_{n2} & \cdots & a_{nn} \end{vmatrix}.$$

解　由 n 阶行列式的定义式(11-5)得

$$D = \begin{vmatrix} a_{11} & 0 & \cdots & 0 \\ a_{21} & a_{22} & \cdots & 0 \\ \vdots & \vdots & & \vdots \\ a_{n1} & a_{n2} & \cdots & a_{nn} \end{vmatrix} = a_{11} \cdot (-1)^{1+1} \begin{vmatrix} a_{22} & 0 & \cdots & 0 \\ a_{32} & a_{33} & \cdots & 0 \\ \vdots & \vdots & & \vdots \\ a_{n2} & a_{ln3} & \cdots & a_{nn} \end{vmatrix}$$

$$= a_{11} a_{22} \cdot (-1)^{1+1} \begin{vmatrix} a_{33} & 0 & \cdots & 0 \\ a_{43} & a_{44} & \cdots & 0 \\ \vdots & \vdots & & \vdots \\ a_{n3} & a_{n4} & \cdots & a_{nn} \end{vmatrix} = \cdots = a_{11} a_{22} \cdots a_{nn}.$$

类似地, 有

$$\begin{vmatrix} a_{11} & a_{12} & \cdots & a_{1n} \\ 0 & a_{22} & \cdots & a_{2n} \\ \vdots & \vdots & & \vdots \\ 0 & 0 & \cdots & a_{nn} \end{vmatrix} = a_{11} a_{22} \cdots a_{nn}, \quad \begin{vmatrix} a_{11} & 0 & \cdots & 0 \\ 0 & a_{22} & \cdots & 0 \\ \vdots & \vdots & & \vdots \\ 0 & 0 & \cdots & a_{nn} \end{vmatrix} = a_{11} a_{22} \cdots a_{nn}.$$

例 5　计算四阶行列式

$$D = \begin{vmatrix} a & 0 & 0 & b \\ 0 & c & 0 & 0 \\ 0 & 0 & d & e \\ f & 0 & 0 & 0 \end{vmatrix}.$$

解　由式(11-5)得

$$D = \begin{vmatrix} a & 0 & 0 & b \\ 0 & c & 0 & 0 \\ 0 & 0 & d & e \\ f & 0 & 0 & 0 \end{vmatrix} = a \times (-1)^{1+1} \begin{vmatrix} c & 0 & 0 \\ 0 & d & e \\ 0 & 0 & 0 \end{vmatrix} + b \times (-1)^{1+4} \begin{vmatrix} 0 & c & 0 \\ 0 & 0 & d \\ f & 0 & 0 \end{vmatrix}$$

$$= a \times c \times (-1)^{1+1} \begin{vmatrix} d & e \\ 0 & 0 \end{vmatrix} - b \times c \times (-1)^{1+2} \begin{vmatrix} 0 & d \\ f & 0 \end{vmatrix}$$

$$= bc \times (0 - df) = -bcdf.$$

3. 行列式的性质

为了简化行列式的计算,下面不加证明地引入行列式的性质.

首先给出转置行列式的定义.

定义 11.2　设

$$D = \begin{vmatrix} a_{11} & a_{12} & \cdots & a_{1n} \\ a_{21} & a_{22} & \cdots & a_{2n} \\ \vdots & \vdots & & \vdots \\ a_{n1} & a_{n2} & \cdots & a_{nn} \end{vmatrix}.$$

将 D 所对应的行与列的位置互换所得的行列式

$$D^{\mathrm{T}} = \begin{vmatrix} a_{11} & a_{21} & \cdots & a_{n1} \\ a_{12} & a_{22} & \cdots & a_{n2} \\ \vdots & \vdots & & \vdots \\ a_{1n} & a_{2n} & \cdots & a_{nn} \end{vmatrix},$$

称为 D 的转置行列式.

性质 11.1　行列式与它的转置行列式相等.

性质 11.1 表明,行列式中行与列的地位是对称的,因此,凡是有关行的性质,对列也同样成立.

性质 11.2　互换行列式的两行(列),行列式变号.

推论 11.1　如果行列式有两行(列)完全相同,则此行列式等于零.

性质 11.3　行列式的某一行(列)中所有的元素都乘以同一个数 k 等于用数 k 乘以此行列式.例如,

$$\begin{vmatrix} a_{11} & a_{12} & \cdots & a_{1n} \\ \vdots & \vdots & & \vdots \\ ka_{i1} & ka_{i2} & \cdots & ka_{in} \\ \vdots & \vdots & & \vdots \\ a_{n1} & a_{n2} & \cdots & a_{nn} \end{vmatrix} = k \begin{vmatrix} a_{11} & a_{12} & \cdots & a_{1n} \\ \vdots & \vdots & & \vdots \\ a_{i1} & a_{i2} & \cdots & a_{in} \\ \vdots & \vdots & & \vdots \\ a_{n1} & a_{n2} & \cdots & a_{nn} \end{vmatrix}.$$

由性质 11.3 易得

推论 11.2　行列式中某一行(列)的所有元素的公因子可以提到行列式符号的外面.

性质 11.3　如果行列式中有一行(列)的元素全为零,那么这个行列式等于零.

性质 11.4　如果行列式有两行(列)的对应元素成比例,那么这个行列式等于零.

性质 11.5　如果行列式的某一行(列)各元素都可写成两项之和,例如,

$$D=\begin{vmatrix} a_{11} & a_{12} & \cdots & a_{1n} \\ \vdots & \vdots & & \vdots \\ a_{i1}+b_{i1} & a_{i2}+b_{i2} & \cdots & a_{in}+b_{in} \\ \vdots & \vdots & & \vdots \\ a_{n1} & a_{n2} & \cdots & a_{nn} \end{vmatrix},$$

则 D 等于下列两个行列式之和：

$$D=\begin{vmatrix} a_{11} & a_{12} & \cdots & a_{1n} \\ \vdots & \vdots & & \vdots \\ a_{i1} & a_{i2} & \cdots & a_{in} \\ \vdots & \vdots & & \vdots \\ a_{n1} & a_{n2} & \cdots & a_{nn} \end{vmatrix}+\begin{vmatrix} a_{11} & a_{12} & \cdots & a_{1n} \\ \vdots & \vdots & & \vdots \\ b_{i1} & b_{i2} & \cdots & b_{in} \\ \vdots & \vdots & & \vdots \\ a_{n1} & a_{n2} & \cdots & a_{nn} \end{vmatrix}.$$

性质 11.6 把行列式的某一行(列)的元素乘以同一个数后加到另一行(列)的对应元素上,行列式不变.

性质 11.7 行列式等于它的任一行(列)的各元素与其对应的代数余子式乘积之和,即
$$D=a_{i1}A_{i1}+a_{i2}A_{i2}+\cdots+a_{in}A_{in}(i=1,2,\cdots,n)$$
或
$$D=a_{1j}A_{1j}+a_{2j}A_{2j}+\cdots+a_{nj}A_{nj}(j=1,2,\cdots,n).$$

性质 11.7 称为行列式按行(列)展开法则.

例 6 已知三阶行列式 $D=\begin{vmatrix} 3 & 2 & 2 \\ 7 & -4 & 1 \\ 3 & 7 & 4 \end{vmatrix}.$

(1) 按第三行展开,并求其值;

(2) 按第二列展开,并求其值.

解 (1) 将 D 按第三行展开得
$$D=a_{31}A_{31}+a_{32}A_{32}+a_{33}A_{33}$$
$$=3\times(-1)^{3+1}\begin{vmatrix} 2 & 2 \\ -4 & 1 \end{vmatrix}+7\times(-1)^{3+2}\begin{vmatrix} 3 & 2 \\ 7 & 1 \end{vmatrix}+4\times(-1)^{3+3}\begin{vmatrix} 3 & 2 \\ 7 & -4 \end{vmatrix}$$
$$=3\times10+7\times(-1)\times(-11)+4\times(-26)=3.$$

(2) 将 D 按第二列展开得
$$D=a_{12}A_{12}+a_{22}A_{22}+a_{32}A_{32}$$
$$=2\times(-1)^{1+2}\begin{vmatrix} 7 & 1 \\ 3 & 4 \end{vmatrix}+(-4)\times(-1)^{2+2}\begin{vmatrix} 3 & 2 \\ 3 & 4 \end{vmatrix}+7\times(-1)^{3+2}\begin{vmatrix} 3 & 2 \\ 7 & 1 \end{vmatrix}$$
$$=2\times(-1)\times25+(-4)\times6+7\times(-1)\times(-11)=3.$$

例 7 计算下列行列式:

(1) $\begin{vmatrix} 2 & 3 \\ 597 & 701 \end{vmatrix};$

(2) 设 $\begin{vmatrix} a_{11} & a_{12} & a_{13} \\ a_{21} & a_{22} & a_{23} \\ a_{31} & a_{32} & a_{33} \end{vmatrix}=1,$ 求 $\begin{vmatrix} a_{13} & a_{12} & a_{11} \\ a_{23} & a_{22} & a_{21} \\ a_{33}+2a_{13} & a_{32}+2a_{12} & a_{31}+2a_{11} \end{vmatrix}.$

解

(1) $\begin{vmatrix} 2 & 3 \\ 597 & 701 \end{vmatrix} = \begin{vmatrix} 2 & 3 \\ 600-3 & 700+1 \end{vmatrix} = \begin{vmatrix} 2 & 3 \\ 600 & 700 \end{vmatrix} + \begin{vmatrix} 2 & 3 \\ -3 & 1 \end{vmatrix}$

$\qquad = 100 \begin{vmatrix} 2 & 3 \\ 6 & 7 \end{vmatrix} + 11 = 100(14-18) + 11 = -389.$

(2) $\begin{vmatrix} a_{13} & a_{12} & a_{11} \\ a_{23} & a_{22} & a_{21} \\ a_{33}+2a_{13} & a_{32}+2a_{12} & a_{31}+2a_{11} \end{vmatrix} \xrightarrow{r_3+(-2)r_1} \begin{vmatrix} a_{13} & a_{12} & a_{11} \\ a_{23} & a_{22} & a_{21} \\ a_{33} & a_{32} & a_{31} \end{vmatrix}$

$\qquad \xrightarrow{c_1 \leftrightarrow c_3} - \begin{vmatrix} a_{11} & a_{12} & a_{13} \\ a_{21} & a_{22} & a_{23} \\ a_{31} & a_{32} & a_{33} \end{vmatrix} = -1.$

上式中 $r_3+(-2)r_1$ 表示第 1 行乘以 (-2) 加到第 3 行, $c_1 \leftrightarrow c_3$ 表示第 1 列与第 3 列互换位置. 类似地, 有

$$r_i + kr_j, \ c_i + kc_j, \ r_i \leftrightarrow r_j, \ c_i \leftrightarrow c_j, \ kr_i, \ kc_i, \ r_i \div k, \ c_i \div k$$

等记号, 其中 $r_i \div k (c_i \div k)$ 表示第 i 行(列)提出公因子 k.

4. 行列式的计算

对于一个 n 阶行列式, 通常是利用性质, 将其化简为三角行列式, 或将其化简为有某行(列)元素多数为零, 或只有一个元素为零, 再利用性质 11.7 展开降阶, 直至化为二、三阶行列式求值.

例 8 计算行列式

$$D = \begin{vmatrix} 2 & 1 & 0 & 1 \\ 3 & 1 & 5 & 0 \\ 1 & 0 & 5 & 6 \\ 2 & 1 & 3 & 4 \end{vmatrix}.$$

解法 1 将 D 化为上三角行列式.

$D \xrightarrow{c_1 \leftrightarrow c_2} - \begin{vmatrix} 1 & 2 & 0 & 1 \\ 1 & 3 & 5 & 0 \\ 0 & 1 & 5 & 6 \\ 1 & 2 & 3 & 4 \end{vmatrix} \xrightarrow[r_4-r_1]{r_2-r_1} - \begin{vmatrix} 1 & 2 & 0 & 1 \\ 0 & 1 & 5 & -1 \\ 0 & 1 & 5 & 6 \\ 0 & 0 & 3 & 3 \end{vmatrix}$

$\xrightarrow{r_4 \div 3} -3 \begin{vmatrix} 1 & 2 & 0 & 1 \\ 0 & 1 & 5 & -1 \\ 0 & 1 & 5 & 6 \\ 0 & 0 & 1 & 1 \end{vmatrix} \xrightarrow{r_3-r_2} -3 \begin{vmatrix} 1 & 2 & 0 & 1 \\ 0 & 1 & 5 & -1 \\ 0 & 0 & 0 & 7 \\ 0 & 0 & 1 & 1 \end{vmatrix} \xrightarrow{r_3 \leftrightarrow r_4} 3 \begin{vmatrix} 1 & 2 & 0 & 1 \\ 0 & 1 & 5 & -1 \\ 0 & 0 & 1 & 1 \\ 0 & 0 & 0 & 7 \end{vmatrix}$

$= 3(1 \times 1 \times 1 \times 7) = 21.$

解法 2 保留 a_{12}, 把第二列其余元素化为 0, 然后按第二列展开.

$D \xrightarrow[r_4-r_1]{r_2-r_1} \begin{vmatrix} 2 & 1 & 0 & 1 \\ 1 & 0 & 5 & -1 \\ 1 & 0 & 5 & 6 \\ 0 & 0 & 3 & 3 \end{vmatrix} = 1 \times (-1)^{1+2} \begin{vmatrix} 1 & 5 & -1 \\ 1 & 5 & 6 \\ 0 & 3 & 3 \end{vmatrix} \xrightarrow{r_2-r_1} -1 \begin{vmatrix} 1 & 5 & -1 \\ 0 & 0 & 7 \\ 0 & 3 & 3 \end{vmatrix}$

$$=(-1)\times 1\times(-1)^{1+1}\begin{vmatrix} 0 & 7 \\ 3 & 3 \end{vmatrix}=21.$$

例 9　计算行列式

$$D=\begin{vmatrix} a & b & b & b \\ b & a & b & b \\ b & b & a & b \\ b & b & b & a \end{vmatrix}.$$

解　由于 D 的每一行的所有元素的和都为 $a+3b$,因此可采用以下解法:

$$D \xlongequal{c_1+(c_2+c_3+c_4)} \begin{vmatrix} a+3b & b & b & b \\ a+3b & a & b & b \\ a+3b & b & a & b \\ a+3b & b & b & a \end{vmatrix} \xlongequal{c_1\div(a+3b)} (a+3b)\begin{vmatrix} 1 & b & b & b \\ 1 & a & b & b \\ 1 & b & a & b \\ 1 & b & b & a \end{vmatrix}$$

$$\xlongequal[i=2,3,4]{r_i-r_1} (a+3b)\begin{vmatrix} 1 & b & b & b \\ 0 & a-b & 0 & 0 \\ 0 & 0 & a-b & 0 \\ 0 & 0 & 0 & a-b \end{vmatrix} = (a+3b)(a-b)^3.$$

11.1.2　克莱姆法则

作为 n 阶行列式的一个应用,下面给出的克莱姆(Cramer)法则,就是利用 n 阶行列式求解含有 n 个未知量、n 个方程的线性方程组的方法.

设给定了一个含有 n 个未知量 n 个方程的线性方程组

$$\begin{cases} a_{11}x_1+a_{12}x_2+\cdots+a_{1n}x_n=b_1, \\ a_{21}x_1+a_{22}x_2+\cdots+a_{2n}x_n=b_2, \\ \cdots\cdots\cdots\cdots\cdots\cdots\cdots\cdots\cdots \\ a_{n1}x_1+a_{n2}x_2+\cdots+a_{nn}x_n=b_n. \end{cases} \quad (11\text{-}6)$$

以 D 记线性方程组(11-6)的系数行列式,即

$$D=\begin{vmatrix} a_{11} & a_{12} & \cdots & a_{1n} \\ a_{21} & a_{22} & \cdots & a_{2n} \\ \vdots & \vdots & & \vdots \\ a_{n1} & a_{n2} & \cdots & a_{nn} \end{vmatrix}.$$

定理 11.1(克莱姆法则)　如果线性方程组(11-6)的系数行列式 $D\neq 0$,那么方程组(11-6)存在唯一解

$$x_1=\frac{D_1}{D},\ x_2=\frac{D_2}{D},\ \cdots,\ x_n=\frac{D_n}{D},$$

其中 $D_j(j=1,2,\cdots,n)$ 是把系数行列式 D 中第 j 列的元素用方程组右边的常数项代替后所得到的 n 阶行列式,即

$$D_j = \begin{vmatrix} a_{11} & \cdots & a_{1,j-1} & b_1 & a_{1,j+1} & \cdots & a_{1n} \\ a_{21} & \cdots & a_{2,j-1} & b_2 & a_{2,j+1} & \cdots & a_{2n} \\ \vdots & & \vdots & \vdots & \vdots & & \vdots \\ a_{n1} & \cdots & a_{n,j-1} & b_n & a_{n,j+1} & \cdots & a_{nn} \end{vmatrix}.$$

证明从略.

例 10　解线性方程组

$$\begin{cases} x_1 - x_2 + x_3 + 2x_4 = 1, \\ x_1 + x_2 - 2x_3 + x_4 = 1, \\ x_1 + x_2 \qquad\quad + x_4 = 2, \\ x_1 \qquad\quad + x_3 - x_4 = 1. \end{cases}$$

解　$D = \begin{vmatrix} 1 & -1 & 1 & 2 \\ 1 & 1 & -2 & 1 \\ 1 & 1 & 0 & 1 \\ 1 & 0 & 1 & -1 \end{vmatrix} = -10,$

$D_1 = \begin{vmatrix} 1 & -1 & 1 & 2 \\ 1 & 1 & -2 & 1 \\ 2 & 1 & 0 & 1 \\ 1 & 0 & 1 & -1 \end{vmatrix} = -8, D_2 = \begin{vmatrix} 1 & 1 & 1 & 2 \\ 1 & 1 & -2 & 1 \\ 1 & 2 & 0 & 1 \\ 1 & 1 & 1 & -1 \end{vmatrix} = -9,$

$D_3 = \begin{vmatrix} 1 & -1 & 1 & 2 \\ 1 & 1 & 1 & 1 \\ 1 & 1 & 2 & 1 \\ 1 & 0 & 1 & -1 \end{vmatrix} = -5, D_4 = \begin{vmatrix} 1 & -1 & 1 & 1 \\ 1 & 1 & -2 & 1 \\ 1 & 1 & 0 & 2 \\ 1 & 0 & 1 & 1 \end{vmatrix} = -3,$

因为系数行列式 $D = -10 \neq 0$, 所以由克莱姆法则知方程组有唯一解

$$x_1 = \frac{D_1}{D} = \frac{4}{5}, \quad x_2 = \frac{D_2}{D} = \frac{9}{10}, \quad x_3 = \frac{D_3}{D} = \frac{1}{2}, \quad x_4 = \frac{D_4}{D} = \frac{3}{10}.$$

方程组 (11-6) 中当常数项 $b_1 = b_2 = \cdots = b_n = 0$ 时, 即

$$\begin{cases} a_{11}x_1 + a_{12}x_2 + \cdots + a_{1n}x_n = 0, \\ a_{21}x_1 + a_{22}x_2 + \cdots + a_{2n}x_n = 0, \\ \cdots\cdots\cdots\cdots\cdots\cdots\cdots\cdots\cdots\cdots\cdots\cdots \\ a_{n1}x_1 + a_{n2}x_2 + \cdots + a_{nn}x_n = 0, \end{cases} \tag{11-7}$$

称为齐次线性方程组.

显然, 齐次线性方程组 (11-7) 总是有解的, 因为 $x_1 = x_2 = \cdots = x_n = 0$ 就是它的一个解, 称它为零解. 对于齐次线性方程组, 常常需要讨论的问题是, 它是否有非零解. 由克莱姆法则可得以下推论.

推论 11.4　如果齐次线性方程组 (11-7) 的系数行列式 $D \neq 0$, 那么它只有零解.

事实上, 因为 D_j 中有第 j 列为零, 即 $D_j = 0 (j = 1, 2, \cdots, n)$, 故当 $D \neq 0$ 时, 由克莱姆法则得方程组 (11-7) 有唯一解

$$x_1 = \frac{D_1}{D} = \frac{0}{D} = 0, \quad x_2 = \frac{D_2}{D} = \frac{0}{D} = 0, \quad \cdots, \quad x_n = \frac{D_n}{D} = \frac{0}{D} = 0.$$

推论 11.5　齐次线性方程组(11-7)有非零解的必要条件是系数行列式 $D=0$.

例 11　当 λ 取何值时,方程组

$$\begin{cases} \lambda x_1 + x_2 + x_3 = 0, \\ x_1 + \lambda x_2 + x_3 = 0, \\ x_1 + x_2 + \lambda x_3 = 0 \end{cases}$$

有非零解?

解　已知方程组的系数行列式

$$D = \begin{vmatrix} \lambda & 1 & 1 \\ 1 & \lambda & 1 \\ 1 & 1 & \lambda \end{vmatrix} = (\lambda+2)(\lambda-1)^2,$$

所以由推论 11.5 知,当 $D=0$,即 $\lambda=-2$ 或 $\lambda=1$ 时,齐次线性方程组有非零解.

习题 11-1

A 组

计算 1～4 题中的行列式.

1. $\begin{vmatrix} 3 & 2 \\ 6 & 9 \end{vmatrix}$.

2. $\begin{vmatrix} \sin x & -\cos x \\ \cos x & \sin x \end{vmatrix}$.

3. $\begin{vmatrix} 1 & 0 & -1 \\ 3 & 5 & 0 \\ 0 & 4 & 1 \end{vmatrix}$.

4. $\begin{vmatrix} 1 & -2 & 1 & 0 \\ 0 & 3 & -2 & -1 \\ 4 & -1 & 0 & -3 \\ 1 & 2 & 6 & 3 \end{vmatrix}$.

利用行列式的性质计算 5～8 题中的行列式.

5. $\begin{vmatrix} 698 & 2 \\ 701 & 3 \end{vmatrix}$.

6. $\begin{vmatrix} 5 & -1 & 3 \\ 2 & 2 & 2 \\ 196 & 203 & 199 \end{vmatrix}$.

7. $\begin{vmatrix} 3 & 1 & -1 & 2 \\ -5 & 1 & 3 & -4 \\ 2 & 0 & 1 & -1 \\ 1 & -5 & 3 & -3 \end{vmatrix}$.

8. $\begin{vmatrix} 1 & 3 & 3 & 3 \\ 3 & 1 & 3 & 3 \\ 3 & 3 & 1 & 3 \\ 3 & 3 & 3 & 1 \end{vmatrix}$.

9. 已知四阶行列式 $\begin{vmatrix} 1 & 1 & 1 & 1 \\ -2 & 4 & 0 & 3 \\ 3 & 2 & 1 & -5 \\ 0 & -1 & 0 & 2 \end{vmatrix}$,求 $A_{11}+A_{12}+A_{13}+A_{14}$.

利用克莱姆法则解 10～11 题中的线性方程组.

10. $\begin{cases} 5x_1+2x_2-4x_3=-3, \\ 2x_1-x_2+2x_3=6, \\ x_1+x_2-x_3=0. \end{cases}$

11. $\begin{cases} -2x_1-5x_2+x_3+7x_4=-5, \\ 3x_1+2x_2-x_3-6x_4=-1, \\ x_1-3x_2+2x_3+5x_4=-4, \\ -x_1+8x_2-2x_3+3x_4=1. \end{cases}$

12. 问 λ 取何值时,齐次线性方程组

$$\begin{cases} \lambda x_1 + x_2 + x_3 = 0, \\ x_1 - x_2 + x_3 = 0, \\ x_1 - 2x_2 + x_3 = 0 \end{cases}$$

有非零解?

B 组

利用行列式的性质计算 13～16 题中的行列式.

13. $\begin{vmatrix} a & b & c & d \\ b & c & d & a \\ c & d & a & b \\ d & a & b & c \end{vmatrix}$.

14. $\begin{vmatrix} x & y & 0 & \cdots & 0 & 0 \\ 0 & x & y & \cdots & 0 & 0 \\ 0 & 0 & x & \cdots & 0 & 0 \\ \vdots & \vdots & \vdots & & \vdots & \vdots \\ 0 & 0 & 0 & \cdots & x & y \\ y & 0 & 0 & \cdots & 0 & x \end{vmatrix}$.

15. $\begin{vmatrix} 1+a_1 & a_2 & a_3 & \cdots & a_n \\ a_1 & 1+a_2 & a_3 & \cdots & a_n \\ a_1 & a_2 & 1+a_3 & \cdots & a_n \\ \vdots & \vdots & \vdots & & \vdots \\ a_1 & a_2 & a_3 & \cdots & 1+a_n \end{vmatrix}$.

16. $\begin{vmatrix} x & 1 & 2 & \cdots & n-1 & n \\ 1 & x & 2 & \cdots & n-1 & n \\ 1 & 2 & x & \cdots & n-1 & n \\ \vdots & \vdots & \vdots & & \vdots & \vdots \\ 1 & 2 & 3 & \cdots & x & n \\ 1 & 2 & 3 & \cdots & n & x \end{vmatrix}$.

17. 已知行列式 $\begin{vmatrix} a & b & c \\ a_1 & b_1 & c_1 \\ a_2 & b_2 & c_2 \end{vmatrix} = m$, 求 $\begin{vmatrix} b+c & c+a & a+b \\ b_1+c_1 & c_1+a_1 & a_1+b_1 \\ b_2+c_2 & c_2+a_2 & a_2+b_2 \end{vmatrix}$ 的值.

利用行列式性质证明 18～19 题中的恒等式.

18. $\begin{vmatrix} a+bx & a-bx & c \\ a_1+b_1x & a_1-b_1x & c_1 \\ a_2+b_2x & a_2-b_2x & c_2 \end{vmatrix} = -2x \begin{vmatrix} a & b & c \\ a_1 & b_1 & c_1 \\ a_2 & b_2 & c_2 \end{vmatrix}$.

19. $\begin{vmatrix} 1 & 1 & 1 \\ a & b & c \\ bc & ca & ab \end{vmatrix} = (a-b)(b-c)(c-a)$.

解 20～21 题中的方程.

20. $\begin{vmatrix} x & 2 & 1 \\ 2 & x & 0 \\ 1 & -1 & 1 \end{vmatrix} = 0$.

21. $\begin{vmatrix} 1 & 1 & 1 & 1 \\ 2 & 1-x & 2 & 2 \\ 3 & 3 & x-2 & 3 \\ 4 & 4 & 4 & x-3 \end{vmatrix} = 0$.

11. 2　矩　　阵

11. 2. 1　矩阵的概念与运算

1. 矩阵的概念

矩阵是由实际问题中抽象出来的数学概念,下面是两个具体例子.

例 1　要从三个水泥厂 A_1,A_2,A_3 把水泥运往四个销售地 B_1,B_2,B_3,B_4,调运方案如表 11-1 所示:

表 11-1　　　　　　　　　（单位：t）

销售地 水泥厂	B_1	B_2	B_3	B_4
A_1	80	75	50	90
A_2	36	95	65	78
A_3	45	85	57	69

表中第 $i(i=1,2,3)$ 行第 $j(j=1,2,3,4)$ 列的数表示从第 i 个水泥厂运到第 j 个销售地的运量.

如果用一个矩形数表示该调运方案,按原先顺序可记为

$$\begin{bmatrix} 80 & 75 & 50 & 90 \\ 36 & 95 & 65 & 78 \\ 45 & 85 & 57 & 69 \end{bmatrix}.$$

例 2　设三元线性方程组

$$\begin{cases} a_{11}x_1 + a_{12}x_2 + a_{13}x_3 = b_1, \\ a_{21}x_1 + a_{22}x_2 + a_{23}x_3 = b_2, \\ a_{31}x_1 + a_{32}x_2 + a_{33}x_3 = b_3. \end{cases}$$

可将其未知量的系数与常数项按照原先顺序组成一个矩形数表

$$\begin{bmatrix} a_{11} & a_{12} & a_{13} & b_1 \\ a_{21} & a_{22} & a_{23} & b_2 \\ a_{31} & a_{32} & a_{33} & b_3 \end{bmatrix}.$$

实际问题中这样的数表是很多的,矩阵概念由此产生.

定义 11.3　由 $m \times n$ 个数 $a_{ij}(i=1,2,\cdots,m;j=1,2,\cdots,n)$ 排成 m 行 n 列的数表

$$\boldsymbol{A} = \begin{bmatrix} a_{11} & a_{12} & \cdots & a_{1n} \\ a_{21} & a_{22} & \cdots & a_{2n} \\ \vdots & \vdots & & \vdots \\ a_{m1} & a_{m2} & \cdots & m_{mn} \end{bmatrix}$$

称为 m 行 n 列矩阵,简称 $m \times n$ 矩阵. 数 a_{ij} 表示矩阵 $\boldsymbol{A}$ 的第 i 行第 j 列的元素,简称为元. i 称为 a_{ij} 的行标,j 称为 a_{ij} 的列标.通常用大写黑斜体字母 $\boldsymbol{A},\boldsymbol{B},\boldsymbol{C}$ 等表示矩阵.以数 a_{ij} 为元素的矩阵可简记作 $(a_{ij})_{m \times n}$ 或 (a_{ij}). $m \times n$ 矩阵 $\boldsymbol{A}$ 也记作 $\boldsymbol{A}_{m \times n}$.

行数相等且列数也相等的两个矩阵,称为同型矩阵.

若 $\boldsymbol{A}=(a_{ij})$ 与 $\boldsymbol{B}=(b_{ij})$ 是同型矩阵,并且它们的对应元素相等,即

$$a_{ij}=b_{ij} \quad (i=1,2,\cdots,m;\ j=1,2,\cdots,n),$$

则称矩阵 $\boldsymbol{A}$ 与矩阵 $\boldsymbol{B}$ 相等,记作

$$\boldsymbol{A}=\boldsymbol{B}.$$

行数和列数都等于 n 的矩阵称为 n 阶矩阵或 n 阶方阵,n 阶矩阵 $\boldsymbol{A}$ 也记作 $\boldsymbol{A}_n$. 元素 a_{ii} 称为方阵 $\boldsymbol{A}$ 的第 i 主对角线元,元素 $a_{11},a_{22},\cdots,a_{nn}$ 组成 $\boldsymbol{A}$ 的主对角线.

元素都是零的矩阵称为零矩阵,记作 $\boldsymbol{O}_{m\times n}$ 或 $\boldsymbol{O}$. 注意不同型的零矩阵是不同的.

只有一行的矩阵

$$\boldsymbol{A}=(a_1 \quad a_2 \quad \cdots \quad a_n)$$

称为行矩阵,又称行向量. 为避免元素间的混淆,行矩阵也记作

$$\boldsymbol{A}=(a_1,a_2,\cdots,a_n).$$

只有一列的矩阵

$$\boldsymbol{B}=\begin{pmatrix} b_1 \\ b_2 \\ \vdots \\ b_m \end{pmatrix}$$

称为列矩阵,又称列向量.

除主对角线元素外,其他元均为零的 n 阶方阵称为对角矩阵,即

$$\boldsymbol{A}=\begin{pmatrix} \lambda_1 & 0 & \cdots & 0 \\ 0 & \lambda_2 & \cdots & 0 \\ \vdots & \vdots & & \vdots \\ 0 & 0 & \cdots & \lambda_n \end{pmatrix}, \text{ 或记作 } \boldsymbol{A}=\begin{pmatrix} \lambda_1 & & & \\ & \lambda_2 & & \\ & & \ddots & \\ & & & \lambda_n \end{pmatrix}.$$

主对角线上元素全为 1 的 n 阶对角阵,称为 n 阶单位矩阵,简称单位阵,记作 $\boldsymbol{E}_n$ 或 $\boldsymbol{E}$,即

$$\boldsymbol{E}=\begin{pmatrix} 1 & 0 & \cdots & 0 \\ 0 & 1 & \cdots & 0 \\ \vdots & \vdots & & \vdots \\ 0 & 0 & \cdots & 1 \end{pmatrix}.$$

主对角线下方的元素全为零的 n 阶方阵,称为 n 阶上三角矩阵,即

$$\begin{pmatrix} a_{11} & a_{12} & \cdots & a_{1n} \\ 0 & a_{22} & \cdots & a_{2n} \\ \vdots & \vdots & & \vdots \\ 0 & 0 & \cdots & a_{nn} \end{pmatrix}.$$

主对角线上方的元素全为零的 n 阶方阵,称为 n 阶下三角矩阵,即

$$\begin{pmatrix} a_{11} & 0 & \cdots & 0 \\ a_21 & a_{22} & \cdots & 0 \\ \vdots & \vdots & & \vdots \\ a_{n1} & a_{n2} & \cdots & a_{nn} \end{pmatrix}.$$

2. 矩阵的运算

(1) 矩阵的加法与减法.

定义 11.4　设有两个同型矩阵 $A=(a_{ij})_{m\times n}$ 和 $B=(b_{ij})_{m\times n}$，那么矩阵 A 与 B 的和记作 $A+B$，规定为

$$A+B=\begin{pmatrix} a_{11}+b_{11} & a_{12}+b_{12} & \cdots & a_{1n}+b_{1n} \\ a_{21}+b_{21} & a_{22}+b_{22} & \cdots & a_{2n}+b_{2n} \\ \vdots & \vdots & & \vdots \\ a_{m1}+b_{m1} & a_{m2}+b_{m2} & \cdots & a_{mn}+b_{mn} \end{pmatrix}=(a_{ij}+b_{ij})_{m\times n}.$$

例如，设 $A=\begin{pmatrix} 2 & 1 & 5 \\ 3 & -4 & 7 \end{pmatrix}$，$B=\begin{pmatrix} 1 & 3 & -2 \\ 8 & 6 & 9 \end{pmatrix}$，则

$$A+B=\begin{pmatrix} 2+1 & 1+3 & 5+(-2) \\ 3+8 & (-4)+6 & 7+9 \end{pmatrix}=\begin{pmatrix} 3 & 4 & 3 \\ 11 & 2 & 16 \end{pmatrix}.$$

设 A、B、C 为 $m\times n$ 矩阵，矩阵加法满足下列运算规律：

① 交换律　　$A+B=B+A$；

② 结合律　　$(A+B)+C=A+(B+C)$.

设矩阵 $A=(a_{ij})$，记

$$-A=(-a_{ij}),$$

$-A$ 称为矩阵 A 的负矩阵，显然有

$$A+(-A)=O.$$

由此规定两个同型矩阵的减法为

$$A-B=A+(-B).$$

(2) 数与矩阵相乘.

定义 11.5　数 k 与矩阵 $A_{m\times n}$ 的乘积记作 kA 或 Ak，规定为

$$kA=Ak=\begin{pmatrix} ka_{11} & ka_{12} & \cdots & ka_{1n} \\ ka_{21} & ka_{22} & \cdots & ka_{2n} \\ \vdots & \vdots & & \vdots \\ ka_{m1} & ka_{m2} & \cdots & ka_{mn} \end{pmatrix}=(ka_{ij})_{m\times n}.$$

由上面定义可知，数与矩阵相乘是数乘以矩阵的每个元素.

设 A、B 为 $m\times n$ 矩阵，k、l 为数，数乘矩阵满足下列运算规律：

① 结合律　　$k(lA)=(kl)A$；

② 矩阵加法分配律　　$k(A+B)=kA+kB$；

③ 数加法分配律　　$(k+l)A=kA+lA$.

例 3　已知

$$A=\begin{pmatrix} 2 & 1 & -3 \\ 5 & 4 & 7 \end{pmatrix},\quad B=\begin{pmatrix} 6 & 0 & 9 \\ -7 & 8 & -1 \end{pmatrix},$$

求 $2A-B$.

解　$2A-B=2A+(-B)=2\begin{pmatrix} 2 & 1 & -3 \\ 5 & 4 & 7 \end{pmatrix}+\begin{pmatrix} -6 & 0 & -9 \\ 7 & -8 & 1 \end{pmatrix}$

$$= \begin{pmatrix} 4 & 2 & -6 \\ 10 & 8 & 14 \end{pmatrix} + \begin{pmatrix} -6 & 0 & -9 \\ 7 & -8 & 1 \end{pmatrix}$$

$$= \begin{pmatrix} 4+(-6) & 2+0 & -6+(-9) \\ 10+7 & 8+(-8) & 14+1 \end{pmatrix}$$

$$= \begin{pmatrix} -2 & 2 & -15 \\ 17 & 0 & 15 \end{pmatrix}.$$

（3）矩阵的乘法.

先看一个实例. 设某工厂生产两种产品 P_1, P_2, 每种产品都需要三种原材料 M_1, M_2, M_3. 已知每生产 1 吨的 P_i 需原材料 M_j 的数量为 a_{ij} 吨, 那么有投入-产出矩阵

$$A = (a_{ij}) = \begin{pmatrix} 0.5 & 0.3 & 0.2 \\ 0.1 & 0.2 & 0.5 \end{pmatrix}.$$

已知这三种原材料的价格分别是 $12, 15, 9$（单位：万元/吨），求这三种产品每吨的生产成本（只计原材料）.

解　P_1 的成本为

$$c_1 = 0.5 \times 12 + 0.3 \times 15 + 0.2 \times 9 = 12.3 \text{（万元/吨）};$$

P_2 的成本为

$$c_2 = 0.1 \times 12 + 0.2 \times 15 + 0.5 \times 9 = 8.7 \text{（万元/吨）}.$$

为方便起见，把三种原材料的价格和两种产品的成本分别写成 3×1 矩阵 B 和 2×1 矩阵 C, 即

$$B = \begin{pmatrix} 12 \\ 15 \\ 9 \end{pmatrix}, \quad C = \begin{pmatrix} c_1 \\ c_2 \end{pmatrix} = \begin{pmatrix} 12.3 \\ 8.7 \end{pmatrix},$$

称矩阵 C 为矩阵 A 和 B 的乘积，记作 $C = AB$.

定义 11.6　设 $A = (a_{ij})_{m \times s}$, $B = (b_{ij})_{s \times n}$, 规定矩阵 A 与 B 的乘积是一个 $m \times n$ 矩阵 $C = (c_{ij})_{m \times n}$, 其中

$$c_{ij} = a_{i1}b_{1j} + a_{i2}b_{2j} + \cdots + a_{is}b_{sj} \quad (i = 1, 2, \cdots, m; \ j = 1, 2, \cdots, n).$$

并把此乘积记作

$$C = AB.$$

由上面定义可知：只有左边矩阵的列数等于右边矩阵的行数时，两个矩阵才能相乘；而乘积矩阵的行数等于左边矩阵的行数，乘积矩阵的列数等于右边矩阵的列数；乘积矩阵 C 中的 c_{ij} 元就是左边矩阵的第 i 行与右边矩阵的第 j 列对应元素的乘积之和，即

$$\begin{array}{c} \text{第}j\text{列} \\ \begin{pmatrix} a_{11} & a_{12} & \cdots & a_{1s} \\ \vdots & \vdots & & \vdots \\ \boxed{a_{i1} \quad a_{i2} \quad \cdots \quad a_{is}} \\ \vdots & \vdots & & \vdots \\ a_{m1} & a_{m2} & \cdots & a_{ms} \end{pmatrix} \begin{pmatrix} b_{11} & \cdots & \boxed{b_{1j}} & \cdots & b_{1n} \\ b_{21} & \cdots & b_{2j} & \cdots & b_{2n} \\ \vdots & & \vdots & & \vdots \\ b_{s1} & \cdots & b_{sj} & \cdots & b_{sn} \end{pmatrix} = \begin{pmatrix} c_{11} & \cdots & c_{1j} & \cdots & c_{1n} \\ \vdots & & \vdots & & \vdots \\ c_{i1} & \cdots & \boxed{c_{ij}} & \cdots & c_{in} \\ \vdots & & \vdots & & \vdots \\ c_{m1} & \cdots & c_{mj} & \cdots & c_{mn} \end{pmatrix} \end{array}$$

第 i 行，第 i 行.

例 4　设

$$A=\begin{pmatrix} 4 & -1 & 2 \\ 1 & 1 & 0 \\ 0 & 3 & 1 \end{pmatrix}, \quad B=\begin{pmatrix} 1 & 2 \\ 0 & 1 \\ 3 & 0 \end{pmatrix},$$

求 AB 与 BA.

解　$AB=\begin{pmatrix} 4 & -1 & 2 \\ 1 & 1 & 0 \\ 0 & 3 & 1 \end{pmatrix}\begin{pmatrix} 1 & 2 \\ 0 & 1 \\ 3 & 0 \end{pmatrix}$

$$=\begin{pmatrix} 4\times1+(-1)\times0+2\times3 & 4\times2+(-1)\times1+2\times0 \\ 1\times1+1\times0+0\times3 & 1\times2+1\times1+0\times0 \\ 0\times1+3\times0+1\times3 & 0\times2+3\times1+1\times0 \end{pmatrix}=\begin{pmatrix} 10 & 7 \\ 1 & 3 \\ 3 & 3 \end{pmatrix}.$$

因为 B 的列数不等于 A 的行数, 所以 BA 无意义.

例 5　设

$$A=\begin{pmatrix} -1 & -1 \\ 1 & 1 \end{pmatrix}, \quad B=\begin{pmatrix} -1 & 1 \\ 1 & -1 \end{pmatrix},$$

求 AB 与 BA.

解　$AB=\begin{pmatrix} -1 & -1 \\ 1 & 1 \end{pmatrix}\begin{pmatrix} -1 & 1 \\ 1 & -1 \end{pmatrix}=\begin{pmatrix} 0 & 0 \\ 0 & 0 \end{pmatrix},$

$$BA=\begin{pmatrix} -1 & 1 \\ 1 & -1 \end{pmatrix}\begin{pmatrix} -1 & -1 \\ 1 & 1 \end{pmatrix}=\begin{pmatrix} 2 & 2 \\ -2 & -2 \end{pmatrix}.$$

由上述各例可看出, 矩阵的乘法与数的乘法有以下不同:

① 矩阵乘法不满足交换律, 即 $AB\neq BA$;

② 若 $A\neq O, B\neq O$, 但有可能 $AB=O$(例 5). 这就是说若有两个矩阵 A、B 满足 $AB=O$, 不能得出 $A=O$ 或 $B=O$ 的结论; 若 $A\neq O$ 而 $A(X-Y)=O$, 也不能得出 $X=Y$ 的结论.

设 A、B、C 为矩阵, k 为数. 不难验证, 矩阵乘法满足下列运算规律(假定矩阵的乘法都有意义):

① 结合律　　　$(AB)C=A(BC)$;

② 数乘结合律　　$k(AB)=(kA)B=A(kB)$;

③ 左分配律　　　$A(B+C)=AB+AC$,

　　右分配律　　　$(B+C)A=BA+CA$;

④ $A_{m\times n}E_n=E_mA_{m\times n}=A_{m\times n}$, 或简写成 $AE=EA=A$.

下面利用矩阵乘法来定义方阵的幂.

设 A 为 n 阶方阵, 定义

$$A^0=E, \quad A^k=\underbrace{AA\cdots A}_{k\uparrow}$$

其中 k 为正整数, A^k 称为 A 的 k 次幂.

方阵的幂满足下列运算规律:

$$A^kA^l=A^{k+1}, \quad (A^k)^l=A^{kl}.$$

其中, k, l 为正整数.

注　因为乘法一般不满足交换律,所以对于两个 n 阶方阵 $\boldsymbol{A},\boldsymbol{B}$,一般来说 $(\boldsymbol{AB})^k \neq \boldsymbol{A}^k\boldsymbol{B}^k$.

例 6　已知 n 元线性方程组

$$\begin{cases} a_{11}x_1 + a_{12}x_2 + \cdots + a_{1n}x_n = b_1, \\ a_{21}x_1 + a_{22}x_2 + \cdots + a_{2n}x_n = b_2, \\ \cdots\cdots\cdots\cdots\cdots\cdots\cdots\cdots\cdots \\ a_{m1}x_1 + a_{m2}x_2 + \cdots + a_{mn}x_n = b_m, \end{cases}$$

用矩阵方程形式表示该线性方程组.

解　n 元线性方程组的两边分别表示为矩阵,即

$$\begin{bmatrix} a_{11}x_1 + a_{12}x_2 + \cdots + a_{1n}x_n \\ a_{21}x_1 + a_{22}x_2 + \cdots + a_{2n}x_n \\ \cdots\cdots\cdots\cdots\cdots\cdots\cdots\cdots \\ a_{m1}x_1 + a_{m2}x_2 + \cdots + a_{mn}x_n \end{bmatrix} = \begin{bmatrix} b_1 \\ b_2 \\ \vdots \\ b_m \end{bmatrix}.$$

左边矩阵可以用矩阵乘法进行简化,即

$$\begin{bmatrix} a_{11} & a_{12} & \cdots & a_{1n} \\ a_{21} & a_{22} & \cdots & a_{2n} \\ \vdots & \vdots & & \vdots \\ a_{m1} & a_{m2} & \cdots & a_{mn} \end{bmatrix} \begin{bmatrix} x_1 \\ x_2 \\ \vdots \\ x_n \end{bmatrix} = \begin{bmatrix} b_1 \\ b_2 \\ \vdots \\ b_m \end{bmatrix}.$$

这三个矩阵分别记作 $\boldsymbol{A},\boldsymbol{X},\boldsymbol{B}$,并分别称为系数矩阵、变量列矩阵、常数列矩阵,那么 n 元线性方程组的矩阵方程形式可以简写为

$$\boldsymbol{AX} = \boldsymbol{B}.$$

例 7　设 $\boldsymbol{A} = \begin{bmatrix} 0 & 1 & 0 \\ 0 & 0 & 1 \\ 0 & 0 & 0 \end{bmatrix}$,求 $\boldsymbol{A}^k$.

解　$\boldsymbol{A}^2 = \begin{bmatrix} 0 & 1 & 0 \\ 0 & 0 & 1 \\ 0 & 0 & 0 \end{bmatrix} \begin{bmatrix} 0 & 1 & 0 \\ 0 & 0 & 1 \\ 0 & 0 & 0 \end{bmatrix} = \begin{bmatrix} 0 & 0 & 1 \\ 0 & 0 & 0 \\ 0 & 0 & 0 \end{bmatrix},$

$\boldsymbol{A}^3 = \boldsymbol{A}^2 \cdot \boldsymbol{A} = \begin{bmatrix} 0 & 0 & 1 \\ 0 & 0 & 0 \\ 0 & 0 & 0 \end{bmatrix} \begin{bmatrix} 0 & 1 & 0 \\ 0 & 0 & 1 \\ 0 & 0 & 0 \end{bmatrix} = \begin{bmatrix} 0 & 0 & 0 \\ 0 & 0 & 0 \\ 0 & 0 & 0 \end{bmatrix},$

所以　　　　　　　　　　　　　　$\boldsymbol{A}^k = \boldsymbol{O} \quad (k \geqslant 3).$

(4) 矩阵的转置.

定义 11.7　把矩阵 $\boldsymbol{A}$ 的行换成同序数的列得到的一个新矩阵,称为 $\boldsymbol{A}$ 的转置矩阵,记作 $\boldsymbol{A}^{\mathrm{T}}$ 或 $\boldsymbol{A}'$,即设

$$\boldsymbol{A} = \begin{bmatrix} a_{11} & a_{12} & \cdots & a_{1n} \\ a_{21} & a_{22} & \cdots & a_{2n} \\ \vdots & \vdots & & \vdots \\ a_{m1} & a_{m2} & \cdots & a_{mn} \end{bmatrix}, \text{则 } \boldsymbol{A}^{\mathrm{T}} = \begin{bmatrix} a_{11} & a_{21} & \cdots & a_{m1} \\ a_{12} & a_{22} & \cdots & a_{m2} \\ \vdots & \vdots & & \vdots \\ a_{1n} & a_{2n} & \cdots & a_{mn} \end{bmatrix}.$$

例如,矩阵 $\boldsymbol{A}=\begin{pmatrix} 5 & 7 & 9 \\ 3 & -6 & 2 \end{pmatrix}$ 的转置矩阵为 $\boldsymbol{A}^{\mathrm{T}}=\begin{pmatrix} 5 & 3 \\ 7 & -6 \\ 9 & 2 \end{pmatrix}$.

可以看出,一个 m 行 n 列矩阵的转置矩阵是一个 n 行 m 列矩阵.矩阵 $\boldsymbol{A}$ 的第 i 行第 j 列处的元素 a_{ij},在 $\boldsymbol{A}^{\mathrm{T}}$ 中则为第 j 行第 i 列处的元素.

容易验证,矩阵的转置满足下列运算规律(假设运算都有意义):

① $(\boldsymbol{A}^{\mathrm{T}})^{\mathrm{T}}=\boldsymbol{A}$;　　　　　　　　② $(\boldsymbol{A}+\boldsymbol{B})^{\mathrm{T}}=\boldsymbol{A}^{\mathrm{T}}+\boldsymbol{B}^{\mathrm{T}}$;

③ $(k\boldsymbol{A})^{\mathrm{T}}=k\boldsymbol{A}^{\mathrm{T}}$　　(k 为数);　　　④ $(\boldsymbol{AB})^{\mathrm{T}}=\boldsymbol{B}^{\mathrm{T}}\boldsymbol{A}^{\mathrm{T}}$.

例 8　设矩阵

$$\boldsymbol{A}=(a_1,a_2,a_3),\ \boldsymbol{B}=\begin{pmatrix} 3 & 0 & -1 \\ 2 & 5 & 1 \end{pmatrix},$$

求 $\boldsymbol{A}^{\mathrm{T}}\boldsymbol{A},\boldsymbol{A}\boldsymbol{A}^{\mathrm{T}}$ 和 $\boldsymbol{B}^{\mathrm{T}}\boldsymbol{B}$.

解

$$\boldsymbol{A}^{\mathrm{T}}\boldsymbol{A}=\begin{bmatrix} a_1 \\ a_2 \\ a_3 \end{bmatrix}(a_1,a_2,a_3)=\begin{pmatrix} a_1^2 & a_1a_2 & a_1a_3 \\ a_2a_1 & a_2^2 & a_2a_3 \\ a_3a_1 & a_3a_2 & a_3^2 \end{pmatrix},$$

$$\boldsymbol{A}\boldsymbol{A}^{\mathrm{T}}=(a_1,a_2,a_3)\begin{bmatrix} a_1 \\ a_2 \\ a_3 \end{bmatrix}=a_1^2+a_2^2+a_3^2,$$

$$\boldsymbol{B}^{\mathrm{T}}\boldsymbol{B}=\begin{bmatrix} 3 & 2 \\ 0 & 5 \\ -1 & 1 \end{bmatrix}\begin{pmatrix} 3 & 0 & -1 \\ 2 & 5 & 1 \end{pmatrix}=\begin{pmatrix} 13 & 10 & -1 \\ 10 & 25 & 5 \\ -1 & 5 & 2 \end{pmatrix}.$$

若 n 阶方阵与它的转置矩阵相等,即 $\boldsymbol{A}^{\mathrm{T}}=\boldsymbol{A}$,则称 $\boldsymbol{A}$ 为对称矩阵.例如

$$\boldsymbol{A}=\begin{bmatrix} 5 & -1 & 7 \\ -1 & 2 & 3 \\ 7 & 3 & -4 \end{bmatrix}$$

为对称矩阵,又如例 8 中的三个矩阵 $\boldsymbol{A}^{\mathrm{T}}\boldsymbol{A},\boldsymbol{A}\boldsymbol{A}^{\mathrm{T}}$ 和 $\boldsymbol{B}^{\mathrm{T}}\boldsymbol{B}$ 均为对称矩阵.

由定义可看出,对于对称矩阵 $\boldsymbol{A}=(a_{ij})_{n\times n}$ 有

$$a_{ij}=a_{ji}\quad(i,j=1,2,\cdots,n).$$

(5) 方阵的行列式

定义 11.8　设 $\boldsymbol{A}=(a_{ij})_{n\times n}$ 为 n 阶方阵.按 $\boldsymbol{A}$ 中元素的排列方式所构成的行列式

$$\begin{vmatrix} a_{11} & a_{12} & \cdots & a_{1n} \\ a_{21} & a_{22} & \cdots & a_{2n} \\ \vdots & \vdots & & \vdots \\ a_{n1} & a_{n2} & \cdots & a_{nn} \end{vmatrix}$$

称为方阵 $\boldsymbol{A}$ 的行列式,记作 $|\boldsymbol{A}|$.

注　方阵 $\boldsymbol{A}$ 与方阵 $\boldsymbol{A}$ 的行列式是两个不同的概念,前者是一张数表,而后者是一个数值.

设 $\boldsymbol{A}$、$\boldsymbol{B}$ 为 n 阶方阵,k 为数,方阵的行列式满足下列规律:

① $|\boldsymbol{A}^{\mathrm{T}}|=|\boldsymbol{A}|$；　　　② $|k\boldsymbol{A}|=k^n|\boldsymbol{A}|$；　　　③ $|\boldsymbol{AB}|=|\boldsymbol{A}|\,|\boldsymbol{B}|$．

例 9　设 $\boldsymbol{A}=\begin{bmatrix} 2 & 5 & -1 \\ 0 & -1 & 6 \\ 0 & 0 & 3 \end{bmatrix}$，$\boldsymbol{B}=\begin{bmatrix} 7 & 0 & 0 \\ -3 & 2 & 0 \\ 9 & 8 & 1 \end{bmatrix}$，求 $|2\boldsymbol{A}|$ 和 $|\boldsymbol{AB}|$．

解　因为 $\boldsymbol{A}$ 和 $\boldsymbol{B}$ 为三阶行列式，且 $|\boldsymbol{A}|=-6$，$|\boldsymbol{B}|=14$，所以

$$|2\boldsymbol{A}|=2^3|\boldsymbol{A}|=8\times(-6)=-48,$$
$$|\boldsymbol{AB}|=|\boldsymbol{A}|\,|\boldsymbol{B}|=(-6)\times14=-84.$$

11.2.2　矩阵的初等变换与逆矩阵

1. 矩阵的初等变换

定义 11.9　对矩阵进行下列三种变换，称为矩阵的初等行变换：

(1) 互换矩阵的两行，常用 $r_i\leftrightarrow r_j$ 表示第 i 行与第 j 行互换；

(2) 用一个非零数乘矩阵的某一行，常用 kr_i 表示用数 k 乘以第 i 行；

(3) 将矩阵的某一行乘以数 k 后加到另一行，常用 r_j+kr_i 表示第 i 行的 k 倍加到第 j 行.

把以上定义中的"行"换成"列"，即得矩阵的初等列变换（所用的记号把"r"换成"c"）. 矩阵的初等行变换和初等列变换，统称为初等变换.

当矩阵 $\boldsymbol{A}$ 经过初等变换变成矩阵 $\boldsymbol{B}$ 时，记作

$$\boldsymbol{A}\longrightarrow\boldsymbol{B}.$$

注　对一个矩阵施行初等变换后所得到的矩阵一般不与原矩阵相等，仅是矩阵的演变.

例 10　利用初等行变换将矩阵

$$\boldsymbol{A}=\begin{bmatrix} 0 & \dfrac{1}{3} & 0 \\ 1 & 0 & 0 \\ 2 & 0 & 1 \end{bmatrix}$$

化成单位矩阵.

解　$\boldsymbol{A}=\begin{bmatrix} 0 & \dfrac{1}{3} & 0 \\ 1 & 0 & 0 \\ 2 & 0 & 1 \end{bmatrix}\xrightarrow{r_1\leftrightarrow r_2}\begin{bmatrix} 1 & 0 & 0 \\ 0 & \dfrac{1}{3} & 0 \\ 2 & 0 & 1 \end{bmatrix}\xrightarrow{r_3+(-2)r_1}\begin{bmatrix} 1 & 0 & 0 \\ 0 & \dfrac{1}{3} & 0 \\ 0 & 0 & 1 \end{bmatrix}\xrightarrow{3r_2}\begin{bmatrix} 1 & 0 & 0 \\ 0 & 1 & 0 \\ 0 & 0 & 1 \end{bmatrix}.$

2. 逆矩阵的概念与性质

由例 6 知，一个 n 元线性方程组可写成矩阵方程

$$\boldsymbol{AX}=\boldsymbol{B}. \tag{11-8}$$

这样，解线性方程组的问题变为求矩阵方程(11-8)中变量矩阵 $\boldsymbol{X}$ 的问题.

为了解代数方程

$$ax=b \quad (a\neq0),$$

可在方程两边同乘以 a^{-1}，得解

$$x=a^{-1}b.$$

能否用类似想法来解矩阵方程(11-8)呢？这就引出了逆矩阵的概念.

定义 11.10　设 A 为 n 阶方阵. 若存在 n 阶方阵 B, 满足

$$AB = BA = E, \qquad\qquad (11\text{-}9)$$

则称 A 是可逆矩阵, 或称 A 是可逆的, 并称 B 是 A 的逆矩阵, 记作 A^{-1}, 即 $B = A^{-1}$.

由定义 11.10 可知, 当 A 为可逆矩阵时, 存在矩阵 A^{-1}, 满足

$$AA^{-1} = A^{-1}A = E.$$

例如对于矩阵

$$A = \begin{pmatrix} 2 & 3 \\ 5 & 8 \end{pmatrix}, \quad B = \begin{pmatrix} 8 & -3 \\ -5 & 2 \end{pmatrix},$$

因为

$$AB = \begin{pmatrix} 2 & 3 \\ 5 & 8 \end{pmatrix} \begin{pmatrix} 8 & -3 \\ -5 & 2 \end{pmatrix} = \begin{pmatrix} 1 & 0 \\ 0 & 1 \end{pmatrix},$$

$$BA = \begin{pmatrix} 8 & -3 \\ -5 & 2 \end{pmatrix} \begin{pmatrix} 2 & 3 \\ 5 & 8 \end{pmatrix} = \begin{pmatrix} 1 & 0 \\ 0 & 1 \end{pmatrix},$$

即 A 与 B 满足 $AB = BA = E$, 所以由定义 11.10 知矩阵 A 可逆, 其逆 $A^{-1} = B$.

由式 (11-9) 可知, 矩阵 A 与矩阵 B 的地位是平等的, 因此也可以称 B 为可逆矩阵, 称 A 为 B 的逆矩阵, 即 $B^{-1} = A$.

由定义不难验证可逆矩阵具有以下性质.

性质 11.8　若矩阵 A 可逆, 则 A 的逆矩阵是唯一的.

性质 11.9　若矩阵 A 可逆, 则 A^{-1} 也可逆, 且 $(A^{-1})^{-1} = A$.

性质 11.10　若矩阵 A 可逆, 数 $k \neq 0$, 则 kA 也可逆, 且 $(kA)^{-1} = \dfrac{1}{k}A^{-1}$.

性质 11.11　若 n 阶矩阵 A 与 B 都可逆, 则 AB 也可逆, 且 $(AB)^{-1} = B^{-1}A^{-1}$.

性质 11.12　若矩阵 A 可逆, 则 A^{T} 也可逆, 且 $(A^{\mathrm{T}})^{-1} = (A^{-1})^{\mathrm{T}}$.

3. 逆矩阵的求法

一般来说, 用定义直接判定一个矩阵是否可逆, 并求其逆是很困难的. 下面讨论矩阵可逆的判定方法, 以及求逆矩阵的方法.

(1) 用伴随矩阵求逆矩阵.

定义 11.11　n 阶方阵

$$A = \begin{pmatrix} a_{11} & a_{12} & \cdots & a_{1n} \\ a_{21} & a_{22} & \cdots & a_{2n} \\ \vdots & \vdots & & \vdots \\ a_{n1} & a_{n2} & \cdots & a_{nn} \end{pmatrix}$$

中元素 a_{ij} 的代数余子式 A_{ij} 组成的矩阵

$$A^* = \begin{pmatrix} A_{11} & A_{21} & \cdots & A_{n1} \\ A_{12} & A_{22} & \cdots & A_{n2} \\ \vdots & \vdots & & \vdots \\ A_{1n} & A_{2n} & \cdots & A_{nn} \end{pmatrix}$$

称为矩阵 A 的伴随矩阵, 简称伴随阵.

利用矩阵乘法可直接验证任意 n 阶方阵 A 满足

$$AA^* = A^*A = |A|E.$$

定理 11.2 n 阶方阵 A 可逆的充分必要条件是 $|A| \neq 0$，且当 A 可逆时

$$A^{-1} = \frac{1}{|A|}A^*.$$

证 当 $|A| \neq 0$ 时，由 $AA^* = A^*A = |A|E$，得

$$A\left(\frac{1}{|A|}A^*\right) = \left(\frac{1}{|A|}A^*\right)A = E,$$

所以，由逆矩阵的定义得 A 可逆，且

$$A^{-1} = \frac{1}{|A|}A^*.$$

反之，若 A 可逆，则存在一个 n 阶方阵 A^{-1}，使得 $AA^{-1} = E$. 由方阵的行列式的性质得 $|A| \, |A^{-1}| = |E| = 1$，所以 $|A| \neq 0$.

推论 11.5 若方阵 A 与 B 满足 $AB = E$（或 $BA = E$），则 A 与 B 均可逆，且 $B^{-1} = A$，$A^{-1} = B$.

当 $|A| = 0$ 时，A 称为奇异矩阵，否则称为非奇异矩阵. 因此定理 11.2 也可叙述为：方阵 A 可逆的充分必要条件是 A 为非奇异矩阵.

定理 11.2 给出了判定一个方阵可逆的一种方法（$|A| \neq 0$），并且给出了求可逆矩阵的逆的一种方法.

例 11 判定下列矩阵是否可逆？若可逆，求其逆矩阵.

① $A = \begin{pmatrix} 1 & 2 & 3 \\ 1 & 1 & -1 \\ 0 & 3 & 5 \end{pmatrix}$；   ② $B = \begin{pmatrix} 2 & 1 & 1 \\ -1 & 1 & 3 \\ 1 & 5 & 11 \end{pmatrix}$.

解 ① 因为 $|A| = \begin{vmatrix} 1 & 2 & 3 \\ 1 & 1 & -1 \\ 0 & 3 & 5 \end{vmatrix} = 7 \neq 0$，所以 A 是可逆的. 再计算 $|A|$ 的代数余子式.

$A_{11} = (-1)^{1+1}\begin{vmatrix} 1 & -1 \\ 3 & 5 \end{vmatrix} = 8, A_{12} = (-1)^{1+2}\begin{vmatrix} 1 & -1 \\ 0 & 5 \end{vmatrix} = -5, A_{13} = (-1)^{1+3}\begin{vmatrix} 1 & 1 \\ 0 & 3 \end{vmatrix} = 3,$

$A_{21} = (-1)^{2+1}\begin{vmatrix} 2 & 3 \\ 3 & 5 \end{vmatrix} = -1, A_{22} = (-1)^{2+2}\begin{vmatrix} 1 & 3 \\ 0 & 5 \end{vmatrix} = 5, A_{23} = (-1)^{2+3}\begin{vmatrix} 1 & 2 \\ 0 & 3 \end{vmatrix} = -3,$

$A_{31} = (-1)^{3+1}\begin{vmatrix} 2 & 3 \\ 1 & -1 \end{vmatrix} = -5, A_{32} = (-1)^{3+2}\begin{vmatrix} 1 & 3 \\ 1 & -1 \end{vmatrix} = 4, A_{33} = (-1)^{3+3}\begin{vmatrix} 1 & 2 \\ 1 & 1 \end{vmatrix} = -1.$

所以

$$A^{-1} = \frac{1}{|A|}A^* = \frac{1}{|A|}\begin{pmatrix} A_{11} & A_{21} & A_{31} \\ A_{12} & A_{22} & A_{32} \\ A_{13} & A_{23} & A_{33} \end{pmatrix} = \frac{1}{7}\begin{pmatrix} 8 & -1 & -5 \\ -5 & 5 & 4 \\ 3 & -3 & -1 \end{pmatrix}.$$

② 因为 $|B| = \begin{vmatrix} 2 & 1 & 1 \\ -1 & 1 & 3 \\ 1 & 5 & 11 \end{vmatrix} = 0$，所以 B 不可逆.

（2）用初等行变换求逆矩阵.

由例 11 可看出，当矩阵的阶数较大时，用伴随矩阵求逆矩阵的运算量一般比较大. 下面

介绍用初等行变换求逆矩的方法.

定理 11.3 n 阶矩阵 A 可逆的充分必要条件是 A 可以通过一系列初等行变换化为 n 阶单位矩阵 E.

证明从略.

由 n 阶矩阵 A 与 E,构造一个 $n \times 2n$ 矩阵 $(A \vdots E)$,对这个矩阵作初等行变换,当虚线左边的 A 变为单位矩阵 E 时,虚线右边的单位矩阵 E 就变成了 A^{-1},即

$$(A \vdots E) \xrightarrow{\text{初等行变换}} (E \vdots A^{-1}).$$

例 12 设

$$A = \begin{pmatrix} 1 & -5 & -2 \\ -1 & 3 & 1 \\ 3 & -4 & -1 \end{pmatrix},$$

求 A^{-1}.

解 $(A \vdots E) = \begin{pmatrix} 1 & -5 & -2 & \vdots & 1 & 0 & 0 \\ -1 & 3 & 1 & \vdots & 0 & 1 & 0 \\ 3 & -4 & -1 & \vdots & 0 & 0 & 1 \end{pmatrix} \xrightarrow[r_3 - 3r_1]{r_2 + r_1} \begin{pmatrix} 1 & -5 & -2 & \vdots & 1 & 0 & 0 \\ 0 & -2 & -1 & \vdots & 1 & 1 & 0 \\ 0 & 11 & 5 & \vdots & -3 & 0 & 1 \end{pmatrix}$

$\xrightarrow{r_3 + 5r_2} \begin{pmatrix} 1 & -5 & -2 & \vdots & 1 & 0 & 0 \\ 0 & -2 & -1 & \vdots & 1 & 1 & 0 \\ 0 & 1 & 0 & \vdots & 2 & 5 & 1 \end{pmatrix} \xrightarrow{r_2 \leftrightarrow r_3} \begin{pmatrix} 1 & -5 & -2 & \vdots & 1 & 0 & 0 \\ 0 & 1 & 0 & \vdots & 2 & 5 & 1 \\ 0 & -2 & -1 & \vdots & 1 & 1 & 0 \end{pmatrix}$

$\xrightarrow{r_3 + 2r_2} \begin{pmatrix} 1 & -5 & -2 & \vdots & 1 & 0 & 0 \\ 0 & 1 & 0 & \vdots & 2 & 5 & 1 \\ 0 & 0 & -1 & \vdots & 5 & 11 & 2 \end{pmatrix} \xrightarrow{(-1)r_3} \begin{pmatrix} 1 & -5 & -2 & \vdots & 1 & 0 & 0 \\ 0 & 1 & 0 & \vdots & 2 & 5 & 1 \\ 0 & 0 & 1 & \vdots & -5 & -11 & -2 \end{pmatrix}$

$\xrightarrow[r_1 + 5r_2]{r_1 + 2r_3} \begin{pmatrix} 1 & 0 & 0 & \vdots & 1 & 3 & 1 \\ 0 & 1 & 0 & \vdots & 2 & 5 & 1 \\ 0 & 0 & 1 & \vdots & -5 & -11 & -2 \end{pmatrix},$

所以

$$A^{-1} = \begin{pmatrix} 1 & 3 & 1 \\ 2 & 5 & 1 \\ -5 & -11 & -2 \end{pmatrix}.$$

注 (1)上述方法中只能用初等行变换而不能用初等列变换来进行;

(2)对已知的 n 阶方阵 A,不一定需要知道 A 是否可逆,也可用上述方法计算. 在对矩阵 $(A \vdots E)$ 进行初等行变换的过程中,如发现虚线左边某一行的元素全为零时,说明矩阵 A 的行列式 $|A| = 0$,由定理 11.2 可知方阵 A 不可逆.

例 13 用逆矩阵解线性方程组

$$\begin{cases} x_1 - 5x_2 - 2x_3 = 1, \\ -x_1 + 3x_2 + x_3 = -2, \\ 3x_1 - 4x_2 - x_3 = 1. \end{cases}$$

解 设 $\quad A = \begin{pmatrix} 1 & -5 & -2 \\ -1 & 3 & 1 \\ 3 & -4 & -1 \end{pmatrix}, X = \begin{pmatrix} x_1 \\ x_2 \\ x_3 \end{pmatrix}, B = \begin{pmatrix} 1 \\ -2 \\ 1 \end{pmatrix},$

则方程组可写成矩阵方程形式

$$AX=B.$$

由例 12 知 A 可逆,且

$$A^{-1}=\begin{pmatrix} 1 & 3 & 1 \\ 2 & 5 & 1 \\ -5 & -11 & -2 \end{pmatrix},$$

所以

$$X=A^{-1}B=\begin{pmatrix} 1 & 3 & 1 \\ 2 & 5 & 1 \\ -5 & -11 & -2 \end{pmatrix}\begin{pmatrix} 1 \\ -2 \\ 1 \end{pmatrix}=\begin{pmatrix} -4 \\ -7 \\ 15 \end{pmatrix}.$$

于是,原方程组的解为 $x_1=-4,x_2=-7,x_3=15$.

例 14 解矩阵方程

$$X-XA=B,$$

其中

$$A=\begin{pmatrix} 1 & 0 & 1 \\ 2 & 1 & 0 \\ -3 & 2 & -3 \end{pmatrix},\ B=\begin{pmatrix} 1 & -2 & 1 \\ -3 & 4 & 1 \end{pmatrix}.$$

解　由矩阵方程 $X-XA=B$,得 $X(E-A)=B$.由初等行变换方法易知 $E-A$ 的逆矩阵为

$$(E-A)^{-1}=\begin{pmatrix} 0 & 0 & -1 \\ -2 & 0 & 0 \\ 3 & -2 & 4 \end{pmatrix}^{-1}=\begin{pmatrix} 0 & -\dfrac{1}{2} & 0 \\ -2 & -\dfrac{3}{4} & -\dfrac{1}{2} \\ -1 & 0 & 0 \end{pmatrix}.$$

所以

$$X=B(E-A)^{-1}=\begin{pmatrix} 1 & -2 & 1 \\ -3 & 4 & 1 \end{pmatrix}\begin{pmatrix} 0 & -\dfrac{1}{2} & 0 \\ -2 & -\dfrac{3}{4} & -\dfrac{1}{2} \\ -1 & 0 & 0 \end{pmatrix}=\begin{pmatrix} 3 & 1 & 1 \\ -9 & -\dfrac{3}{2} & -2 \end{pmatrix}.$$

4. 用初等变换求矩阵的秩

为了讨论方程组解的问题,下面引入矩阵的秩的概念.

定义 11.12　在 $m\times n$ 矩阵 A 中,任取 r 行与 r 列($r\leqslant m,r\leqslant n$),位于这些行列交叉处的 r^2 个元素,不改变它们在 A 中所处的位置次序而得的 r 阶行列式,称为矩阵 A 的 r 阶子式. 若矩阵 A 中有一个不等于 0 的 r 阶子式,且所有 $r+1$ 阶子式(如果存在的话)全等于 0,则称数 r 为矩阵 A 的秩,记作 $r(A)$,并规定零矩阵的秩为 0.

如果 A 是 n 阶可逆方阵,即 $r(A)=n$,则称 A 是一个满秩矩阵.不可逆矩阵 A($|A|=0$, $r(A)<n$)称为降秩矩阵.

例 15　求矩阵 A 的秩,其中

$$A = \begin{pmatrix} 2 & -1 & 3 & 5 \\ 0 & 3 & 1 & 6 \\ 0 & 0 & 0 & 0 \end{pmatrix}.$$

解　在 A 中,容易看出一个 2 阶子式 $\begin{vmatrix} 2 & -1 \\ 0 & 3 \end{vmatrix} = 6 \neq 0$,而 A 的所有 3 阶子式的第 3 行都为零行,所以 A 的所有 3 阶子式都等于零. 因而 $r(A) = 2$.

一般来说,用定义求矩阵的秩很麻烦. 下面介绍一个简便的方法.

定义 11.13　满足下列两个条件的矩阵称为行阶梯形矩阵:

(1) 若矩阵有零行(元素全为零的行),零行全部在矩阵的下方;

(2) 非零行的第一个非零元素(称为首非零元)的列标随着行标的增大而严格增大.

例如,矩阵

$$\begin{pmatrix} 2 & 1 & 3 \\ 0 & 5 & -2 \\ 0 & 0 & 4 \end{pmatrix}, \begin{pmatrix} 1 & 0 & 3 & 1 \\ 0 & 0 & 7 & 2 \\ 0 & 0 & 0 & 0 \end{pmatrix}, \begin{pmatrix} 3 & -1 & 0 & 4 \\ 0 & 2 & 0 & 5 \\ 0 & 0 & 0 & 6 \\ 0 & 0 & 0 & 0 \\ 0 & 0 & 0 & 0 \end{pmatrix}$$

都是行阶梯形矩阵.

由矩阵的秩的定义和行阶梯形矩阵的定义易知,行阶梯形矩阵的秩等于其非零行的行数. 因此自然想到用初等行变换把矩阵化为行阶梯形矩阵. 但初等行变换是否改变矩阵的秩呢? 下面的定理对此作出了回答.

定理 11.4　设矩阵 A 经初等行变换变为矩阵 B,则
$$r(A) = r(B).$$

推论 11.6　矩阵 A 的秩 $r(A) = r$ 的充分必要条件是通过初等行变换能把 A 化成具有 r 个非零行的行阶梯形矩阵.

综上所述,初等行变换求矩阵秩的方法是:对矩阵施行初等行变换,使其化为行阶梯形矩阵,行阶梯形矩阵的非零行的行数即为该矩阵的秩.

例 16　设

$$A = \begin{pmatrix} 2 & 4 & 3 & 5 \\ 1 & 2 & -1 & 4 \\ -1 & -2 & 6 & -7 \end{pmatrix},$$

求 $r(A)$.

解　$A = \begin{pmatrix} 2 & 4 & 3 & 5 \\ 1 & 2 & -1 & 4 \\ -1 & -2 & 6 & -7 \end{pmatrix} \xrightarrow{r_1 \leftrightarrow r_2} \begin{pmatrix} 1 & 2 & -1 & 4 \\ 2 & 4 & 3 & 5 \\ -1 & -2 & 6 & -7 \end{pmatrix}$

$\xrightarrow[r_3 + r_1]{r_2 - 2r_1} \begin{pmatrix} 1 & 2 & -1 & 4 \\ 0 & 0 & 5 & -3 \\ 0 & 0 & 5 & -3 \end{pmatrix} \xrightarrow{r_3 - r_2} \begin{pmatrix} 1 & 2 & -1 & 4 \\ 0 & 0 & 5 & -3 \\ 0 & 0 & 0 & 0 \end{pmatrix},$

从该行阶梯形矩阵可知,它有 2 个非零行,所以 $r(A) = 2$.

习题 11-2

A 组

1. 设

$$A=\begin{pmatrix} 1 & -5 & 1 \\ 0 & 2 & 4 \\ 1 & 0 & -3 \end{pmatrix}, \quad B=\begin{pmatrix} 0 & 2 & 1 \\ 1 & -1 & 5 \\ 0 & 4 & -3 \end{pmatrix},$$

求 $A+2B, 3A-B, AB^T, (AB)^T$.

2. 设

$$A=\begin{pmatrix} 1 & 2 \\ 1 & 3 \end{pmatrix}, \quad B=\begin{pmatrix} 1 & 0 \\ 1 & 2 \end{pmatrix},$$

求满足关系式 $2A-X=3B$ 的 X.

计算 3~8 题中矩阵的乘积.

3. $\begin{pmatrix} 1 & 3 \\ 2 & -1 \end{pmatrix}\begin{pmatrix} -2 & 4 \\ 1 & -3 \end{pmatrix}$.

4. $\begin{pmatrix} 1 & -2 & 2 \\ 3 & 5 & 4 \\ 1 & 0 & -1 \end{pmatrix}\begin{pmatrix} 2 & -1 \\ 1 & 2 \\ 3 & 0 \end{pmatrix}$.

5. $(2 \quad 1 \quad 3)\begin{pmatrix} -1 \\ 3 \\ 2 \end{pmatrix}$.

6. $\begin{pmatrix} 1 \\ 2 \\ 3 \end{pmatrix}(2 \quad -1 \quad 1)$.

7. $\begin{pmatrix} 3 & 4 & 1 \\ -2 & 1 & 3 \\ 0 & 5 & 2 \end{pmatrix}\begin{pmatrix} 2 \\ 3 \\ 1 \end{pmatrix}$.

8. $\begin{pmatrix} 2 & 1 & 4 & 0 \\ -1 & 2 & 3 & 2 \end{pmatrix}\begin{pmatrix} 1 & 3 & 1 \\ 0 & -1 & 2 \\ 1 & -2 & 1 \\ 3 & 0 & -1 \end{pmatrix}$.

9. 设 $A=\begin{pmatrix} a & 0 & 0 \\ 0 & b & 0 \\ 0 & 0 & c \end{pmatrix}$, 求 A^k.

10. 设某建筑公司承包 4 幢甲型楼房、5 幢乙型楼房、9 幢丙型楼房的建筑, 各类型楼房的数量表为矩阵 $A=(4 \quad 5 \quad 9)$. 主要建材(钢铁、水泥、木材、玻璃)计划每幢使用量为矩阵

$$B=\begin{pmatrix} 5 & 21 & 15 & 6 \\ 6 & 25 & 12 & 8 \\ 4 & 16 & 7 & 5 \end{pmatrix}\begin{matrix} 甲 \\ 乙 \\ 丙 \end{matrix}$$

钢铁　水泥　木材　玻璃

(1) 试用矩阵乘法计算各种建材总量;

(2) 若每单位建材, 钢铁为 1600 元, 水泥为 400 元, 木材为 1200 元, 玻璃为 300 元, 试用矩阵乘法计算总材料费.

11. 若 A 为 3 阶方阵, 且 $|A|=3$, 求 $|2A|$, $|A^T A^{-1}|$.

用伴随矩阵求 12~14 题中矩阵的逆矩阵.

12. $\begin{pmatrix} 3 & 5 \\ 4 & 7 \end{pmatrix}.$ 13. $\begin{pmatrix} \cos x & \sin x \\ -\sin x & \cos x \end{pmatrix}.$ 14. $\begin{bmatrix} 0 & 2 & 3 \\ 0 & 3 & 5 \\ 1 & 0 & 0 \end{bmatrix}.$

用初等行变换求 15~18 题中矩阵的逆矩阵.

15. $\begin{bmatrix} 1 & 2 & -1 \\ 3 & 4 & -2 \\ 5 & -4 & 1 \end{bmatrix}.$ 16. $\begin{bmatrix} 1 & 2 & 3 \\ 2 & 4 & 6 \\ 3 & 1 & 3 \end{bmatrix}.$

17. $\begin{bmatrix} 0 & 2 & 1 \\ -1 & 1 & 4 \\ 2 & -1 & -3 \end{bmatrix}.$ 18. $\begin{bmatrix} 1 & 0 & 1 \\ 2 & 1 & 0 \\ -3 & 2 & -5 \end{bmatrix}.$

19. 已知 $\begin{pmatrix} 1 & 4 \\ -1 & -2 \end{pmatrix} X = \begin{pmatrix} 0 & 2 \\ -12 & 4 \end{pmatrix}$,求 X.

求 20~21 题中矩阵的秩.

20. $\begin{bmatrix} -1 & 2 & 3 & -1 \\ 2 & -1 & 4 & 2 \\ 1 & 1 & 7 & 1 \end{bmatrix}.$ 21. $\begin{bmatrix} 2 & -1 & 3 & 5 \\ -3 & 2 & -5 & -8 \\ 1 & 3 & -2 & -1 \\ -1 & 4 & -5 & -6 \end{bmatrix}.$

B 组

22. 设 A、B、C 均为 n 阶可逆矩阵,k 为实数,判断下列命题或等式是否成立,并说明理由.

(1) $(A+B)^2 = A^2 + 2AB + B^2$;

(2) $(A+B)(A-B) = A^2 - B^2$;

(3) 若 $AB=O$,则 $A=O$ 或 $B=O$;

(4) 若 $AB=O$,则 $|A|=0$ 或 $|B|=O$;

(5) 若 $kB=O$,则 $k=O$ 或 $B=O$;

(6) 若 $A^2=A$,则 $A=O$ 或 $A=E$;

(7) $|kA| = k|A|$;

(8) 若 $AB=AC$,且 A 可逆,则 $B=C$.

23. 若 $A^2 - A - 2E = O$,证明 A 可逆,并求 A^{-1}.

24. 若矩阵 $\begin{bmatrix} 1 & a & -1 & 2 \\ 1 & -1 & a & 2 \\ 1 & 0 & -1 & 2 \end{bmatrix}$ 的秩为 2,求 a.

25. 已知 $\begin{pmatrix} 2 & 1 \\ 5 & 3 \end{pmatrix} X \begin{bmatrix} 2 & 1 & -1 \\ 2 & 1 & 0 \\ 1 & -1 & 1 \end{bmatrix} = \begin{pmatrix} 1 & -1 & 3 \\ 4 & 3 & 2 \end{pmatrix}$,求 X.

11.3　线性方程组

设有 n 个未知量 m 个方程的线性方程组

$$\begin{cases} a_{11}x_1 + a_{12}x_2 + \cdots + a_{1n}x_n = b_1, \\ a_{21}x_1 + a_{22}x_2 + \cdots + a_{2n}x_n = b_2, \\ \cdots\cdots\cdots\cdots\cdots\cdots\cdots\cdots\cdots\cdots\cdots\cdots \\ a_{m1}x_1 + a_{m2}x_2 + \cdots + a_{mn}x_n = b_m. \end{cases} \tag{11-11}$$

若方程组(11-11)中的常数项 $b_1,b_2,\cdots,b_m$ 不全为零,则方程组(11-11)称为非齐次线性方程组;若 $b_1 = b_2 = \cdots = b_m = 0$,则方程组(11-11)称为齐次线性方程组.

方程组(11-11)可以写成矩阵方程形式

$$\boldsymbol{AX} = \boldsymbol{B}, \tag{11-12}$$

其中

$$\boldsymbol{A} = \begin{pmatrix} a_{11} & a_{12} & \cdots & a_{1n} \\ a_{21} & a_{22} & \cdots & a_{2n} \\ \vdots & \vdots & & \vdots \\ a_{m1} & a_{m2} & \cdots & a_{mn} \end{pmatrix}, \quad \boldsymbol{X} = \begin{pmatrix} x_1 \\ x_2 \\ \vdots \\ x_n \end{pmatrix}, \quad \boldsymbol{B} = \begin{pmatrix} b_1 \\ b_2 \\ \vdots \\ b_m \end{pmatrix}.$$

记

$$\overline{\boldsymbol{A}} = (\boldsymbol{A} \mid \boldsymbol{B}) = \begin{pmatrix} a_{11} & a_{12} & \cdots & a_{1n} & b_1 \\ a_{21} & a_{22} & \cdots & a_{2n} & b_2 \\ \vdots & \vdots & & \vdots & \vdots \\ a_{m1} & a_{m2} & \cdots & a_{mn} & b_m \end{pmatrix},$$

$\boldsymbol{A}$ 和 $\overline{\boldsymbol{A}}$ 分别称为线性方程组(11-11)的系数矩阵和增广矩阵.

定义 11.14　若行阶梯形矩阵进一步满足如下两个条件:

(1) 各非零行的首非零元都是 1,

(2) 所有首非零元所在列的其余元素都是 0,

则称该行阶梯形矩阵为行简化阶梯形矩阵.

例如,矩阵

$$\begin{pmatrix} 1 & 0 & 2 & 1 \\ 0 & 1 & 3 & 5 \\ 0 & 0 & 0 & 0 \end{pmatrix}, \quad \begin{pmatrix} 1 & -3 & 0 & 7 & 0 & 6 \\ 0 & 0 & 1 & 4 & 0 & 2 \\ 0 & 0 & 0 & 0 & 1 & 3 \\ 0 & 0 & 0 & 0 & 0 & 0 \end{pmatrix}$$

都是行简化阶梯形矩阵.

11.3.1　线性方程组的消元解法

例 1　解线性方程组

$$\begin{cases} 2x_1 - x_2 + 3x_3 = 1, \\ 4x_1 + 2x_2 + 5x_3 = 3, \\ x_1 \quad\quad - x_3 = 3. \end{cases}$$

解　方程组的消元过程与增广矩阵的初等行变换过程对照如下：

方程组的消元过程　　　　　　　　　　增广矩阵的初等行变换

$$\begin{cases} 2x_1 - x_2 + 3x_3 = 1, & ① \\ 4x_1 + 2x_2 + 5x_3 = 3, & ② \\ x_1 \quad\quad - x_3 = 3 & ③ \end{cases}$$

$$\overline{\boldsymbol{A}} = \begin{pmatrix} 2 & -1 & 3 & \vdots & 1 \\ 4 & 2 & 5 & \vdots & 3 \\ 1 & 0 & -1 & \vdots & 3 \end{pmatrix}$$

①↔③ ↓　　　　　　　　　　　　　　　$r_1 \leftrightarrow r_3$ ↓

$$\begin{cases} x_1 \quad\quad - x_3 = 3, & ① \\ 4x_1 + 2x_2 + 5x_3 = 3, & ② \\ 2x_1 - x_2 + 3x_3 = 1 & ③ \end{cases}$$

$$\begin{pmatrix} 1 & 0 & -1 & \vdots & 3 \\ 4 & 2 & 5 & \vdots & 3 \\ 2 & -1 & 3 & \vdots & 1 \end{pmatrix}$$

$(-4) \times$①加到②　↓　　　　　　　　　$r_2 - 4r_1$
$(-2) \times$①加到③　↓　　　　　　　　　$r_3 - 2r_1$ ↓

$$\begin{cases} x_1 \quad\quad - x_3 = 3, & ① \\ 2x_2 + 9x_3 = -9, & ② \\ -x_2 + 5x_3 = -5 & ③ \end{cases}$$

$$\begin{pmatrix} 1 & 0 & -1 & \vdots & 3 \\ 0 & 2 & 9 & \vdots & -9 \\ 0 & -1 & 5 & \vdots & -5 \end{pmatrix}$$

③加到②　↓　　　　　　　　　　　　　$r_2 + r_3$ ↓

$$\begin{cases} x_1 \quad\quad - x_3 = 3, & ① \\ 2x_2 + 14x_3 = -14, & ② \\ -x_2 + 5x_3 = -5 & ③ \end{cases}$$

$$\begin{pmatrix} 1 & 0 & -1 & \vdots & 3 \\ 0 & 1 & 14 & \vdots & -14 \\ 0 & -1 & 5 & \vdots & -5 \end{pmatrix}$$

②加到③　↓　　　　　　　　　　　　　$r_3 + r_2$ ↓

$$\begin{cases} x_1 \quad - x_3 = 3, & ① \\ x_2 + 14x_3 = -14, & ② \\ 19x_3 = -19 & ③ \end{cases}$$

$$\begin{pmatrix} 1 & 0 & -1 & \vdots & 3 \\ 0 & 1 & 14 & \vdots & -14 \\ 0 & 0 & 19 & \vdots & -19 \end{pmatrix}$$

$\dfrac{1}{19} \times$③ ↓　　　　　　　　　　　　$\dfrac{1}{19} r_3$ ↓

$$\begin{cases} x_1 \quad - x_3 = 3, & ① \\ x_2 + 14x_3 = -14, & ② \\ x_3 = -1 & ③ \end{cases}$$

$$\begin{pmatrix} 1 & 0 & -1 & \vdots & 3 \\ 0 & 1 & 14 & \vdots & -14 \\ 0 & 0 & 1 & \vdots & -1 \end{pmatrix}$$

③加到①　　　　　　　　　　　　　　　$r_1 + r_3$
$(-14) \times$③加到② ↓　　　　　　　　$r_2 - 14r_3$ ↓

$$\begin{cases} x_1 = 2, & ① \\ x_2 = 0, & ② \\ x_3 = -1. & ③ \end{cases}$$

$$\begin{pmatrix} 1 & 0 & 0 & \vdots & 2 \\ 0 & 1 & 0 & \vdots & 0 \\ 0 & 0 & 1 & \vdots & -1 \end{pmatrix}$$

（方程组的解）　　　　　　　　　　　（行简化阶梯形矩阵）

　　通过上表对照可以看出,对线性方程组做顺序消元的过程,实质上是对其增广矩阵施行初等行变换、将增广矩阵化为行简化阶梯形矩阵的过程. 因此,用消元法解一般线性方程组,只需写出增广矩阵,对其施行初等行变换,使其化为行简化阶梯形矩阵,最后还原为最简线性方程组,从而写出方程组的解.

例 2 解线性方程组

$$\begin{cases} x_1 - x_2 - x_3 + x_4 = 0, \\ x_1 - x_2 + x_3 - 3x_4 = 2, \\ x_1 - x_2 - 2x_3 + 3x_4 = -1. \end{cases}$$

解 对增广矩阵施行初等行变换,先化为行阶梯形矩阵,再化为行简化阶梯形矩阵:

$$\bar{A} = (A \vdots B) = \begin{pmatrix} 1 & -1 & -1 & 1 & \vdots & 0 \\ 1 & -1 & 1 & -3 & \vdots & 2 \\ 1 & -1 & -2 & 3 & \vdots & -1 \end{pmatrix} \xrightarrow[r_3 - r_1]{r_2 - r_1} \begin{pmatrix} 1 & -1 & -1 & 1 & \vdots & 0 \\ 0 & 0 & 2 & -4 & \vdots & 2 \\ 0 & 0 & -1 & 2 & \vdots & -1 \end{pmatrix} \xrightarrow{\frac{1}{2}r_2}$$

$$\begin{pmatrix} 1 & -1 & -1 & 1 & \vdots & 0 \\ 0 & 0 & 1 & -2 & \vdots & 1 \\ 0 & 0 & -1 & 2 & \vdots & -1 \end{pmatrix} \xrightarrow{r_3 + r_2} \begin{pmatrix} 1 & -1 & -1 & 1 & \vdots & 0 \\ 0 & 0 & 1 & -2 & \vdots & 1 \\ 0 & 0 & 0 & 0 & \vdots & 0 \end{pmatrix} \xrightarrow{r_1 + r_2} \begin{pmatrix} 1 & -1 & 0 & -1 & \vdots & 1 \\ 0 & 0 & 1 & -2 & \vdots & 1 \\ 0 & 0 & 0 & 0 & \vdots & 0 \end{pmatrix}.$$

因此,原方程组的同解方程组为

$$\begin{cases} x_1 - x_2 \quad - \quad x_4 = 1, \\ \quad x_3 - 2x_4 = 1, \\ \quad\quad\quad\quad 0 = 0. \end{cases}$$

其中,$0 = 0$ 为多余的方程,可舍去,从而原方程组的解可写成

$$\begin{cases} x_1 = 1 + x_2 + x_4, \\ x_3 = 1 + 2x_4. \end{cases} \tag{11-13}$$

方程组的解式(11-13)中的未知量 x_2 和 x_4 可以取任意值,得到的结果都是原方程组的解,故原方程组有无穷多解.式(11-13)中的未知量 x_2 和 x_4 称为自由未知量,用自由未知量表示其他未知量的表示式(11-13)称为原方程组的一般解(或通解).

注 自由未知量的选取不是唯一的.

11.3.2 线性方程组解的判定定理

定理 11.5(线性方程组解的判定定理) 非齐次线性方程组(11-11)有解的充分必要条件是 $r(A) = r(\bar{A})$.并且

(1) 当 $r(A) = r(\bar{A}) = n$ 时,线性方程组(11-11)有唯一解;

(2) 当 $r(A) = r(\bar{A}) < n$ 时,线性方程组(11-11)有无穷多解;

(3) 当 $r(A) < r(\bar{A})$ 时,线性方程组(11-11)无解.

证明从略.

由定理 11.5 和前面例题的解题过程可得出求解线性方程组的步骤如下:

第一步 对非齐次线性方程组,把它的增广矩阵 $\bar{A}$ 化成行阶梯形矩阵,从 $\bar{A}$ 的行阶梯形矩阵可同时看出 $r(A)$ 和 $r(\bar{A})$,若 $r(A) < r(\bar{A})$,则方程组无解.

第二步 若 $r(A) = r(\bar{A})$,进一步把 $\bar{A}$ 化成行简化阶梯形矩阵.

第三步 设 $r(A) = r(\bar{A}) = r$,把行简化阶梯形矩阵中 r 个非零行的首非零元所对应的未知量取作非自由未知量,其余 $n - r$ 个未知量取作自由未知量,从而写出方程组的解.

例 3 判定下列线性方程组是否有解,若有解,求出其解:

$$(1)\begin{cases} x_1+2x_2-\ 5x_3=-1, \\ 2x_1+4x_2-\ 3x_3=\ 5, \\ 3x_1+6x_2-10x_3=\ 2, \\ \ x_1+2x_2+\ 2x_3=\ 6; \end{cases} \qquad (2)\begin{cases} x_1+\ x_2+2x_3+3x_4=\ 1, \\ \qquad\ x_2+\ x_3-4x_4=\ 1, \\ x_1+2x_2+3x_3-\ x_4=\ 4, \\ 2x_1+3x_2-\ x_3-\ x_4=-6. \end{cases}$$

解　(1) 对增广矩阵施行初等行变换：

$$\overline{\boldsymbol{A}}=(\boldsymbol{A}\ \vdots\ \boldsymbol{B})=\begin{pmatrix} 1 & 2 & -5 & \vdots & -1 \\ 2 & 4 & -3 & \vdots & 5 \\ 3 & 6 & -10 & \vdots & 2 \\ 1 & 2 & 2 & \vdots & 6 \end{pmatrix} \xrightarrow[\substack{r_3-3r_1 \\ r_4-r_1}]{r_2-2r_1} \begin{pmatrix} 1 & 2 & -5 & \vdots & -1 \\ 0 & 0 & 7 & \vdots & 7 \\ 0 & 0 & 5 & \vdots & 5 \\ 0 & 0 & 7 & \vdots & 7 \end{pmatrix}$$

$$\xrightarrow{\frac{1}{7}r_2} \begin{pmatrix} 1 & 2 & -5 & \vdots & -1 \\ 0 & 0 & 1 & \vdots & 1 \\ 0 & 0 & 5 & \vdots & 5 \\ 0 & 0 & 7 & \vdots & 7 \\ 0 & 0 & 0 & \vdots & 0 \end{pmatrix} \xrightarrow[\substack{r_4-yr_2}]{r_3-5r_2} \begin{pmatrix} 1 & 2 & -5 & \vdots & -1 \\ 0 & 0 & 1 & \vdots & 1 \\ 0 & 0 & 0 & \vdots & 0 \\ 0 & 0 & 0 & \vdots & 0 \end{pmatrix} \xrightarrow{r_1+5r_2} \begin{pmatrix} 1 & 2 & 0 & \vdots & 4 \\ 0 & 0 & 1 & \vdots & 1 \\ 0 & 0 & 0 & \vdots & 0 \\ 0 & 0 & 0 & \vdots & 0 \end{pmatrix},$$

易见 $r(\boldsymbol{A})=r(\overline{\boldsymbol{A}})=2<n=3$，故原方程组有无穷多解．此时原方程组的同解方程组为

$$\begin{cases} x_1+2x_2\qquad=4, \\ \qquad\quad x_3=1, \end{cases}$$

从而原方程组的通解为

$$\begin{cases} x_1=4-2x_2, \\ x_3=1. \end{cases}$$

(2) 对增广矩阵施行初等行变换：

$$\overline{\boldsymbol{A}}=(\boldsymbol{A}\ \vdots\ \boldsymbol{B})=\begin{pmatrix} 1 & 1 & 2 & 3 & \vdots & 1 \\ 0 & 1 & 1 & -4 & \vdots & 1 \\ 1 & 2 & 3 & -1 & \vdots & 4 \\ 2 & 3 & -1 & -1 & \vdots & -6 \end{pmatrix} \xrightarrow[\substack{r_4-2r_1}]{r_3-r_1} \begin{pmatrix} 1 & 1 & 2 & 3 & \vdots & 1 \\ 0 & 1 & 1 & -4 & \vdots & 1 \\ 0 & 1 & 1 & -4 & \vdots & 3 \\ 0 & 1 & -5 & -7 & \vdots & -8 \end{pmatrix}$$

$$\xrightarrow[\substack{r_4-r_2}]{r_3-r_2} \begin{pmatrix} 1 & 1 & 2 & 3 & \vdots & 1 \\ 0 & 1 & 1 & -4 & \vdots & 1 \\ 0 & 0 & 0 & 0 & \vdots & 2 \\ 0 & 0 & -6 & -3 & \vdots & -9 \end{pmatrix} \xrightarrow{r_3\leftrightarrow r_4} \begin{pmatrix} 1 & 1 & 2 & 3 & \vdots & 1 \\ 0 & 1 & 1 & -4 & \vdots & 1 \\ 0 & 0 & -6 & -3 & \vdots & -9 \\ 0 & 0 & 0 & 0 & \vdots & 2 \end{pmatrix},$$

易见 $r(\boldsymbol{A})=3<r(\overline{\boldsymbol{A}})=4$，所以原方程组无解．

例 4　求 a 的值，使线性方程组

$$\begin{cases} x_1-2x_2+\ x_3+3x_4=\ 5, \\ 2x_1+\ x_2-\ x_3+\ x_4=\ 2, \\ 3x_1+4x_2-3x_3-\ x_4=\ a, \\ x_1+3x_2\qquad-2x_4=-1 \end{cases}$$

(1) 无解；

(2) 有解，并求出解．

解　对增广矩阵施行初等行变换：

$$\overline{A}=(A\mid B)=\begin{pmatrix}1&-2&1&3&\vdots&5\\2&1&-1&1&\vdots&2\\3&4&-3&-1&\vdots&a\\1&3&0&-2&\vdots&-1\end{pmatrix}\xrightarrow[\substack{r_2-2r_1\\r_3-3r_1\\r_4-r_1}]{}\begin{pmatrix}1&-2&1&3&\vdots&5\\0&5&-3&-5&\vdots&-8\\0&10&-6&-10&\vdots&a-15\\0&5&-1&-5&\vdots&-6\end{pmatrix}$$

$$\xrightarrow[\substack{r_3-2r_2\\r_4-r_2}]{}\begin{pmatrix}1&-2&1&3&\vdots&5\\0&5&-3&-5&\vdots&-8\\0&0&0&0&\vdots&a+1\\0&0&2&0&\vdots&2\end{pmatrix}\xrightarrow[\substack{\frac{1}{5}r_2,\frac{1}{2}r_4\\r_3\leftrightarrow r_4}]{}\begin{pmatrix}1&-2&1&3&\vdots&5\\0&1&-\dfrac{3}{5}&-1&\vdots&-\dfrac{8}{5}\\0&0&1&0&\vdots&1\\0&0&0&0&\vdots&a+1\end{pmatrix}$$

$$\xrightarrow[\substack{r_2+\frac{3}{5}r_3\\r_1-r_3}]{}\begin{pmatrix}1&-2&0&3&\vdots&4\\0&1&0&-1&\vdots&-1\\0&0&1&0&\vdots&1\\0&0&0&0&\vdots&a+1\end{pmatrix}\xrightarrow[r_1+2r_2]{}\begin{pmatrix}1&0&0&1&\vdots&2\\0&1&0&-1&\vdots&-1\\0&0&1&0&\vdots&1\\0&0&0&0&\vdots&a+1\end{pmatrix}.$$

由此可见：

(1) 当 $a\neq-1$ 时，$r(A)=3<r(\overline{A})=4$，此时原方程组无解；

(2) 当 $a=-1$ 时，$r(A)=r(\overline{A})=3<n=4$，原方程组有无穷多组解. 此时原方程组的同解方程组为

$$\begin{cases}x_1&&&+x_4=&2,\\&x_2&&-x_4=&-1,\\&&x_3&=&1,\end{cases}$$

即原方程组的通解为

$$\begin{cases}x_1=2-x_4,\\x_2=-1+x_4,\\x_3=1.\end{cases}$$

下面讨论齐次线性方程组. 设有齐次线性方程组

$$\begin{cases}a_{11}x_1+a_{12}x_2+\cdots+a_{1n}x_n=0,\\a_{21}x_1+a_{22}x_2+\cdots+a_{2n}x_n=0,\\\cdots\cdots\cdots\cdots\cdots\cdots\cdots\cdots\cdots\cdots\cdots\cdots\\a_{m1}x_1+a_{m2}x_2+\cdots+a_{mn}x_n=0.\end{cases}\tag{11-14}$$

其矩阵方程形式为

$$AX=O.$$

由于 $\overline{A}=(A\mid O)$，故总有 $r(A)=r(\overline{A})$，所以齐次线性方程组总是有解，至少有零解 $(x_1=0,x_2=0,\cdots,x_n=0)$.

由定理 11.5 可得如下定理：

定理 11.6　齐次线性方程组(11-14)总有解，至少有零解，且

(1) 当 $r(A)=n$ 时，齐次线性方程组(11-14)只有零解；

(2) 当 $r(A)<n$ 时，齐次线性方程组(11-14)有非零解.

推论 11.7　若 A 为 $n\times n$ 方阵，则当 $|A|=0$ 时，齐次线性方程组 $AX=O$ 有非零解.

推论 11.8　若 A 为 $m\times n$ 矩阵，则当 $m<n$ 时，齐次线性方程组 $AX=O$ 有非零解.

例5 判定以下齐次线性方程组是否有非零解,若有,求出其非零解:

$$\begin{cases} x_1 + x_2 - 2x_3 + 3x_4 = 0, \\ 2x_1 + x_2 - 6x_3 + 4x_4 = 0, \\ 3x_1 + 2x_2 + 4x_3 + x_4 = 0, \\ 2x_1 + x_2 + x_4 = 0. \end{cases}$$

解 对系数矩阵 A 施行初等行变换:

$$A = \begin{pmatrix} 1 & 1 & -2 & 3 \\ 2 & 1 & -6 & 4 \\ 3 & 2 & 4 & 1 \\ 2 & 1 & 0 & 1 \end{pmatrix} \xrightarrow[\substack{r_2-2r_1 \\ r_3-3r_1 \\ r_4-2r_1}]{} \begin{pmatrix} 1 & 1 & -2 & 3 \\ 0 & -1 & -2 & -2 \\ 0 & -1 & 10 & -8 \\ 0 & -1 & 4 & -5 \end{pmatrix} \xrightarrow[\substack{r_3-r_2 \\ r_4-r_2}]{} \begin{pmatrix} 1 & 1 & -2 & 3 \\ 0 & -1 & -2 & -2 \\ 0 & 0 & 12 & -6 \\ 0 & 0 & 6 & -3 \end{pmatrix}$$

$$\xrightarrow[\substack{(-1)r_2 \\ r_4-\frac{1}{2}r_3}]{} \begin{pmatrix} 1 & 1 & -2 & 3 \\ 0 & 1 & 2 & 2 \\ 0 & 0 & 12 & -6 \\ 0 & 0 & 0 & 0 \end{pmatrix} \xrightarrow[\substack{r_1-r_2 \\ \frac{1}{12}r_3}]{} \begin{pmatrix} 1 & 0 & -4 & 1 \\ 0 & 1 & 2 & 2 \\ 0 & 0 & 1 & -\frac{1}{2} \\ 0 & 0 & 0 & 0 \end{pmatrix} \xrightarrow[\substack{r_1+4r_3 \\ r_2-2r_3}]{} \begin{pmatrix} 1 & 0 & 0 & -1 \\ 0 & 1 & 0 & 3 \\ 0 & 0 & 1 & -\frac{1}{2} \\ 0 & 0 & 0 & 0 \end{pmatrix}.$$

由此可见 $r(A) = 3 < n = 4$,故原齐次线性方程组有非零解. 此时原齐次线性方程组的同解方程组为

$$\begin{cases} x_1 - x_4 = 0, \\ x_2 + 3x_4 = 0, \\ x_3 - \frac{1}{2}x_4 = 0, \end{cases}$$

从而原方程组的非零解(通解)为

$$\begin{cases} x_1 = x_4, \\ x_2 = -3x_4, \\ x_3 = \frac{1}{2}x_4. \end{cases}$$

习题 11-3

A 组

判断 1~3 题中线性方程组是否有解,若有解,说明是唯一解还是无穷多解.

1. $$\begin{cases} x_1 - 2x_2 - x_3 = 1, \\ 2x_1 + x_3 = 5, \\ -x_1 + 3x_2 + 2x_3 = 1. \end{cases}$$

2. $$\begin{cases} x_1 - x_2 - x_3 + x_4 = 0, \\ x_1 - x_2 + x_3 - 3x_4 = 1, \\ x_1 - x_2 - 2x_3 + 3x_4 = -\frac{1}{2}. \end{cases}$$

3. $$\begin{cases} x_1 + x_4 = 0, \\ x_1 + 2x_2 - x_4 = 1, \\ 3x_1 - x_2 + 4x_4 = 1, \\ x_1 + 4x_2 + 5x_3 + x_4 = 2. \end{cases}$$

解 4~9 题中线性方程组.

4. $\begin{cases} x_1 + 8x_2 + 10x_3 + 2x_4 = 0, \\ 2x_1 + 4x_2 + 5x_3 - x_4 = 0, \\ 3x_1 + 8x_2 + 6x_3 - 2x_4 = 0. \end{cases}$

5. $\begin{cases} x_1 + x_2 - x_3 - x_4 = 0, \\ 2x_1 - 5x_2 + 3x_3 + 2x_4 = 0, \\ 7x_1 - 7x_2 + 3x_3 + x_4 = 0. \end{cases}$

6. $\begin{cases} x_1 - 2x_2 + 3x_3 - x_4 = 1, \\ 3x_1 - x_2 + 5x_3 - 3x_4 = 2, \\ 2x_1 + x_2 + 2x_3 - 2x_4 = 3. \end{cases}$

7. $\begin{cases} x_1 + x_2 - 3x_3 - x_4 = 1, \\ 3x_1 - x_2 - 3x_3 + 4x_4 = 4, \\ x_1 + 5x_2 - 9x_3 - 8x_4 = 0. \end{cases}$

8. $\begin{cases} 2x_1 + 3x_2 + x_3 = 4, \\ x_1 - 2x_2 + 4x_3 = -5, \\ 3x_1 + 8x_2 - 2x_3 = 13, \\ 4x_1 - x_2 + 9x_3 = -6. \end{cases}$

9. $\begin{cases} x_1 + 5x_2 - x_3 - x_4 = -1, \\ x_1 - 2x_2 + x_3 + 3x_4 = 3, \\ 3x_1 + 8x_2 - x_3 + x_4 = 1, \\ x_1 - 9x_2 + 3x_3 + 7x_4 = 7. \end{cases}$

B 组

10. 设有线性方程组

$$\begin{cases} (1+\lambda)x_1 + x_2 + x_3 = 0, \\ x_1 + (1+\lambda)x_2 + x_3 = 3, \\ x_1 + x_2 + (1+\lambda)x_3 = \lambda. \end{cases}$$

求 λ 的值,使此方程组(1)有唯一解;(2) 无解;(3) 有无穷多解.并在有无穷多解时求其通解.

11. 一专卖店出售 4 种型号分别为小号、中号、大号和加大号的名牌体恤衫,4 种型号的体恤衫售价分别为 220 元、240 元、260 元、300 元.若专卖店某日共售出了 13 件体恤衫,毛收入为 3200 元,并已知大号的销售量为小号和加大号销售量的总和,大号的销售收入(毛收入)也为小号和加大号销售收入(毛收入)的总和.问各种型号的体恤衫各售出多少件?

本章小结

本章的主要内容为:行列式的定义及计算,克莱姆法则,矩阵及其运算,逆矩阵的定义、性质和求法,齐次线性方程组和非齐次线性方程组的解的结构,利用矩阵的初等行变换求解齐次和非齐次线性方程组.

1. 行列式

(1) n 阶行列式是规定了运算的算式,是数. 无论 n 是何正整数,n 阶行列式可以纳入一个统一的定义中,即

$$D = \begin{vmatrix} a_{11} & a_{12} & \cdots & a_{1n} \\ a_{21} & a_{22} & \cdots & a_{2n} \\ \vdots & \vdots & & \vdots \\ a_{n1} & a_{n2} & \cdots & a_{nn} \end{vmatrix} = \begin{cases} a_{11}, & n = 1, \\ \sum\limits_{i=1}^{n} a_{1i}A_{1i}, & n > 1. \end{cases}$$

(2) 行列式的性质主要用于简化行列式的计算与某些理论证明.

(3) 关于降阶法求行列式,应该注意的是行列式的某行(或列)各元素与其对应的代数余子式乘积之和,而不是与对应的余子式乘积之和.

（4）行列式的计算是本章重点之一，其基本方法如下：

① 二、三阶行列式可直接使用对角线展开法；

② 用行列式性质将行列式化为三角行列式计算法；

③ 用行列式性质将行列式中的某一行（列）化出尽可能多的零元素，然后按该行（列）展开（降阶法）计算.

（5）使用克莱姆法则能解的 n 元线性方程组必须满足两个条件：

① 方程组中未知量的个数与方程的个数相同；

② 系数行列式 $D \neq 0$.

虽然克莱姆法则在理论上很重要，但是由于使用该法则的计算量一般较大，故该法则的适用范围较窄.

2. 矩阵

（1）矩阵与行列式的区别. 矩阵是数表，行列式是数；矩阵的行数与列数可以不等，而行列式的行数和列数必须相等；数 k 乘矩阵等于 k 乘以该矩阵的所有元素，数 k 乘行列式等于 k 乘以该行列式的某一行或某一列.

（2）矩阵的运算性质与数的运算性质的区别. 例如，数的乘法满足交换律，而矩阵的乘法不满足交换律.

（3）利用伴随矩阵求方阵的逆矩阵，首先要求方阵的行列式，判断其是否可逆；用初等行变换求逆矩阵，则不需要先判断该矩阵是否可逆，而是在初等行变换过程中就可以判断其是否可逆.

（4）用伴随矩阵求逆矩阵，适合阶数较小的方阵；当矩阵的阶数较大时，用初等行变换求逆矩阵比较简单.

（5）矩阵的秩是刻画矩阵属性的一个重要概念，它是矩阵初等行变换下的不变量.

3. 线性方程组

（1）线性方程组的解的情况完全由未知数的系数和常数项确定. 对线性方程组所作的同解变换舍去求未知数的形式，被抽象为对线性方程组的增广矩阵所作的初等行变换. 消元法正是基于这种思想而产生的，它是解线性方程组最有效和基本的方法之一，必须熟练掌握.

（2）用消元法解线性方程组，首先对线性方程组的增广矩阵施以初等行变换，将其化为阶梯形矩阵，阶梯形矩阵对应的线性方程组与原方程组同解. 阶梯形矩阵对应的方程组能清晰地反映原方程组的属性，如独立方程的个数、自由未知量的个数以及未知量的个数、自由未知量的个数和系数矩阵的秩之间的关系. 由阶梯形矩阵很容易判别线性方程组解的情况，并求出解.

（3）因为非齐次线性方程组不一定有解，所以利用矩阵的初等行变换求解时，应先将其增广矩阵化为行阶梯形矩阵，判断该方程组是否有解，若有解，再进一步将增广矩阵化为行简化阶梯形矩阵.

（4）线性方程组解的情况更本质地说，是由系数矩阵的秩 $r(A)$，增广矩阵的秩 $r(\overline{A})$ 以及未知数的个数 n 这三个量确定的.

① $r(A) = r(\overline{A}) = n$ 时，线性方程组有唯一解；

② $r(A) = r(\overline{A}) < n$ 时，线性方程组有无穷多解；

③ $r(\boldsymbol{A}) \neq r(\overline{\boldsymbol{A}})$ 时，线性方程组无解，线性方程组称为矛盾方程组.

综合练习 11

选择题 (1~6)

1. $\begin{vmatrix} \cos\theta & \sin\theta \\ -\sin\theta & \cos\theta \end{vmatrix} = ($ 　　 $)$.

A. -1　　　　　　　　　　　　　　B. 0

C. 1　　　　　　　　　　　　　　D. 其值随 θ 值的变化而变化

2. $\begin{vmatrix} k & 3 & 1 \\ -5 & 0 & k \\ -1 & 1 & 1 \end{vmatrix} = 0$ 的充分必要条件是(　　).

A. $k = -5$　　　　　　　　　　　　B. $k = 2$

C. $k = -5$ 且 $k = 2$　　　　　　　D. $k = -5$ 或 $k = 2$

3. 若 $\boldsymbol{A}$、$\boldsymbol{B}$ 均为 n 阶方阵，且 $\boldsymbol{A}(\boldsymbol{B} - \boldsymbol{E}) = \boldsymbol{O}$，则(　　)

A. $\boldsymbol{A} = \boldsymbol{O}$ 或 $\boldsymbol{B} = \boldsymbol{E}$　　　　　　B. $\boldsymbol{AB} = \boldsymbol{A}$

C. $|\boldsymbol{A}| = 0$ 或 $|\boldsymbol{B}| = 1$　　　　　D. $\boldsymbol{A}$ 与 $(\boldsymbol{B} - \boldsymbol{E})$ 中至少有一个不可逆

4. 已知矩阵 $\boldsymbol{A} = \begin{pmatrix} 1 & a & a \\ a & 1 & a \\ a & a & 1 \end{pmatrix}$ 的秩为 2，则 $a = ($ 　　 $)$.

A. -1　　　　B. $-\dfrac{1}{2}$　　　　C. $\dfrac{1}{2}$　　　　D. 1

5. 已知 $\boldsymbol{A}^*$ 为矩阵 $\boldsymbol{A} = \begin{pmatrix} 2 & 1 & -1 \\ 2 & 1 & 0 \\ 1 & -1 & 1 \end{pmatrix}$ 的伴随矩阵，则 $r(\boldsymbol{A}^*) = ($ 　　 $)$.

A. 3　　　　B. 2　　　　C. 1　　　　D. 0

6. 若非齐次线性方程组中方程的个数少于未知数的个数，则(　　).

A. 方程组无解　　　　　　　　　　B. 方程组有无穷多组解

C. 方程组有有限多组解　　　　　　D. 方程组只有零解

填空题 (7~12)

7. 已知三阶行列式 D 中，第 2 行元素从左至右依次是 2、1、-3，它们的余子式分别为 3、7、-5，则 D 的值为 ＿＿＿＿＿＿＿＿.

8. 设矩阵 $\boldsymbol{A} = \begin{pmatrix} -5 & 6 \\ 1 & x+y \end{pmatrix}$，矩阵 $\boldsymbol{B} = \begin{pmatrix} x-y-2 & 6 \\ 1 & 5 \end{pmatrix}$，且 $\boldsymbol{A} = \boldsymbol{B}$，则 x, y 的值依次为 ＿＿＿＿＿＿＿.

9. 已知 $\boldsymbol{A}$、$\boldsymbol{B}$ 均为三阶方阵，且 $|\boldsymbol{A}| = 2$，$|\boldsymbol{A}| = -3$，则行列式 $|-2\boldsymbol{A}^2(\boldsymbol{B}^{\mathrm{T}})^{-1}| = $ ＿＿＿＿＿＿＿.

10. 矩阵 $\boldsymbol{A} = \begin{pmatrix} 1 & 0 \\ 1 & 1 \end{pmatrix}$ 的伴随矩阵 $\boldsymbol{A}^* = $ ＿＿＿＿＿＿＿.

11. 若方阵 A 满足 $A^2=A$，且 A 可逆，则 $A=$ _____ .

12. 线性方程组 $\begin{cases} x_1+x_2=1, \\ 2x_1+2x_2=a \end{cases}$ 有解的充分必要条件是 _____ .

计算题 $(13\sim16)$

13. $\begin{vmatrix} 1 & 2 & 3 \\ 2 & 3 & 1 \\ 3 & 1 & 2 \end{vmatrix}$.

14. $\begin{vmatrix} 2 & 201 & 5 \\ 3 & 302 & -2 \\ 1 & 99 & 0 \end{vmatrix}$.

15. $\begin{pmatrix} 2 & 1 & 4 \\ 1 & -1 & 3 \end{pmatrix} \begin{pmatrix} 1 & 3 & 1 \\ 0 & -1 & 2 \\ 1 & -3 & 1 \end{pmatrix}$.

16. 求矩阵 $A=\begin{pmatrix} 2 & 2 & 3 \\ 1 & -1 & 0 \\ -1 & 2 & 1 \end{pmatrix}$ 的逆矩阵.

解答题 $(17\sim20)$

17. 求 k 的值，使矩阵

$$A=\begin{pmatrix} 1 & -2 & 3k \\ -1 & 2k & -3 \\ k & -2 & 3 \end{pmatrix}$$

的秩分别为 (1) $r(A)=1$；(2) $r(A)=2$；(3) $r(A)=3$.

18. 解线性方程组 $\begin{cases} 3x_1+3x_2-5x_3=-5, \\ x_1+x_2-3x_3=-3, \\ x_1+x_2+x_3=1, \\ 2x_1+2x_2-2x_3=-2. \end{cases}$

19. 求 λ 的值，使齐次线性方程组

$$\begin{cases} (2-\lambda)x_1+2x_2-2x_3=1, \\ 2x_1+(5-\lambda)x_2-4x_3=2, \\ 2x_1+4x_2-(5-\lambda)x_3=\lambda+1 \end{cases}$$

(1) 无解；(2) 有唯一解；(3) 有无穷多组解.

20. 若方阵 A 满足 $3A^2-2A=E$，证明 A 可逆，并求 A^{-1}.

MATLAB 数学实验

　　MATLAB 是"Matrix Laboratory"的缩写,意为"矩阵实验室". MATLAB 集数值分析、矩阵运算、符号运算及图形处理等强大功能于一体,且包含一系列规模庞大、覆盖不同领域的工具箱(Toolbox),再加上它简单易学、实用方便,从问世之初,就深受广大科技工作者的欢迎,现已成为许多学科领域中计算机辅助设计与分析、算法研究和应用开发的基本工具和首选平台.在学习高等数学的过程中,结合 MATLAB 软件做一些简单的编程应用,可在一定程度上弥补常规教学的不足.

12.1　MATLAB 基础知识

12.1.1　MATLAB 的安装和启动

　　MATLAB 软件的安装同一般的 Windows 软件的安装一样,只要将 MATLAB 安装光盘插入光驱,就会自动运行安装程序,用户只要按照屏幕提示操作就可以逐步完成安装.安装成功后,在 Windows 桌面上自动建立一个 MATLAB 的快捷图标.

　　只需双击桌面上的 MATLAB 快捷图标,就可以启动 MATLAB,打开如图 12-1 所示的操作桌面.操作桌面上窗口的多少与设置有关,图 12-1 所示的操作桌面为默认情况,前台有3 个窗口:左上角的窗口为交互界面分类目录窗 Launch Pad(前台)和工作空间浏览器Workspace(后台),其中交互界面分类目录窗显示 MATLAB 的启动目录,工作空间浏览器

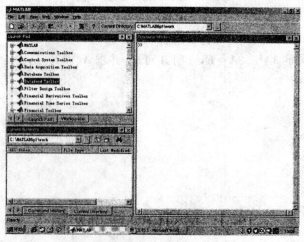

图 12-1　MATLAB 的操作桌面

显示工作空间里保存的所有变量;左下角的窗口为历史指令窗 Command History(前台)和当前目录浏览器 Current Directory(后台),其中历史指令窗显示曾经在命令窗口里输入过的命令,当前目录浏览器显示当前路径下文件夹内保存的所有文件;右边的窗口为命令窗口 Command Window,通过在命令窗口输入各种不同的命令来实现 MATLAB 的各种功能.

12.1.2　MATLAB 命令窗口的使用

MATLAB 命令窗口默认位于 MATLAB 桌面的右方,如果用户希望得到脱离操作桌面的几何独立的命令窗口,只要点击命令窗口右上角的 键,就可以获得如图 12-2 所示的命令窗口.

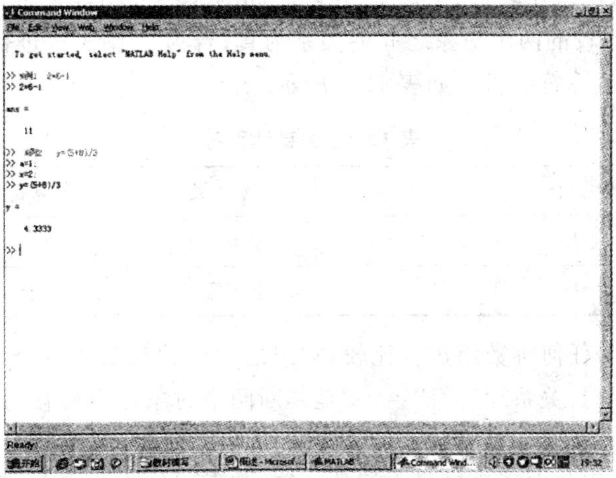

图 12-2　独立的命令窗口及两个例子的运行情况

在 MATLAB 命令窗口直接输入命令,再按回车键,则运行并显示相应的结果.在命令窗口里适合运行比较简单的程序或者单个的命令,因为在这里是输入一个语句就解释执行一个语句.在图 12-2 中可以看到两个例子的运行情况.另外还要注意以下几点:

(1)命令行的"头首"的"≫"是 MATLAB 命令输入提示符;

(2)在程序中,符号"%"后面为注释内容;

(3)ans 是系统自动给出的运行结果变量,是英文 answer 的缩写,如果直接指定变量,则系统就不再提供 ans 作为运行结果变量;

(4)当不需要显示结果时,可以在语句的后面直接加分号.

12.1.3　MATLAB 的运算符

MATLAB 的运算符都是各种计算程序中常见的习惯符号,可以分为三大类别:算术运算符、关系运算符和逻辑运算符.

算术运算符是构成数学运算的最基本的操作命令,在 MATLAB 的命令窗口中可以直接运行,具体功能如表 12-1 所示.

表 12-1 算术运算符

运算符	功 能	运算符	功 能
＋	相加	－	相减
＊	标量数相乘、矩阵相乘	/	标量数右除、矩阵右除
^	标量数乘方、矩阵乘方	\	标量数左除、矩阵左除

这些运算符的使用和在算术运算中几乎一样,但是需要注意:MATLAB 中所有的运算定义在复数域上;对于方根问题,运算只返还处于第一象限的那个解;MATLAB 书写表达式的规则与手写算式相同.

关系运算符主要用来比较数、字符串、矩阵之间的大小或相等关系,其返回值为 0 或 1.若为 1,则表示进行比较的两个对象之间的关系为真;若为 0,则表示进行比较的两个对象之间的关系为假.关系运算符的含义如表 12-2 所示.

表 12-2 关系运算符

运算符	含 义	运算符	含 义	运算符	含 义
＞	大于	＞＝	大于等于	＝＝	等于
＜	小于	＜＝	小于等于	～＝	不等于

注意:标量可以与任何维数组进行比较;数组之间的比较必须同维;关系运算符"＝＝"与赋值运算符"＝"不同,关系运算符"＝＝"是判断两个对象是否具有相等关系(如有相等关系,则运算结果为 1,否则为 0),而赋值运算符"＝"是用来给变量赋值的.

逻辑运算符主要用来进行逻辑量之间的运算,其返回值为 0 或 1.若为 1,则表示逻辑关系为真;若为 0,则表示逻辑关系为假.逻辑运算符的含义如表 12-3 所示.

表 12-3 逻辑运算符

运算符	含 义	运算符	含 义	运算符	含 义	运算符	含 义
＆	与、和	|	或	～	非、否	xor	异或

注意:标量可以与任何维数组进行逻辑运算,运算比较在此标量与数组每个元素之间进行,因此运算结果和参与运算的数组同维;数组之间的逻辑运算必须同维,运算在两数组相同位置上的元素之间进行,运算结果与参与运算的数组同维. 在所有逻辑表达式中,作为输入的任何非 0 数都被看作是逻辑真,而只有 0 才被认为是逻辑假.

习题 12-1

1. 尝试使用 View 菜单中的各栏项目,并熟悉它们的功能.

2. 分析在 MATLAB 的命令窗口中输入 8^(1/3)后按回车键所得到的结果.

3. 在 MATLAB 的 M 文件编辑器中编写一个 M 脚本文件并保存.

12.2　MATLAB 的符号计算

MATLAB 提供了强大的符号计算功能,这些功能都是通过 MATLAB 中的符号运算工具箱来实现的.涉及符号计算的命令使用、运算符操作、计算结果可视化、程序编制等,都是十分完整和便捷的.

12.2.1　符号对象的生成

在代数中,计算表达式的数值必须对所用的变量事先赋值,否则该表达式无法计算.MATLAB 的符号运算工具箱沿用了数值计算的这种模式,规定:在进行符号计算时,首先要定义基本的符号对象(可以是常数、变量和表达式),然后利用这些基本符号对象去构成新的表达式,进而从事所需的符号运算.在运算中,凡是由包含符号对象的表达式所生成的衍生对象也都是符号对象.

定义基本符号对象的命令主要有两个:sym()和 syms.它们的常用格式如下:

y=sym('argv')把字符串 argv 定义为符号对象 y,只定义单个对象

syms argv1 argv2　把 argv1,argv2 定义为符号对象(对象之间用空格符隔开)

当然,也可以用单引号来生成符号对象,例如:

$\gg$f$=$'exp(x)'　　　　　　　　%用单引号生成符号表达式

$\gg$g$=$sym('ax$+$b$=$0')　　　　　%用命令函数 sym(　)生成符号方程

$\gg$syms x y z　　　　　　　　%用命令函数 syms 生成符号表达式 x,y,z

$\gg$x$=$[1,2,3]　　　　　　　%数值数组

$\gg$y$=$sin(x)　　　　　　　　%数值数组

$\gg$z$=$x$+$y　　　　　　　　　%数值数组

12.2.2　符号计算中的基本函数

MATLAB 提供了大量的数学函数,由于本书主要介绍 MATLAB 的符号计算在高等数学中的应用,因此,只就一些常用的函数命令进行说明.常用的数学函数有:

三角函数
$$\sin(x),\cos(x),\tan(x),\cot(x),\sec(x),\csc(x)$$

反三角函数
$$\operatorname{asin}(x),\operatorname{acos}(x),\operatorname{atan}(x),\operatorname{acot}(x),\operatorname{asec}(x),\operatorname{acsc}(x)$$

双曲与反双曲函数
$$\sinh(x),\cosh(x),\tanh(x),\cdots,\operatorname{asinh}(x),\operatorname{acosh}(x),\operatorname{atanh}(x),\cdots$$

幂函数
$$x\hat{}a(x\text{ 的 }a\text{ 次幂}),\operatorname{sqrt}(x)(x\text{ 的平方根})$$

指数函数
$$a\hat{}x(a\text{ 的 }x\text{ 次幂}),\exp(x)(\text{e 的 }x\text{ 次幂})$$

对数函数
$$\log(x)(\text{自然对数}),\log2(x)(\text{以 2 为底的对数}),\log10(x)(\text{以 10 为底的对数})$$

其他数学函数

$$abs(x)（绝对值）等$$

这些函数本质上是作用于标量的,如果作用于矩阵或数组,则表示作用于其上的每一个元素.

MATLAB 还有许多函数,如果需要,可以通过以下命令来列出.

help elfun	%初等数学函数的列表
help specfun	%特殊函数的列表
help elmat	%矩阵函数的列表

12.2.3　符号计算举例

MATLAB 符号计算的特点主要有:① 运算以推理解析的方式进行,因此不受计算误差积累问题的困扰;② 符号计算,或给出完全正确的封闭解,或给出任意精度的数值解(当封闭解不存在时);③ 进行符号计算的命令的调用比较简单,与经典教科书公式相近.本小节将通过例子来讲解有关命令的使用.

1. 计算

计算是 MATLAB 中最简单的计算器使用法,只要在命令窗口中直接输入需要计算的式子,然后按回车键即可,就像使用计算器一样方便.

例 1　计算表达式 $2 \times 4^2 - 10 \div (4+1)$ 和 $\dfrac{2\sin\dfrac{\pi}{3}}{1+\sqrt{5}}$ 的值.

解　≫clear

　　≫syms x y　　　　　　　　　　　　　　　%用来声明 2 个符号变量

　　≫x＝2 * 4^2－10/(4+1)

　　x＝

　　　30

　　≫y＝(2 * (sin(pi/3)))/(1+sqrt(5))

　　y＝

　　　0.5352

这里"≫"是 MATLAB 命令输入提示符,clear 是清除内存中保存的变量(为了养成好的习惯,请每次在程序开头输入).

2. 代数运算

代数符号运算是 MATLAB 符号运算中的一个基本功能,使用它,可以很轻松地进行因式分解、化简、展开和合并等,相关命令的格式如下:

factor(y)	对符号表达式 y 进行因式分解
simple(y)	对符号表达式 y 进行化简,可多次使用
expand(y)	对符号表达式 y 进行展开
collect(y,v)	对符号表达式 y 中指定的符号对象 v 的同幂项系数进行合并

例 2　将式 $x^2 - a^2$ 进行因式分解.

解　$x^2 - a^2$ 中除 x 外还含有其他自由变量.

　　≫clear

≫syms x a y

≫y＝x^2－a^2；

≫y＝factor(y)

y＝

　　(x－a)＊(x+a)

例3　化简 $\sqrt[3]{\dfrac{1}{x^3}+\dfrac{6}{x^2}+\dfrac{12}{x}+8}$.

解　≫clear

≫symsxy

≫y＝(1/x^3+6/x^2+12/x+8)^(1/3)

≫y＝simple(y)

≫y＝

　　(2＊x+1)/x　　　　　%一次使用命令 simple( )后的结果,但不是最简形式

≫y＝simple(y)　　　　　%再次使用命令 simple( )

y＝

　　2+1/x

注意:多次使用命令 simple( )可以得到最简的表达形式.

3. 解方程

在 MATLAB 符号运算中,可以用命令函数 solve( )来求解符号方程和方程组,其具体格式如下:

$$\text{solve}('eqn1','eqn2','eqn3',\cdots,'var1','var2','var3',\cdots)$$

命令中的参数 eqn1 为方程组的第一个方程,其他的以此类推;参数 var1 为方程组中第一个变量的声明,其他的以此类推. 如果没有变量声明,则系统会按人们的习惯确定符号方程中的待解变量.

例4　解下列方程.

(1) $x^2-x-6=0$;　　　　(2) $\begin{cases}3x+y-6=0,\\x-2y-2=0.\end{cases}$

解　(1) $x^2-x-6=0$.

≫clear

≫x＝solve('x^2－x－6＝0')

x＝

　　[－2]

　　[　3]

由于没有变量声明,系统自动把 x 确定为符号方程中的待解变量,该方程有两个解.

(2) $\begin{cases}3x+y-6=0,\\x-2y-2=0.\end{cases}$

≫clear

≫syms x y

≫[x,y]＝solve('3＊x+y－6＝0','x－2＊y－2＝0')

x＝

　　　　2

　　y＝

　　　　0

由于没有变量声明,系统自动把 x,y 确定为符号方程组中的待解变量.

4. 函数计算和作图

计算和绘图是 MATLAB 最擅长的项目.计算函数值时,只要直接输入就行;而绘制符号函数的图形时,常用命令函数 fplot()和 ezplot()来完成.具体的格式如下:

　　　　fplot(f,lims)　　　在 lims 声明的绘图区间上作符号函数 f 的图形

　　　　ezplot(f)　　　　　在默认的绘图区间上作符号函数 f 的图形

MATLAB 的其他绘图命令的用法与上述命令使用类似,请参阅 MATLAB 使用手册.

例 5　已知函数 $y＝\arccos(\ln x)$,求该函数在自变量 x 分别等于 $\dfrac{1}{e}$、1、e 处的函数值.

解　≫clear

　　≫syms x y

　　≫x＝[1/exp(1),1,exp(1)]

　　x＝

　　　　0.3679　1.0000　2.7183

　　≫y＝acos(log(x))

　　y＝

　　　　3.1416　1.5708　0

例 6　作出下列函数的图形.

(1) $y＝x^3$;　　　　　(2) $y＝\sin x$.

解　≫clear

　　≫lims1＝[−2,2];　　　　　％声明绘图区间

　　≫lims2＝[−pi,pi];

　　≫fplot('x^3',lims1)

　　≫figure,fplot('sin(x)',lims2)

运行结果如图 12-3 和图 12-4 所示.其中命令 figure 是强制 MATLAB 生成一个新的绘图窗口,如果在程序中不加这个命令,则后一次绘的函数图形会覆盖前一次绘的函数图形.

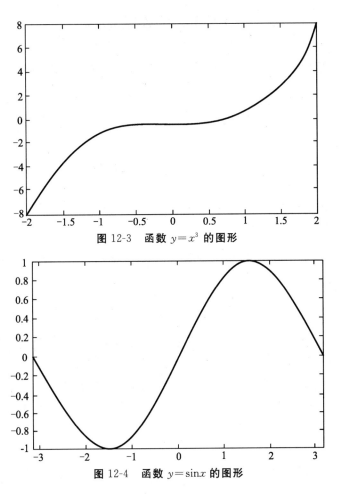

图 12-3　**函数** $y = x^3$ **的图形**

图 12-4　**函数** $y = \sin x$ **的图形**

习题 12-2

计算 1～2 题中各式的值.

1. $4^2 - \log_2 \dfrac{1}{8} + \sqrt{48}$.

2. $\sin \dfrac{\pi}{3} + \cos \dfrac{\pi}{4} - \cot^2 \dfrac{\pi}{6}$.

将 3～4 题中各式进行因式分解.

3. $x^3 - 3x^2 + 4$.

4. $x^2 + xy - 6y^2 + x + 13y - 6$.

化简 5～6 题中各式.

5. $\dfrac{1}{x-1} \left(\dfrac{x-2}{2} - \dfrac{2x+1}{2-x} \right) - \dfrac{2x+6}{x^2 - 2x}$.

6. $\dfrac{\cos t}{1 + \sin t} + \dfrac{1 + \sin t}{\cos t}$.

解 7～8 题中的方程.

7. $x^3 - 2x^2 - 5x + 6 = 0$.

8. $\begin{cases} y^2 = xy + 6, \\ x^2 = xy + 1. \end{cases}$

9. 已知函数 $f(x) = x^3 - 2x + 3$，求 $f(1)$，$f\left(-\dfrac{1}{a} \right)$，$f(t^2)$.

作出 10～11 题中函数的图形.

10. $y = \ln(\sqrt{x^2 + 1}) + x$.

11. $f(x, y) = x^2 + y^2 - 2x - 3$.

12.3　函数运算

例 1　绘出下列函数的图形,并根据图形判断函数的奇偶性和单调性.

(1) $f(x)=\dfrac{1}{2}x^4+x^2-1$;　　　　　　　(2) $f(x)=\sin x+x$.

解　≫clear

　　≫lims1＝[−10,10];

　　≫fplot('x^4/2+x^2−1',lims1)

　　≫lims2＝[−5,5]

　　≫figure,fplot('sin(x)+x',lims2)

运行结果如图 12-5 与图 12-6 所示.

从绘出的函数图形中,可以很容易的看出:函数 $f(x)=\dfrac{1}{2}x^4+x^2-1$ 在区间[−10,10]上是偶函数,在区间[−10,0]上是减函数,在区间[0,10]上是增函数;函数 $f(x)=\sin x+x$ 在区间[−5,5]上是奇函数,在区间[−5,5]上是增函数.事实上,函数 $f(x)=\dfrac{1}{2}x^4+x^2-1$ 在区间$(-\infty,+\infty)$上是偶函数,在区间$(-\infty,0)$上是减函数,在区间$(0,+\infty)$上是增函数;函数 $f(x)=\sin x+x$ 在区间$(-\infty,+\infty)$上是奇函数,在区间$(-\infty,+\infty)$上是增函数.由于不可能在无限区间上绘图,所以只能得出在某个区间上的结论.

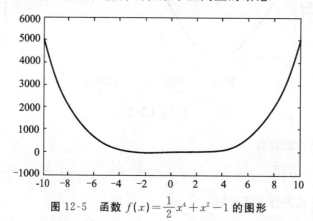

图 12-5　函数 $f(x)=\dfrac{1}{2}x^4+x^2-1$ 的图形

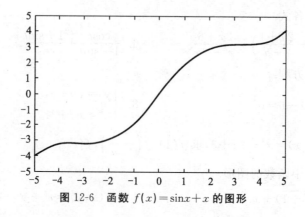

图 12-6　函数 $f(x)=\sin x+x$ 的图形

例 2　求函数 $y=\cos x$ 在区间 $[0,\pi]$ 上的反函数,并作出它们的图形.

解　先求反函数.

>clear

>syms s y

>y=cos(x);

>y=finverse(y)

y=

　　acos(x)

再作函数的图形.

>clear

>x=0:0.1:pi;

>y=cos(x);

>plot(x,y,'$-$',y,x,'$+$')

运行结果如图 12-7 所示.

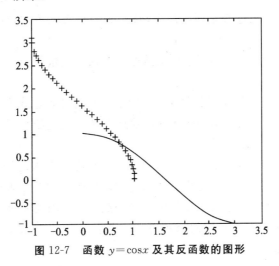

图 12-7　函数 $y=\cos x$ 及其反函数的图形

说明:程序中语句 y=finverse(y)表示对缺省自变量求反函数;语句 x=0:0.1:pi 定义横坐标;语句 plot(x,y,'$-$',y,x,'$+$')表示作图,其中函数 $y=\cos x$ 的图形的线型使用的是实线,其反函数的图形的线型使用的是加号.

例 3　若 $f(x)=(x-1)^2,g(x)=\ln x$,求 $f[g(x)]$ 和 $g[f(x)]$.

解　>clear

>syms x f g fg gf

>f=(x-1)^2;

>g=log(x);

>fg=compose(f,g)

fg=

　　$(\log(x)-1)^2$

>gf=compose(g,f)

```
gf=

   log((x-1)^2)
```

说明:程序中 log(x)表示自然对数;语句 fg=compose(f,g)表示求复合函数 $f[g(x)]$,其中自变量由机器默认,如果要指定自变量,则必须在命令中增加参数.

习题 12-3

绘出 1~2 题中函数的图形,并根据图形判断函数的奇偶性和单调性.

1. $f(x)=\lg(x+\sqrt{1+x^2})$.　　　　　　2. $f(x)=x^2 \mathrm{e}^{-x^2}$.

3. 求函数 $y=\sin x$ 在区间 $\left[-\dfrac{\pi}{2},\dfrac{\pi}{2}\right]$ 上的反函数,并作出它们的图形.

4. 已知 $f(x)=\dfrac{1-x}{1+x}$,求 $f[f(x)]$.

12.4　求　极　限

在 MATLAB 中,极限运算是通过命令函数 limit( )来实现的,该命令函数的具体格式如下:

limit(f)	表示 findsym 函数返回的独立变量趋向于 0 时符号表达式 f 的极限
limit(f,v)	表示指定变量 v 趋向于 0 时符号表达式 f 的极限
limit(f,a)	表示 findsym 函数返回的独立变量趋向于 a 时符号表达式 f 的极限
limit(f,v,a)	表示指定变量 v 趋向于 a 时符号表达式 f 的极限
limit(f,v,a,'left')	表示指定变量 v 从左边趋向于 a 时符号表达式 f 的极限
limit(f,v,a,'right')	表示指定变量 v 从右边趋向于 a 时符号表达式 f 的极限

上述命令中的 f 为需要求极限的函数的符号表达式 a 为实数,无穷大用 inf 表示.

例 1　求下列极限.

(1) $\lim\limits_{x\to 0}\dfrac{\sqrt{1+x}-1}{x}$;　　　(2) $\lim\limits_{x\to 1}\dfrac{x^2-3x+2}{x-1}$;　　　(3) $\lim\limits_{x\to 0}\dfrac{\tan 2x}{\sin 3x}$;

(4) $\lim\limits_{x\to\infty}\left(\dfrac{2-x}{3-x}\right)^x$;　　　(5) $\lim\limits_{x\to 0}\dfrac{\mathrm{e}^x-1}{x}$;　　　(6) $\lim\limits_{x\to +\infty}\left(1+\dfrac{a}{x}\right)^x$.

解　≫clear

　　≫syms a x y1 y2 y3 y4 y5 y6

　　≫y1=(sqrt(1+x)-1)/x;

　　≫y2=(x^2-3*x+2)/(x-1);

　　≫y3=tan(2*x)/sin(3*x);

　　≫y4=((2-x)/(3-x))^x;

　　≫y5=(exp(x)-1)/x;

　　≫y6=(1+a/x)^x;

　　≫limit(y1)　　　　　　　　　%求极限(1)

ans＝

　　1/2

≫limit(y2,1)　　　　　　　　%求极限(2)

ans＝

　　−1

≫limit(y3)　　　　　　　　%求极限(3)

ans＝

　　2/3

≫limit(y4,inf)　　　　　　　　%求极限(4)

ans＝

　　exp(1)

≫limit(y5)　　　　　　　　%求极限(5)

ans＝

　　1

≫limit(y6,x,inf,$'$left$'$)　　　　　　　　%求极限(6)

ans＝

　　exp(a)

　　注　在 MATLAB 中要正确书写数学表达式,2x 要写成 2 ∗ x;exp(1)为 e 的一次幂;当求极限时,变量趋向于 0 可以缺省,其他情形则必须注明;表达式中只有一个变量时,变量名可以缺省,有一个以上时,就必须指明对哪一个求极限.

习题 12-4

求 1∼6 题中函数的极限.

1. $\lim\limits_{x \to \frac{\pi}{2}} \ln \sin x$.

2. $\lim\limits_{x \to 0} \sqrt{x^2 - 3x + 6}$.

3. $\lim\limits_{t \to -2} \dfrac{e^t + 1}{t}$.

4. $\lim\limits_{x \to 4} \dfrac{\sqrt{x} - 2}{x - 4}$.

5. $\lim\limits_{x \to \frac{\pi}{9}} \ln(2\cos 3x)$.

6. $\lim\limits_{x \to 0} \dfrac{\sin ax}{x}$.

12.5　求　导　数

　　函数的求导包括求函数的一阶导数和高阶导数等.MATLAB 的符号运算工具箱中有着强大的求导运算功能,在 MATLAB 中,由命令函数 diff()来完成求导运算,其具体格式如下:

diff(f)　　　　　　对 findsym 函数返回的独立变量求导数

diff(f,v)　　　　　　对指定变量 v 求导数

diff(f,n)　　　　　　对 findsym 函数返回的独立变量求 n 阶导数

diff(f,v,n)　　　　　　对指定变量 v 求 n 阶导数

上述命令中的 f 为需要求导的函数的符号表达式, v 为变量, n 是大于 1 的自然数.

例 1　求下列函数的导数.

(1) $y=x^3$;　　　　　(2) $y=\cos^3 x-\cos 3x$.

解　≫clear

　　≫syms x y1 y2

　　≫y1＝x^3;

　　≫y2＝(cos(x))^3−cos(3 * x);

　　≫dy1＝diff(y1);

　　≫dy2＝diff(y2);

　　≫dy1

　　dy1＝

　　　　　3 * x^2

　　≫dy2＝

　　　　　−3 * cos(x)^2 * sin(x)＋3 * sin(3 * x).

例 2　求下列函数的 3 阶导数.

(1) $y=x^3$;　　　　　(2) $y=\sin x$.

解　≫clear

　　≫syms x y1 y2

　　≫y1＝x^3;

　　≫y2＝sin(x);

　　≫dy1＝diff(y1,x,3);

　　≫dy2＝diff(y2,x,3);

　　≫dy1

　　dy1＝

　　　　　6

　　≫dy2

　　dy2＝

　　　　　−cos(x).

习题 12-5

1. 求函数 $y=\ln[\ln(\ln x)]$ 的导数.

2. 求函数 $y=x^4+e^{-x}$ 的三阶导数.

12.6　求　积　分

一元函数的积分包括不定积分、定积分和广义积分等. MATLAB 为积分运算提供了一个简洁而又功能强大的工具, 从而进行十分有效的计算机求积分, 但有时可能占用机器时间较长. 完成积分运算的命令函数为 int( ), 其具体格式如下:

　　int(f)　　　　　　　　对 findsym 函数返回的独立变量求不定积分

int(f,v)　　　　　　　对指定变量 v 求不定积分

int(f,a,b)　　　　　　对 findsym 函数返回的独立变量求从 a 到 b 的定积分

int(f,v,a,b)　　　　　对指定变量 v 求从 a 到 b 的定积分

上述命令中的 f 为被积函数的符号表达式,不定积分运算结果中不带积分常数.

例 1　计算不定积分 $\int \dfrac{1}{x^2-x-6}\mathrm{d}x$.

解　≫clear

≫y＝sym('1/(x^2)−x−6)')

y＝

　　　1/(x^2−x−6)

≫int(y)

ans＝

　　　−1/5 * log(x+2)+1/5 * log(x−3)

例 2　计算定积分 $\int_0^{\frac{\pi}{2}} x\sin x\mathrm{d}x$.

解　≫clear

≫syms x y

≫y＝x * sin(x);

≫int(y,x,0,pi/2)

ans＝

　1

例 3　计算广义积分 $\int_0^{+\infty} \dfrac{1}{100+x^2}\mathrm{d}x$.

解　≫clear

≫syms x y

≫y＝1/(100+x^2)

y＝

　　　1/(100+x^2)

≫int(y,0,+inf)

ans＝

　　　1/20 * pi

例 4　计算不定积分 $\int \sin ax\sin bx\mathrm{d}x$.

解　≫clear

≫syms x y a b

≫y＝sin(a * x) * sin(b * x)

y＝

sin(a * x) * sin(b * x)

≫int(y,x)

ans＝

$$1/2/(a-b) * \sin((a-b) * x) - 1/2/(a+b) * \sin((a+b) * x)$$

从以上几个例题中不难发现,无论是不定积分、定积分,还是广义积分、带参数的积分,都可用 MATLAB 来求

习题 12-6

求 1~2 题中的不定积分.

1. $\int \left(x^5 + x^3 + \dfrac{\sqrt{x}}{2}\right) \mathrm{d}x.$　　　　2. $\int \dfrac{\cos x}{\sin x (1+\sin x)^2} \mathrm{d}x.$

求 3~4 题中的定积分.

3. $\displaystyle\int_0^1 \dfrac{x \mathrm{e}^x}{(1+x)^2} \mathrm{d}x.$　　　　4. $\displaystyle\int_0^1 \sqrt{(1-x^2)^3}\, \mathrm{d}x.$

求 5~6 题中的广义积分.

5. $\displaystyle\int_{-\infty}^{+\infty} \dfrac{1}{x^2+2x+3} \mathrm{d}x.$　　　　6. $\displaystyle\int_0^1 \ln x \,\mathrm{d}x.$

12.7　解微分方程

在 MATLAB 中,用大写字母 D 表示微分方程的导数. 例如,Dy 表示 y',D2y 表示 y'',D2y+Dy+x-10=0 表示微分方程 $y''+y'+x-10=0$,Dy(0)=3 表示 $y'(0)=3$.

用 MATLAB 求微分方程的解析解是由函数 dsolve() 实现,其调用格式和功能说明如表 12-4 所示.

表 12-4　函数 dsolve() 功能说明

调用格式	功能说明
r=dsolve('eq','cond','var')	求微分方程的通解或特解 其中 eq 代表微分方程;cond 代表微分方程的初始条件,若不给出初始条件,则求方程的通解;var 代表自变量,默认是按系统默认原则处理
r = dsolve ('eq1','eq2',…,'eqN','cond1','cond2',…,'condN','var1','var2',…,'varN')	求解微分方程组 eq1,eq2,…在初始条件 cond1,cond2,…下的特解,若不给出初始条件,则求方程的通解.var1,var2,…代表求解变量,如不指定,将为默认自变量

例 1　求 $\dfrac{\mathrm{d}y}{\mathrm{d}x} = \dfrac{y}{x} + \tan\dfrac{y}{x}$ 的通解.

解　$\gg y = \mathrm{dsolve}\left('Dy = \dfrac{y}{x} + \tan\left(\dfrac{y}{x}\right)','x'\right)$

y=

$\quad\quad \mathrm{asin}(x * C1) * x$

例 2　求 $\dfrac{\mathrm{d}y}{\mathrm{d}x} = 2xy^2$ 的通解和当 $y(0)=3$ 的特解.

解　$\gg y = \mathrm{dsolve}('Dy = 2 * x * y\hat{}2','x')$

y=

$$-1/(\text{x}^2-\text{C1})$$

$$\gg \text{y} = \text{dsolve}('\text{Dy}=2*\text{x}*\text{y}^2','\text{y}(0)=3','\text{x}')$$

y=

$$-1/(\text{x}^2-1/3)$$

例 3　求 $y=xy'-(y')^2$ 的通解.

解　$\gg \text{y} = \text{dsolve}('\text{y}=\text{x}*\text{Dy}-(\text{DY})^2','\text{x}')$

y=

$[1/4*\text{x}^2]$

$[\text{x}*\text{C1}-\text{C2}^2]$

例 4　求 $y''-4y'+3y=0$ 满足初始条件 $y(0)=6,y'(0)=10$ 的特解.

解　$\gg \text{y} = \text{dsolve}('\text{D2y}-4*\text{Dy}+3*\text{y}=0','\text{y}(0)=6','\text{Dy}(0)=10','\text{x}')$

y=

$$4*\exp(\text{x})+2*\exp(3*\text{x})$$

例 5　求 $y''-5y'+6y=x\mathrm{e}^{2x}$ 的通解.

解　$\gg \text{y} = \text{dsolve}('\text{D2y}-5*\text{Dy}+6*\text{y}=\text{x}*\exp(2*\text{x})','\text{x}')$

y=

$$\exp(2*\text{x})*\text{C2}+\exp(3*\text{x})*\text{C1}-1/2*\text{x}*\exp(2*\text{x})*(2+\text{x})$$

习题 12-7

求 1~4 题中微分方程的通解.

1. $xy\mathrm{d}x-\dfrac{x^2+1}{y^2+1}\mathrm{d}y=0.$　　　2. $\dfrac{\mathrm{d}y}{\mathrm{d}x}+\dfrac{y}{x}=x^2.$

3. $y''+6y'+10y=0.$　　　4. $y''-4y'+3y=\mathrm{e}^x\sin x.$

求 5~6 题中微分方程满足初始条件的特解.

5. $\dfrac{\mathrm{d}y}{\mathrm{d}x}-y\tan x=\sec x,y|_{x=0}=0.$

6. $y''+2y'+y=0,y(0)=1,y'(0)=0.$

12.8　求拉氏变换

在 MATLAB 中求拉普拉斯变换及其逆变换是由函数 laplace 和 ilaplace 来实现的,其调用格式和功能说明如表 12-5 所示.

表 12-5　函数 laplace 和 ilaplace 功能说明

调用格式	功能说明
F＝laplace(f(t))	求函数 $f(t)$ 的拉普拉斯变换
F＝ilaplace(f(s))	求函数 $f(s)$ 的拉普拉斯逆变换

例 1　求单位阶跃函数 $u(t)=\begin{cases}0, & t<0,\\1, & t\geqslant0\end{cases}$ 的拉氏变换.

解　≫syms s t
　　≫u＝sym('Heaviside(t)');
　　≫F＝laplace(u)
　　F＝1/s

说明:在 MATLAB 中,单位阶跃函数 $u(t)=\begin{cases}0, & t<0,\\1, & t\geqslant0\end{cases}$ 规定写成 Heaviside(t),而且第一个字母 H 必须大写;定义符号变量 Heaviside(t),在函数 sym( ) 的参数引用时,两端必须加单引号;单位脉冲函数 $\delta(t)=\begin{cases}0, & t\neq0,\\\infty, & t=0\end{cases}$ 写成 Dirac(t) 的规则同此.

例 2　求 $\delta(t)$ 函数的拉氏变换.

解　≫syms s t
　　≫f＝sym('Dirac(t)');
　　≫F＝laplace(f)
　　F＝1

例 3　求指数函数 $f(t)=e^{at}$(a 是常数)的拉氏变换.

解　≫syms s t a
　　≫F＝laplace(exp(a∗t))
　　F＝1/(s−a)

例 4　求 $f(t)=at$(a 为常数)的拉氏变换.

解　≫syms s t a
　　≫F＝laplace(a∗t)
　　F＝a/s^2

例 5　求正弦函数 $f(t)=\sin\omega t$ 的拉氏变换.

解　≫syms s t omega
　　≫F＝laplace(sin(omega∗t))
　　F＝omega/(s^2+omega^2)

例 6　求下列函数的拉氏逆变换:

(1) $F(s)=\dfrac{1}{s+3}$;　　　(2) $F(s)=\dfrac{1}{(s-2)^2}$.

解　(1) ≫syms s t
　　　　≫f＝ilaplace(1/(s+3))
　　　　f＝exp(−3∗t)

　　(2) ≫syms s t

≫f＝ilaplace(1/s−2)^2)

f＝

　　t * exp(2 * t)

习题 12-8

求 1～4 题中函数的拉氏变换.

1. $2\sin 3t + 3\cos 2t$.　　　　2. $3t$.　　　　3. e^{2t}.　　　　4. $\cos 2t$.

求 5～8 题中函数的拉氏逆变换.

5. $F(s) = \dfrac{2s-5}{s^2}$.　　　　　　6. $F(s) = \dfrac{4s-3}{s^2+4}$.

7. $F(s) = \dfrac{2s+3}{s^2-2s+5}$.　　　　8. $F(s) = \dfrac{s+9}{s^2+5s+6}$.

12.9　向量运算及空间曲面绘图

MATLAB 具有强大的空间向量的运算能力和空间曲线与曲面的作图能力. 在 MATLAB 中,用数组格式表示空间向量,可以对其进行加减、数量积、向量积等运算,还可以求其向量的模、向量的夹角以及空间曲线与曲面方程等等,利用命令函数 plot3() 和 mesh() 可以作出空间曲线与曲面的图形. 其常见运算和作图的命令函数的调用格式和功能说明如表 12-6 所示.

表 12-6　向量运算及空间曲面绘图函数

调用格式	功能说明
a＝[x,y,z]	建立向量 a,其中 x,y,z 为其 3 个坐标分量
a＋b	向量 a 与 b 的和
dot(a,b)	向量 a 与 b 的数量积 $a \cdot b$
cross(a,b)	向量 a 与 b 的向量积 $a \times b$
plot3(x,y,z)	绘制三维曲线图形. 其中参数 x,y,z 分别定义曲线的 3 个坐标向量,它可以是向量也可以是矩阵. 若是向量,则表示绘制一条三维曲线,若是矩阵,则表示绘制多条曲线
plot3(x1,y1,z1,s1,x2,y2,z2,s2,…)	绘制多条三维曲线图形. 其中参数 xi,yi,zi 分别定义曲线的 3 个坐标,si 用来定义曲线的颜色或线型
mesh(x,y,z,c)	绘制三维网格曲面. 参数 x,y,z 都是矩阵,其中矩阵 x 定义图形的 x 坐标,矩阵 y 定义图形的 y 坐标,矩阵 z 定义图形的 z 坐标,若 x,y 均省略,则三维网格数据矩阵取值 $x=1:n,y=1:m,c$ 表示风格曲面的颜色分布,若省略,则网格曲面的颜色亮度与 z 方向上的高度值成正比

例 1　已知向量 $a = i + j - 3k$,计算该向量的模、方向余弦和方向角.

解　≫a＝[1,1,−3];

　　≫MO＝sqrt(dot(a,a))

　　MO＝3.3166

　　≫Cx＝1/MO;Cy＝1/MO;Cz＝−3/MO;

≫c=[Cx,Cy,Cz]

c=0.3015　　0.3015　　−0.9045

≫Ax=acos(Cx);Ay=acos(Cy);Az=acos(Cz);

≫A=[Ax,Ay,Az]

A=1.2645　　1.2645　　2.7011

例 2　已知 $a=i+j-3k,b=2i-3j+k$,计算 $a+b,a-b,a \cdot b,a \times b$.

解　≫a=[1,1,−3];b=[2,−3,1];

≫a+b

ans=3　　　−2　　　−2

≫a−b

ans=−1　　　4　　　−4

≫dot(a,b)

ans=−4

≫cross(a,b)

ans=−8　　　−7　　　−5

例 3　求点 $(1,-1,3)$ 到平面 $x+y+z-4=0$ 的距离.

分析　利用点到平面的距离公式编程.

解　≫p=[1,−1,3];s=[1,1,1];

≫d=abs(sum(p. * s)−4)/sqrt(sum(s.^2))

d=0.5774

例 4　计算直线 $\dfrac{x-2}{3}=y+1=\dfrac{z-2}{-1}$ 和直线 $\dfrac{x}{2}=\dfrac{y-3}{2}=\dfrac{z+1}{-4}$ 夹角的余弦.

分析　利用两直线间的夹角公式编程.

解　≫lin1=[3,1,−1];lin2=[2,2,−4];

≫c=dot(lin1,lin2)/(sqrt(dot(lin1,lin1))sqrt(dot(lin2,lin2)))

c=0.7385

例 5　求由点 $A(1,-1,3),B(1,0,2),C(-1,1,0)$ 所确定的平面方程.

分析　首先利用向量的向量积找到平面方程的法向量,再运用平面方程的点法式,写出平面方程.

解　≫syms x y z

≫D=[x,y,z];

≫A=[1,−1,3];B[1,0,2];C[−1,1,0];

≫E=cross(A−B,A−C)

≫dot(E,D−A)

ans=

−x−3+2 * y+2 * z

≫fprintf('−x−3+2 * y+2 * z=0')

−x−3+2 * y+2 * z=0

例 6　绘制螺旋线 $\begin{cases} x = \cos t, \\ y = \sin t, t \in [0, 10\pi]. \\ z = t, \end{cases}$

解　≫t＝0:0.1:10 * pi;

　　≫x＝cos(t);y＝sin(t);z＝t;

　　≫plot3(x,y,z)

如图 12-8 所示.

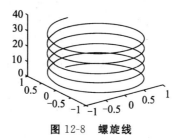

图 12-8　螺旋线

例 7　绘制函数 $z = x^2 + y^2$ 的图形.

解　≫x＝−4:4;

　　≫y＝x;

　　≫[X,Y]＝meshgrid(x,y);

　　　≫Z＝X.^2＋Y.^2;

　　≫mesh(X,Y,Z)

如图 12-9 所示.

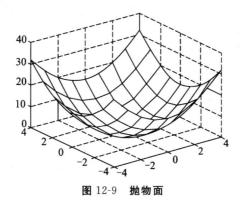

图 12-9　抛物面

习题 12-9

1. 已知向量 $a = 2i + 3j - 3k, b = i - 3j + 4k$, 计算 $a+b, a-b, a \cdot b, a \times b$ 以及向量 a 的模、方向余弦和方向角.

2. 求点 $(2, -1, 2)$ 到平面 $5x + y - 2z - 4 = 0$ 的距离.

3. 计算直线 $\dfrac{x+2}{2} = y - 11 = \dfrac{z-4}{-1}$ 和直线 $\dfrac{x+2}{2} = \dfrac{y-3}{-1} = \dfrac{z+1}{3}$ 夹角的余弦.

4. 计算直线 $\dfrac{x-2}{3} = y + 1 = \dfrac{z-2}{-1}$ 与平面 $4x - 2y - 2z = 3$ 夹角的正弦.

5. 求与向量 $a=-i+4j-3k$，$b=i-3j+k$ 同时垂直的向量.

6. 绘制由方程组 $\begin{cases} z=\sqrt{1-x^2-y^2}, \\ \left(x-\dfrac{1}{2}\right)^2+y^2=\dfrac{1}{4} \end{cases}$ 确定的空间曲线.

7. 绘制函数 $z=\sqrt{4-x^2-y^2}$ 的图形.

12.10　求偏导数与多元函数的极值

1. 求偏导数

与求一元函数的导数类似，用 MATLAB 求多元函数的偏导数仍选用命令函数 diff()，其调用格式和功能说明如表 12-7 所示.

表 12-7　函数 diff( )功能说明

调用格式	功能说明
r=diff(s,$'$var$'$)	求多元函数 s 对指定自变量的偏导数. 其中 var 代表自变量，默认是按系统默认原则处理.

例 1　已知函数 $f(x,y)=\dfrac{x\mathrm{e}^y}{y^2}$，试求 $\dfrac{\partial f}{\partial x}$，$\dfrac{\partial f}{\partial y}$.

解　≫syms x y
　　≫diff(x * exp(y)/y^2,x)
　　ans＝
　　　　exp(y)/y^2
　　≫diff(x * exp(y)/y^2,y)
　　ans＝
　　　　x * exp(y)/y^2−2 * x * exp(y)/y^3

例 2　已知方程 $\arctan\dfrac{y}{x}=\ln\sqrt{x^2+y^2+z^2}$，计算 $\dfrac{\partial z}{\partial x}$.

解　≫syms x y z
　　≫F=atan(y/x)−log(sqrt(x^2+y^2+z^2));
　　≫Fx=diff(F,x)
　　Fx＝
　　　　−y/x^2/(1+y^2/x^2)−1/(x^2+y^2+z^2) * x
　　≫Fz=diff(F,z)
　　Fz＝
　　　　−1/(x^2+y^2+z^2) * z
　　≫G=−Fx/Fz
　　G＝
　　　　−(y/x^2/(1+y^2/x^2)+1/(x^2+y^2+z^2) * x) * (x^2+y^2+z^2)/z

说明：对隐函数求偏导数，需根据隐函数的求导法则来处理.

例 3　设 $z = u e^{2v-3w}$，其中 $u = \sin x, v = x^3, w = x$，求 $\dfrac{\mathrm{d}z}{\mathrm{d}x}$.

解　≫syms x z u v w

　　≫u＝sin(x);

　　≫v＝x^3;

　　≫w＝x;

　　≫z＝u * exp(2 * v−3 * w);

　　≫diff(z,x)

　　ans＝

　　　　cos(x) * exp(2 * x^3−3 * x)＋sin(x) * (6 * x^2−3) * exp(2 * x^3−3 * x)

例 4　已知 $z = u^2 \ln v$，而 $u = \dfrac{x}{y}, v = 3y - 2x$，求 $\dfrac{\partial^2 z}{\partial x \partial y}$.

解　≫syms x y z u v

　　≫u＝x/y;

　　≫v＝3 * y−2 * x

　　≫z＝u^2 * log(v);

　　≫diff(diff(z,x),y)

　　ans＝

　　　　−4 * x/y^3 * log(3 * y−2 * x)＋6 * x/y^2/(3 * y−2 * x)＋4 * x^2/y^3/(3 *

　　　　y−2 * x)＋6 * x^2/y^2/(3 * y−2 * x)^2

说明：由于 MATLAB 不能像人那样合并简化表达式，所以求出来的表达式往往较长.

2. 求多元函数的极值

使用 MATLAB 求多元函数的极值，需要根据极值存在的充分条件（定理 8.7）编写操作程序. 为了通过 $f_x(x_0, y_0) = f_y(x_0, y_0) = 0$ 计算驻点，需要用到解方程的命令函数 solve()，为了计算 $A = f_{xx}(x_0, y_0), B = f_{xy}(x_0, y_0), C = f_{yy} = (x_0, y_0)$，需要使用计算函数值的命令函数 subs().

例 5　分析函数 $f(x,y) = x^3 - y^3 + 3x^2 + 3y^2 - 9x$ 的极值情况.

解　≫syms x y

　　≫f＝x^3−y^3＋3 * x^2＋3 * y^2−9 * x;

　　≫a＝diff(f,x);

　　≫b＝diff(f,y);

　　≫[X,Y]＝solve(a,x,b,y);

　　≫A＝diff(a,x);

　　≫B＝diff(a,y);

　　≫C＝diff(b,y);

　　≫D＝A * C−B^2;

　　≫g1＝subs(subs(D,x,1),y,0);

　　≫if g1＞0;

　　fprintf('(1,0)是极值点');

else；

fprinft($'$(1,0)不是极值点$'$)

end

(1,0)是极值点.

≫g2＝subs(subs(D,x,−3),y,0)；

≫if g2＞0；

fprintf($'$(−3,0)是极值点)；

else；

fprintf($'$(−3,0)不是极值点$'$)

end

(−3,0)不是极值点

≫g3＝subs(subs(D,x,1),y,2)

≫if g3＞0；

fprintf($'$(1,2)是极值点$'$)；

else；

fprintf($'$(1,2)不是极值点$'$)

end

(1,2)不是极值点

≫g4＝subs(subs(D,x,−3),y,2)；

≫if g4＞0；

fprintf($'$(−3,2)是极值点$'$)；

else；

fprintf($'$(−3,2)不是极值点$'$)

end

(−3,2)是极值点

习题 12-10

求 1～5 题中函数的偏导数.

1. $z=\arctan\dfrac{2x}{y}$，求 $\dfrac{\partial z}{\partial x}$，$\dfrac{\partial z}{\partial y}$.

2. $z=(\cos x+x)^{y^2}$，求 $\dfrac{\partial z}{\partial x}$，$\dfrac{\partial z}{\partial y}$.

3. 设 $z=(\ln x)^{xy}$，求 $\dfrac{\partial z}{\partial x}$，$\dfrac{\partial z}{\partial y}$.

4. 设 $e^z=xyz$，求 $\dfrac{\partial z}{\partial x}$，$\dfrac{\partial z}{\partial y}$.

5. 设 $u=e^{2x-y+z}$，$x=3t^2$，$y=2t^3$，$z=5t$，求 $\dfrac{\mathrm{d}u}{\mathrm{d}t}$.

求 6～7 题中函数的二阶偏导数.

6. $z=x^3y-3x^2y^3$.

7. $z=y\ln x$.

求 8～9 题中函数的极值.

8. $z=x^3+y^2-6xy-39x+18y+18$.

9. $z=e^{2x}(x+y^2+2y)$.

12.11　求重积分

一般说来,用数学软件求解积分问题比求解微分问题要复杂.由于计算重积分的基本思想是转化为定积分进行计算,因此,在 MATLAB 中,仍选用命令函数 int()求重积分.一旦确定了重积分的积分限后,若两次使用该命令,则是求二重积分;若三次使用该命令,则是求三重积分,其调用格式和功能与求定积分的方法相同.

例 1　计算二重积分 $\iint\limits_{D}\dfrac{x}{1+xy}\mathrm{d}x\mathrm{d}y$,其中 $D:0\leqslant x\leqslant1,0\leqslant y\leqslant1$.

分析　积分区域是个矩形域,两个定积分的上下限已给定,可自由选择是先对 x 积分,还是先对 y 积分.

方法 1　≫syms x y
　　　　　≫sx＝int(x/(1＋x∗y),x,0,1)
　　　　　sx＝
　　　　　　　　−1/y^2∗log(1＋y)＋1/y
　　　　　≫sy＝int(sx,y,0,1)
　　　　　sy＝
　　　　　　　　2∗log(2)−1

方法 2　≫syms x y
　　　　　≫s＝int(int(x/(1＋x∗y),x,0,1),y,0,1)
　　　　　s＝2∗log(2)−1

例 2　计算二重积分 $\iint\limits_{D}\dfrac{y}{x}\mathrm{d}x\mathrm{d}y$,其中 D 是由 $y=2x,y=x,x=2,x=4$ 所围成的区域.

分析　选择先对 y,后对 x 积分.y 的变化范围为 $x\leqslant y\leqslant2x$,x 的变化范围为 $2\leqslant x\leqslant4$.

解　≫syms x y
　　　≫sy＝int(y/x,y,x,2∗x)
　　　sy＝
　　　　　3/2∗x
　　　≫sx＝int(sy,x,2,4)
　　　sx＝
　　　　　9

例 3　计算 $\iint\limits_{D}\mathrm{e}^{-x^2-y^2}\mathrm{d}x\mathrm{d}y$,其中 $D:x^2+y^2\leqslant a^2$.

分析　选用极坐标进行计算.r 的变化范围为 $0\leqslant r\leqslant a$,θ 的变化范围为 $0\leqslant\theta\leqslant2\pi$.

解　≫syms a r theta
　　　≫s＝int(int(r∗exp(−r^2),r,0,a),theta,0,2∗pi)
　　　s＝
　　　　　−exp(−a^2)∗pi＋pi

例 4　计算三重积分 $\iiint\limits_{\Omega}x\,\mathrm{d}x\mathrm{d}y\mathrm{d}z$,其中 Ω 为三坐标平面及平面 $x+2y+z=1$ 所围成的

区域.

分析　先对 z 积分，z 的变化范围为 $0 \leqslant z \leqslant 1-x-2y$；再对 y 积分，y 的变化范围为 $0 \leqslant y \leqslant \dfrac{1-x}{2}$；最后对 x 积分，其变化范围为 $0 \leqslant x \leqslant 1$.

解　$\gg$syms x y z

$\gg$s＝int(int(int(x,z,0,1−x−2*y),y,0,(1−x)/2),x,0,1)

s＝

$\qquad$ 1/48

习题 12-11

计算 1~6 题中的二重积分.

1. $\displaystyle\iint\limits_{D}\cos(x+y)\mathrm{d}\sigma$，其中 D 是由 $y=x, y=\pi, x=0$ 所围成的区域.

2. $\displaystyle\iint\limits_{D}xy\mathrm{d}\sigma$，其中 D 是由 $y^2=x, y=x^2$ 所围成的区域.

3. $\displaystyle\iint\limits_{D}x^2y\mathrm{d}\sigma$，其中 D 是由 $y=x, y=-x, y=2-x^2$ 所围成的区域.

4. $\displaystyle\iint\limits_{D}(x^2+y^2)\mathrm{d}\sigma$，其中 D 为圆域 $x^2+y^2 \leqslant 2x$.

5. $\displaystyle\iint\limits_{D}\ln(1+x^2+y^2)\mathrm{d}\sigma$，其中 D 为圆域 $x^2+y^2 \leqslant 1$.

6. $\displaystyle\iint\limits_{D}\sin\sqrt{x^2+y^2}\mathrm{d}\sigma$，其中 D 为环域 $\pi^2 \leqslant x^2+y^2 \leqslant 4\pi^2$.

计算 7~8 题中的三重积分.

7. $\displaystyle\iiint\limits_{\Omega}xy\mathrm{d}x\mathrm{d}y\mathrm{d}z, \Omega: 1 \leqslant x \leqslant 2, -2 \leqslant y \leqslant 1, 0 \leqslant z \leqslant 0.5$.

8. $\displaystyle\iiint\limits_{\Omega}y\cos(z+x)\mathrm{d}x\mathrm{d}y\mathrm{d}z$，其中 Ω 是由 $y=\sqrt{x}, y=0, z=0, x+z=\dfrac{\pi}{2}$ 所围成的区域.

12.12　级数运算

1. 级数求和

收敛的级数，不论是数项级数还是函数项级数，都有求和问题. 在 MATLAB 中提供了级数求和的函数 symsum()，其调用格式和功能说明如表 12-8 所示.

表 12-8　函数 symsum( )功能说明

调用格式	功能说明
r＝symsum(s,x,a,b)	计算级数的通项表达式 s 对于通项中的求和变量 x 从 a 到 b 进行求和，如不指定 a 和 b，求和的指定变量 x 将从 0 开始到 $x-1$ 结束. 若不指定 x，则系统将对通项表达式 s 中默认的变量进行求和

例 1　求级数 $1+2+3+\cdots+(k-1)$ 的和以及 $1+2+3+\cdots+(k-1)+\cdots$ 的和.

解　≫syms k

　　≫symsum(k)

　　ans＝1/2 * k^2－1/2 * k

　　≫syms k

　　≫symsum(k,1,inf)

　　ans＝inf

字符 inf 表示无穷大,说明此级数是发散的. 因此,可以用函数 symsum() 来判断常数项级数的敛散性.

例 2　求级数 $1+\dfrac{1}{2^{2}}+\dfrac{1}{3^{2}}+\cdots+\dfrac{1}{k^{2}}+\cdots$ 的和.

解　≫syms k

　　≫symsum(1/k^2,1,inf)

　　ans＝1/6 * pi^2

例 3　求幂级数 $\displaystyle\sum_{n=0}^{\infty}\dfrac{x^{n}}{n+1}$ 的和函数.

解　≫syms x n

　　≫symsum(x^n/(n+1),n,0,inf)

　　ans＝－1/x * log(1－x)

2. 函数的泰勒级数

在 MATLAB 中泰勒展开用命令函数 taylor(),其调用格式和功能说明如表 12-9 所示.

表 12-9　函数 taylor( )功能说明

调用格式	功能说明
r＝taylor(s,n,x,a)	计算函数表达式 s 在自变量 x 等于 a 处的 $n-1$ 阶泰勒级数展开式 n 为展开阶数,如不指定,则求 5 阶泰勒级数展开式. a 为变量求导的取值点,若不指定,则系统将默认为 0,即求麦克劳林级数. 若不指定 x,则系统将对函数表达式 s 中默认的自变量进行级数展开

例 4　将函数 $f(x)=\mathrm{e}^{x}$ 展开成 5 阶的 x 的幂级数.

解　≫syms x n

　　≫s＝taylor(exp(x))

　　s＝1+x+1/2 * x^2+1/6 * x^3+1/24 * x^4+1/120 * x^5

例 5　将函数 $f(x)=\dfrac{1}{x^{2}+1}$ 展开成 8 阶的 $(x-1)$ 的幂级数.

解　≫syms x n

　　≫s＝taylor(1/(1+x^2),8,x,1)

　　s＝1－1/2 * x+1/4 * (x－1)^2－1/8 * (x－1)^4+1/8 * (x－1)^5－1/16 * (x－1)^6

习题 12-12

求 1～2 题中级数的和.

1. $\displaystyle\sum_{n=0}^{\infty} \frac{2^n - 1}{2^n}$.

2. $\displaystyle\sum_{n=1}^{\infty} \sin \frac{\pi}{4^n}$.

求 3～5 题中函数在指定点处的泰勒级数.

3. $f(x) = \ln(5 + x)$ 在 $x = 0$ 处展开成 3 阶的泰勒级数.

4. $f(x) = \dfrac{1}{3 - x}$ 在 $x = 2$ 处展开成 12 阶的泰勒级数.

5. $f(x) = (\sin x) \mathrm{e}^x$ 在 $x = \dfrac{\pi}{4}$ 处展开成 10 阶的泰勒级数.

综合练习 12

用 MATLAB 验证本书例题.

部分习题答案

第 1 章

习题 1-1

1. (1) $(-\infty,1)\bigcup(2,+\infty)$;   (2) $(1,+\infty)$;   (3) $(2,3)\bigcup(3,5)$;   (4) $[-1,3]$.

2. (1) 偶函数;   (2) 偶函数;   (3) 偶函数;   (4) 奇函数.

3. (1) $y=\ln(x-1)$;   (2) $y=\dfrac{1+\arcsin\dfrac{x-3}{2}}{1-\arcsin\dfrac{x-3}{2}}$.

4. (1) $y=\cos u$, $u=x^2$;   (2) $y=u^5$, $u=\sin x$;   (3) $y=e^u$, $u=\cos v$, $v=3x$;

(4) $y=5^u$, $u=\ln v$, $v=x^2+3$;   (5) $y=\ln u$, $u=\arctan v$, $v=\sqrt{w}$, $w=1+x^2$.

5. (1) $[-1,2)$;   (2) $(1,e)$, $(-1,0)\bigcup(0,1)$.   6. $1+2\cos^2 x$.

7. $\Delta x\leqslant 0$ 时, $f(\Delta x)-f(0)=\Delta x$; $\Delta x>0$ 时, $f(\Delta x)-f(0)=2^{\Delta x}-2$.

8. 定义域中除 $U(-\hat{7},\delta_1)$, $U(\hat{0},\delta_2)$, $U(\hat{3},\delta_3)$ 外, 其中, $\delta_1,\delta_2,\delta_3$ 为充分小的正数.

9. 当 $x\in(-\infty,0)$ 时, $f(x)=-x^2-x-1$.

10. 当 $x\in[(2n-1)\pi,(2n+1)\pi)$ 时, $f(x)=x-2n\pi$.

11. $F=\dfrac{\mu P}{\cos\alpha+\mu\sin\alpha}$.   12. $x=10\cos\theta+\sqrt{50^2-10^2\sin^2\theta}$ cm.

习题 1-2

1. (1) ×; (2) ×; (3) ×; (4) ×; (5) ×.   2. $\dfrac{5}{9}$.   3. 0.   4. 发散.

5. $\dfrac{2}{3}$.   6. 0.   7. 0.   8. $4\dfrac{1}{2}$.   9. -2.   10. (1) ×; (2) ×.   11. 不存在.

习题 1-3

1. 21.   2. -4.   3. $\dfrac{2}{3}$.   4. 0.   5. $-\dfrac{1}{2}$.   6. $\dfrac{2}{3}$.   7. $\dfrac{3}{5}$.

8. k.   9. 1.   10. -2.   11. e^{-10}.   12. e^{-2}.   13. $-\dfrac{1}{2}$.   14. 2.

15. $\dfrac{m}{n}$.   16. 3.   17. 0.   18. $\dfrac{\sqrt{2}}{8}$.   19. -2.   20. 1.   21. 1.

22. $\sqrt{2}$.   23. $\dfrac{1}{e}$.   24. $\dfrac{1}{e^2}$.   25. e^5.   26. $\dfrac{1}{h}$.   27. $-\dfrac{5}{2}$.   28. e.

29. 2.   30. $\dfrac{1}{\sqrt{e}}$.

习题 1-4

1. 无穷大量.   2. 无穷小量.   3. 无穷大量.   4. 无穷小量.   5. 无穷大量.   6. 无穷小量.

7. ∞. 　　8. ∞. 　　9. -2. 　　10. 0. 　　11. ∞. 　　12. 1.

13. -2. 　　14. 0. 　　15. 0. 　　16. $\dfrac{\omega^2}{2}$. 　　17. $\begin{cases}1, & n=m, \\ 0, & n>m, \\ \infty, & n<m.\end{cases}$ 　　18. 5.

19. $\sqrt{2}a$. 　　20. -2. 　　21. $a=0,b=6$. 　　　　22. $a=\dfrac{1}{2},b=3$.

习题 1-5

1. (1) $\times$；(2) $\surd$；(3) $\surd$；(4) $\times$；(5) $\surd$；(6) $\surd$. 　　2. $(-\infty,-3)\cup(-3,2)\cup(2,+\infty)$；$0$；$\dfrac{1}{5}$.

3. $a=\pm1$. 　　4. 0. 　　5. $4e+2$. 　　6. 1. 　　7. 0. 　　8. $\dfrac{1}{2}$. 　　9. $\dfrac{1}{8}$. 　　10. 第二类间断点. 　　11. 第一类

间断点. 　　14. $\dfrac{\pi}{3}$. 　　15. -1. 　　16. 1. 　　17. $\sin 1$. 　　18. $-\sin a$. 　　19. 2. 　　20. $a>0$,且 $a\neq1$;第一类间断

点.

综合练习 1

1. D. 　　2. B. 　　3. A. 　　4. A. 　　5. B. 　　6. D. 　　7. $\sin a^{\sqrt{x}}$. 　　8. 1. 　　9. 1. 　　10. $(0,1]$.

11. 0；1；不存在；1；0. 　　12. -4；-4. 　　13. 1. 　　14. $-\dfrac{\sqrt{2}}{2}$. 　　15. $-\dfrac{1}{h}$. 　　16. $\dfrac{1}{2}$.

17. $-\dfrac{1}{2\pi}$. 　　18. 0. 　　19. (2) 连续；(3) $(-\infty,+\infty)$.

第 2 章

习题 2-1

1. (1) 4.2；(2) 4. 　　2. $2\pi a r_0^{\,2}(1+\alpha t)$. 　　3. 0. 　　4. $-\dfrac{1}{4}$. 　　5. $x-4y+4=0$；$4x+y-18=0$.

6. $3x-12y\pm1=0$. 　　8. (1) 1；(2) -1；(3) -2；(4) 2α. 　　9. $a=2c$, b 为任意常数. 　　10. $n!$.

12. $f'(a)=g(a)$. 　　13. 在 $x=a$ 处不可导；$f'(b)=\dfrac{1}{b-a}$.

习题 2-2

1. $\dfrac{3}{2\sqrt{x}}+\dfrac{1}{2x\sqrt{x}}-\dfrac{1}{x^4}$.

2. $6\left(x^2+\dfrac{1}{x^3}\right)$.

3. $\left(\dfrac{\pi}{x}\right)^2$.

4. $x^2(3\ln x\tan x+\tan x+x\ln x\sec^2 x)$.

5. $a^x e^x\ln(ae)$.

6. $\dfrac{\sqrt{1-\varphi^2}+\arcsin\varphi}{\sqrt{(1-\varphi^2)^3}}$.

7. $e^x(\sin x+\cos x)$.

8. $2x\arctan x+1$.

9. $\sin x$.

10. $\dfrac{x+\ln^2 x}{(x+\ln x)^2}$.

11. $e^v(v^2-1)$.

12. $2v\arctan v$.

13. $2x\cos x^2$.

14. $\dfrac{\ln x}{(1+x)^2}$.

15. $-\mathrm{e}^{-\lambda t}(\lambda\cos\omega t+\omega\sin\omega t)$.

16. $\dfrac{1}{1-x^2}$.

17. $\dfrac{1}{(x-\sqrt{x^2-1})\sqrt{x^2-1}}$.

18. $-\dfrac{1}{\sqrt{x}(1+x)}\mathrm{e}^{2\operatorname{arccot}\sqrt{x}}$.

19. $\dfrac{4}{\sqrt{1-16x^2}}$.

20. $-\dfrac{1}{1+x^2}$.

21. $4x\mathrm{e}^{x^2+1}\sec^2\mathrm{e}^{x^2+1}\tan\mathrm{e}^{x^2+1}$.

22. $\dfrac{1}{\sqrt{a^2+x^2}}$.

23. $\dfrac{\sqrt{2}}{2}\left(1-\dfrac{\pi}{4}\right)-1$.

24. -1.

25. -1.

26. $\dfrac{1}{2}$.

27. $-km_0\mathrm{e}^{-kt}$.

28. $2x+3y-3=0;3x-2y+2=0$.

29. $\dfrac{2\sqrt{x}+1}{4\sqrt{x^2+x\sqrt{x}}}$.

30. $-\dfrac{2x}{3\sqrt[3]{(1+x^2)^2}}\csc^2\sqrt[3]{1+x^2}$.

31. $\csc^2 x\ln(1+\sin x)$.

32. $\dfrac{1}{x\ln x\ln(\ln x)}$.

33. $-\dfrac{1}{(x^2+x+2)\arctan\dfrac{1}{1+x}}$.

34. $\dfrac{1-\sqrt{1-x^2}}{x^2\sqrt{1-x^2}}$.

35. $\dfrac{x\ln x}{\sqrt{(x^2-1)^3}}$.

36. $\sqrt{a^2-x^2}$.

习题 2-3

1. $-0.09,-0.1;-0.0099,-0.01$.

2. $\dfrac{3x^2}{2\sqrt{1+x^3}}\mathrm{d}x$.

3. $\dfrac{2x\cos 2x+2(x^2-1)\sin 2x}{(1-x^2)^2}\mathrm{d}x$.

4. $\mathrm{e}^{-x^2}(1-2x^2)\mathrm{d}x$.

5. $\dfrac{1}{2\sqrt{x}(1+x)}\mathrm{d}x$.

6. $\dfrac{4x\ln(1+x^2)}{1+x^2}\mathrm{d}x$.

7. $-\dfrac{1}{|x|\sqrt{x^2-1}}\mathrm{d}x$.

8. $4x\sec^2(2x^2-1)\tan(2x^2-1)\mathrm{d}x$.

9. $-\sin 2x\cos\left(\dfrac{1}{2}\cos 2x\right)\mathrm{d}x$.

10. $\dfrac{2(x+\pi^{2x}\ln\pi)}{x^2+\pi^{2x}}\mathrm{d}x$.

11. $\dfrac{2x-(1+4x^2)\arctan 2x}{x^2(1+4x^2)}\mathrm{d}x$.

12. $-\dfrac{1}{1+x^2}\mathrm{d}x$.

13. $\dfrac{2}{x\ln x^2\ln(\ln x^2)}\mathrm{d}x$.

14. $-\dfrac{1}{\sqrt{x^2+a^2}}\mathrm{d}x$.

15. $2^{\sin x}\cos x\ln 2\mathrm{d}x$.

16. $2\ln 5\mathrm{d}x$.

17. $\dfrac{\sqrt{3}}{2}\mathrm{d}x$.

18. $-\dfrac{8}{3(1+\ln^2 3)}\mathrm{d}x$.

19. $(4+2\ln 2)\mathrm{d}x$.

习题 2-4

1. $-\dfrac{y^2\mathrm{e}^x}{1+y\mathrm{e}^x}$.

2. $\dfrac{\cos(x-y)-\cos y}{\cos(x-y)-x\sin y}$.

3. $\dfrac{y+x}{x-y}$.

4. $-\dfrac{\sqrt{y}}{\sqrt{x}}$.

5. $-\dfrac{1}{x^2}(1+\cos x)^{\frac{1}{x}}\left[\dfrac{x\sin x}{1+\cos x}+\ln(1+\cos x)\right]$.

6. $\left(\dfrac{x}{1+x}\right)^x\left(\ln\dfrac{x}{1+x}+\dfrac{1}{1+x}\right)$.

7. $-\dfrac{2x^2-6x+3}{x(x-1)(x-2)(x-3)}\sqrt{\dfrac{x(x-1)}{(x-2)(x-3)}}$.

8. $x^{x^2+1}\ln x\ln(\mathrm{e}x^2)$.

9. $2x+y-9=0$，$x-2y-2=0$.

10. $2t$.

11. $-\sqrt{\dfrac{1+t}{1-t}}$.

12. $\dfrac{\sin at+\cos bt}{\cos at-\sin at}$.

13. $\dfrac{1-\mathrm{e}^t(\cos t-\sin t)}{1+\mathrm{e}^t(\cos t+\sin t)}$.

14. $2x+y=0$，$x-2y+10=0$.

15. $\dfrac{xy-y^2}{x^2+xy}$.

16. $-\dfrac{\sin(x+y)+y\mathrm{e}^{xy}}{\sin(x+y)+x\mathrm{e}^{xy}}$.

17. $\dfrac{2x\cos 2x-y}{x(\mathrm{e}^y+\ln x)}$.

18. $-\dfrac{y(\mathrm{e}^{xy}\sin\mathrm{e}^{xy}+\cos x)}{\sin x+x\mathrm{e}^{xy}\sin\mathrm{e}^{xy}}$.

19. $m=-3,n=p=2$.

20. $(\sin x)^{\tan x}(\sec^2 x\ln\sin x+1)+(\cos x)^{\cot x}(\csc^2 x\ln\cos x+1)$.

21. $\dfrac{\mathrm{e}^{2x}(x+3)}{\sqrt{(x+5)(x-4)}}\left[2+\dfrac{1}{x+3}-\dfrac{1}{2(x+5)}-\dfrac{1}{2(x-4)}\right]$.

22. $\dfrac{16}{25\pi}$ m/s.

23. 50 km/h.

习题 2-5

1. $\mathrm{e}^x\cos\mathrm{e}^x(\cos x-2\sin x)-\cos x\sin\mathrm{e}^x(\mathrm{e}^{2x}+1)$.

2. $\dfrac{3}{1-x^2}\left[2\arcsin x+\dfrac{x(\arcsin x)^2}{\sqrt{1-x^2}}\right]$.

3. $4\mathrm{e}^{-4x}(3\sin 2x-4\cos x)$.

4. $2\mathrm{e}^{-x^2}(2x^2-1)+2[2x^{2x}(1+\ln x)^2+x^{2x-1}]$.

5. $-\dfrac{3}{4\mathrm{e}^4}$.

6. $(x+4)\mathrm{e}^x$.

7. $x^2\sin x-12\sin x-8x\cos x$.

8. $4\sin x+x\cos x$.

9. $24\ln x+50$.

10. $\cos\left(x+\dfrac{n\pi}{2}\right)$.

11. $(-1)^{n-1}\dfrac{(n-1)!}{(1+x)^n}$.

12. $\dfrac{n!}{(1-x)^{n+1}}$.

13. 当 $n\leqslant m$ 时，$y^{(n)}=m(m-1)\cdots(m-n+1)a^n(ax+b)^{m-n}$；当 $n>m$ 时，$y^{(n)}=0$.

14. $-2\cos^3(x+y)\csc^5(x+y)$.

15. $\dfrac{8+8(x-y)^2}{(x-y)^5}$.

16. $\dfrac{3}{4(1-t)}$.

17. $-\dfrac{b}{a^2\sin^3 t}$.

18. $4\left(\dfrac{t+1}{t-1}\right)^3$.

19. $\dfrac{1}{-a(1-\cos t)^2}$.

20. $\dfrac{2+t^2}{a(\cos t-t\sin t)^3}$.

21. $\mathrm{e}^{\sin t-2\cos t}(\cot^2 t+\cot t-\csc^3 t)$.

23. $\dfrac{f'(t)\varphi''(t)-\varphi'(t)f''(t)}{[f'(t)]^3}$.

综合练习 2

1. B.　2. D.　3. B.　4. B.　5. B.　6. A.　7. $10-\dfrac{1}{2}g$, $-g$.　8. $f(a)$.　9. 0.

10. $\cos x^2, -\sin x^2 \mathrm{e}^{\cos x^2}, -2x\sin x^2 \mathrm{e}^{\cos x^2}$.　11. $6x-\sqrt{5}y-4=0, 2\sqrt{5}x+12y-15\sqrt{5}=0$.

12. $f''(x_0)$.　13. 3.　14. $\arctan x \mathrm{d}x$.　15. $(\sin x)^{\tan x}(1+\sec^2 x \ln\sin x)$.

16. $2\csc^2 x(\csc^2 x+2\cot^2 x)$.

第 3 章

习题 3-1

1. 0.　2. 2.25.　8. 1.　9. $\dfrac{m}{n}x^{m-n}$.　10. $-\dfrac{1}{m}$.　11. $\ln a-\ln b$.　12. 1.

13. $\dfrac{\beta^2-\alpha^2}{2}$.　14. 0.　15. 0.　16. $\dfrac{1}{3}$.　17. 0.　18. 1.　19. $\mathrm{e}^{-\frac{2}{\pi}}$.

20. 0.　21. $\dfrac{2}{\pi}$.　22. 1.　23. $\dfrac{1}{\mathrm{e}}$.　24. 1.　25. $\dfrac{1}{\mathrm{e}}$.

习题 3-2

1. $(-\infty,+\infty)\nearrow$.

2. $\left(0,\dfrac{1}{2}\right)\searrow$, $\left(\dfrac{1}{2},+\infty\right)\nearrow$.

3. $\left(-\infty,\dfrac{3}{4}\right)\nearrow$, $\left(\dfrac{3}{4},1\right)\searrow$.

4. $(-\infty,-1)\cup(0,1)\searrow$, $(-1,0)\cup(1,+\infty)\nearrow$.

5. 极大值点 $x=-1$,极大值为 13,极小值点 $x=3$,极小值为 -51.

6. 极小值点 $x=1$,极小值为 1.

7. 极小值点 $x=-\dfrac{1}{2}\ln 2$,极小值为 $2\sqrt{2}$.

8. 无极值.

9. 极大值点 $x=1$,极大值为 $\dfrac{\pi}{4}-\dfrac{1}{2}\ln 2$.

10. 极大值点 $x=\pm 1$,极大值为 $\dfrac{1}{\mathrm{e}}$,极小值点 $x=0$,极小值为 0.

11. 最小值为 2,最大值为 $3+\sqrt{3}$.

12. 最小值为 -16,最大值为 4.

13. 最小值为 0,最大值为 $\dfrac{\pi}{4}$.

14. 最小值为 1,最大值为 3.

15. 无最小值,最大值为 $\sqrt[3]{4}$.

16. 最小值为 $\mathrm{e}^{-\frac{1}{\mathrm{e}}}$,无最大值.

19. 腰为 $\dfrac{2}{3}l$,最大面积为 $\dfrac{l^2}{3\sqrt{3}}$.

20. 310 元,1240 件,384400 元.

21. $\sqrt{2}:1$.

22. $\dfrac{a_1+a_2+\cdots+a_n}{n}$.

25. $2\pi\left(1-\sqrt{\dfrac{2}{3}}\right)$.

26. 距渔站 3 km 处.

27. $\dfrac{R}{\sqrt{2}}$.

习题 3-3

1. $(-\infty,2)$ 内凸,$(2,+\infty)$ 内凹,拐点 $(2,-3)$.

2. $\left(-\infty,-\dfrac{\sqrt{3}}{3}\right)$ 内凹,$\left(-\dfrac{\sqrt{3}}{3},\dfrac{\sqrt{3}}{3}\right)$ 内凸,$\left(\dfrac{\sqrt{3}}{3},+\infty\right)$ 内凹,拐点 $\left(\pm\dfrac{\sqrt{3}}{3},\dfrac{3}{4}\right)$.

3. $(-\infty,b)$ 内凸,$(b,+\infty)$ 内凹,拐点 (b,a).

4. $(-\infty,2)$ 内凸,$(2,+\infty)$ 内凹,拐点 $\left(2,\dfrac{2}{\mathrm{e}^2}\right)$.

5. 水平渐近线 $y=0$,垂直渐近线 $x=-3$,$x=2$.

6. 水平渐近线 $y=1$,垂直渐近线 $x=0$.

7. 水平渐近线 $y=0$,垂直渐近线 $x=-1$,$x=2$.

8. 水平渐近线 $y=3$,垂直渐近线 $x=-1$.   13. $a=1$,$b=3$,$c=0$,$d=2$.

习题 3-4

1. 10.03.   2. 0.5151.   3. 0.02.   4. 2.7455.   5. 1.0349.   6. 0.10005.

7. $S=5.881 \text{ m}^2$;$\delta_s=0.024 \text{ m}^2$;$\dfrac{\delta_s}{S}=0.4\%$.   8. 30%.   9. 1.11784 g.

10. (1) 43.63 cm²; (2) 104.72 cm².   11. 0.0022.   12. 0.00056rad$=1'55''$.

习题 3-5

1. $\sqrt{1+\sin^2 x}\,\mathrm{d}x$.   2. $\sqrt{a^2\sin^2 t+b^2\cos^2 t}\,\mathrm{d}t$.   3. 2.   4. $\dfrac{b}{a^2}$.   5. 1.

6. $\dfrac{1}{3|\cos t_0 \sin t_0|}=\dfrac{2}{3|\sin 2t_0|}$.   7. $\left(\dfrac{\sqrt{2}}{2},-\dfrac{\ln 2}{2}\right),\dfrac{3\sqrt{3}}{2}$.

8. $\dfrac{1}{|\sec x_0|}$, $|\sec x_0|$.   10. $a=\pm 1$,$b=0$,$c=1$.

综合练习 3

1. D.   2. B.   3. D.   4. A.   5. D.   6. C.   7. (1,2).   8. 2.   9. (1,0).

10. $4x^3-3x$.   11. $y=0$,$x=0$.   12. $\left(-\dfrac{1}{2}\ln 2,\dfrac{\sqrt{2}}{2}\right)$.   13. $\dfrac{1}{6}\ln\dfrac{3}{2}$.   14. 0.   15. 1.

16. $\dfrac{1}{3}$.   17. 极小值 $f(2)=13$,极大值 $f(1)=14$.

19. (1) $(-\infty,1)\nearrow,(1,3)\searrow,(3,+\infty)\nearrow$,极小值 $f(3)=\dfrac{27}{4}$;

     (2) $(-\infty,0)$内凸,$(0,1)$,$(1,3)$,$(3,+\infty)$内凹;拐点 $(0,0)$.

20. 距 A 点 15 km.

第 4 章

习题 4-1

5. $\sin x+C$.   6. $\dfrac{1}{\ln 2}2^x+C$.   7. x^5+C.   8. $\dfrac{4}{3}x^{\frac{3}{2}}+C$.

9. $2\sqrt{x}+C$.   10. $\tan x+C$.   11. $y=\tan x+1$.   12. $s=2\sin t$.

13. A.   14. $-\sin x+C$.   15. B,D.

习题 4-2

1. $\dfrac{6}{11}x^{\frac{11}{6}}-\dfrac{1}{x}+C$.   2. $-\dfrac{1}{x}+\ln|x|+C$.

3. $\dfrac{2^x}{\ln 2}+2\cos x+\dfrac{4}{5}x^{\frac{5}{2}}+C$.   4. $\dfrac{1}{5}x^5-\dfrac{1}{2}x^4+\dfrac{1}{3}x^3+C$.

5. $\dfrac{2}{3}x\sqrt{x}-2\sqrt{x}+C$.   6. $\dfrac{2}{7}x^{\frac{7}{2}}-\dfrac{6}{5}x^{\frac{5}{2}}+2x^{\frac{3}{2}}-2x^{\frac{1}{2}}+C$.

7. $\dfrac{1}{\ln 3}3^x+\dfrac{1}{4}x^4+(\log_3\pi)x+C.$

8. $e^t-\dfrac{2}{3}t^{\frac{3}{2}}+C.$

9. $\dfrac{4^x}{2\ln 2}+\dfrac{9^x}{2\ln 3}+\dfrac{2}{\ln 6}6^x+C.$

10. $-\cot x+\cos x+C.$

11. $2x+\dfrac{5}{\ln 2-\ln 3}\left(\dfrac{3}{2}\right)^x+C.$

12. $\ln\left|\dfrac{x-2}{x-1}\right|+C.$

13. $-\dfrac{1}{x}-2\arctan x+C.$

14. $\ln|x|+\arctan x+C.$

15. $\dfrac{1}{2}\tan x+C.$

16. $3\tan x-x+C.$

17. $\tan x-\cot x+C.$

18. $-\cot x-\tan x+C.$

19. $\dfrac{1}{x}-\dfrac{1}{3x^3}+\arctan x+C.$

20. $\dfrac{1}{2}(\tan x+x)+C.$

21. $\dfrac{1}{2}x^2-\dfrac{2}{3}x\sqrt{x}+x+C.$

22. $\dfrac{1}{3}x^3+\dfrac{1}{2}x^2+\arctan x+C.$

23. $\sin x+\cos x+C.$

24. $\pm(\sin x-\cos x)+C.$

习题 4-3

11. $\dfrac{1}{2}\ln|1+2x|+C.$

12. $-\sqrt{3-2x}+C.$

13. $\dfrac{1}{400}(4x+5)^{100}+C.$

14. $\dfrac{1}{15}\sin^3(5x-1)+C.$

15. $-e^{-\pi x}+C.$

16. $\dfrac{1}{2}\tan(2x-3)-x+C.$

17. $-\dfrac{1}{2}\cos(x^2+1)+C.$

18. $-\dfrac{1}{3}\sqrt{(1-x^2)^3}+C.$

19. $-\dfrac{1}{6(1+2x^3)}+C.$

20. $\dfrac{3}{4}(3+2\ln x)^{\frac{2}{3}}+C.$

21. $\dfrac{1}{4}(\arctan x)^4+C$

22. $-\dfrac{1}{\ln 2}2^{\arccos x}+C.$

23. $\dfrac{3}{8}x+\dfrac{1}{4}\sin 2x+\dfrac{1}{32}\sin 4x+C.$

24. $-\dfrac{1}{14}\cos 7x-\dfrac{1}{6}\cos 3x+C.$

25. $2\arctan\sqrt{x}+C.$

26. $\dfrac{1}{3}x^3-\dfrac{1}{2}x^2+x-\ln|x+1|+C.$

27. $\cos\dfrac{1}{x}+C.$

28. $\dfrac{2}{3}e^{3\sqrt{x}}+C.$

29. $-\dfrac{3}{\sqrt[3]{\sin x}}+C.$

30. $\dfrac{1}{2}\ln|1-2\cot x|+C.$

31. $\ln(e^x+1)+C.$

32. $\arctan(e^x)+C.$

33. $\dfrac{1}{2}e^{1+\sin 2x}+C.$

34. $\ln|x^2-3x+2|+3\ln\left|\dfrac{x-2}{x-1}\right|+C.$

35. $\dfrac{1}{7}\sin^7 x-\dfrac{2}{5}\sin^5 x+\dfrac{1}{3}\sin^3 x+C.$

36. $\dfrac{1}{7\cos^7 x}-\dfrac{2}{5\cos^5 x}+\dfrac{1}{3\cos^3 x}+C.$

37. $2(\sqrt{x-1}-\arctan\sqrt{x-1})+C.$

38. $\dfrac{1}{5}(x+2)(3x+1)^{\frac{2}{3}}+C.$

39. $x-2\sqrt{1+x}+2\ln(1+\sqrt{1+x})+C.$

40. $2\sqrt{x}-4\sqrt[4]{x}+4\ln(\sqrt[4]{x}+1)+C.$

41. $6(\sqrt[6]{x}-\arctan\sqrt[6]{x})+C.$

42. $\sqrt{x^2-9}-3\arccos\dfrac{3}{x}+C.$

43. $2\ln(x+\sqrt{x^2+1})+C.$

44. $\ln(x+\sqrt{x^2+1})+2\sqrt{x^2+1}+C.$

45. $-\dfrac{\sqrt{a^2-x^2}}{x}-\arcsin\dfrac{x}{a}+C.$

46. $\arccos\dfrac{1}{x}+C.$

47. $\dfrac{1}{3}\ln\dfrac{x}{3+\sqrt{x^2+9}}+C.$

48. $2\left(\arcsin\dfrac{x}{2}-\dfrac{x}{4}\sqrt{4-x^2}\right)+C.$

49. $-2\sqrt{\dfrac{1+x}{x}}-\ln\left|\dfrac{\sqrt{\dfrac{1+x}{x}}-1}{\sqrt{\dfrac{1+x}{x}}+1}\right|+C.$

50. $\arcsin[(\sin x)^2]+C.$

51. $\dfrac{3}{4}(x^2+2x)^{\frac{2}{3}}+C.$

52. $\mathrm{e}^{x^2-2x}+C.$

53. $\dfrac{2}{3}\sqrt{(3+2\sqrt{x})^3}+C.$

54. $\mathrm{e}^{\mathrm{e}^x}+C.$

55. $\dfrac{1}{3}x^3+\dfrac{1}{3}\sqrt{(x^2-1)^3}+C.$

56. $\ln|x+\sin x|+C.$

57. $\ln|\sin x+\cos x|+C.$

58. $-\dfrac{1}{\mathrm{e}^x-\cos x}+C.$

59. $\dfrac{1}{\sqrt{2}}\arctan\left(\dfrac{\tan x}{\sqrt{2}}\right)+C.$

60. $\dfrac{1}{2}(x+\ln|\sin x+\cos x|)+C.$

61. $\arcsin x-\sqrt{1-x^2}+C.$

62. $-\dfrac{1}{2}[\ln(1+x)-\ln x]^2+C.$

63. $\dfrac{6}{7}x^{\frac{7}{6}}-\dfrac{5}{6}x^{\frac{6}{5}}+2\sqrt{x}-6\sqrt[6]{x}+6\arctan\sqrt[6]{x}+C.$

64. $\dfrac{2}{3}(1-x^2)^{\frac{3}{2}}-\dfrac{1}{5}(1-x^2)^{\frac{5}{2}}-(1-x^2)^{\frac{1}{2}}+C.$

65. $-\dfrac{\sqrt{(1+x^2)^3}}{3x^2}+\dfrac{\sqrt{1+x^2}}{x}+C.$

66. $\dfrac{2}{9}\sqrt{9x^2-4}-\dfrac{1}{3}\ln|3x+\sqrt{9x^2-4}|+C.$

67. $\ln(\sqrt{1+\mathrm{e}^x}-1)-\ln(\sqrt{1+\mathrm{e}^x}+1)+C.$

习题 4-4

1. $\dfrac{1}{2}x\sin 2x+\dfrac{1}{4}\cos 2x+C.$

2. $\dfrac{1}{4}x^2-\dfrac{1}{2}x\sin x-\dfrac{1}{2}\cos x+C.$

3. $-x\mathrm{e}^{-x}-3\mathrm{e}^{-x}+C.$

4. $\mathrm{e}^x(x^2-2x+2)+C.$

5. $\dfrac{x}{3}\tan 3x+\dfrac{1}{9}\ln|\cos 3x|+C.$

6. $\left(\dfrac{x^2}{2}-\dfrac{1}{4}\right)\arcsin x+\dfrac{x}{4}\sqrt{1-x^2}+C.$

7. $\dfrac{x^3}{3}\ln x-\dfrac{x^3}{9}+C.$

8. $(x^2+2)\sin x+2x\cos x-2\sin x+C.$

9. $x\ln x-x+C.$

10. $\dfrac{x^3}{3}\arctan x-\dfrac{x^2}{6}+\dfrac{1}{6}\ln(1+x^2)+C.$

11. $-\dfrac{4}{17}\mathrm{e}^{-2x}\left(2\sin\dfrac{x}{2}+\dfrac{1}{2}\cos\dfrac{x}{2}\right)+C.$

12. $(x+1)\arctan\sqrt{x}-\sqrt{x}+C.$

13. $-2\sqrt{x}\cos\sqrt{x}+2\sin\sqrt{x}+C.$

14. $x(\ln^2 x-2\ln x+2)+C.$

15. $x\ln(x+\sqrt{1+x^2})-\sqrt{1+x^2}+C.$

16. $\tan x\ln(\sin x)-x+C.$

17. $2\sqrt{1-x}+2\sqrt{x}\arcsin\sqrt{x}+C.$

18. $\dfrac{x}{2}[\cos(\ln x)+\sin(\ln x)]+C.$

19. $\sqrt{1+x^2}\ln(x+\sqrt{1+x^2})-x+C.$

20. $\sqrt{1+x^2}\arctan x-\ln\left|x+\sqrt{1+x^2}\right|+C.$

21. $3(\sqrt[3]{x^2}-2\sqrt[3]{x}+2)\mathrm{e}^{\sqrt[3]{x}}+C.$

22. $\dfrac{1}{2}x+\dfrac{1}{2}\sqrt{x}\sin 2\sqrt{x}+\dfrac{1}{4}\cos 2\sqrt{x}+C.$

23. $2\sqrt{1+x}\ln x-4\sqrt{1+x}-2\ln\left|\dfrac{\sqrt{1+x}-1}{\sqrt{1+x}+1}\right|+C.$

24. $-\dfrac{\arctan\mathrm{e}^x}{\mathrm{e}^x}+x-\dfrac{1}{2}\ln|1+\mathrm{e}^{2x}|+C.$

25. $\dfrac{x\arcsin x}{\sqrt{1-x^2}}+\ln\sqrt{1-x^2}+C.$

26. $\dfrac{1}{2}\ln^2(\tan x)+C.$

综合练习 4

1. A.　2. C.　3. A.　4. B.　5. D.　6. C.　7. 全体　8. $-F(e^{-x})+C.$　9. $2x+C.$

10. $\sqrt{2-3x}+C.$

11. $C-x^2e^{-x}.$

12. $\dfrac{x\cos x-\sin x}{x^2}.$

13. $-\dfrac{2}{\sqrt{x}}-4\sqrt{x}+\dfrac{2}{3}x^{\frac{3}{2}}+C.$

14. $\dfrac{2}{3}(2-x)^{\frac{3}{2}}-4\sqrt{2-x}+C.$

15. $\dfrac{3}{2}\ln(9+x^2)-\dfrac{1}{3}\arctan\dfrac{x}{3}+C.$

16. $\dfrac{1}{3}x^2\ln x-\dfrac{1}{9}x^3+C.$

17. $x-\ln(1+e^x)+C.$

18. $C-\cot\dfrac{x}{2}.$

19. $x\arcsin x+\sqrt{1-x^2}+C.$

20. $-\dfrac{\ln(1+x^2)}{2x^2}+\ln\left|\dfrac{x}{\sqrt{1+x^2}}\right|+C.$

21. $\arccos\dfrac{1}{x}+C.$

22. $-\dfrac{\sqrt{1+x^2}}{x}+C.$

第 5 章

习题 5-1

1. (1) $\dfrac{1}{2}$；(2) 10；(3) $\dfrac{\pi}{2}$；(4) 0；(5) $\dfrac{b^2-a^2}{2}$；(6) 0.

2. $\displaystyle\int_1^3 e^x\,\mathrm{d}x.$　　　3. $-\displaystyle\int_{-3}^{-1}x^3\,\mathrm{d}x.$　　　4. $\dfrac{25}{2}g.$　　　5. $m=\displaystyle\int_0^1\rho(x)\,\mathrm{d}x.$

7. $\theta=\displaystyle\int_0^T\dfrac{v}{\sqrt{kt+r^2}}\,\mathrm{d}t.$　　　8. $\dfrac{2}{\pi}.$　　　9. $\dfrac{1}{2}.$

习题 5-2

1. $\displaystyle\int_0^1\sqrt{x}\,\mathrm{d}x\geqslant\int_0^1 x\,\mathrm{d}x.$

2. $\displaystyle\int_0^{\frac{\pi}{4}}\sin x\,\mathrm{d}x<\int_0^{\frac{\pi}{4}}\cos x\,\mathrm{d}x.$

3. $\displaystyle\int_{-1}^0\left(\dfrac{1}{2}\right)^x\,\mathrm{d}x\leqslant\int_{-1}^0\left(\dfrac{1}{3}\right)^x\,\mathrm{d}x.$

4. $\displaystyle\int_1^2 x\,\mathrm{d}x>\int_1^2\ln x\,\mathrm{d}x.$

5. $\displaystyle\int_1^2\ln x\,\mathrm{d}x>\int_1^2(\ln x)^3\,\mathrm{d}x.$

6. $\displaystyle\int_3^4\ln x\,\mathrm{d}x<\int_3^4(\ln x)^2\,\mathrm{d}x.$

7. $1\leqslant I\leqslant\sqrt[3]{16}.$

8. $\dfrac{2}{5}\leqslant I\leqslant\dfrac{1}{2}.$

9. $2\leqslant I\leqslant 6.$

10. $-2e^{-1}\leqslant I\leqslant 0.$

11. $\dfrac{\pi}{2}\leqslant I\leqslant\dfrac{\pi}{2}e.$

12. $\dfrac{\pi}{9}\leqslant I\leqslant\dfrac{2\pi}{3}.$

13. $-4.$

14. $2e-1.$

15. $-\dfrac{4}{3}.$

16. $\dfrac{4}{3}.$

17. $\dfrac{49}{3}.$

18. 0.

习题 5-3

1. $\ln(1+x)$.

2. $-x^2\sin x$.

3. $e^{\sin x}\cdot\cos x$.

4. $\sin x\cdot 2x$.

5. $\dfrac{2}{3}(2^{\frac{3}{2}}-1)$.

6. $4\sqrt{3}-\dfrac{10}{3}\sqrt{2}$.

7. $4\dfrac{5}{6}$.

8. $4-3\ln3$.

9. $\dfrac{1}{5}\ln\dfrac{4}{3}$.

10. $\dfrac{3}{2}$.

11. $\dfrac{1}{5}\ln\dfrac{7}{2}$.

12. $\dfrac{1}{2}\left(\dfrac{\pi}{2}+1\right)$.

13. $\dfrac{3-\sqrt{3}}{2}$.

14. 1.

15. $2\left(\sin\sqrt{\dfrac{\pi}{3}}-\sin\sqrt{\dfrac{\pi}{6}}\right)$.

16. $\dfrac{1}{6}$.

17. $\dfrac{1}{2(\ln3-\ln2)}+\dfrac{6}{\ln5-\ln2}$.

18. 13.

19. $\dfrac{2}{3}$.

20. $2-\dfrac{2}{e}$.

21. 1.

22. $\varphi(1)=\dfrac{5\pi}{3\sqrt{3}},\varphi(0)=0$.

23. $\dfrac{1}{4}\ln\dfrac{32}{17}$.

24. $\dfrac{1}{2}(1-\ln2)$.

25. 12.

26. $\dfrac{1}{2}\ln\dfrac{8}{5}$.

习题 5-4

1. $7+2\ln2$.

2. $6\left(1+\dfrac{\pi}{4}-\arctan2\right)$.

3. $\dfrac{\pi}{6}$.

4. $1-\dfrac{\pi}{4}$.

5. $\dfrac{\pi}{3}$.

6. $\sqrt{2}-\dfrac{2\sqrt{3}}{3}$.

7. $\dfrac{\pi}{3}$

8. $\ln\dfrac{2e}{1+e}$.

9. $\dfrac{\pi}{4}+\dfrac{1}{2}$.

10. $\dfrac{\sqrt{3}}{2}-\ln(2+\sqrt{3})$

11. 0.

12. $\dfrac{81\pi}{8}$.

13. $1-\dfrac{\sqrt{3}\pi}{6}$.

14. 2.

15. $\dfrac{\sqrt{3}\pi}{3}-\ln2$.

16. $2\ln2-\dfrac{3}{4}$.

17. $1-\dfrac{2}{e}$.

18. $\left(\dfrac{\pi}{4}-\dfrac{\sqrt{3}\pi}{9}\right)+\dfrac{1}{2}\ln\dfrac{3}{2}$.

19. $6-2e$.

20. π^2.

21. $\ln\dfrac{2+\sqrt{3}}{1+\sqrt{2}}$.

22. $\sqrt{3}\ln(\sqrt{3}+2)-1$.

23. $3(e-2)$.

24. $\ln(e+\sqrt{e^2+1})-\ln(1+\sqrt{2})$.

25. $\dfrac{1}{4}(1-\ln2)$.

26. $-\dfrac{4}{9}(\sqrt{8}-1)+\dfrac{2}{3}\sqrt{8}\ln2$.

27. $\pi-2$.

28. $\dfrac{2}{25}(3^{\frac{5}{2}}-1)-\dfrac{4}{15}(3^{\frac{3}{2}}-1)$.

29. 错.

30. 错.

31. 错.

32. 变换对,等式错.

33. $\dfrac{\pi^2}{4}$.

34. $-\sin1-\pi\ln\pi$.

习题 5-5

1. 1.　2. 1.　3. $\ln\dfrac{3}{2}$.　4. $-\dfrac{1}{2}$.　5. 发散.　6. π.　7. 发散.　8. $1-\ln2$.　9. 2.　10. $\dfrac{\pi}{2}$.

11. $\dfrac{\pi^2}{8}$.   12. 发散.   13. $\dfrac{1}{2}$.   14. 2ln2.   15. 2.   16. $\dfrac{8}{3}$.

习题 5-6

1. $\dfrac{\pi}{2}-1$.   2. 1.   3. 1.   4. $\dfrac{32}{3}$.   5. $\dfrac{9\pi^2}{8}+1$.   6. $\dfrac{7}{12}$.   7. $\dfrac{5}{2}$.   8. $e+\dfrac{1}{e}-2$.   9. $3\dfrac{253}{648}$.

10. $\dfrac{3}{2}-\ln2$.   11. $\dfrac{32}{3}$.   12. $2\pi+\dfrac{4}{3}$.   13. $\dfrac{9}{4}$.   14. $\dfrac{3\pi}{8}a^2$.   15. $\dfrac{\pi}{4}a^2$.   16. $\dfrac{\pi}{7}$.

17. $\pi\left(\dfrac{\pi}{4}-\dfrac{1}{2}\right)$.   18. $32\pi^2$.   19. $\dfrac{8\pi}{3}$.   20. $\dfrac{272}{15}\pi$.   21. $\dfrac{48}{5}\pi,\dfrac{24}{5}\pi$.   22. $3000(\text{gf}\cdot\text{cm})$.

23. $1875\pi(\text{t}\cdot\text{m})$.   24. $\dfrac{104625}{4}\pi$.   25. $\dfrac{\pi R^2 h^2}{12}$.   26. $\dfrac{27}{7}c^{\frac{2}{3}}ka^{\frac{7}{3}}$.   27. $PV\ln\dfrac{b}{a}$.   28. $21-2\ln2$.

29. $\dfrac{253}{12}$.   30. 16π.   31. $\dfrac{3}{4}\pi^3-2\pi^2+2\pi$.   32. $a=-\dfrac{5}{4},b=\dfrac{3}{2},c=0$.   33. $\dfrac{5\pi}{4}$ 35. $\dfrac{GMm}{a(l+a)}$.

36. 2.94×10^4.   37. $\dfrac{2E_0}{\pi}$.

综合练习 5

1. A.   2. D.   3. C.   4. D.   5. C.   6. D.   7. $-3\sqrt{2}$.   8. $F(x),f(x)$.   9. 1.

10. $\dfrac{1}{2}\displaystyle\int_a^\beta\left[\psi^2(\theta)-\varphi^2(\theta)\right]\mathrm{d}\theta$.   11. $-\dfrac{1}{\pi}$.   12. $\dfrac{\pi}{2}$.   13. $\dfrac{8}{3}$.   14. $\dfrac{10}{3}$.   15. $\dfrac{\sqrt{3}}{8}$.

16. $\dfrac{1}{4}(e^2+1)$.   17. $\dfrac{1}{2}(1-\ln2)$.   18. 发散.   19. $\dfrac{352\pi}{15}$.   20. $\dfrac{5}{4}$.   21. 6.23×10^5.

第 6 章

习题 6-1

1. 一阶.   2. 二阶.   3. 三阶.   4. 二阶.   5. 不是解.   6. 是通解.   7. 是特解.   8. 是通解.

9. $y=\dfrac{1}{3}x^3+1$.   10. $e^y-\dfrac{35}{36}=\left(x+\dfrac{1}{6}\right)^2$.   11. $P'=\dfrac{kP}{T^2}$.   12. $yy'+2x=0$.

习题 6-2

1. $\sqrt{y^2+2}=Cx$.   2. $(e^x+1)(e^y-1)=C$.   3. $e^{2y}=2\times3^x+C$.

4. $\arcsin\dfrac{y}{2}=\arcsin\dfrac{x}{2}+C$.   5. $\cos y=C\sin x$.   6. $3(y+1)^4=-4x^3+C$.

7. $\dfrac{y^2}{2}+e^y=\dfrac{x^2}{2}+e^{-x}+C$.   8. $\dfrac{1}{2}y^2=x-\arctan x+C$.   9. $y=2\cos x(-x\cos x+\sin x+C)$.

10. $y=Cx^n+x^n e^x$.   11. $y(x^2+1)-\sin x=C$.   12. $y=e^{-\sin x}(x+C)$.

13. $\dfrac{1}{y}=\ln(x+1)+1$.   14. $-\dfrac{1}{2y^2}=\sqrt{1+x^2}-\dfrac{3}{2}$.   15. $2\sin3y=3\cos2x+3$.

16. $y=e^x\left(-\dfrac{\pi}{4}+\arctan x\right)$.   17. $y=\dfrac{x-\pi-2}{2\cos x}+\dfrac{\sin x}{2}$.   18. $y=-2(e^{-3x}+e^{-5x})$.

19. $y=e^{-\sin x}(\sin x e^{\sin x}-e^{\sin x}+C)$.   20. $y=x^2 e^{\frac{1}{x}}(e^{-\frac{1}{x}}+C)$.

21. $x=-y+Cye^{\frac{1}{y}}$.   22. $x=e^{\sin y}(-2\sin ye^{-\sin y}-2e^{-\sin y}+C)$.

23. $\csc\dfrac{y}{2}-\cot\dfrac{y}{2}=Ce^{-2\cos\frac{\pi}{2}}$.　　　　24. $x=Ce^y-y-1$.

习题 6-3

1. (1)、(3)、(5)线性相关,其余线性无关.

2. $y=C_1e^x+C_2e^{-x}$.

3. $y=C_1\cos ax+C_2\sin ax$.

4. $y=C_1e^{-x}+C_2e^{-4x}$.

5. $y=C_1+C_2e^x$.

6. $y=(C_1+C_2x)e^{-2x}$.

7. $y=e^{-x}(C_1\cos2x+C_2\sin2x)$.

8. 根据 a 的不同范围讨论.

9. $y=5e^x+e^{3x}$.

10. $y=(4+3x)e^{-\frac{1}{2}x}$.

11. $y=2\cos5x+\sin5x$.

12. $y=e^{-\frac{1}{4}x}\left(\sqrt{3}\cos\dfrac{\sqrt{3}}{4}x+\sin\dfrac{\sqrt{3}}{4}x\right)$.

14. $y=2x+C_1(2x-\sin2x)+C_2(2x-\cos2x)$.

习题 6-4

1. $y=(C_1+C_2x)e^{-2x}+\dfrac{1}{2}$.

2. $y=C_1+C_2e^{-2x}-\dfrac{1}{4}x^2+\dfrac{5}{4}x$.

3. $y=C_1e^{-x}+C_2e^{-5x}+\dfrac{1}{21}e^{2x}$.

4. $y=(C_1+C_2x)e^{-\frac{3}{2}x}+\dfrac{1}{2}x^2e^{-\frac{3}{2}x}$.

5. $y=C_1e^{2x}+C_2e^{-x}-\dfrac{3}{20}\cos2x-\dfrac{1}{20}\sin2x$.

6. $y=C_1\cos2x+C_2\sin2x+\dfrac{1}{3}x\cos x$.

7. $y=e^x(C_1\cos2x+C_2\sin2x)-\dfrac{1}{4}xe^x\cos2x$.

8. $y=C_1+C_2e^x-\dfrac{1}{2}x+\dfrac{1}{10}\cos2x+\dfrac{1}{20}\sin2x$.

9. $y=e^x-x-\dfrac{1}{2}-\dfrac{1}{2}e^{-2x}$.

10. $y=-\dfrac{2}{3}\cos x+\sin x+\dfrac{1}{3}\cos2x$.

11. $y=\dfrac{1}{2}(e^{9x}+e^x)-\dfrac{1}{7}e^{2x}$.

12. $y=C_1\cos x+C_2\sin x-\dfrac{1}{2}x\cos x+\dfrac{1}{3}\cos2x$.

13. $y=C_1\cos x+C_2\sin x+\dfrac{1}{16}\cos3x+\dfrac{1}{4}x\sin x$.

14. $y=(C_1+C_2x)e^{3x}+\dfrac{x^2}{2}\left(\dfrac{1}{3}x+1\right)e^{3x}$.

15. $y=\dfrac{7}{10}\sin2x-\dfrac{19}{40}\cos2x+\dfrac{3}{5}e^x+\dfrac{1}{4}x^2-\dfrac{1}{8}$.

16. $y=e^x-e^{-x}+e^x(x^2-x)$.

习题 6-5

1. $\dfrac{1}{2}(|y|+|y-xy'|)|x|=3a^2$,$xy=2a^2+Cx^3$.　　2. $y=-6x^2+5x+1$.

3. $v=-\sqrt{2r^2g\left(\dfrac{1}{y}-\dfrac{1}{l}\right)}$,$t=\dfrac{1}{r}\sqrt{\dfrac{l}{2g}}\sqrt{l(l-r)}+l\arcsin\sqrt{\dfrac{l-r}{l}}$($r$ 为地球半径).

4. 略.　5. $u_c(t)=\dfrac{10}{9}(19e^{-1000t}-e^{-19000t})$,$i(t)=\dfrac{19}{18}\times10^{-2}(-e^{-1000t}+e^{-19000t})$.

6. $v'=g\sin\theta$.

7. $x=\dfrac{mg}{k}t-\dfrac{m^2g}{k}(1-e^{-\frac{k}{m}t})$.

习题 6-6

1. $F(s)=\dfrac{2}{s^2}$.

2. $F(s)=\dfrac{2}{s+2}$.

3. $F(s)=\dfrac{s}{s^2+3^2}$.

4. $F(s)=\dfrac{1}{s}(2+e^{-2s})$.

5. $F(s)=\dfrac{1}{s^3}(2s^2+3s+2)$.

6. $F(s)=5+\dfrac{1}{s-2}$.

7. $F(s) = \dfrac{1}{s} - \dfrac{1}{(s+1)^2}$.

8. $F(s) = \dfrac{1}{s}(2e^{-s} + 3e^{-2s})$.

9. $F(s) = \dfrac{6}{(s+2)^2 + 36}$.

10. $F(s) = \dfrac{s + 2\sqrt{3}}{2s(s^2 + 4)}$.

11. $F(s) = \dfrac{2s^3 - 24s}{(s^2 + 4)^3}$.

12. $F(s) = \ln \dfrac{s}{s-2}$.

13. $F(s) = \dfrac{2}{s^2 + 4}$.

14. $F(s) = -\dfrac{2(s+1)}{s^2 + 2s + 2}$.

15. (2) $F(s) = \dfrac{2as}{(s^2 + a^2)^2}$.

习题 6-7

1. $f(t) = 2e^{5t}$.

2. $f(t) = 3\cos 4t$.

3. $f(t) = \dfrac{1}{10} \sin \dfrac{5}{2} t$.

4. $f(t) = \delta(t) + 3t^2$.

5. $f(t) = 5\cos 3t - \dfrac{2}{3} \sin 3t$.

6. $f(t) = 1 - e^{-t}$.

7. $f(t) = \dfrac{3}{2} e^{3t} - \dfrac{1}{2} e^{-t}$.

8. $f(t) = e^{-t}(\sin t + \cos t)$.

9. $f(t) = \dfrac{1}{9}(2 + 3t e^{-3t} - 2e^{-3t})$.

10. $f(t) = 1 + e^{-\frac{1}{2}t} \cos \dfrac{\sqrt{3}}{2} t$.

习题 6-8

1. $y(t) = e^{2t} - e^{t}$.

2. $y(t) = 2 - 5e^{t} + 3e^{2t}$.

3. $y(t) = \sin t$.

4. $y(t) = \dfrac{1}{2} t^2 e^{t}$.

5. $y(t) = t - \sin t$.

6. $\begin{cases} x(t) = -\dfrac{1}{3} + \dfrac{10}{3} e^{3t}, \\ y(t) = -\dfrac{1}{3} + \dfrac{10}{3} e^{3t} + e^{-t}. \end{cases}$

7. $\begin{cases} x(t) = e^{-t} \sin t, \\ y(t) = e^{-t} \cos t. \end{cases}$

8. $i(t) = \dfrac{E}{R}\left[1 - e^{-\frac{R}{L}(t - t_0)}\right]$.

9. $q(t) = -\dfrac{101}{500} e^{-7t} + \dfrac{11}{50} e^{-2t} - \dfrac{9}{500} \cos t + \dfrac{13}{500} \sin t$.

10. $x(t) = \dfrac{h}{m} t$.

综合练习 6

1. B. 2. A. 3. D. 4. D. 5. B. 6. A.

7. $y = 2e^{-2x}$.

8. $y = e^{2x} - e^{3x} + \dfrac{7}{6}$.

9. $\lambda^2 + 2\lambda - 3 = 0$.

10. $y^* = (Ax + B)e^{-x}$.

11. $F(s) = \dfrac{4(s+3)}{[(s+2)^2 + 4]^2}$.

12. $3e^{-t} - e^{2t}(t - 2)$.

13. $xy^2 = -\dfrac{1}{4} y^4 + C$.

14. $y = x\left(\cos x + \dfrac{2}{\pi}\right)$.

15. $y = e^{-x}\left(\cos 3x + \dfrac{2}{3} \sin 3x\right)$.

16. $y = e^{-x}(C_1 \cos \sqrt{3} x + C_2 \sin \sqrt{3} x) - \dfrac{1}{4} e^{x} \cos x$.

17. $y = 2(e^x - x - 1)$.

18. $v=5\mathrm{e}^{\frac{1}{5}t\ln\frac{3}{5}}$. 　　　　19. 19.9 kg. 　　　　20. $t=\sqrt{\dfrac{10}{g}}\ln(5+2\sqrt{6})$ s.

第 7 章

习题 7-1

2. 空间中点 (x,y,z) 在 x 轴上时有 $y=0,z=0$;在 y 轴上时有 $x=0,z=0$;在 z 轴上时有 $x=0,y=0$;在 xOy 面上时有 $z=0$;在 yOz 面上时有 $x=0$;在 zOx 面上时有 $y=0$.

3. (1) 关于 xOy 面、yOz 面、zOx 面对称的点分别是 $(2,-1,-3),(-2,-1,3),(2,1,3)$;

(2) 关于 x 轴、y 轴、z 轴对称的点分别是 $(2,1,-3),(-2,-1,-3),(-2,1,3)$;

(3) 关于原点对称的点是 $(-2,1,-3)$.

4. (1) 3; (2) $\sqrt{57}$.

5. (1) 到 xOy 面、yOz 面、zOx 面的距离分别是 $|z|,|x|,|y|$;

(2) 到 x 轴、y 轴、z 轴的距离分别是 $\sqrt{y^2+z^2},\sqrt{z^2+x^2},\sqrt{x^2+y^2}$;

(3) 到原点的距离是 $\sqrt{x^2+y^2+z^2}$.

6. $(-5,3,4)$. 　8. $\left(0,\dfrac{3}{2},0\right)$.

习题 7-2

2. $\overrightarrow{MA}=-\dfrac{1}{2}(a+b),\overrightarrow{MB}=\dfrac{1}{2}(a-b),\overrightarrow{MC}=\dfrac{1}{2}(a+b),\overrightarrow{MD}=-\dfrac{1}{2}(a-b)$.

3. $\overrightarrow{AD}=\dfrac{2}{3}a+\dfrac{1}{3}b,\overrightarrow{AE}=\dfrac{1}{3}a+\dfrac{2}{3}b$.

5. (1) a,b 同向;(2) $a\perp b$;(3) a,b 同向;(4) a,b 反向,且 $|a|\geqslant|b|$. 　6. $\sqrt{129},7$.

习题 7-3

1. $(0,-2,1),(4,0,-7)$. 　　　　2. $(16,0,-23),(3m+2n,5m+2n,-m+3n)$.

3. $\left(\dfrac{8}{3},\dfrac{7}{3},\dfrac{1}{3}\right)$. 　　　　4. (1) 共线;(2) 不共线.

5. $\dfrac{1}{3},\dfrac{-2}{3},\dfrac{2}{3};\dfrac{1}{3}(1,-2,2)$. 　　　　6. $(-12,4,6)$.

7. $0,0,-1$ 或 $\dfrac{\sqrt{2}}{2},\dfrac{\sqrt{2}}{2},0$. 　　　　8. $\left(\dfrac{3}{2},\dfrac{3}{2},\pm\dfrac{3\sqrt{2}}{2}\right)$;$(2,0,0)$ 或 $(2,0,3\sqrt{2})$.

习题 7-4

1. (1) 22;(2) 36;(3) -32. 　2. $\dfrac{3\pi}{4}$. 　3. (1) -4;(2) $-4-2\sqrt{14}$.

4. (1) $(3,2,-5)$;(2) $(-1,-1,-1)$;(3) $(-2,2,6)$. 　5. $\sqrt{14}$. 　6. $\sqrt{2}$. 　7. $(-3,3,3)$.

习题 7-5

1. 经过坐标原点. 　　2. 平行于 z 轴. 　　3. 平行于 x 轴. 　　4. 包含 y 轴.

5. 平行于 xOz 坐标面. 　6. xOy 坐标面. 　7. $y-3z=0$. 　　8. $3x+2z-5=0$.

9. $9y-z-2=0$. 　　10. $x-1=0$. 　　11. $2x+9y-6z-121=0$. 　12. $2x+y-2z-15=0$.

13. $x+z-1=0$.　14. 平行.　15. 垂直.　16. 相交.　17. $\dfrac{\pi}{4}$.　18. 1.

19. $3x+y+2z-23=0$.　20. $x+2y+2z-2=0$.　21. $x-6y-3z-3=0$.　22. $2x+3y+z=0$.

习题 7-6

1. $\dfrac{x-1}{1}=\dfrac{y+2}{7}=\dfrac{z+2}{3}$.　　2. $\dfrac{x-1}{-3}=\dfrac{y+1}{4}=\dfrac{z-2}{2}$.　　3. $\dfrac{x-1}{2}=\dfrac{y}{-1}=\dfrac{z-2}{3}$.

4. $\dfrac{x-2}{3}=\dfrac{y-3}{1}=\dfrac{z-1}{1}$.　　5. $\dfrac{x}{-2}=\dfrac{y-2}{3}=\dfrac{z-4}{1}$.　　6. $\dfrac{x-3}{1}=\dfrac{y-4}{\sqrt{2}}=\dfrac{z+4}{-1}$.

7. $\dfrac{\pi}{3}$.　　8. $\begin{cases} x-2y-4=0,\\ 3y-z=0. \end{cases}$　　9. $\dfrac{x+3}{-5}=\dfrac{y}{1}=\dfrac{z-2}{5}$.

10. 平行.　　11. 垂直.　　12. 平行.　　13. $8x+y-2z-29=0$.

14. $3x-2y-11z-7=0$.　　15. $\sqrt{5}$.　　16. $B=1,D=-9$.

习题 7-7

1. $(x-1)^2+(y+2)^2+(z-4)^2=16$.　　2. $(x+1)^2+(y+3)^2+(z-2)^2=9$.

3. 球心为点 $(0,1,0)$，半径为 $\sqrt{2}$.　　4. 球心为点 $\left(0,0,\dfrac{5}{4}\right)$，半径为 $\dfrac{\sqrt{33}}{4}$.

5. $x^2+y^2+z^2=2$.　　6. $z=x^2+y^2$.　　7. $2x^2-(y^2+z^2)=1,\ 2(x^2+z^2)-y^2=1$.

8. 圆柱面.　　9. 椭圆柱面.　　10. 单叶旋转面.　　11. 圆锥面.　　12. 抛物柱面.

13. 平面.　　14. 双叶旋转面.　　15. 椭圆旋转面.　　16. 抛物旋转面.

习题 7-8

1. (1) $m=1$；(2) $m\neq1$；(3) $m=0$.　　2. $x=3,y=-2$.

3. (1) $1+i$；(2) 1.

4. (1) $\mathrm{Re}z=0,\mathrm{Im}z=-1,|z|=1,\arg z=\pi,\bar z=\mathrm{i}$；

(2) $\mathrm{Re}z=-\dfrac{3}{10},\mathrm{Im}z=\dfrac{1}{10},|z|=\dfrac{1}{\sqrt{10}},\arg z=\pi-\arctan\dfrac{1}{3},\bar z=-\dfrac{3}{10}-\dfrac{1}{10}\mathrm{i}$；

(3) $\mathrm{Re}z=\dfrac{16}{25},\mathrm{Im}z=-\dfrac{8}{25},|z|=\dfrac{8\sqrt5}{25},\arg z=\arctan\dfrac{1}{2},\bar z=\dfrac{16}{25}-\dfrac{8}{25}\mathrm{i}$.

5. (1) $-1+8\mathrm{i},\sqrt{65}\left[\cos(-\arctan8)+\mathrm{i}\sin(-\arctan8)\right],\sqrt{65}\mathrm{e}^{-\mathrm{i}\arctan8}$；

(2) $2\sin\dfrac{\theta}{2}\left[\cos\left(\dfrac{\pi}{2}-\dfrac{\theta}{2}\right)+\mathrm{i}\sin\left(\dfrac{\pi}{2}-\dfrac{\theta}{2}\right)\right],2\sin\dfrac{\theta}{2}\mathrm{e}^{\mathrm{i}\left(\frac{\pi}{2}-\frac{\theta}{2}\right)}$.

6. (1) $z=2+3\mathrm{i}$；(2) $z=\dfrac{3}{2}-2\mathrm{i}$.　　7. $2\left(\cos\dfrac{\pi}{3}+\mathrm{i}\sin\dfrac{\pi}{3}\right),\sqrt{2}\left(\cos\dfrac{7\pi}{4}+\mathrm{i}\sin\dfrac{7\pi}{4}\right)$.

8. $|z|=4\sqrt2,\arg z=\dfrac{\pi}{4}$.　　9. (1) -4；(2) 2^{12}.

综合练习 7

1. A.　2. C.　3. B.　4. A.　5. A.　6. A.　7. $\left(-\dfrac{3}{5},0,\dfrac{4}{5}\right)$.　8. $\pm\dfrac{1}{5}(0,-4,3)$.

9. -1.　10. 抛物柱面.　11. $\dfrac{x^2+z^2}{4}+\dfrac{y^2}{9}=1$.　12. z 轴.　13. (1) -10；(2) 2；(3) >-10.

14. $3x-y-z-1=0$.　　15. $-x+5y-2z+1=0$.　　16. $x-2z-9=0$.

17. $\dfrac{x-2}{1}=\dfrac{y+1}{0}=\dfrac{z}{1}$.　　18. $\dfrac{x+3}{-2}=\dfrac{y-2}{3}=\dfrac{z-1}{13}$.　　19. $\dfrac{x+2}{3}=\dfrac{y-5}{-1}=\dfrac{z-9}{1}$.

20. $k=-\dfrac{1}{2}$.

第 8 章

习题 8-1

1. 全平面.　　　　　　　　2. $x\neq y$.　　　　　　　3. $x>0,y>0$ 或 $x<0,y<0$.

4. $y>x^2$.　　　　　　　　5. $|y|\leqslant|x|$,且 $x\neq0$.　　　6. $0\neq x^2+y^2<1$ 且 $x\geqslant y^2$.

7. (1) 3; (2) $f(tx,ty)=t^2 f(x,y)$.　8. $\left(\dfrac{y}{x}\right)^{xy}$; $(x+y)^{(x-y)}$.　9. $\dfrac{x^2-xy}{2}$.

10. 0.　　11. 0.　　12. $x=0$ 且 $y=0$.　13. $xy=0$.　14. $1\leqslant x^2+y^2\leqslant4$.

15. $y-x>1$ 且 $x>0$ 或 $0<y-x<1$ 且 $x<0$.　　16. $f(x)=x+x^2$, $z=(x+y)^2+2x$.

习题 8-2

1. $\dfrac{\partial z}{\partial x}=2xy-y^2$, $\dfrac{\partial z}{\partial y}=x^2-2xy$.

2. $\dfrac{\partial s}{\partial u}=\dfrac{1}{v}-\dfrac{v}{u^2}$, $\dfrac{\partial s}{\partial v}=\dfrac{1}{u}-\dfrac{u}{v^2}$.

3. $\dfrac{\partial z}{\partial x}=\dfrac{1}{2x\sqrt{\ln(xy)}}$, $\dfrac{\partial z}{\partial y}=\dfrac{1}{2y\sqrt{\ln(xy)}}$.

4. $\dfrac{\partial z}{\partial x}=y[\cos(xy)-\sin(2xy)]$, $\dfrac{\partial z}{\partial y}=x[\cos(xy)-\sin(2xy)]$.

5. $\dfrac{\partial z}{\partial x}=\dfrac{2}{y}\cos\dfrac{2x}{y}$, $\dfrac{\partial z}{\partial y}=-\dfrac{2}{y^2}\cos\dfrac{2x}{y}$.

6. $\dfrac{\partial z}{\partial x}=y^2(1+xy)^{y-1}$, $\dfrac{\partial z}{\partial y}=(1+xy)^y\left[\ln(1+xy)+\dfrac{xy}{1+xy}\right]$.

7. $\dfrac{\partial u}{\partial x}=\dfrac{y}{z}x^{\frac{y}{z}-1}$, $\dfrac{\partial u}{\partial y}=\dfrac{1}{z}x^{\frac{y}{z}}\ln x$, $\dfrac{\partial u}{\partial z}=-\dfrac{y}{z^2}x^{\frac{y}{z}}\ln x$.

8. $\dfrac{\partial u}{\partial x}=\dfrac{z(x-y)^{z-1}}{1+(x-y)^{2z}}$, $\dfrac{\partial u}{\partial y}=-\dfrac{z(x-y)^{z-1}}{1+(x-y)^{2z}}$, $\dfrac{\partial u}{\partial z}=\dfrac{(x-y)^z\ln(x-y)}{1+(x-y)^{2z}}$.

9. $f'_x(3,4)=\dfrac{2}{5}$.　　　10. $f'_x(x,1)=1$.

12. $\dfrac{\partial^2 z}{\partial x^2}=12x^2-8y^2$, $\dfrac{\partial^2 z}{\partial y^2}=12y^2-8x^2$, $\dfrac{\partial^2 z}{\partial x\partial y}=-16xy$.

13. $\dfrac{\partial^2 z}{\partial x^2}=\dfrac{2xy}{(x^2+y^2)^2}$, $\dfrac{\partial^2 z}{\partial y^2}=-\dfrac{2xy}{(x^2+y^2)^2}$, $\dfrac{\partial^2 z}{\partial x\partial y}=\dfrac{y^2-x^2}{(x^2+y^2)^2}$.

14. $\dfrac{\partial^2 z}{\partial x^2}=y^x\ln^2 y$, $\dfrac{\partial^2 z}{\partial y^2}=x(x-1)y^{x-2}$, $\dfrac{\partial^2 z}{\partial x\partial y}=y^{x-1}(1+x\ln y)$.

15. $\dfrac{\partial^2 z}{\partial x^2}=-\dfrac{x}{(x^2+y^2)^{\frac{3}{2}}}$, $\dfrac{\partial^2 z}{\partial y^2}=\dfrac{x^3+(x^2+y^2)\sqrt{x^2+y^2}}{(x^2+y^2)^{\frac{3}{2}}(x+\sqrt{x^2+y^2})^2}$, $\dfrac{\partial^2 z}{\partial x\partial y}=-\dfrac{y}{(x^2+y^2)^{\frac{3}{2}}}$.

习题 8-3

1. $(4y^3+10xy^6)\mathrm{d}x+(12xy^2+30x^2y^5)\mathrm{d}y$.　　2. $\dfrac{2}{(x-y)^2}(x\mathrm{d}y-y\mathrm{d}x)$.

3. $\left(y+\dfrac{1}{y}\right)\mathrm{d}x+x\left(1-\dfrac{1}{y^2}\right)\mathrm{d}y$.　　　　4. $-\dfrac{1}{x}\mathrm{e}^{\frac{y}{x}}\left(\dfrac{y}{x}\mathrm{d}x-\mathrm{d}y\right)$.

5. $\dfrac{2}{x^2+y^2}(x\mathrm{d}x+y\mathrm{d}y)$.

6. $\mathrm{e}^x[\sin(x+y)+\cos(x+y)]\mathrm{d}x+\mathrm{e}^x\cos(x+y)\mathrm{d}y$.

7. $\mathrm{e}^2\mathrm{d}x+2\mathrm{e}^2\mathrm{d}y$.

8. $\Delta z=-0.0203;\mathrm{d}z=-0.02$.

9. $\Delta z=-0.119;\mathrm{d}z=-0.125$.

10. 2.02.

11. 2.95.

12. 55.26.

13. 这个矩形的对角线大约减少 5 cm.

习题 8-4

1. $(2\mathrm{e}^x\ln x+\mathrm{e}^{2x})\dfrac{1}{x}+(\ln x^2+2\mathrm{e}^x\ln x)\mathrm{e}^x$.

2. $\dfrac{\cos x+(\cos x-\sin x)\mathrm{e}^x}{(1+\mathrm{e}^x)^2}$.

3. $\dfrac{\partial z}{\partial x}=6(3x-2y)\ln(3x+2y)+\dfrac{3(3x-2y)^2}{3x+2y}$;

$\dfrac{\partial z}{\partial y}=-4(3x-2y)\ln(3x+2y)+\dfrac{2(3x-2y)^2}{3x+2y}$.

5. $\dfrac{\partial z}{\partial x}=f'_u+2xf'_v,\dfrac{\partial z}{\partial y}=f'_u-2yf'_v$,其中,$u=x+y,v=x^2-y^2$.

6. $\dfrac{\partial z}{\partial x}=y\mathrm{e}^{xy}f'_u+\dfrac{1}{x+y}f'_v,\dfrac{\partial z}{\partial y}=x\mathrm{e}^{xy}f'_u+\dfrac{1}{x+y}f'_v$,其中,$u=\mathrm{e}^{xy},v=\ln(x+y)$.

7. $\dfrac{\partial z}{\partial x}=\dfrac{1}{2}\sqrt{\dfrac{y}{x}}f'_u+\dfrac{1}{y}f'_v,\dfrac{\partial z}{\partial y}=\dfrac{1}{2}\sqrt{\dfrac{x}{y}}f'_u-\dfrac{x}{y^2}f'_v$,其中,$u=\sqrt{xy},v=\dfrac{x}{y}$.

8. $\dfrac{\partial z}{\partial x}=3f'_u-\dfrac{y}{x^2}f'_v,\dfrac{\partial z}{\partial y}=\dfrac{1}{x}f'_v$,其中,$u=3x,v=\dfrac{y}{x}$.

9. $\dfrac{\partial u}{\partial x}=\dfrac{1}{y}f'_s,\dfrac{\partial u}{\partial y}=-\dfrac{x}{y^2}f'_s+\dfrac{1}{z}f'_t,\dfrac{\partial u}{\partial z}=-\dfrac{y}{z^2}f'_t$,其中,$s=\dfrac{x}{y},t=\dfrac{y}{z}$.

10. $\dfrac{\partial u}{\partial x}=f'_s+yf'_t+yzf'_r,\dfrac{\partial u}{\partial y}=xf'_s+xzf'_t,\dfrac{\partial u}{\partial z}=xyf'_r$,其中,$s=x,t=xy,r=xyz$.

11. $\dfrac{\partial z}{\partial x}=\dfrac{z}{z+x},\dfrac{\partial z}{\partial y}=\dfrac{z^2}{xy+yz},\dfrac{\partial x}{\partial y}=-\dfrac{z}{y}$.

12. $\dfrac{\partial z}{\partial x}=\dfrac{yz+y}{\mathrm{e}^z-xy},\dfrac{\partial z}{\partial y}=\dfrac{xz+x}{\mathrm{e}^z-xy},\dfrac{\partial x}{\partial y}=-\dfrac{x}{y}$.

13. $\dfrac{\partial z}{\partial x}=\dfrac{yz-\sqrt{xyz}}{\sqrt{xyz}-xy},\dfrac{\partial z}{\partial y}=\dfrac{xz-2\sqrt{xyz}}{\sqrt{xyz}-xy},\dfrac{\partial x}{\partial y}=\dfrac{xz-2\sqrt{xyz}}{\sqrt{xyz}-xy}$.

14. $\dfrac{\partial z}{\partial x}=\dfrac{-yz}{xy+z^2},\dfrac{\partial z}{\partial y}=\dfrac{-xz}{xy+z^2},\dfrac{\partial x}{\partial y}=-\dfrac{x}{y}$.

15. $\dfrac{y-2x}{2y+x}$.

16. $\dfrac{\partial z}{\partial x}=-\dfrac{\sin 2x}{\sin 2z},\dfrac{\partial z}{\partial y}=-\dfrac{\sin 2y}{\sin 2z},\mathrm{d}z=-\dfrac{1}{\sin 2z}(\sin 2x\mathrm{d}x+\sin 2y\mathrm{d}y)$.

17. $\dfrac{4-4z+z^2+x^2}{(2-z)^3}$.

18. $\dfrac{-16xz}{(3z^2-2x)^3},\dfrac{-6z}{(3z^2-2x)^3},\dfrac{6z^2+4x}{(3z^2-2x)^3}$.

习题 8-5

1. 极小值 $f\left(\dfrac{1}{2},-1\right)=-\dfrac{\mathrm{e}}{2}$.

2. 极大值 $f\left(\pm\dfrac{1}{2},\mp\dfrac{1}{2}\right)=\dfrac{1}{8}$；极小值 $f\left(\pm\dfrac{1}{2},\pm\dfrac{1}{2}\right)=-\dfrac{1}{8}$.

3. 极大值 $f(0,0)=0$；极小值 $f(2,2)=-8$；　　4. 极大值 $f\left(\dfrac{\pi}{3},\dfrac{\pi}{6}\right)=\dfrac{3}{2}\sqrt{3}$.

5. $\sqrt{3}$.　　　　6. $\left(\dfrac{21}{13},2,\dfrac{63}{26}\right)$.　　　　7. 长、宽、高均为 2.

8. 边长分别为 $\dfrac{2}{3}p,\dfrac{1}{3}p$.　　　　9. 长、宽均为 $\dfrac{2}{\sqrt{3}}R$，高为 $\dfrac{1}{\sqrt{3}}R$.　　　　10. $\dfrac{8}{3\sqrt{3}}abc$.

综合练习 8

1. D.　2. C.　3. C.　4. A.　5. B.　6. C.　7. A.　8. C.　9. $xy>0$ 且 $xy\neq 1$.　10. 4.

11. $-24x^2y$.　　　　　　　　　　12. $f'_x(x_0,y_0)=0,f'_y(x_0,y_0)=0$.

13. $\dfrac{x^2\mathrm{e}^x-x\mathrm{e}^x-\mathrm{e}^x}{(x+x^2)^2}$.　　　　14. $\mathrm{e}(\mathrm{d}x+\mathrm{d}y)$.

15. $x^2\left(y+\dfrac{1}{y}\right)^2$.　　　　16. $(x^{\sin y}\ln x)\cos y$.

17. 2；-1.　　　　18. $\dfrac{|y|}{y\sqrt{y^2-x^2}}$；$\dfrac{-x}{|y|\sqrt{y^2-x^2}}$.

19. $\dfrac{2xy\mathrm{e}^{x-y}-y\mathrm{e}^{x-y}+\mathrm{e}y}{2\sqrt{(xy)^3}}\mathrm{d}x+\dfrac{-2xy\mathrm{e}^{x-y}-x\mathrm{e}^{x-y}+\mathrm{e}x}{2\sqrt{(xy)^3}}\mathrm{d}y$.

20. $y(a^2+x^2)^{xy}\ln(a^2+x^2)+2x^2y(a^2+x^2)^{xy-1}$；$x(a^2+x^3)^{xy}\ln(a^2+x^2)$.

21. $y\ln y\mathrm{d}x+x(\ln y+1)\mathrm{d}y$.　　　　22. $2\mathrm{d}x+\mathrm{d}y$.

23. $\left(2x\dfrac{\partial z}{\partial u}-\dfrac{y}{x^2}\mathrm{e}^{\frac{y}{x}}\dfrac{\partial z}{\partial v}\right)\mathrm{d}x+\left(-2y\dfrac{\partial z}{\partial u}+\dfrac{1}{x}\mathrm{e}^{\frac{y}{x}}\dfrac{\partial z}{\partial v}\right)\mathrm{d}y$，其中，$u=x^2-y^2,v=\mathrm{e}^{\frac{y}{x}}$.

25. $-\dfrac{xyz^2\mathrm{e}^{xyz}+z}{x^2yz\mathrm{e}^{xyz}+x}$，$-\dfrac{xz^2\mathrm{e}^{xyz}}{xyz\mathrm{e}^{xyz}+1}$.　　　　26. $\dfrac{\varphi'_u}{1+\varphi'_u}\mathrm{d}x+\dfrac{\varphi'_u}{1+\varphi'_u}\mathrm{d}y$，其中，$u=x+y-z$.

27. $\dfrac{\sqrt{2}}{2}$.　　　　28. $(2,2,2)$.

第 9 章

习题 9-1

1. $\displaystyle\iint\limits_{D}\mu(x,y)\mathrm{d}x\mathrm{d}y$.　　　　2. $E_1=4E_2$.　　　　3. $S=\displaystyle\iint\limits_{D}\mathrm{d}x\mathrm{d}y$.

4. $V=\displaystyle\iint\limits_{D}\dfrac{1}{3}(6-x-2y)\mathrm{d}x\mathrm{d}y,D=\{(x,y)\mid x+2y\leqslant 6\text{ 且 }x\geqslant 0\text{ 且 }y\geqslant 0\}$.

5. $V=\displaystyle\iint\limits_{D}\sqrt{2-x^2-y^2}\mathrm{d}x\mathrm{d}y,D=\left\{(x,y)\,\middle|\,\dfrac{x^2}{2}+y^2\leqslant 1\right\}$.

6. $V=\displaystyle\iint\limits_{D}\left(c\sqrt{1-\dfrac{x^2}{a^2}-\dfrac{y^2}{b^2}}-h\right)\mathrm{d}x\mathrm{d}y,D=\left\{(x,y)\,\middle|\,\dfrac{x^2}{a^2}+\dfrac{y^2}{b^2}\leqslant 1-\dfrac{h^2}{c^2}\right\}$.

7. $\leqslant$.　8. $\leqslant$.　9. $\leqslant$.　10. $0\leqslant I\leqslant 2$.　11. $36\pi\leqslant I\leqslant 100\pi$.　12. $f(0,0)$.　13. $\geqslant$.

14. 0.　　$\displaystyle\iint\limits_{D}f(x,y)\mathrm{d}\sigma=2\iint\limits_{D_1}f(x,y)\mathrm{d}\sigma(D_1$ 是由 y 轴分割 D 所得到的一半区域$)$.

习题 9-2

1. $\displaystyle\int_a^b \mathrm{d}x \int_c^d f(x,y)\mathrm{d}y$ 与 $\displaystyle\int_c^d \mathrm{d}y \int_a^b f(x,y)\mathrm{d}x$.

2. $\displaystyle\int_0^1 \mathrm{d}x \int_{x^2}^x f(x,y)\mathrm{d}y$ 与 $\displaystyle\int_0^1 \mathrm{d}y \int_y^{\sqrt{y}} f(x,y)\mathrm{d}x$.

3. $\displaystyle\int_{-2}^2 \mathrm{d}x \int_{-\frac{1}{2}\sqrt{4-x^2}}^{\frac{1}{2}\sqrt{4-x^2}} f(x,y)\mathrm{d}y$ 与 $\displaystyle\int_{-1}^1 \mathrm{d}y \int_{-2\sqrt{1-y^2}}^{2\sqrt{1-y^2}} f(x,y)\mathrm{d}x$.

4. $\displaystyle\int_0^{\ln2} \mathrm{d}x \int_{e^x}^2 f(x,y)\mathrm{d}y$ 与 $\displaystyle\int_1^2 \mathrm{d}y \int_0^{\ln y} f(x,y)\mathrm{d}x$.

5. $\displaystyle\int_0^{\frac{1}{2}} \mathrm{d}y \int_0^y f(x,y)\mathrm{d}x + \int_{\frac{1}{2}}^1 \mathrm{d}y \int_0^{1-y} f(x,y)\mathrm{d}x$.

6. $\displaystyle\int_0^1 \mathrm{d}x \int_1^2 f(x,y)\mathrm{d}y + \int_1^2 \mathrm{d}x \int_x^2 f(x,y)\mathrm{d}y$.

7. $\displaystyle\int_0^a \mathrm{d}y \int_{-\sqrt{a^2-y^2}}^{\sqrt{a^2-y^2}} f(x,y)\mathrm{d}x$.

8. $\displaystyle\int_1^{\sqrt{2}} \mathrm{d}y \int_{-\sqrt{2-y^2}}^{\sqrt{2-y^2}} f(x,y)\mathrm{d}x + \int_0^1 \mathrm{d}y \int_{-\sqrt{y}}^{\sqrt{y}} f(x,y)\mathrm{d}x$.

9. $\displaystyle\int_0^2 \mathrm{d}x \int_{\frac{x}{2}}^{3-x} f(x,y)\mathrm{d}y$.   10. $\displaystyle\int_{-1}^0 \mathrm{d}y \int_{\frac{1}{e}}^{e^y} f(x,y)\mathrm{d}x + \int_0^1 \mathrm{d}y \int_{e^y}^e f(x,y)\mathrm{d}x$.

11. $(e-e^{-1})^2$.   12. 2.   13. 0.   14. -2.   15. $-\dfrac{1}{40}$.   16. $\dfrac{9}{4}$.   17. -1.   18. 1.

19. $\displaystyle\int_0^{2\pi} \mathrm{d}\theta \int_0^2 f(r\cos\theta, r\sin\theta)r\,\mathrm{d}r$.   20. $\displaystyle\int_0^{\pi} \mathrm{d}\theta \int_0^{4\sin\theta} f(r\cos\theta, r\sin\theta)r\,\mathrm{d}r$.

21. $\displaystyle\int_0^{2\pi} \mathrm{d}\theta \int_1^2 f(r\cos\theta, r\sin\theta)r\,\mathrm{d}r$.   22. $\displaystyle\int_0^{\frac{\pi}{2}} \mathrm{d}\theta \int_0^{\frac{1}{\cos\theta+\sin\theta}} f(r\cos\theta, r\sin\theta)r\,\mathrm{d}r$.

23. $\pi(e-1)$.   24. $\dfrac{\pi}{4}\sin1$.   25. $\dfrac{3}{16}\pi^2$.   26. $\dfrac{\pi}{8}(\pi-2)$.   27. $\dfrac{7}{2}$.   28. 2π.

29. $\dfrac{1}{3}R^3\arctan k$.   30. $\left(\dfrac{171}{18}, 20\dfrac{121}{126}\right)$.   31. $\dfrac{4288}{35}k$.   32. $\sqrt{\dfrac{2}{3}}R$.

习题 9-3

1. $\sqrt{2}$.   2. $2\pi a^{2n+1}$.   3. $2a^2$.   4. $\dfrac{256}{15}a^3$.   5. 9.

6. $\dfrac{1}{4}\pi a e^a + 2(e^a-1)$.   7. (1) $I_x = \displaystyle\int_L y^2\beta(x,y)\mathrm{d}s,\ I_y = \int_L x^2\beta(x,y)\mathrm{d}s$.

(2) $\overline{x} = \dfrac{\displaystyle\int_L x\beta(x,y)\mathrm{d}s}{\displaystyle\int_L \beta(x,y)\mathrm{d}s}$, $\overline{y} = \dfrac{\displaystyle\int_L y\beta(x,y)\mathrm{d}s}{\displaystyle\int_L \beta(x,y)\mathrm{d}s}$.

习题 9-4

1. 0.   2. 0.   3. (1) $\dfrac{164}{5}$; (2) $\dfrac{56}{3}$.   4. (1) $\dfrac{34}{3}$; (2) 11; (3) $\dfrac{32}{3}$.   5. (1) $\dfrac{1}{2}(a^2-b^2)$; (2) 0.

6. πa^2.

习题 9-5

1. $\dfrac{5}{2}$.   2. $-\dfrac{1}{5}(e^{\pi}-1)$.   3. $\dfrac{1}{4}\pi^2$.   4. 12.   5. $\dfrac{5}{2}$.   6. 64.   7. 5.   8. $\pi+1$.   9. $\dfrac{\sin2}{4} - \dfrac{7}{6}$.

10. $3\pi a^2$.　12. $\dfrac{1}{3}(r_B^3-r_A^3)$.　13. $\dfrac{3}{8}\pi a^2$.

综合练习 9

1. A.　2. B.　3. C.　4. C.　5. D.　6. D.　7. $\dfrac{3}{2}+\cos1+\sin1-\cos2-2\sin2$.　8. $\pi(e^{a^2}-1)$.

9. $\displaystyle\int_0^1 dy\int_0^{y^2} f(x,y)dx+\int_1^2 dy\int_0^{\sqrt{2y-y^2}} f(x,y)dx$.　10. $2\pi a^5$.　11. $2(e^{r-1})+\dfrac{\pi}{4}re^r$.

12. $\displaystyle\int_{-\frac{\pi}{2}}^{\frac{\pi}{2}} d\theta\int_0^{2\cos\theta} f(r\cos\theta,r\sin\theta)rdr$.　13. $\dfrac{9}{8}\ln3-\ln2-\dfrac{1}{2}$.　14. $\dfrac{8}{3}$.　15. 0.　16. $-\dfrac{56}{15}$.

17. $\dfrac{1}{30}$.　18. $\dfrac{\pi^2}{4}$.　19. $\dfrac{72}{5}$.　20. 0.

第 10 章

习题 10-1

1. 收敛.　2. 收敛.　3. 发散.　4. 发散.　5. 发散.　6. $-\dfrac{1}{2}$.　7. 发散.

8. 发散.　9. $\dfrac{5}{3}$.　10. 发散.　11. (1) 收敛;(2) 发散.　12. $\dfrac{1}{4}$.　13. 2.

习题 10-2

1. 收敛.　2. 收敛.　3. 发散.　4. 收敛.　5. 收敛.　6. 收敛.

7. 收敛.　8. 收敛.　9. 收敛.　10. 发散.　11. 收敛.　12. 收敛.

13. 条件收敛.　14. 绝对收敛.　15. 绝对收敛.　16. 绝对收敛.

习题 10-3

1. $[-1,1)$.　2. $(-\infty,+\infty)$.　3. $[-1,1]$.　4. $x=0$.　5. $\left[\dfrac{1}{2},\dfrac{3}{2}\right)$.　6. $[-4,0)$.

7. $|x|<1,\dfrac{1}{(1-x)^2}$.

8. $|x|<1,-\ln(1+x)$.

9. $|x|<1,\dfrac{2x}{(1-x^2)^2}$.

10. $|x|\leqslant1,x\ln(1+x)+\ln(1+x)-x$.

习题 10-4

1. $a^x=\displaystyle\sum_{n=0}^{\infty}\dfrac{(\ln a)^n}{n!}x^n\quad(-\infty<x<+\infty)$.

2. $e^{-2x}=\displaystyle\sum_{n=0}^{\infty}(-1)^n\dfrac{2^n}{n!}x^n\quad(-\infty<x<+\infty)$.

3. $\cos x=\displaystyle\sum_{n=0}^{\infty}(-1)^n\dfrac{1}{(2n)!}x^{2n}\quad(-\infty<x<+\infty)$.

4. $\ln(7+x)=\ln7+\displaystyle\sum_{n=1}^{\infty}(-1)^{n-1}\dfrac{1}{7^n n}x^n\quad(-7<x\leqslant7)$.

5. $\sin^2 x=\displaystyle\sum_{n=1}^{\infty}(-1)^{n-1}\dfrac{1}{2(2n)!}(2x)^{2n}\quad(-\infty<x<+\infty)$.

6. $\dfrac{1}{3-x} = \displaystyle\sum_{n=0}^{\infty} \dfrac{1}{3^{n+1}} x^n \quad (-3 < x < 3)$.

7. 0.0392.   8. 0.15643.

9. $\sin x = \dfrac{\sqrt{2}}{2} \displaystyle\sum_{n=0}^{\infty} \left[(-1)^n \dfrac{1}{(2n)!} \left(x - \dfrac{\pi}{4} \right)^{2n} + (-1)^n \dfrac{1}{(2n+1)!} \left(x - \dfrac{\pi}{4} \right)^{2n+1} \right] \quad (-\infty < x < +\infty)$.

10. $\dfrac{1}{x} = \displaystyle\sum_{n=1}^{\infty} (-1)^n \dfrac{(x-3)^n}{3^{n+1}} \quad (0 < x < 6)$.

11. $\ln x = \ln 2 + \displaystyle\sum_{n=1}^{\infty} (-1)^{n-1} \dfrac{1}{2^n n} (x-2)^n \quad (0 < x \leqslant 4)$.

12. $(1+x)\ln(1+x) = x + \displaystyle\sum_{n=1}^{\infty} (-1)^{n-1} \dfrac{1}{n(n+1)} x^{n+1} \quad (-1 < x \leqslant 1)$.

13. $\sin \dfrac{x}{2} = \displaystyle\sum_{n=1}^{\infty} (-1)^n \dfrac{1}{2^{2n+1}(2n+1)!} x^{2n+1} \quad (-\infty < x < +\infty)$.

14. $\displaystyle\int_0^x \dfrac{\sin t}{t} \mathrm{d}t = \displaystyle\sum_{n=0}^{\infty} (-1)^n \dfrac{1}{(2n+1)(2n+1)!} x^{2n+1} \quad (-\infty < x < +\infty)$.

15. 0.09461.

习题 10-5

2. $3x^2 + 1 = \pi^2 + 1 + 12 \displaystyle\sum_{n=1}^{\infty} \dfrac{(-1)^n}{n^2} \cos nx \quad (-\infty < x < +\infty)$.

3. $\dfrac{\pi - x}{2} = \dfrac{\pi}{2} + \displaystyle\sum_{n=1}^{\infty} \dfrac{(-1)^n}{n} \sin nx \quad (-\infty < x < +\infty, x \neq (2k+1)\pi, k \in \mathbf{Z})$.

4. $|x| = \dfrac{\pi}{2} - \dfrac{4}{\pi} \displaystyle\sum_{n=1}^{\infty} \dfrac{1}{(2n-1)^2} \cos(2n-1)x \quad (-\infty < x < +\infty)$.

5. $2\sin \dfrac{x}{3} = \dfrac{18\sqrt{3}}{\pi} \displaystyle\sum_{n=1}^{\infty} \dfrac{(-1)^n n}{1-9n^2} \sin nx \quad (-\infty < x < +\infty, x \neq (2k+1)\pi, k \in \mathbf{Z})$.

6. $\dfrac{\pi}{2} - x = \displaystyle\sum_{n=1}^{\infty} \dfrac{1}{n} \sin 2nx \quad (0 < x < \pi)$.

7. $x - x^2 = \dfrac{1}{2} \left(\pi - \dfrac{2}{3}\pi^2 \right) + \dfrac{2}{\pi} \displaystyle\sum_{n=1}^{\infty} \dfrac{1}{n^2} [(-1)^n - 1 + 2\pi(-1)^{n+1}] \cos nx \quad (0 \leqslant x \leqslant \pi)$

8. $f(x) = \dfrac{\pi}{4} - \dfrac{2}{\pi} \displaystyle\sum_{n=1}^{\infty} \dfrac{1}{(2n-1)^2} \cos(2n-1)x + 3 \displaystyle\sum_{n=1}^{\infty} \dfrac{(-1)^{n+1}}{n} \sin nx$

$\quad (-\infty < x < +\infty, x \neq (2k+1)\pi, k \in \mathbf{Z})$.

9. $f(x) = \displaystyle\sum_{n=1}^{\infty} \dfrac{1}{n} \left[(-1)^{n+1} - \cos \dfrac{n\pi}{2} \right] \sin nx = \sin x + \dfrac{1}{3} \sin 3x - \dfrac{1}{2} \sin 4x + \cdots$

$\left(0 \leqslant x < \dfrac{\pi}{2}, \dfrac{\pi}{2} < x < \pi \right)$, 当 $x = \dfrac{\pi}{2}$ 时, 级数收敛于 $\dfrac{\pi}{4}$, 当 $x = \pi$ 时, 级数收敛于 0.

10. $f(x) = -\dfrac{1}{2} + \displaystyle\sum_{n=1}^{\infty} \left\{ [1-(-1)^n] \dfrac{6}{n^2 \pi^2} \cos \dfrac{n\pi x}{3} + (-1)^n \dfrac{6}{n\pi} \sin \dfrac{n\pi x}{3} \right\}$

$\quad (-\infty < x < +\infty, x \neq 3(2k+1), k \in \mathbf{Z})$.

综合练习 10

1. C.   2. A.   3. D.   4. C.   5. C.   6. B.   7. $\dfrac{1}{2}, \dfrac{1}{4n^2-1}$.   8. 收敛, 发散.   9. 1, 2.   10. 1.

11. $\displaystyle\sum_{n=0}^{\infty} (-1)^n \dfrac{1}{2n+1} x^{2n+1}$.   12. $\left(-\dfrac{1}{2}, \dfrac{1}{2} \right]$.

13. 发散.　14. 条件收敛.　15. 绝对收敛.　16. 发散.

17. $\dfrac{1}{\sqrt{1+x^2}}=1+\sum\limits_{n=1}^{\infty}(-1)^n\dfrac{1\times3\times5\cdots(2n-1)}{2^n n!}x^{2n}$　$(-1<x<1)$.

18. $\ln\dfrac{1-x}{1+x}=-2\sum\limits_{n=1}^{\infty}\dfrac{x^{2n+1}}{2n+1}(-1<x<1)$.

19. $\dfrac{1}{2}(e^x+e^{-x})=\sum\limits_{n=1}^{\infty}\dfrac{1}{(2n)!}x^{2n}$　$(-\infty<x<+\infty)$.

20. $\displaystyle\int_0^x e^{-t^2}\,dt=\sum\limits_{n=1}^{\infty}\dfrac{(-1)^n}{(2n+1)n!}x^{2n+1}$　$(-\infty<x<+\infty)$.

21. $f(x)=-\dfrac{\pi}{4}+\dfrac{2}{\pi}\sum\limits_{n=0}^{\infty}\dfrac{1}{(2n+1)^2}\cos(2n+1)x+3\sum\limits_{n=1}^{\infty}(-1)^{n+1}\dfrac{1}{n}\sin nx$

　　$(-\infty<x<+\infty,x\neq(2k+1)\pi,k\in\mathbf{Z})$.

第 11 章

习题 11-1

1. 15　2. 1.　3. -7.　4. 24.　5. 692.　6. 8.　7. 40.　8. -80.　9. -14.　10. $x_1=1,x_2=2$, $x_3=3$.

11. $x_1=-2,x_2=1,x_3=3,x_4=-1$.　12. $\lambda=1$.

13. $-(a+b+c+d)(a-b+c-d)[(a-c)^2+(b-d)^2]$.　14. $x^n+(-1)^{n+1}y^n$.

15. $1+\sum\limits_{i=1}^{n}a_i$.　16. $\left[x+\dfrac{n(n-1)}{2}\right](x-1)(x-2)\cdots(x-n)$.　17. $2m$.

20. $x_1=-2,x_2=3$.　21. $x_1=-1,x_2=5,x_3=7$.

习题 11-2

1. $\begin{pmatrix}1 & -1 & 3\\2 & 0 & 14\\1 & 8 & -9\end{pmatrix}$, $\begin{pmatrix}3 & -17 & 2\\-1 & 7 & 7\\3 & -4 & -6\end{pmatrix}$, $\begin{pmatrix}-9 & 11 & -23\\8 & 18 & -4\\-3 & -14 & 9\end{pmatrix}$, $\begin{pmatrix}-5 & 2 & 0\\12 & 14 & -10\\-27 & -2 & 10\end{pmatrix}$.

2. $\begin{pmatrix}-1 & 4\\-1 & 0\end{pmatrix}$.　3. $\begin{pmatrix}1 & -5\\-5 & 11\end{pmatrix}$.　4. $\begin{pmatrix}6 & -5\\23 & 7\\-1 & -1\end{pmatrix}$.　5. 7.　6. $\begin{pmatrix}2 & -1 & 1\\4 & -2 & 2\\6 & -3 & 3\end{pmatrix}$.　7. $\begin{pmatrix}19\\2\\17\end{pmatrix}$.

8. $\begin{pmatrix}6 & -3 & 8\\8 & -11 & 4\end{pmatrix}$.　9. $\begin{pmatrix}a^k & 0 & 0\\0 & b^k & 0\\0 & 0 & c^k\end{pmatrix}$.　10. (1) $(86\ \ 353\ \ 183\ \ 109)$;(2) 531100 元.　11. 24,1.

12. $\begin{pmatrix}7 & -5\\-4 & 3\end{pmatrix}$.　13. $\begin{pmatrix}\cos x & -\sin x\\\sin x & \cos x\end{pmatrix}$.　14. $\begin{pmatrix}0 & 0 & 1\\5 & -3 & 0\\-3 & 2 & 0\end{pmatrix}$.　15. $\begin{pmatrix}-2 & 1 & 0\\-\dfrac{13}{2} & 3 & -\dfrac{1}{2}\\-16 & 7 & -1\end{pmatrix}$.

16. 不可逆.　17. $\begin{pmatrix}\dfrac{1}{9} & \dfrac{5}{9} & \dfrac{7}{9}\\[2mm]\dfrac{5}{9} & -\dfrac{2}{9} & -\dfrac{1}{9}\\[2mm]-\dfrac{1}{9} & \dfrac{4}{9} & \dfrac{2}{9}\end{pmatrix}$.　18. $\begin{pmatrix}-\dfrac{5}{2} & 1 & -\dfrac{1}{2}\\[2mm]5 & -1 & 1\\[2mm]\dfrac{7}{2} & -1 & \dfrac{1}{2}\end{pmatrix}$.　19. $\begin{pmatrix}24 & -10\\-6 & 3\end{pmatrix}$.

20. 2.   21. 2.   22. (1) ×;(2) ×;(3) ×;(4) √;(5) √;(6) ×;(7) ×;(8) √.

23. $\boldsymbol{A}^{-1}=\dfrac{1}{2}(\boldsymbol{A}-\boldsymbol{E})$.   24. $a=0,-1$.   25. $\begin{pmatrix} -\dfrac{10}{3} & 1 & \dfrac{11}{3} \\ \dfrac{14}{3} & 0 & -\dfrac{19}{3} \end{pmatrix}$.

习题 11-3

1. 唯一解.   2. 无穷多组解.   3. 无解.

4. $\begin{cases} x_1=-4x_3, \\ x_2=\dfrac{3}{4}x_3+\dfrac{1}{4}x_4 \end{cases}$ (x_3、x_4 为自由未知量).

5. $\begin{cases} x_1=\dfrac{2}{7}x_3+\dfrac{3}{7}x_4, \\ x_2=\dfrac{5}{7}x_3+\dfrac{4}{7}x_4 \end{cases}$ (x_3、x_4 为自由未知量).

6. 无解.

7. $\begin{cases} x_1=\dfrac{3}{2}x_3-\dfrac{3}{4}x_4+\dfrac{5}{4}, \\ x_2=\dfrac{3}{2}x_3+\dfrac{7}{4}x_4-\dfrac{1}{4} \end{cases}$ (x_3、x_4 为自由未知量).

8. $\begin{cases} x_1=-2x_3-1, \\ x_2=x_3+2 \end{cases}$ (x_3 为自由未知量).

9. $\begin{cases} x_1=-\dfrac{3}{7}x_3-\dfrac{13}{7}x_4+\dfrac{13}{7}, \\ x_2=\dfrac{2}{7}x_3+\dfrac{4}{7}x_4-\dfrac{4}{7} \end{cases}$ (x_3、x_4 为自由未知量).

10. (1) $\lambda\neq0$ 且 $\lambda\neq-3$;(2) $\lambda=0$;(3) $\lambda=-3$. $\begin{cases} x_1=x_3-1, \\ x_2=x_3-2,(x_3 为自由未知量). \\ x_3=x_3 \end{cases}$

11. 小号 1 件;中号 9 件;大号 2 件;加大号 1 件.

综合练习 11

1. C   2. D   3. D.   4. B.   5. A.   6. B.   7. -14.   8. $x=1,y=4$.   9. $\dfrac{32}{3}$.   10. $\begin{pmatrix} 1 & 0 \\ -1 & 1 \end{pmatrix}$.

11. $\boldsymbol{E}$.   12. $a=2$.   13. -18.   14. -31.

15. $\begin{pmatrix} 6 & -7 & 8 \\ 4 & -5 & 2 \end{pmatrix}$ 16. $\begin{pmatrix} 1 & -4 & -3 \\ 1 & -5 & -3 \\ -1 & 6 & 4 \end{pmatrix}$.

17. $k=1$ 时,$r(\boldsymbol{A})=1$;$k=-2$ 时,$r(\boldsymbol{A})=2$;$k\neq1$ 且 $k\neq-2$ 时,$r(\boldsymbol{A})=3$.

18. $x_1=-x_2,x_3=-1$(x_2 为自由未知量).

19. 当 $\lambda=10$ 时,无解;当 $\lambda\neq1$ 且 $\lambda\neq10$ 时,有唯一解;当 $\lambda=1$ 时,有无穷多组无解.

20. 提示:先证明 $\boldsymbol{A}$ 可逆.$\boldsymbol{A}^{-1}=3\boldsymbol{A}-2\boldsymbol{E}$.

附录1　基本初等函数的图形及性质

函　数	定义域和值域	图　形	性　质
幂函数 $y=x^{\mu}$			当 $\mu>0$ 时,函数在第一象限单调增 当 $\mu<0$ 时,函数在第一象限单调减
指数函数 $y=a^x$ $(a>0,a\neq1)$	$x\in(-\infty,+\infty)$ $y\in(0,+\infty)$		过点 $(0,1)$ 当 $a>1$ 时,单调增 当 $0<a<1$ 时,单调减
对数函数 $y=\log_a x$ $(a>0,a\neq1)$	$x\in(0,+\infty)$ $y\in(-\infty,+\infty)$		过点 $(1,0)$ 当 $a>1$ 时,单调增 当 $0<a<1$ 时,单调减
三角函数　正弦函数 $y=\sin x$	$x\in(-\infty,+\infty)$ $y\in[-1,1]$		奇函数,周期为 2π,有界 在 $\left[2k\pi-\dfrac{\pi}{2},2k\pi+\dfrac{\pi}{2}\right]$($k\in\mathbf{Z}$)单调增 在 $\left[2k\pi+\dfrac{\pi}{2},2k\pi+\dfrac{3\pi}{2}\right]$($k\in\mathbf{Z}$)单调减
余弦函数 $y=\cos x$	$x\in(-\infty,+\infty)$ $y\in[-1,1]$		偶函数,周期为 2π,有界 在 $[2k\pi,2k\pi+\pi]$($k\in\mathbf{Z}$)单调减 在 $[2k\pi-\pi,2k\pi]$($k\in\mathbf{Z}$)单调增

续表

函　数	定义域和值域	图　形	性　质
三角函数 正切函数 $y=\tan x$	$x\neq k\pi+\dfrac{\pi}{2}(k\in\mathbf{Z})$ $y\in(-\infty,+\infty)$		奇函数,周期为 π 在 $\left(k\pi-\dfrac{\pi}{2},k\pi+\dfrac{\pi}{2}\right)(k\in\mathbf{Z})$ 单调增
余切函数 $y=\cot x$	$x\neq k\pi(k\in\mathbf{Z})$ $y\in(-\infty,+\infty)$		奇函数,周期为 π 在 $(k\pi,k\pi+\pi)(k\in\mathbf{Z})$ 单调减
反三角函数 反正弦函数 $y=\arcsin x$	$x\in[-1,1]$ $y\in\left[-\dfrac{\pi}{2},\dfrac{\pi}{2}\right]$		奇函数,有界 单调增
反余弦函数 $y=\arccos x$	$x\in[-1,1]$ $y\in[0,\pi]$		有界 单调减
反正切函数 $y=\arctan x$	$x\in(-\infty,+\infty)$ $y\in\left(-\dfrac{\pi}{2},\dfrac{\pi}{2}\right)$		奇函数,有界 单调增
反余切函数 $y=\text{arccot}\,x$	$x\in(-\infty,+\infty)$ $y\in(0,\pi)$		有界 单调减

附录 2　常见平面曲线的图形

将微积分中常见的一些平面曲线图形列在下面,以备查用.

(1) 心形线 $r=a(1+\cos\theta)$;$r=a(1-\cos\theta)$,其中 $a>0$.

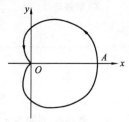

$r=a(1+\cos\theta)$

$r=a(1+\cos\theta)$ 的图形对称极轴.

当 θ 由 0 变到 π 时,图形由点 A

经第一、二象限到原点.

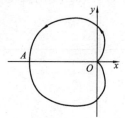

$r=a(1-\cos\theta)$

$r=a(1-\cos\theta)$ 的图形对称极轴.

当 θ 由 0 变到 π 时,图形由原点

经第一、二象限到点 A.

$r=a(1+\sin\theta)$;$r=a(1-\sin\theta)$,其中 $a>0$.

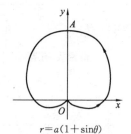

$r=a(1+\sin\theta)$

$r=a(1+\sin\theta)$ 的图形对称 $\theta=\dfrac{\pi}{2}$.

当 θ 由 $-\dfrac{\pi}{2}$ 变到 $\dfrac{\pi}{2}$ 时,图形由原点

经第四、一象限到点 A.

$r=a(1-\sin\theta)$

$r=a(1-\sin\theta)$ 的图形对称 $\theta=\dfrac{\pi}{2}$.

当 θ 由 $-\dfrac{\pi}{2}$ 变到 $\dfrac{\pi}{2}$ 时,图形由点 A

经过第四、一象限到原点.

(2) 玫瑰线 $r=a\sin3\theta$(三叶);$r=a\cos3\theta$(三叶);$r=a\cos2\theta$(四叶);$r=a\sin2\theta$(四叶)(其中,$a>0$).

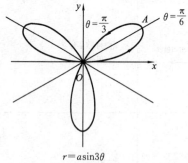

$r=a\sin3\theta$

$r=a\sin3\theta$ 的图形对称 $\theta=\dfrac{\pi}{2}$.

当 θ 由 0 变到 $\dfrac{\pi}{6}$,再由 $\dfrac{\pi}{6}$ 变到 $\dfrac{\pi}{3}$

时,图形由原点经第一象限到点 A,再回到原点.

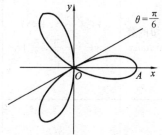

$r=a\cos3\theta$

$r=a\cos3\theta$ 的图形对称极轴.

当 θ 由 0 变到 $\dfrac{\pi}{6}$ 时,

图形由点 A 经过第一象限 $\left(0\leqslant\theta\leqslant\dfrac{\pi}{6}\right)$ 到原点.

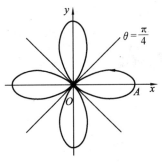

$$r=a\cos2\theta$$

$r=a\cos2\theta$ 的图形对称极轴.

当 θ 由 0 变到 $\dfrac{\pi}{4}$,图形由点 A

经过第一象限 $\left(0\leqslant\theta\leqslant\dfrac{\pi}{4}\right)$ 到原点.

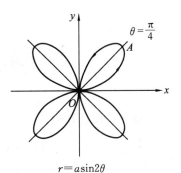

$$r=a\sin2\theta$$

$r=a\cos2\theta$ 的图形对称 $\theta=\dfrac{\pi}{2}$.

当 θ 由 0 变到 $\dfrac{\pi}{4}$,再由 $\dfrac{\pi}{4}$ 变到 $\dfrac{\pi}{2}$ 时,

图形由原点经第一象限点 A 回到原点.

（3）参数方程中摆线与星形线的图形.

摆线方程 $\begin{cases} x=a(t-\sin t), \\ y=a(1-\cos t); \end{cases}$

星形线方程 $\begin{cases} x=a\cos^3 t, \\ y=a\sin^3 t, \end{cases}$ 　　其中,$a>0$.

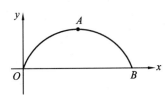

摆线 $\begin{cases} x=a(t-\sin t), \\ y=a(1-\cos t) \end{cases}$

当 t 由 0 变到 π,再由 π 变到 2π 时.图形经
第一象限原点到最高点 A 再到 B.

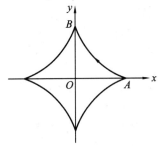

星形线 $\begin{cases} x=a\cos^3 t, \\ y=a\sin^3 t \end{cases}$

图形对称 x 轴和 y 轴.当 t 由 0 变到 $\dfrac{\pi}{2}$ 时,

图形经第一象限由点 A 变到点 B.

附录 3　积 分 表

（一）含有 $a+bx$ 的积分

1. $\int \dfrac{\mathrm{d}x}{a+bx} = \dfrac{1}{b}\ln|a+bx| + C$

2. $\int (a+bx)^{\mu}\mathrm{d}x = \dfrac{(a+bx)^{\mu+1}}{b(\mu+1)} + C \quad (\mu \neq -1)$

3. $\int \dfrac{x\,\mathrm{d}x}{a+bx} = \dfrac{1}{b^2}[a+bx - a\ln(a+bx)] + C$

4. $\int \dfrac{x^2\,\mathrm{d}x}{a+bx} = \dfrac{1}{b^3}\left[\dfrac{1}{2}(a+bx)^2 - 2a(a+bx) + a^2\ln(a+bx)\right] + C$

5. $\int \dfrac{\mathrm{d}x}{x(a+bx)} = -\dfrac{1}{a}\ln\dfrac{a+bx}{x} + C$

6. $\int \dfrac{\mathrm{d}x}{x^2(a+bx)} = -\dfrac{1}{ax} + \dfrac{b}{a^2}\ln\left|\dfrac{a+bx}{x}\right| + C$

7. $\int \dfrac{x\,\mathrm{d}x}{(a+bx)^2} = \dfrac{1}{b^2}\left[\ln(a+bx) + \dfrac{a}{a+bx}\right] + C$

8. $\int \dfrac{x^2\,\mathrm{d}x}{(a+bx)^2} = \dfrac{1}{b^3}\left[a+bx - 2a\ln(a+bx) - \dfrac{a^2}{a+bx}\right] + C$

9. $\int \dfrac{\mathrm{d}x}{x(a+bx)^2} = \dfrac{1}{a(a+bx)} - \dfrac{1}{a^2}\ln\dfrac{a+bx}{x} + C$

（二）含有 $\sqrt{a+bx}$ 的积分

10. $\int \sqrt{a+bx}\,\mathrm{d}x = \dfrac{2}{3b}\sqrt{(a+bx)^3} + C$

11. $\int x\sqrt{a+bx}\,\mathrm{d}x = -\dfrac{2(2a-3bx)\sqrt{(a+bx)^3}}{15b^2} + C$

12. $\int x^2\sqrt{a+bx}\,\mathrm{d}x = \dfrac{2(8a^2 - 12abx + 15b^2x^2)\sqrt{(a+bx)^3}}{105b^3} + C$

13. $\int \dfrac{x\,\mathrm{d}x}{\sqrt{a+bx}} = -\dfrac{2(2a-bx)}{3b^2}\sqrt{a+bx} + C$

14. $\int \dfrac{x^2\,\mathrm{d}x}{\sqrt{a+bx}} = \dfrac{2(8a^2 - 4abx + 3b^2x^2)}{15b^3}\sqrt{a+bx} + C$

15. $\int \dfrac{\mathrm{d}x}{x\sqrt{a+bx}} = \begin{cases} \dfrac{1}{\sqrt{a}}\ln\dfrac{\sqrt{a+bx}-\sqrt{a}}{\sqrt{a+bx}+\sqrt{a}} + C & (a>0) \\[2mm] \dfrac{2}{\sqrt{-a}}\arctan\sqrt{\dfrac{a+bx}{-a}} + C & (a<0) \end{cases}$

16. $\int \dfrac{\mathrm{d}x}{x^2\sqrt{a+bx}} = -\dfrac{\sqrt{a+bx}}{ax} - \dfrac{b}{2a}\int \dfrac{\mathrm{d}x}{x\sqrt{a+bx}}$

17. $\int \dfrac{\sqrt{a+bx}}{x}\mathrm{d}x = 2\sqrt{a+bx} + a\int \dfrac{\mathrm{d}x}{x\sqrt{a+bx}}$

(三) 含有 $a^2 \pm x^2$ 的积分

18. $\displaystyle \int \frac{\mathrm{d}x}{a^2+x^2} = \frac{1}{a}\arctan\frac{x}{a} + C$

19. $\displaystyle \int \frac{\mathrm{d}x}{(x^2+a^2)^n} = \frac{x}{2(n-1)a^2(x^2+a^2)^{n-1}} + \frac{2n-3}{2(n-1)a^2}\int \frac{\mathrm{d}x}{(x^2+a^2)^{n-1}}$

20. $\displaystyle \int \frac{\mathrm{d}x}{a^2-x^2} = \frac{1}{2a}\ln\frac{a-x}{a+x} + C \quad (|x|<a)$

21. $\displaystyle \int \frac{\mathrm{d}x}{x^2-a^2} = \frac{1}{2a}\ln\frac{x-a}{x+a} + C \quad (|x|>a)$

(四) 含有 $a \pm bx^2$ 的积分

22. $\displaystyle \int \frac{\mathrm{d}x}{a+bx^2} = \frac{1}{\sqrt{ab}}\arctan\sqrt{\frac{b}{a}}x + C \quad (a>0, b>0)$

23. $\displaystyle \int \frac{\mathrm{d}x}{a+bx^2} = \frac{1}{2\sqrt{ab}}\ln\frac{\sqrt{a}+\sqrt{b}x}{\sqrt{a}-\sqrt{b}x} + C$

24. $\displaystyle \int \frac{x\mathrm{d}x}{a+bx^2} = \frac{1}{2b}\ln(a+bx^2) + C$

25. $\displaystyle \int \frac{x^2\mathrm{d}x}{a+bx^2} = \frac{x}{b} - \frac{a}{b}\int \frac{\mathrm{d}x}{a+bx^2}$

26. $\displaystyle \int \frac{\mathrm{d}x}{x(a+bx^2)} = \frac{1}{2a}\ln\frac{x^2}{a+bx^2} + C$

27. $\displaystyle \int \frac{\mathrm{d}x}{x^2(a+bx^2)} = -\frac{1}{ax} - \frac{b}{a}\int \frac{\mathrm{d}x}{a+bx^2}$

28. $\displaystyle \int \frac{\mathrm{d}x}{(a+bx^2)^2} = \frac{x}{2a(a+bx^2)} + \frac{1}{2b}\int \frac{\mathrm{d}x}{a+bx^2}$

(五) 含有 $\sqrt{x^2+a^2}$ 的积分

29. $\displaystyle \int \sqrt{x^2+a^2}\,\mathrm{d}x = \frac{x}{2}\sqrt{x^2+a^2} + \frac{a^2}{2}\ln(x+\sqrt{x^2+a^2}) + C$

30. $\displaystyle \int \sqrt{(x^2+a^2)^3}\,\mathrm{d}x = \frac{x}{8}(2x^2+5a^2)\sqrt{x^2+a^2} + \frac{3a^4}{8}\ln(x+\sqrt{x^2+a^2}) + C$

31. $\displaystyle \int x\sqrt{x^2+a^2}\,\mathrm{d}x = \frac{\sqrt{(x^2+a^2)^3}}{3} + C$

32. $\displaystyle \int x^2\sqrt{x^2+a^2}\,\mathrm{d}x = \frac{x}{8}(2x^2+a^2)\sqrt{x^2+a^2} - \frac{a^4}{8}\ln(x+\sqrt{x^2+a^2}) + C$

33. $\displaystyle \int \frac{\mathrm{d}x}{\sqrt{x^2+a^2}} = \ln(x+\sqrt{x^2+a^2}) + C_1 = \operatorname{arsh}\frac{x}{a} + C$

34. $\displaystyle \int \frac{\mathrm{d}x}{\sqrt{(x^2+a^2)^3}} = \frac{x}{a^2\sqrt{x^2+a^2}} + C$

35. $\displaystyle \int \frac{x\mathrm{d}x}{\sqrt{x^2+a^2}} = \sqrt{x^2+a^2} + C$

36. $\displaystyle \int \frac{x^2\mathrm{d}x}{\sqrt{x^2+a^2}} = \frac{x}{2}\sqrt{x^2+a^2} - \frac{a^2}{2}\ln(x+\sqrt{x^2+a^2}) + C$

37. $\displaystyle \int \frac{x^2\mathrm{d}x}{\sqrt{(x^2+a^2)^3}} = -\frac{x}{\sqrt{x^2+a^2}} + \ln(x+\sqrt{x^2+a^2}) + C$

38. $\displaystyle\int \frac{\mathrm{d}x}{x\sqrt{x^2+a^2}} = \frac{1}{a}\ln\frac{x}{a+\sqrt{x^2+a^2}} + C$

39. $\displaystyle\int \frac{\mathrm{d}x}{x^2\sqrt{x^2+a^2}} = -\frac{\sqrt{x^2+a^2}}{a^2 x} + C$

40. $\displaystyle\int \frac{\sqrt{x^2+a^2}\,\mathrm{d}x}{x} = \sqrt{x^2+a^2} - a\ln\frac{a+\sqrt{x^2+a^2}}{x} + C$

41. $\displaystyle\int \frac{\sqrt{x^2+a^2}\,\mathrm{d}x}{x^2} = -\frac{\sqrt{x^2+a^2}}{x} + \ln(x+\sqrt{x^2+a^2}) + C$

（六）含有 $\sqrt{x^2-a^2}$ 的积分

42. $\displaystyle\int \frac{\mathrm{d}x}{\sqrt{x^2-a^2}} = \ln(x+\sqrt{x^2-a^2}) + C_1 = \mathrm{arch}\frac{x}{a} + C$

43. $\displaystyle\int \frac{\mathrm{d}x}{\sqrt{(x^2-a^2)^3}} = -\frac{x}{a^2\sqrt{x^2-a^2}} + C$

44. $\displaystyle\int \frac{x\mathrm{d}x}{\sqrt{x^2-a^2}} = \sqrt{x^2-a^2} + C$

45. $\displaystyle\int \sqrt{x^2-a^2}\,\mathrm{d}x = \frac{x}{2}\sqrt{x^2-a^2} - \frac{a^2}{2}\ln(x+\sqrt{x^2-a^2}) + C$

46. $\displaystyle\int \sqrt{(x^2-a^2)^3}\,\mathrm{d}x = \frac{x}{8}(2x^2-5a^2)\sqrt{x^2-a^2} + \frac{3a^4}{8}\ln(x+\sqrt{x^2-a^2}) + C$

47. $\displaystyle\int x\sqrt{x^2-a^2}\,\mathrm{d}x = \frac{\sqrt{(x^2-a^2)^3}}{3} + C$

48. $\displaystyle\int x\sqrt{(x^2-a^2)^3}\,\mathrm{d}x = \frac{\sqrt{(x^2-a^2)^5}}{5} + C$

49. $\displaystyle\int x^2\sqrt{x^2-a^2}\,\mathrm{d}x = \frac{x}{8}(2x^2-a^2)\sqrt{x^2-a^2} - \frac{a^4}{8}\ln(x+\sqrt{x^2-a^2}) + C$

50. $\displaystyle\int \frac{x^2\mathrm{d}x}{\sqrt{x^2-a^2}} = \frac{x}{2}\sqrt{x^2-a^2} + \frac{a^2}{2}\ln(x+\sqrt{x^2-a^2}) + C$

51. $\displaystyle\int \frac{x^2\mathrm{d}x}{\sqrt{(x^2-a^2)^3}} = -\frac{x}{\sqrt{x^2-a^2}} + \ln(x+\sqrt{x^2-a^2}) + C$

52. $\displaystyle\int \frac{\mathrm{d}x}{x\sqrt{x^2-a^2}} = \frac{1}{a}\arccos\frac{a}{x} + C$

53. $\displaystyle\int \frac{\mathrm{d}x}{x^2\sqrt{x^2-a^2}} = \frac{\sqrt{x^2-a^2}}{a^2 x} + C$

54. $\displaystyle\int \frac{\sqrt{x^2-a^2}}{x}\mathrm{d}x = \sqrt{x^2-a^2} - a\arccos\frac{a}{x} + C$

55. $\displaystyle\int \frac{\sqrt{x^2-a^2}}{x^2}\mathrm{d}x = -\frac{\sqrt{x^2-a^2}}{x} + \ln(x+\sqrt{x^2-a^2}) + C$

（七）含有 $\sqrt{a^2-x^2}$ 的积分

56. $\displaystyle\int \frac{\mathrm{d}x}{\sqrt{a^2-x^2}} = \arcsin\frac{x}{a} + C$

57. $\displaystyle\int \frac{\mathrm{d}x}{\sqrt{(a^2-x^2)^3}} = \frac{x}{a^2\sqrt{a^2-x^2}} + C$

58. $\displaystyle\int \frac{x\mathrm{d}x}{\sqrt{a^2-x^2}} = -\sqrt{a^2-x^2} + C$

59. $\displaystyle\int \frac{x\mathrm{d}x}{\sqrt{(a^2-x^2)^3}} = \frac{1}{\sqrt{a^2-x^2}} + C$

60. $\displaystyle\int \frac{x^2\mathrm{d}x}{\sqrt{a^2-x^2}} = -\frac{x}{2}\sqrt{a^2-x^2} + \frac{a^2}{2}\arcsin\frac{x}{a} + C$

61. $\displaystyle\int \sqrt{a^2-x^2}\,\mathrm{d}x = \frac{x}{2}\sqrt{a^2-x^2} + \frac{a^2}{2}\arcsin\frac{x}{a} + C$

62. $\displaystyle\int \sqrt{(a^2-x^2)^3}\,\mathrm{d}x = \frac{x}{8}(5a^2-2x^2)\sqrt{a^2-x^2} + \frac{3a^4}{8}\arcsin\frac{x}{a} + C$

63. $\displaystyle\int x\sqrt{a^2-x^2}\,\mathrm{d}x = -\frac{\sqrt{(a^2-x^2)^3}}{3} + C$

64. $\displaystyle\int x\sqrt{(a^2-x^2)^3}\,\mathrm{d}x = -\frac{\sqrt{(a^2-x^2)^5}}{5} + C$

65. $\displaystyle\int x^2\sqrt{a^2-x^2}\,\mathrm{d}x = \frac{x}{8}(2x^2-a^2)\sqrt{a^2-x^2} + \frac{a^4}{8}\arcsin\frac{x}{a} + C$

66. $\displaystyle\int \frac{x^2\mathrm{d}x}{\sqrt{(a^2-x^2)^3}} = \frac{x}{\sqrt{a^2-x^2}} - \arcsin\frac{x}{a} + C$

67. $\displaystyle\int \frac{\mathrm{d}x}{x\sqrt{a^2-x^2}} = \frac{1}{a}\ln\frac{x}{a+\sqrt{a^2-x^2}} + C$

68. $\displaystyle\int \frac{\mathrm{d}x}{x^2\sqrt{a^2-x^2}} = -\frac{\sqrt{a^2-x^2}}{a^2 x} + C$

69. $\displaystyle\int \frac{\sqrt{a^2-x^2}}{x}\,\mathrm{d}x = \sqrt{a^2-x^2} + a\ln\frac{a-\sqrt{a^2-x^2}}{x} + C$

70. $\displaystyle\int \frac{\sqrt{a^2-x^2}}{x^2}\,\mathrm{d}x = -\frac{\sqrt{a^2-x^2}}{x} - \arcsin\frac{x}{a} + C$

(八) 含有 $a+bx\pm cx^2\,(c>0)$ 的积分

71. $\displaystyle\int \frac{\mathrm{d}x}{a+bx-cx^2} = \frac{1}{\sqrt{b^2+4ac}}\ln\frac{\sqrt{b^2+4ac}+2cx-b}{\sqrt{b^2+4ac}-2cx+b} + C$

72. $\displaystyle\int \frac{\mathrm{d}x}{a+bx+cx^2} = \begin{cases} \dfrac{2}{\sqrt{4ac-b^2}}\arctan\dfrac{2cx+b}{\sqrt{4ac-b^2}} + C & (b^2<4ac) \\[2ex] \dfrac{1}{\sqrt{b^2-4ac}}\ln\dfrac{2cx+b-\sqrt{b^2-4ac}}{2cx+b+\sqrt{b^2-4ac}} + C & (b^2>4ac) \end{cases}$

(九) 含有 $\sqrt{a+bx\pm cx^2}\,(c>0)$ 的积分

73. $\displaystyle\int \frac{\mathrm{d}x}{\sqrt{a+bx+cx^2}} = \frac{1}{\sqrt{c}}\ln(2cx+b+2\sqrt{c}\,\sqrt{a+bx+cx^2}) + C$

74. $\displaystyle\int \sqrt{a+bx+cx^2}\,\mathrm{d}x = \frac{2cx+b}{4c}\sqrt{a+bx+cx^2} - $
$\qquad\qquad \dfrac{b^2-4ac}{8\sqrt{c^3}}\ln(2cx+b+2\sqrt{c}\,\sqrt{a+bx+cx^2}) + C$

75. $\displaystyle\int \frac{x\mathrm{d}x}{\sqrt{a+bx+cx^2}} = \frac{\sqrt{a+bx+cx^2}}{c} - $

$$\frac{b}{2\sqrt{c^3}}\ln(2cx + b + 2\sqrt{c}\sqrt{a + bx + cx^2}) + C$$

76. $\displaystyle\int \frac{\mathrm{d}x}{\sqrt{a + bx - cx^2}} = \frac{1}{\sqrt{c}}\arcsin\frac{2cx - b}{\sqrt{b^2 + 4ac}} + C$

77. $\displaystyle\int \sqrt{a + bx - cx^2}\,\mathrm{d}x = \frac{2cx - b}{4c}\sqrt{a + bx - cx^2} + \frac{b^2 + 4ac}{8\sqrt{c^3}}\arcsin\frac{2cx - b}{\sqrt{b^2 + 4ac}} + C$

78. $\displaystyle\int \frac{x\mathrm{d}x}{\sqrt{a + bx - cx^2}} = -\frac{\sqrt{a + bx - cx^2}}{c} + \frac{b}{2\sqrt{c^3}}\arcsin\frac{2cx - b}{\sqrt{b^2 + 4ac}} + C$

（十）含有 $\sqrt{\dfrac{a \pm x}{b \pm x}}$ 的积分、含有 $\sqrt{(x-a)(b-x)}$ 的积分

79. $\displaystyle\int \sqrt{\frac{a + x}{b + x}}\,\mathrm{d}x = \sqrt{(a + x)(b + x)} + (a - b)\ln(\sqrt{a + x} + \sqrt{b + x}) + C$

80. $\displaystyle\int \sqrt{\frac{a - x}{b + x}}\,\mathrm{d}x = \sqrt{(a - x)(b + x)} + (a + b)\arcsin\sqrt{\frac{x + b}{a + b}} + C$

81. $\displaystyle\int \sqrt{\frac{a + x}{b - x}}\,\mathrm{d}x = -\sqrt{(a + x)(b - x)} - (a + b)\arcsin\sqrt{\frac{b - x}{a + b}} + C$

82. $\displaystyle\int \frac{\mathrm{d}x}{\sqrt{(x - a)(b - x)}} = 2\arcsin\sqrt{\frac{x - a}{b - a}} + C \ (a < b)$

（十一）含有三角函数的积分

83. $\displaystyle\int \sin x\mathrm{d}x = -\cos x + C$

84. $\displaystyle\int \cos x\mathrm{d}x = \sin x + C$

85. $\displaystyle\int \tan x\mathrm{d}x = -\ln(\cos x) + C$

86. $\displaystyle\int \cot x\mathrm{d}x = \ln(\sin x) + C$

87. $\displaystyle\int \sec x\mathrm{d}x = \ln(\sec x + \tan x) + C = \ln\left[\tan\left(\frac{\pi}{4} + \frac{x}{2}\right)\right] + C$

88. $\displaystyle\int \csc x\mathrm{d}x = \ln(\csc x - \cot x) + C = \ln\left(\tan\frac{x}{2}\right) + C$

89. $\displaystyle\int \sec^2 x\mathrm{d}x = \tan x + C$

90. $\displaystyle\int \csc^2 x\mathrm{d}x = -\cot x + C$

91. $\displaystyle\int \sec x\tan x\mathrm{d}x = \sec x + C$

92. $\displaystyle\int \csc x\cot x\mathrm{d}x = -\csc x + C$

93. $\displaystyle\int \sin^2 x\mathrm{d}x = \frac{x}{2} - \frac{1}{4}\sin 2x + C$

94. $\displaystyle\int \cos^2 x\mathrm{d}x = \frac{x}{2} + \frac{1}{4}\sin 2x + C$

95. $\displaystyle\int \sin^n x\,\mathrm{d}x = -\frac{\sin^{n-1} x\cos x}{n} + \frac{n - 1}{n}\int \sin^{n-2} x\mathrm{d}x$

96. $\displaystyle\int \cos^n x \, dx = \frac{\cos^{n-1} x \sin x}{n} + \frac{n-1}{n}\int \cos^{n-2} x \, dx$

97. $\displaystyle\int \frac{dx}{\sin^n x} = -\frac{1}{n-1} \times \frac{\cos x}{\sin^{n-1} x} + \frac{n-2}{n-1}\int \frac{dx}{\sin^{n-2} x}$

98. $\displaystyle\int \frac{dx}{\cos^n x} = \frac{1}{n-1} \times \frac{\sin x}{\cos^{n-1} x} + \frac{n-2}{n-1}\int \frac{dx}{\cos^{n-2} x}$

99. $\displaystyle\int \cos^m x \sin^n x \, dx = \frac{\cos^{m-1} x \sin^{n+1} x}{m+n} + \frac{m-1}{m+n}\int \cos^{m-2} x \sin^n x \, dx$

$\displaystyle\qquad = -\frac{\sin^{n-1} x \cos^{m+1} x}{m+n} + \frac{n-1}{m+n}\int \cos^m x \sin^{n-2} x \, dx$

100. $\displaystyle\int \sin mx \cos nx \, dx$

$\displaystyle\qquad = -\frac{\cos(m+n)x}{2(m+n)} - \frac{\cos(m-n)x}{2(m-n)} + C$

101. $\displaystyle\int \sin mx \sin nx \, dx$

$\displaystyle\qquad = -\frac{\sin(m+n)x}{2(m+n)} + \frac{\sin(m-n)x}{2(m-n)} + C$

102. $\displaystyle\int \cos mx \cos nx \, dx$

$\displaystyle\qquad = \frac{\sin(m+n)x}{2(m+n)} + \frac{\sin(m-n)x}{2(m-n)} + C$

$\qquad \left.\begin{array}{l} \\ \\ \\ \\ \\ \end{array}\right\} m \neq n$

103. $\displaystyle\int \frac{dx}{a+b\sin x} = \frac{2}{a}\sqrt{\frac{a^2}{a^2-b^2}}\arctan\left(\sqrt{\frac{a^2}{a^2-b^2}}\tan\frac{x}{2}+\frac{b}{a}\right)+C \quad (a^2 > b^2)$

104. $\displaystyle\int \frac{dx}{a+b\sin x} = \frac{1}{a}\sqrt{\frac{a^2}{b^2-a^2}}\ln\frac{\tan\dfrac{x}{2}+\dfrac{b}{a}-\sqrt{\dfrac{b^2-a^2}{a^2}}}{\tan\dfrac{x}{2}+\dfrac{b}{a}+\sqrt{\dfrac{b^2-a^2}{a^2}}}+C \quad (a^2 < b^2)$

105. $\displaystyle\int \frac{dx}{a+b\cos x} = \frac{2}{a-b}\sqrt{\frac{a-b}{a+b}}\arctan\left(\sqrt{\frac{a-b}{a+b}}\tan\frac{x}{2}\right)+C \quad (a^2 > b^2)$

106. $\displaystyle\int \frac{dx}{a+b\cos x} = \frac{1}{b-a}\sqrt{\frac{b-a}{b+a}}\ln\frac{\tan\dfrac{x}{2}+\sqrt{\dfrac{b+a}{b-a}}}{\tan\dfrac{x}{2}-\sqrt{\dfrac{b+a}{b-a}}}+C \quad (a^2 < b^2)$

107. $\displaystyle\int \frac{dx}{a^2\cos^2 x + b^2\sin^2 x} = \frac{1}{ab}\arctan\left(\frac{b\tan x}{a}\right)+C$

108. $\displaystyle\int \frac{dx}{a^2\cos^2 x - b^2\sin^2 x} = \frac{1}{2ab}\ln\left|\frac{b\tan x + a}{b\tan x - a}\right|+C$

109. $\displaystyle\int x\sin ax \, dx = \frac{1}{a^2}\sin ax - \frac{1}{a}x\cos ax + C$

110. $\displaystyle\int x^2\sin ax \, dx = -\frac{1}{a}x^2\cos ax + \frac{2}{a^2}x\sin ax + \frac{1}{a^3}\cos ax + C$

111. $\displaystyle\int x\cos ax \, dx = \frac{1}{a^2}\cos ax + \frac{1}{a}x\sin ax + C$

112. $\int x^2 \cos ax \, dx = \dfrac{1}{a} x^2 \sin ax + \dfrac{2}{a^2} x \cos ax - \dfrac{2}{a^3} \sin ax + C$

（十二）含有反三角函数的积分

113. $\int \arcsin \dfrac{x}{a} \, dx = x \arcsin \dfrac{x}{a} + \sqrt{a^2 - x^2} + C$

114. $\int x \arcsin \dfrac{x}{a} \, dx = \left(\dfrac{x^2}{2} - \dfrac{a^2}{4} \right) \arcsin \dfrac{x}{a} + \dfrac{x}{4} \sqrt{a^2 - x^2} + C$

115. $\int x^2 \arcsin \dfrac{x}{a} \, dx = \dfrac{x^3}{3} \arcsin \dfrac{x}{a} + \dfrac{1}{9} (x^2 + 2a^2) \sqrt{a^2 - x^2} + C$

116. $\int \arccos \dfrac{x}{a} \, dx = x \arccos \dfrac{x}{a} - \sqrt{a^2 - x^2} + C$

117. $\int x \arccos \dfrac{x}{a} \, dx = \left(\dfrac{x^2}{2} - \dfrac{a^2}{4} \right) \arccos \dfrac{x}{a} - \dfrac{x}{4} \sqrt{a^2 - x^2} + C$

118. $\int x^2 \arccos \dfrac{x}{a} \, dx = \dfrac{x^3}{3} \arccos \dfrac{x}{a} - \dfrac{1}{9} (x^2 + 2a^2) \sqrt{a^2 - x^2} + C$

119. $\int \arctan \dfrac{x}{a} \, dx = x \arctan \dfrac{x}{a} - \dfrac{a}{2} \ln(a^2 + x^2) + C$

120. $\int x \arctan \dfrac{x}{a} \, dx = \dfrac{1}{2} (x^2 + a^2) \arctan \dfrac{x}{a} - \dfrac{ax}{2} + C$

121. $\int x^2 \arctan \dfrac{x}{a} \, dx = \dfrac{x^3}{3} \arctan \dfrac{x}{a} - \dfrac{ax^2}{6} + \dfrac{a^3}{6} \ln(a^2 + x^2) + C$

（十三）含有指数函数的积分

122. $\int a^x \, dx = \dfrac{a^x}{\ln a} + C$

123. $\int e^{ax} \, dx = \dfrac{e^{ax}}{a} + C$

124. $\int e^{ax} \sin bx \, dx = \dfrac{e^{ax} (a \sin bx - b \cos bx)}{a^2 + b^2} + C$

125. $\int e^{ax} \cos bx \, dx = \dfrac{e^{ax} (b \sin bx + a \cos bx)}{a^2 + b^2} + C$

126. $\int x e^{ax} \, dx = \dfrac{e^{ax}}{a^2} (ax - 1) + C$

127. $\int x^n e^{ax} \, dx = \dfrac{x^n e^{ax}}{a} - \dfrac{n}{a} \int x^{n-1} e^{ax} \, dx$

128. $\int x a^{mx} \, dx = \dfrac{x a^{mx}}{m \ln a} - \dfrac{a^{mx}}{(m \ln a)^2} + C$

129. $\int x^n a^{mx} \, dx = \dfrac{a^{mx} x^n}{m \ln a} - \dfrac{n}{m \ln a} \int x^{n-1} a^{mx} \, dx$

130. $\int e^{ax} \sin^n bx \, dx = \dfrac{e^{ax} \sin^{n-1} bx}{a^2 + b^2 n^2} (a \sin bx - nb \cos bx) +$
$\dfrac{n(n-1)b^2}{a^2 + b^2 n^2} \int e^{ax} \sin^{n-2} bx \, dx$

131. $\int e^{ax} \cos^n bx \, dx = \dfrac{e^{ax} \cos^{n-1} bx}{a^2 + b^2 n^2} (a \cos bx + nb \sin bx) +$
$\dfrac{n(n-1)b^2}{a^2 + b^2 n^2} \int e^{ax} \cos^{n-2} bx \, dx$

(十四) 含有对数函数的积分

132. $\int \ln x \, dx = x \ln x - x + C$

133. $\int \dfrac{dx}{x \ln x} = \ln(\ln x) + C$

134. $\int x^n \ln x \, dx = x^{n+1} \left[\dfrac{\ln x}{n+1} - \dfrac{1}{(n+1)^2} \right] + C$

135. $\int \ln^n x \, dx = x \ln^n x - n \int \ln^{n-1} x \, dx$

136. $\int x^m \ln^n x \, dx = \dfrac{x^{m+1}}{m+1} \ln^n x - \dfrac{n}{m+1} \int x^m \ln^{n-1} x \, dx$

(十五) 含有双曲函数的积分

137. $\int \mathrm{sh} x \, dx = \mathrm{ch} x + C$

138. $\int \mathrm{ch} x \, dx = \mathrm{sh} x + C$

139. $\int \mathrm{th} x \, dx = \ln \mathrm{ch} x + C$

140. $\int \mathrm{sh}^2 x \, dx = -\dfrac{x}{2} + \dfrac{1}{4} \mathrm{sh} 2x + C$

141. $\int \mathrm{ch}^2 x \, dx = \dfrac{x}{2} + \dfrac{1}{4} \mathrm{sh} 2x + C$

(十六) 定积分

142. $\displaystyle\int_{-\pi}^{\pi} \cos nx \, dx = \int_{-\pi}^{\pi} \sin nx \, dx = 0$

143. $\displaystyle\int_{-\pi}^{\pi} \cos mx \sin nx \, dx = 0$

144. $\displaystyle\int_{-\pi}^{\pi} \cos mx \cos nx \, dx = \begin{cases} 0, & m \neq n, \\ \pi, & m = n \end{cases}$

145. $\displaystyle\int_{-\pi}^{\pi} \sin mx \sin nx \, dx = \begin{cases} 0, & m \neq n, \\ \pi, & m = n \end{cases}$

146. $\displaystyle\int_{0}^{\pi} \sin mx \sin nx \, dx = \int_{0}^{\pi} \cos mx \cos nx \, dx = \begin{cases} 0, & m \neq n, \\ \dfrac{\pi}{2}, & m = n \end{cases}$

147. $I_n = \displaystyle\int_{0}^{\frac{\pi}{2}} \sin^n x \, dx = \int_{0}^{\frac{\pi}{2}} \cos^n x \, dx$

$\qquad I_n = \dfrac{n-1}{n} I_{n-2}$

$\begin{cases} I_n = \dfrac{n-1}{n} \times \dfrac{n-3}{n-2} \times \cdots \times \dfrac{4}{5} \times \dfrac{2}{3} \, (n \text{ 为大于 1 的正奇数}), I_1 = 1 \\ I_n = \dfrac{n-1}{n} \times \dfrac{n-3}{n-2} \times \cdots \times \dfrac{3}{4} \times \dfrac{1}{2} \times \dfrac{\pi}{2} \, (n \text{ 为正偶数}), I_0 = \dfrac{\pi}{2} \end{cases}$

附录4　常用函数的拉氏变换简表

序号	函数 $f(t)$	拉氏变换 $F(s)$
1	$\delta(t)$	1
2	$u(t)$	$\dfrac{1}{s}$
3	t	$\dfrac{1}{s^2}$
4	$t^n\,(n=1,2,\cdots)$	$\dfrac{n!}{s^{n+1}}$
5	e^{at}	$\dfrac{1}{s-a}$
6	$1-\mathrm{e}^{-at}$	$\dfrac{a}{s(s+a)}$
7	$t\mathrm{e}^{at}$	$\dfrac{1}{(s-a)^2}$
8	$t^n\mathrm{e}^{at}\,(n=1,2,\cdots)$	$\dfrac{n!}{(s-a)^{n+1}}$
9	$\sin at$	$\dfrac{a}{s^2+a^2}$
10	$\cos at$	$\dfrac{s}{s^2+a^2}$
11	$\sin(at+b)$	$\dfrac{s\sin b+a\cos b}{s^2+a^2}$
12	$\cos(at+b)$	$\dfrac{s\cos b-a\sin b}{s^2+a^2}$
13	$t\sin at$	$\dfrac{2as}{(s^2+a^2)^2}$
14	$t\cos at$	$\dfrac{s^2-a^2}{(s^2+a^2)^2}$
15	$\mathrm{e}^{-bt}\sin at$	$\dfrac{a}{(s+b)^2+a^2}$
16	$\mathrm{e}^{-bt}\cos at$	$\dfrac{s+b}{(s+b)^2+a^2}$
17	$\dfrac{1}{a^2}(1-\cos at)$	$\dfrac{1}{s(s^2+a^2)}$
18	$\mathrm{e}^{at}-\mathrm{e}^{bt}$	$\dfrac{a-b}{(s-a)(s-b)}$
19	$\dfrac{1}{\sqrt{\pi t}}$	$\dfrac{1}{\sqrt{s}}$
20	$2\sqrt{\dfrac{t}{\pi}}$	$\dfrac{1}{s\sqrt{s}}$

参 考 文 献

［1］　曹瑞成，姜海勤. 高等数学［M］. 北京：化学工业出版社，2007.

［2］　同济大学应用数学系. 高等数学（上、下）［M］.5 版. 北京：高等教育出版社，2007.

［3］　王高雄，周之铭，朱思铭，等. 常微分方程［M］.2 版. 北京：高等教育出版社，2006.

［4］　刘勋，温志坚.MATLAB 基础及应用［M］. 南京：东南大学出版社，2011.